欧美数学经典著作译丛

全局分支与混沌——解析方法

Global Bifurcations and Chaos—Analytical Methods

[美] 斯蒂芬·威金斯（Stephen Wiggins） 著
[荷] 金成桴 何燕琍 译

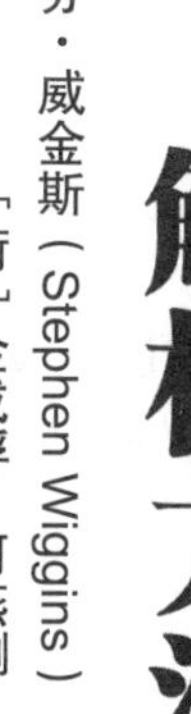

哈尔滨工业大学出版社
HARBIN INSTITUTE OF TECHNOLOGY PRESS

黑版贸登字 08-2023-065 号

内 容 简 介

本书主要介绍确定性动力系统理论中的高维全局分支与混沌理论的解析方法，主要内容包括常微分方程和动力系统的基本概念，结构稳定性、通有性、横截性，Smale 马蹄映射，高维 Poincaré 映射，不变集与不变环面，符号动力系统，判定混沌存在的准则，同宿运动与异宿运动，Melnikov 向量等.

本书可作为动力系统相关专业的研究生的教材和专家、学者的参考资料.

图书在版编目(CIP)数据

全局分支与混沌：解析方法/(美)斯蒂芬·威金斯(Stephen Wiggins)著；(荷)金成桴，何燕琍译. 哈尔滨：哈尔滨工业大学出版社，2025. 3. —ISBN 978-7-5767-1794-5

Ⅰ. O175；O415. 5

中国国家版本馆 CIP 数据核字第 20259VS353 号

QUANJU FENZHI YU HUNDUN: JIEXI FANGFA

策划编辑　刘培杰　张永芹
责任编辑　张永芹　穆方圆
封面设计　孙茵艾
出版发行　哈尔滨工业大学出版社
社　　址　哈尔滨市南岗区复华四道街 10 号　邮编 150006
传　　真　0451-86414749
网　　址　http://hitpress.hit.edu.cn
印　　刷　哈尔滨市颉升高印刷有限公司
开　　本　787 mm×1 092 mm　1/16　印张 25.5　字数 422 千字
版　　次　2025 年 3 月第 1 版　2025 年 3 月第 1 次印刷
书　　号　ISBN 978-7-5767-1794-5
定　　价　78.00 元

献给

Meredith

译 者 序

本书主要介绍连续时间动力系统，即由常微分方程流确定的动力系统理论中较难处理的高维全局分支与混沌问题的解析方法. 通常处理局部分支，即平衡点分支问题，或者可以化为平衡点的分支问题，这些问题相对比较容易，尤其是低维问题，解决此类问题一般用定性方法. 解决高维尤其是混沌问题就比较困难，因为此领域的不变集一般很复杂且包含混沌动力学. 本书提供处理这些问题的一些有效方法.

全书一共包含 4 章内容.

第 1 章介绍高维常微分方程和动力系统的基本概念，内容包括常微分方程解的存在性与唯一性，解的延拓，解关于初始条件与参数的依赖性、稳定性、渐近性，共轭，不变流形，横截性、结构稳定性与通有性，分支，Poincaré 映射等.

第 2 章介绍混沌的描述与存在性的充分条件. 首先详细介绍 Smale 马蹄映射及其不变集，并与符号动力学建立了联系，接着介绍符号动力学与有限型子移位和无限型子移位. 最后分别介绍 n 维映射对双曲情形和非双曲情形的混沌准则. 为此引入水平板和垂直板以及扇形丛，以得到混沌的充分条件 A1 和 A2 以及替代条件.

第 3 章介绍全局分支，主要介绍同宿运动与异宿运动分支，具体地说，分别讨论了平面系统、3 阶系统和 4 阶系统的全局分支，以及将非双曲技术应用于研究正规双曲不变环面的同宿轨道附近的轨道结构.

第 4 章介绍探测混沌动力学的全局扰动方法，主要介绍三个基本系统以及高维 Melnikov 向量场的推导与计算以确定混沌运动的存在性. 最后，应用前面介绍的解析方法分析了单个自由度的周期强迫系统、缓变系统、完全可积的两个自由度的 Hamilton 系统的扰动，单个自由度的拟周期强迫系统的混沌动力学.

本书重点介绍解析方法，因此分析计算较多，这也有助于应用科学工作者的数值计算. 值得一提的是 Wiggins 教授对问题的分析和猜测见解独到，这对动力系统相关专业的研究生和专家、学者都有一定的启发与借鉴.

Wiggins 的另一本著作《应用非线性动力系统与混沌导论(第 2 版)》（斯蒂芬 • 威金斯著；金成桴，何燕琍译），此书是一部应用动力系统的基础教材，是“十三五”国家重点图书中的欧美数学经典著作译丛，并由哈尔滨工业大学出版社于2021年出版. Wiggins教授的工作比较重视非线性动力系统的应用，偏重常微分方程流的动力系统.

最后，我们对哈尔滨工业大学出版社的刘培杰、张永芹、李丹、杜莹雪等诸位老师的支持与帮助表示衷心的感谢. 也对我们的儿子金锋、女儿金宇红、外孙萧忠玮、孙女金佳奕的关心与帮助表示感谢.

为了方便读者查看索引，中文版正文部分每页左右两侧的编码指英文版相应的页码，书后索引条目旁标注的页码是原著（英文版）相应的页码，并且由于本书主要考虑高维问题，因此考虑的都是向量与矩阵，故书中部分数学符号均与原书保持一致，未做修改.

金成桴
2024年12月

序

近十几年里，对确定性非线性动力系统中的混沌现象的研究引起了人们的广泛关注. 对于应用科学家来说，这项研究有三个基本问题：第一，最简单的是“混沌”这一术语的含义是什么？第二，混沌是通过什么机制发生的？第三，如何在一个特定的动力系统中预测混沌会在何时产生？本书将介绍回答这些问题的解决方法.

为了使本书尽可能自成一体，因此，在第 1 章中包含了一些介绍性材料. 读者在其余各章中还将发现许多新材料. 特别是在第 2 章中，为了证明具有双曲、混沌不变的 Cantor 集的可逆映射可推广到任意（有限）维和有限型子移位，我们引入了 Conley 和 Moser（Moser[1973]）以及 Afraimovich，Bykov 和 Silnikov [1983]的技术. 对非双曲情形，也开发了类似的技术. 利用这些非双曲技术我们就能证明具有 Cantor 集与曲面或曲面的 Cantor 集的笛卡儿积的不变集的存在性. 在第 3 章中将非双曲技术应用于研究正规双曲不变环面的同宿轨道附近的轨道结构.

第 4 章我们开发了一类全局扰动技术，使得我们能够在一大类系统中检测双曲不动点、双曲周期轨道和正规双曲不变环面的同宿轨道和异宿轨道. 第 4 章开发的方法本质上类似于 Melnilkov[1963]最初对 2 维周期强迫系统的技术，但它们通用，因为它们适用于任意（但有限）维系统，且可允许用于缓变参数和拟周期激发. 这个一般理论有望引起应用科学家们的兴趣，因为它允许根据系统参数给出判定混沌动力学的准则.

本书不考虑奇异吸引子的存在性问题. 事实上，这仍然是这个研究的主要问题. 但是，本书为研究奇异吸引子提供了有用的技术，因为证明一个系统具有混沌吸引集的第一步是证明它具有混沌动力学，然后证明动力学包含在一个没有稳定“正则”运动的吸引集中. 不可否认，混沌 Cantor 集可以从根本上影响系统的动力学，但是需要研究这种影响的程度和性质，还需要开拓新的思想和开发新的技术.

在过去的两年里，许多人在我撰写本书的过程中给予了很大的鼓励和帮助，现在我衷心地感谢他们.

我开始编撰书籍是受到 Phil Holmes 和 Jerry Marsden 的鼓励，他们还帮助我修改了手稿的几个早期版本.

Steve Schecter 对手稿的早期版本进行了极其详细的评论，从而避免了许多错误.

Steve Shaw 对全部手稿进行了评论.

Pat Sethna 耐心地听取了我对本书各个部分的解释，并在很大程度上帮助厘清了我的想法和叙述风格.

John Allen 和 Roger Samelson 提醒我注意早期工作中的一个关键性错误.

Darryl Holm，Daniel David，Mike Tratnik 听取了第 3 章和第 4 章中列出的对材料的几个冗长解释，并指出了手稿中的几个错误.

第 3 章和第 4 章的大部分内容都是我在加州理工学院的研究生应用数学课程中首次尝试过的，虽然这些课程晦涩难懂，但是听课的学生们却都坚持听完了，我非常感谢他们！

在过去的两年里，Donna Gabai 和 Jan Patterson 不知疲倦地为这份手稿做排版工作. 他们无私地付出自己宝贵的时间（通常是晚上和周末），以便本著作能够按时交稿. 他们的技能和帮助使本书的完成变得非常容易.

我还要感谢为本书绘制图像的艺术家们，他们很友善地接纳了我的许多修改请求. 第 1 章的图是 Betty Wood 作的，第 4 章的图是 Cecillia Lin 作的，加州理工学院图形艺术设计的 Peggy Firth，Pat Marble 和 Bob Turring 以及 Imperial Drafting Inc. 的 Joe Pierro，Haydee Pierro，Melissa Loftis，Gary Hatt，Marcos Prado，Bill Contado，Abe Won，Stacy Quinet 绘制了第 2 章和第 3 章中的图.

最后，感谢 Meredith，Allen 在书稿编撰过程中提供了不可缺少的建议和编辑协助.

目　　录

第 1 章　引言：常微分方程和动力系统的背景

本章的目的是回顾并拓展常微分方程和动力系统理论中的必要概念，这些概念是本书其余章节所需的. 我们将从经典的常微分方程理论开始，例如解的存在性和唯一性、解关于初始条件与参数的依赖性以及各种稳定性概念. 然后讨论更近代的概念，例如通有性、结构稳定性、分支和 Poincaré 映射. 常微分方程理论的标准参考书是 Coddington 和 Levinson [1955]，Hale [1980]，Hartman [1964]. 我们将从更全局的几何角度来看待这个理论；Arnold [1973]①，Guckenheimer 和 Holmes [1983]②，Hirsch 和 Smale [1974]③ 以及 Palis 和 deMelo [1982]④，这些参考书持有这种观点. [1]

1.1. 常微分方程解的结构

在本书中，我们将考虑具有以下形式的常微分方程：

$$\dot{x}=f(x,t),\quad (x,t)\in\mathbb{R}^n\times\mathbb{R}^1,\tag{1.1.1}$$

其中 $f:U\to\mathbb{R}^n$，U 是 $\mathbb{R}^n\times\mathbb{R}^1$ 中的开集，$\dot{x}=\mathrm{d}x/\mathrm{d}t$. 通常称应变量空间为系统（1.1.1）的*相*或*相空间*. （1.1.1）的解意味着映射

$$\phi:\ I\to\mathbb{R}^n,\tag{1.1.2}$$

[2] 其中 I 是 $\mathbb{R}$ 中的某个区间，满足

$$\dot{\phi}(t)=f(\phi(t),\ t).\tag{1.1.3}$$

因此，几何上（1.1.1）可作为在 U 中每一点定义了一个向量场，（1.1.1）的解是 $\mathbb{R}^n$ 中的一条曲线，曲线上每一点的切线或速度向量由 $f(x,t)$ 在指定点计算给出. 因此，通常称（1.1.1）为*向量场*.

现在，（1.1.1）的解的存在性当然不是显而易见的，显然它必须依赖于 f 的性质，因此，现在我们要给出关于（1.1.1）的解的存在性及其性质的一些经典结果.

1.1a. 解的存在性和唯一性

假设 f 在 U 中是 C^r 的（注意，C^r，$r\geqslant 1$，指 f 在 U 中每一点有 r 阶连续导数；C^0 意味着 f 在 U 中每一点连续），而且对某个 ε_1，$\varepsilon_2>0$，令 $I_1=\{t\in\mathbb{R}\mid t_0-\varepsilon_1<t<t_0+\varepsilon_1\}$ 和 $I_2=\{t\in\mathbb{R}\mid t_0-\varepsilon_2<t<t_0+\varepsilon_2\}$，则我们有下面定理.

---

① 中译本：《常微分方程》，孙家棋等译，科学出版社.

② 中译本：《非线性振动，动力系统与向量场的分支》，金成桴，何燕琍译，哈尔滨工业大学出版社，2021 年.

③ 中译本：《微分方程、动力系统与混沌引论（第 3 版）》，金成桴，何燕琍译，哈尔滨工业大学出版社，2022 年.

④ 中译本：《动力系统几何理论引论》，金成桴等译，科学出版社，1988 年.

定理 1. 1. 1. 设 (x_0,t_0) 是 U 中一点. 则对充分小 ε_1，存在（1. 1. 1）满足 $\phi_1(t_0)=x_0$ 的解 ϕ_1：$I_1 \to \mathbb{R}^n$. 此外，如果 f 在 U 中是 C^r 的，$r \geqslant 1$，且 ϕ_2：$I_2 \to \mathbb{R}^n$ 也是（1. 1. 1）满足 $\phi_2(t_0)=x_0$ 的解，对所有 $t \in I_3=\{t\in\mathbb{R} \mid t_0-\varepsilon_3<t<t_0+\varepsilon_3\}$ 有 $\phi_1(t)=\phi_2(t)$，其中 $\varepsilon_3=\min\{\varepsilon_1, \varepsilon_2\}$.

证明：见 Arnold[1973]或者 Hale[1980]①. □

我们对定理 1. 1. 1 做如下说明.

（1）（1. 1. 1）的解的存在只需要 f 连续，但此时通过 U 中给定点的解可以不唯一（例子见 Hale[1980]）. 如果 f 在 U 中至少是 C^1 类的，则通过 U 中给定点的解只有一个（注意：为了解的唯一性，准确地说，只需要 f 关于 x 变量是 Lipschitz 的，关于 t 一致，证明见 Hale[1980]）. 向量场的可微次数在本书不是我们主要关注的问题，因为我们考虑的所有例子都是无穷多次可微.

（2）解关于 t 的可微次数在这个定理中没有明显考虑，尽管很显 [3] 然它们必须至少是 C^r 的，因为 f 是 C^r 的. 这个结果将被简短叙述.

（3）注意：在表示（1. 1. 1）的解时，对初始条件的明显依赖可能是有用的. 对（1. 1. 1）通过在 $t=t_0$ 时点 $x=x_0$ 的解 ϕ，记为

$$\phi(t, t_0, x)，其中 \phi(t_0, t_0, x_0)=x_0. \tag{1.1.4}$$

在某些情形，初始时间被理解为特殊值（通常，取 $t_0=0$），此时关于初始时间的明显依赖性就忽略了，简单记为

$$\phi(t, x_0)，其中 \phi(t_0, x_0)=x_0. \tag{1.1.5}$$

1. 1b. 解关于初始条件与参数的依赖性

在计算解的稳定性质和构造 Poincaré 映射时（见 1. 6 节），解关于初始条件的可微性是非常重要的.

定理 1. 1. 2. 如果 $f(x,t)$ 在 U 中是 C^r 的，则（1. 1. 1）的解 $\phi(t,t_0,x_0)$，$(x_0,t_0)\in U$ 是 t,t_0,x_0 的 C^r 函数.

证明：见 Arnold[1973]或者 Hale[1980]. □

定理 1. 1. 2 揭示了计算（1. 1. 1）关于给定初始条件的解的 Taylor 级数展开的过程. 这使人们能够确定解在特定解附近的特性. 通常在这种展开式中的线性项足以确定解在特定解附近的许多局部性质（如稳定性）. 下面的定理给出了解关于 x_0 的一阶导数必须满足的方程.

定理 1. 1. 3. 假设 $f(x, t)$ 在 U 中是 C^r 的，$r \geqslant 1$，设 $\phi(t, t_0, x_0)$，$(x_0, t_0)\in U$ 是（1. 1. 1）的解. 则矩阵 $D_{x_0}\phi$ 是下面线性常微分方程

$$\dot{Z}=D_x f(\phi(t), t)Z, \quad Z(t_0)=\mathrm{id} \tag{1.1.6}$$

[4] 的解，其中 Z 是 $n\times n$ 矩阵，id 表示 $n\times n$ 恒等矩阵.

证明：见 Arnold[1973]，Hale[1980]或者 Irwin[1980]. □

---

① 中译本：《常微分方程》，科学出版社.

通常称（1.1.6）为第一变分方程. 注意，有可能找到解关于初始条件的高阶导数必须满足的线性常微分方程，但在本书中，我们不需要这些.

现在假设方程（1.1.1）依赖于参数

$$\dot{x}=f(x,\ t;\ \varepsilon),\quad (x,\ t;\ \varepsilon)\in\mathbb{R}^n\times\mathbb{R}^1\times\mathbb{R}^p,\qquad (1.1.7)$$

其中 $f:U\to\mathbb{R}^n$，U 是 $\mathbb{R}^n\times\mathbb{R}^1\times\mathbb{R}^p$ 中的一个开集. 于是我们有下面的定理.

定理 1.1.4. 假设 $f(x,\ t,\ \varepsilon)$ 在 U 中是 C^r 的，$r\geqslant 1$，则（1.1.7）的解 $\phi(t,\ t_0,\ x_0,\ \varepsilon)$，$(x_0,\ t_0,\ \varepsilon)\in U$ 是 ε 的 C^r 函数.

证明：见 Arnold[1973]或者 Hale[1980].

在许多应用中，通常将（1.1.7）的解展成 ε 的 Taylor 级数是有用的（例如，在摄动理论和分支理论中）. 类似于定理 1.1.3，下面的定理给出（1.1.7）的解关于 ε 的一阶导数必须满足的常微分方程.

定理 1.1.5. 假设 $f(x,\ t,\ \varepsilon)$ 在 U 中是 C^r 的，$r\geqslant 1$. 又令 $\phi(t,\ t_0,\ x_0,\ \varepsilon)$，$(x_0,\ t_0,\ \varepsilon)\in U$ 是（1.1.7）的解. 则 $n\times p$ 矩阵 $D_\varepsilon\phi$ 满足下面的线性微分方程

$$\dot{Z}=D_x f(\phi(t),\ t;\ \varepsilon)Z+D_\varepsilon f(\phi(t),\ t;\ \varepsilon),\quad Z(t_0)=0,\qquad (1.1.8)$$

其中 Z 是一个 $n\times p$ 矩阵，0 是 $n\times p$ 零矩阵.

证明：见 Hale[1980].

1.1c. 解的延拓

定理 1.1.1 对解的存在性给出了一个充分条件，但仅仅在充分小的时间区间内. 现在我们将给出一个延拓这个时间区间的定理，但首先我们需要以下定义.

定义 1.1.1. 设 ϕ_1 是（1.1.1）定义在区间 I_1 上的解，ϕ_2 是（1.1.1）定义在区间 I_2 上的解. 我们说 ϕ_2 是 ϕ_1 的延拓，如果 $I_1\subset I_2$，且在 I_1 上 $\phi_1=\phi_2$. 如果不存在这种延拓，称这种解为不可延拓的；这时 I_1 称为 ϕ_1 的最大存在区间. [5]

现在我们叙述关于解的延拓定理.

定理 1.1.6. 假设 $f(x,\ t)$ 在 U 中是 C^r 的，$\phi(t,\ t_0,\ x_0)$，$(x_0,\ t_0)\in U$ 是（1.1.1）的解，则存在 ϕ 到最大存在区间的延拓. 此外，如果 $(t_1,\ t_2)$ 是 ϕ 的最大存在区间，则当 $t\to t_1$ 和 $t\to t_2$ 时 $(\phi(t),\ t)$ 趋于 U 的边界.

证明：见 Hale[1980]. □

术语：此时，我们要介绍一些适用于常微分方程解的常用术语. 回忆（1.1.1）的解是一个映射 ϕ：$I\to\mathbb{R}^n$，其中 I 是 $\mathbb{R}$ 中的某个区间. 几何上 I 在 ϕ 的作用下是 $\mathbb{R}^n$ 中的一条曲线，由这个几何图像给出了以下术语.

（1）（1.1.1）的解 $\phi(t,\ t_0,\ x_0)$ 也可称为通过点 x_0 的轨线、相曲

线或运动.

（2）解 $\phi(t, t_0, x_0)$ 的图像，即

$$\left\{(x, t) \in \mathbb{R}^n \times \mathbb{R}^1 \middle| x = \phi(t, t_0, x_0),\ t \in I\right\}$$

称为积分曲线.

（3）假设我们有解 $\phi(t, t_0, x_0)$；则当 t 通过 I 变化时该解通过 $\mathbb{R}^n$ 中的点集称为通过 x_0 的轨道，记为 $O(x_0)$，可写为

$$O(x_0) = \{x \in \mathbb{R}^n \mid x = \phi(t, t_0, x_0),\ t \in I\}.$$

注意，由此定义得到，对任何 $T \in I$，有

$$O(\phi(T, t_0, x_0)) = O(x_0).$$

我们用下面的例子来阐明这个术语.

[6] **例** 1. 1. 1. 考虑下面的方程

$$\ddot{x} + x = 0. \tag{1.1.9}$$

这正是频率为 1 的简谐振子方程.

将（1. 1. 9）写为一个系统，得到

$$\begin{aligned} \dot{x} &= y, \\ \dot{y} &= -x. \end{aligned} \tag{1.1.10}$$

方程（1. 1. 10）有方程（1. 1. 1）的形式，相空间为 $\mathbb{R}^2$. 方程（1. 1. 10）在 $t = 0$ 处的点 $(1, 0)$ 的解为 $\phi(t) = (\cos t, -\sin t)$.

（1）通过点(1，0)的轨线、相曲线或运动如图 1. 1. 1 所示.

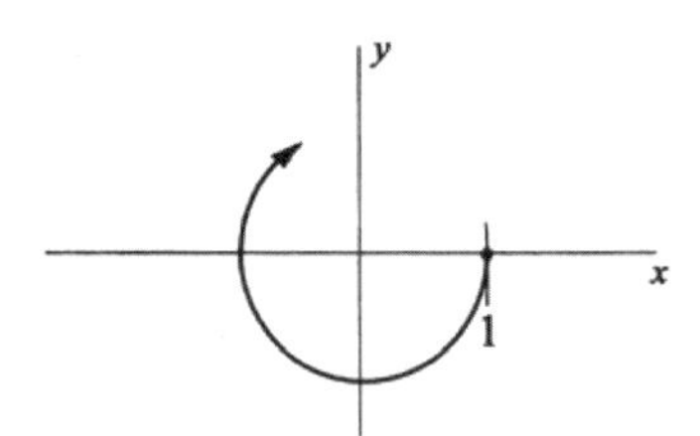

图 1. 1. 1 通过点(1. 0)的轨线

（2）解 $\phi(t) = (\cos t, -\sin t)$ 的积分曲线如图 1. 1. 2 所示.

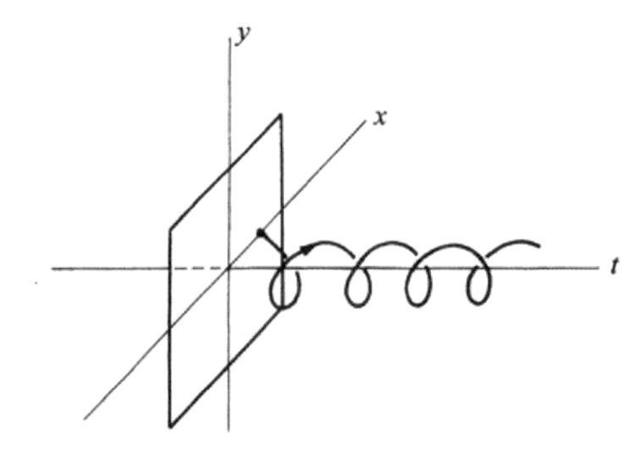

图 1. 1. 2 $\phi(t) = (\cos t, -\sin t)$ 的积分曲线

（3）通过 $(1, 0)$ 的轨道由 $\left\{(x, y)\in\mathbb{R}^2 \mid x^2+y^2=1\right\}$ 给出，如图 1. 1. 3 所示.

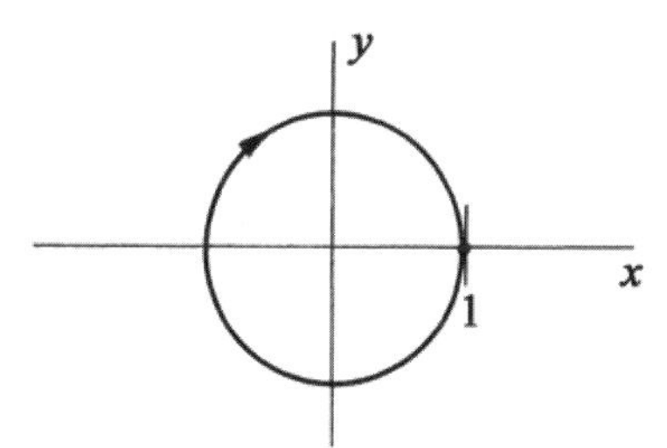

图 1. 1. 3　通过(1，0)的轨道

注意，虽然通过 $(1, 0)$ 的解与通过 $(1, 0)$ 的轨道都通过 $\mathbb{R}^2$ 中相同的点集合，因此当我们把它们看作 $\mathbb{R}^2$ 中的点的轨迹时，它们出现相同对象，但我们强调它们事实上是两个不同的对象. 一个解必须在指定时间通过指定的点. 而轨道可以被认为是解的一个单参数族，它们对应于特定时间不同解的可能的初始条件的曲线. 在常微分方程定性理论中交替使用术语轨道和解并不罕见，而且通常不会有任何坏处. [7]

根据向量场是否显式地依赖于自变量，解的性质也会有所不同（注意：我们以后总是将自变量称为时间）. 如果向量场不依赖于时间就称它为*自治系统*. 如果向量场明显依赖于时间就称它为*非自治系统*. [8]

1. 1d. 自治系统

常微分方程的自治系统有下面形式

$$\dot{x}=f(x),\quad x\in\mathbb{R}^n, \tag{1.1.11}$$

其中 $f: U\to\mathbb{R}^n$，U 是 $\mathbb{R}^n$ 中的一个开集. 假设 f 是 C^r 的，$r\geqslant 1$，$\phi(t)$ 是（1. 1. 11）的解.

引理 1. 1. 7. *如果 $\phi(t)$ 是（1. 1. 11）的解，则对任何实数 τ，$\phi(t+\tau)$ 也是解.*

证明： 如果 $\phi(t)$ 是（1. 1. 11）的解，则根据定义可得到

$$\frac{\mathrm{d}\phi(t)}{\mathrm{d}t}=f(\phi(t)). \tag{1.1.12}$$

因此，我们有

$$\left.\frac{\mathrm{d}\phi(t+\tau)}{\mathrm{d}t}\right|_{t=t_0}=\left.\frac{\mathrm{d}\phi(t)}{\mathrm{d}t}\right|_{t=t_0+\tau}=f(\phi(t_0+\tau))=f(\phi(t+\tau))\big|_{t=t_0}, \tag{1.1.13}$$

或者

$$\left.\frac{\mathrm{d}\phi(t+\tau)}{\mathrm{d}t}\right|_{t=t_0}=f(\phi(t+\tau))\big|_{t=t_0}. \tag{1.1.14}$$

现在（1. 1. 14）对任何 t_0，$\tau\in\mathbb{R}$ 成立，所以 $\phi(t+\tau)$ 也是（1. 1. 11）的解. □

注意，引理 1.1.7 给我们提供了一个重要事实，它将在第 4 章证明是有用的. 就是说，如果我们有自治系统的解 $\phi(t)$，则我们立刻就有形如 $\phi(t+\tau)$ 的解的轨道的参数表示，其中 $\tau \in I$ 视为参数. 因此，我们可以视 t 为固定的，而变化的 τ 可给出轨道 $\phi(t)$.

自治系统的两个重要性质由下面两个引理给出.

引理 1.1.8. 假设 f 在 U 中是 C^r 的，$r \geqslant 1$，$\phi_1(t)$，$\phi_2(t)$ 是分别定义在 I_1 和 I_2 上满足 $\phi_1(t_1)=\phi_2(t_2)=p$ 的两个解，则在它们的公共定义区间上 $\phi_1(t-(t_2-t_1))=\phi_2(t)$.

证明： 设 $\gamma(t)=\phi_1(t-(t_2-t_1))$；于是由引理 1.1.7，可知 $\gamma(t)$ 也是（1.1.11）的解. 现在注意到 $\gamma(t_2)=\phi_1(t_1)=p=\phi_2(t_2)$. 因此，$\gamma(t)$ 和 $\phi_2(t)$ 是满足相同初始条件的解（取初始条件 $t=t_2$）；因此，由解的唯一性（定理 1.1.1），$\gamma(t)$（此时 $\gamma(t)=\phi_1(t-(t_2-t_1))$ 和 $\phi_2(t)$ 必须在它们存在的公共区间上重合. □

[9]

引理 1.1.9. 假设 f 在 U 中是 C^r 的，$r \geqslant 1$，$\phi(t)$ 是（1.1.11）定义在 I 上的解. 又假设存在两点 t_1，$t_2 \in I$，$t_1 < t_2$，使得 $\phi(t_1)=\phi(t_2)$. 则 $\phi(t)$ 对所有 $t \in \mathbb{R}$ 存在，且它关于 t 是周期的，周期 $T=t_2-t_1$，即对所有 $t \in \mathbb{R}$ 有 $\phi(t)=\phi(t+T)$.

证明： 设 $\psi(t)=\phi(t+t_1)$，由引理 1.1.7，可知 $\psi(t)$ 是（1.1.11）的解. 于是我们有

$$\psi(t+T)=\phi(t_1+t+T)=\phi(t+t_2). \tag{1.1.15}$$

现在，由于 $\phi(t_1)=\phi(t_2)$，由解的唯一性（定理 1.1.1），可知必有 $\phi(t+t_1)=\phi(t+t_2)$. 因此

$$\psi(t+T)=\phi(t+t_2)=\phi(t+t_1)=\psi(t). \tag{1.1.16}$$

因此，$\psi(t)$ 关于时间是周期的，周期为 T，$\phi(t)$ 关于时间也是周期的，周期为 T, 又因为每个 $t \in \mathbb{R}$ 可以写为形式 $t=nT+\tau$，$0 \leqslant \tau < T$，则 $\phi(t)$ 对所有时间都存在. □

引理 1.1.8 和 1.1.9 告诉我们，自治系统的解（所有轨道）不能自我相交，或者彼此在孤立点上，而不在它们共同定义的区间上重合. 这些事实在确定常微分方程的轨道结构的某些全局属性时非常有用（例如，这些事实是 Poincaré-Bendixson 定理的重要保证，参见 Hale[1980]或者 Palis 和 deMelo[1982]）.

1.1e. 非自治系统

常微分方程的非自治系统有以下形式

$$\dot{x}=f(x,t),\quad (x,t)\in \mathbb{R}^n \times \mathbb{R}^1, \tag{1.1.17}$$

其中 $f: U \to \mathbb{R}^n$，U 是 $\mathbb{R}^n \times \mathbb{R}^1$ 中的开集. 引理 1.1.7 对非自治系统不适用. 考虑下面的例子.

[10] **例** 1.1.2. 考虑下面的非自治常微分方程

$$\dot{x} = \mathrm{e}^t, \tag{1.1.18}$$

显然，这个方程的解是 $\phi(t) = \mathrm{e}^t$，而 $\phi(t+\tau) = \mathrm{e}^{t+\tau}$ 不是方程（1.1.18）的解，其中 $\tau \neq 0$.

例 1.1.2 表明非自治方程解的时间平移不是方程的解. 这是导致引理 1.1.8 和引理 1.1.9 证明的关键性质，因此我们得出结论，非自治常微分方程的解有可能彼此相交. 这可能导致非自治方程的解有非常复杂的几何结构.

通常，通过将时间重新定义为新的因变量来扩大相空间，以阐明非自治常微分方程解的几何结构. 具体操作如下：把（1.1.17）写为

$$\frac{\mathrm{d}x}{\mathrm{d}t} = \frac{f(x,t)}{1} \tag{1.1.19}$$

并利用链规则，我们可以引入新的因变量 s，使得（1.1.19）变成

$$\begin{aligned} \frac{\mathrm{d}x}{\mathrm{d}s} &\equiv x' = f(x,t), \\ \frac{\mathrm{d}t}{\mathrm{d}s} &\equiv t' = 1. \end{aligned} \tag{1.1.20}$$

如果我们定义 $y = (x,t)$，$g(y) = (f(y),1)$，我们得到（1.1.20）具有相空间为 $\mathbb{R}^n \times \mathbb{R}^1$ 的自治常微分方程的形式

$$y' = g(y), \qquad y \in \mathbb{R}^n \times \mathbb{R}^1. \tag{1.1.21}$$

当然，知道（1.1.21）的解意味着知道（1.1.17）的解，反之亦然. 例如，如果 $\phi(t)$ 是（1.1.17）在 $t = t_0$ 通过 $x = x_0$ 的解，即 $\phi(t_0) = x_0$，则 $\psi(s) = (\phi(s+t_0), t(s) = s + t_0)$ 是（1.1.17）在 $s = 0$ 时通过 $y = y_0 \equiv (x_0, t_0)$ 的解. 正如我们将在第 1.6 节中展现的内容，这个看似微不足道的技巧对构建 Poincaré 映射有很大帮助，它也证明了只考虑自治系统的合理性. 以后我们将只陈述自治常微分方程的概念. 本书大部分将考虑自治常微分方程；我们考虑的非自治方程将有周期或拟周期的时间依 [11] 赖性，而且在每种情形我们将对这种系统的研究化为相应的 Poincaré 映射的研究（见 1.6 节）.

1.1f. 相流

考虑下面的自治常微分方程

$$\dot{x} = f(x), \qquad x \in \mathbb{R}^n, \tag{1.1.22}$$

其中 f 在某个开集 $U \subset \mathbb{R}^n$ 上是 C^r 的，$r \geqslant 1$. 设 $\phi(t, t_0, x_0)$ 是（1.1.22）定义在区间 I 上的解. 之后我们将取 $t_0 = 0$，并从（1.1.22）的解中明显省略对 t_0 的依赖性. 即我们有 $\phi(t, x_0)$，其中 $\phi(0, x_0) = x_0$.

引理 1.1.10.（i）$\phi(t, x_0)$ 是 C^r 的.

（ii）$\phi(0, x_0) = x_0$.

（iii） $\phi(t+s,x_0)=\phi(t,\phi(s,x_0))$， $t+s\in I$.

证明：（i）由定理 1.1.2 得到，（ii）由定义得到.（iii）的证明如下：设 $\gamma(t)=\phi(t+s,x_0)$，则 $\gamma(t)$ 为（1.1.22）满足 $\gamma(0)=\phi(s,x_0)$ 的解. 同样，我们有 $\phi(t,\phi(s,x_0))$ 满足（1.1.22），其中 $\phi(0,\phi(s,x_0))=\phi(s,x_0)$. 因此，$\gamma(t)\equiv\phi(t+s,x_0)$ 和 $\phi(t,\phi(s,x_0))$ 都是（1.1.22）在 $t=0$ 时满足相同初始条件的解，从而，由定理 1.1.8，可知在它们定义的公共区间上 $\phi(t+s,x_0)=\phi(t,\phi(s,x_0))$. □

由于 $\phi(t,x_0)$ 是 C^r 的，视 t 为固定的，我们注意到 $\phi(t,x_0)\equiv\phi_t(x_0)$ 将从 U 到 $\mathbb{R}^n$ 定义了一个 C^r 映射. 因此，$\phi_t(x_0)$ 是 $U\to\mathbb{R}^n$ 的一个单参数映射族. 由引理 1.1.10 的性质（iii），可得到这个 C^r 单参数映射族是具有 C^r 逆的可逆映射族. 一个具有 C^r 逆的可逆映射称为 C^r 微分同胚（如果 $r=0$，就用术语同胚）. 所以我们得到自治常微分方程的解从相空间到它自身产生了一个单参数微分同胚族，称这个单参数微分同胚族为相流.

[12] 1.1g. 相空间

如前所述，系统的相空间是因变量空间，它被认为是 $\mathbb{R}^n$ 中的某个开集. 然而，在某些应用中，因变量空间自然地出现为诸如柱面或环面之类的曲面，或者，更一般地为一个微分流形（微分流形的定义见 1.3 节）. 下面考虑几个常见例子.

圆周：考虑常微分方程

$$\dot{\theta}=\omega,\qquad \theta\in(0,2\pi]$$

其中 $\omega>0$ 是常数. 这个方程的相空间是区间 $(0,2\pi]$，其中 0 和 2π 黏合. 因此，相空间有长度为 2π 的圆周结构，记为 S^1（注意：上标指的是相空间的维数）.

柱面：柱面在数学上表示为 $\mathbb{R}^1\times S^1$. 考虑下面描述无强迫自由摆的动力学方程

$$\dot{\theta}=v,\ \dot{v}=-\sin\theta. \tag{1.1.23}$$

角速度 v 可以取 $\mathbb{R}$ 中的任何值，但是，由于运动是旋转的，位置 θ 是周期函数，周期为 2π. 因此，这个摆的相空间是柱面 $\mathbb{R}^1\times S^1$. 图 1.1.4a 显示摆在 $\mathbb{R}^1\times S^1$ 上的轨道，图 1.1.4b 给出了柱面的另一个表示.

环面：启发式地说，我们将圆环面视为甜甜圈的表面；如果我们考虑曲面加上它的内部，就说它是一个环体. 数学上，2 维环面表示为 $T^2=S^1\times S^1$，即两个圆周的笛卡儿积.

考虑下面的常微分方程

$$\dot{\theta}_1=\omega_1,\ \dot{\theta}_2=\omega_2,\ \theta_1,\theta_2\in(0,2\pi], \tag{1.1.24}$$

其中 ω_1 和 ω_2 是正常数. 由于 θ_1 和 θ_2 是角变量，（1.1.24）的相空间是

$S^1 \times S^1 = T^2$. 如果我们将环面画成 $\mathbb{R}^3$ 中的一个甜甜圈的表面，则（1.1.24）的轨道围绕该表面旋转，并当 ω_1 / ω_2 为有理数时闭合，ω_1 / ω_2 为无理数时稠密地充满这个曲面，这些论述的详细证明见 Arnold［1973］. [13]

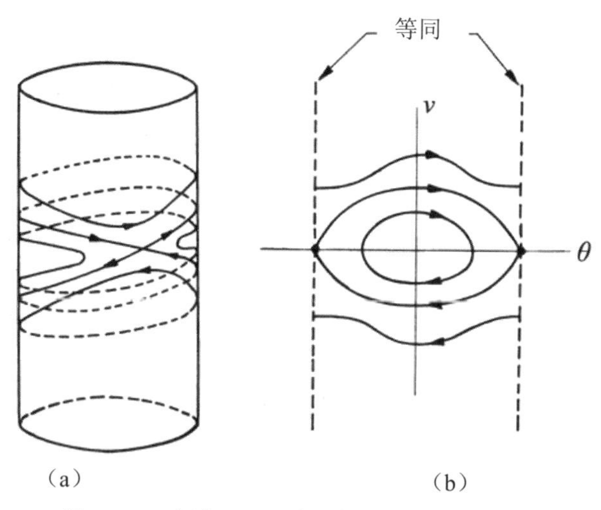

图 1.1.4　摆在（a）$\mathbb{R}^1 \times S^1$，（b）$\mathbb{R}^1 \times \mathbb{R}^1$

另一个表示 2 维环面的方法是先沿着 $\theta_1 = 0$ 切开（得到一根管子），再沿着 $\theta_2 = 0$ 切开（得到一张薄片），最后将薄片展平为一个正方形. 因此，我们可以从一个正方形通过将此正方形的两条垂直边和两条水平边黏合在一起得到一个环面. 数学上，这个环面的表示记为 $\mathbb{R}^2 / \mathbb{Z}^2$（读作 r2 模 z2），这意味着任给两点 $x, y \in \mathbb{R}^2$，如果 $x = y + 2\pi n$，n 是某个整数，则 x 和 y 考虑为同一点.

这些概念和记号也适用于 n 维. n 维环面记为 $T^n = \underbrace{S^1 \times \cdots \times S^1}_{n\text{个因子}}$（注意：$T^1 \equiv S^1$），或者等价地，$T^n$ 可认为是 $\mathbb{R}^n / \mathbb{Z}^n$，即认为是 n 维立方体对边的黏合.

球面：半径为 R 的 n 维球面记为 S^n，定义为

$$S^n = \left\{ x \in \mathbb{R}^{n+1} \,\middle|\, |x| = R \right\}. \qquad (1.1.25)$$

[14] 轨道位于球面上的常微分方程例子见第 3 章引言.

注意，本书考虑的系统的相空间有 $\mathbb{R}^n$，T^n，S^n 或者它们的笛卡儿积.

1.1h. 映射

本书主要讨论常微分方程的轨道结构. 然而，在某些情况下，通过构造一个离散的时间系统或从一个常微分方程的解中得到一个映射，可以获得更多的见解. 在 1.6 节我们将更详细地考虑这个过程，然而，

此时我们只想定义映射这个术语，并讨论映射的一些不同性质及其动力学.

一个从开集$U \subset \mathbb{R}^n$到$\mathbb{R}^n$的C^r映射定义如下：

$$\begin{aligned} f: U &\to \mathbb{R}^n, \\ x &\mapsto f(x), \quad x \in U, \end{aligned} \tag{1.1.26}$$

其中f在U上是C^r的. 我们将对f的动力学感兴趣. 这里我们指的是U中的点在f迭代下的性质. 对点$x \in U$，x在f作用下的n次迭代的等价记为

$$\underbrace{f(f(\cdots(f(x))\cdots)}_{n\text{次}} \equiv \underbrace{f \circ f \circ \cdots \circ f}_{n\text{次}}(x) \equiv f^n(x). \tag{1.1.27}$$

如果f可逆，x在f作用下的轨道指下面的双向无穷序列：

$$\left\{\cdots, f^{-n}(x), \cdots, f^{-1}(x), x, f(x), \cdots, f^n(x), \cdots\right\}, \tag{1.1.28}$$

如果f不可逆，则它为下面的无穷序列：

$$\left\{x, f(x), \cdots, f^n(x), \cdots\right\}. \tag{1.1.29}$$

这给我们带来了常微分方程轨道和映射轨道之间的一个重要区别. 即常微分方程的轨道是一条曲线，而映射的轨道是一个离散点集. 在第3章中，我们将看到这种差异是显著的.

1. 1i. 特殊解 [15]

现在我们想考虑在应用中通常很重要的各种特殊解和轨道.

（1）*不动点、平衡点、驰定点、逗留点、奇点或临界点*. 这些都是常微分方程相空间中点p的同义词，它也是这个方程的解，即对方程$\dot{x} = f(x)$，我们有

$$0 = f(p), \tag{1.1.30}$$

或者映射$x \mapsto f(x)$在相空间中的一点，使得

$$p = f(p). \tag{1.1.31}$$

对于映射，p也称为1周期点. 在本书中，我们将在提及此类解时专门使用术语——不动点.

（2）*周期运动*. 常微分方程的周期解$\phi(t)$是一个在时间上具有周期性的解，即对某个固定的正常数T有$\phi(t) = \phi(t+T)$. T称为$\phi(t)$的周期. 常微分方程的周期轨道是通过周期解上任意点的轨道.

对于映射，k周期点p满足$f^k(p) = p$. k周期点p的轨道是k个不同点的序列

$$\left\{p, f(p), \cdots, f^{k-1}(p)\right\}, \tag{1.1.32}$$

轨道称为*k 周期的周期轨道*.

（3）*拟周期运动*.

定义 1. 1. 2. 函数

$$h:\mathbb{R}^1 \to \mathbb{R}^m$$
$$t \mapsto h(t)$$

称为是拟周期的，如果它可表示为形式

$$h(t)=H(\omega_1 t,\cdots,\omega_n t), \qquad (1.1.33)$$

[16] 其中 $H(x_1,\cdots,x_n)$ 是 $x_1,\cdots,x_n$ 的 2π 周期函数. 实数 $\omega_1,\cdots,\omega_n$ 称为基本频率. 我们将用 $C^r(\omega_1,\cdots,\omega_n)$ 表示 $h(t)$ 类，其中 $H(x_1,\cdots,x_n)$ 是 r 次连续可微函数.

例 1.1.3. $h(t)=\gamma_1\cos\omega_1 t+\gamma_2\sin\omega_2 t$ 是拟周期函数.

（注意：存在更一般的函数类，称为概周期函数，它可看作具有无穷多个基本频率的拟周期函数. 本书不考虑这类函数，更严格的定义见 Hale［1980］.）

常微分方程的拟周期解 $\phi(t)$ 是关于时间为拟周期的解. 拟周期轨道是 $\phi(t)$ 通过任何点的轨道. 拟周期轨道可几何解释为位于 n 维环面上的轨道. 这可从下面看出. 考虑方程

$$y=H(x_1,\cdots,x_n).$$

于是，如果 $m\geqslant n$，且 D_xH 对所有 $x=(x_1,\cdots,x_n)$ 有秩 n，则这个方程可看作 n 维环面在 m 维空间中的嵌入，其中 $x_1,\cdots,x_n$ 为环面上的坐标. 现在，将 $h(t)$ 视为常微分方程的解，由于 $x_i=\omega_i t,\ i=1,\cdots,n$，当 t 变化时 $h(t)$ 可看作在环面上跟踪的一条曲线.

近期，映射的拟周期轨道受到了人们的许多关注，主要是讨论圆周和环面上的映射. 本书不研究这类问题，但可看 Katok［1983］和最近的参考文献.

（4）同宿运动和异宿运动. 这些将在第 3 章详细定义和研究.

1.1j. 稳定性

稳定性的一般理论是一个很大的主题，许多书籍都专门研究过它. 然而，在本节中，我们将只考虑与本书主题有特殊关联的理论方面，即常微分方程特殊解的稳定性及其确定，以及映射的周期轨道的稳定性及其确定. 我们建议读者参考 Rouche，Habets 和 Laloy [1977]，Yoshizawa [1966]，LaSalle [1976]，Abraham 和 Marsden [1978]，以及关于稳定性的更完整的讨论，请读者参阅其中的参考文献. [17]

考虑常微分方程

$$\dot{x}=f(x), \qquad x\in\mathbb{R}^n, \qquad (1.1.34)$$

其中 $f:U\to\mathbb{R}^n$，U 是 $\mathbb{R}^n$ 中的一个开集，且 f 是 C^r 的，$r\geqslant 1$. 设 $\phi(t)$ 是（1.1.34）的解.

定义 1.1.3. 设 $\phi(t)$ 是 Lyapunov 稳定，或稳定，如果给定 $\varepsilon>0$，可找到 $\delta=\delta(\varepsilon)>0$，使得对（1.1.34）的任何满足 $|\psi(t_0)-\phi(t_0)|<\delta$ 的其他解 $\psi(t)$，都有 $|\psi(t)-\phi(t)|<\varepsilon,\ t\in[t_0,\infty)$.

如果 $\phi(t)$ 不是稳定的，就说它是不稳定的.

定义 1.1.4. 说 $\phi(t)$ 是渐近稳定的，如果它是 Lyapunov 稳定，且存在 $\bar{\delta}>0$，使得当 $|\phi(t_0)-\psi(t_0)|<\bar{\delta}$ 时，有 $\lim_{t\to\infty}|\phi(t)-\psi(t)|=0$.

注意，对自治系统，δ 和 $\bar{\delta}$ 与 t_0 无关，见 Hale[1980].

启发地说，这些定义表明，从 Lyapunov 稳定的解附近出发的解此后仍保持在其附近，从渐近稳定的解附近出发的解当 $t\to\infty$ 时趋于该解，如图 1.1.5.

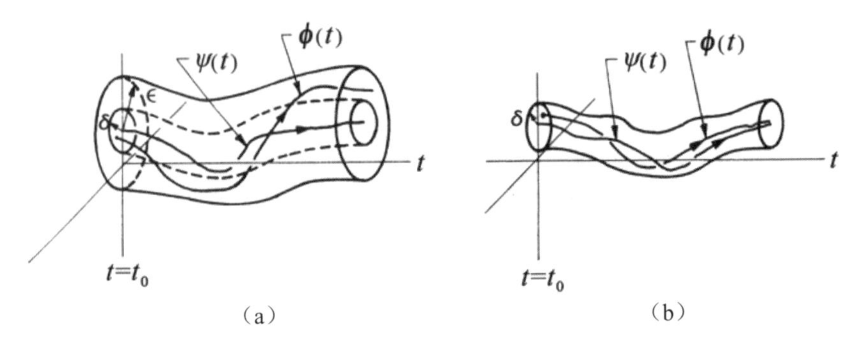

图 1.1.5 （a）Lyapunov 稳定，（b）渐近稳定

[18] 现在我们已经定义了解的稳定性，现在需要对具体问题确定它的稳定性. 确定特殊解的稳定性的一个直接方法是 Lyapunov 的直接法，建议读者参考这一节开始给出的文献. 确定稳定性的另一个方法是线性化. 下面将详细讨论它.

对（1.1.34）作坐标变换 $x=y+\phi(t)$，并对 $f(y+\phi(t))$ 关于 $y=0$ 进行 Taylor 展开. 得到方程

$$\dot{y}=Df(\phi(t))y+O(|y|^2). \tag{1.1.35}$$

现在（1.1.35）的解 $y=0$ 对应于（1.1.34）的解 $x=\phi(t)$. 因此，如果（1.1.35）的解 $y=0$ 稳定，则（1.1.34）的解 $x=\phi(t)$ 也同样稳定. 但现在，（1.1.35）的求解难度不亚于求解（1.1.34），因此对 y，我们假设 $O(|y|^2)$ 项可以忽略，于是得到一个线性方程

$$\dot{y}=Df(\phi(t))y. \tag{1.1.36}$$

现在我们要做两件事：（1）确定（1.1.36）的解 $y=0$ 的稳定性；（2）得到（1.1.36）的解 $y=0$ 的稳定性（或不稳定性）对应得到（1.1.34）的解 $x=\phi(t)$ 的稳定性（或不稳定性）. 通常，（1.1.36）的解 $y=0$ 的稳定性的确定是一个棘手问题（例如，见 Hale[1980]中对 Hill 方程的讨论），因为虽然这个方程是线性方程，但系数依赖于时间，因此没有一般方法求解这种方程. 如果 $\phi(t)$ 特别简单地依赖于时间，则一些结果是可用的. 例如，如果 $\phi(t)$ 关于时间是常数，即它是不动点，

则 $Df(\phi(t))$ 是常数矩阵，（1. 1. 36）的解可立即写出来；如果 $\phi(t)$ 是时间的周期函数，则可用 Floquet 理论（见 Hale[1980]）. 我们将只对 $x=\phi(t)=$ 常数感兴趣，对此我们有下面的结果.

定理 1. 1. 11. 假设 $x=\phi(t)=x_0=$ 常数是（1. 1. 34）的解，$Df(x_0)$ 没有零实部的特征值. 则（1. 1. 36）的解 $y=0$ 的渐近稳定性（不稳定）对应（1. 1. 34）的解 $x=x_0$ 的渐近稳定性（不稳定）.

证明： 这由 Hartman-Grobman 定理立刻得到，见 Hartman[1964]. □

下面我们对映射叙述一些类似的结果. 设 [19]

$$x \mapsto f(x), \quad x \in \mathbb{R}^n \tag{1. 1. 37}$$

是 C^r 映射，$r \geqslant 1$，其中 f 定义在开集 $U \subset \mathbb{R}^n$ 上. 给定 f 的一个轨道，我们将写出定义 1. 1. 3 和定义 1. 1. 4 的离散形式留给读者作为练习. 这里我们集中讨论（1. 1. 37）的周期轨道的稳定性.

设 p 是 f 的 k 周期点，即 p 在 f 作用下的轨道由

$$O(p)=\left\{p, p_1 \equiv f(p), p_2 \equiv f^2(p), \cdots, p_k \equiv f^k(p)=p\right\} \tag{1. 1. 38}$$

给出. 我们问 $O(p)$ 是否稳定. 注意，$p_1, \cdots, p_k$ 是 $f^k(x)$ 的每个不动点，由链规则，$Df^k(x)=Df(f^{k-1}(x))Df(f^{k-2}(x))\cdots Df(x)$. 因此，$O(p)$ 的稳定性化为 $f^k(x)$ 对任何 $j=1,\cdots,k$ 的不动点 p_j 的稳定性问题. 映射不动点的稳定性问题的回答与定理 1. 1. 11 中描述常微分方程不动点的稳定性问题的回答类似. 考虑

$$x \mapsto f^k(x), \quad x \in \mathbb{R}^n, \tag{1. 1. 39}$$

它有不动点 p_j，$j=1,\cdots,k$. 遵循类似给定常微分方程的论述，考虑相应的线性映射

$$y \mapsto Df^k(p_j)y, \quad y \in \mathbb{R}^n, \text{对任意 } j=1,\cdots,k, \tag{1. 1. 40}$$

它有不动点在 $y=0$. 我们有以下结果.

定理 1. 1. 12. 假设 p 是（1. 1. 37）的 k 周期点，$Df^k(p)$ 没有模为 1 的特征值，则（1. 1. 40）的不动点 $y=0$ 的渐近稳定性（或不稳定性）对应 $O(p)$ 的渐近稳定性（或不稳定性）.

证明： 这是 Hartman-Grobman 定理的离散形式，见 Hartman[1964]. □

我们注意，一般，关于映射的不动点的任何定理都有对映射的周期轨道的类似论述，这可通过由映射的 k 次迭代代替映射来得到，其中 k 为周期轨道的周期. 关于映射的稳定性的更多信息见 Bernoussou[1977]或者 Guckenheimer 和 Holmes[1983]. [20]

1. 1k. 渐近性态

在本节中，我们希望开发一些描述动力系统的渐近性态或可观察性态所必需的概念. 我们将同时为常微分方程和映射做这一工作.

考虑下面的常微分方程

$$\dot{x} = f(x), \quad x \in U \tag{1.1.41}$$

和映射

$$x \mapsto g(x), \quad x \in U, \tag{1.1.42}$$

其中在每个情形$f: U \to \mathbb{R}^n$和$g: U \to \mathbb{R}^n$都是在某个开集$U \subset \mathbb{R}^n$上的C^r微分同胚，$r \geqslant 1$．假设（1.1.41）对所有时间生成的流用$\phi_t(\cdot)$记.

定义 1.1.5. 集合$S \subset U$称为在$\phi_t(\cdot)$（相应地，g）作用下是不变的，如果$\phi_t(S) \subset S$（相应地，$g^n(S) \subset S$，对所有$t \in \mathbb{R}$（相应地，$n \in \mathbb{Z}$）. S称为不变集. 如果上面论述对所有$t \in \mathbb{R}^+$（相应地，$n \in \mathbb{Z}^+$）成立，则称S为正不变集；如果对所有$t \in \mathbb{R}^-$（相应地，$n \in \mathbb{Z}^-$）成立，则称S为负不变集.

回归性态包含在流或映射的非游荡集内.

定义 1.1.6. 称点$p \in U$为$\phi_t(\cdot)$（对应地，$g(\cdot)$）的非游荡点，如果p对的任何邻域V，存在某个非零$T \in \mathbb{R}$（相应地，$N \in \mathbb{Z}$），使得$\phi_T(V) \bigcap V \neq \varnothing$（相应地，$g^N(V) \bigcap V \neq \varnothing$）. $\phi_t(\cdot)$（相应地，$g(\cdot)$）的所有非游荡点的集合称为$\phi_t(\cdot)$（相应地，$g(\cdot)$）的非游荡集.

例 1.1.4. 对于流和映射，不动点和周期轨道上的所有点都是非游荡点.

例 1.1.5. 考虑方程

$$\begin{aligned} \dot{\theta}_1 &= \omega_1, \\ \dot{\theta}_2 &= \omega_2, \end{aligned} \quad (\theta_1, \theta_2) \in S^1 \times S^1 \equiv T^2. \tag{1.1.43}$$

这个方程生成的流是 [21]

$$\phi(t) = (\theta_1(t), \theta_2(t)) = (\omega_1 t + \theta_{10}, \omega_2 t + \theta_{20}), \tag{1.1.44}$$

容易看到，如果ω_1 / ω_2是有理数，则T^2上的所有点都位于周期轨道上；如果ω_1 / ω_2是无理数，则轨道上的所有点都位于从不闭合但稠密覆盖T^2的曲面. 因此，在这两种情形T^2上的所有点都是非游荡点.

吸引集被认为是动力系统的"可观察"状态.

定义 1.1.7. 称闭不变集$A \subset U$为吸引集，如果存在A的某个邻域V，使得对所有$x \in V$和所有$t \geqslant 0$（相应地，$n \geqslant 0$），都有$\phi_t(x) \in V$（相应地，$g^n(x) \in V$），而且当$t \to \infty$时$\phi_t(x) \to A$（相应地，$g^n(x) \to A$）.

定义 1.1.8. A的吸引盆或者吸引域，记为$\mathcal{D}_A$，定义为

$$\mathcal{D}_A = \bigcup_{t \leqslant 0} \phi_t(V) \quad (\text{相应地，} \bigcup_{n \leqslant 0} g^n(V)).$$

例 1.1.6. 考虑下面方程

$$\begin{aligned} \dot{x} &= y, \\ \dot{y} &= x - x^3 - \delta y, \end{aligned} \quad (x, y) \in \mathbb{R}^1 \times \mathbb{R}^1, \tag{1.1.45}$$

其中$\delta > 0$．（1.1.45）的相空间如图 1.1.6 所示.

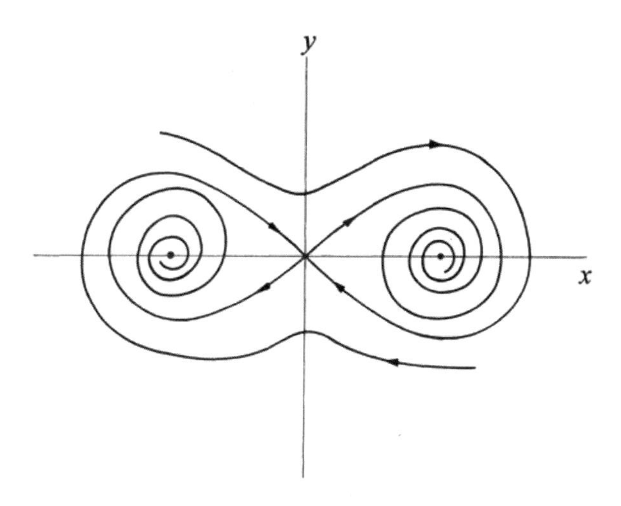

图 1.1.6　(1.1.45) 的相空间

方程（1.1.45）有三个不动点，其中一个不稳定不动点（鞍点）在原点，两个稳定不动点（汇）在$(\pm1,0)$. 稳定不动点是吸引子，这两个汇的吸引域如图 1.1.6 所示. 注意，从原点的鞍点出发的两对曲线：一对曲线由在正向时间从原点离开的点组成，另一对曲线由在正向时间接近原点的点组成，这些曲线分别称为原点的不稳定流形和稳定流形（对不变流形的讨论见 1.3 节），它们都是不变集的例子. 注意，原点的不稳定流形用于分隔两个汇的吸引域.

[22] 1.2. 共轭

坐标变换在动力系统的研究中的重要性不容小觑. 例如，在线性常系数常微分方程系统的研究中，坐标变换允许将系统解耦，从而将系统简化为一组易于求解的解耦线性一阶方程. 在完全可积的 Hamilton 系统的研究中，作用角坐标的变换得到一个简单可解的系统（见 Arnold [1978]），这些坐标在近可积系统的研究中也是有用的. 如果我们考虑动力系统的一般性质，坐标变换为我们提供了一种根据坐标变换后保持不变的性质对动力系统进行分类的方法. 在 1.4 节我们将看到结构稳定性的概念是基于这样的分类. 在这一节我们讨论坐标变换，或者，利用一个更一般的数学术语——共轭，一般的共轭，给出描述在特定的可微类坐标变换后由映射或向量场必须保留的一些性质. 我们将分别讨论映射和向量场的共轭，先从映射开始.

考虑两个 C^r 微分同胚 $f:\mathbb{R}^n\to\mathbb{R}^n$, $g:\mathbb{R}^n\to\mathbb{R}^n$ 和一个 C^k 微分同胚 $h:\mathbb{R}^n\to\mathbb{R}^n$. [23]

定义 1.2.1. 称 f 和 g 是 C^k 共轭的（$k\leqslant r$），如果存在 C^k 微分同胚 $h:\mathbb{R}^n\to\mathbb{R}^n$，使得 $g\circ h=h\circ f$. 如果 $k=0$，则 f 和 g 称为 C^k 拓扑共轭.

两个微分同胚的共轭通常用下面的图表示.

$$\begin{array}{ccc} \mathbb{R}^n & \xrightarrow{f} & \mathbb{R}^n \\ h\downarrow & & \downarrow h \\ \mathbb{R}^n & \xrightarrow{g} & \mathbb{R}^n \end{array} \tag{1.2.1}$$

如果关系式 $g\circ h=h\circ f$ 成立，则称这个图为交换图，这意味着可以从这个图的左上角的点开始与通过第二个可能的路径到达右下角的同一点. 注意，h 不需要在整个 $\mathbb{R}^n$ 上定义，而是可能只在给定点局部定义. 这时 f 和 g 称为局部 C^k 共轭.

如果 f 和 g 是 C^k 共轭的，则我们有下面结果.

命题 1.2.1. 如果 f 和 g 是 C^k 共轭的，则 f 的轨道在 h 作用下映射为 g 的轨道.

证明： 设 $x_0\in\mathbb{R}^n$，则 x_0 在 f 作用下的轨道为

$$O_f(x_0)=\left\{\cdots,f^{-n}(x_0),\cdots,f^{-1}(x_0),x_0,f(x_0),\cdots,f^n(x_0),\cdots\right\}. \tag{1.2.2}$$

由定义 1.2.1，$f=h^{-1}\circ g\circ h$，因此，对给定的 $n>0$，我们有

$$f^n(x_0)=\underbrace{\left(h^{-1}\circ g\circ h\right)\circ\left(h^{-1}\circ g\circ h\right)\circ\cdots\circ\left(h^{-1}\circ g\circ h\right)}_{n\text{ 个因子}}(x_0) \tag{1.2.3}$$

$$=h^{-1}\circ g^n\circ h(x_0) \tag{1.2.4}$$

或者

$$h\circ f^n(x_0)=g^n\circ h(x_0). \tag{1.2.5}$$

同样，由定义 1.2.1，$f^{-1}=h^{-1}\circ g^{-1}\circ h$，因此，由对 $n>0$ 的相同论述，得到

$$h\circ f^{-n}(x_0)=g^{-n}\circ h(x_0). \tag{1.2.6}$$

[24] 因此，由（1.2.5）和（1.2.6）我们看到，x_0 在 f 作用下的轨道通过 h 在 g 的作用下映为 $h(x_0)$ 的轨道. □

命题 1.2.2. 如果 f 和 g 是 C^k 共轭的，$k\geqslant 1$，x_0 是 f 的不动点，则 $Df(x_0)$ 的特征值等于 $Dg(h(x_0))$ 的特征值.

证明： 由定义 1.2.1，$f(x)=h^{-1}\circ g\circ h(x)$. 注意，由于 x_0 是不动点，故 $g(h(x_0))=x_0$. 又因为 h 是可微的，我们有

$$Df\big|_{x_0}=Dh^{-1}\big|_{x_0}Dg\big|_{h(x_0)}Dh\big|_{x_0}, \tag{1.2.7}$$

回忆相似矩阵有相同的特征值，得证. □

下面我们回到流. 设 f 和 g 是 $\mathbb{R}^n$ 上的 C^r 向量场.

定义 1.2.2. f 和 g 称为是 C^k 等价的，如果存在 C^k 微分同胚 h，它将 f 生成的流的轨道 $\phi(t,x)$ 变到 g 生成的流的轨道 $\psi(t,y)$，并保持定向，但不必通过时间参数化. 如果 h 保持时间参数化，则 f 和 g 称为是 C^k 共轭的.

注意，对映射、共轭不需要在整个 $\mathbb{R}^n$ 上定义.

现在我们证明由定义 1.1.2 得到的一些结果.

命题 1.2.3. 假设 f 和 g 是 C^k 共轭的. 则：

（a）f 的不动点映射为 g 的不动点.

（b）f 的 T 周期轨道映射为 g 的 T 周期轨道.

证明： f，g 在 h 作用下 C^k 共轭意味着

$$h \circ \phi(t,x) = \psi(t,h(x)), \tag{1.2.8}$$

$$Dh\dot{\phi} = \dot{\psi}. \tag{1.2.9}$$

（a）的证明由（1.2.9）得到，（b）的证明由（1.2.8）得到. □

命题 1.2.4. 假设 f 和 g 是 C^k 共轭的，$k \geqslant 1$，且 $f(x_0)=0$，则 $Df(x_0)$ 与 $Dg(h(x_0))$ 有相同特征值.

证明： 我们有两个向量场，$\dot{x} = f(x)$，$\dot{y} = g(y)$. 关于 t 微分（1.2.8），得到

$$Dh\big|_x f(x) = g(h(x)). \tag{1.2.10}$$

微分（1.2.10）得到

[25]

$$D^2h\big|_x f(x) + Dh\big|_x Df\big|_x = Dg\big|_{h(x)} Dh\big|_x. \tag{1.2.11}$$

在 x_0 计算（1.2.11），得到

$$Dh\big|_{x_0} Df\big|_{x_0} = Dg\big|_{h(x_0)} Dh\big|_{x_0}, \tag{1.2.12}$$

或者

$$Df\big|_{x_0} = Dh^{-1}\big|_{x_0} Dg\big|_{h(x_0)} Dh\big|_{x_0}, \tag{1.2.13}$$

由于相似矩阵有相同特征值，证明完毕. □

上面两个命题讨论 C^k 共轭. 下面我们在沿着轨道的时间参数化变化是 C^1 的假设下检查 C^k 等价性的结果.

命题 1.2.5. 假设 f 和 g 是 C^k 等价的，则：

（a）f 的不动点映射为 g 的不动点.

（b）f 的周期轨道映射为 g 的周期轨道，但周期不必相等.

证明： 如果 f 和 g 是 C^k 等价的，则

$$h \circ \phi(t,x) = \psi(\alpha(x,t), h(x)), \tag{1.2.14}$$

其中 α 沿着轨道是时间的递增函数（注意：为了保持定向，α 必须是递增的）.

微分（1.2.14）得到

$$Dh\dot{\phi} = \frac{\partial \alpha}{\partial t}\frac{\partial \psi}{\partial \alpha}. \tag{1.2.15}$$

因此（1.2.15）意味着（a）. 同样（b）自动得到，因为 C^k 微分同胚映射闭曲线为闭曲线.（如果这不成立，则逆可不连续.）

命题 1.2.6. 假设 f 和 g 是 C^k 等价的（$k \geqslant 1$）以及 $f(x_0)=0$，则 $Df(x_0)$

和 $Dg(h(x_0))$ 的特征值相差一个正乘法常数.

证明：如命题 1.2.4 的证明，我们有

$$Dh\big|_x f(x)=\frac{\partial\alpha}{\partial t}g(h(x)). \qquad (1.2.16)$$

[26] 微分（1.2.16），得到

$$D^2h\big|_x f(x)+Dh\big|_x Df\big|_x=\frac{\partial\alpha}{\partial t}Dg\bigg|_{h(x)}Dh\big|_x+\frac{\partial^2\alpha}{\partial x\partial t}\bigg|_x g(h(x)). \qquad (1.2.17)$$

在 x_0 处计值，得到

$$Dh\big|_{x_0} Df\big|_{x_0}=\frac{\partial\alpha}{\partial t}Dg\big|_{h(x_0)}Dh\big|_{x_0}. \qquad (1.2.18)$$

因此，$Df\big|_{x_0}$ 和 $Dg\big|_{h(x_0)}$ 类似，至多相差一个乘法常数 $\partial\alpha/\partial t$，它是正的，因为在轨道上 α 是递增的. □

1.3. 不变流形

在本节中，我们将描述在第 3 章和第 4 章中反复利用的不变流形理论的一些内容. 粗略地说，不变流形是包含在动力系统相空间中的曲面，它具有从曲面上出发的轨道在它们的动力学发展过程中仍保持在该曲面上的特性. 即不变流形是组成曲面的轨道集（注意：稍后我们将通过引入局部不变流形的概念来放宽这一要求）. 另外，在某些条件下，随着时间渐近地接近或离开不变流形 M 的一组轨道也是不变的流形，它们分别称为 M 的稳定流形和不稳定流形. 了解动力系统的不变流形以及它们各自的稳定和不稳定流形的相互作用对全面了解全局动力学至关重要. 在第 3 章和第 4 章中，这一陈述将变得显而易见. 此外，在某些一般条件下，不变流形通常具有在扰动下的持久性. 第 4 章我们用这个性质为系统开发全局扰动法，那时我们对不变流形结构有了全局认识.

近几十年来，关于不变流形的工作进展是很惊人的，并且至今仍在快速发展. 因此，不可能在本节中全面介绍该理论的各个方面，甚至无法进行充分的历史考察. 但是，我们将给出一些主要结果的年表以及可以获得更多信息的一些参考文献. （注意：关于不变流形的结 [27] 果我们可以借助连续时间系统（向量场）或离散时间系统（映射）来表述. 在任何一种情况下，将一种系统类型的结果转换为另一种类型的相应结果通常都没有什么困难. 对某些例子的讨论，可见 Fenichel [1971], [1974], [1977], Hirsch, Pugh 和 Shub [1977]或者 Palis 和 deMelo [1982] . ）

第一批不变流形的严格结果属于 Hadamard [1901]和 Perron [1928], [1929], [1930]. 他们证明映射和常微分方程的不动点的稳定和不稳定流形的存在性是用不同的技巧. Levinson [1950]在他对对偶振子的研究中构造了不变环面. 这个工作被 Diliberto [1960], [1961]进行了推广和

概括，其他对此做出贡献的有 Kyner [1956]，Hufford [1956]，Marcus [1956]，Hale [1961]，Kuzweil [1968]，McCarthy [1955]和 Kelley [1967]. 同时，类似的工作在由 Bogoliubov 和 Mitropolsky [1961]领导的俄罗斯学派也在独立地进行. Sacker [1964]首次证明了任意不变流形的稳定流形和不稳定流形的存在性及其在扰动下的持久性. 这项工作后来被 Fenichel [1971]，[1974]，[1977] 扩展和推广，并由 Hirsch，Pugh 和 Shub [1977] 独立完成了类似的工作，甚至更多的扩展. 一些更近代的结果包括 Sacker 和 Sell [1978]，[1974]和 Sell [1978]的工作被 Sell [1979]用来研究 n 维环面的分支（注意：Sell 的工作代表了处理向湍流过渡的 Ruelle-Takens-Newhouse 情景的第一个严格结果，参见 Sell [1981]，[1982]），以及 Pesin [1976]，[1977] 处理在非一致双曲假设下的不变流形的存在性问题. 我们没有提到任何与中心流形相关的结果（见 Carr[1981]或 Sijbrand [1985]）或无限维系统中的不变流形（见 Hale，Magalhães 和 Oliva [1984]以及 Henry [1981]），因为在本书用不上这些概念和结果.

我们将描述的不变流形理论的结果取自 Fenichel [1971]，因为它们最适合我们将在第 4 章中开发的扰动技术. 但是，首先我们将从一个激发式例子开始.

[28] **例 1. 3. 1.** 考虑定义在 $\mathbb{R}^n$ 上的非线性自治常微分方程

$$\dot{x} = f(x), \quad x(0) = x_0, \quad x \in \mathbb{R}^n, \tag{1.3.1}$$

其中 $f:\mathbb{R}^n \to \mathbb{R}^n$ 至少是 C^1 类的. 对（1. 3. 1）我们做下面假设.

（A1）（1. 3. 1）有不动点 $x=0$，即 $f(0)=0$.

（A2） $Df(0)$ 有 $n-k$ 个具负实部的特征值，k 个有正实部的特征值.

因此，（1. 3. 1）有特别平凡的不变流形，即在 $x=0$ 的不动点. 现在我们就来研究通过关于不动点 $x=0$ 的线性化（1. 3. 1）得到的线性系统的性质. 记线性化系统为

$$\dot{\xi} = Df(0)\xi, \qquad \xi \in \mathbb{R}^n, \tag{1.3.2}$$

并注意这个线性化系统有在原点的不动点. 用 $v^1,\cdots,v^{n-k}$ 表示对应于有正实部特征值的广义特征向量，用 $v^{n-k+1},\cdots,v^n$ 表示对应有负实部特征值的广义特征向量. 于是，定义

$$\begin{aligned} E^u &= \operatorname{span}\{v^1,\cdots,v^{n-k}\}, \\ E^s &= \operatorname{span}\{v^{n-k+1},\cdots,v^n\} \end{aligned} \tag{1.3.3}$$

为线性系统（1. 3. 2）的不变流形，它们分别是熟知的稳定和不稳定子空间. E^u 是点的集合，使得（1. 3. 2）通过这些点的轨道在负时间方向渐近地接近原点，而 E^s 表示（1. 3. 2）通过这些点的轨道在正时间方向渐近地接近原点的点的集合.（注意：这些论述不难证明，建议读者参考 Arnold [1973]，或者 Hirsch 和 Smale [1974]对常系数线性方程的讨论.）我们在图 1. 3. 1 中几何地表示了这个情况.

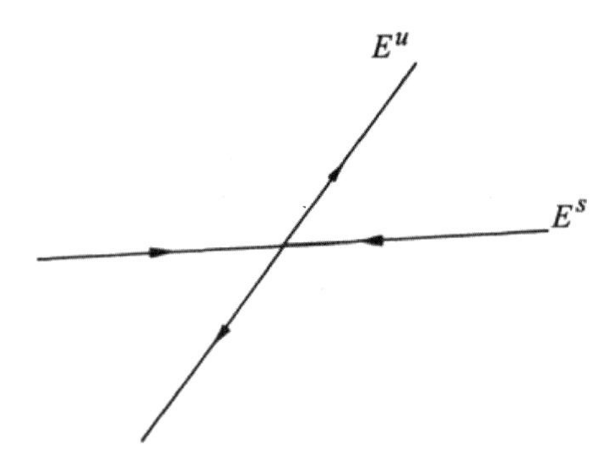

图 1. 3. 1

现在我们要问的问题是非线性系统（1. 3. 1）在不动点 $x=0$ 附近的性态是什么？我们期望线性化系统应该给我们一些关于非线性系统不动点附近的轨道结构性质的指示，因为 $Df(0)$ 的特征值都没有实部为零的事实意味着（1. 3. 1）在 $x=0$ 的流受（1. 3. 2）的流支配.（注意：如果向量场的不动点具有如下性质：向量场关于不动点的线性化的相应矩阵的特征值有非零实部，则称此不动点为*双曲不动点*.）事实上，不动点的稳定流形定理（见 Palis 和 deMelo[1982]）告诉我们，在（1. 3. 1）的不动点 $x=0$ 的邻域内存在可微（与向量场（1. 3. 1）一样可微）的在 $x=0$ 与 E^u 相切的 $n-k$ 维曲面 $W^u_{\text{loc}}(0)$，以及在 $x=0$ 与 E^s 相切的 k 维曲面 $W^s_{\text{loc}}(0)$，它们具有性质：$W^u_{\text{loc}}(0)$ 上的点的轨道在负时间方向（即 $t\to-\infty$ 时）渐近趋于 $x=0$，$W^s_{\text{loc}}(0)$ 上的点的轨道在正时间方向（即 $t\to+\infty$ 时）渐近趋于 $x=0$. $W^u_{\text{loc}}(0)$ 和 $W^s_{\text{loc}}(0)$ 分别称为 $x=0$ 的局部不稳定和局部稳定流形. 图 1. 3. 2 几何地表示了这个情况. [29]

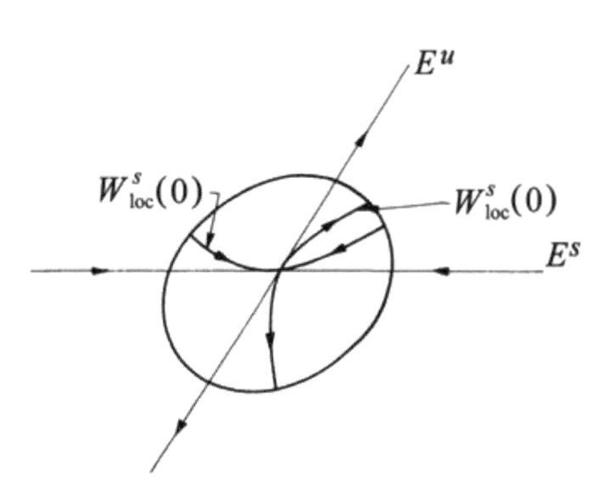

图 1. 3. 2　（1. 3. 1）在 $x=0$ 附近的相空间

现在我们用 $\phi_t(\cdot)$ 表示由（1. 3. 1）生成的流，于是可以利用局部流形上的点作为初始条件来定义 $x=0$ 的全局稳定和不稳定流形：

$$
\begin{aligned}
W^u(0) &= \bigcup_{t\geqslant 0}\phi_t(W^u_{\text{loc}}(0)),\\
W^s(0) &= \bigcup_{t\leqslant 0}\phi_t(W^s_{\text{loc}}(0)),
\end{aligned}
\tag{1.3.4}
$$

[30] $W^u(0)$ 和 $W^s(0)$ 分别称为 $x=0$ 的不稳定流形和稳定流形. 图 1.3.3 几何地表示了这个情况.

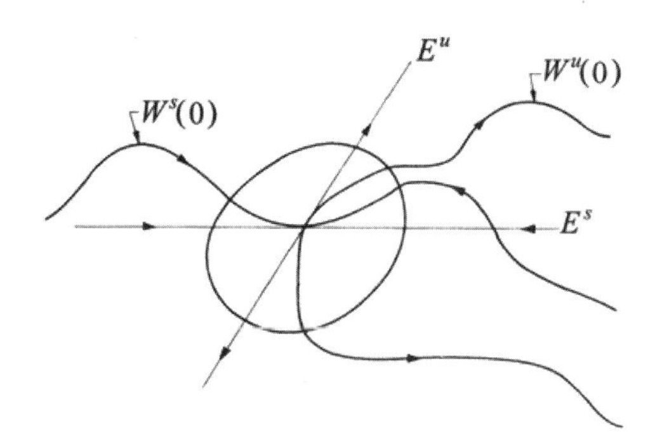

图 1.3.3　$x=0$ 的全局稳定和不稳定流形

现在给（1.3.1）加上一个自治小扰动 $\varepsilon g(x)$，其中 $g(x)$ 如 $f(x)$ 是可微函数，$\varepsilon\in I\subset\mathbb{R}$，其中 $I=\{\varepsilon\in\mathbb{R}\mid 0<\varepsilon<\varepsilon_0\}$，扰动系统记为

$$
\dot{x}=f(x)+\varepsilon g(x),\quad x(0)=x_0,\quad x\in\mathbb{R}^n. \tag{1.3.5}
$$

现在我们要问，（1.3.1）的结构有多少在扰动系统（1.3.5）中得到保持. 特别地，我们关注在原点的不动点及其稳定和不稳定流形的情况. [31]

不动点的命运容易通过隐函数定理的简单应用确定（回忆（1.3.5）的不动点是 $f(x)+\varepsilon g(x)=0$ 的解）. 我们将这个问题设置为隐函数定理的应用. 考虑函数

$$
\begin{aligned}
G:\mathbb{R}^n\times I &\to \mathbb{R}^n,\\
(x,\varepsilon) &\mapsto f(x)+\varepsilon g(x).
\end{aligned}
\tag{1.3.6}
$$

显然，$G(0,0)=0$，我们要确定当 (x,ε) 趋近 $(0,0)$ 时 $G(x,\varepsilon)=0$ 是否存在解. 现在 G 关于 x 的导数在 $(x,\varepsilon)=(0,0)$ 的值为

$$
D_xG(0,0)=D_xf(0). \tag{1.3.7}
$$

由我们对 $Df(0)$ 的特征值的假设（具体地说，不存在零特征值），显然 $\det[D_xG(0,0)]=\det D_xf(0)\neq 0$，因此，由隐函数定理，存在 ε 的函数 $\overline{x}(\varepsilon)$（其中 $\overline{x}(\varepsilon)$ 与 $G(x,\varepsilon)$ 一样可微），使得对包含在 I 中的充分小 ε 有

$$
G(\overline{x}(\varepsilon),\varepsilon)=0. \tag{1.3.8}
$$

因此，不动点在扰动系统得到保持，虽然它可能会稍微移动.

$x=0$ 的不稳定流形和稳定流形的命运由稳定流形和不稳定流形的持久性理论得到（见 Fenichel [1971] 以及 Hirsch，Pugh 和 Shub [1977]），

我们将在稍后对此做详细描述. 然而，现在我们将叙述这个理论的结果，它告诉我们，在包含 $x=0$ 和 $x=\overline{x}(\varepsilon)$ 的某个邻域 $\tilde{N}$ 内，存在通过 $\overline{x}(\varepsilon)$ 的微分流形 $\tilde{W}_{\text{loc}}^{u}(\overline{x}(\varepsilon))$ 和 $\tilde{W}_{\text{loc}}^{s}(\overline{x}(\varepsilon))$，它们具有如下性质：$\tilde{W}_{\text{loc}}^{u}(\overline{x}(\varepsilon))$ 中点的轨道在扰动流的作用下在时间负方向渐近地趋于 $x=\overline{x}(\varepsilon)$，而 $\tilde{W}_{\text{loc}}^{s}(\overline{x}(\varepsilon))$ 中点的轨道在扰动流的作用下在时间正方向渐近地趋于 $x=\overline{x}(\varepsilon)$. $\tilde{W}_{\text{loc}}^{u}(\overline{x}(\varepsilon))$ 和 $\tilde{W}_{\text{loc}}^{s}(\overline{x}(\varepsilon))$ 分别具有与 $W_{\text{loc}}^{u}(0))$ 和 $W_{\text{loc}}^{s}(0)$ 相同的维数和可微性. 利用扰动系统（1.3.5）生成的流以及 $\tilde{W}_{\text{loc}}^{u}(\overline{x}(\varepsilon))$ 和 $\tilde{W}_{\text{loc}}^{s}(\overline{x}(\varepsilon))$ 作为初始条件，可以定义 $x=\overline{x}(\varepsilon)$ 的全局不稳定和稳定流形，其方式与我们为未被扰动系统定义它们的方式完全相同. 几何解释如图 1.3.4 所示.

[32]

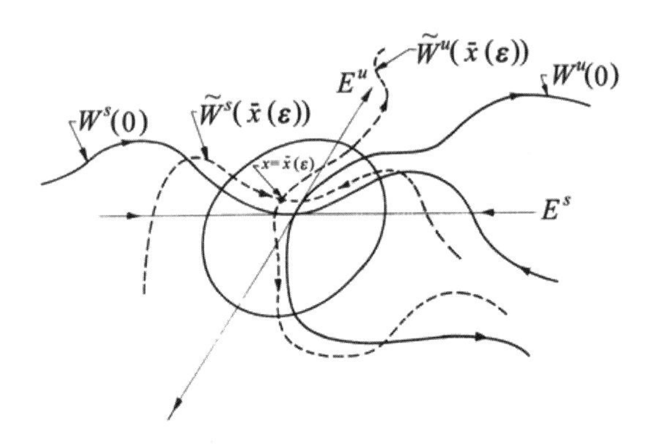

图 1.3.4　扰动和未被扰动的结构

这个简单例子说明我们现在要强调的不变流形理论中出现的几个要点.

（1）对于未被扰动方程，首先需要定位不变流形. 在我们简单的例子中不变流形是不动点，它可以通过求解耦合的非线性代数关系系统的零点来找到. 定位更一般类型的不变流形可能需要对非线性常微分方程的轨道结构有相当详细的了解，这通常是一项艰巨任务.

（2）一旦得到了不变流形，就必须研究未被扰动系统关于这个不变流形的线性化得到的线性系统. 在这个过程中，不变流形是不动点、周期轨道或拟周期轨道，是我们非常熟悉的. 如果未被扰动系统有形式

$$\dot{x}=f(x),\quad x\in\mathbb{R}^n,\quad f\in C^1, \tag{1.3.9}$$

它的不变流形 $\phi(t)$ 是不动点、周期轨道或拟周期轨道，则令 $x(t)=\phi(t)+\xi(t)$，得到

[33]

$$\dot{x}=\dot{\phi}+\dot{\xi}=f(\phi+\xi)=f(\phi)+Df(\phi)\xi+O\left(|\xi|^2\right),$$

$$\text{或者 } \dot{\xi}=Df(\phi)\xi+O\left(|\xi|^2\right), \tag{1.3.10}$$

因为$\dot{\phi} = f(\phi)$（即ϕ是（1. 3. 9）的解）. 如果我们只保留ξ中的线性项，则得到相应的线性系统

$$\dot{\xi} = Df(\phi)\xi . \tag{1.3.11}$$

现在，如果不变流形更一般，例如，包含（1. 3. 9）的许多不同轨道的曲面，则关于不变流形的线性化不是一个简单的过程，特别是如果不变流形不能全局表示为一个函数的图像. 此时我们得到一组线性方程组，这些方程组表示不变流形上不同“坐标卡”中的线性化向量场. 描述一般不变流形附近的向量场的技术是从我们将简要描述的微分流形理论中得到的.

（3）一旦我们得到了线性化系统，就必须研究它的稳定性. 这些信息将使我们能够确定不变流形的稳定流形和不稳定流形的维数以及在扰动下的结构持久性和光滑性. 这是一项艰巨任务，因为线性系统的系数可能复杂地依赖于时间. 这个问题有两种基本等价方法，一种涉及计算 Lyapunov 型数或指数（这是我们将采用的方法），另一种是考虑指数二分法（参见 Coppel [1978]，Sacker 和 Sell [1974]）.

在讨论不变流形的一般理论之前，我们需要微分几何中的一些背景材料. 更具体地说，我们需要了解微分流形的定义、点的切空间、切丛以及在微分流形上定义的映射的导数. 我们不想以最抽象或数学上最清晰的方式来描述这些概念，而是按照它们在应用中最常出现的方式来描述这些概念. 在涉及对某些物理系统的动力学建模的应用中，[34] 我们通常选择描述系统各个方面的某些量，并写出描述这些量随时间演化的方程. 这些量构成了系统的相空间，其中不变流形作为相空间中的曲面出现. 因此，我们选择将微分流形的概念发展为嵌入在$\mathbb{R}^n$中的曲面（大致遵循 Milnor [1965]，Guillemin 和 Pollack [1974]的阐述），建议读者参考任何微分几何教科书以了解微分流形理论（例如，Spivak [1979]是一本标准且非常全面的教科书）. 我们的方法将允许我们绕过某些集合论和拓扑方法，因为我们的流形将从$\mathbb{R}^n$继承许多结构，其拓扑相对熟悉. 此外，希望这种方法能够满足对微分几何这个主题知之甚少或毫无经验的读者的直觉中.

我们将通过在$\mathbb{R}^n$的任意子集上定义映射的导数开始.

定义 1. 3. 1. 考虑映射$f: X \to \mathbb{R}^m$，其中X是$\mathbb{R}^n$的任意子集. 称f在X上是C^r的，如果对每个点$x \in X$，存在包含x的一个开集$U \subset \mathbb{R}^n$和C^r映射$F: U \to \mathbb{R}^m$，使得在$U \cap X$上有$f = F$.

定义 1. 3. 2. 两个欧氏空间的子集上的映射$f: X \to T$称为是C^r微分同胚的，如果它是一一映射，且逆映射$f^{-1}: Y \to X$也是C^r的.

现在我们可以给出微分流形的定义.

定义 1. 3. 3. 子集$M \subset \mathbb{R}^m$称为m维C^r流形，如果它具有以下两个结构特征：

（1）存在开集的可数集$V^\alpha \subset \mathbb{R}^n$，$\alpha \in A$，其中$A$是某个可数指

标集，使得$M=\bigcup_{\alpha\in A}U^{\alpha}$，其中$U^{\alpha}\equiv V^{\alpha}\cap M$.

（2）存在在每个U^{α}上定义的C^{r}微分同胚x^{α}，将U^{α}映射为$\mathbb{R}^{m}$的某个开集.

关于定义1.3.3我们做下面几点说明：

（1）偶$(U^{\alpha};x^{\alpha})$的标准术语称为M的卡，所有卡的并$\bigcup_{\alpha\in A}(U^{\alpha};x^{\alpha})$称为$M$的图册.

（2）通常称集合U^{α}为相对开集，即关于M是开的.

（3）由定义1.3.3的（2），我们注意到，一个流形的可微次数与x^{α}的可微次数相同. 这意味着在重叠卡上必须满足一定的相容性条件. 更具体地说，设$(U^{\alpha};x^{\alpha})$和$(U^{\beta};x^{\beta})$，$\alpha,\beta\in A$是两个卡，使得$U^{\alpha}\cap U^{\beta}\neq\varnothing$，见图1.3.5. [35]

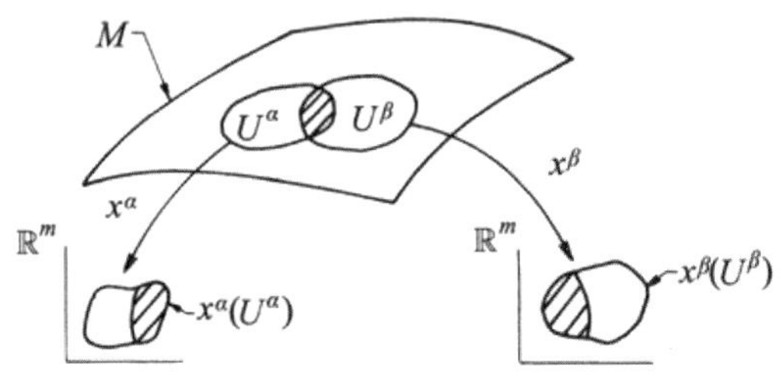

图1.3.5　流形上的坐标卡

于是，区域$U^{\alpha}\cap U^{\beta}$可以通过两个不同的坐标化即$(U^{\alpha}\cap U^{\beta};x^{\alpha})$和$(U^{\alpha}\cap U^{\beta};x^{\beta})$来描述. 记为

$$\begin{aligned}x^{\alpha}&:p\in U^{\alpha}\cap U^{\beta}\to(x_1^{\alpha},\cdots,x_m^{\alpha})\in\mathbb{R}^m,\\x^{\beta}&:p\in U^{\alpha}\cap U^{\beta}\to(x_1^{\beta},\cdots,x_m^{\beta})\in\mathbb{R}^m,\end{aligned}\tag{1.3.12}$$

其中$(x_1^{\alpha},\cdots,x_m^{\alpha})$和$(x_1^{\beta},\cdots,x_m^{\beta})$表示欧氏空间$\mathbb{R}^m$中的点. 现在映射

$$\begin{gathered}x^{\beta}\circ(x^{\alpha})^{-1}:x^{\alpha}(U^{\alpha}\cap U^{\beta})\to x^{\beta}(U^{\alpha}\cap U^{\beta}),\\(x_1^{\alpha},\cdots,x_m^{\alpha})\mapsto(x_1^{\beta}(x_1^{\alpha},\cdots,x_m^{\alpha}),\cdots,x_m^{\beta}(x_1^{\alpha},\cdots,x_m^{\alpha})),\\x^{\alpha}\circ(x^{\beta})^{-1}:x^{\beta}(U^{\alpha}\cap U^{\beta})\to x^{\alpha}(U^{\alpha}\cap U^{\beta}),\\(x_1^{\beta},\cdots,x_m^{\beta})\mapsto(x_1^{\alpha}(x_1^{\beta},\cdots,x_m^{\beta}),\cdots,x_m^{\alpha}(x_1^{\beta},\cdots,x_m^{\beta}))\end{gathered}\tag{1.3.13}$$

分别表示从x^{β}坐标到x^{α}坐标，以及x^{α}坐标到x^{β}坐标的坐标变换. x^{α}和x^{β}是C^{r}微分同胚的事实意味着描述坐标变换的映射也必须是C^{r}微分同胚.（注意：$(x_1^{\alpha},\cdots,x_m^{\alpha})$在$x^{\beta}\circ(x^{\alpha})^{-1}$（类似地，对映射$x^{\alpha}\circ(x^{\beta})^{-1}$）作用下的像的公式（1.3.13）应该更准确地写为$(x_1^{\beta}(p(x_1^{\alpha},\cdots,x_m^{\alpha})),\cdots,x_m^{\beta}(p(x_1^{\alpha},\cdots,x_m^{\alpha})))$. 然而，在坐标卡中用它们的像来识别流形中的点是标准的并且有些直观，特别是当流形是$\mathbb{R}^n$中的曲面时.）尤其对$r\geqslant1$，我们对坐标变换得到一个常见要求，即雅可比矩阵 [36]

$$\begin{pmatrix} \dfrac{\partial x_1^\beta}{\partial x_1^\alpha} & \cdots & \dfrac{\partial x_1^\beta}{\partial x_m^\alpha} \\ \vdots & & \vdots \\ \dfrac{\partial x_m^\beta}{\partial x_1^\alpha} & \cdots & \dfrac{\partial x_m^\beta}{\partial x_m^\alpha} \end{pmatrix} \text{和} \begin{pmatrix} \dfrac{\partial x_1^\alpha}{\partial x_1^\beta} & \cdots & \dfrac{\partial x_1^\alpha}{\partial x_m^\beta} \\ \vdots & & \vdots \\ \dfrac{\partial x_m^\alpha}{\partial x_1^\beta} & \cdots & \dfrac{\partial x_m^\alpha}{\partial x_m^\beta} \end{pmatrix} \tag{1.3.14}$$

分别在 $x^\alpha \circ (U^\alpha \cap U^\beta)$ 和 $x^\beta \circ (U^\alpha \cap U^\beta)$ 上是非奇异的.

启发地说，我们看到，微分流形是一个集合，局部具有普通欧氏空间的结构. 现在我们给出流形的几个例子.

例 1.3.2. 欧氏空间 $\mathbb{R}^n$ 是 C^∞ 流形的一个平凡例子. 我们取 $(i;\mathbb{R}^n)$ 作为单个坐标卡. 其中 i 是识别 $\mathbb{R}^n$ 中以它的坐标的每一“点”的恒等映射. 应该清楚，i 是无限可微的，因此，$\mathbb{R}^n$ 是一个 C^∞ 流形.

例 1.3.3. 设 $f: I \to \mathbb{R}$ 是一个 C^r 函数，其中 $I \subset \mathbb{R}$ 是某个开连通集. 于是，f 的图定义如下：

$$f = \{(s,t) \in \mathbb{R}^2 \mid t = f(s),\ s \in I\}. \tag{1.3.15}$$

几何上图 f 可以如图 1.3.6 所示.

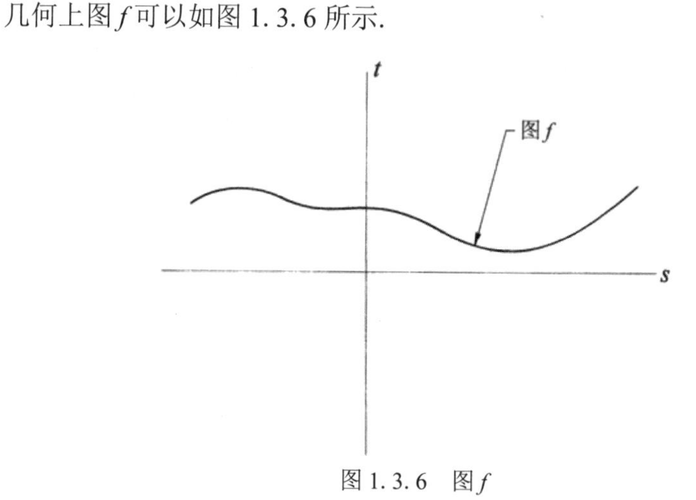

图 1.3.6　图 f

我们断言，图 f 是一个 C^r 1 维流形，为了验证这一点，必须证明满足定义 1.3.3 的两个要求：

（1）设 $U = \mathbb{R}^2 \cap$ 图 f，于是由定义 $U =$ 图 f.

（2）我们用下面方式在 U 上定义坐标卡：

$$\begin{gathered} x: U \to \mathbb{R}^1, \\ (s, f(s)) \mapsto s, \end{gathered} \tag{1.3.16}$$

其中逆映射以明显方式定义：

$$\begin{gathered} x^{-1}: \mathbb{R}^1 \to U, \\ s \mapsto (s, f(s)). \end{gathered} \tag{1.3.17}$$

由于f是C^r的，显然x和x^{-1}是C^r的. 因此，图f是由单个坐标卡描述的C^r 1 维流形. 我们注意到，这个例子应该让读者想起初等微积分的一些启发式方面，通常将标量函数可视为平面中的曲线，并用函数定义域中的对应点来等同曲线上的点. [37]

例 1. 3. 4. 考虑下面$\mathbb{R}^3$中的点集

$$M=\left\{(u,v,w)\in\mathbb{R}^3\mid u^2+v^2+w^2=1\right\}. \tag{1.3.18}$$

这正是单位半径的 2 维球面. 下面要证明M是一个C^∞ 2 维流形.

[38] 定义开集

$$\begin{aligned}
U^1&=\left\{(u,v,w)\in\mathbb{R}^3\mid u^2+v^2+w^2=1,\ w>0\right\},\\
U^2&=\left\{(u,v,w)\in\mathbb{R}^3\mid u^2+v^2+w^2=1,\ w<0\right\},\\
U^3&=\left\{(u,v,w)\in\mathbb{R}^3\mid u^2+v^2+w^2=1,\ v>0\right\},\\
U^4&=\left\{(u,v,w)\in\mathbb{R}^3\mid u^2+v^2+w^2=1,\ v<0\right\},\\
U^5&=\left\{(u,v,w)\in\mathbb{R}^3\mid u^2+v^2+w^2=1,\ u>0\right\},\\
U^6&=\left\{(u,v,w)\in\mathbb{R}^3\mid u^2+v^2+w^2=1,\ u<0\right\}.
\end{aligned} \tag{1.3.19}$$

显然，这 6 个集合关于M是开的，它们覆盖M（图 1. 3. 7）.

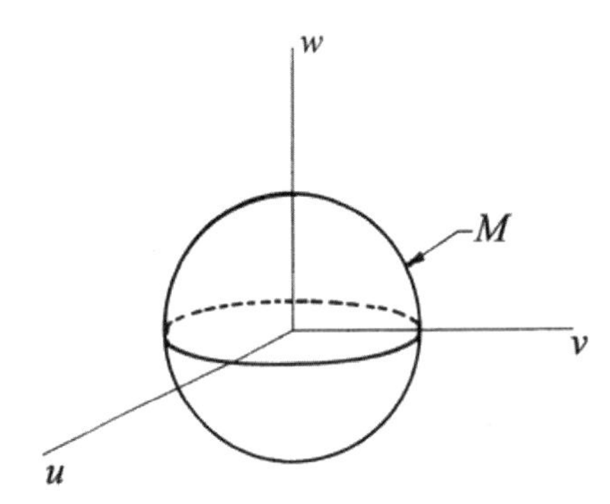

图 1. 3. 7 $M=U^1\cup U^2\cup U^3\cup U^4\cup U^5\cup U^6$

在这 6 个集合中，M的点可表示如下：

$$\begin{aligned}
&U^1:(u,v,\sqrt{1-u^2-v^2}),\\
&U^2:(u,v,-\sqrt{1-u^2-v^2}),\\
&U^3:(u,\sqrt{1-u^2-w^2},w),\\
&U^4:(u,-\sqrt{1-u^2-w^2},w),\\
&U^5:(\sqrt{1-v^2-w^2},v,w),\\
&U^6:(-\sqrt{1-v^2-w^2},v,w).
\end{aligned} \tag{1.3.20}$$

定义U^α，$\alpha=1,\cdots,6$到$\mathbb{R}^2$的映射如下： [39]

$$
\begin{aligned}
&x^1: U^1 \to \mathbb{R}^2 \\
&\quad (u, v, \sqrt{1-u^2-v^2}) \mapsto (u, v), \\
&x^2: U^2 \to \mathbb{R}^2 \\
&\quad (u, v, -\sqrt{1-u^2-v^2}) \mapsto (u, v), \\
&x^3: U^3 \to \mathbb{R}^2 \\
&\quad (u, \sqrt{1-u^2-w^2}, w) \mapsto (u, w), \\
&x^4: U^4 \to \mathbb{R}^2 \\
&\quad (u, -\sqrt{1-u^2-w^2}, w) \mapsto (u, w), \\
&x^5: U^5 \to \mathbb{R}^2 \\
&\quad (\sqrt{1-v^2-w^2}, v, w) \mapsto (v, w), \\
&x^6: U^6 \to \mathbb{R}^2 \\
&\quad (-\sqrt{1-v^2-w^2}, v, w) \mapsto (v, w).
\end{aligned} \tag{1.3.21}
$$

其中逆映射以明显方式定义（见例 1.3.3）．显然，x^α 和 $(x^\alpha)^{-1}$，$\alpha=1$，…，6 是 C^∞ 的.

现在我们对一个特殊例子证明在覆叠区域上的坐标化的相容性. M 中的开集

$$
U^1 \cap U^4 = \left\{(u,v,w) \mid u^2+v^2+w^2=1,\ w>0,\ v<0\right\} \tag{1.3.22}
$$

可以给出 x^1 或 x^4 的坐标. 坐标变换公式为:

$$
\begin{aligned}
&x^4 \circ (x^1)^{-1}: x^1(U^1 \cap U^4) \to x^4(U^1 \cap U^4) \\
&\quad (u, v) \mapsto (u, \sqrt{1-u^2-v^2}) \equiv (u, w), \\
&x^1 \circ (x^4)^{-1}: x^4(U^1 \cap U^4) \to x^1(U^1 \cap U^4) \\
&\quad (u, w) \mapsto (u, -\sqrt{1-u^2-w^2}) \equiv (u, v).
\end{aligned} \tag{1.3.23}
$$

容易看到，这两个坐标变换映射是互逆的且也是 C^∞ 的.

[40] 读者应该注意到，这个例子与例 1.3.3 类似. 以目前的例子我们还不能将流形全局地表示为一个函数的图像. 但是，显然我们可以将流形划分为几个区域，那里我们可以将它表示为函数的图像，在这些区域中坐标映射的构造正好与例 1.3.3 中的相同. 请注意，选择（相对）开集来覆盖 M 肯定不是唯一的，但这不会导致任何实际困难（参见 Spivak [1979]对“最大”图册的讨论）.

尽管在定义 1.3.1 中我们定义了流形上的映射的导数，但是有一个与流形相关的几何对象称为切空间，它在定义流形上的函数的导数概念中起着重要作用. 我们首先通过回顾定义在欧氏空间中的映射的可微性定义来推动它的构建. 考虑映射

$$
f: U \to V, \tag{1.3.24}
$$

其中$U \subset \mathbb{R}^l$和$V \subset \mathbb{R}^k$是开集. 称映射f在点$x_0 \in U$可微，如果存在线性映射

$$L:\mathbb{R}^l \to \mathbb{R}^k, \tag{1.3.25}$$

使得

$$|f(x_0+h)-f(x_0)-Lh| = O\left(|h|^2\right), \tag{1.3.26}$$

其中$|\cdot|$是欧氏空间的任何一个范数. 称线性映射L为f在x_0的导数，它由f的偏导数的$l \times k$矩阵组成. 线性映射L作用于元素h，元素h可以看作从点p_0出发的向量. 前一句很重要. 导数是一个线性映射，但是映射的线性关键取决于它所操作的这个空间的线性结构. 如果我们想在流形上定义映射的导数，就必须以某种方式联系一个线性空间，导数可以在该线性空间中对流形以“自然”方式运行. 这个线性空间将是导数在其上计算的流形上点的切空间. 我们先从两个预备定义开始.

定义 1.3.4. 设对某个固定的$\varepsilon > 0$，令$I = \{t \in \mathbb{R} \mid -\varepsilon < t < \varepsilon\}$，则$M$中的$C^r$曲线是从$I$到$M$的$C^r$映射.

定义 1.3.5. 设$C: I \to M$是一条C^r曲线，使得$C(0)=p$，则C在p的切向量是 [41]

$$\frac{\mathrm{d}}{\mathrm{d}t}C(t)\big|_{t=0} \equiv \dot{C}(0).$$

参见图 1.3.8 的几何说明.

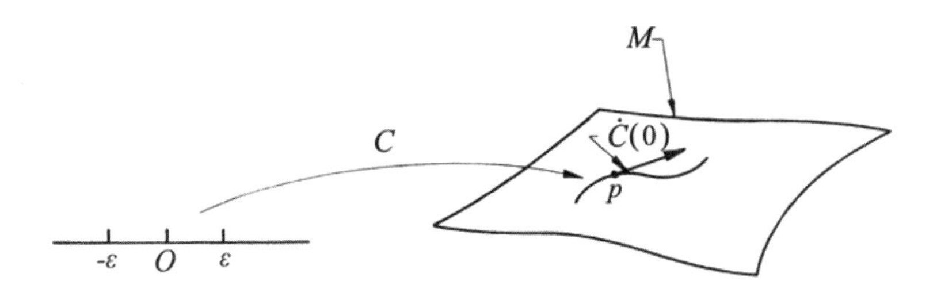

图 1.3.8　在一点的曲线和切向量

在讨论一般流形上一点的切空间之前，我们先讨论流形是$\mathbb{R}^m$的情形（见定义 1.3.3 后面的例 1.3.2）.

设x是$\mathbb{R}^m$中的一点，则$\mathbb{R}^m$在x的切空间$T_x\mathbb{R}^m$定义为$\mathbb{R}^m$. 一个更几何但等价的定义是，$T_x\mathbb{R}^m$是在点x处与通过x的曲线相切的所有向量的集合. 容易看到，这个集合等于$\mathbb{R}^m$，因为$\mathbb{R}^m$中的每一点可以看作某条可微曲线的切向量，例如，取曲线$C(t)=x+t\xi$，$\xi \in \mathbb{R}^m$，于是，$\left.\dfrac{\mathrm{d}C(t)}{\mathrm{d}t}\right|_{t=0} = \xi$，如图 1.3.9.

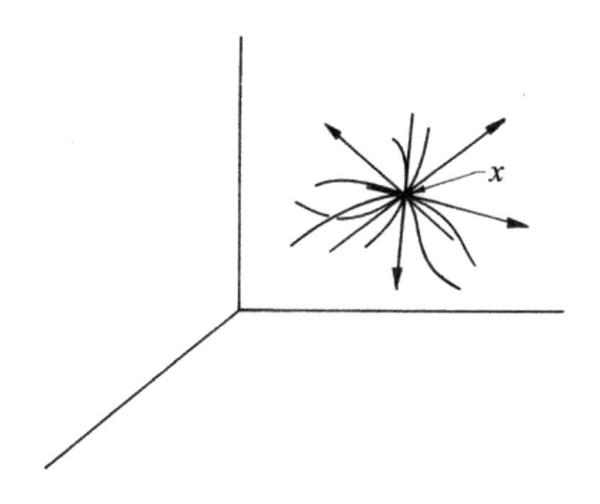

图 1.3.9　$\mathbb{R}^m$ 在点 $x\in\mathbb{R}^m$ 的切空间

我们对定义在 $\mathbb{R}^m$ 上的映射的微分做简要讨论，现在应该很清楚，点的切空间在点的导数的定义中起的作用，即 $T_x\mathbb{R}^m$ 是导数 $Df(x)$ 的定义域，它局部反映了流形 $\mathbb{R}^m$ 的结构，因此允许线性映射 $Df(x)$ 局部反映 $f(x)$ 的特性. 此时，流形具有线性向量空间的结构，而我们通常也不会研究将点处的切空间的概念形式化，因为点处的切空间就是空间本身. 然而，在映射的定义域没有线性结构时，则为了讨论映射在一点的局部线性近似，即映射的导数，就有必要对导数的定义域引入线性向量空间的结构，因为映射的线性性质关键取决于映射的定义域是线性的. [42]

现在定义任意微分流形上一点的切空间. 设 (U^α,x^α) 是包含 m 维微分流形 M 上点 p 的卡，则 $x^\alpha(U^\alpha)$ 是 $\mathbb{R}^m$ 中包含点 $x^\alpha(p)$ 的一个开集. 由以上的讨论，$\mathbb{R}^m$ 中在 $x^\alpha(p)$ 的切空间 $T_{x^\alpha(p)}\mathbb{R}^m$ 正是 $\mathbb{R}^m$. 为了构建 $T_p(M)$，我们利用 x^α 将 $T_{x^\alpha(p)}\mathbb{R}^m$ 映射到在 M 中的 p. 由于 $x^\alpha:U^\alpha\to\mathbb{R}^m$ 是一个微分同胚，故 $(x^\alpha)^{-1}:x^\alpha(U^\alpha)\to U^\alpha$ 也是从 $\mathbb{R}^m$ 到 $\mathbb{R}^m$ 的一个微分同胚. 因此，我们可以计算 $D\left[(x^\alpha)^{-1}\right]$，它是一个映射 $\mathbb{R}^m$ 到 $\mathbb{R}^m$ 的线性同构. 于是在 $p\in M$ 的切空间 $T_p(M)$ 定义为 $D\left[(x^\alpha)^{-1}\right]\Big|_{x^\alpha(p)}\cdot\mathbb{R}^m$.

定义 1.3.6. 设 $(U^\alpha;x^\alpha)$ 是 M 上的一个卡，其中 $p\in U^\alpha$. 于是 M 在 p 的切空间，记为 $T_p(M)$ 定义为 $D\left[(x^\alpha)^{-1}\right]\Big|_{x^\alpha(p)}\cdot\mathbb{R}^m$.

在 M 上 p 的切空间有着与在 $\mathbb{R}^m$ 上点的切空间相同的几何解释，即它可以被认为是与在 p 处通过 p 的曲线相切的向量的集合. 这可看作如下：设 $(U^\alpha;x^\alpha)$ 是包含点 $p\in M$ 的一个卡. 则如前所述，$T_{x^\alpha(p)}\mathbb{R}^m$ 是由在 x^α 通过 x^α 的可微分曲线的切向量的集合组成. 设 $\gamma(t)$ 是满足

$\gamma(0)=x^{\alpha}(p)$ 的这样的曲线，则 $\dot{\gamma}(0)$ 是 $\gamma(t)$ 在 $x^{\alpha}(p)$ 的切向量．利用这个卡，由于 x^{α} 是 U^{α} 对 $x^{\alpha}(U^{\alpha})$ 的微分同胚，$(x^{\alpha})^{-1}(\gamma(t))\equiv C(t)$ 是一条满足 $C(0)=p$ 的可微曲线．利用链规则，$C(t)$ 在 p 的切向量是 $D\left[(x^{\alpha})^{-1}\right]\Big|_{x^{\alpha}(p)}\cdot\dot{\gamma}(0)\equiv\dot{C}(0)$．现在 $\dot{\gamma}(0)$ 是 $\mathbb{R}^m$ 中的向量，于是 $\dot{C}(0)$ 是 $T_p(M)$ 的一个元素．因此，我们看到，$T_p(M)$ 的元素是由在 p 处通过 p 的可微曲线的切向量组成. [43]

在离开某点的切空间之前，还有最后一个细节需要考虑，即在构建流形上某点的切空间时，我们利用了一个特定的卡，但切空间是一个几何对象，它应该是流形内在的，代表流形的局部结构．因此，切空间应该与它构造中利用的特殊卡无关.

命题 1.3.1. $T_p(M)$ 的构造与特殊卡无关.

证明： 设 $(U^{\alpha};x^{\alpha})$，$(U^{\beta};x^{\beta})$ 是两个满足 $U^{\alpha}\cap U^{\beta}\neq\varnothing$，$p\in U^{\alpha}\cap U^{\beta}$ 的卡．于是由定义 1.3.5，$T_p(M)$ 可以构造为 $D\left[(x^{\alpha})^{-1}\right]\Big|_{x^{\alpha}(p)}\cdot\mathbb{R}^m$ 或 $D\left[(x^{\beta})^{-1}\right]\Big|_{x^{\beta}(p)}\cdot\mathbb{R}^m$．因此我们必须证明

$$D\left[(x^{\alpha})^{-1}\right]\Big|_{x^{\alpha}(p)}\cdot\mathbb{R}^m=D\left[(x^{\beta})^{-1}\right]\Big|_{x^{\beta}(p)}\cdot\mathbb{R}^m.$$

这可以通过以下论述建立．考虑图 1.3.5，在 $U^{\alpha}\cap U^{\beta}$ 上，我们有关系式

$$(x^{\alpha})^{-1}=(x^{\beta})^{-1}\circ\left[x^{\beta}\circ(x^{\alpha})^{-1}\right]. \tag{1.3.27}$$

微分（1.3.27），得到

$$D\left[(x^{\alpha})^{-1}\right]\Big|_{x^{\alpha}(p)}=D\left[(x^{\beta})^{-1}\right]\Big|_{x^{\beta}(p)}D\left[x^{\beta}\circ(x^{\alpha})^{-1}\right]\Big|_{x^{\alpha}(p)}. \tag{1.3.28}$$

但是，$D\left[x^{\beta}\circ(x^{\alpha})^{-1}\right]$ 是 $\mathbb{R}^m$ 的一个同构，因此，$D\left[x^{\beta}\circ(x^{\alpha})^{-1}\right]\Big|_{x^{\alpha}(p)}\cdot\mathbb{R}^m=\mathbb{R}^m$．从而，我们得到

$$\begin{aligned}D\left[(x^{\alpha})^{-1}\right]\Big|_{x^{\alpha}(p)}\cdot\mathbb{R}^m&=D\left[(x^{\beta})^{-1}\right]\Big|_{x^{\beta}(p)}D\left[x^{\beta}\circ(x^{\alpha})^{-1}\right]\Big|_{x^{\alpha}(p)}\cdot\mathbb{R}^m\\&=D\left[(x^{\beta})^{-1}\right]\Big|_{x^{\beta}(p)}\cdot\mathbb{R}^m.\end{aligned} \tag{1.3.29}$$

[44] 因此，我们看到，在一点的切空间与在这个点的邻域内的特殊卡的选择无关. □

现在我们已经定义了在流形上点的切空间，现在证明它在定义两个流形之间的映射的导数中的作用.

设 $f:M^m\to N^s$ 是一个 C^r 映射，其中 $M^m\subseteq\mathbb{R}^n$，$m\leqslant n$ 是 m 维流形，$N^s\subset\mathbb{R}^q$，$s\leqslant q$ 是一个 s 维流形．由定义 1.3.1，f 是 C^r 映射，这意味着对每一点 $p\in M$，存在（依赖于 p 的）开集 $V\subset\mathbb{R}^n$ 和 C^r 映射 $F:V\to\mathbb{R}^q$，其中在 $V\cap M^m$ 上 $F=f$.

命题 1.3.2. 设 $f: M^m \to N^s$ 如上定义，则

$$DF|_p : T_pM^m \to T_{f(p)}N^s. \tag{1.3.30}$$

证明： 设 $(x^\alpha;U^\alpha)$ 是 M^m 上包含点 p 的一个坐标卡，$(y^\beta;W^\beta)$ 是 N^s 上包含 $f(p)$ 点的一个坐标卡. 设 $V \subset \mathbb{R}^n$ 是 $\mathbb{R}^n$ 中围绕 p 的开集，如果有必要可缩小 U^α 使得 $U^\alpha \subset V$. 于是我们有

$$F(p) = (y^\beta)^{-1} \circ \left[y^\beta \circ f \circ (x^\alpha)^{-1} \right] \circ x^\alpha(p). \tag{1.3.31}$$

现在我们必须证明 $DF(p) \cdot D\left[(x^\alpha)^{-1}\right]|_{x^\alpha(p)} \cdot \mathbb{R}^m$ 包含在

$$D\left[(y^\beta)^{-1}\right]|_{y^\beta(f(p))} \cdot \mathbb{R}^n \equiv T_{f(p)}N^s.$$

微分（1.3.31），得到

$$DF|_p = D\left[(y^\beta)^{-1}\right]|_{y^\beta(f(p))} D\left[y^\beta \circ f \circ (x^\alpha)^{-1}\right]|_{x^\alpha(p)} Dx^\alpha|_p, \tag{1.3.32}$$

或者，等价地，

$$DF|_p D\left[(x^\alpha)^{-1}\right]|_{x^\alpha(p)} = D\left[(y^\beta)^{-1}\right]|_{y^\beta(f(p))} D\left[y^\beta \circ f \circ (x^\alpha)^{-1}\right]|_{x^\alpha(p)}. \tag{1.3.33}$$

因此，我们得到

$$DF|_p D\left[(x^\alpha)^{-1}\right]|_{x^\alpha(p)} \cdot \mathbb{R}^m = D\left[(y^\beta)^{-1}\right]|_{y^\beta(f(p))} D\left[y^\beta \circ f \circ (x^\alpha)^{-1}\right]|_{x^\alpha(p)} \cdot \mathbb{R}^m, \tag{1.3.34}$$

但是

$$D\left[y^\beta \circ f \circ (x^\alpha)^{-1}\right]|_{x^\alpha(p)} \cdot \mathbb{R}^m \subset \mathbb{R}^s \tag{1.3.35}$$

和 [45]

$$D\left[(y^\beta)^{-1}\right]|_{y^\beta(f(p))} \cdot \mathbb{R}^n = T_{f(p)}N^s. \tag{1.3.36}$$

因此，我们看到，$DF|_p \cdot T_pM^m \subset T_{f(p)}N^s$. 由方程（1.3.34），应该清楚，这个结果与将 f 到 $\mathbb{R}^n$ 的某个开集的特殊扩展 F 无关. □

几何上，命题 1.3.2 的可视为图 1.3.10.

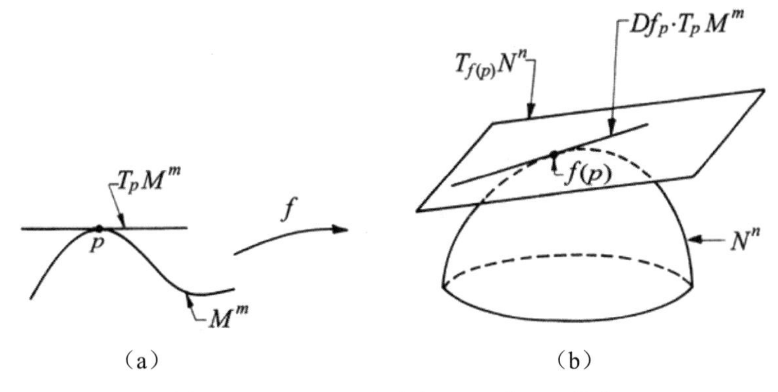

图 1.3.10　T_pM^m 和它在 $Df|_p$ 作用下的像

当我们研究在向量场的流的作用下的不变的流形时，流形上不同点处有关于切空间的信息很重要. 在这方面，考虑流形上所有可能点处的所有切空间的不相交并形成的几何对象是有用的. 我们称它为**切丛**.

定义 1.3.7. C^r 流形 $M \subset \mathbb{R}^n$ 的切丛，记为 TM，定义为

$$TM = \{(p,v) \in M \times \mathbb{R}^m \mid v \in T_p M\}. \qquad (1.3.37)$$

因此，切丛是 M 所有可能的切向量的集合，TM 本身有着 $2m$ 维 C^{r-1} 流形的结构，下面我们证明.

命题 1.3.3. *设 $M \subset \mathbb{R}^n$ 是 m 维 C^r 流形，则 M 的切丛 $TM \subset \mathbb{R}^{2n}$ 是 $2m$ 维 C^{r-1} 流形.*

[46] **证明：** 我们必须对 TM 构造一个图册. 设 $(x^\alpha; U^\alpha)$，$\alpha \in A$ 是 M 的一个图册. 则 $(x^\alpha, Dx^\alpha; U^\alpha, TM|_{U^\alpha})$ 是 TM 的一个图册，它是 C^{r-1} 的，因为 Dx^α 是 C^{r-1} 的. 其余证明的细节，请参阅 Guillemin 和 Pollack [1974]. □

在继续讨论常微分方程的不变流形之前，我们需要讨论带边流形的概念. 注意，在定义 1.3.3 给出微分流形的定义中，流形的每一点都有同胚于 $\mathbb{R}^m$ 的某个开集的邻域. 这排除了边界点的可能性. 正如我们将在第 4 章看到的，带边流形在应用中频繁出现. 我们现在就给出带边的 C^r 流形的定义. 先给出一个预备定义.

定义 1.3.8. 闭半空间 $\mathbb{R}^m_- \subset \mathbb{R}^m$ 定义为

$$\mathbb{R}^m_- = \{(x_1, x_2, \cdots, x_m) \in \mathbb{R}^m \mid x_1 \leqslant 0\}. \qquad (1.3.38)$$

$\mathbb{R}^m_-$ 的边界记为 $\partial\mathbb{R}^m_-$，它是 $\mathbb{R}^{m-1}$.

现在我们给出带边微分流形的定义.

定义 1.3.9. 称子集 $M \subset \mathbb{R}^n$ 为 m 维 C^r 带边流形，如果它具有以下的两个结构特征：

（1）存在可数多个开集 $V^\alpha \subset \mathbb{R}^n$，$\alpha \in A$ 的集合，其中 A 是某个可数指标集，$U^\alpha \equiv V^\alpha \cap M$ 使得 $M = \bigcup_{\alpha \in A} U^\alpha$.

（2）存在在每个 U^α 上定义的 C^r 微分同胚 x^α，它将 U^α 映上为某个集合 $W \cap \mathbb{R}^m_-$，其中 W 是 $\mathbb{R}^n$ 中的某个开集.

关于定义 1.3.9，我们做下面几点说明.

（1）M 的边界，记为 ∂M，定义为 M 中的点集，这些点在 x^α 的作用下映为 $\partial\mathbb{R}^m_-$. 必须证明，这个集合与所选的特殊卡无关，详情见 Guillemin 和 Pollack [1974].

（2）M 的边界是一个 $m-1$ 维 C^r 流形，$M - \partial M$ 是 m 维 C^r 流形.

（3）M 在一点的切空间正好与定义 1.3.6 的相同，即使这个点是边界点.

现在我们可以在常微分方程的不变流形上陈述一些一般性结果. [47]

正如我们在前面指出的，我们将跟随 Fenichel 的发展理论，因为他明确地处理了我们将在应用中遇到的带边不变流形的情况.

考虑在$\mathbb{R}^n$上定义的一般的自治常微分方程

$$\dot{x}=f(x),\quad x\in\mathbb{R}^n, \tag{1.3.39}$$

其中f是x的C^r函数. 我们用$\phi_t(p)$记由（1.3.39）产生的流，也就是说，$\phi_t(p)$表示（1.3.39）在$t=0$处通过点$p\in\mathbb{R}^n$的解. 注意，$\phi_t(p)$不需要对所有$t\in\mathbb{R}$或者所有$p\in\mathbb{R}^n$有定义. 令$\bar{M}\equiv M\cup\partial M$是$\mathbb{R}^n$中的一个紧连通的$C^r$带边流形.

定义 1.3.10. （a）$\bar{M}\equiv M\cup\partial M$称为在（1.3.39）作用下是流出不变的，如果对每个$p\in\bar{M}$，对所有$t\leqslant 0$，$\phi_t(p)\in\bar{M}$，而且向量场（1.3.39）严格指向外，并在∂M上非零. （b）$\bar{M}\equiv M\cup\partial M$称为在（1.3.39）作用下是流入不变的，如果对每个$p\in\bar{M}$，对所有$t\geqslant 0$，$\phi_t(p)\in\bar{M}$，而且向量场（1.3.39）严格指向内，并在∂M上非零. （c）$\bar{M}\equiv M\cup\partial M$称为在（1.3.39）作用下是不变的，如果对每个$p\in\bar{M}$，对所有$t\in\mathbb{R}$，$\phi_t(p)\in\bar{M}$.

关于这个定义，我们做以下说明.

（1）术语“向量场（1.3.39）严格指向外，并在∂M上非零”意指对每个$p\in\partial M$，对所有$t>0$有$\phi_t(p)\notin\bar{M}$. 对“……严格指向内……”通过时间反向类似定义.

（2）时间反向使流出不变流形变成流入不变流形，反之亦然.

（3）由于$\bar{M}$是紧的，如果$\bar{M}$是流出不变的，则对所有$t\leqslant 0$，$\phi_t(\cdot)|_{\bar{M}}$存在；如果$\bar{M}$是流入不变的，则对所有$t\geqslant 0$，$\phi_t(\cdot)|_{\bar{M}}$存在；如果$\bar{M}$是不变的，则对所有$t\in\mathbb{R}$，$\phi_t(\cdot)|_{\bar{M}}$存在，

（4）如果向量场（1.3.39）在∂M上恒等于零，或者$\partial M=\varnothing$，或者向量场（1.3.39）平行于∂M，则$\bar{M}$可能只是一个不变流形.

下面的定义也将有用.

[48] **定义 1.3.11.** 设$M\subset\mathbb{R}^n$是$\mathbb{R}^n$中的一个紧、连通的C^r流形. 称M在（1.3.39）作用下是局部不变的，如果对每个$p\in M$存在时间区间$I_p=\{t\in\mathbb{R}\,|\,t_1<t<t_2$，其中$t_1<0,\ t_2>0\}$，使得对所有$t\in I_p$有$\phi_t(p)\in M$.

注意到，定义 1.3.10 中的流出和流入不变流形都是局部不变流形.

下面我们要描述不变流形刻画的稳定性. 这将通过在线性流作用下不变流形的切向量的渐近性态和在线性化流作用下的正规不变流形来说明.

设$\bar{M}\equiv M\cup\partial M$是包含在$\mathbb{R}^n$中$C^r$流出不变流形. 令$T\mathbb{R}^n|_{\bar{M}}$表示$\mathbb{R}^n$限制在$M$上的切丛，即$T\mathbb{R}^n|_{\bar{M}}\equiv\{(p,v)\in\mathbb{R}^n\times\mathbb{R}^n\,|\,p\in\bar{M},\ v\in T_p\mathbb{R}^n\}$.

于是，由定义 1. 3. 7，$T\bar{M} \subset T\mathbb{R}^n|_{\bar{M}}$，而且由命题 1. 3. 2，对所有 $t \leqslant 0$，$T\bar{M}$ 在 $D\phi_t(p)$，$p \in \bar{M}$ 作用下是不变的，称 $T\bar{M}$ 为负不变子丛. 在每一点 $p \in \bar{M}$，我们可以利用 $\mathbb{R}^n$ 上的标准度量来选择 $\mathbb{R}^n$ 的补子空间 N_p，使得 $T_p\mathbb{R}^n = T_p\bar{M} + N_p$，其中“+”表示向量空间通常的直和. 如果我们将 $T_p\mathbb{R}^n$ 的这种分解对所有点 $p \in \bar{M}$ 求并，得到 $T\mathbb{R}^n|_{\bar{M}}$ 的分解或分裂，即 $T\mathbb{R}^n|_{\bar{M}} = T\bar{M} \oplus N \equiv \bigcup_{p \in M}(T_p\bar{M} + N_p)$. 用“$\oplus$”记两个子丛的这种和称为 Whitney 和（见 Spivak[1979]）.

我们用 Π^N 记在对应分裂 $T\mathbb{R}^n|_{\bar{M}} = T\bar{M} \oplus N$ 的 N 上的投影，用 Π^T 记在 $T\bar{M}$ 上的投影. 对流出不变流形的 C^r 扰动定理，我们要求流形是稳定的，其意思是指当 $t \to -\infty$ 时在线性流的作用下 $T\bar{M}$ 的补向量的长度增长，即当 $t \to -\infty$ 时 $w_0 \in N_p$ 意味着 $t \to -\infty$ 时 $\left|\Pi^N D\phi_t(p)w_0\right| \to \infty$，其中 $|\cdot|$ 表示与 $\mathbb{R}^n$ 上选择的度量相应的范数，而且不变流形的邻域当 $t \to -\infty$ 时在线性流作用下“变平”. 这个“变平”性质表示为对每个 $v_0 \in T_p\bar{M}$，$w_0 \in N_p$ 有 $|D\phi_t(p)v_0| / \left|\Pi^N D\phi_t(p)w_0\right|^s \to 0$. 实数 s 是测量 $\bar{M}$ 的邻域变平的程度. 这个情况可从图 1. 3. 11 几何直观看出.

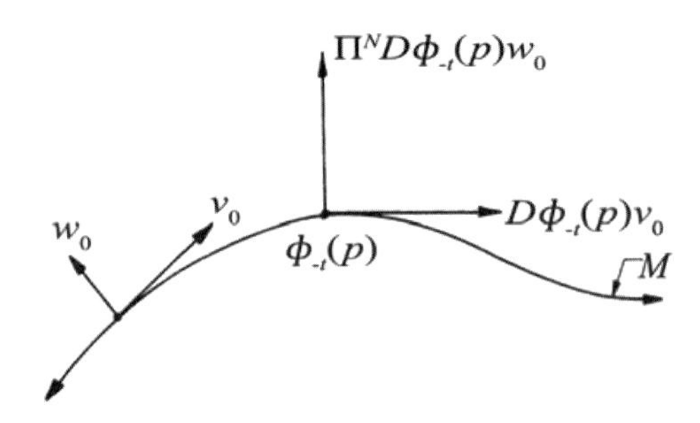

图 1. 3. 11　在 $D\phi_t(p)$ 的作用下的切向量

为了 $\bar{M}$ 稳定性质的计算和定理证明，更方便的是用向量在线性流作用下的增长率. 我们定义下面的量

[49]

$$\gamma(p) = \inf\{a \in \mathbb{R}^+ \mid a^t / \left|\Pi^N D\phi_t(p)w_0\right| \to 0, \text{当} t \to -\infty \text{时}, \text{对所有} w_0 \in N_p\}, \tag{1.3.40}$$

如果 $\gamma(p) < 1$，定义

$$\sigma(p) = \inf\{s \in \mathbb{R} \mid \left|D\phi_t(p)v_0\right| / \left|\Pi^N D\phi_t(p)w_0\right|^s \to 0, \\ \text{对所有 } v_0 \in T_p\bar{M}, w_0 \in N_p\}.$$

函数 $\gamma(p)$ 和 $\sigma(p)$ 称为广义 Lyapunov 型数（Fenichel[1971]），现在叙述它的几个性质.

命题 1. 3. 4. 函数 $\gamma(p)$ 和 $\sigma(p)$ 有以下几个性质：

（i）$\gamma(p)$ 和 $\sigma(p)$ 在轨道上是常数，即 $\gamma(p)=\gamma(\phi_t(p))$，$\sigma(p)=\sigma(\phi_t(p))$，$t\leqslant 0$.

（ii）$\gamma(p)$ 和 $\sigma(p)$ 在 $\bar{M}$ 上有界且达到它们的上确界（虽然一般它们既不连续又不半连续）.

（iii）$\gamma(p)$ 和 $\sigma(p)$ 与度量和 N 的选择无关.

证明： 见 Fenichel［1971］. □

注意到，广义 Lyapunov 型数的更可计算的形式可由（1. 3. 40）推导得到如下：

$$\gamma(p)=\overline{\lim_{t\to-\infty}}\left\|\Pi^N D\phi_t(p)\right\|^{1/t},$$
$$\sigma(p)=\overline{\lim_{t\to-\infty}}\frac{\log\left\|D\phi_t(p)\Pi^T\right\|}{\log\left\|\Pi^N D\phi_t(p)\right\|},\tag{1.3.41}$$

[50]　其中 $\|\cdot\|$ 是矩阵范数.

流出不变流形的 C^r 扰动定理叙述如下.

定理 1. 3. 5（Fenichel［1971］）. 假设 $\bar{M}=M\cup\partial M$ 在 C^r 向量场 $\dot{x}=f(x)$，$x\in\mathbb{R}^n$ 作用下是一个 C^r 带边流出不变流形，其中对所有 $p\in\bar{M}$，$\gamma(p)<1$ 和 $\sigma(p)<1/r$. 则对任何 C^r 向量场 $\dot{x}=g(x)$，$x\in\mathbb{R}^n$，其中 $f(x)$ C^1 接近于 $g(x)$，存在与 $\bar{M}$ 有相同维数的 C^r 带边流形 $\bar{M}_g$，C^r 接近于 $\bar{M}$，使得 $\bar{M}_g$ 在 $\dot{x}=g(x)$，$x\in\mathbb{R}^n$ 作用下是流出不变流形.

证明： 见 Fenichel［1971］. □

这个定理也可用于流入不变流形. 在这个情形，广义 Lyapunov 型数可以利用时间反向流，并取 $t\to+\infty$ 时的极限计算. 于是内容与定理 1. 3. 5 正好相同，除了将流出改为流入.

我们用下面的简单例子来说明定理 1. 3. 5.

例 1. 3. 5. 考虑下面的 C^∞ 平面向量场

$$\begin{aligned}\dot{x}&=ax,\\ \dot{y}&=-by,\end{aligned}\qquad a,\ b>0.\tag{1.3.42}$$

显然，$(0,0)$ 是（1. 3. 42）的不动点，x 轴是 $(0,0)$ 的不稳定流形，y 轴是 $(0,0)$ 的稳定流形. 考虑集合

$$\bar{M}=\{(x,y)\in\mathbb{R}^2\mid -\delta\leqslant x\leqslant\delta,\ y=0,\ \text{对某个}\,\delta>0\}.\tag{1.3.43}$$

容易验证，$\bar{M}$ 是在（1. 3. 42）生成的流的作用下的流出不变流形.
现在我们证明 $\bar{M}$ 满足定理 1. 3. 3 的假设.

我们有

$$T\bar{M}=\bar{M}\times(\mathbb{R}^1,0),$$
$$N=\bar{M}\times(0,\mathbb{R}^1),$$

$$\Pi^N = \begin{pmatrix} 0 & 0 \\ 0 & 1 \end{pmatrix}, \tag{1.3.44}$$

$$\Pi^T = \begin{pmatrix} 1 & 0 \\ 0 & 0 \end{pmatrix},$$

$$D\phi_t = \begin{pmatrix} e^{at} & 0 \\ 0 & e^{-bt} \end{pmatrix}.$$

如图 1. 3. 12.

[51]

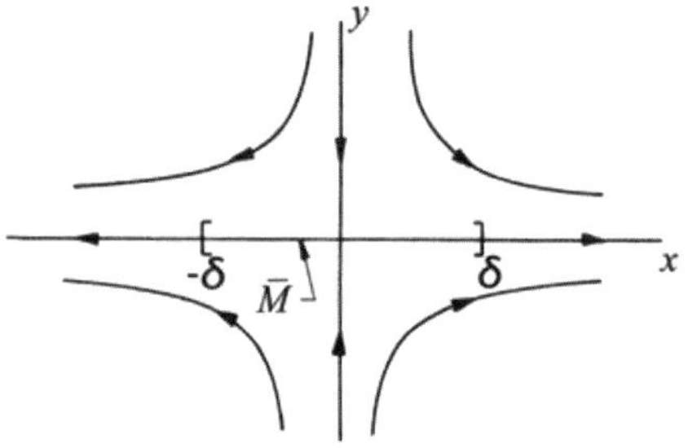

图 1. 3. 12　（1. 3. 42）的几何

现在我们可以计算广义 Lyapunov 型数，得到

$$\gamma(p) = \gamma = \overline{\lim_{t\to-\infty}} \left\| e^{-bt} \right\|^{1/t} = e^{-b} < 1,$$

$$\sigma(p) = \sigma = \overline{\lim_{t\to-\infty}} \frac{\log\left\| e^{at} \right\|}{\log\left\| e^{-bt} \right\|} = -\frac{a}{b} < 0. \tag{1.3.45}$$

因此，$\bar{M}$ 满足定理 1. 3. 3 的假设，从而任何 C^1 接近于（1. 3. 42）的 C^r 向量场（$r \geqslant 1$）有 C^r 接近于 $\bar{M}$ 的流出不变流形. 因此，我们对线性部分为（1. 3. 42）的平面非线性向量场的不动点建立了局部不稳定流形定理. 通过考虑流入不变流形可以证明存在局部稳定流形.

现在对流出不变流形，考虑流出不变流形的不稳定流形是有意义的，我们有流出不变流形的不稳定流形的存在性和扰动定理. 设置如下：设 $\bar{M} = M \cup \partial M$ 在（1. 3. 39）作用下是流出不变的，$N^u \subset T\mathbb{R}^n|_{\bar{M}}$ 是包含 $T\bar{M}$ 的子丛，它在由（1. 3. 39）生成的线性流作用下是负向不变的. 设 $I \subset N^u$ 是 $T\bar{M}$ 的任何补子丛，$J \subset T\mathbb{R}^n|_{\bar{M}}$ 是 N^u 的任一补子丛. 则我们有分裂 $T\mathbb{R}^n|_{\bar{M}} = T\bar{M} \oplus I \oplus J$. 设 Π^I，Π^J 和 Π^T 分别是在 I，J 和 $T\bar{M}$ 上对应这个分裂的投影. 定义 Π^I，Π^J 广义 Lyapunov 型数如下：

[52]

对任何 $p \in \bar{M}$，

$\lambda(p) = \inf\{b \in \mathbb{R}^+ \big| \,|\Pi^I D\phi_t(p)u_0| \,/\, b^t \to 0$，当 $t \to -\infty$ 时，对所有 $u_0 \in I_p\}$，

$$\lambda(p)=\inf\{a\in\mathbb{R}^+\big|a^+/|\Pi^J D\phi_t(p)w_0|\to 0，当 t\to-\infty 时，对所有 w_0\in J_p\}. \quad (1.3.46)$$

如果$\gamma(p)<1$，定义

$$\sigma(p)=\inf\{s\in\mathbb{R}\big|D\phi_t(p)v_0|/|\Pi^J D\phi_t(p)w_0|^s\to 0，当 t\to-\infty 时，对所有 v_0\in T_p\bar{M},\ w_0\in J_p\}.$$

对上面定义的$\lambda(p)$，$\gamma(p)$和$\sigma(p)$，由命题 1.3.4 得到的结论相同. 广义 Lyapunov 型数的且可计算的表达式可以由（1.3.46）导出，得到以下形式

$$\lambda(p)=\overline{\lim_{t\to-\infty}}\left\|\Pi^I D\phi_t(p)\right\|^{-1/t},$$

$$\gamma(p)=\overline{\lim_{t\to\infty}}\left\|\Pi^J D\phi_t(p)\right\|^{1/t}, \quad (1.3.47)$$

$$\sigma(p)=\overline{\lim_{t\to-\infty}}\frac{\log\left\|D\phi_t(p)\Pi^T\right\|}{\log\left\|\Pi^J D\phi_t(p)\right\|},$$

其中$\|\cdot\|$是矩阵范数. 几何说明如图 1.3.13 所示.

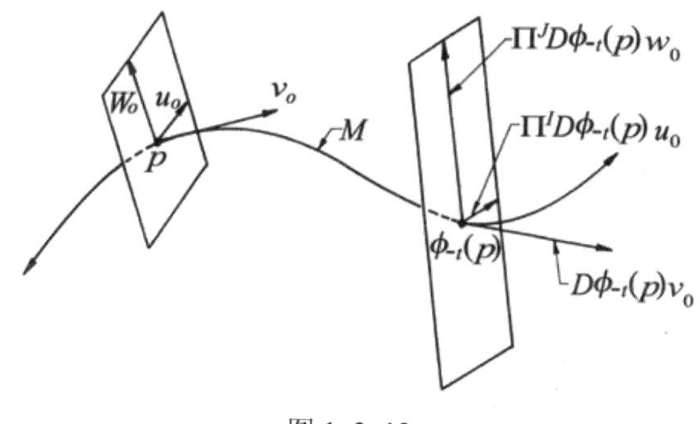

图 1.3.13

我们有下面的定理.

定理 1.3.6（Fenichel［1971］，［1979］）. 假设$\bar{M}=M\cup\partial M$在C^r向量场$\dot{x}=f(x)$，$x\in\mathbb{R}^n$作用下是C^r带边流出不变流形，其中$N^u\subset T\mathbb{R}^n|_{\bar{M}}$是包含$\bar{M}$在$\dot{x}=f(x)$，$x\in\mathbb{R}^n$线性流作用下的负向不变子丛. 则如果对所有$p\in\bar{M}$，有$\lambda(p)<1$，$\gamma(p)<1$和$\sigma(p)<1/r$，那么下面的结论成立： [53]

（i）（存在性）在$\dot{x}=f(x)$，$x\in\mathbb{R}^n$的作用下，存在C^r流出不变流W^u，使得W^u包含$\bar{M}$且沿着$\bar{M}$切于N^u.

（ii）（持久性）假设$\dot{x}=g(x)$，$x\in\mathbb{R}^n$是C^1接近于$\dot{x}=f(x)$，$x\in\mathbb{R}^n$的C^r向量场. 则存在在$\dot{x}=g(x)$，$x\in\mathbb{R}^n$作用下是流出不变的C^r流形W_g^u，使得C^r接近于W^u，且与W^u有相同的维数.

证明：见 Fenichel[1971]. □

注意，定理 1. 3. 6 可用于下面的不变流形. 此时，广义 Lyapunov 型数是利用时间反向当$t \to +\infty$时取极限计算得到的. 而定理 1. 3. 6 中的术语“流出不变”现在由“流入不变”代替. 同样，N^u 和 W^u 由 N^s 和 W^s 代替，其中 N^s 取在由 $\dot{x} = f(x)$， $x \in \mathbb{R}^n$ 生成的线性化流的作用下的正向不变子丛(即 N^s 是在时间反向线性化流作用下负向不变的).

我们用下面的例子来说明这个定理.

例 1. 3. 6. 考虑向量场（1. 3. 42）. 我们将不动点$(0,0)$视为流出不变流形$\bar{M}$，于是$N^u \equiv (0,0) \times (\mathbb{R}^1, 0)$是负向不变子丛. 现在证明$\bar{M}$和$N^s$

[54] 满足定理 1. 3. 6 的假设. 我们有

$$\begin{aligned} \bar{M} &= (0,0), \\ T\bar{M} &= \varnothing, \\ I &\equiv (0,0) \times (\mathbb{R}^1, 0), \\ J &\equiv (0,0) \times (0, \mathbb{R}^1), \\ \Pi^I &= \begin{pmatrix} 1 & 0 \\ 0 & 0 \end{pmatrix}, \\ \Pi^J &= \begin{pmatrix} 0 & 0 \\ 0 & 1 \end{pmatrix}, \\ D\phi_t &= \begin{pmatrix} \mathrm{e}^{at} & 0 \\ 0 & \mathrm{e}^{-bt} \end{pmatrix}. \end{aligned} \tag{1. 3. 48}$$

广义 Lyapunov 型数为

$$\begin{aligned} \lambda(0) &= \overline{\lim_{t \to -\infty}} \left\| \mathrm{e}^{bt} \right\|^{1/t} = \mathrm{e}^{-b} < 1, \\ \gamma(0) &= \overline{\lim_{t \to -\infty}} \left\| \mathrm{e}^{-at} \right\|^{1/t} = \mathrm{e}^{-a} < 1, \\ \sigma(0) &= 0, \end{aligned} \tag{1. 3. 49}$$

因为$T\bar{M} = \varnothing$. 因此，$\bar{M}$ 和 N^u 满足定理 1. 3. 6 的假设，故任何 C^1 接近于（1. 3. 42）的 C^r 向量场包含一个流出不变流形.

注意，例 1. 3. 5 和例 1. 3. 6 关于向量场（1. 3. 42）也可得到同样的结论. 但是，在每种情形下，都计算了得出这些结论所需的不同条件. 在例 1. 3. 5 中广义 Lyapunov 型数是在流形上计算的，在例 1. 3. 6 中广义 Lyapunov 型数是在一点上计算的. 事实上，定理 1. 3. 6 是通过证明 N^u 在定理所给的假设下，是由一个满足定理 1. 3. 5 假设下的流出不变流形证明的.

现在我们给出对紧、在（1. 3. 39）作用下无边不变流形的一个常用定理（Sacker [1964]，Hirsch，Pugh 和 Shub [1977]）.

定理 1. 3. 7. 设 M 是一个紧并且在 $\dot{x} = f(x)$ （$x \in \mathbb{R}^n$） 作用下是不变

的无边 C^r 流形，N^s 和 N^u 是 $T\mathbb{R}^n|_M$ 的子丛，使得 $N^s \oplus N^u = T\mathbb{R}^n|_M$ 和 $N^s \cap N^u = TM$．假设 N^u 满足定理 1.3.6 的假设，N^s 满足定理 1.3.6 对时间反向流的假设，则下面结论成立： [55]

（i）（存在性） 沿着 M 存在切于 N^u，N^s 的 C^r 流形 W^u，W^s，其中 W^u 在 $\dot{x} = f(x)$，$x \in \mathbb{R}^n$ 作用下是流出不变流形，W^s 在 $\dot{x} = -f(x)$，$x \in \mathbb{R}^n$ 作用下是流出不变流形，此外，$M = W^u \cap W^s$．

（ii）（持久性） 假设 $\dot{x} = g(x)$，$x \in \mathbb{R}^n$ 是 C^r 向量场，$g(x)$ 是 C^1 接近于 $f(x)$ 的．则分别存在 C^r 接近 W^u，W^s 的 C^r 流形 W_g^u，W_g^s，而且在 $\dot{x} = g(x)$，$x \in \mathbb{R}^n$ 作用下有相同维数的流出不变流形 W_g^u，以及有在 $\dot{x} = -g(x)$，$x \in \mathbb{R}^n$ 作用下的流出不变流形 W_g^s．此外，$W_g^u \cap W_g^s = M_g$ 是在 $\dot{x} = g(x)$，$x \in \mathbb{R}^n$ 作用下不变的 C^r 流形，且是 C^r 接近于 M 的．

注意，满足定理 1.3.7 的假设的紧无边不变流形，称为正规双曲的．

例 1.3.1（续）．现在我们回到最初的关于不变流形的问题，以指出验证定理假设所需的计算．回忆我们考虑的方程

$$\dot{x} = f(x), \quad x \in \mathbb{R}^n \tag{1.3.50}$$

在下面的假设下：

（A1）（1.3.50）有不动点 $x = 0$，即 $f(0) = 0$．

（A2）$Df(0)$ 有 $n-k$ 个正实部和 k 个负实部的特征值．

在这个简单情形中，不变流形 M 正好是不动点 $x = 0$ 和 $T\mathbb{R}^n|_M = \mathbb{R}^n$，其中的线性问题的不稳定和稳定子空间 E^u 和 E^s 对应于不变子丛 N^u 和 N^s，其中 $T\mathbb{R}^n|_M = \mathbb{R}^n = E^u + E^s$．我们还必须证明 E^u 满足定理 1.3.6 的假设，E^s 满足定理 1.3.6 在时间反向流的假设．

第 1 步：证明 E^u 满足定理 1.3.6 的假设．

设 $I = E^u$ 和 $J = E^s$，于是给出不稳定和稳定子空间的坐标下，线性化向量场写为

$$\dot{\xi} = Df(0)\xi, \qquad \xi \in \mathbb{R}^n, \tag{1.3.51}$$

[56] 其中

$$Df(0) = \begin{pmatrix} A_1 & 0 \\ 0 & A_2 \end{pmatrix}, \tag{1.3.52}$$

这里 A_1 是所有特征值具有正实部的一个 $n-k \times n-k$ 矩阵，A_2 是所有特征值具有负实部的一个 $k \times k$ 矩阵．于是我们有

$$\begin{aligned} \Pi^I e^{Df(0)t} &= e^{A_1 t}, \\ \Pi^J e^{Df(0)t} &= e^{A_2 t}. \end{aligned} \tag{1.3.53}$$

设 λ_1 是 A_1 特征值具有最小实部的实部，λ_2 是 A_2 特征值具有最大实部的

实部. 于是，容易看到，

$$\begin{aligned}\lambda(0)&=\mathrm{e}^{-\lambda_1}<1,\\ \gamma(0)&=\mathrm{e}^{\lambda_2}<1,\\ \sigma(0)&=0,\end{aligned} \tag{1.3.54}$$

因为$TM=\varnothing$.

第2步：证明E^s满足定理1.3.6向量场时间反向的假设.

在时间反向下向量场E^u和E^s互相交换，因此现在令$I=E^s$和$J=E^u$，再利用（1.3.52），得到

$$\begin{aligned}\lambda(0)&=\mathrm{e}^{\lambda_2}<1,\\ \gamma(0)&=\mathrm{e}^{-\lambda_1}<1,\\ \sigma(0)&=0,\end{aligned} \tag{1.3.55}$$

因为$TM=\varnothing$.

因此，我们可以得到存在如f一样可微，以及在$x=0$切于E^u和E^s的流形W^u，W^s. W^u是在（1.3.50）作用下的流出不变且与E^u有相同维数的流形，W^s是在（1.3.50）时间反向作用下的流出不变且与E^s有相同维数的流形. 此外，对接近于（1.3.50）的任何其他向量场，这个结构保存.

1.4. 横截性、结构稳定性和通有性

横截性、结构稳定性和通有性的概念在动力系统理论的发展中起着重要的作用. 本节我们将简要讨论这些概念.

1. 横截性

横截性是一个几何概念，它讨论曲面或流形（见1.3节）的相交问题. 设M和N是$\mathbb{R}^n$中的（至少是C^1的）微分流形. [57]

定义 1.4.1. 设p是$\mathbb{R}^n$中的一点，称M和N在p是横截的，如果$p\notin M\cap N$，或者$p\in M\cap N$，则$T_pM+T_pN=\mathbb{R}^n$，其中T_pM和T_pN分别表示M和N在点p的切空间. 称M和N是横截的，如果它们在每一点$p\in\mathbb{R}^n$横截，如图1.4.1.

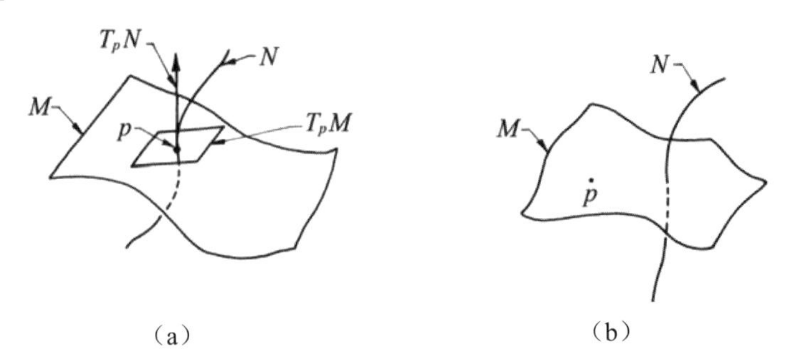

图1.4.1 在p横截的M和N

注意，两个流形在一点的横截性的要求比两个流形在一点彼此贯穿要多. 考虑下面的例子.

例 1. 4. 1. 设 M 是 $\mathbb{R}^2$ 中的 x 轴，N 是函数 $f(x)=x^3$ 的图形，如图 1. 4. 2. 则 M 和 N 在 $\mathbb{R}^2$ 中的原点相交，但它们在原点不是横截的，因为 M 的切空间正好是 x 轴，N 的切空间由向量 $(1,0)$ 生成，因此，$T_{(0,0)}N=T_{(0,0)}M$，从而，$T_{(0,0)}N+T_{(0,0)}M\neq\mathbb{R}^2$.

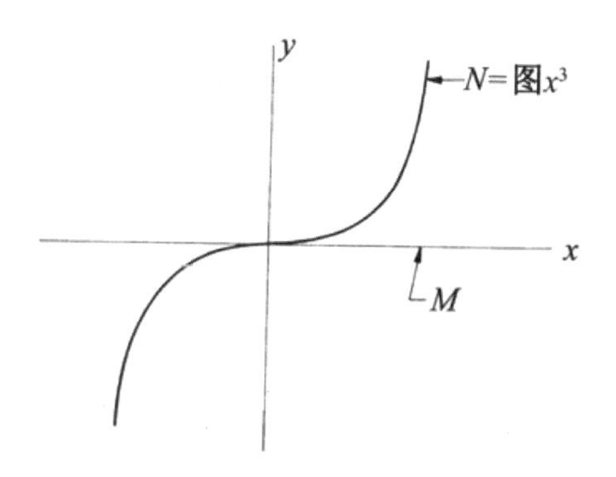

图 1. 4. 2　非横截流形

横截性的最重要的特征是在充分小的扰动下得到保持. 这个事实在第 3 章和第 4 章的许多几何论述中发挥了有益的作用. 最后，我们注意，一个经常与横截同义使用的术语是一般位置，即两个或更多个流形横截称它们在一般位置.

[58]　**2. 结构稳定性**

结构稳定性概念是 Andronov 和 Pontryagin[1931]引入的，它在动力系统理论的发展中起着核心作用. 粗略地讲，一个动力系统是结构稳定的，如果它附近的系统定性地有着相同的动力学. 描述似乎是一个很简单的概念，但是，首先必须提供一个方法来确定两个系统何时“接近”，然后必须说明两个系统具有定性相同的动力学的含义. 我们将分别讨论各个问题.

设 $C^r(\mathbb{R}^n,\mathbb{R}^n)$ 是从 $\mathbb{R}^n$ 到 $\mathbb{R}^n$ 的 C^r 映射空间. 借助动力系统，我们将 $C^r(\mathbb{R}^n,\mathbb{R}^n)$ 的元素想象为一个向量场. 用 $\mathrm{Diff}^r(\mathbb{R}^n,\mathbb{R}^n)$ 表示由 C^r 微分同胚组成的 $C^r(\mathbb{R}^n,\mathbb{R}^n)$ 的子集.

称 $C^r(\mathbb{R}^n,\mathbb{R}^n)$ 的两个元素为 $C^k\varepsilon$ 接近 $(k\leqslant r)$，或者 C^k 接近，如果它们连同它们的前 k 阶导数都在按某个范数中的度量 ε 之内. 这个定义存在一个问题，即 $\mathbb{R}^n$ 是无界的，且在无穷的性态需要控制（注意，这解释了为什么大部分动力系统理论的发展要利用紧相空间，但是，在应用中这并不充分，必须进行适当修改）.

有几个方法可解决这个困难. 为了讨论的目的，我们将选择一个常用方法，并假设我们的映射作用在紧、无边的 n 维微分流形 M 上，而不是在整个 $\mathbb{R}^n$ 上. 通过 $C^r(M,M)$ 的两个元素之间的距离在 $C^r(M,M)$ 上诱导的拓扑称为 C^k 拓扑，更深入的讨论建议读者看 Palis 和 DeMelo[1982]或者 Hirsch[1976]. [59]

所谓两个动力系统定性地具有相同动力学的含义，通常用共轭这个术语来回答(见第 1.2 节). 特别地，C^0 共轭映射和 C^0 等价向量场，它们在 1.2 节命题的意义下具有定性相同的轨道结构. 从 1.2 节也明白不用可微共轭的理由，例如，由命题 1.2.2，两个具有不动点的映射不能是 C^k 共轭的，除非它们关于相应不动点的线性化映射的特征值相等. 如果我们仅对不同动力系统的动力学感兴趣，这是一个坚定的要求. 注意，随着我们对非线性系统全局动力学的了解不断增加，我们开始发现，为了区分不同动力学系统中的重要动力学特征，即使是 C^0 共轭也可能太强. 在试图用经典概念（即 C^0 共轭）确定高维系统（即 n 维映射，$n\geqslant 2$ 和 n 维向量场，$n\geqslant 3$）的通有特性和结构稳定性准则时遇到的巨大困难证明了这一点. 这可能是由于 C^0 共轭是特定轨道之间的关系这一事实造成的，并且在高维动力学系统中发生的许多复杂和混沌现象是通过轨道族之间的相互作用产生的（注意：在第 3 章和第 4 章我们将看到许多这样的例子）. 现在我们可以正式定义结构稳定性.

定义 1.4.2. 考虑映射 $f\in \mathrm{Diff}^r(M,M)$（相应地，$C^r(M,M)$ 中的 C^r 向量场），于是说 f 是结构稳定的，如果在 C^k 拓扑下，f 存在一个邻域 $\mathcal{N}$，使得 f 是 C^0 共轭（相应地，C^0 等价）于 $\mathcal{N}$ 中的每个映射（相应地，向量场）.

现在我们定义了结构稳定性，如果我们能够确定一个特殊系统的特征，由它导致这个系统是结构稳定的，那就太好了. 从应用科学家的观点这是有用的，因为人们可能会假设，自然界中发生的动力系统建模现象应该具有结构稳定性的特性. 遗憾的是，这种特征并不存在，尽管一些部分结果是已知的，这些将在稍后描述. 表征结构稳定性的一种方法是识别动力系统的典型或通有性质，现在我们就来讨论这一概念. [60]

3. 通有性

简单地说，人们可能会猜想一个动力学系统的典型或通有性质是一个与 $C^r(M,M)$ 中的动力系统的稠密集共有的性质. 猜想不够充分，因为它可能对一个集合和它的补集都稠密. 例如有理数集在实直线上稠密，它的补集（无理数集）也在实直线上稠密. 然而，无理数比有理数多得多，人们可能认为无理数比有理数更典型. 剩余集概念给出了这一点的正确意义.

定义 1.4.3. 设 X 是一个拓扑空间，U 是 X 的一个子集. 称 U 是一个剩余集，如果它是可数多个集合的交，每个集合在 X 中开且稠密. 如

果 X 中的剩余集在 X 中本身稠密，则称 X 为 Baire 空间①.

注意，赋予 C^k $(k \leqslant r)$ 拓扑的 $C^r(M,M)$ 是一个 Baire 空间（见 Palis 和 deMelo[1982]）. 现在我们给出通有性的定义.

定义 1.4.4. 映射（相应地，向量场）的一个性质称为是 C^k 通有的，如果这个映射（相应地，向量场）的集合在 C^k 拓扑下具有包含剩余子集的性质.

以下属于 Kupka 和 Smale 的定理中列出了一些重要的通有性示例.

定理 1.4.1. *设 $\mathcal{N}$ 是 M 的一个微分同胚集，其中 M 有大于或等于 2 的维数，使得 $\mathcal{N}$ 的元素的所有不动点和周期轨道都是双曲的，而且每个不动点和周期轨道的稳定和不稳定流形都横截相交. 则 $\mathcal{N}$ 是一个剩余集.*

Kupka-Smale 定理的证明见 Palis 和 deMelo[1982].

在利用通有性这个概念去刻画结构稳定系统时，首先要指定某个通有性质，然后由于结构稳定系统是 C^0 共轭于（相应地，对向量场等价）所有附近的系统，结构稳定系统必须具有这个性质，如果这个性质在 C^0 共轭下（相应地，对向量场等价）得到保持. 现在我们想对这个论述采取另一种方式，即，最好证明结构稳定的系统是通有的. 对紧流形上的 2 维向量场，我们有下面的 Peixoto[1962]结果. [61]

定理 1.4.2. *紧无边 2 维流形 M 上的 C^r 向量场是结构稳定的，当且仅当：*

（1）不动点和周期轨道数是有限且每个是双曲的.

（2）不存在连接鞍点的轨道.

（3）非游荡集由不动点和周期轨道组成.

此外，如果 M 是可定向的，则这种向量场的集合在 $C^r(M)$ 意义下是开稠的（注意，这强于通有）.

这个定理很有用，因为它阐明了在结构稳定的紧无边 2 维流形上向量场动力学的精确条件. 但很遗憾，在高维我们没有类似的定理. 这部分是由于存在复杂的回归运动（例如，Smale 马蹄，见第 2.1 节），这对于 2 维向量场是不可能的. 更令人失望的是，结构稳定性不是 n $(n \geqslant 2)$ 维微分同胚或 n $(n \geqslant 3)$ 维向量场的通有性质. Smale[1966]首次证明了这一事实.

现在我们将结束对横截性、结构稳定性和通有性概念的简要讨论. 有关这些概念的更多信息建议读者参考 Chillingworth[1976]，Hirsch[1976]，Arnold[1982]，Nitecki[1971]，Smale[1967]和 Shub[1987]. 但是，在结束这一节之前，我们就这些概念与应用科学家

① Baire 空间除了上面用剩余集定义外，还有其他定义，例如，用开稠集定义的：如果拓扑空间 X 中可数多个开稠集的交仍是稠集，则称 X 为 Baire 空间；用第二纲集定义的：如果 X 中任意非空开集都是第二纲集，则称 X 为 Baire 空间. ——译者注

的相关性做一些简短的评论，即，它们拥有特定动力学系统并且必须以某种方式发现系统中呈现什么类型的动力学.

上面定义的通有性和结构稳定性一直是动力系统理论发展的指导力量.通常采用的方法是为某类动力系统假设某种“合理的”动力学形式，然后证明这种动力学形式在该类中是结构稳定的和（或）通有的.如果一个方法是持久的且偶尔成功，则最终会得到一个通有和结构稳定的动力学性质的重要目录.该目录对应用科学家很有用，因为它使研究者对特定动力系统中的动力有所了解.然而，这还远远不够.给定一个特定的动力系统，它是否结构稳定和（或）通有的？如果能回答这个问题，那么就可以调用非常一般但非常有效的定理，例如Kupka-Smale定理，从而得出对所讨论的系统动力学有深远影响的结论.因此我们想给出一个特定动力系统结构稳定和（或）通有的可计算条件.对某些特殊类型的运动，例如，不动点和周期轨道，我们可借助线性化系统的特征值来做.但是，对更一般的全局运动，如同宿轨道和拟周期轨道，就不能那么容易做到了，因为附近的轨道结构非常复杂，无法进行局部描述（见第3章）.这归结为，为了确定一个特定的动力系统是否结构稳定，需要对其轨道结构有相当完整的了解，或者更讽刺地说，需要在询问问题之前就知道答案.因此，这些想法对应用科学家似乎没有用处，然而，这并不完全正确，因为描述结构稳定性和通用性质的定理确实让人们很好地了解了要注意什么，尽管它们不能告诉人们在特定系统中确实发生了什么.

[62]

1.5. 分支

分支一词广泛用于描述当动力学系统所依赖的参数发生变化时，动力学系统的轨道结构发生重大定性变化.在本节中，我们描述分支理论背后的一些想法，先从理论的一般框架开始，然后讨论各种特殊情况.

我们考虑动力系统的无限维空间，不管是向量场还是微分同胚.结构稳定动力系统的集合在这个无穷维空间中形成一个开集 S. S 的补，记为 S^c，定义为*分支集*.我们来描述这个分支集 S^c 的结构，首先，我们证明 S^c 是一个余维1子流形，更一般地，是动力系统的无穷维空间中的一个分层子簇（见 Arnold [1983]）.为了启发这一点，我们必须先做题外话并解释“余维”一词.

[63]

设 M 是一个 m 维流形，N 是一个包含在 M 中的一个 n 维子流形.则 N 的余维定义为 $m-n$.因此，子流形的余维是当我们关于环绕空间移动时子流形可回避性的一个度量.特别地，子流形 N 的余维等于与 N 横截相交的子流形 $P\subset M$ 的最小维数.这是在有限维环境中定义的余维，它允许人们获得一些感受.现在我们转到无限维环境.设 M 是一个无限维流形，N 是一个包含在 M 中的一个子流形.（注意.对无限维流形的设置见 Hirsch [1976].粗略地讲，无限维流形是一个局部同胚于无限维 Banach 空间的集合．由于我们在本节只关注无限维流形，而且主要以启发式定义，准确定义建议读者参考有关文献．）我们说，N 是 k 余维的，如果 N 的每一点包含在同胚于 $U\times\mathbb{R}^k$ 的 M 的某个开集中，其中 U 是 N 中的一个开集．这意味着 k 是与 N 横截相交的子流形 $P\subset M$ 的最小维数．因此，余维在无限维情形有与在有限维情形相同的几何含义．现在我们回到我们的主要讨论．

假设 S^c 是一个余维 1 子流形，或者，更一般地，是一个分层子簇．我们可将 S^c 看作为如图 1.5.1 所示的划分动力系统的无限维空间的曲面．当穿过 S^c 时出现分支（如，拓扑分开不同的轨道结构）．因此，在无限维动力系统空间中，可定义分支点为任何结构不稳定动力系统．

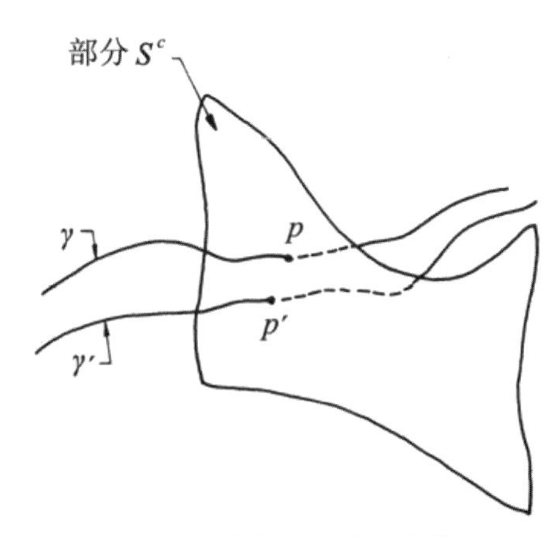

图 1.5.1　包含在 S 中的分支曲面 S^c

现在在这种设定下，人们可能会初步得出结论，分支很少发生，而且不重要，因为 S^c 上的任何点 p 都可能被（大多数）任意小扰动扰动到 S．此外，从实用的角度来看，S^c 中包含的动力系统可能不是物理系统的很好模型，因为任何模型仅仅是现实的近似，因此，我们应该要求我们的模型是结构稳定的．但是，假设我们有动力系统横截于 S^c 的曲线 γ，即动力系统的一个单参数族．于是系统的这条曲线通过它的任何小扰动仍得到一条与 S^c 横截的曲线 γ'．因此，即使 S^c 上的任何特定点可以通过（大多数）任意小扰动从 S^c 中移除，但在扰动下，与 S^c 横截的曲线仍与 S^c 保持横截．因此，在参数化的动力系统族中，分支是不可避免的．

[64]

尽管有可能证明 S^c 是余维 1 的一个子流形或分层子簇，但 S^c 的详细结构可能非常复杂，因为它可以被划分为对应于更多退化形式的分支的更高余维的子流形．则 S^c 中的一种特定类型的余维 k 分支将在横截于余维 k 子流形的 k 参数动力系统族中持续存在．

这基本上是 Poincaré 最初概述的分支理论计划．为了在实践中使用它，我们将按以下步骤进行：

（1）给定一个特定的动力系统，确定它是否结构稳定.

（2）如果它不结构稳定，则计算分支的余维.

（3）将系统嵌入与分支曲面横截的系统的参数化族，其中参数个数等于分支的余维数. 这些参数化系统称为*开折*或*形变*，如果它们包含所有可能的可在分支附近出现的定性动力学，则称它们为*普适开折*或*通有形变*，见 Arnold [1982]. [65]

（4）研究参数化系统的动力学.

通过这种方式，可以获得结构稳定的系统族. 此外，这提供了一种以尽可能少的工作得到对动力系统空间的定性动力学的完整理解. 即，一种使用退化的分支点作为研究动力学的"组织中心". 由于其他地方的动力系统在结构上是稳定的，因此不必担心它们的动力学细节，这是因为从定性角度而言，它们将在拓扑上与分支点附近的结构稳定动力系统共轭.

现在，发展分支理论的这个过程还远未完成，阻碍其完成的障碍正是第 1. 4 节末尾所讨论的，即在动力系统空间中，必须首先识别 S 和 S^c，这涉及对动力系统空间内每个元素的轨道结构的详细了解. 尽管形势看起来毫无希望，但在下面两方面已取得了一些进展：

（1）局部分支.

（2）特定轨道的全局分支.

我们将分别讨论这两种情况.

局部分支理论考虑向量场和映射的不动点分支. 或者，问题可以化为这种形式的情况，例如在研究向量场周期轨道的分支时，我们可以在周期轨道附近构造一个局部 Poincaré 映射（见 1. 6 节），因此问题化为研究映射的不动点的分支，对 k 周期轨道来说，可考虑映射的 k 次迭代，因此问题化为研究映射 k 次迭代（见 1. 1h 节）的不动点分支. 利用诸如中心流形定理（见 Carr[1981]或 Guckenheimer 和 Holmes[1983]）或者 Lyapunov-Schmidt 约化（见 Chow 和 Hale[1982]），通常可以将问题化为形如 [66]

$$f(x,\lambda)=0 \tag{1.5.1}$$

的方程的研究，其中 $x\in\mathbb{R}^n$，$\lambda\in\mathbb{R}^p$ 是系统的参数，假设 $f:\mathbb{R}^n\times\mathbb{R}^p\to\mathbb{R}^n$ 充分光滑. 我们目的是研究当 λ 变化时（1. 5. 1）的解的特性. 特别是，我们对使解产生和消失的参数值感兴趣. 称这些特殊的参数值为*分支值*. 现在有一种广泛的数学机制称为*奇点理论*（见 Golubitsky 和 Guillemin[1973]）专注讨论这些问题. 奇点理论考虑函数零点附近光滑函数的局部性质. 它以类似本节开头所述的精神，基于余维对各种情形进行了分类. 由于所有具有零点的光滑函数空间中的余维 k 子流形可以通过对函数的导数所加的条件代数地描述，这是可能的原因. 这为我们提供了一种对各种可能的分支进行分类和计算适当的开折的方法. 由此，人们可能会相信局部分支理论是一个很好理解的主题，但事实并非如此. 问题出现在研究退化的局部分支，尤其是在向量场

的余维 k ($k \geqslant 2$) 分支的研究. Takens[1974]，Langford[1979] 以及 Guckenheimer[1981]的基础工作已经表明，在这些退化分支点附近的任意性可能会出现复杂的全局动力学现象，如不变环面和 Smale 马蹄. 这些现象不能通过奇点理论技巧来描述. 我们请读者参阅 Guckenheimer 和 Holmes[1983]的第 7 章，以了解更多关于这些问题的讨论.

全局分支定义为在上述意义下不是局部的分支，即相空间扩展区域的轨道结构的定性变化. 典型的例子是同宿分支和异宿分支. 在这两个例子中，完整的研究还犹未可知，主要是因为动力系统轨道结构的全局分析技术刚刚开始发展. 在第 3 章中，我们将介绍关于同宿和异宿分支的大量已知知识，并评论我们知识上的巨大缺失；在第 4 章中，我们将开发各种适合处理这些情形的分析技术. [67]

1. 6. Poincaré 映射

将连续时间系统（流）的研究简化为对相关的离散时间系统（映射）的研究的想法属于 Poincaré[1899]，他首先在他对天体力学中的三体问题的研究中使用. 现在，几乎任何与常微分方程相关的离散时间系统都被称为 Poincaré 映射. 这种技术在研究常微分方程方面提供了几个优点，其中三个如下：

（1）*降维*. Poincaré 映射的构造涉及消除问题中的至少一个变量，从而产生待研究的低维问题.

（2）*全局动力学*. 在低维问题（比如维数≤4）中，Poincaré 映射的数值计算提供了系统全局动力学的深刻而引人注目的展示. Poincaré 映射的数值计算例子见 Guckenheimer 和 Holmes[1983]以及 Lichtenberg 和 Lieberman[1982].

（3）*概念清晰度*. 对于相关的 Poincaré 映射来说，许多对于常微分方程来说是很烦琐的概念通常可以被简洁地表述. 一个例子是常微分方程的周期轨道的轨道稳定性概念（见 Hale[1980]）. 借助 Poincaré 映射，这个问题化为 Poincaré 映射不动点的稳定性问题，后者可借助映射关于不动点的线性化的特征值刻画（见本页的情形（1））.

给出构造与常微分方程相关的 Poincaré 映射的方法将是有用的. 不幸地是，没有适用于任意常微分方程的通用方法，因为构建 Poincaré 映射需要针对当前问题的特殊性. 然而，在经常出现的 4 种情况下，特定类型的 Poincaré 映射的构造在某种意义上可以说是规范的. 这 4 种情形是：

[68] （1）在常微分方程周期轨道附近的轨道结构的研究中.

（2）常微分方程的相空间是周期的情形，如在周期强迫振动中.

（3）在常微分方程是拟周期的相空间中，如在拟周期强迫振动中.

（4）在同宿轨道和异宿轨道附近的轨道结构的研究中.

现在我们将讨论情形（1）（2）（3）. 整个第 3 章涉及情形（4）.

情形（1）：考虑下面的常微分方程

$$\dot{x} = f(x), \qquad x \in \mathbb{R}^n, \tag{1.6.1}$$

其中$f:U \to \mathbb{R}^n$在某个开集$U \subset \mathbb{R}^n$上是C^r的. 设$\phi(t,\cdot)$表示由(1.6.1)生成的流. 假设(1.6.1)有周期解，周期为T，记为$\phi(t,x_0)$，其中$x_0 \in \mathbb{R}^n$是这个周期解通过的任何点（即$\phi(t+T,x_0)=\phi(t,x_0)$）. 设$\Sigma$是在$x_0$与向量场横截的$n-1$维曲面（注意："横截"意味着$f(x)\cdot n(x_0) \neq 0$，其中"."表示这个向量场与$\Sigma$在$x_0$的法线的点积，我们称$\Sigma$是向量场(1.6.1)的横截面. 现在我们在定理1.1.2中证明了，如果$f(x)$是C^r的，则$\phi(t,x)$也是C^r的. 因此，我们可以找到一个开集$V \subset \Sigma$，使得从V中出发的轨线在时间接近T时回到Σ. 将V中的点与其第一次返回Σ的点相关联的映射称为Poincaré映射，更准确地说，

$$\begin{aligned} P: V &\to \Sigma, \\ x &\mapsto \phi(\tau(x),x), \end{aligned} \tag{1.6.2}$$

其中$\tau(x)$是点x第一次回到Σ的时间. 注意，由构造我们有$\tau(x_0)=T$和$P(x_0)=x_0$.

因此，P的不动点对应于(1.6.1)的周期轨道. P的k周期点(即，使得$P^k(x)=x$的点x)，只要$P^k(x) \in V$, $i=1,\cdots,k$）对应(1.6.1)的周期轨道，它在闭合前穿过Σ k次，如图1.6.1.

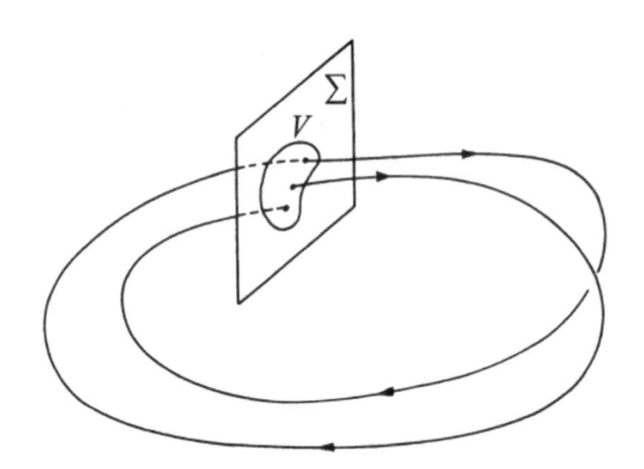

图1.6.1 Poincaré映射的几何

现在出现一个问题：如果截面Σ发生变化，问Poincaré映射如何变化？设x_0和x_1是(1.6.1)的周期解上的两点，Σ_0和Σ_1分别是与向量场在x_0和x_1横截的两个$n-1$维曲面. 又假设选择Σ_1使得它是Σ_0在由(1.6.1)生成的流作用下的像，如图1.6.2. 这定义了一个C^r微分同胚 [69]

$$h: \Sigma_0 \to \Sigma_1. \tag{1.6.3}$$

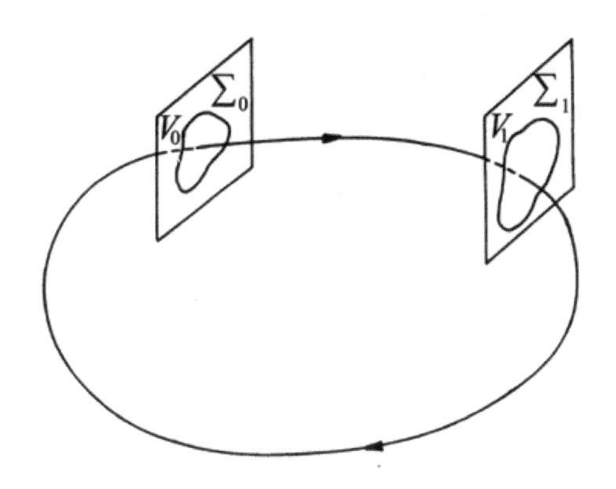

图 1. 6. 2　截面 Σ_0 和 Σ_1

如前的构造定义 Poincaré 映射 P_0 和 P_1 如下：

[70]

$$P_0 : V_0 \to \Sigma_0, x_0 \mapsto \phi\left(\tau(x_0), x_0\right), \quad x_0 \in V_0 \subset \Sigma_0, \qquad (1.6.4)$$

$$P_1 : V_1 \to \Sigma_1, x_1 \mapsto \phi\left(\tau(x_1), x_1\right), \quad x_1 \in V_1 \subset \Sigma_1. \qquad (1.6.5)$$

于是我们有下面的结果.

命题 1. 6. 1. *P_0 和 P_1 局部 C^r 共轭.*

证明：现在我们需要证明

$$P_1 \circ h = h \circ P_0,$$

由此立即得到命题结果，因为 h 是一个 C^r 微分同胚. 但是，我们需要稍微考虑一下映射的定义域. 我们有

$$\begin{aligned} h(\Sigma_0) &= \Sigma_1, \\ P_0(V_0) &\subset \Sigma_0, \\ P_1(V_1) &\subset \Sigma_1. \end{aligned} \qquad (1.6.6)$$

因此，$h \circ P_0 : V_0 \to \Sigma_1$ 有定义，但 $P_1 \circ h$ 不需要定义，因为 P_1 不需在整个 Σ_1 上定义. 但是如果我们选择 Σ_1 使得 $\Sigma_1 = h(V_0)$，而不是 $h(\Sigma_0)$，那这个问题就被解决了. 命题得证. □

情形（2）：考虑下面的常微分方程

$$\dot{x} = f(x,t), \quad x \in \mathbb{R}^n, \qquad (1.6.7)$$

其中 $f : U \to \mathbb{R}^n$ 在某个开集 $U \subset \mathbb{R}^n \times \mathbb{R}^1$ 上是 C^r 的. 假设（1. 6. 7）的时间依赖是周期的，周期 $T = \dfrac{2\pi}{\omega} > 0$，即 $f(x,t) = f(x,t+T)$. 我们通过定义函数

$$\begin{aligned} &\theta : \mathbb{R}^1 \to S^1, \\ &t \mapsto \theta(t) = \omega t, \ \mathrm{mod}\, 2\pi \end{aligned} \qquad (1.6.8)$$

将（1. 6. 7）改写为 $n+1$ 维空间中的自治方程（见 1. 1e 节）.

利用（1. 6. 8）将方程（1. 6. 7）变成

$$\begin{aligned}\dot{x} &= f(x,\theta), \\ \dot{\theta} &= \omega.\end{aligned} \quad (x,\theta)\in\mathbb{R}^n\times S^1. \tag{1.6.9}$$

我们用 $\phi(t)=(x(t),\theta(t)=\omega t+\theta_0\ (\bmod 2\pi))$ 记由（1.6.9）生成的流．用 [71]

$$\Sigma^{\bar{\theta}_0}=\left\{(x,\theta)\in\mathbb{R}^n\times S^1 \mid \theta=\bar{\theta}_0\in(0,2\pi]\right\} \tag{1.6.10}$$

定义向量场(1.6.9)的截面 $\Sigma^{\bar{\theta}_0}$． $\mathbb{R}^n\times S^1$ 中 $\Sigma^{\bar{\theta}_0}$ 的单位法向量为(0,1)，显然 $\Sigma^{\bar{\theta}_0}$ 对所有 $x\in\mathbb{R}^n$ 都横截于向量场（1.6.9），因为 $(f(x,\theta),\omega)\cdot(0,1)=\omega\neq 0$．此时称 $\Sigma^{\bar{\theta}_0}$ 为全局截面.

$\Sigma^{\bar{\theta}_0}$ 到它自身的 Poincaré 映射定义如下：

$$\begin{aligned}&P_{\bar{\theta}_0}:\Sigma^{\bar{\theta}_0}\to\Sigma^{\bar{\theta}_0},\\ &\left(x\left(\frac{\bar{\theta}_0-\theta_0}{\omega}\right),\bar{\theta}_0\right)\mapsto\left(x\left(\frac{\bar{\theta}_0-\theta_0+2\pi}{\omega}\right),\bar{\theta}+2\pi\equiv\bar{\theta}_0\right),\end{aligned} \tag{1.6.11}$$

或者

$$x\left(\frac{\bar{\theta}_0-\theta_0}{\omega}\right)\mapsto x\left(\frac{\bar{\theta}_0-\theta_0+2\pi}{\omega}\right).$$

因此，Poincaré 映射仅在向量场的相继周期之后以固定相位跟踪 x 中的初始条件.

显然，$P_{\bar{\theta}_0}$ 的不动点对应（1.6.9）的 $2\pi/\omega$ 周期轨道，$P_{\bar{\theta}_0}$ 的 k 周期点对应于（1.6.9）的周期轨道，它在闭合之前穿过 $\Sigma^{\bar{\theta}_0}$ k 次.

如在情形(1)，假设我们如上构造了不同的 Poincaré 映射 $P_{\bar{\theta}_1}$，但具有截面

$$\Sigma^{\bar{\theta}_1}=\left\{(x,\theta)\in\mathbb{R}^n\times S^1 \mid \theta=\bar{\theta}_1\in(0,2\pi]\right\}. \tag{1.6.12}$$

于是我们有下面结果.

命题 1.6.2. $P_{\bar{\theta}_0}$ 和 $P_{\bar{\theta}_1}$ 是 C^r 共轭的.

证明: 证明遵循类似命题 1.6.1 中给出的构造. 我们通过在由(1.6.9)生成的流的作用下将 $\Sigma^{\bar{\theta}_0}$ 上的点映为 $\Sigma^{\bar{\theta}_1}$ 上的点来构造 $\Sigma^{\bar{\theta}_0}$ 到 $\Sigma^{\bar{\theta}_1}$ 的 C^r 微分同胚 h. 在 $\Sigma^{\bar{\theta}_0}$ 上开始的点有初始时间 $t_0=(\bar{\theta}_0-\theta_0)/\omega$，它们经过时间

$$t=\frac{\bar{\theta}_1-\bar{\theta}_0}{\omega}$$

后到达 $\Sigma^{\bar{\theta}_1}$．因此，我们有

$$\begin{aligned}&h:\Sigma^{\bar{\theta}_0}\to\Sigma^{\bar{\theta}_1},\\ &\left(x\left(\frac{\bar{\theta}_0-\theta_0}{\omega}\right),\bar{\theta}_0\right)\mapsto\left(x\left(\frac{\bar{\theta}_1-\theta_0}{\omega}\right),\bar{\theta}_1\right).\end{aligned} \tag{1.6.13}$$

[72] 利用（1.6.13）和定义在不同截面上的 Poincaré 映射的表达式，得到

$$h \circ P_{\bar{\theta}_0} : \Sigma^{\bar{\theta}_0} \to \Sigma^{\bar{\theta}_1},$$

$$\left(x\left(\frac{\bar{\theta}_0 - \theta_0}{\omega} \right), \bar{\theta}_0 \right) \mapsto \left(x\left(\frac{\bar{\theta}_1 - \theta_0 + 2\pi}{\omega} \right), \bar{\theta}_1 + 2\pi \equiv \bar{\theta}_1 \right). \qquad (1.6.14)$$

和

$$P_{\bar{\theta}_1} \circ h : \Sigma^{\bar{\theta}_0} \to \Sigma^{\bar{\theta}_1},$$

$$\left(x\left(\frac{\bar{\theta}_0 - \theta_0}{\omega} \right), \bar{\theta}_0 \right) \mapsto \left(x\left(\frac{\bar{\theta}_1 - \theta_0 + 2\pi}{\omega} \right), \bar{\theta}_1 + 2\pi \equiv \bar{\theta}_1 \right). \qquad (1.6.15)$$

因此，由（1.6.14）和（1.6.15）得到

$$h \circ P_{\bar{\theta}_0} = P_{\bar{\theta}_1} \circ h. \qquad (1.6.16)$$

□

情形（3）：考虑下面的常微分方程

$$\dot{x} = f(x,t),\ \ x \in \mathbb{R}^n, \qquad (1.6.17)$$

其中 $f: U \to \mathbb{R}^n$ 在某个开集 $U \subset \mathbb{R}^n \times \mathbb{R}^1$ 上是 C^r 的. 假设对固定的 x，$f(x,t)$ 是时间 t 的拟周期函数. 回忆在 1.1i 节中给出的拟周期函数的定义，（1.6.17）可写为

$$\begin{gathered} \dot{x} = f(x, \theta_1, \cdots, \theta_m) \\ \dot{\theta}_1 = \omega_1 \\ \vdots \\ \dot{\theta}_m = \omega_m \\ (x, \theta_1, \cdots, \theta_m) \in \mathbb{R}^n \times \underbrace{S^1 \times \cdots \times S^1}_{m\ \text{个因子}}. \end{gathered} \qquad (1.6.18)$$

我们用 $\phi(t) = (x(t), \omega_1 t + \theta_{10}, \cdots, \omega_m t + \theta_{m0})$ 记由（1.6.18）生成的流.

与情形（2）类似，通过固定其中一个角变量的相位来构造向量场（1.6.18）的截面. 更精确地说，定义全局截面 $\Sigma^{\bar{\theta}_{j0}}$ 为

$$\Sigma^{\bar{\theta}_{j0}} \equiv \left\{ (x, \theta_1, \cdots, \theta_m) \in \mathbb{R}^n \times S^1 \times \cdots \times S^1 \mid \theta_j = \bar{\theta}_{j0} \in (0, 2\pi] \right\}. \qquad (1.6.19)$$

（注意：通过类似于情形（2）的论述，得知（1.6.19）事实上是（1.6.18）的一个全局截面.）利用（1.6.28）生成的流，Poincaré 映射 $P_{\bar{\theta}_{j0}}$ 通过选择初始时间 $t_0 = (\bar{\theta}_{j0} - \theta_{j0}) / \omega_j$ 使得（1.6.14）从 $\theta_j = \bar{\theta}_{j0}$ 出发的解发展到时间 $t = t_0 + \dfrac{2\pi}{\omega_j}$ 回到 $\Sigma^{\bar{\theta}_{j0}}$. 更精确地说，我们有　[73]

$$P_{\bar{\theta}_{j0}} : \Sigma^{\bar{\theta}_{j0}} \to \Sigma^{\bar{\theta}_{j0}}, \qquad (1.6.20)$$

$$\left(x\left(\frac{\bar{\theta}_{j0} - \theta_{j0}}{\omega_j} \right), \frac{\omega_1}{\omega_j}\left(\bar{\theta}_{j0} - \theta_{j0} \right) + \theta_{10}, \cdots, \bar{\theta}_{j0}, \cdots, \frac{\omega_m}{\omega_j}\left(\bar{\theta}_{j0} - \theta_{j0} \right) + \theta_{m0} \right)$$

$$\mapsto \left(x\left(\frac{\bar{\theta}_{j0}-\theta_{j0}+2\pi}{\omega_j} \right), \frac{\omega_1}{\omega_j}\left(\bar{\theta}_{j0}-\theta_{j0}+2\pi \right)+\theta_{10}, \cdots, \bar{\theta}_{j0}+2\pi \equiv \bar{\theta}_{j0}, \cdots, \right.$$

$$\left. \frac{\omega_m}{\omega_j}\left(\bar{\theta}_{j0}-\theta_{j0}+2\pi \right)+\theta_{m0} \right).$$

注意到，通过改变与固定频率（即$\Sigma^{\bar{\theta}_{j0}}$和$\Sigma^{\bar{\bar{\theta}}_{j0}}$）相应的角度来改变截面会得到在相应截面上定义的两个C^r共轭的 Poincaré 映射. 但是，如果频率ω_j和ω_k可公度，则改变与不同频率（即$\Sigma^{\bar{\theta}_{j0}}$和$\Sigma^{\bar{\theta}_{k0}}$）对应的角度来改变截面，只得到在相应截面上的两个$C^r$共轭的 Poincaré 映射.

在结束我们对 Poincaré 映射的讨论之前，我们要解决一个更普遍的重要问题. 在情形(1)(2)(3)，Poincaré 映射都是通过考虑相空间的一部分并允许它在向量场生成的流的作用下随时间发展来构造的. 相空间的区域和“飞行时间”不是任意选择的，而是以这样一种方式选择的，即生成的 Poincaré 映射的动力学可以直接与流的动力学相关. 在这三种情形下，这是通过选择相空间的一部分来实现的，该相空间在一定时间后映回自身（或至少靠近自身）. 做出这种选择的能力取决于我们对向量场动力学中某些回归性的了解（例如，周期轨道、周期或拟周期相空间，或者，正如我们将看到的，同宿或异宿轨道）. 所有此类“流映射”都有一个共同的性质，这在描述某些全局论述时非常有用； [74] 即，由常微分方程生成的流构造离散时间流映射的 Poincaré 映射是保持定向的（注意：回忆映射$f:U\to V$，U，V是$\mathbb{R}^n$的开集，称为是保持定向的，如果Df的行列式（记为$\det Df$）是正的）. 现在我们给出这个事实的证明. 设置如下.

考虑常微分方程

$$\dot{x}=f(x),\quad x\in\mathbb{R}^n, \tag{1.6.21}$$

其中$f:U\to\mathbb{R}^n$在某个开集$U\subset\mathbb{R}^n$上是C^r的. 设$\phi(t,x)$是由（1.6.21）生成的流，假设它在某个开集$V\subset U\subset\mathbb{R}^n$上对充分长的时间存在. 考虑映射

$$\begin{aligned} P&:V\to\mathbb{R}^n,\\ x&\mapsto\phi(\tau,x), \end{aligned} \tag{1.6.22}$$

其中τ是某个固定实数，它可依赖于x. 于是我们有下面的结果.

命题 1.6.3. 如果$DP\equiv D_x\phi(\tau,x)$在V上是正的，则P在V上保持定向.

证明: 我们有$\phi(0,x)=x$，因此$D_x\phi(0,x)=\mathrm{id}$其中 id 表示$n\times n$单位矩阵，由此得到$\det D_x\phi(0,x)=1$.

现在由定理 1.1.3，$D_x\phi(t,x)$是线性微分方程

$$\dot{z}=D_xf(\phi(t,x))z \tag{1.6.23}$$

的解，其中我们将ϕ的变量x视为固定的. 利用基于在固定时间的行列

式知识的线性系统基本解矩阵的行列式公式，我们看到

$$\begin{aligned}\det D_x\phi(\tau,x) &= \det D_x\phi(0,x)\exp\left[\int_0^\tau \mathrm{tr}D_x f(\phi(t,x))\mathrm{d}t\right] \\ &= \exp\left[\int_0^\tau \mathrm{tr}D_x f(\phi(t,x))\mathrm{d}t\right].\end{aligned} \tag{1.6.24}$$

由于（1.6.24）对每个 $x\in V$ 成立，得知对每个 $x\in V$ 有 $DP\equiv \det D_x\phi(\tau,x)>0$. □

第 2 章　混沌：它的描述与存在性的充分条件

在本章中，我们将讨论和推导动力系统具有复杂动力学，或混沌性态的充分条件，并将用符号动力学讨论这些性态的特征. [75]

首先在 2.1 节中讨论二维逐段线性的 Smale 映射，它是混沌动力系统的原型. 我们将用这个特殊例子介绍许多技术和概念，例如符号动力学，对初始条件的敏感依赖性和混沌，以后这些将出现在广泛的背景下. 我们相信，完全理解这个例子对于理解“混沌”一词在确定性动力系统中的含义是绝对必要的.

在 2.2 节中，我们将具体讨论符号动力学这个主题，因为它在第 3 章的大多数例子中推导符号序列的许多拓扑性质，以及讨论作用在符号序列空间上的移位映射和有限型子移位的动力学时起着至关重要的作用.

在 2.3 节中，我们将给出映射具有点的不变集的充分条件，在这个不变集上，可以通过符号动力学技术描述动力学. 除其他条件外，这些条件要求将映射的定义域一致划分为强扩展和强收缩方向，这导致不变集成为一个不变的点集.

在第 2.4 节中，我们将减弱第 2.3 节中的条件，以便让映射拥有呈现中性增长的方向. 这将导致不变集不是一个不变的点集，而是一个不变的曲面，或者，更严格地说，是 Cantor 集与曲面的笛卡儿积. 映射在这种不变集上的动力学仍需要通过符号动力学技术来描述. [76]

2.1. Smale 马蹄

这一节我们将讨论一个二维映射，它拥有一个具有令人喜悦的复杂结构的不变集. 我们的映射是 Smale [1963]，[1980]首次提出的映射的简单形式，并且由于映射定义域的图像的形状，称它为 Smale 马蹄. 在我们对混沌动力学的理解的现在这个阶段，可以将 Smale 马蹄映射称为拥有混沌不变集的原型映射（注意：短语“混沌不变集”将在稍后的讨论中再明确定义）. 因此，我们认为，对 Smale 马蹄的深刻了解对于理解术语“混沌”的含义是绝对必要的，因为它适用于特定物理系统的动力学. 出于这个原因，我们将首先定义一个尽可能简单的二维映射，其中包含拥有复杂和混沌的动力学结构所必要的成分，这样读者就可以在最少的干扰下来了解映射中发生的事情. 因此，我们的构造可能不会吸引那些对应用感兴趣的人，因为它可能看起来相当人为. 然而，在讨论了简化的 Smale 马蹄映射之后，我们将给出 n 维映射中存在 Smale 类马蹄动力学的充分条件，这些映射具有非常一般的性质. 我们先从定义这个映射开始，然后进行映射不变集的几何构造. 再利用几何构造的性质，激发通过符号动力学在映射不变集上描述其动力学，随后我们提出混沌动力学这一概念.

2. 1a. Smale 马蹄映射的定义

我们将给出这个映射的一个几何—解析的组合定义. 考虑 $\mathbb{R}^2$ 中单位正方形内的映射

$$f:D\to\mathbb{R}^2,\ D=\left\{(x,y)\in\mathbb{R}^2 \mid 0\leqslant x\leqslant 1,\ 0\leqslant y\leqslant 1\right\} \qquad (2.1.1)$$

将 D 沿着 x 方向压缩，沿着 y 方向扩展，再弯曲放回正方形 D 内，如图 2. 1. 1 所示. [77]

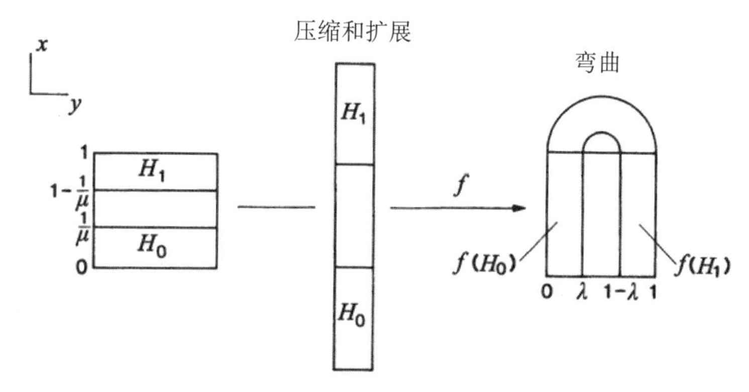

图 2. 1. 1　f 在 D 上的作用

假设 f 将“水平”矩形

$$H_0=\{(x,y)\in\mathbb{R}^2 \mid 0\leqslant x\leqslant 1,\ 0\leqslant y\leqslant 1/\mu\} \qquad (2.1.2a)$$

和

$$H_1=\{(x,y)\in\mathbb{R}^2 \mid 0\leqslant x\leqslant 1,\ 1-1/\mu\leqslant y\leqslant 1\} \qquad (2.1.2b)$$

仿射地映为“垂直”矩形

$$f(H_0)\equiv V_0=\{(x,y)\in\mathbb{R}^2 \mid 0\leqslant x\leqslant 1,\ 0\leqslant y\leqslant 1\} \qquad (2.1.3)$$

和

$$f(H_1)\equiv V_1=\{(x,y)\in\mathbb{R}^2 \mid 1-\lambda\leqslant x\leqslant 1,\ 0\leqslant y\leqslant 1\}. \qquad (2.1.4)$$

其中 f 在 H_0 和 H_1 上的形式为

$$\begin{aligned} H_0&:\begin{pmatrix}x\\y\end{pmatrix}\mapsto\begin{pmatrix}\lambda & 0\\ 0 & \mu\end{pmatrix}\begin{pmatrix}x\\y\end{pmatrix},\\ H_1&:\begin{pmatrix}x\\y\end{pmatrix}\mapsto\begin{pmatrix}-\lambda & 0\\ 0 & -\mu\end{pmatrix}\begin{pmatrix}x\\y\end{pmatrix}+\begin{pmatrix}1\\ \mu\end{pmatrix},\end{aligned} \qquad (2.1.5)$$

其中 $0<\lambda<1/2$，$\mu>2$（注意：在 H_1 上矩阵元素为负意味着，除了在 x 方向压缩 λ 因子，在 y 方向扩展 μ 因子，H_1 也旋转 180°）. 此外，作用于 D，如图 2. 1. 2 所示，分别将“垂直”矩形 V_0 和 V_1 映为“水平”矩形 H_0 和 H_1（注意：“垂直矩形”是指 D 中平行于 y 轴的边长为 1 [78]

的矩形，“水平矩形”是指 D 中平行于 x 轴的边长为 1 的矩形）. 然而，在继续研究 f 在 D 上的动力学之前，存在 f 定义的一个结果，我们想把它挑出来，因为它以后会很重要.

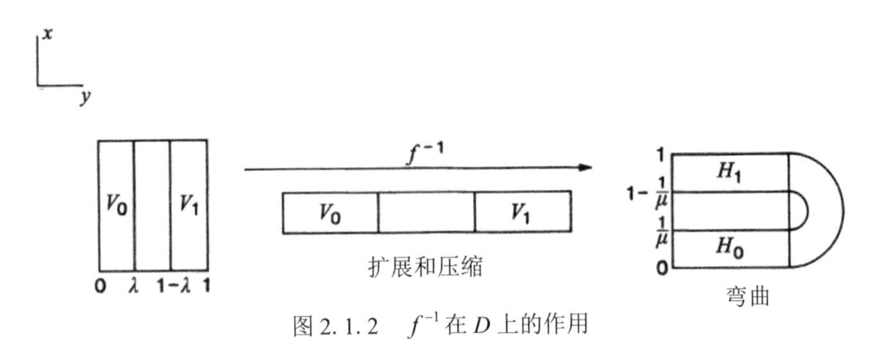

图 2.1.2　f^{-1} 在 D 上的作用

引理 2.1.1.（a）假设 V 是一个垂直矩形，则 $f(V)\cap D$ 由两个垂直矩阵组成，一个在 V_0 中，另一个在 V_1 中，它们每一个的宽度分别等于 λ 乘以 V 的宽度.（b）假设 H 是一个水平矩形，则 $f^{-1}(H)\cap D$ 由两个水平矩形组成，一个在 H_0 中，另一个在 H_1 中，它们的宽度等于因子 $1/\mu$ 乘以 H 的宽度.

证明：我们证明情形（a）. 注意，由 f 的定义，H_0 和 H_1 的水平边界与垂直边界映为 V_0 和 V_1 的垂直边界. 因此令 V 为垂直矩形. 于是 V 与 H_0 和 H_1 的水平边界相交，从而 f 由两个垂直矩形组成，一个在 H_0 中，另一个在 H_1 中. 宽度的压缩遵照 f 在 H_0 和 H_1 上的形式，这表明 H_0 和 H_1 在 x 方向按因子 λ 一致压缩. 情形(b)类似证明. 如图 2.1.3. □ [79]

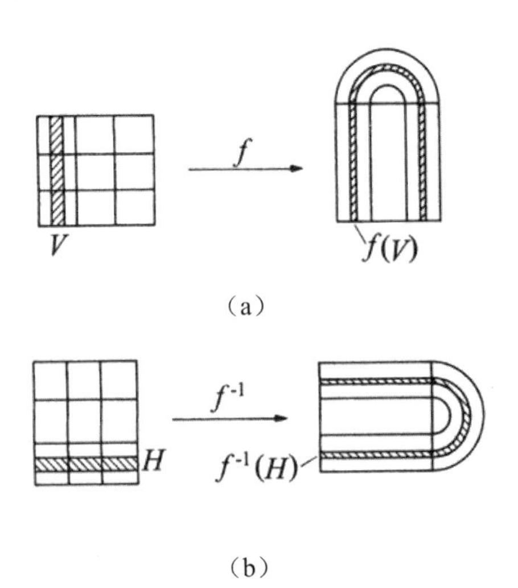

图 2.1.3　(a) 引理 2.1.1 (a) 的几何解释；(b) 引理 2.1.1 (b) 的几何解释

2. 1b. 不变集的构造

现在我们几何构造点集 Λ，它在 f 所有可能的迭代下都保留在 D 中，因此定义 Λ 为

$$\cdots\bigcap f^{-n}(D)\bigcap\cdots\bigcap f^{-1}(D)\bigcap D\bigcap f(D)\bigcap\cdots\bigcap f^{n}(D)\bigcap\cdots \quad (2.1.6)$$

或者 $\bigcap\limits_{n=-\infty}^{\infty} f^{n}(D)$.

我们将递归构造这个集合，这样可以方便地分别构造 Λ 对应于正迭代和负迭代的“两半”，然后取它们的交，得到 Λ. 在进行构造之前，我们需要一些符号，以便在递归迭代过程的每一步跟踪 f 的迭代. 设 $S=\{0,1\}$ 是一个指标集，s_i 表示 S 的两个元素之一，即 $s_i\in S,\ i=0,\pm1,\pm2,\cdots$（注意：使用这种符号的原因稍后会变得显而易见）.

[80] 我们通过构造 $\bigcap\limits_{n=0}^{k} f^{n}(D)$ 再令 $k\to\infty$ 取极限来构造 $\bigcap\limits_{n=0}^{\infty} f^{n}(D)$.

$D\bigcap f(D)$：由 f 的定义，$D\bigcap f(D)$ 由两个垂直矩形 V_0 和 V_1 组成，记它为

$$D\bigcap f(D)=\bigcup_{s_{-1}\in S} V_{s_{-1}}=\{p\in D\mid p\in V_{s_{-1}},\ s_{-1}\in S\},\quad (2.1.7)$$

其中 $V_{s_{-1}}$ 是宽度为 λ 的垂直矩形. 如图 2. 1. 4.

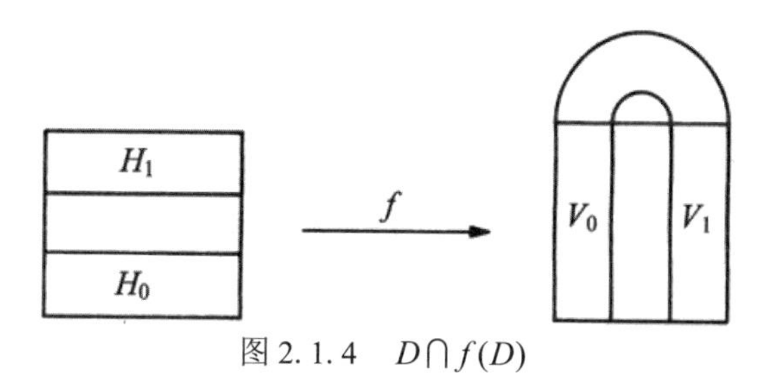

图 2. 1. 4　$D\bigcap f(D)$

$D\bigcap f(D)\bigcap f^{2}(D)$：容易看到，这个集合是用 f 作用在 $D\bigcap f(D)$ 上且与 D 取交得到，因为 $D\bigcap f(D\bigcap f(D))=D\bigcap f(D)\bigcap f^{2}(D)$. 因此，由引理 2. 1. 1，由于 $D\bigcap f(D)$ 由垂直矩形 V_0 和 V_1 组成，它们每个都与 H_0 和 H_1 相交，而且它们相应的水平边界在两个分量中，因此 $D\bigcap f(D)\bigcap f^{2}(D)$ 对应于 4 个垂直矩形，在 V_0 和 V_1 中各两个，每个矩形的宽度为 λ^2. 我们将这个集合记为：

$$\begin{aligned}D\bigcap f(D)\bigcap f^{2}(D)&=\bigcup_{\substack{s_{-i}\in S\\ i=1,2}}(f(V_{s_{-2}})\bigcap V_{s_{-1}})\equiv\bigcup_{\substack{s_{-i}\in S\\ i=1,2}} V_{s_{-1}s_{-2}} \\ &=\{p\in D\mid p\in V_{s_{-1}},\ f^{-1}(p)\in V_{s_{-2}},\ s_{-i}\in S,\ i=1,2\}.\end{aligned}\quad (2.1.8)$$

如图 2. 1. 5 所示.

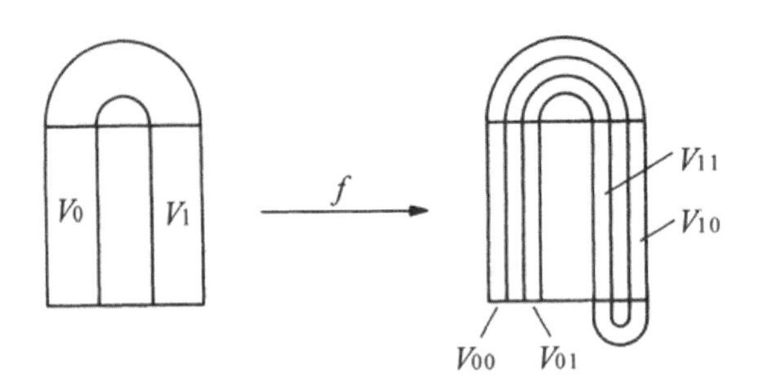

图 2. 1. 5　$D\cap f(D)\cap f^2(D)$

$D\cap f(D)\cap f^2(D)\cap f^3(D)$：利用与上面几步相同的理由，这个集合由 8 个垂直矩形组成，每一个都有宽度 λ^3，它表示如下：　[81]

$$D\cap f(D)\cap f^2(D)\cap f^3(D)=\bigcup_{\substack{s_{-i}\in S\\ i=1,2,3}}(f(V_{s_{-2}s_{-3}})\cap V_{s_{-1}})$$

$$\equiv\bigcup_{\substack{s_{-i}\in S\\ i=1,2,3}}V_{s_{-1}s_{-2}s_{-3}}=\{p\in D\mid p\in V_{s_{-1}},\ f^{-1}(p)\in V_{s_{-2}},\ s_{-i}\in S,\ i=1,2,3\},\tag{2. 1. 9}$$

如图 2. 1. 6 所示.

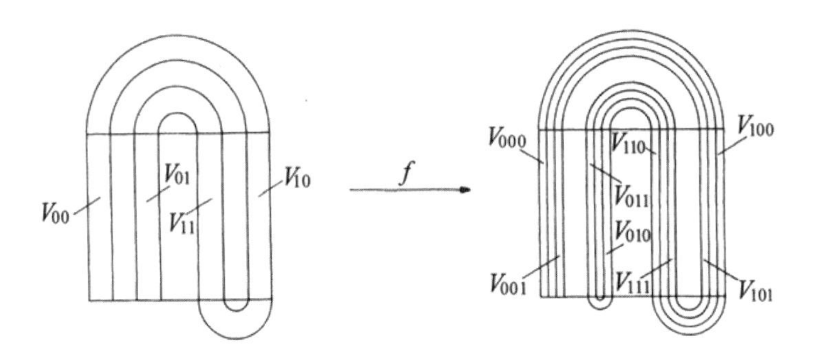

图 2. 1. 6　$D\cap f(D)\cap f^2(D)\cap f^3(D)$

如果继续重复这一过程，我们几乎立刻就会遇到很大困难，难以将这一过程用如图 2. 1. 4 ~ 2. 1. 6 所示的用图形表示出来. 但是，利用引理 2. 1. 1 和我们上面开发的标记方法，不难看出，在第 k 步我们得到　[82]

$$D\cap f(D)\cap\cdots\cap f^k(D)=\bigcup_{\substack{s_{-i}\in S\\ i=1,2,\cdots,k}}(f\left(V_{s_{-2}\cdots s_{-k}}\right)\cap V_{s_{-1}})$$

$$\equiv\bigcup_{\substack{s_{-i}\in S\\ i=1,2,\cdots,k}}V_{s_{-1}\cdots s_{-k}}=\left\{p\in D\mid f^{-i+1}(p)\in V_{s_{-i}},\ s_{-i}\in S,\ i=1,\cdots,k\right\},\tag{2. 1. 10}$$

这个集合由 2^k 个垂直矩形组成，每个宽度为 λ^k .

在继续讨论 $k \to \infty$ 时的极限之前，我们想对这个构造过程的性质进行以下重要的观察．注意，在第 k 步，我们得到 2^k 个垂直矩形，每个垂直矩形可以用长为 k 的 0 和 1 的序列标记．要认识到的一个要点是，有 2^k 个长度为 k 的 0 和 1 可能不同的序列，并且每个序列都在我们的构造过程中实现，因此，每个垂直矩形的标记在每一步中都是唯一的．这个事实由 f 的几何定义和 V_0 与 V_1 不相交的事实得到.

令 $k \to \infty$ ，由于紧集的递减交是不空的，因此显然由于 $\lim\limits_{k \to \infty} \lambda^k = 0$ ，对 $0 < \lambda < 1/2$ ，得到这些矩形的每一个的宽度是零．因此，我们证明了

$$\begin{aligned}\bigcap_{n=0}^{\infty} f^n(D) &= \bigcup_{\substack{s_{-i} \in S \\ i=1,2,\cdots}} \left(f\left(V_{s_{-2} \cdots s_{-k} \cdots}\right) \cap V_{s_{-1}} \right) \equiv \bigcup_{\substack{s_{-i} \in S \\ i=1,2,\cdots}} V_{s_{-1} \cdots s_{-k} \cdots} \\ &= \left\{ p \in D \mid f^{-i+1}(p) \in V_{s_{-i}},\ s_i \in S,\ i = 1, 2, \cdots \right\}\end{aligned} \tag{2.1.11}$$

由无穷多条垂直线组成，每条可用 0 和 1 的唯一无穷序列标记（注意：后面我们将用更详细的集合论来描述 $\bigcap\limits_{n=0}^{\infty} f^n(D)$ ）.

下面递归地构造 $\bigcap\limits_{n=-\infty}^{0} f^n(D)$.

$D \cap f^{-1}(D)$ ：由 f 的定义，这个集合由两个水平矩形 H_0 和 H_1 组成，表示如下：

$$D \cap f^{-1}(D) = \bigcup_{s_0 \in S} H_{s_0} = \{ p \in D \mid p \in H_{s_0},\ s_0 \in S \}, \tag{2.1.12}$$

[83]

如图 2. 1. 7.

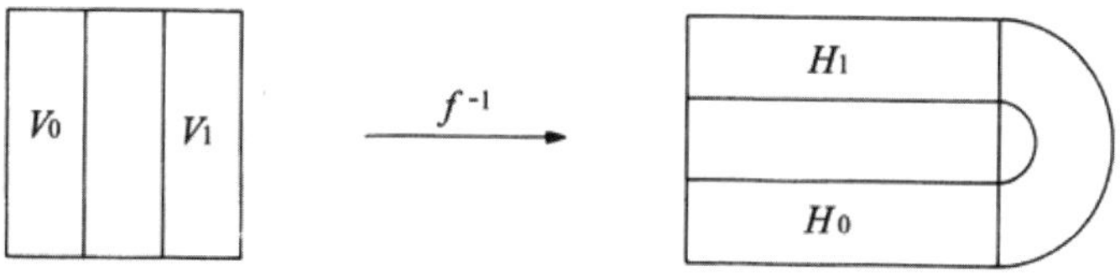

图 2. 1. 7　$D \cap f^{-1}(D)$

$D \cap f^{-1}(D) \cap f^{-2}(D)$ ：现在我们从上一个构造的集合 $D \cap f^{-1}(D)$ 通过用 f^{-1} 作用在 $D \cap f^{-1}(D)$ 上并取与 D 的交来得到 $D \cap f^{-1}(D) \cap f^{-2}(D)$ ，因为 $D \cap f^{-1}\left(D \cap f^{-1}(D)\right) = D \cap f^{-1}(D) \cap f^{-2}(D)$. 同样，由引理 2. 1. 1，因为 H_0 和 H_1 一样与 V_0 和 V_1 的两个垂直边相交，因此 $D \cap f^{-1}(D) \cap f^{-2}(D)$ 由 4 个水平矩形组成，每个矩形的宽度为 $1/\mu^2$ ，

将此集合表示如下：

$$D\cap f^{-1}(D)\cap f^{-2}(D)=\bigcup_{\substack{s_i\in S\\ i=0,1}}(f^{-1}(H_{s_1})\cap H_{s_0})\equiv\bigcup_{\substack{s_i\in S\\ i=0,1}}H_{s_0s_1}$$
$$=\{p\in D\mid p\in H_{s_0},f(p)\in H_{s_1},\ s_i\in S,\ i=0,1\},\tag{2.1.13}$$

如图 2.1.8.

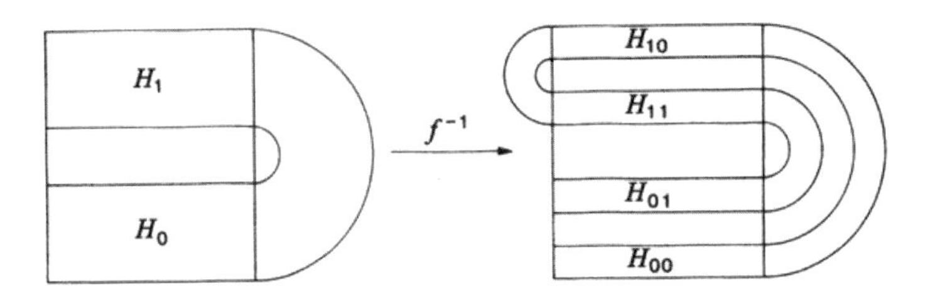

图 2.1.8　$D\cap f^{-1}(D)\cap f^{-2}(D)$

[84]　$D\cap f^{-1}(D)\cap f^{-2}(D)\cap f^{-3}(D)$：利用与上面几步相同的构造，不难看到，这个集合由 8 个水平矩形组成，每个的宽度为$1/\mu^3$，且可表示为

$$D\cap f^{-1}(D)\cap f^{-2}(D)\cap f^{-3}(D)=\bigcup_{\substack{s_i\in S\\ i=0,1,2}}(f^{-1}(H_{s_1s_2})\cap H_{s_0})\equiv\bigcup_{\substack{s_i\in S\\ i=0,1,2}}H_{s_0s_1s_2}$$
$$=\left\{p\in D\mid p\in H_{s_0},f(p)\in H_{s_1},f^2(p)\in H_{s_2},\ s_i\in S,\ i=0,1,2\right\},\tag{2.1.14}$$

如图 2.1.9 所示.

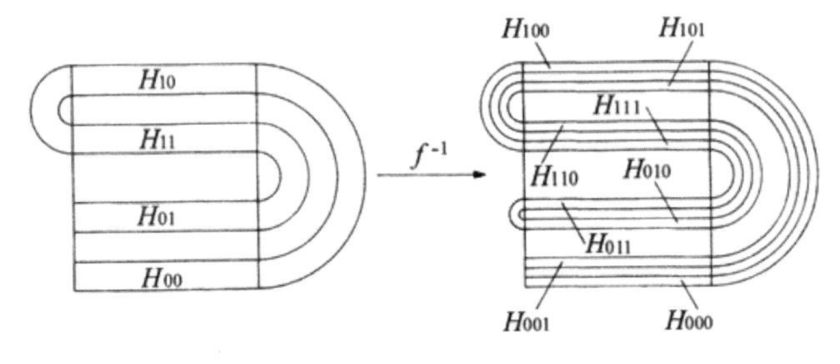

图 2.1.9　$D\cap f^{-1}(D)\cap f^{-2}(D)\cap f^{-3}(D)$

继续这个步骤，在第 k 步我们得到 $D\cap f^{-1}(D)\cap f^{-2}(D)\cap\cdots\cap f^{-k}(D)$ 是由 2^k 个水平矩形组成，每个具有宽度$1/\mu^k$，记为

$$D\cap f^{-1}(D)\cap\cdots\cap f^{-k}(D)=\bigcup_{\substack{s_i\in S\\ i=0,\cdots,k-1}}(f^{-1}(H_{s_1\cdots s_{k-1}})\cap H_{s_0})$$
$$\equiv\bigcup_{\substack{s_i\in S\\ i=0,\cdots,k-1}}H_{s_0\cdots s_{k-1}}=\left\{p\in D\mid f^i(p)\in H_{s_i},s_i\in S,i=0,\cdots,k-1\right\}\tag{2.1.15}$$

如同在垂直矩形情形，注意一个重要事实，即在这个归纳过程的第 k 步，2^k 个的每一个都可用0和1的长为k唯一序列标记．现在当$k \to \infty$时我们得到$\bigcap_{n=-\infty}^{0} f^n(D)$，它是水平直线的无穷集，由于紧集的递减交非 [85] 空，而且每个交的分量的宽度由$\lim_{k\to\infty}(1/\mu^k)=0,\ \mu>2$给出．每条直线由 0 和 1 的唯一无穷序列标记如下：

$$\begin{aligned}\bigcap_{n=-\infty}^{0} f^n(D) &= \bigcup_{\substack{s_i\in S\\ i=0,1,\cdots}} (f(H_{s_1\cdots s_k\cdots})\cap H_{s_0}) \equiv \bigcup_{\substack{s_i\in S\\ i=0,1,\cdots}} H_{s_0\cdots s_k\cdots} \\ &= \left\{p\in D \mid f^i(p)\in H_{s_i},\ s_i\in S,\ i=0,1,\cdots\right\}.\end{aligned} \tag{2.1.16}$$

因此，我们有

$$\Lambda = \bigcap_{n=-\infty}^{\infty} f^n(D) - \left[\bigcap_{n=-\infty}^{0} f^n(D)\right]\cap\left[\bigcap_{n=0}^{\infty} f^n(D)\right], \tag{2.1.17}$$

由于$\bigcap_{n=0}^{\infty} f^n(D)$中的每条垂直线与$\bigcap_{n=-\infty}^{0} f^n(D)$中的每条水平线相交于唯一点．上面的集合是由一个无穷点集组成．此外，每一点$p\in\Lambda$都可以用 0 和 1 的双向无穷序列唯一标记，该序列是通过连接与用于定义p的相应垂直线和水平线相关联的序列获得的．更精确地说，设$s_{-1}\cdots s_{-k}\cdots$是 0 和 1 的一个特定的无穷序列，则$V_{s_{-1}\cdots s_{-k}\cdots}$对应于唯一的垂直线．同样设$s_0\cdots s_k\cdots$是 0 和 1 的一个特定的无穷序列，则$H_{s_0\cdots s_k\cdots}$对应于唯一的水平线．现在水平线与垂直线相交于唯一点 p，因此我们定义了一个从点$p\in\Lambda$到 0 和 1 的双向无穷序列的映射，记为ϕ：

$$p \overset{\phi}{\mapsto} \cdots s_{-k}\cdots s_{-1}.s_0\cdots s_k\cdots. \tag{2.1.18}$$

注意，由于

$$\begin{aligned}V_{s_{-1}\cdots s_{-k}\cdots} &= \left\{p\in D \mid f^{-i+1}(p)\in V_{s_{-i}},\ i=1,2,\cdots\right\} \\ &= \left\{p\in D \mid f^{-i}(p)\in H_{s_{-i}},\ i=1,2,\cdots\right\},\end{aligned} \tag{2.1.19}$$

因为

$$f(H_{s_i}) = V_{s_i}$$

和

$$H_{s_0\cdots s_k\cdots} = \left\{p\in D \mid f^i(p)\in H_{s_i},\ i=0,1,\cdots\right\} \tag{2.1.20}$$

[86] 我们有

$$\begin{aligned}p &= V_{s_{-1}\cdots s_{-k}\cdots}\cap H_{s_0\cdots s_k\cdots} \\ &= \left\{p\in D \mid f^i(p)\in H_{s_i},\ i=0,\pm1,\pm2,\cdots\right\}.\end{aligned} \tag{2.1.21}$$

因此，我们看到，与p相应的唯一的 0 和 1 序列包含有关p在f迭代下的性态信息. 特别地，与p相应的序列中的元素$s_{k^{th}}$表示$f^k(p)\in H_{s_k}$.
现在注意，与p相应的0和1的双向无穷序列中的小数点分隔过去迭代与未来迭代. 因此，与$f^k(p)$相应的0和1的序列是从与p相应的序列中获得的，这只需将与p相应的序列中的小数点移动k位，如果k是正数则向右移动k位，如果k是负数则向左移动k位，直到s_k是小数点右边的符号. 我们可以定义一个0和1的双向无穷序列的映射，称为移位映射σ，它取一个序列并将小数点向右移动一位. 因此，如果我们考虑点$p\in\Lambda$及其相应的0和1的双向无穷序列$\phi(p)$，我们可以取p的任何迭代$f^k(p)$，而且可以立即获得由$\sigma^k(\phi(p))$给出与它相应的0和1的双向无穷序列. 所以任何点$p\in\Lambda$在f作用下的迭代与相应p的0和1的序列在移位映射σ作用下的迭代之间存在一个直接关系.

现在我们还不清楚，Λ中的点与0和1的双向无穷序列中的点之间的类比，因为尽管与给定点$p\in\Lambda$相应的序列包含关于任何给定迭代的整个未来和过去的信息，无论它是否在H_0或H_1中，但不难想象不同的点，在任何给定的迭代之后，两者都包含在同一水平矩形中，它们的轨道是完全不同的. 事实上，这不会发生在我们的映射上，并且f在Λ上的动力学完全可由作用在0和1序列的移位映射的动力学模拟，这是一个令人惊奇的事实，在证明这一点之前，我们必须稍微偏离到符号动力学.

2. 1c. 符号动力学

设$S=\{0,1\}$是由0和1组成的非负正数集. 令Σ是S中元素的所有双向无穷序列的集合，即$s\in\Sigma$意味着:

$$s=\{\cdots s_{-n}\cdots s_{-1}.s_0\cdots s_n\cdots\},\quad s_i\in S,\quad \forall i. \tag{2. 1. 22}$$

称Σ为2个符号的双向无穷序列空间. 我们要在以下距离$d(\cdot,\cdot)$形式下引入Σ的某些结构. 考虑 [87]

$$s=\{\cdots s_{-n}\cdots s_{-1}.s_0\cdots s_n\cdots\},\ \overline{s}=\{\cdots \overline{s}_{-n}\cdots \overline{s}_{-1}.\overline{s}_0\cdots \overline{s}_n\cdots\}\in\Sigma,$$

定义s与$\overline{s}$之间的距离为

$$d(s,\overline{s})=\sum_{i=-\infty}^{\infty}\frac{\delta_i}{2^{|i|}},\ \text{其中}\ \delta_i=\begin{cases}0, & \text{如果} s_i=\overline{s}_i\\ 1, & \text{如果} s_i\neq\overline{s}_i\end{cases}. \tag{2. 1. 23}$$

因此，称两个序列“接近”，如果它们的一个中心长段相同.（注意：读者应该检查$d(\cdot,\cdot)$确实满足范数的性质，证明见 Devaney [1986]）.

考虑Σ到它自身的映射，称它为移位映射σ，定义如下.

对$s=\{\cdots s_{-n}\cdots s_{-1}.s_0 s_1\cdots s_n\cdots\}\in\Sigma$定义

$$\sigma(s)=\{\cdots s_{-n}\cdots s_{-1}s_0.s_1\cdots s_n\cdots\} \tag{2. 1. 24}$$

或者$\sigma(s)_i=s_{i+1}$. 下面考虑σ在Σ上的动力学（注意：为了我们的目的，术语“σ在Σ上的动力学”指的是Σ中的点在σ迭代下的轨道）.

应该清楚，σ 恰有两个不动点，即元素都是 0 的序列和元素都是 1 的序列（记号：周期性重复某个固定长度的双向无穷序列将由带有上横线的有限长度序列表示，例如，$\{\cdots 101010.101010\cdots\}$ 表示为 $\{\overline{10.10}\}$ ）.

特别地，容易看出，周期性重复的序列的轨道在 σ 的迭代下是周期的. 例如，考虑序列 $\{\overline{10.10}\}$. 我们有

$$\sigma\{\overline{10.10}\} = \{\overline{01.01}\} \tag{2.1.25}$$

和

$$\sigma\{\overline{01.01}\} = \{\overline{10.10}\}. \tag{2.1.26}$$

因此

$$\sigma^2\{\overline{10.10}\} = \{\overline{10.10}\} \tag{2.1.27}$$

[88] 因此，$\{\overline{10.10}\}$ 的轨道是 σ 的周期 2 轨道. 从而，由这个特殊例子，容易看到，对任何固定的 k，具有周期 k 的 σ 的轨道对应由周期性重复长度为 k 的 0 和 1 的段组成的序列的轨道. 因此，由于对任何固定的 k，具有长度为 k 的周期性重复段的序列的数量是有限的，我们看到，σ 具有可数多个所有可能周期的周期轨道. 下面我们列出前面几个周期轨道.

$$\begin{aligned}
&\text{周期 1：} \{\overline{0.0}\}, \{\overline{1.1}\}, \\
&\text{周期 2：} \{\overline{01.01}\} \xrightarrow{\sigma} \{\overline{10.10}\} \xrightarrow{\sigma} \{\overline{01.01}\}, \\
&\text{周期 3：} \{\overline{001.001}\} \xrightarrow{\sigma} \{\overline{010.010}\} \xrightarrow{\sigma} \{\overline{100.100}\}, \\
&\text{周期 4：} \{\overline{110.110}\} \xrightarrow{\sigma} \{\overline{101.101}\} \xrightarrow{\sigma} \{\overline{011.011}\}, \\
&\quad\vdots
\end{aligned} \tag{2.1.28}$$

同样，σ 有不可数多个非周期轨道. 为了证明这一点，只需构造一个非周期序列，并证明存在不可数多个这样的序列. 这个事实的证明给出如下：我们可容易地通过下面的规则将给定的双向无穷序列与 0 和 1 的无穷序列相对应：

$$\cdots s_{-n}\cdots s_{-1}.s_0\cdots s_n\cdots \to .s_0 s_1 s_{-1} s_2 s_{-2}\cdots. \tag{2.1.29}$$

现在，我们就把单位闭区间[0，1]中的无理数构成一个不可数集作为一个已知事实，这个区间中的每一个数都可以以 2 为底表示为 0 和 1 的二进制展开，其中无理数对应非重复序列. 从而，我们在不可数点集与 0 和 1 的非重复序列之间建立了一一对应. 因此，这些序列的轨道是 σ 的非周期轨道，并且存在不可数多个的此类轨道.

关于 σ 在 Σ 上的动力学的另一个有趣事实是，存在一个元素，例如 $s\in\Sigma$，其轨道在 Σ 中稠密，即，对于任何给定的 $s'\in\Sigma$ 和 $\varepsilon>0$，存在某个整数 n，使得 $d(\sigma^n(s),s')<\varepsilon$. 直接构造 s 就容易看出这一点. 首先构造长度为 1，2，3 的 0 和 1 的所有可能的序列，这个过程在集合论意义上得到了很好的定义，因为每一步只有有限个可能性（更具体地说，有 2^k 个长度为 k 的 0 和 1 的不同序列. 这些序列中的前几个

表述如下： [89]

长度 1：$\{0\}, \{1\}$，

长度 2：$\{00\}, \{01\}, \{10\}, \{11\}$， （2. 1. 30）

长度 3：$\{000\}, \{001\}, \{010\}, \{011\}, \{100\}, \{101\}, \{110\}, \{111\}$，

⋮

现在，我们可以在 0 和 1 的序列集合中引入一个序，以便按以下方式跟踪不同的序列. 考虑两个 0 和 1 的序列

$$s = \{s_1 \cdots s_k\}, \quad \overline{s} = \{\overline{s}_1 \cdots \overline{s}_{k'}\}. \qquad (2.1.31)$$

我们有：如果 $k < k'$，则

$$s < \overline{s}, \qquad (2.1.32)$$

如果 $k = k'$，则

$$s < \overline{s}, \qquad (2.1.33)$$

当 $s_i < \overline{s}_i$ 时，其中 i 是前面几个使得 $s_i \neq \overline{s}_i$ 的整数. 例如，利用这个序我们有

$$\begin{aligned} &\{0\} < \{1\}, \\ &\{0\} < \{00\}, \\ &\{00\} < \{01\}, \end{aligned} \qquad (2.1.34)$$

等等. 这个序为我们区别有相同长度的序列提供了一个系统方法. 为此，我们将记长度为 k 的 0 和 1 的序列如下：

$$s_1^k < \cdots < s_{2^k}^k, \qquad (2.1.35)$$

其中上指标是序列长度，下指标表示长度为 k 的特殊序列，它们按照上面的排序是唯一确定的. 这将为我们提供了一种系统方法来记下我们稠密轨道的候选者.

[90] 现在考虑下面的序列：

$$s = \{\cdots s_8^3 s_6^3 s_4^3 s_2^3 s_4^2 s_2^2 . s_1^1 s_1^2 s_3^2 s_1^3 s_3^3 s_5^3 s_7^3 \cdots\}. \qquad (2.1.36)$$

因此，s 包含任何固定长度的 0 和 1 的所有序列. 当下，为了证明 s 的轨道在 Σ 中稠密，设 s' 是 Σ 中的任一点，$\varepsilon > 0$ 给定. s' 的邻域由所有满足 $d(s', s'') < \varepsilon$ 的点 s'' 组成，其中 d 是由(2. 1. 23)给定的度量. 因此，由 Σ 上的度量定义，必须存在某个整数 $N = N(\varepsilon)$，使得 $s_i' = s_i''$，$|i| \leqslant N$（注意：这个论述的证明可以在 Devaney[1986]中找到，或者在 2. 2 节找到）. 现在，由构造有限序列 $(s_{-N}' \cdots s_{-1}' s_0' \cdots s_N')$ 包含在 s 的某个地方，因此，必须存在某个整数 $\overline{N}$，使得 $d\left(\sigma^{\overline{N}}(s), s'\right) < \varepsilon$，从而得到 s 的轨道在 Σ 上稠密.

关于 σ 在 Σ 上的动力学的这些事实总结在以下定理中：

定理 2. 1. 2. 作用在 0 和 1 的双向无穷序列空间 Σ 上的移位映射有：

（1）可数多个任何高周期的周期轨道.

（2）不可数多个非周期轨道.

（3）稠密轨道.

2. 1d. 不变集上的动力学

现在，我们想把σ在Σ上的动力学（对它，我们有大量信息）与不变集Λ上的 Smale 马蹄f的动力学相联系，目前，除了它复杂的几何结构，我们对它还知之甚少. 回忆我们已经证明有良好定义的映射ϕ的存在性，它与每一点$p\in\Lambda$的 0 和 1 的双向无穷序列$\phi(p)$相应. 此外，我们注意到，与p的任何迭代，例如$f^k(p)$相应的序列仅通过与p相应的序列中的小数点向右（如果k为正）或向左（如果k为负）移动k个位置得到. 特别地，关系式$\sigma\circ\phi(p)=\phi\circ f(p)$对每个$p\in\Lambda$成立. 现在，如果$\phi$可逆且连续（由于$f$连续，故$\phi$连续是必须的），则下面关系成立：

$$\phi^{-1}\circ\sigma\circ\phi(p)=f(p),\quad \forall p\in\Lambda. \tag{2. 1. 37}$$

因此，如果$p\in\Lambda$在f作用下的轨道记为 [91]

$$\{\cdots f^{-n}(p),\cdots,f^{-1}(p),p,f(p),\cdots,f^{n}(p),\cdots\}, \tag{2. 1. 38}$$

则由于$\phi^{-1}\circ\sigma\circ\phi(p)=f(p)$，我们看到

$$\begin{aligned} f^n(p)&=\left(\phi^{-1}\circ\sigma\circ\phi\right)\circ\left(\phi^{-1}\circ\sigma\circ\phi\right)\circ\cdots\circ\left(\phi^{-1}\circ\sigma\circ\phi(p)\right)\\ &=\phi^{-1}\circ\sigma^n\circ\phi(p). \end{aligned} \tag{2. 1. 39}$$

因此，$p\in\Lambda$在f作用下的轨道直接对应于Σ中在σ作用下$\phi(p)$的轨道. 特别地，σ在Σ上的整个轨道结构与f在Λ上的结构等同. 因此为了验证这个情况成立，需要证明ϕ是Λ和Σ之间的一个同胚.

定理 2. 1. 3. 映射$\phi:\Lambda\to\Sigma$是一个同胚.

证明：我们只需要证明ϕ是一对一的、映上的，且连续的，由于逆的连续性由以下事实得到，即从紧集到 Hausdorff 空间的一对一、映上的，且连续的映射是一个同胚（见 Dugundji [1966]）. 我们分别证明每个条件.

ϕ是一对一的：这意味着给定$p,p'\in\Lambda$，如果$p\neq p'$，则$\phi(p)\neq\phi(p')$.

我们用反证法证明：设

$$\phi(p)=\phi(p')=\{\cdots s_{-n}\cdots s_{-1}.s_0\cdots s_n\cdots\}. \tag{2. 1. 40}$$

于是，由Λ的构造，p和p'位于垂直线$V_{s_{-1}\cdots s_{-n}\cdots}$和水平线$H_{s_0\cdots s_n\cdots}$的交. 然而，水平线和垂直线的交由唯一点组成，因此，$p=p'$，与原来的假设矛盾. 这个矛盾是由于我们假设了$\phi(p)=\phi(p')$，于是，对$p\neq p'$有$\phi(p)\neq\phi(p')$.

ϕ是映上的：这意味着Σ中给定任何一个 0 和 1 的序列，例如，$\{\cdots s_{-n}\cdots s_{-1}.s_0\cdots s_n\cdots\}$，存在一点$p\in\Lambda$，使得$\phi(p)=\{\cdots s_{-n}\cdots s_{-1}.s_0\cdots$

$s_n\cdots\}$.

证明如下：回忆$\bigcap_{n=0}^{\infty}f^n(D)$和$\bigcap_{n=-\infty}^{0}f^n(D)$的构造，给定 0 和 1 的任

[92] 何一个序列$\{.s_0\cdots s_n\cdots\}$，在$\bigcap_{n=0}^{\infty}f^n(D)$中存在对应于这个序列的唯一垂直线. 类似地，任给一个 0 和 1 的无穷序列$\{\cdots s_{-n}\cdots s_{-1}.\}$，在$\bigcap_{n=-\infty}^{0}f^n(D)$中存在对应于这个序列的唯一水平线. 因此，我们看到，对给定的水平线和垂直线，我们可以对应一个 0 和 1 的无穷序列$\{\cdots s_{-n}\cdots s_{-1}.s_0\cdots s_n\cdots\}$，又因为水平线与垂直线相交于唯一点 p，对于每个由 0 和 1 组成的双向无穷序列，在Λ中有对应的唯一点.

ϕ是连续的：这意味着任给一点$p\in\Lambda$和$\varepsilon>0$，可找$\delta=\delta(\varepsilon,p)$，使得

$$|p-p'|<\delta \tag{2.1.41}$$

意味着$d(\phi(p),\phi(p'))<\varepsilon$，其中$|\cdot|$是$\mathbb{R}^2$中的通常距离，$d(\cdot,\cdot)$是前面引入的$\Sigma$中的度量.

设给定$\varepsilon>0$，则有$d(\phi(p),\phi(p'))<\varepsilon$，必须存在某个整数$N=N(\varepsilon)$，使得如果

$$\begin{aligned}\phi(p)&=\{\cdots s_{-n}\cdots s_{-1}.s_0\cdots s_n\cdots\},\\ \phi(p')&=\{\cdots s'_{-n}\cdots s'_{-1}.s'_0\cdots s'_n\cdots\},\end{aligned} \tag{2.1.42}$$

则$s_i=s'_i,\ i=0,\pm1,\pm2,\cdots,\pm N$. 因此，由$\Lambda$的构造，$p$ 和 p' 位于由$H_{s_0\cdots s_N}\cap V_{s_{-1}\cdots s_{-N}}$定义的矩形内，如图 2.1.10. 回忆这个矩形的宽度和高度分别是λ^N和$1/\mu^{N+1}$，因此我们有$|p-p'|\leqslant\left(\lambda^N+1/\mu^{N+1}\right)$. 从而，如果我们取$\delta=\lambda^N+1/\mu^{N+1}$，连续性得证. □

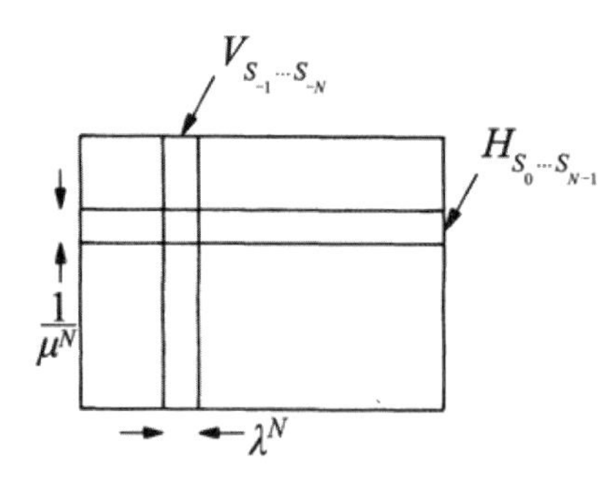

图 2.1.10　p 和 p' 的定位

附注： [93]

（1）当ϕ是一个同胚时，回忆 1.2 节，称作用在Λ上的f与作用

在 Σ 上的 σ 拓扑共轭，如果 $\phi \circ f(p) = \sigma \circ \phi(p)$．（注意；方程 $\phi \circ f(p) = \sigma \circ \phi(p)$ 也可通过下面的图“交换”表达.）

$$\begin{array}{ccc} \Lambda & \xrightarrow{f} & \Lambda \\ \phi \downarrow & & \downarrow \phi \\ \Sigma & \xrightarrow{\sigma} & \Sigma \end{array} \tag{2.1.43}$$

（2）ϕ 是同胚这一事实使我们能够得出关于 Λ 的集合论性质的几个结论. 前面已经证明 Σ 是不可数的，我们叙述但不证明 Σ 是闭、完美（意味着每一点有极限点）的全连通集，这些性质通过同胚 ϕ 传递给 Λ. 具有这三个性质的集合称为 Cantor 集. 在 2. 2 节我们将对符号动力学和 Cantor 集给出更详细信息.

现在我们可以陈述一个关于 f 在 Λ 上的动力学定理，它与描述 σ 在 Σ 上的动力学的定理 2. 1. 2 几乎完全相同.

定理 2. 1. 4.　Smale 马蹄 f 有：

（1）可数无穷多个任何高周期的周期轨道，这些周期轨道都是鞍点型的.

（2）不可数无穷多个非周期轨道.

（3）稠密轨道.

证明：除了稳定性结果，这是 f 在 Λ 与 σ 在 Σ 上拓扑共轭的直接结果. 稳定性结果由（2. 1. 5）给出的 f 在 H_0 和 H_1 上的形式得到. □

2. 1e. 混沌

现在我们可以精确地说，f 在 Λ 上的动力学是混沌的.

设 $p \in \Lambda$ 具有对应的符号序列

$$\phi(p) = \{\cdots s_{-n} \cdots s_{-1}.s_0 \cdots s_n \cdots\}. \tag{2.1.44}$$

[94] 我们考虑与 p 接近的点，以及它们在 f 迭代下与 p 相比的性态. 设给定 $\varepsilon > 0$，考虑由平面的通常拓扑确定的 p 的 ε 邻域. 同样，存在整数 $N = N(\varepsilon)$，使得 $\phi(p)$ 对应的邻域包含满足 $s_i = s_i'$，$|i| \leqslant N$ 的序列 $s' = \{\cdots s_{-n}' \cdots s_{-1}'.s_0' \cdots s_n' \cdots\} \in \Sigma$ 的集合. 现在假设对应于 $\phi(p)$ 的序列中的 $N+1$ 个元素是 0 对应 s' 的序列的 $N+1$ 个元素是 1. 因此，在 N 次迭代以后，无论 ε 有多小，点 p 在 H_0 中，对应于 s' 的点 p' 在 ϕ^{-1} 作用下在 H_1 中，并且它们之间至少相隔距离 $1-2\lambda$. 因此，对任何点 $p \in \Lambda$，考虑 p 的无论多么小的邻域，至少在这个邻域内存在一点，使得它经过有限多次迭代后，p 和这一点被分开一个固定距离. 具有这种性态的系统称为具有关于初始条件的敏感依赖性.

现在我们通过一些最后的观察来结束对这个简化形式的 Smale 马蹄的讨论.

（1）如果你仔细考虑导致定理 2. 1. 4 的 f 的主要成分，你将发现存在两个关键因素.

（a）正方形以这种方式压缩、扩展和弯曲，这样我们就可找到映射在其上的它们自身互不相交的区域.

（b）在互补方向存在“强”扩展和压缩.

（2）从观察（1）来看，正方形的图像呈现马蹄形这一事实并不重要，其他可能的情景如图 2. 1. 11 所示.

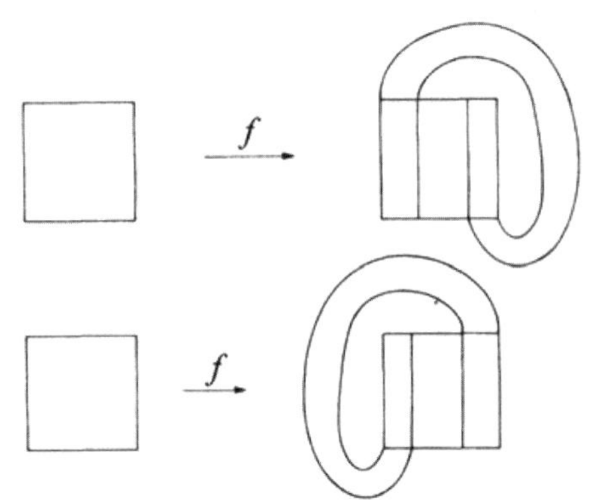

图 2. 1. 11　两个其他可能的马蹄境象

注意到，在我们对 f 的不变集的研究中，我们没有考虑跑出正方形的点的几何结构. 我们也注意到，这可能是一个有趣的研究课题，因为这个更全局的问题可能使我们能够确定马蹄变成为吸引子的条件.

2. 2. 符号动力学

在上一节中，我们看到了一个具有 Cantor 不变集的二维映射的例子. 已经证明，限制在它的不变集上的映射具有可数无穷多个所有周期的周期轨道、不可数无穷多个非周期轨道和稠密轨道. 现在，一般还不可能确定关于映射的轨道结构的这种详细信息. 然而，在我们的例子中，我们可以证明，限制在其不变集上的映射具有与作用在 0 和 1 的双向无穷序列空间上的移位映射相同的性态（更准确地说，这两个动力学系统证明是拓扑等价的，因此它们的轨道结构是相同的）. 移位映射并不比我们原来的映射复杂，但由于它的结构，许多与它的动力学有关的特征（例如，它的周期轨道的性质和数量）或多或少都很明显. 通过“符号”（在我们的 0 和 1 的情形）的无穷序列，来刻画动力系统轨道结构的技术称为符号动力学. 该技术并不是新的，似乎最初被 Hadamard [1898]应用到负曲率曲面的测地线的研究和 Birkhoff [1927]，[1935]的动力系统的研究中. Morse 和 Hedlund [1938]首次将符号动力学作为一门独立学科进行了阐述. 将这个思想应用到微分方程的可以在 Levinson 关于强迫 Van der Pol 方程（Levinson[1949]）的工作中找到，Smale 的马蹄映射的构建（Smale [1963]和[1980]）以及 Alekseev [1968]，[1969]的工作都从中获得了灵感，后者对该技术进行了系统的说明并将其应用于天体力学中出现的问题. 这些参考文献绝不代表对符号动力学或其应用的历史的完整描述，我们建议读者参考上面列出 [95]

[96] 的参考文献或 Moser[1973]以获得关于该主题及其应用的更完整的参考文献列表. 近些年来（大约从 1965 年到现在）该技术得到了大量应用，我们将在本书的其余部分引用其中的许多应用.

符号动力学将在解释我们在接下来的两章中遇到的动力学现象中发挥了关键作用. 因此，我们现在想描述符号动力学的某些方面，并将其视为一个独立的主题.

设 $S=\{1,2,3,\cdots,N\}$，$N\geqslant 2$ 是我们的一个符号集. 我们将用 S 的元素构造我们的序列. 注意，为了构造序列，S 中的元素可以是任意的，例如，字母表中的字母、中文字等. 我们将用正整数，因为它们被大家熟悉，且容易写下来，想要多少就有多少. 这时，我们假设 S 是有限的（即 N 是某个大于或等于 2 的固定正整数），因为这对于许多目的来说已经是足够了，并将使我们能够避免在我们的论述中出现的某些技术问题，但我们目前认为这些问题可能是不必要的. 然而，在讨论有限个符号的符号动力系统以后，我们将回到 N 可任意大的情形，并描述在这种情况下使我们的结果得以通过所需的技术修改.

2. 2a. 符号序列空间的结构

现在我们来构造所有符号序列的空间，记它为 Σ^N，我们由 S 的元素导出 Σ^N 的某些性质. 方便的是将 Σ^N 构造为 S 的无限多个拷贝的笛卡儿积. 这种构造将允许我们仅基于我们对 S 的知识和我们给出 S 的结构来得出 Σ^N 性质的一些结论. 此外，这种方法将使以后推广到无限多个符号变得非常简单且更直接.

现在我们给出 S 的某个结构，具体来说，我们想把 S 变成一个度量空间. 由于 S 是一个由前面 N 个正整数组成的有限点集，因此很自然将 S 的两个元素之间的距离定义为两个元素之差的绝对值. 记此距离如下

$$d(a,b)\equiv|a-b|,\quad \forall a,b\in S. \tag{2. 2. 1}$$

因此，S 是一个离散空间（即，由度量定义的 S 中的开集由构成 S 的各个点组成，因此 S 的所有子集都是开集），从而它是全不连通的. 我们在下面的命题中总结了 S 的性质. [97]

命题 2. 2. 1. 赋予度量（2. 2. 1）的集合 S 是一个紧、全不连通的度量空间.

我们注意到，紧度量空间是自动完全的度量空间（见 Dugundji [1966]）.

现在我们将 Σ^N 构造为 S 的拷贝的双向无穷笛卡儿积

$$\Sigma^N\equiv\cdots\times S\times S\times S\times S\times\cdots=\prod_{i=-\infty}^{\infty}S^i\text{，其中 }S^i=S\text{，}\forall i. \tag{2. 2. 2}$$

因此 Σ^N 中的点表示为 S 中元素的“双向无穷组”

$$s\in\Sigma^N\Rightarrow s=\{\cdots,s_{-n},\cdots,s_{-1},s_0,s_1,\cdots,s_n,\cdots\}\text{，其中 }s_i\in S\text{，}\forall i\text{，} \tag{2. 2. 3}$$

或者，更简洁地将 s 写为

$$s=\{\cdots s_{-n}\cdots s_{-1}.s_0 s_1\cdots s_n\cdots\}，\text{其中 } s_i\in S，\ \forall i. \quad (2.2.4)$$

关于出现在每个符号序列中的"小数点"一词应该说明一下，它具有将符号序列分成两部分的效应，两部分都是无限的（这是称"双向无穷序列"的原因）. 目前它在我们的讨论中没有发挥主要作用，并且很容易被忽略，因为我们描述 S 结构的所有结果都是一样的. 从某种意义上说，它是构建序列的起点，它为我们提供了一种自然方式来为序列的每个元素定下标. 当我们在 Σ^N 上定义一个度量时，这种表示法很快就会被证明是方便的. 然而，当我们定义和讨论作用在 Σ^N 上的移位映射及其轨道结构时，小数点的真正意义就会显现出来.

为了讨论在 Σ^N 中的极限过程，方便的是在 Σ^N 中定义一个度量. 由于 S 是一个度量空间，故有可能在 Σ^N 上定义一个度量. Σ^N 上的度量有许多可能的选择，然而，我们将用下面的，对

$$s=\{\cdots s_{-n}\cdots s_{-1}.s_0 s_1\cdots s_n\cdots\},\ \bar{s}=\{\cdots \bar{s}_{-n}\cdots \bar{s}_{-1}.\bar{s}_0\bar{s}_1\cdots \bar{s}_n\cdots\}\in\Sigma^N. \quad (2.2.5)$$

[98] s 与 $\bar{s}$ 之间的距离定义为

$$d(s,\bar{s})=\sum_{i=-\infty}^{\infty}\frac{1}{2^{|i|}}\frac{|s_i-\bar{s}_i|}{1+|s_i-\bar{s}_i|}. \quad (2.2.6)$$

（注意：读者可以验证这个 $d(\cdot,\cdot)$ 满足度量定义必须的 4 个性质.）直观地，选择这个度量意味着说两个符号序列"接近"，如果它们的长中心段相同. 下面引理确切地说明这一点.

引理 2.2.2. 对 $s,\bar{s}\in\Sigma^N$，

（1）假设 $d(s,\bar{s})<1/(2^{M+1})$，则对所有 $|i|\leqslant M$ 有 $s=\bar{s}$.

（2）假设对 $|i|\leqslant M$ 有 $s=\bar{s}$，则 $d(s,\bar{s})<1/(2^{M-1})$.

证明： 用反证法证明（1）. 假设（1）的假设成立并且存在某个满足 $|i|\leqslant M$ 的 j，使得 $s_j\neq\bar{s}_j$，则在 $d(s,\bar{s})$ 定义的和中存在项

$$\frac{1}{2^{|j|}}\cdot\frac{|s_j-\bar{s}_j|}{1+|s_j-\bar{s}_j|},$$

但是

$$\frac{|s_j-\bar{s}_j|}{1+|s_j-\bar{s}_j|}\geqslant\frac{1}{2},$$

而且定义 $d(s,\bar{s})$ 的和中每一项都是正的，因此有

$$d(s,\bar{s})\geqslant\frac{1}{2^{|j|}}\cdot\frac{|s_j-\bar{s}_j|}{1+|s_j-\bar{s}_j|}\geqslant\frac{1}{2^{|j|+1}}\geqslant\frac{1}{2^{M+1}}, \quad (2.2.7)$$

但这与假设（1）矛盾.

现在证明（2）. 如果对 $|i|\leqslant M$ 有 $s=\bar{s}$，则我们有

$$d(s,\bar{s})=\sum_{i=-\infty}^{-(M+1)}\frac{1}{2^{|i|}}\cdot\frac{|s_i-\bar{s}_i|}{1+|s_i-\bar{s}_i|}+\sum_{i=M+1}^{\infty}\frac{1}{2^{|i|}}\cdot\frac{|s_i-\bar{s}_i|}{1+|s_i-\bar{s}_i|} \quad (2.2.8)$$

号序列. □

2.2c. 有限型子移位

在第 3 章中出现的一些应用中，很自然地以不包括所有可能的符号序列的方式来限制 σ 的定义域. 这将通过符号序列来实现，其中某些符号作为序列中的相邻项出现. 为了描述对 σ 定义域的这种限制，下面的定义将有用. [102]

定义 2.2.2. 设 A 是由 0 和 1 通过规则：如果有序符号对 $i\,j$ 可能出现在符号序列中的相邻项，则 $(A)_{ij}=1$，如果有序符号对 $i\,j$ 不可能作为在符号序列中的相邻项出现，则 $(A)_{ij}=0$. 称矩阵 A 为**转移矩阵**（注意："有序符号对 $i\,j$" 指的是符号 i 和 j 出现在 i 紧靠 j 左边的对中）.

由给定转移矩阵定义的符号序列的集合表示为 Σ_A^N，并且可以简明地写为

$$\Sigma_A^N=\left\{s=\{\cdots s_{-n}\cdots s_{-1}.s_0s_1\cdots s_n\cdots\}\in\Sigma^N \mid (A)_{s_is_{i+1}}=1,\ \forall i\right\}. \quad (2.2.12)$$

注意到，显然，$\Sigma_A^N\subset\Sigma^N$ 且矩阵（2.2.6）用于定义 Σ_A^N 上的拓扑，其中引理 2.2.2 也对 Σ_A^N 成立.

例 2.2.1. 设

$$A=\begin{pmatrix}0 & 1\\ 0 & 1\end{pmatrix}, \quad (2.2.13)$$

则 Σ_A^2 由 1 和 2 的双向无穷序列的集合组成，其中符号 11 和 21 的组合不会出现在任何序列中.

我们用类似于刻画 Σ^N 的结构的命题 2.2.4 的方法来刻画 Σ_A^2 的结构. 然而，两个不同的转移矩阵可以定义两个 Σ_A^2，它们有不同的拓扑结构.

例 2.2.2. 设

$$A=\begin{pmatrix}1 & 1\\ 1 & 1\end{pmatrix} \quad (2.2.14)$$

则 Σ_A^2 由 1 和 2 的所有可能的双向无穷序列的集合组成，因此，有命题 2.2.4 描述的拓扑结构.

设

$$A'=\begin{pmatrix}1 & 0\\ 0 & 1\end{pmatrix}, \quad (2.2.15)$$

则 Σ_A^2 正好由两点，即由序列 $\{\cdots 1111.1111\cdots\}$ 和 $\{\cdots 2222.2222\cdots\}$ 组成.（注意：如果 A 的所有元素都是 1，则 $\Sigma_A^2=\Sigma^N$. 我们忽略了符号序列空间中的记号 A.）

可以对转移矩阵 A 加以限制，使得命题 2.2.4 中描述的对 Σ^N 的性质对 Σ_A^2 也成立. 我们现在描述对此成立的 A 必须要求的性质. [103]

定义 2. 2. 3. 称转移矩阵是不可约的，如果存在整数$k>0$，使得对所有$1\leqslant i$，$j\leqslant N$有$(A^k)_{ij}\neq 0$.

从我们以前的讨论中回想一下，我们关于Σ^N的结构和σ的轨道结构的许多结果都涉及利用有限长度的符号序列来构造. 对此，以下定义将有用.

定义 2. 2. 4. 设A是一个转移矩阵，$s_1\cdots s_k$，$s_i\in S$，$i=1,\cdots,k$是长度为k的符号有限串. 如果$(A)_{s_i s_{i+1}}=1$，$i=1,\cdots,k-1$，则称$s_1\cdots s_k$为长度为k的容许串.

设$K>0$是使得对所有$1\leqslant i$，$j\leqslant N$，$(A^K)_{ij}\neq 0$的最小整数. 于是我们有下面引理.

引理 2. 2. 8. 假设A是不可约转移矩阵，K如上面描述的数，则任给$i,j\in S$，存在长为$k\leqslant K-1$的容许串$s_1\cdots s_k$，使得$is_1\cdots s_k j$是长度为$k+2$的容许串.

证明： A的ij元素为

$$\left(A^K\right)_{ij}=\sum_{s_1,\ldots,s_{K-1}}^{N}(A)_{is_1}(A)_{s_1s_2}\cdots(A)_{s_{K-2}s_{K-1}}(A)_{s_{K-1}j} \quad (2.2.16)$$

其中和的每个元素不是 0 就是 1. 因此，由于$(A^K)_{ij}\neq 0$，必须至少存在一个序列$\bar{s}_1\cdots\bar{s}_{K-1}$使得

$$(A)_{i\bar{s}_1}(A)_{\bar{s}_1\bar{s}_2}\cdots(A)_{\bar{s}_{K-2}\bar{s}_{K-1}}(A)_{\bar{s}_{K-1}j}=1.$$

于是这个积的每个元素也必须是 1，因此，$i\bar{s}_1\cdots\bar{s}_{K-1}j$是一个容许串. □

关于引理 2. 2. 2 我们做以下说明.

（1）由引理 2. 2. 8 的证明得知，对任何$i,j\in S$，存在最大整数$K-1$和长度为$K-1$的容许串$\bar{s}_1\cdots\bar{s}_{K-1}$，使得$i\bar{s}_1\cdots\bar{s}_{K-1}j$是长度为$K+1$的容许串. 但是，对于任何特殊的$i,j\in S$，$j$出现在序列中比最后一个位置更早的位置. 这就是引理 2. 2. 8 所述的根据长为$k\leqslant K-1$的容许串的原因. 然而，对某些构造最大整数的应用将起到重要作用（例如，见命题 2. 2. 9）.

[104]

（2）对认为固定的$i,j\in S$，我们将经常利用短语“连接i和j长度为k的容许串”，或者当串的长度无关紧要时，就说“连接i和j的容许串”.

我们现在可以证明关于Σ_A^N结构的以下结果.

命题 2. 2. 9. 假设A是不可约的，则赋予度量（2. 2. 6）的Σ_A^N是：

（1）紧的.

（2）全不连通的.

（3）完美的.

证明：（1）为了证明Σ_A^N是紧的，由于紧集的闭子集是紧的（见

Dugundji[1966]），故只需证明 Σ_A^N 是闭的.

设 $\{s^i\}$ 是 Σ_A^N 的一个元素序列，即序列的序列，使得 $\{s^i\}$ 收敛于 $\overline{s}$. 如果 $\overline{s}\in\Sigma_A^N$，则 Σ_A^N 是闭的. 用反证法证明 $\overline{s}\in\Sigma_A^N$. 假设 $\overline{s}\notin\Sigma_A^N$，则必须存在某个整数 M，使得 $(A)_{\overline{s}_M\overline{s}_{M+1}}=0$. 现在 $\{s^i\}$ 收敛于 $\overline{s}$，因此存在某个整数 $\bar{M}$，使得对 $i\geqslant\bar{M}$ 有 $d(s^i,\overline{s})\leqslant 1/2^{M+2}$. 因此，由引理 2.2.2，对 $i\geqslant\bar{M}$ 和所有 $|j|\leqslant M+1$ 有 $s_j^i=\overline{s}_j$，又因为 $s^i\in\Sigma_A^N$，我们 $(A)_{s_M^i s_{M+1}^i}=(A)_{\overline{s}_M\overline{s}_{M+1}}=1$，这个矛盾来自我们假设了 $\overline{s}\notin\Sigma_A^N$.

（2）这是很明显的，因为 Σ^N 的最大连通分支是一点，对 Σ^N 的任何子集这同样必须成立.

（3）在（1）中我们证明了 Σ_A^N 是闭的，因此，为了证明 Σ_A^N 是完美的，余下只需证明 Σ_A^N 的每一点是极限点.

设 $\overline{s}\in\Sigma_A^N$，则为了证明 $\overline{s}$ 是 Σ_A^N 的一个极限点，我们需要证明 $\overline{s}$ 的每个邻域都包含点 $s\neq\overline{s}$，$s\in\Sigma_A^N$. 令 $\mathcal{N}^{M(\varepsilon)}(\overline{s})$ 是 $\overline{s}=\{\cdots\overline{s}_{-M}\cdots\overline{s}_{-1}.\overline{s}_0\overline{s}_1\cdots\overline{s}_M\cdots\}$ 的一个邻域. 现在由引理 2.2.8 证明后面的说明，存在整数 K 使得对任何 $i,j\in S$，还存在由 $s_1\cdots s_{K-1}$ 给出的一个长度为 $K-1$ 的容许串，使得 $is_1\cdots s_{K-1}j$ 是长度为 $K+1$ 的容许串. 现在在 $\overline{s}$ 中考虑由 $\overline{s}_{M+K}$ 给出的 $M+K$ 项. 如果 $\overline{s}_{M+K}\neq N$，设 $\hat{s}_{M+K}=\overline{s}_{M+K}+1$，或者如果 $\overline{s}_{M+K}=N$，则设 $\hat{s}_{M+K}=\overline{s}_{M+K}-1$. 然后考虑序列 [105]

$$\hat{s}=\{\cdots\overline{s}_{-M}\cdots\overline{s}_{-1}.\overline{s}_0\overline{s}_1\cdots\overline{s}_M s_1\cdots s_{K-1}\hat{s}_{M+K}\tilde{s}_1\cdots\tilde{s}_{K-1}\overline{s}_{M+K+1}\cdots\},$$

其中 $s_1\cdots s_K$ 是连接 $\overline{s}_M$ 和 $\hat{s}_{M+K}$ 的容许串，$\tilde{s}_{M+K}$，$\tilde{s}_1\cdots\tilde{s}_{K-1}$ 是连接 $\hat{s}_{M+K}$ 和 $\overline{s}_{M+K+1}$ 的容许串，“…”在 $\overline{s}_{-M}$ 之前和 $\overline{s}_{M+K+1}$ 之后表示与 $\overline{s}$ 有与 $\hat{s}$ 相同的无穷尾巴且 $\overline{s}\neq s$. 现在由构造知 $\hat{s}\in\Sigma_A^N$，$\hat{s}\in\mathcal{N}^{M(\varepsilon)}(\overline{s})$ 且 $\hat{s}\neq s$. □

现在我们考虑限制在 $\overline{s}\in\Sigma_A^N$ 的移位映射 σ 的轨道结构. 这时的 σ 称为有限型子移位(注意：“有限型”来自我们仅考虑有限个符号). 我们有下面的命题.

命题 2.2.10.（1）$\sigma(\Sigma_A^N)=\Sigma_A^N$；（2）$\sigma$ 连续.

证明：（1）是明显的.（2）的证明与命题 2.2.6 对全移位的连续性证明一样论述. □

现在给出限制在 Σ_A^N 上的 σ 的轨道结构的主要结果.

命题 2.2.11. 假设 A 是不可约的，则定义域为 Σ_A^N 的移位映射 σ 有：

（1）可数无穷多个周期轨道.

（2）不可数无穷多个非周期轨道.

（3）稠密轨道.

证明：(1)回忆对全移位映射的可数无穷多个周期轨道的构造. 此时，我们只要写出长度为 1，2，3，…的周期符号序列，马上得到结果. 现在对有限型子移位，应该清楚这个构造通不过. 但是，类似构造可以进行.

设$i, j \in S$，于是由引理 2. 2. 8 存在容许串$s_1 \cdots s_k$，使得$is_1 \cdots s_k j$也是容许串. 为了更紧凑表示，我们将用$s_1 \cdots s_k \equiv s_{ij}$表示连接 i 和 j 的容许串（注意：由引理 2. 2. 8 的证明，知给定$i, j \in S$，存在多于一个的连接i和j的容许串. 因此,对每个$i, j \in S$我们将选择一个容许串s_{ij}，并考虑它是固定的）. 可数无穷多个周期序列的构造如下.

[106]

（a）写下长度为 2，3，4，5，…头尾相同元素的 S 元素的序列. 应该清楚这样的序列有可数无穷多个.

（b）从（a）的构造中选出一个特殊序列. 现在在序列中每对 $i\,j$ 之间放置连接 S 的这种两个元素的容许串s_{ij}. 对（a）中构造的每个元素重复此过程产生可数无穷多个容许串. 由于每个容许串的头尾具有 S 的相同元素，我们可以将每个容许串的拷贝背靠背放置，以创建一个双向无穷周期序列. 以这种方式，我们构造了一个可数无穷多个容许的周期序列. 对每个 i，j 的所有可能的s_{ij}，重复这个过程应该得到所有容许周期序列.

（2）由于Σ_A^N是完美的，由定理 2. 2. 3 它至少有连续统的势. 因此,从Σ_A^N去掉可数无穷多个周期序列余下一个不可数无穷多个非周期序列.

（3）在σ的作用下序列在Σ_A^N中稠密的轨道的构造完全类似于全移位情形. 写下所有长度为 1，2，3，…的容许串，然后通过利用由引理 2. 2. 8 提供的连接容许串将前面的所有容许串连接在一起成一个容许串. 在Σ_A^N中稠密的这个序列的轨道的证明完全与全移位的情况类似，见 2. 1c 节. □

2. 2d. $N=\infty$的情形

现在我们考虑有无穷多个符号的情形. 特别地，我们想确定先前关于符号序列空间结构以及移位映射的轨道结构的结果有多少仍然成立. 我们将只考虑全移位情形，但会在讨论结束时对子移位做一些简短的评论.

我们从讨论符号序列空间的结构开始，记此情形为Σ^∞. 设$S=\{1,2,3,\cdots,N,\cdots\}$是我们的符号集合. 于是$\Sigma^\infty$构造为无穷多个$S$的拷贝的笛卡儿积. 因此，显然，由于$S$现在是无界的，因此，允许无穷多个符号所产生的第一个损失是失去了Σ^∞的紧性. 事实上，这是唯一的问题，而且很容易解决. 我们可以通过通常的添加无穷远点的紧化技术(见 Dugundji [1966])来紧化S. 因此,我们有$\overline{S}=\{1,2,\cdots,N,\cdots,\infty\}$，其中$\infty$是使所有其他整数都小于无穷的点. 现在如 2. 2a 节构造Σ^∞为$\overline{S}$的笛卡儿无穷积. 因此由 Tychonov 定理（Dugundji [1966]），$\overline{\Sigma}^\infty$是

[107]

紧的，显然 $\Sigma^{\infty} \subset \bar{\Sigma}^{\infty}$，$\bar{\Sigma}^{\infty}$ 称为 Σ^{∞} 的紧化. 如果我们定义

$$\frac{|N-\infty|}{1+|N-\infty|}=1, \quad N \in S, \tag{2.2.17}$$

和

$$\frac{|\infty-\infty|}{1+|\infty-\infty|}=0. \tag{2.2.18}$$

则度量(2.2.6)对 $\bar{\Sigma}^{\infty}$ 仍可工作. 因此 $\bar{\Sigma}^{\infty}$ 中的点的邻域完全与(2.2.10)相同定义. 同样，引理 2.2.2 和命题 2.2.4 对 $\bar{\Sigma}^{\infty}$ 成立. （特别地，$\bar{\Sigma}^{\infty}$ 是一个 Cantor 集）. 关于作用在 $\bar{\Sigma}^{\infty}$ 上的移位映射的轨道结构，命题 2.2.6 和 2.2.7 仍在成立. 现在，尽管考虑无穷多个符号并不能很大程度上改变我们关于符号序列空间结构或移位映射的轨道结构的结果，但我们将在 2.3 节和第 3 章中将看到，当我们利用符号动力学来模拟映射动力学时符号 ∞ 确实具有特殊的意义.

现在我们对具有无穷多个符号的符号序列空间的子移位做一些说明. 回想我们对有限型子位移的讨论，转移矩阵和转移矩阵的幂（特别是不可约的概念）在确定 Σ_A^N 的结构和作用在 Σ_A^N 上的移位映射的轨道结构起着核心作用. 因此，在处理无限型子移位时面临的直接问题涉及无穷矩阵的乘法以及为无穷转移矩阵定义不可约性概念. 由于我们没有理由在本书中使用无限型子移位，因此我们将把必要的概括作为练习留给感兴趣的读者.

[108]

2.3. 混沌准则：双曲情形

在本节中，我们将给出映射具有不变集的可验证条件，在该不变集上，它与作用在由可数多个符号集构造的双向无穷序列空间的移位映射拓扑共轭. 我们遵循 Conley 和 Moser 的计划（参见 Moser [1973]），但是，我们的准则在适用于 N 维可逆映射（$N \geqslant 2$）的意义上更一般，而且它们将允许用于子移位和全移位. “双曲情形”一词需要解释. 粗略地说，这个术语源于这样一个事实，即在映射定义域的每个点上，将定义域分裂为一个强收缩部分（“水平”方向）和一个强扩展部分（“垂直”方向）. 这导致映射的不变集是一个离散点集，稍后将给出更精确的定义. 本节概要如下：

（1）首先我们引入一些介绍性概念，特别是我们在 2.1 节中对 Smale 马蹄的讨论中描述的水平矩形和垂直矩形的推广，以及用于描述它们在映射作用下的性态的概念.

（2）叙述并证明我们的主要定理.

（3）引入并讨论扇形丛的概念，它为我们的主要定理提供了另一种更容易验证的假设.

（4）我们给出第二组替代条件来验证我们主要定理的假设，它们更便于在不动点的同宿轨道附近的应用.

（5）定义并讨论双曲不变集的概念，并说明它是如何与我们前面的工作相关.

2.3a. 混沌的几何

为了理解这个准则的基本要素是什么，回顾我们在 2.1 节中对 Smale 马蹄映射的讨论. 我们看到，马蹄映射包含一个 Cantor 不变集，在该集上动力学是混沌的. 此外，我们能够利用符号动力学得到有关 Smale 马蹄的轨道结构的非常详细的信息. 这些结果来自映射的两个性质：

（1）这个映射具有独立的扩展方向和压缩方向.

（2）我们能够找到两个不相交的“水平”矩形，其水平边和垂直边分别平行于扩展方向和压缩方向. 它们被映上到两个“垂直”矩形，每个垂直矩形与两个水平矩形相交，并且水平矩形的水平（相应地，垂直）边界映上到垂直矩形的水平（相应地，垂直）边界. [109]

这两个性质导致了 Cantor 不变集的存在，其中映射拓扑共轭两个符号的全移位（我们注意到，映射与全位移拓扑共轭的原因是每个水平矩形的像都与两个水平矩形相交）. 因此，映射具有混沌不变集的事实主要是由于几何准则，而不是映射特定的分析形式的结果（即，不存在类似于三角函数或椭圆函数等的“马蹄函数”）. 现在我们的目标是尽可能地削弱上述两个性质，并将它们扩展到更高维映射，以便为具有不变集的映射建立准则，在该不变集上这个映射与子移位拓扑共轭.

考虑映射

$$f: D \to \mathbb{R}^n \times \mathbb{R}^m, \tag{2.3.1}$$

其中 D 是包含在 $\mathbb{R}^n \times \mathbb{R}^m$ 中的 $n+m$ 维的有界闭集. 当需要时我们将要求 f 的连续性和可微性. 注意，我们并不要求 f 的定义域是连通的. 在第 3 章的几个例子中，我们将看到，考虑映射的定义域是由几个连统分支组成的是必要的. 然而，我们对 f 在其整个定义域内的性态不感兴趣，而是对它作用在不相交特别定义的“水平板”集合的性态感兴趣（注意：这个情况与我们在 2.1 节讨论的 Smale 马蹄完全类似. 在那个例子中映射定义在单位正方形上，但是所有复杂的动力学结论，都是从映射是如何作用在两个水平矩形 H_0 和 H_1 上的知识导出来的）.

现在，我们将开始开发水平板和垂直板的定义，这将与第 2.1 节中对 Smale 马蹄的讨论中的 H_i，V_i，$i=0$，1 相似. 对此，我们将定义板的宽度以及水平板和垂直板的各种相交性质. 这些将被用于证明我们的主要定理，该定理为 f 具有不变集提供了充分条件，在不变集上映射拓扑共轭于有限型子移位. [110]

我们从某些预备性定义开始. 下面两个集合将对各种映射的定义域是有用的.

$$
\begin{aligned}
D_x &= \{x \in \mathbb{R}^n, \text{对此存在} y, y \in \mathbb{R}^m, \text{其中} (x, y) \in D\}, \\
D_y &= \{y \in \mathbb{R}^m, \text{对此存在} x, x \in \mathbb{R}^n, \text{其中} (x, y) \in D\}.
\end{aligned} \tag{2.3.2}
$$

因此，D_x 和 D_y 分别表示 D 在 $\mathbb{R}^n$ 和 $\mathbb{R}^m$ 上的投影，如图 2. 3. 1.

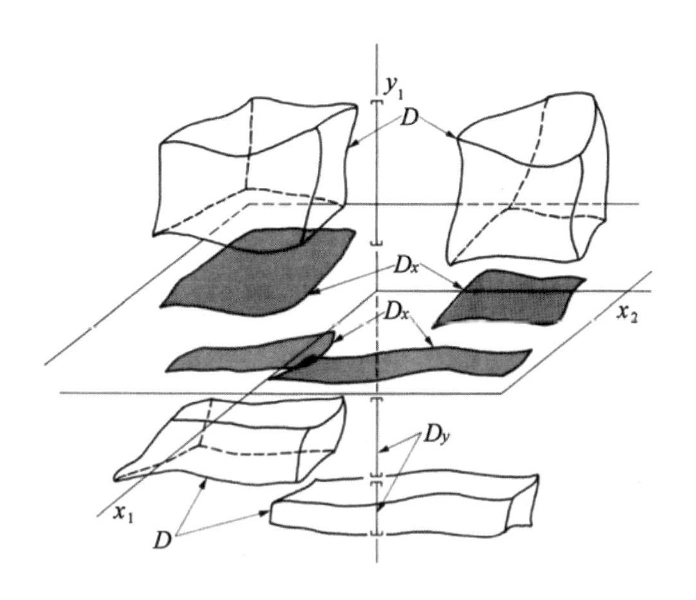

图 2. 3. 1　$\mathbb{R}^{n+m}$ 中的 D，D_x 和 D_y；$n=2$，$m=1$

设 I_x 是包含在 D_x 中的 n 维单连统闭集，I_y 是包含在 D_y 中的 m 维单连统闭集. 我们需要以下定义. [111]

定义 2. 3. 1. μ_h-水平片 $\bar{H}$ 定义为函数 $h: I_x \to \mathbb{R}^m$，其中 h 满足下面两个条件：

（1）集合 $\bar{H} = \{(x, h(x)) \in \mathbb{R}^n \times \mathbb{R}^m \mid x \in I_x\}$ 包含在 D 中.

（2）对每对 x_1，$x_2 \in I_x$ 和某个 $0 \leqslant \mu_h < \infty$，我们有

$$
|h(x_1) - h(x_2)| \leqslant \mu_h |x_1 - x_2|. \tag{2.3.3}
$$

类似地，μ_v-垂直片 $\bar{V}$ 定义为函数 $v: I_y \to \mathbb{R}^n$，其中 v 满足下面两个条件：

（1）集合 $\bar{V} = \{(v(y), y) \in \mathbb{R}^n \times \mathbb{R}^m \mid y \in I_y\}$ 包含在 D 中.

（2）对每对 y_1，$y_2 \in I_y$ 和某个 $0 \leqslant \mu_v < \infty$，我们有

$$
|v(y_1) - v(y_2)| \leqslant \mu_v |y_1 - y_2|. \tag{2.3.4}
$$

定义 2. 3. 1 的说明如图 2. 3. 2 所示（注意：后面在给出图来描述 μ_h-水平片、μ_h-水平板、平板宽度等的定义时，我们不在图中显示 f 的定义域，以免引起混淆）.

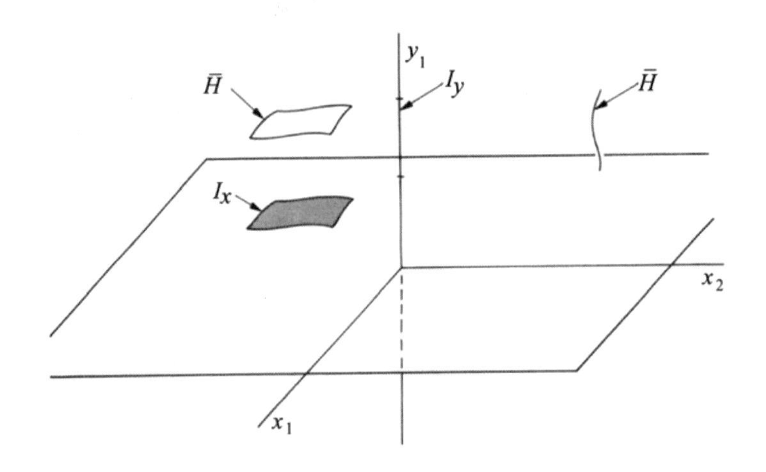

图 2.3.2　$\mathbb{R}^n \times \mathbb{R}^m$，$n=2$，$m=1$ 中的 μ_h-水平片和 μ_v-垂直片

下面我们将这些水平片和垂直片“加肥”成 $n+m$ 维水平板和垂直板. 我们先从 μ_h-水平板开始.

定义 2.3.2. 固定某个 μ_h，$0 \leqslant \mu_h < \infty$. 设 $\bar{H}$ 是一个 μ_h-水平片，$J^m \subset D$ 是一个与 $\bar{H}$ 相交的任意但只有一个点的 m 维拓扑盘. 设 $\bar{H}^\alpha$，$\alpha \in I$ 是与 J^m 的边界相交且有如 $\bar{H}$ 相同定义域的所有 μ_h-水平片的集合，其中 I 是某个指标集（注意：调整 $\bar{H}$ 的定义域 I_x 可能是必要的，或者，等价地，调整 J^m 以便得到这个情况）. 考虑 $\mathbb{R}^n \times \mathbb{R}^m$ 中的下面集合.

[112]

$\bar{S}_H = \{(x,y) \in \mathbb{R}^n \times \mathbb{R}^m \mid x \in I_x$ 和 y 有性质，对每个 $x \in I_x$，任给一条通过 (x,y) 的直线 L，L 平行于 $x=0$ 平面，则 L 相交于点 $(x, h_\alpha(x))$，$(x, h_\beta(x))$，对某个 α，$\beta \in I$，其中 (x,y) 位于沿着 L 的两点之间$\}$.

于是，μ_h-水平板 H 定义为 S_H 的闭包.

当我们讨论 μ_h-水平板在映射作用下的性态时，水平边界和垂直边界的概念是有用的.

定义 2.3.3. μ_h-水平板 H 的垂直边界记为 $\partial_v H$，定义为

$$\partial_v H \equiv \{(x,y) \in H \mid x \in \partial I_x\}. \tag{2.3.5}$$

μ_h-水平板 H 的水平边界记为 $\partial_h H$，定义为

$$\partial_h H \equiv \partial H - \partial_v H. \tag{2.3.6}$$

我们注意，由此和定义 2.3.2 得到 $\partial_v H$ 平行于平面 $x=0$. 定义 2.3.2 和定义 2.3.3 的说明如图 2.3.3 所示. [113]

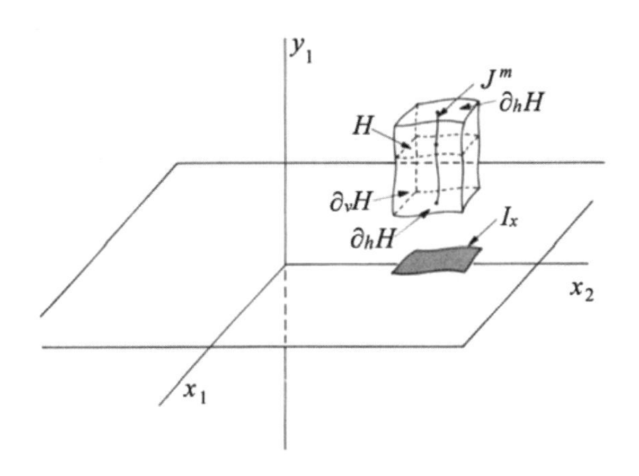

图 2.3.3　$\mathbb{R}^n \times \mathbb{R}^m$，$n=2$，$m=1$ 中的水平板

在进一步讨论之前，我们给出定义 2.3.2 的一些动机. 稍后我们将看到，我们需要的 H 的主要性质是，它是一个 $n+m$ 维紧集，使得 $\partial_h H$ 上的任何点位于 μ_h-水平片上. 在定义 2.3.2 中，这些性质表现如下：

（1）构造的 $\partial_h H$ 是由 μ_h-水平片组成. 因此，$\partial_h H$ 上的任何点位于 μ_h-水平片上. 注意到，显然，I 是一个不可数集.

（2）直线 L 用于填充构成 $\partial_h H$ 的 μ_h-水平片“之间”的空间. 移动 L 通过 ∂I_x 以创建 H 的垂直边界. 用这个方法得到了一个 $n+m$ 维紧集.

我们将对在映射作用下 μ_h-水平板的性态感兴趣. 特别地，我们对 μ_h-水平板的像与它的原像相交的情况感兴趣（注意：“像的原像”正好就是板自身）. 为了描述这个情况，下面的定义是有用的.

[114] **定义 2.3.4.** 设 H 和 $\tilde{H}$ 是两个 μ_h-水平板. 说 H 和 $\tilde{H}$ 全相交，如果 $\tilde{H} \subset H$ 和 $\partial_v \tilde{H} \subset \partial_v H$.

定义 2.3.4 的说明如图 2.3.4 所示.

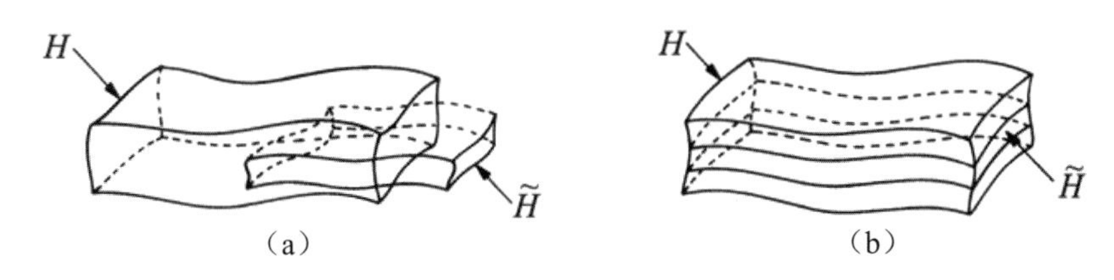

图 2.3.4　（a）$\tilde{H}$ 与 H 不全相交；（b）$\tilde{H}$ 与 H 全相交

接下来我们定义 μ_v-垂直板.

定义 2.3.5. 固定某个 μ_v，$0 \leqslant \mu_v < \infty$. 设 H 是 μ_h-水平板，$\bar{V}$ 是包含

在H中的一个μ_v-垂直片，使得$\partial\bar{V}\subset\partial_h H$. 令$J^n\subset H$是与$\bar{V}$相交于$\bar{V}$的任何但唯一点的$n$维拓扑盘，$\bar{V}^\alpha$，$\alpha\in I$是所有与$J^n$的边界相交的$\mu_v$-垂直片的集合，其中$\partial\bar{V}\subset\partial_h H$，$I$是某个指标集. 我们用$I_y^\alpha$表示函数$v_\alpha(y)$，其图像为$\bar{V}^\alpha$. 考虑$\mathbb{R}^n\times\mathbb{R}^m$中的下面集合

$$S_Y=\{(x,y)\in\mathbb{R}^n\times\mathbb{R}^m\mid(x,y)\text{包含在由}\bar{V}^\alpha\text{，}\alpha\in I\text{，}\\ \text{和}\partial_h H\text{所围的集合内部}\}$$

于是，μ_v-垂直板V定义为S_V的闭包.

我们注意到μ_v-垂直板所需要的主要性质是，它们是$n+m$维紧集，使得垂直边界上的任何点位于μ_v-垂直片上（参看定义 2. 3. 3 下面的讨论）. [115]

μ_v-垂直板的水平边界和垂直边界的定义如下.

定义 2. 3. 6. 设V是一个μ_v-垂直板. V的水平边界$\partial_h V$定义为$V\cap\partial_h H$. V的垂直边界$\partial_v V$定义为$\partial V-\partial_h V$.

定义 2. 3. 5 和定义 2. 3. 6 的说明，如图 2. 3. 5 所示.

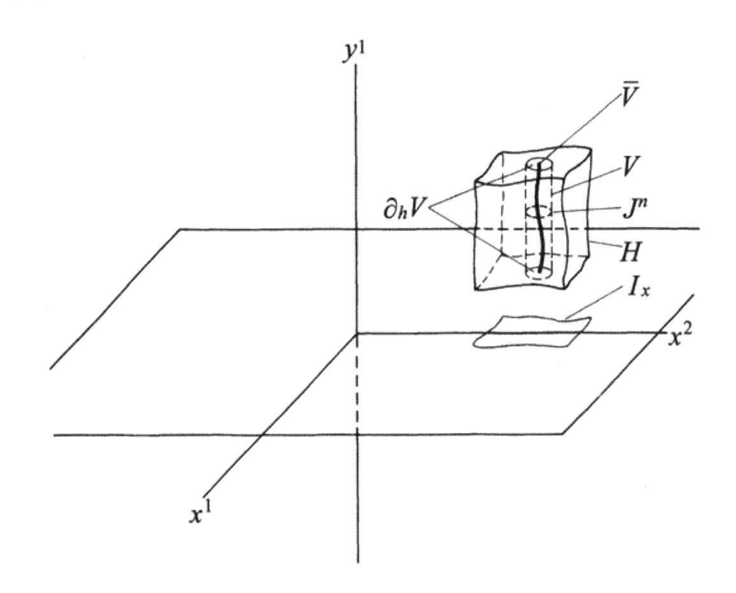

图 2. 3. 5 $\mathbb{R}^n\times\mathbb{R}^m$； $n=2$， $m=1$中的垂直板

注意，在图 2. 3. 4 和图 2. 3. 5 中，我们将μ_h-水平板和μ_v-垂直板描述为略微弯曲的立方体或管子. 定义 2. 3. 2 和 2. 3. 5 当然允许边界的更多病理行为，但是为了方便起见，我们将继续绘制图 2. 3. 4 和图 2. 3. 5 所示的板.

下面我们定义μ_h-水平板和μ_v-垂直板的宽度.

[116] **定义 2. 3. 7.** μ_h-水平板H的宽度$d(H)$定义如下：

$$d(H)=\sup_{\substack{x\in I_x\\ \alpha,\beta\in I}}\left|h_\alpha(x)-h_\beta(x)\right|, \qquad (2.3.7)$$

类似地，μ_v-垂直板 V 的宽度 $d(V)$ 定义为

$$d(V)=\sup_{\substack{y\in \tilde{I}_y\\ \alpha,\beta\in I}}\left|v_\alpha(y)-v_\beta(y)\right|, \qquad (2.3.8)$$

其中 $\tilde{I}_y=I_y^\alpha\cap I_y^\beta$.

下面的引理对以后相当有用.

引理 2.3.1.（a）如果 $H^1\supset H^2\supset H^3\supset\cdots$ 是 μ_h-水平板的无穷序列，其中 H^{k+1} 与 H^k 全相交，$k=1,2,\cdots$，且当 $k\to\infty$ 时 $d(H^k)\to 0$，则 $\bigcap_{k=1}^{\infty}H^k\equiv H^\infty$ 是 μ_h-水平片，其中 $\partial H^\infty\subset\partial_v H^1$.（b）类似地，如果 $V^1\supset V^2\supset V^3\supset\cdots$ 是 μ_v-垂直板的无穷序列，其中当 $k\to\infty$ 时 $d(V^k)\to 0$，则 $\bigcap_{k=1}^{\infty}V^k\equiv V^\infty$ 是 μ_v-垂直片，其中 $\partial V^\infty\subset\partial_h H$.

证明： 我们仅证明（a），因为（b）的证明完全与（a）类似.

设 J^m 是包含 H^1 中如定义 2.3.2 中描述的 m 维拓扑盘，则函数 $y=h(x)$，$x\in I_x$ 的集合满足 Lipschitz 条件（2.3.3），它的图像组成与 J^m 相交的 μ_h-水平片形成一个完全度量空间，其度量通过取上确界得到. 设 $\left\{h_{\alpha_k}^k(x)\right\}$，$\alpha_k\in I_k$ 是其图像组成 H^k 的水平边界的函数集. 考虑函数

$$\left\{h_{\alpha_k}^k\right\}_{k=1}^{\infty},\quad \left\{h_{\bar{\alpha}_k}^k\right\}_{k=1}^{\infty},\quad \left\{h_{\alpha_k}^k,h_{\bar{\alpha}_k}^k\right\}_{k=1}^{\infty}, \qquad (2.3.9)$$

其中 α_k，$\bar{\alpha}_k\in I_k$ 对每个 k 认为是固定的. 现在条件 $H^k\supset H^{k+1}$，H^{k+1} 与 H^k，$k=1,2,\cdots$ 全相交，其中

$$d(H^k)\to 0,\quad k\to\infty, \qquad (2.3.10)$$

意味着（2.3.9）中的三个序列都是 Cauchy 序列. 由于这些 Cauchy 序列的元素位于完全度量空间，得知它们每个都收敛于极限 $h^\infty(x)$. 这个极限函数对（2.3.9）中的这三个序列必须完全相同，因为前两个序列是第三个的子序列. 此外，这个极限函数必须满足条件 [117]

$$|h^\infty(x_1)-h^\infty(x_2)|\leqslant\mu_h|x_1-x_2|,\ x_1,x_2\in I_x,\ 0\leqslant\mu_h<\infty. \qquad (2.3.11)$$

因此，我们证明了组成 H^k 的边界的所有 μ_h-水平片当 $k\to\infty$ 时收敛于唯一函数 $h^\infty(x)$，其中 $h^\infty(x)$ 满足（2.3.11）. 因此 $h^\infty(x)$ 的图像是一个 μ_h-水平片，记为 H^∞，其中 $\partial H^\infty\subset\partial_v H^1$，因为 $h^\infty(x)$ 的定义域是 I_x. □

引理 2.3.2. 设 H 是一个 μ_h-水平板. 令 $\bar{H}$ 是 μ_h-水平片，其中

$\partial\bar{H}\subset\partial_v H$，$\bar{V}$ 是 μ_v-垂直片，其中 $\partial\bar{V}\subset\partial_h H$，使得 $0\leqslant\mu_v\mu_h<1$．则 $\bar{H}$ 与 $\bar{V}$ 确切地相交于一点．

证明：如果我们证明存在唯一点 $x\in I_x$ 使得 $x=v(h(x))$，则引理得证．其中，$\tilde{I}_x=$ 闭包 $\{x\in I_x\mid h(x)$ 是 $v(\cdot)$ 的定义域$\}$．

现在，由于 I_x 是 $\mathbb{R}^n$ 的一个闭子集，它是一个完全度量空间，由于 $\bar{V}\subset H$，$v\circ h$ 映 $\tilde{I}_x$ 到 $\tilde{I}_x$，因此 $v\circ h$ 映完全度量空间 $\tilde{I}_x$ 到它自身．如果我们证明 $v\circ h$ 是一个压缩映射，则由压缩映射定理（见 Chow Hale[1982]），存在 $v\circ h$ 在 I_x 中的唯一不动点，因此，引理得证．为了证明 $v\circ h$ 是压缩映射，选择 x_1，$x_2\in\tilde{I}_x$，此时我们有

$$\begin{aligned}|v(h(x_1))-v(h(x_2))|&\leqslant\mu_v|h(x_1)-h(x_2)|\\&\leqslant\mu_v\mu_h|x_1-x_2|.\end{aligned}\tag{2.3.12}$$

因此，由于 $0\leqslant\mu_v\mu_h<1$，$v\circ h$ 是一个压缩映射．□

此刻我们想说明我们在定义 2.3.2 和 2.3.5 中给出的 μ_h-水平板和 μ_v-垂直板定义背后的动机．

主要的动机因素是定义显示引理 2.3.1 和 2.3.2 中描述的性质的对象．所以粗略地说，水平板是 $n+m$ 维对象，其“水平边”由水平切片叶化，导致可数无限多个嵌套水平板的交成为水平片．类似地，垂直板是一个 $n+m$ 维对象，其垂直边由垂直片组成，导致可数无限多个嵌套垂直板的交成为垂直片．我们将看到，这个性质以及水平片和垂直片相交于一个唯一点的事实，在显式构造映射 f 的不变集时至关重要．

[118]

2.3b. 主要定理

我们现在可以给出一个使映射 f 具有一个不变集的充分条件，在该不变集上它与有限型的子移位拓扑共轭．

设 $S=\{1,2,\cdots,N\}$，$N\geqslant 2$，并令 H_i，$i=1,\cdots,N$ 为不相交的 μ_h-水平板，其中 $D_H\equiv\bigcup_{i=1}^{N}H_i$．假设 f 在 D_H 上是一对一的，定义

$$f(H_i)\cap H_j\equiv V_{ji},\quad\forall i,\quad j\in S,$$

和

$$H_i\cap f^{-1}(H_j)\equiv f^{-1}(V_{ji})\equiv H_{ij},\quad\forall i,j\in S,\tag{2.3.13}$$

注意集合 V_{ji} 和 H_{ij} 的下标．第一个下标表示该集合位于哪个特定的 μ_h-水平板中，第二个下标表示对 V_{ji} 集合被 f^{-1} 映到哪个 μ_h-水平板中，对 H_{ij} 被 f 映到哪个 μ_h-水平板集合中．

设 A 是元素不是 0 就是 1 的 $N\times N$ 矩阵，即 A 是一个转移矩阵(见 2.2 节)，它将最终被用于定义 f 的符号动力学．对 f 我们有下面的“结

构性”假设.

A1. 对使得 $(A)_{ij}=1$ 的所有 i， $j\in S$ ， V_{ji} 是包含在 H_j 中的一个 μ_v-垂直板，其中 $\partial_v V_{ji}\subset\partial f(H_i)$ 和 $0\leqslant\mu_v\mu_h<1$．此外，f 同胚映上 H_{ij} 到 V_{ji}，其中 $f^{-1}(\partial_v V_{ji})\subset\partial_v H_i$.

A2. 设 H 是与 H_j 全相交的 μ_h-水平板．则 $f^{-1}(H)\cap H_i\equiv\tilde{H}_i$ 是对所有 $i\in S$ 与 H_i 全相交的 μ_h-水平板，使得 $(A)_{ij}=1$．此外，

$$d(\tilde{H}_i)\leqslant\nu_h d(H)\text{，对某个 }0<\nu_h<1 . \quad (2.3.14)$$

类似地，设 V 是包含在 H_j 中的 μ_v-垂直板，使得对某个 i， $j\in S$ 也有 $V\subset V_{ji}$，其中 $(A)_{ij}=1$．则 $f(V)\cap H_k\equiv\tilde{V}_k$ 是对所有 $k\in S$ 包含在 H_k 中的 μ_v-垂直板，使得 $(A)_{jk}=1$. 此外，　[119]

$$d(\tilde{V}_k)\leqslant\nu_v d(V)\text{，对某个 }0<\nu_v<1 . \quad (2.3.15)$$

A1 和 A2 的几何说明如图 2.3.6 和图 2.3.7 所示.

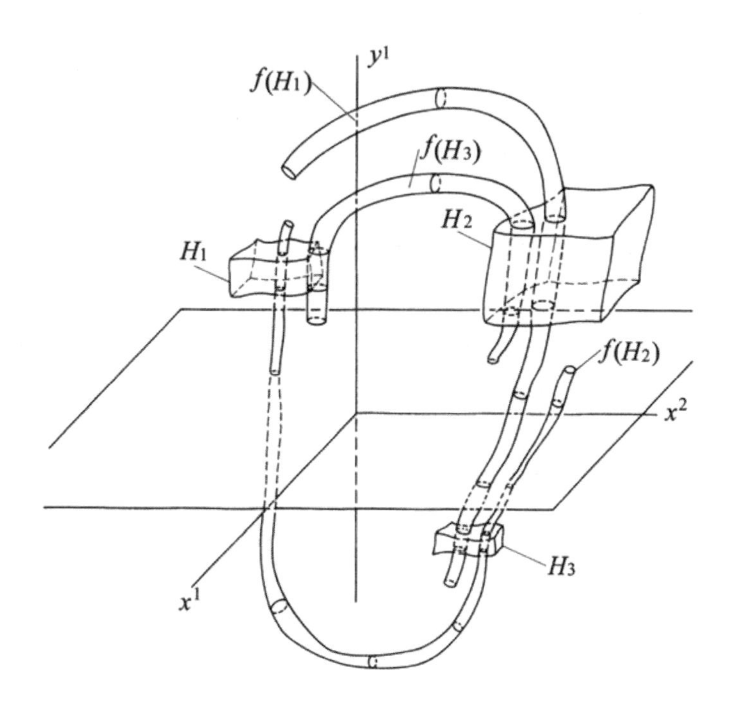

图 2.3.6　水平板和它们在 f 作用下的像的一个例子； $A=\begin{pmatrix}0&1&1\\1&0&1\\0&1&0\end{pmatrix}$

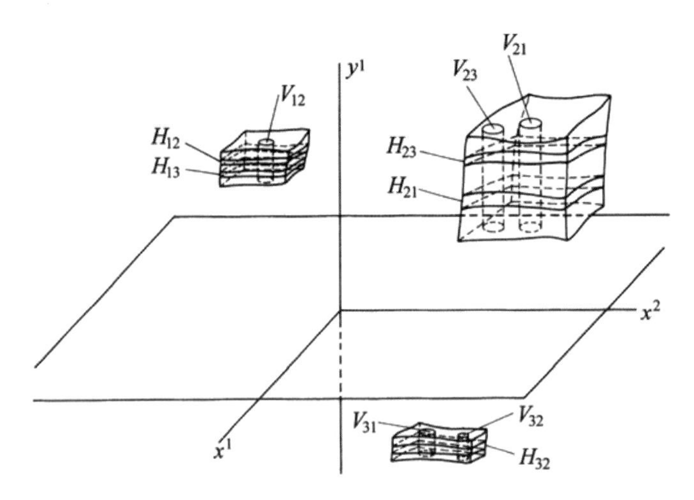

图 2.3.7 H_{ij} 和 V_{ji} 对 $1 \leqslant i$， $j \leqslant 3$， $(A)_{ij}=1$

关于 A1 和 A2 我们做以下说明.

（1）A1 是对 f 的非线性所做的一个全局性假设. 它确保 H_i 在 f 作用下的像和原像的适当边界沿着适当的压缩方向和扩展方向排列. [120] A2 给出 H_i 在 f 作用下分别沿着水平方向和垂直方向的特定压缩率和特定扩展率.

（2）对 A1，有 $\partial_v V_{ji} \subset \partial f(H_i)$ 很重要，因为否则 $f^{-1}(\partial_v V_{ji})$ 可不包含在 $\partial_v V_i$ 中.

（3）在 A2 中令 $H = H_j$，则得到 H_{ij} 是与 H_i 全相交的 μ_h-水平板. 此外，H_{ij} 的水平（相应地，垂直）边界在 f 作用下映为 V_{ji} 的水平（相应地，垂直）边界. 在 f 和 f^{-1} 作用下 H_{ij} 和 V_{ji} 的适当对应很重要.

（4）重要的是要认识到 A1 和 A2 是只涉及 f 的一个向前和向后迭代的假设. 我们将看到 A1 和 A2 意味着 f 的所有迭代的结果.

定理 2.3.3. 假设 f 满足 A1 和 A2，则 f 具有点的不变集 $\Lambda \subset D_H$，在这个不变集上它拓扑共轭于具有转移矩阵 A 的有限型子移位，即存在一个同胚 $\phi: \Lambda \to \Sigma_A^N$，使得下面的交换图成立 [121]

$$
\begin{array}{ccc}
\Lambda & \xrightarrow{f} & \Lambda \\
\phi \downarrow & & \downarrow \phi \\
\Sigma_A^N & \xrightarrow{\sigma} & \Sigma_A^N
\end{array} . \qquad (2.3.16)
$$

此外，如果 A 是不可约的，那么 Λ 是一个 Cantor 集.

证明：证明分为以下几步.

（1）几何地构造 f 的不变集 Λ，并验证它是非空的.

（2）以 Λ 的几何构造为基础，定义映射 $\phi: \Lambda \to \Sigma_A^N$.

（3）证明 ϕ 是一个同胚.

（4）证明图（2.3.16）可交换，即$\phi \circ f = \sigma \circ \phi$.

我们从第（1）步开始.

（1）不变集Λ的构造.

不变集Λ是由D_H中的点组成，它们在f的向前迭代和向后迭代下仍保持在D_H中. 如果记在所有向后迭代下保持在D_H中的点集为$\Lambda_{-\infty}$，在所有向前迭代下保持在D_H中的点集为$\Lambda_{+\infty}$，则不变集Λ是$\Lambda_{-\infty}$和$\Lambda_{+\infty}$共有的点集，或者，换句话说，$\Lambda = \Lambda_{-\infty} \cap \Lambda_{+\infty}$. 在构造$\Lambda$时我们将分别构造和确定$\Lambda_{-\infty}$和$\Lambda_{+\infty}$的性质，然后取它们的交以得到$\Lambda$.

（1a）$\Lambda_{-\infty}$的构造.

我们要构造并确定在f的所有向后迭代下保持在D_H中的点集的特性，即

$$\left\{p \in D_H \mid f^{-i}(p) \in H_{s_{-i}},\ s_{-i} \in S,\ i = 0,1,2,\cdots,n,\cdots\right\} \equiv \Lambda_{-\infty}.$$

这将通过递归构造来实现，其中按顺序构造在f的$1,2,\cdots,n,\cdots$次向后迭代保持在D_H中的点集，利用 A1 和 A2 确定在每一步构造的集合的特性，然后考虑当$n \to \infty$时的极限.

[122] 我们首先写下在f的$1,2,\cdots,n,\cdots$次向后迭代下保持在D_H中的点集的表达式.

$$\begin{aligned}\Lambda_{-1} &\equiv \bigcup_{\substack{s_i \in S \\ i=0,-1}} \left(f(H_{s_{-1}}) \cap H_{s_0}\right) = \bigcup_{\substack{s_i \in S \\ i=0,-1}} V_{s_0 s_{-1}} \\ &= \left\{p \in D_H \mid p \in H_{s_0},\ f^{-1}(p) \in H_{s_{-1}};\ s_0, s_{-1} \in S\right\}.\end{aligned} \tag{2.3.17}$$

$$\begin{aligned}\Lambda_{-2} &\equiv \bigcup_{\substack{s_i \in S \\ i=0,-1,-2}} \left(f(V_{s_{-1}s_{-2}}) \cap H_{s_0}\right) \\ &= \bigcup_{\substack{s_i \in S \\ i=0,-1,-2}} \left(f^2(H_{s_{-2}}) \cap f(H_{s_{-1}}) \cap H_{s_0}\right) \equiv \bigcup_{\substack{s_i \in S \\ i=0,-1,-2}} V_{s_0 s_{-1} s_{-2}} \\ &= \left\{p \in D_H \mid p \in H_{s_0},\ f^{-1}(p) \in H_{s_{-1}},\ f^{-2}(p) \in H_{s_{-2}};\right. \\ &\qquad \left. s_0, s_{-1}, s_{-2} \in S\right\}\end{aligned} \tag{2.3.18}$$

$$\vdots$$

$$\begin{aligned}\Lambda_{-n} &\equiv \bigcup_{\substack{s_i \in S \\ i=0,-1,\cdots,-n}} \left(f(V_{s_{-1}\cdots s_{-n}}) \cap H_{s_0}\right) \\ &= \bigcup_{\substack{s_i \in S \\ i=0,-1,\cdots,-n}} \left(f^n(H_{s_{-n}}) \cap f^{n-1}(H_{s_{-n+1}}) \cap \cdots \cap H_{s_0}\right) \\ &\equiv \bigcup_{\substack{s_i \in S \\ i=0,-1,\cdots,-n}} V_{s_0 \cdots s_{-n}}\end{aligned} \tag{2.3.19}$$

$$=\left\{p\in D_H \mid f^{-i}(p)\in H_{s_{-i}};\ s_{-i}\in S,\ i=0,1,\cdots,n\right\}.$$

$$\vdots$$

现在，由 A1，Λ_{-1} 是由包含在 H_{s_0} 中，对所有 s_0，$s_{-1}\in S$ 使得 $(A)_{s_{-1}s_0}=1$ 的不相交 μ_v-垂直板 $V_{s_0s_{-1}}$ 的集合组成.

在进行构造 Λ_{-2} 时，我们利用了上一步考虑 Λ_{-1} 时所得到的信息，并借助 A2 得到结论.

（i）Λ_{-2} 由对所有 s_0，s_{-1}，$s_{-2}\in S$ 使得 $(A)_{s_{-2}s_{-1}}(A)_{s_{-1}s_0}=1$ 的互不相交的 μ_v-垂直板 $V_{s_0s_{-1}s_{-2}}$ 的集合组成.

（ii）$d(V_{s_0s_{-1}s_{-2}})\leqslant v_v d(V_{s_0s_{-1}})$.　　（2. 3. 20）

（iii）由 Λ_{-2} 和 Λ_{-1} 的定义得知，

$$V_{s_0s_{-1}s_{-2}}\subset V_{s_0s_{-1}}.\qquad（2. 3. 21）$$

为了确定 Λ_{-3} 的特性，利用在上一步对 Λ_{-2} 得到的信息，并借助 A2 得到结论. [123]

（i）Λ_{-3} 由对所有 s_0，s_{-1}，s_{-2}，$s_{-3}\in S$，在 H_{s_0} 中使得

$$(A)_{s_{-3}s_{-2}}(A)_{s_{-2}s_{-1}}(A)_{s_{-1}s_0}=1$$

的互不相交的 μ_v-垂直板 $V_{s_0s_{-1}s_{-2}s_{-3}}$ 的集合组成.

（ii）$d(V_{s_0s_{-1}s_{-2}s_{-3}})\leqslant v_v d(V_{s_0s_{-1}s_{-2}})\leqslant v_v^2 d(V_{s_0s_{-1}})$.　　（2. 3. 22）

（iii）由 Λ_{-3}，Λ_{-2}，Λ_{-1} 的定义得知

$$V_{s_0s_{-1}s_{-2}s_{-3}}\subset V_{s_0s_{-1}s_{-2}}\subset V_{s_0s_{-1}}.\qquad（2. 3. 23）$$

继续以这种方式论述，通过利用在第 $n-1$ 步中得到的关于 Λ_{-n+1} 得到的信息来确定 Λ_{-n} 的性质，并借助 A2 以得出结论：

（i）Λ_{-n} 由使得 $(A)_{s_{-n}s_{-n+1}}\cdots(A)_{s_{-1}s_0}=1$ 的所有 $s_0,s_{-1},\cdots,s_{-n}\in S$ 的包含在 H_{s_0} 内的互不相交的 μ_v-垂直板 $V_{s_0s_{-1}\cdots s_{-n}}$ 的集合组成.

（ii）$d(V_{s_0s_{-1}\cdots s_{-n}})\leqslant v_v d(V_{s_0s_{-1}\cdots s_{-n+1}})\leqslant\cdots\leqslant v_v^{n-1}d(V_{s_0s_{-1}})$.　（2. 3. 24）

（iii）由 Λ_{-k}，$k=1,2,\cdots,n$ 的定义，我们有

$$V_{s_0s_{-1}\cdots s_{-n}}\subset V_{s_0s_{-1}\cdots s_{-n+1}}\subset\cdots\subset V_{s_0s_{-1}}.\qquad（2. 3. 25）$$

在讨论 $n\to\infty$ 时的极限情形之前，我们做一个重要的说明，即在构造的每一个阶段，每个 μ_v-垂直板可用由转移矩阵确定的 S 元素的容许串唯一标记，而且容许串的长度为1加步数. 此外，由于有假设A2，在每一步适当长度的所有可能的容许串都可实现.

现在，当 $n\to\infty$ 时取极限，得到集合

$$\Lambda_{-\infty}=\left\{p\in D_H \mid f^{-i}(p)\in H_{s_{-i}};\ s_{-i}\in S,\ i=0,1,2,\cdots,n,\cdots\right\}\qquad（2. 3. 26）$$

而且可立刻得到有关 $\Lambda_{-\infty}$ 特性的下面结论.

（i）$\Lambda_{-\infty}$ 的每个元素 $V_{s_0 s_{-1}\cdots s_{-n}\cdots}$，$s_{-i}\in S$，$i=0,1,\cdots$ 可用由转移矩阵 A 容许的 S 元素的唯一无穷序列标记. 此外，所有可能的此类序列都已实现.

[124]　（ii）由于 $V_{s_0 s_1\cdots s_{-n}\cdots}=\bigcap_{n=1}^{\infty}V_{s_0 s_1\cdots s_{-n}}$，其中对所有 $s_0,\cdots,s_{-n}\in S$，$V_{s_0\cdots s_{-n}}$ 是包含在 H_{s_0} 中的 μ_v - 垂直板，使得 $(A)_{s_{-n}s_{-n+1}}\cdots(A)_{s_{-1}s_0}=1$，且 $V_{s_0\cdots s_{-n}}\subset V_{s_0\cdots s_{-n+1}}$，其中当 $n\to\infty$ 时，$d(V_{s_0\cdots s_{-n}})\to 0$，由引理 2. 3. 1，我们可以得到 $\Lambda_{-\infty}$ 由 μ_v - 垂直片的集合 $V_{s_0\cdots s_{-n}\cdots}$ 组成，其中 $\partial V_{s_0\cdots s_{-n}\cdots}\subset\partial_h H_{s_0}$. 这个集合的势由转移矩阵 A 确定. 特别地，如果 A 不可约，则 $\Lambda_{-\infty}$ 由不可数无穷多个 μ_v -垂直片组成.

（1b）$\Lambda_{+\infty}$ 的构造.

$\Lambda_{+\infty}$ 的构造实际上与 $\Lambda_{-\infty}$ 的构造相同，只需做明显的修改.

我们首先写下在 f 的 $1,2,\cdots,n,\cdots$ 次向前迭代下保持在 H 中的点集的表达式.

$$\begin{aligned}\Lambda_1 &\equiv \bigcup_{\substack{s_i\in S\\ i=0,1}}\left(f^{-1}(H_{s_1})\cap H_{s_0}\right)=\bigcup_{\substack{s_i\in S\\ i=0,1}}H_{s_0 s_1}\\ &=\left\{p\in D_H \mid p\in H_{s_0},\ f(p)\in H_{s_1};\ s_0,s_1\in S\right\}.\end{aligned}\tag{2. 3. 27}$$

$$\begin{aligned}\Lambda_2 &\equiv \bigcup_{\substack{s_i\in S\\ i=0,1,2}}\left(f^{-1}(H_{s_1 s_2})\cap H_{s_0}\right)\\ &=\bigcup_{\substack{s_i\in S\\ i=0,1,2}}\left(f^{-2}(H_{s_2})\cap f^{-1}(H_{s_1})\cap H_{s_0}\right)\equiv\bigcup_{\substack{s_i\in S\\ i=0,1,2}}H_{s_0 s_1 s_2}\\ &=\left\{p\in D_H \mid p\in H_{s_0},\ f(p)\in H_{s_1},\ f^2(p)\in H_{s_2};\right.\\ &\qquad \left. s_0,s_1,s_2\in S\right\}\end{aligned}\tag{2. 3. 28}$$

$$\vdots$$

$$\begin{aligned}\Lambda_n &\equiv \bigcup_{\substack{s_i\in S\\ i=0,1,\cdots,n}}\left(f^{-1}(H_{s_1\cdots s_n})\cap H_{s_0}\right)\\ &=\bigcup_{\substack{s_i\in S\\ i=0,1,\cdots,n}}\left(f^{-n}(H_{s_n})\cap f^{-n+1}(H_{s_{n-1}})\cap\cdots\cap H_{s_0}\right)\\ &\equiv\bigcup_{\substack{s_i\in S\\ i=0,1,\cdots,n}}H_{s_0\cdots s_n}\\ &=\left\{p\in D_H \mid\ f^i(p)\in H_{s_i};\ s_i\in S,\ i=0,1,\cdots,n\right\}.\end{aligned}\tag{2. 3. 29}$$

$$\vdots$$

现在由 A2，知 Λ_1 是对所有使得 $(A)_{s_0s_1}=1$ 的 s_0，$s_1\in S$ 由与 H_{s_0} 全相交的互不相交的 μ_h-水平板的集合组成. [125]

对 Λ_2，利用上一步对 Λ_{-1} 得到的信息，并利用 A2 得到结论.

（i）Λ_2 是对所有使得 $(A)_{s_0s_1}(A)_{s_1s_2}=1$ 的 s_0，s_1，$s_2\in S$ 由与 H_{s_0} 全相交的互不相交的 μ_h-水平板的集合组成.

（ii）$d(H_{s_0s_1s_2})\leqslant v_h d(H_{s_0s_1})$. （2. 3. 30）

（iii）由 Λ_2 和 Λ_1 的定义，我们有

$$H_{s_0s_1s_2}\subset H_{s_0s_1} \tag{2. 3. 31}$$

继续以这种方式进行，通过利用考虑 Λ_{n-1} 所得到的信息确定 Λ_n 的特性，并利用 A2 得到结论：

（i）Λ_n 是由对所有使得 $(A)_{s_0s_1}(A)_{s_1s_2}\cdots(A)_{s_{n-1}s_n}=1$ 的 $s_0,\cdots,s_n\in S$，由与 H_{s_0} 全相交的互不相交的 μ_h-水平板 $H_{s_0\cdots s_n}$ 的集合组成.

（ii）$d(H_{s_0s_1\cdots s_n})\leqslant v_h d(H_{s_0s_1\cdots s_{n-1}})\leqslant\cdots\leqslant v_h^{n-1}d(H_{s_0s_1})$ （2. 3. 32）

（iii）由 Λ_k 的定义，$k=1,2,\cdots,n$，我们有

$$H_{s_0\cdots s_n}\subset H_{s_0\cdots s_{n-1}}\subset\cdots\subset H_{s_0s_1}. \tag{2. 3. 33}$$

如在 $\Lambda_{-\infty}$ 的构造中，在进行讨论 $n\to\infty$ 的极限情形之前，我们作一个重要说明，在构造过程的每个阶段，每个 μ_h-水平板都可用由转移矩阵确定的 S 元素的容许串唯一标记，而且容许串的长度为 1 加步数. 此外，由假设 A2，知在每一步适当长度的所有可能的容许串都可实现.

现在令 $n\to\infty$ 取极限，得到集合

$$\Lambda_{+\infty}=\left\{p\in D_H \mid f^i(p)\in H_{s_i};\ s_i\in S,\ i=0,1,2,\cdots,n,\cdots\right\}, \tag{2. 3. 34}$$

而且我们得到关于 $\Lambda_{+\infty}$ 特性的下面结论.

（i）$\Lambda_{+\infty}$ 的每个元素 $H_{s_0\cdots s_n\cdots}$，$s_i\in S$，$i=0,1,\cdots$，可由转移矩阵 A 容许的 S 元素的唯一无穷序列标记. 此外，所有可能的此类序列都已实现.

[126] （ii）由于 $H_{s_0\cdots s_n\cdots}=\bigcap_{n=1}^{\infty}H_{s_0\cdots s_n}$，其中对所有 $s_0,\cdots,s_n\in S$，使得 $(A)_{s_0s_1}\cdots(A)_{s_{n-1}s_n}=1$ 且 $H_{s_0\cdots s_{n+1}}\subset H_{s_0\cdots s_n}$，其中 $n\to\infty$ 时 $d(H_{s_0\cdots s_n})\to 0$. 由引理 2. 3. 1 我们得到 $\Lambda_{+\infty}$ 是由满足 $\partial H_{s_0\cdots s_n\cdots}\subset\partial_v H_{s_0}$ 的 μ_h-水平片 $H_{s_0\cdots s_n\cdots}$ 组成. 这个集合的势由转移矩阵 A 确定. 特别地，如果 A 不可约，则 $\Lambda_{+\infty}$ 由不可数无穷多个 μ_h-水平片组成.

（1c）不变集 $\Lambda \equiv \Lambda_{-\infty} \bigcap \Lambda_{+\infty}$ 的构造.

由（1a）和（1b），我们已经看到，$\Lambda_{+\infty}$ 是由 μ_v-垂直片 $V_{s_0 \cdots s_{-n} \cdots}$ 组成，其中 $\partial V_{s_0 \cdots s_n \cdots} \subset \partial_h H_{s_0}$，$\Lambda_{-\infty}$ 是由 μ_h-水平片 $H_{s_0 \cdots s_n \cdots}$ 组成，$\partial H_{s_0 \cdots s_n \cdots} \subset \partial_v H_{s_0}$，这里片中的下标是由转移矩阵 A 容许的 S 元素的无穷序列. 因此，由引理 2. 3. 2，我们看到 $\Lambda \equiv \Lambda_{-\infty} \bigcap \Lambda_{+\infty}$ 由对应于 $V_{s_0 \cdots s_{-n} \cdots}$ 和 $H_{s_0 \cdots s_n \cdots}$ 的交的点集组成. Λ 的势（以及其他性质）依赖于转移矩阵 A 的特性，如果 A 是不可约的，则 Λ 由不可数无穷多个点组成.

（2）映射 $\phi: \Lambda \to \Sigma_A^N$ 的定义.

对点 $p \in \Lambda$，我们有

$$p = V_{s_0 \cdots s_{-n} \cdots} \bigcap H_{s_0 \cdots s_n \cdots}, \tag{2. 3. 35}$$

其中 $V_{s_0 \cdots s_{-n} \cdots}$ 是 μ_v-垂直片，其中 $\partial V_{s_0 \cdots s_{-n} \cdots} \subset \partial_h H_{s_0}$，由

$$V_{s_0 \cdots s_{-n} \cdots} = \{p \in D_H \mid f^{-i}(p) \in H_{s_{-i}};\ s_i \in S,\ i = 0,1,2,\cdots\} \tag{2. 3. 36}$$

定义，$H_{s_0 \cdots s_n \cdots}$ 是 μ_h-水平片，其中 $\partial H_{s_0 \cdots s_n \cdots} \subset \partial_v H_{s_0}$，由

$$H_{s_0 \cdots s_n \cdots} = \{p \in D_H \mid f^{i}(p) \in H_{s_i};\ s_i \in S,\ i = 0,1,2,\cdots\} \tag{2. 3. 37}$$

定义，下标为 $V_{s_0 \cdots s_{-n} \cdots}$ 和 $H_{s_0 \cdots s_n \cdots}$ 的无穷序列满足

$$(A)_{s_i s_{i+1}} = 1，对所有\ i. \tag{2. 3. 38}$$

因此，定义从 Λ 到 Σ_A^N 的映射如下：

$$\begin{aligned} &\phi: \Lambda \to \Sigma_A^N, \\ &p \mapsto s = \{\cdots s_{-n} \cdots s_{-1}.s_0 \cdots s_n\}, \end{aligned} \tag{2. 3. 39}$$

其中无穷序列 $s_0 \cdots s_n \cdots$ 和 $s_{-1} \cdots s_{-n} \cdots$ 分别由 μ_h-水平片和 μ_v-垂直片得到，它们的交是 p，因此，$s \in \Sigma_A^N$. 这个映射有定义，因为 H_i 互不相交. [127]

由 $V_{s_0 \cdots s_{-n} \cdots}$ 和 $H_{s_0 \cdots s_n \cdots}$ 的定义，我们看到，与 p 相应的双向无穷序列包含大量关于 p 在 f 迭代下的动力学信息. 特别地，如果 s 的第 i 个元素是 s_i，则我们知道 $f^i(p) \in H_{s_i}$.

（3）证明 ϕ 是一个同胚.

这个证明实际上与我们在第 2. 1 节中讨论 Smale 马蹄映射时给出的类似断言的证明相同.

（4）证明 $\phi \circ f = \sigma \circ \phi$.

这是 ϕ 的定义的一个直接结论. 设 $p \in \Lambda$，其中 $\phi(p) = \{\cdots s_{-n} \cdots s_{-1}.s_0 s_1 \cdots s_n \cdots\}$. 由 Λ 的构造，p 是 H 中满足 $f^i(p) \in H_{s_i}$，$i = 0, \pm 1, \pm 2, \cdots$ 的唯一点，因此，$\phi \circ f(p) = \{\cdots s_{-n} \cdots s_{-1} s_0 . s_1 \cdots s_n \cdots\}$. 但

是，由移位映射 σ 的定义，我们有 $\sigma \circ f(p)=\{\cdots s_{-n}\cdots s_{-1}s_0.s_1\cdots s_n\cdots\}$．因此，对任何 $p\in\Lambda$ 我们建立了 $\phi\circ f(p)=\sigma\circ\phi(p)$． □

对定理 2.3.3，我们做以下说明．

（1）回忆 $f|_\Lambda$ 拓扑共轭于 $\sigma|_{\Sigma_A^N}$（见 2.2 节）．特别地，如果 A 不可约，Λ 是 Cantor 点集，则 $f|_\Lambda$ 具有与 $\sigma|_{\Sigma_A^N}$ 相同的如 2.2 节描述的丰富动力学．

（2）值得注意的是，尽管定理 2.3.3 描述了 f 的非常丰富的动力学结构，但它并不能讲述 f 动力学的完整故事．许多重要的全局问题仍然涉及 Λ 附近的动力学（见第 2.1 节末尾的评论）．

（3）一个明显的问题是，我们要在映射的相空间中寻找什么来证明 A1 和 A2 对映射成立？人们可能会假设需要大量关于映射的动力学知识．在第 3 章中，我们将看到一些特殊类型的轨道，称为同宿轨道和异宿轨道，通常给出 A1 和 A2 成立的条件．关于条件 A2，对于理论上的问题（例如，证明定理 2.3.3），我们的条件陈述形式通常是最容易利用的．然而，出于计算目的，A2 可能很难实现，因此接下来要解决的问题是设计一个更便于计算的 A2 的替代条件． [128]

2.3c. 扇形丛

条件 A2 给出了在 f^{-1} 作用下 μ_h-水平板的宽度收缩和在 f 作用下 μ_v-垂直板的宽度收缩的一致估计．通常，当人们想到扩展或收缩性质时，就会想到映射的雅可比特性、其特征值和特征向量，以及它们在问题的区域中如何变化．

回忆第 1.3 节中所述的映射在一点的导数是作用在从该点出发的切向量上的几何观点．我们将通过描述 f 如何作用在沿特定方向或扇形的切向量来量化 f 的扩展和收缩性质．现在我们开始拓展这些思想．然而，首先，我们需要对 f 做一个附加假设．

回忆在 A1 和 A2 中没有关于 f 的可微性质．

假设：令 $\mathcal{H}=\bigcup\limits_{\substack{i,j\in S\\(A)_{ij}=1}} H_{ij}$ 和 $\mathcal{V}=\bigcup\limits_{\substack{i,j\in S\\(A)_{ij}=1}} V_{ij}$，则 f 在 $\mathcal{H}$ 上是 C^1 类的，f^{-1} 在 $\mathcal{V}$ 是 C^1 类的．

注意，$f(\mathcal{H})=\mathcal{V}$．

现在选择点 $z_0=(x_0,y_0)\in\mathcal{V}\cup\mathcal{H}$．在 z_0 的稳定扇形记为 $S_{z_0}^s$，定义为

$$S_{z_0}^s=\{(\xi_{z_0},\eta_{z_0})\in\mathbb{R}^n\times\mathbb{R}^m \,\big|\, |\eta_{z_0}|\leqslant\mu_h|\xi_{z_0}|\}. \qquad (2.3.40)$$

在 z_0 的不稳定扇形记为 $S_{z_0}^u$，定义为

$$S_{z_0}^u=\{(\xi_{z_0},\eta_{z_0})\in\mathbb{R}^n\times\mathbb{R}^m \,\big|\, |\xi_{z_0}|\leqslant\mu_v|\eta_{z_0}|\}. \qquad (2.3.41)$$

几何上，我们将 (ξ_{z_0},η_{z_0}) 考虑为从点 z_0 出发的向量．因此，$S_{z_0}^s$ 和

$S_{z_0}^u$ 几何上表示两个锥，如图 2.3.8.

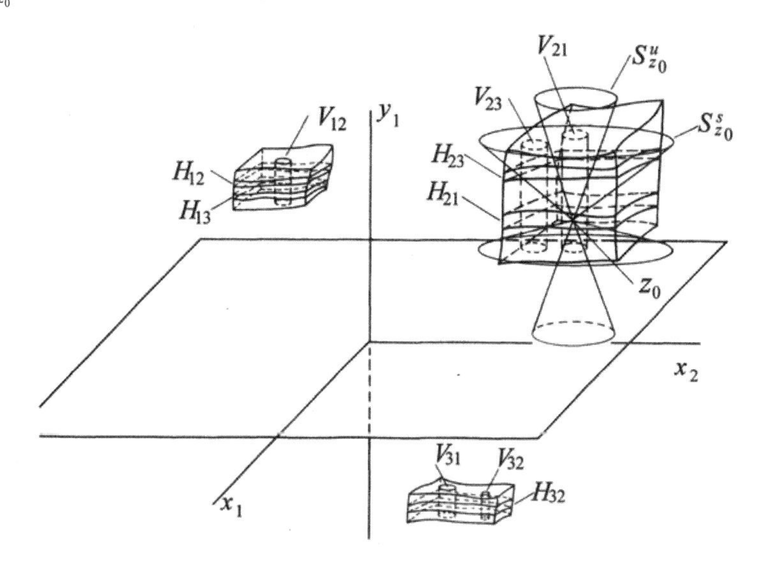

图 2.3.8　在 z_0 的稳定和不稳定锥

对 $z_0 \in \mathcal{H}$，我们有 $f(z_0) \in \mathcal{V}$. 现在回忆 $Df(z_0)$ 映在 z_0 的切线到在 $f(z_0)$ 的切线. 将此应用到 $S_{z_0}^u$ 中的所有向量，我们看到，$Df(z_0)$ 映锥 $S_{z_0}^u$ 到顶点在 $f(z_0)$ 的某个锥. 类似地，$Df^{-1}(z_0)$ 映锥 $S_{z_0}^s$ 到顶点在 $f^{-1}(z_0)$ 的某个锥. 我们将分别对当 z_0 在区域 $\mathcal{H}$ 和 $\mathcal{V}$ 上变化时 Df 和 Df^{-1} 在锥 $S_{z_0}^u$ 和 $S_{z_0}^s$ 上的性态感兴趣. 下面定义集合： [129]

$$
\begin{aligned}
S_{\mathcal{H}}^s &= \bigcup_{z_0 \in \mathcal{H}} \mathcal{S}_{z_0}^s, \\
S_{\mathcal{V}}^s &= \bigcup_{z_0 \in \mathcal{V}} \mathcal{S}_{z_0}^s, \\
S_{\mathcal{H}}^u &= \bigcup_{z_0 \in \mathcal{H}} \mathcal{S}_{z_0}^u, \\
S_{\mathcal{V}}^u &= \bigcup_{z_0 \in \mathcal{V}} \mathcal{S}_{z_0}^u.
\end{aligned}
\tag{2.3.42}
$$

这些集合称为扇形丛或锥向量. 我们有以下假设：

A3. $Df(S_{\mathcal{H}}^u) \subset S_{\mathcal{V}}^u$ 和 $Df^{-1}(S_{\mathcal{V}}^s) \subset S_{\mathcal{H}}^s$. 此外，如果 $(\xi_{z_0}, \eta_{z_0}) \in S_{z_0}^u$ 和 $Df(z_0)(\xi_{z_0}, \eta_{z_0}) \equiv (\xi_{f(z_0)}, \eta_{f(z_0)}) \in S_{f(z_0)}^u$，则我们有 $|\eta_{f(z_0)}| \geqslant \dfrac{1}{\mu}|\eta_{z_0}|$. 类似地，如果 $(\xi_{z_0}, \eta_{z_0}) \in S_{z_0}^s$ 和 $Df^{-1}(z_0)(\xi_{z_0}, \eta_{z_0}) \equiv (\xi_{f^{-1}(z_0)}, \eta_{f^{-1}(z_0)}) \in S_{f^{-1}(z_0)}^u$，则我们有 $|\eta_{f^{-1}(z_0)}| \geqslant \dfrac{1}{\mu}|\xi_{z_0}|$，其中 $0 < \mu < 1 - \mu_v \mu_h$，如图 2.3.9. [130]

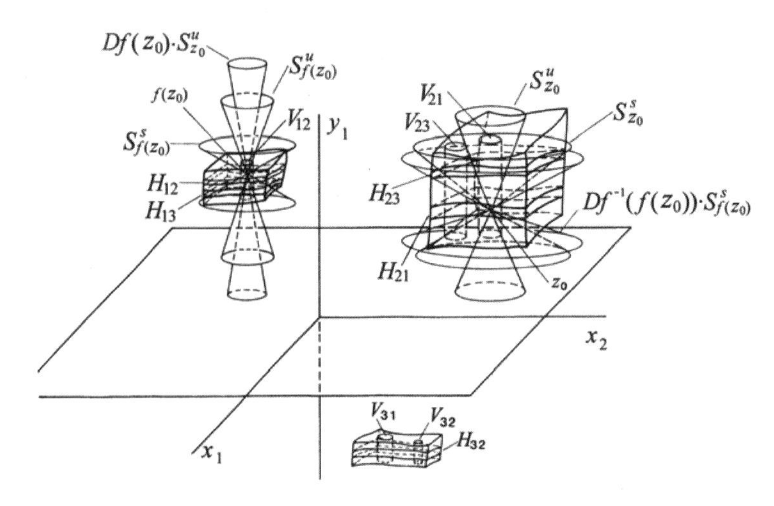

图 2. 3. 9　扇形在 Df 和 Df^{-1} 作用下的像

设 H 是一个 μ_h -水平板，$\bar{H}_1$ 和 $\bar{H}_2$ 是 H 中互不相交的 μ_h -水平片，其中 $\partial\bar{H}_1$ 和 $\partial\bar{H}_2$ 包含在 $\partial_v H$ 中．我们分别用 I_x^1 和 I_x^2 表示函数 $h_1(x)$ 和 $h_2(x)$ 的定义域，其中 $\bar{H}_1$ 和 $\bar{H}_2$ 是通过 I_x 的图形．设 $\bar{V}_1$ 和 $\bar{V}_2$ 是包含在 H 中互不相交的 μ_v -垂直片，其中 $\partial\bar{V}_1$ 和 $\partial\bar{V}_2$ 包含在 $\partial_v H$ 中．我们用 I_y^1 和 I_y^2 分别表示函数 $v_1(y)$ 和 $v_2(y)$ 的定义域，其中 $\bar{V}_1$ 和 $\bar{V}_2$ 是图形．设

$$\| h_1 - h_2 \| = \sup_{x\in I_x} | h_1(x) - h_2(x) | ,\tag{2.3.43}$$

$$\| v_1 - v_2 \| = \sup_{y\in I_y^1 \cap I_y^2} | v_1(y) - v_2(y) | .\tag{2.3.44}$$

由引理 2. 3. 2，$\bar{H}_1$ 和 $\bar{V}_1$ 相交于唯一点，记为 $z_1 \equiv (x_1, y_1)$，$\bar{H}_2$ 和 $\bar{V}_2$ 相交于唯一点，记为 $z_2 \equiv (x_2, y_2)$．几何说明如图 2. 3. 10.　[131]

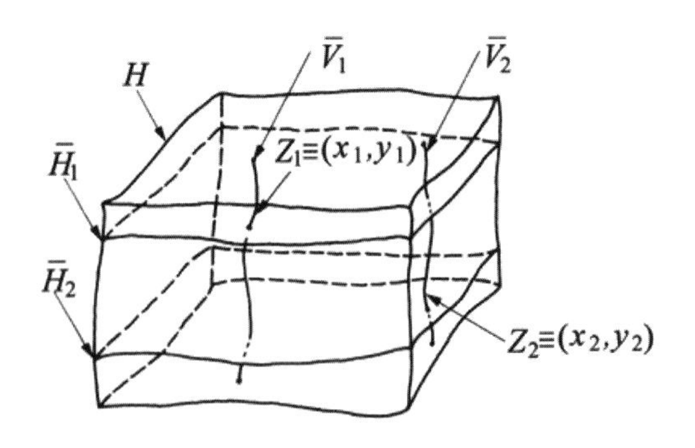

图 2. 3. 10　相交的水平片和垂直片

我们有下面的引理.

引理 2. 3. 4.

（1）$|x_1 - x_2| \leqslant \dfrac{1}{1-\mu_v\mu_h}[\|v_1 - v_2\| + \mu_v\|h_1 - h_2\|]$.

（2）$|y_1 - y_2| \leqslant \dfrac{1}{1-\mu_v\mu_h}[\|h_1 - h_2\| + \mu_h\|v_1 - v_2\|]$.

证明：我们有

$$|x_1 - x_2| = |v_1(y_1) - v_2(y_2)| \leqslant |v_1(y_1) - v_1(y_2)| + |v_1(y_2) - v_2(y_2)| \tag{2.3.45}$$

利用（2.3.4）和（2.3.44）（2.3.45）变成

$$|x_1 - x_2| \leqslant \mu_v |y_1 - y_2| + \|v_1 - v_2\|. \tag{2.3.46}$$

我们也有

$$|y_1 - y_2| = |h_1(x_1) - h_2(x_2)| \leqslant |h_1(x_1) - h_1(x_2)| + |h_1(x_2) - h_2(x_2)| \tag{2.3.47}$$

[132] 利用（2.3.3）和（2.3.43）（2.3.47）变成

$$|y_1 - y_2| \leqslant \mu_h |x_1 - x_2| + \|h_1 - h_2\|. \tag{2.3.48}$$

将(2.3.48)代入(2.3.46)得到(1)，将(2.3.46)代入(2.3.48)得到(2). □

定理 2. 3. 5. 如果 A1 和 A3 成立，其中 $0 < \mu < 1 - \mu_h\mu_v$，则 A2 成立，其中 $\nu_h = \nu_v = \dfrac{\mu}{1-\mu_v\mu_h}$.

证明：我们将证明 A2 处理水平板成立部分，因为垂直板部分的证明类似. 证明分几步进行.

（1）设 $\bar{H}$ 是包含在 H_j 中满足 $\partial\bar{H} \subset \partial_v H_j$ 的 μ_h-水平片. 然后我们证明 $f^{-1}(\bar{H}) \cap H_j \equiv \bar{H}_i$ 是对使得 $(A)_{ij} = 1$ 的所有 i 满足 $\partial\bar{H}_i \subset \partial_v H_i$ 的 μ_h-水平片.

（2）设 H 是与 H_j 全相交的 μ_h-水平板. 然后利用（1）证明 $f^{-1}(H) \cap H_i \equiv \tilde{H}_i$ 是对使得 $(A)_{ij} = 1$ 的所有 i 与 H_i 全相交的 μ_h-水平板.

（3）证明 $d(\tilde{H}_j) \leqslant \dfrac{\mu}{1-\mu_v\mu_h} d(H)$.

第（1）步：设 $\bar{H}$ 是包含在 H_j 中满足 $\partial\bar{H} \subset \partial_v H_j$ 的 μ_h-水平片. 我们表示平面 $y = 0$ 中的一个区域，在该区域上 H_j 由 I_x^j 定义，即 I_x^j 是函数 $h(x)$ 的定义域，图像为 $\bar{H}$.

由于 $\partial\bar{H} \subset \partial_v H_j$，由引理 2.3.2 我们知道，对所有 i 满足 $\partial\left(\bar{H} \cap V_{ji}\right) \subset \partial_v V_{ji}$ 的 $\bar{H}$ 与 V_{ji} 相交. 现在 A1 成立，因此

$f^{-1}\left(\partial_v V_{ji}\right)\subset\partial_v H_i$，从而 $f^{-1}\left(\partial(\bar{H}\cap V_{ji})\right)\subset\partial_v H_i$，故 $f^{-1}\left(\bar{H}\cap V_{ji}\right)$ 是由满足 $\partial\left(f^{-1}\left(\bar{H}\cap V_{ji}\right)\right)\subset\partial_v H_i$ 的 n 维点集的集族组成，如图 2. 3. 11.

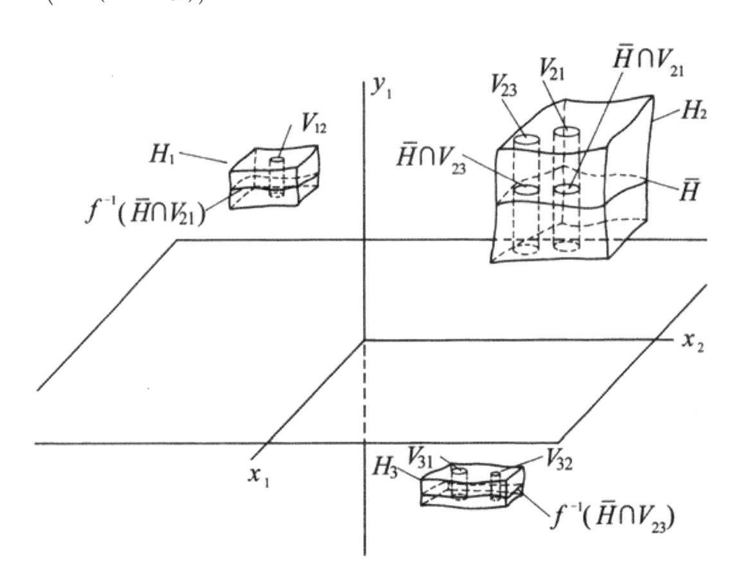

图 2. 3. 11　$\bar{H}$ 在 f^{-1} 作用下的像

我们现在证明，$f^{-1}\left(\bar{H}\cap V_{ji}\right)$ 是 μ_h-水平片. 由 A3，因为点 $(x_1,y_1),(x_2,y_2)\in f^{-1}\left(\bar{H}\cap V_{ji}\right)$，我们有

$$|y_1-y_2|\leqslant\mu_h|x_1-x_2|. \tag{2. 3. 49}$$

这证明 $f^{-1}\left(\bar{H}\cap V_{ji}\right)$ 是定义在 I_x^i 且满足

$$\left|\tilde{h}(x_1)-\tilde{h}(x_2)\right|\leqslant\mu_h|x_1-x_2| \tag{2. 3. 50}$$

的函数 $\tilde{h}(x)$ 的图像.

第（2）步：设 H 是与 H_j 全相交的 μ_h-水平板. 因此，对使得 $(A)_{ij}=1$ 的所有 i　[133]

$$\partial_v\left(H\cap V_{ji}\right)\subset\partial_v V_{ji}.$$

现在利用第（1）步的结果到 $H\cap V_{ji}$ 的水平边界，我们看到 $f^{-1}\left(H\cap V_{ji}\right)\equiv\tilde{H}_i$ 是对每个 $i\in S$ 使得 $(A)_{ij}=1$ 与 H_i 全相交的 μ_h-水平板.

第（3）步：现在我们证明 $d\left(\tilde{H}_i\right)\leqslant\dfrac{\mu}{1-\mu_v\mu_h}d(H)$. 设 H 是与 H_j 全相交的 μ_h-水平板，令 $f^{-1}\left(H\cap V_{ji}\right)\equiv\tilde{H}_i$. 固定 i 并令 $p_0=(x_0,y_0)$ 和

$p_1=(x_1,y_1)$ 是 $\tilde{H}_i$ 的水平边界上的两个点，它们有相同的 x 坐标，即 $x_0=x_1$ 使得

$$d\left(\tilde{H}_i\right)=|p_0-p_1|=|y_0-y_1|. \qquad (2.3.51)$$

如图 2.3.12.

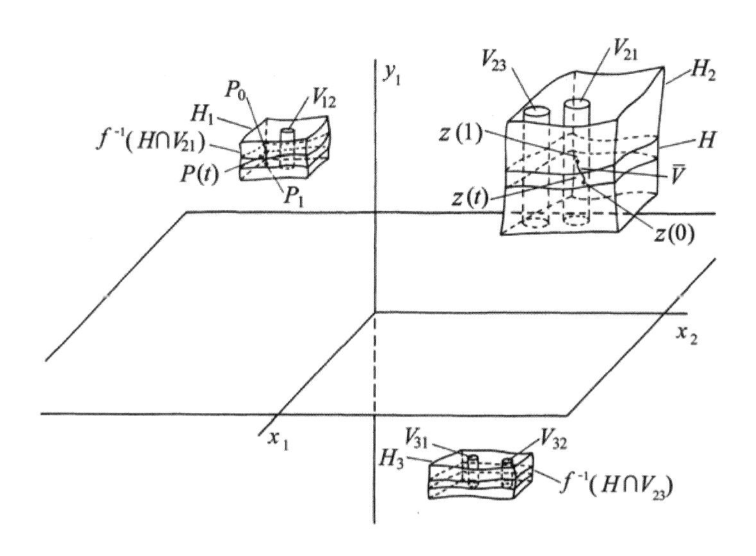

图 2.3.12　H 在 f^{-1} 作用下的宽度

考虑线段

$$p(t)=(1-t)p_0+tp_1，\quad 0\leqslant t\leqslant 1 \qquad (2.3.52)$$

[134] 以及 $p(t)$ 在 f 作用下的像，它是一条曲线 $z(t)=f(p(t))$．记 $z(t)=(x(t),y(t))$，由于 A3 成立，我们有

$$|\dot{y}(t)|\geqslant\frac{1}{\mu}|\dot{p}(t)|>0，\quad 0\leqslant t\leqslant 1，\quad 0<\mu<1-\mu_v\mu_h， \qquad (2.3.53)$$

由此得到

$$|p_0-p_1|\leqslant\mu|y(0)-y(1)|. \qquad (2.3.54)$$

由 A1，$z(0)=(x(0),y(0))$ 和 $z(1)=(x(1),y(1))$ 是包含在 H 的水平边界内的点，如图 2.3.12. 因此，$z(0)$ 和 $z(1)$ 位于分别可表示为函数 $h_0(x)$ 和 $h_1(x)$ 的图像的 μ_h-水平片上. 由于 $p(t)$ 平行于平面 $x=0$，$p(t)$ 的切向量 $\dot{p}(t)$ 对 $0\leqslant t\leqslant 1$ 包含在 $S_{\mathcal{H}}^u$ 中，于是，由 A3，知 $z(t)$ 切向量 $\dot{z}(t)=Df(p(t))\dot{p}(t)$ 对 $0\leqslant t\leqslant 1$ 包含在 $S_{\mathcal{V}}^u$ 中. 因此，$z(0)$ 和 $z(1)$ 位于某个 μ_v-垂直片 $\bar{V}\subset V_{ji}$ 上. 从而我们可以利用引理 2.3.4 到(2.3.54)，得到

$$|p_0-p_1|\leqslant\frac{\mu}{1-\mu_v\mu_h}\|h_0-h_1\|\leqslant\frac{\mu}{1-\mu_v\mu_h}d(H).\quad(2.3.55)$$

由于$|p_0-p_1|=d(\tilde{H})$，而且对满足$(A)_{ij}=1$的所有$i\in S$这个论述成立. 这就完成了定理的证明. □

2.3d. 验证 A1 和 A2 的替代条件

现在我们要给出一组意味着定理2.3.3中的A1和A2的替代条件. 在第3章我们将看到，这些条件通常比A1，A2和A3更容易应用于常微分方程不动点的同宿和异宿轨道附近. 这些条件实际上是Afraimovich，Bykov和Silnikov [1984]给出的条件的更高维推广，他们在研究Lorenz方程时获得了这些条件.

首先我们需要包括f的可微性假设.

假设：f是D_H映上到$f(D_H)$的一个C^1同胚.

作为记号，对$(x,y)\in D$，令

$$f(x,y)=(f_1(x,y),f_2(x,y))\equiv(\bar{x},\bar{y}),\quad(2.3.56)$$

对f的第一个条件如下. [135]

$\overline{\text{A1}}$.

$$\|D_xf_1\|<1,\quad(2.3.57)$$

$$\|(D_yf_2)^{-1}\|<1,\quad(2.3.58)$$

$$1-\|(D_yf_2)^{-1}\|\|D_xf_1\|>2\sqrt{\|D_yf_1\|\|D_xf_2\|\|(D_yf_2)^{-1}\|^2},\quad(2.3.59)$$

$$\begin{aligned}&1-(\|D_xf_1\|+\|(D_yf_2)^{-1}\|)+\|D_xf_1\|\|(D_yf_2)^{-1}\|\\&>\|D_xf_2\|\|D_yf_1\|\|(D_yf_2)^{-1}\|.\end{aligned}\quad(2.3.60)$$

其中$\|\cdot\|\equiv\sup\limits_{(x,y)\in D_H}|\cdot|$，$|\cdot|$是某个矩阵范数. $\overline{\text{A1}}$是处理扩展率和压缩率的条件，在第3章讨论的应用中，它们将很容易验证. 接下来，我们需要引入一些控制水平板和垂直板及其各自边界在f作用下的性态的条件. 然而，首先我们将阐述$\overline{\text{A1}}$的一些含义，稍后将需要这些含义.

[136] f的替代表示. 由$\overline{\text{A1}}$，由于$\|(D_yf_2)^{-1}\|<1$，我们可以利用隐函数定理,并通过将y求解为x和$\bar{y}$的函数,以替代形式重写$\bar{y}=f_2(x,y)$，即，我们有

$$y=\tilde{f}_2(x,\bar{y}),\quad(2.3.61)$$

可将它代入（2.3.56），得到

$$\bar{x}=\tilde{f}_1(x,\bar{y})\equiv f_1(x,\tilde{f}_2(x,\bar{y})),\quad(2.3.62)$$

$$\bar{y}=f_2(x,\tilde{f}_2(x,\bar{y})).\quad(2.3.63)$$

当我们开始要确定垂直片和水平片在f和f^{-1}的作用下的性态时这将有用. 下面的估计是隐函数定理的普通应用.

$$\| D_x \tilde{f}_1 \| \leqslant \| D_x f_1 \| + \| D_x f_2 \| \| D_y f_1 \| \| (D_y f_2)^{-1} \|, \quad (2.3.64)$$

$$\| D_{\bar{y}} \tilde{f}_1 \| \leqslant \| D_y f_1 \| \| (D_y f_2)^{-1} \|, \quad (2.3.65)$$

$$\| D_x \tilde{f}_2 \| \leqslant \| D_x f_2 \| \| (D_y f_2)^{-1} \|, \quad (2.3.66)$$

$$\| D_{\bar{y}} \tilde{f}_2 \| \leqslant \| (D_y f_2)^{-1} \|. \quad (2.3.67)$$

现在将给出一系列引理，它们的动机目前尚不明显，但稍后会变得更为明显.

引理 2.3.6. 假设 $\overline{\mathrm{A1}}$ 成立，则下面不等式有正解：

$$\| D_y f_1 \| \| (D_y f_2)^{-1} \| \mu_h^2 - (1 - \| D_x f_1 \| \| (D_y f_2)^{-1} \|)\mu_h + \| (D_x f_2) \| \| (D_y f_2)^{-1} \| < 0, \quad (2.3.68)$$

$$\| D_x f_2 \| \| (D_y f_2)^{-1} \| \mu_v^2 - (1 - \| D_x f_1 \| \| (D_y f_2)^{-1} \|)\mu_v + \| (D_y f_1) \| \| (D_y f_2)^{-1} \| < 0. \quad (2.3.69)$$

此外，这些解分别位于区间 $0 < (\mu_h)_{\min} < \mu_h < (\mu_h)_{\max}$ 和 $0 < (\mu_v)_{\min} < \mu_v < (\mu_v)_{\max}$ 内，其中令 $a = \| D_x f_1 \| \| (D_y f_2)^{-1} \|$，

$$(\mu_h)_{\substack{\max \\ \min}} = \frac{1 - a \pm \sqrt{(1-a)^2 - 4 \| D_y f_1 \| \| D_x f_2 \| \| (D_y f_2)^{-1} \|^2}}{2 \| D_y f_1 \| \| (D_y f_2)^{-1} \|}, \quad (2.3.70)$$

$$(\mu_v)_{\substack{\max \\ \min}} = \frac{1 - a \pm \sqrt{(1-a)^2 - 4 \| D_y f_1 \| \| D_x f_2 \| \| (D_y f_2)^{-1} \|^2}}{2 \| D_x f_2 \| \| (D_y f_2)^{-1} \|}. \quad (2.3.71)$$

[137]

证明： 这是一个普通的计算，注意到由 $\overline{\mathrm{A1}}$ 我们有

$$1 - \| D_x f_1 \| \| (D_y f_2)^{-1} \| > 0,$$

$$(1 - \| D_x f_1 \| \| (D_y f_2)^{-1} \|)^2 - 4 \| D_y f_1 \| \| D_x f_2 \| \| (D_y f_2)^{-1} \|^2 > 0. \quad \square$$

引理 2.3.7. 假设 $\overline{\mathrm{A1}}$ 成立，设 $\mu_h > 0$ 满足（2.3.68），$\mu_v > 0$ 满足（2.3.69）. 则得到

$$\mu_h < \frac{1}{\| D_y f_1 \| \| (D_y f_2)^{-1} \|}, \quad (2.3.72)$$

$$\mu_v < \frac{1}{\| D_x f_2 \| \| (D_y f_2)^{-1} \|}. \quad (2.3.73)$$

证明： 方程（2.3.72）通过检查 $(\mu_h)_{\max}$ 并注意 $\overline{\mathrm{A1}}$ 的分子小于 2 得到. 类似的论述应用于 $(\mu_v)_{\max}$ 给出（2.3.73）. $\square$

引理 2.3.8. 假设 $\overline{\mathrm{A1}}$ 成立. 则存在满足(2.3.68)的 μ_h 和满足(2.3.69)的 μ_v，使得

$$\mu_h < \frac{1 - \| (D_y f_2)^{-1} \|}{\| D_y f_1 \| \| (D_y f_2)^{-1} \|}, \quad (2.3.74)$$

$$\mu_v < \frac{1-\|D_x f_1\|}{\|D_x f_2\|}. \tag{2.3.75}$$

证明：我们给出（2.3.74）的证明，（2.3.75）的证明类似.

由引理 2.3.6，为了使得（2.3.74）成立，只需（再次令 $a=\|D_x f_1\|\|(D_y f_2)^{-1}\|$），

$$\frac{1-a\pm\sqrt{(1-a)^2-4\|D_y f_1\|\|D_x f_2\|\|(D_y f_2)^{-1}\|^2}}{2\|D_y f_1\|\|(D_y f_2)^{-1}\|} < \frac{1-\|(D_y f_2)^{-1}\|}{\|D_y f_1\|\|(D_y f_2)^{-1}\|}, \tag{2.3.76}$$

或者

$$\sqrt{(1-a)^2-4\|D_y f_1\|\|D_x f_2\|\|(D_y f_2)^{-1}\|^2} > 2\|(D_y f_2)^{-1}\|-a-1. \tag{2.3.77}$$

[138] 如果（2.3.77）的右端为负，则我们证明结束，如果它是正的，则对两边求平方并减去相似项得到（2.3.60）. □

引理 2.3.9. 假设 $\overline{\text{A1}}$ 成立，μ_h 满足（2.3.68），则存在满足（2.3.69）的 μ_v，使得

$$0 \leqslant \mu_v \mu_h < 1. \tag{2.3.78}$$

证明：由（2.3.70）和（2.3.71），得到

$$(\mu_v)_{\max}(\mu_h)_{\min} = (\mu_v)_{\min}(\mu_h)_{\max} = 1, \tag{2.3.79}$$

再由（2.3.79）得引理. □

我们现在可以陈述 f 在水平板和垂直板上的性态的条件.

$\overline{\text{A2}}$. H_i, $i=1,\cdots,N$ 是 μ_h -水平板，其中 μ_h 满足（2.3.68）和（2.3.74）. 对使得 $(A)_{ij}=1$ 的所有 i，$j\in S$，V_{ji} 是 μ_v -垂直板，其中 μ_v 满足（2.3.69）（2.3.75）和（2.3.78）. 此外，我们要求 $\partial_v V_{ji} \subset \partial f(H_i)$ 和 $f^{-1}(\partial_v V_{ji}) \subset \partial_v H_i$.

我们现在的目的是证明 $\overline{\text{A1}}$ 和 $\overline{\text{A2}}$ 意味着 A1 和 A2，从而证明了定理 2.3.3. 然而，首先我们需要两条引理.

引理 2.3.10. 假设 $\overline{\text{A1}}$ 和 $\overline{\text{A2}}$ 成立，令 $\bar{H}$ 是包含在 H_j 中满足 $\partial\bar{H} \subset \partial_v H_j$ 的 u_h-水平片，μ_h 满足（2.3.68）. 则 $f^{-1}(\bar{H})\cap H_i$ 也是包含在 H_i 中的 u_h -水平片，其中对所有使得 $(A)_{ij}=1$ 的 $i\in S$，$\partial(f^{-1}(\bar{H})\cap H_i) \subset \partial_v H_i$，$\mu_h$ 满足（2.3.68）.

证明：证明分为以下几步：

（1）描述 $f^{-1}(\bar{H})\cap H_i$.

（2）证明对使得 $(A)_{ij}=1$ 的每个 $i\in S$，$f^{-1}(\bar{H})\cap H_i$ 是 x 函数的图像.

（3）证明 $f^{-1}(\bar{H})\cap H_i$ 是 μ_h-水平片且 μ_h 满足（2. 3. 68）.

第（1）步：注意到 $f^{-1}(\bar{H})\cap H_i = f^{-1}(\bar{H}\cap V_{ji})$. 现在，由于 $\partial\bar{H}\subset\partial_v H_j$，我们知道，对使得 $(A)_{ij}=1$ 的所有 $i\in S$，$\bar{H}$ 与 V_{ji} 相交，$\partial(\bar{H}\cap V_{ji})\subset\partial_v V_{ji}$. 现在 $\overline{\text{A2}}$ 成立，因此 $f^{-1}(\partial_v V_{ji})\subset\partial_v H_i$，从而 $f^{-1}(\partial(\bar{H}\cap V_{ji}))\subset\partial_v H_i$，故 $f^{-1}(\bar{H}\cap V_{ji})$ 是由满足 $\partial(f^{-1}(\bar{H}\cap V_{ji}))\subset$ [139] $\partial_v H_i$ 的 n 维点的集合组成，如图 2. 3. 11.

第（2）步：固定任何 $i\in S$ 使得 $(A)_{ij}=1$，并考虑 $\bar{H}\cap V_{ji}$. 现在，由 $\bar{H}$ 是一个 μ_h-水平片，知任何两点 $(\bar{x}_1,\bar{y}_1)$，$(\bar{x}_2,\bar{y}_2)\in\bar{H}\cap V_{ji}$ 满足

$$|\bar{y}_1-\bar{y}_2|\leqslant\mu_h|\bar{x}_1-\bar{x}_2|. \tag{2. 3. 80}$$

因此，$\bar{H}\cap V_{ji}$ 是 Lipschitz 函数 $\bar{y}=H(\bar{x})$ 的图像，Lipschitz 常数是 μ_h.

现在考虑 $f^{-1}(\bar{H}\cap V_{ji})$. 我们要证明这个集合是一个函数的图像. 现在任何点 $(x,y)\in f^{-1}(\bar{H}\cap V_{ji})$ 必须满足

$$\bar{y}=f_2(x,y)=H(f_1(x,y))=H(\bar{x}). \tag{2. 3. 81}$$

如果我们记 $X=\{x\in\mathbb{R}^n\mid\exists y\in\mathbb{R}^m$，其中 $(x,y)\in f^{-1}(\bar{H}\cap V_{ji})\}$，则（2. 3. 81）对每一个 $x\in X$ 至少有一个解. 现在我们证明这个解是唯一的. 回忆由于 $\overline{\text{A1}}$ 成立，因此由隐函数定理，知映射 $f=(f_1,f_2)$ 的一个替代表达式为

$$x=\tilde{f}_1(x,\bar{y}), \tag{2. 3. 82}$$

$$y=\tilde{f}_2(x,\bar{y}). \tag{2. 3. 83}$$

现在，再由隐函数定理，在条件

$$\mu_h\|D_y\tilde{f}_1\|<1 \tag{2. 3. 84}$$

下（2. 3. 82）定义 $\bar{y}$ 作为 x 的函数，或者利用（2. 3. 65）（2. 3. 84）变成由引理 2. 3. 7 得到的

$$\mu_h<\frac{1}{\|D_y f_1\|\|(D_y f_2)^{-1}\|}. \tag{2. 3. 85}$$

因此，当（2. 3. 85）成立时我们有

$$\bar{y}=\bar{y}(x), \tag{2. 3. 86}$$

将（2. 3. 86）代入（2. 3. 83），得到

$$y=\tilde{f}_2(x,\bar{y}(x))\equiv h(x). \tag{2. 3. 87}$$

[140] 因此，我们证明了 $f^{-1}(\bar{H}\cap V_{ji})$ 是函数 $y=h(x)$ 的图像.

第（3）步：现在证明 $y=h(x)$ 是 Lipschitz 函数，Lipschitz 常数是 μ_h.

设 (x_1,y_1)，$(x_2,y_2)\in f^{-1}(\bar{H}\cap V_{ji})$ 与它们在 f 作用下相应的像记为

$(\bar{x}_1,\bar{y}_1)$，$(\bar{x}_2,\bar{y}_2)\in\bar{H}\cap V_{ji}$．于是下面的关系式成立.

$$\bar{y}_1=H(\tilde{f}_1(x_1,\bar{y}_1)), \tag{2.3.88}$$

$$\bar{y}_2=H(\tilde{f}_1(x_2,\bar{y}_2)), \tag{2.3.89}$$

$$y_1=\tilde{f}_2(x_1,\bar{y}_1), \tag{2.3.90}$$

$$y_2=\tilde{f}_2(x_2,\bar{y}_2). \tag{2.3.91}$$

利用（2.3.88）~（2.3.91）与（2.3.64）~（2.3.67）一起，得到

$$|\bar{y}_1-\bar{y}_2|\leqslant\frac{\left(\|D_xf_1\|+\|D_xf_2\|\|D_yf_1\|\|(D_yf_2)^{-1}\|\right)\mu_h}{1-\mu_h\|D_yf_1\|\|(D_yf_2)^{-1}\|}|x_1-x_2|, \tag{2.3.92}$$

利用它，我们可以得到

$$\begin{aligned}|\bar{y}_1-\bar{y}_2|&=|h(x_1)-h(x_2)|\\&\leqslant\frac{\mu_h\|D_xf_1\|\|(D_yf_2)^{-1}\|+\|D_xf_2\|\|(D_yf_2)^{-1}\|}{1-\mu_h\|D_yf_1\|\|(D_yf_2)^{-1}\|}|x_1-x_2|\end{aligned} \tag{2.3.93}$$

（注意：$1-\mu_h\|D_yf_1\|\|(D_yf_2)^{-1}\|$的正性由引理 2.3.7 得知）．因此，由（2.3.93），知只要

$$\frac{\mu_h\|D_xf_1\|\|(D_yf_2)^{-1}\|+\|D_xf_2\|\|(D_yf_2)^{-1}\|}{1-\mu_h\|D_yf_1\|\|(D_yf_2)^{-1}\|}<\mu_h, \tag{2.3.94}$$

$h(x)$是 Lipschitz 函数，Lipschitz 常数是μ_h．这就是说，μ_h必须满足

$$\|D_yf_1\|\|(D_yf_2)^{-1}\|\mu_h^2-(1-\|D_xf_1\|\|(D_yf_2)^{-1}\|)\mu_h+\|D_xf_2\|\|(D_yf_2)^{-1}\|<0,$$

这是通过假设得到的. □

引理 2.3.11. 假设$\overline{\mathrm{A1}}$和$\overline{\mathrm{A2}}$成立，设$\bar{V}$是包含在使得$\partial\bar{V}\subset\partial_hH_j$的$H_j$中的$\mu_v$-垂直片，且$\mu_v$满足（2.3.69）．则$f(\bar{V})\cap H_k$也是包含在使得$(A)_{jk}=1$的所有$k\in S$，$\partial\left(f(\bar{V})\cap H_k\right)\subset\partial_hH_k$的$H_k$中的$\mu_v$-垂直片，而且其中$\mu_v$满足（2.3.69）．

证明： 证明完全类似于引理 2.3.10 的证明，且分以下三步进行.

（1）描述$f(\bar{V})\cap H_k$． [141]

（2）证明对使得$(A)_{jk}=1$的每个$k\in S$，$f(\bar{V})\cap H_k$是y函数的图像.

（3）证明$f(\bar{V})\cap H_k$是μ_v垂直片，且μ_v满足（2.3.69）．

第(1)步：注意，$f(\bar{V})\cap H_k=f(\bar{V}\cap H_{jk})$．现在，由于$\partial\bar{V}\subset\partial_hH_j$，我们知道，对所有使得$(A)_{jk}=1$的$k\in S$，$\partial(\bar{V}\cap H_{jk})\subset\partial_hH_{jk}$，$\bar{V}$与$H_{jk}$

相交，现在由于 $\overline{\text{A2}}$ 成立，$f(\partial_h H_{jk}) \subset \partial_h H_k$，因此，$f(\partial(\bar{V} \cap H_{jk})) \subset \partial_h H_k$. 从而，$f(\bar{V} \cap H_{jk})$ 是由 m 维集合的族组成，其中 $\partial(f(\bar{V} \cap H_{jk})) \subset \partial_h H_k$.

第（2）步：固定 $k \in S$，使得 $(A)_{jk} = 1$，并考虑 $\bar{V} \cap H_{jk}$. 由于 $\bar{V}$ 是 μ_v-垂直片，任何两点 (x_1, y_1)，$(x_2, y_2) \in \bar{V} \cap H_{jk}$ 满足

$$|x_1 - x_2| \leqslant \mu_v |y_1 - y_2|. \tag{2.3.95}$$

因此，$\bar{V} \cap H_{jk}$ 是 Lipschitz 函数 $x = v(y)$ 的图像，Lipschitz 常数为 μ_v.

现在证明 $f(\bar{V} \cap H_{jk})$ 是一个函数的图像. 对 $(v(y), y) \in \bar{V} \cap H_{jk}$，我们有

$$\bar{x} = f_1(v(y), y), \tag{2.3.96}$$

$$\bar{x} = f_2(v(y), y), \tag{2.3.97}$$

由隐函数定理，当

$$\|(D_y f_2)^{-1}\| \|D_x f_2\|_{\mu_v} < 1 \tag{2.3.98}$$

时，我们可以对作为 $\bar{y}$ 的函数 y 求解方程（2. 3. 97），即 $y = y(\bar{y})$，而且由引理 2. 3. 7，可得（2. 3. 98）成立. 因此，将 $y = y(\bar{y})$ 代入（2. 3. 96）得到

$$\bar{x} = f_1\big(v(y(\bar{y})), y(\bar{y})\big) \equiv V(\bar{y}). \tag{2.3.99}$$

因此，$f(\bar{V} \cap H_{jk})$ 是 $\bar{x} = V(\bar{y})$ 的图像.

第（3）步：我们现在证明 $\bar{x} = V(\bar{y})$ 是一个 Lipschitz 函数，Lipschitz 常数为 μ_v.

[142] 设 (x_1, y_1)，$(x_2, y_2) \in \bar{V} \cap H_{jk}$，它们在 f 作用下的像记为 $(\bar{x}_1, \bar{y}_1)$，$(\bar{x}_2, \bar{y}_2) \in f(\bar{V} \cap H_{jk})$. 于是成立以下的关系式：

$$\bar{x}_1 = \tilde{f}_1(v(y_1), \bar{y}_1), \tag{2.3.100}$$

$$\bar{x}_2 = \tilde{f}_1(v(y_2), \bar{y}_2), \tag{2.3.101}$$

$$\bar{y}_1 = \tilde{f}_2(v(y_1), \bar{y}_1), \tag{2.3.102}$$

$$\bar{y}_2 = \tilde{f}_2(v(y_2), \bar{y}_2). \tag{2.3.103}$$

利用（2. 3. 100）~（2. 3. 103）以及（2. 3. 64）~（2. 3. 67），得到下面的估计：

$$|y_1 - y_2| \leqslant \frac{\|(D_y f_2)^{-1}\|}{1 - \|D_x f_2\| \|(D_y f_2)^{-1}\|_{\mu_v}} |\bar{y}_1 - \bar{y}_2|, \tag{2.3.104}$$

利用它得到

$$|\bar{x}_1-\bar{x}_2|=|V(\bar{y}_1)-V(\bar{y}_2)|$$
$$\leqslant\frac{\|D_yf_1\|\|(D_yf_2)^{-1}\|+\mu_v\|D_xf_1\|\|(D_yf_2)^{-1}\|}{1-\|D_xf_2\|\|(D_yf_2)^{-1}\|\mu_v}|\bar{y}_1-\bar{y}_2|. \tag{2.3.105}$$

因此，只要

$$\frac{\|D_yf_1\|\|(D_yf_2)^{-1}\|+\mu_v\|D_xf_1\|\|(D_yf_2)^{-1}\|}{1-\|D_xf_2\|\|(D_yf_2)^{-1}\|\mu_v}<\mu_v, \tag{2.3.106}$$

或者

$$\|D_xf_2\|\|(D_yf_2)^{-1}\|\mu_v^2-(1-\|D_xf_1\|\|(D_yf_2)^{-1}\|\mu_v+\|D_yf_1\|\|(D_yf_2)^{-1}\|<0, \tag{2.3.107}$$

$\bar{x}=V(\bar{y})$ 是一个 Lipschitz 函数，Lipschitz 常数是 μ_h．(2. 3. 107）是通过假设得到的. □

现在我们准备好了证明我们的主要定理.

定理 2. 3. 12. $\overline{\text{A1}}$ 和 $\overline{\text{A2}}$ 隐含 A1 和 A2.

证明： $\overline{\text{A2}}$ 隐含 A1 是显然的，因此只需证明 $\overline{\text{A1}}$ 和 $\overline{\text{A2}}$ 蕴含 A2.

我们从讨论水平板的 A2 部分开始. 证明过程分两步.

（1）设 H 是与 H_j 全相交的 μ_h-水平板. 然后我们证明对所有使得 $(A)_{ij}=1$ 的 $i\in S$，$f^{-1}(H)\cap H_i\equiv\tilde{H}_i$ 是与 H_i 全相交的 μ_h-水平板.

（2）证明 $d(\tilde{H}_i)\leqslant\nu_h(H)$，其中 $0<\nu_h<1$． [143]

我们从第（1）步开始. 通过利用引理 2. 3. 10 到 H 的水平边界，立刻得到这一步.

第（2）步. 对固定的 i，令 $p_1(x_1,y_1)$，$p_2(x_2,y_2)$ 是 $\tilde{H}_i$ 的水平边界上的两点，其中 $x_1=x_2$，使得

$$d(\tilde{H}_i)=|p_1-p_2|=|y_1-y_2|. \tag{2.3.108}$$

我们用 $(\bar{x}_1,\bar{y}_1)$ 和 $(\bar{x}_2,\bar{y}_2)$ 表示这两点在 f 作用下相应的像. 现在由 $\overline{\text{A2}}$，知 $(\bar{x}_1,\bar{y}_1)$，$(\bar{x}_2,\bar{y}_2)\in\partial_hH$，因此，$\bar{y}_1=H_1(\bar{x}_1)$ 和 $\bar{y}_2=H_2(\bar{x}_2)$，其中函数 $y=H_1(x)$ 和 $y=H_2(x)$ 的图像是 μ_h-水平片.

现在我们有关系式

$$y_1=\tilde{f}_2(x_1,\bar{y}_1), \tag{2.3.109}$$
$$y_2=\tilde{f}_2(x_2,\bar{y}_2), \tag{2.3.110}$$
$$\bar{y}_1=H_1(\bar{x}_1)=H_1(\tilde{f}_1(x_1,\bar{y}_1)), \tag{2.3.111}$$
$$\bar{y}_2=H_2(\bar{x}_2)=H_2(\tilde{f}_1(x_2,\bar{y}_2)). \tag{2.3.112}$$

从（2. 3. 110）减去（2. 3. 109）并利用（2. 3. 67）以及事实 $x_1=x_2$，得到估计

$$|y_1 - y_2| \leqslant \|(D_y f_2)^{-1}\| |\bar{y}_1 - \bar{y}_2|. \qquad (2.3.113)$$

从（2. 3. 112）减去（2. 3. 111）并利用（2. 3. 65），以及事实 H_1 和 H_2 是 μ_h-水平板与 $x_1 = x_2$，得到估计

$$|\bar{y}_1 - \bar{y}_2| \leqslant \frac{1}{1-\mu_h \|D_y f_1\| \|(D_y f_2)^{-1}\|} \|H_1 - H_2\|. \qquad (2.3.114)$$

结合（2. 3. 108）（2. 3. 113）和（2. 3. 114），得到

$$\begin{aligned} d(\tilde{H}_i) &\leqslant \frac{\|(D_y f_2)^{-1}\|}{1-\mu_h \|D_y f_1\| \|(D_y f_2)^{-1}\|} \|H_1 - H_2\| \\ &\leqslant \frac{\|(D_y f_2)^{-1}\|}{1-\mu_h \|D_y f_1\| \|(D_y f_2)^{-1}\|} d(H), \end{aligned} \qquad (2.3.115)$$

因为 μ_h 满足（2. 3. 74），因此，我们有

$$\frac{\|(D_y f_2)^{-1}\|}{1-\mu_h \|D_y f_1\| \|(D_y f_2)^{-1}\|} < 1. \qquad (2.3.116)$$

[144]　现在，处理垂直板部分的证明沿着相同的路线分如下两步进行.

（1）设 V 是包含在 H_j 中的 μ_v-垂直板，使得对某个满足 $(A)_{ij} = 1$ 的 i，$j \in S$ 也有 $V \subset V_{ji}$. 然后我们证明对所有使得 $(A)_{jk} = 1$ 的 $k \in S$，$f(V) \cap H_k \equiv \tilde{V}_k$.

（2）证明 $d(\tilde{V}_k) \leqslant \nu_v d(V)$，其中 $0 < \nu_v < 1$.

第（1）步：这通过将引理 2. 3. 11 应用到 V 垂直边界直接得到.

第（2）步：对固定的 k，令 $\bar{p}_1 = (\bar{x}_1, \bar{y}_1)$，$\bar{p}_2(\bar{x}_2, \bar{y}_2)$ 是 $\tilde{V}_k$ 的垂直边界上的两点，其中 $\bar{y}_1 = \bar{y}_2$，使得

$$d(\tilde{V}_k) = |\bar{p}_1 - \bar{p}_2| = |\bar{x}_1 - \bar{x}_2|. \qquad (2.3.117)$$

我们用 (x_1, y_1) 和 (x_2, y_2) 表示这两点在 f^{-1} 作用下相应的像. 现在由 $\overline{\text{A2}}$，(x_1, y_1)，$(x_2, y_2) \in \partial_v V$，因此，$x_1 = V_1(y_1)$ 和 $x_2 = V_2(y_2)$，其中函数 $x = V_1(y)$ 和 $x = V_2(y)$ 的图像是 μ_v-垂直片. 下面关系式成立：

$$\bar{x}_1 = \tilde{f}_1(V_1(y_1), \bar{y}_1), \qquad (2.3.118)$$

$$\bar{x}_2 = \tilde{f}_1(V_2(y_2), \bar{y}_2), \qquad (2.3.119)$$

$$y_1 = \tilde{f}_2(V_1(y_1), \bar{y}_1), \qquad (2.3.120)$$

$$y_2 = \tilde{f}_2(V_2(y_2), \bar{y}_2). \qquad (2.3.121)$$

从（2. 3. 121）减去（2. 3. 120），并利用（2. 3. 66）以及事实 $\bar{y}_1 = \bar{y}_2$，得到估计

$$|y_1 - y_2| \leqslant \frac{\|D_x f_2\| \|(D_y f_2)^{-1}\|}{1 - \|D_x f_2\| \|(D_y f_2)^{-1}\| \mu_v} \|V_1 - V_2\|. \qquad (2.3.122)$$

从（2. 3. 119）减去（2. 3. 118）并利用（2. 3. 64）以及事实 $\overline{y}_1=\overline{y}_2$，得到估计

$$|\overline{x}_1-\overline{x}_2|\leqslant(\|D_xf_1\|+\|D_xf_2\|\|D_yf_1\|\|(D_yf_2)^{-1}\|)\cdot (\mu_v|y_1-y_2|+\|V_1-V_2\|). \quad (2.3.123)$$

结合（2. 3. 122）和（2. 3. 123）得到 [145]

$$\begin{aligned} d(\tilde{V}_k) &= |\overline{x}_1-\overline{x}_2| \\ &\leqslant\left(\frac{\|D_yf_1\|\|(D_yf_2)^{-1}\|+\|D_xf_1\|\|(D_yf_2)^{-1}\|\mu_v}{1-\|D_xf_2\|\|(D_yf_2)^{-1}\|\mu_v}\|D_xf_2\|+\|D_xf_1\|\right)\cdot \\ &\quad \|V_1-V_2\| &(2.3.124) \\ &\leqslant(\mu_v\|D_xf_2\|+\|D_xf_1\|)\|V_1-V_2\| &(2.3.125) \\ &\leqslant(\mu_v\|D_xf_2\|+\|D_xf_1\|)d(V). &(2.3.126) \end{aligned}$$

以及由（2. 3. 75）得到 $\mu_v\|D_xf_2\|+\|D_xf_1\|<1$. □

2. 3e. 双曲集

在第 1 章中我们介绍了映射或流的双曲不动点概念，更一般地，有正规双曲不变流形的概念. 现在我们要证明，定理 2. 3. 3 中构造的不变集 Λ 与这些不变集共享一些类似的性质. 我们先给出映射的双曲不变集定义.

定义 2. 3. 8. 设 $f:\mathbb{R}^n\to\mathbb{R}^n$ 是一个 C^r $(r\geqslant1)$ 微分同胚，令 Λ 是在 f 作用下不变的闭集. 我们说 Λ 是一个双曲集，如果对每一点 $p\in\Lambda$，存在分裂 $\mathbb{R}^n=E_p^s\oplus E_p^u$，使得:

（1）

$$\begin{aligned} Df(p)\cdot E_p^s &= E_{f(p)}^s, \\ Df(p)\cdot E_p^u &= E_{f(p)}^u. \end{aligned} \quad (2.3.127)$$

（2）存在正实数 C 和 λ，其中 $0<\lambda<1$，使得

$$\begin{cases} |Df^n(p)\xi_p|\leqslant C\lambda^n|\xi_p|, & 若\ \xi_p\in E_p^s \\ |Df^{-n}(p)\eta_p|\leqslant C\lambda^n|\eta_p|, & 若\ \eta_p\in E_p^u \end{cases}. \quad (2.3.128)$$

（3） E_p^s 和 E_p^u 随 p 连续变化.

关于定义 2. 3. 8，我们做以下说明.

（1）显然，由定义 2. 3. 8，Λ 中的点的轨道有很好定义的渐近性态. 特别地，初始点从 p 轻微偏移并沿 E_p^s 方向的轨道当 $n\to\infty$ 时以指数式收敛于 p 的轨道. 初始点从 p 轻微偏移并沿 E_p^u 方向的轨道当 [146] $n\to-\infty$ 时以指数式收敛于 p 的轨道.

（2）重要的是要注意，常数 C 不依赖于 p. 此时有时称这个集合

为一致双曲的. 许多动力系统理论都是围绕一致双曲性假设建立的. 然而，最近 Pesin[1976]，[1977]提出了一种仍有待于应用的非一致双曲性理论.

最后，我们注意，许多动力系统文献中的常数 C 都取为 1. 这可以通过利用称为适应度量的这个特殊度量来实现. 这个技巧属于 Mather，在 Hirsch 和 Pugh[1970]中可找到对它的讨论. 尽管它在理论上有很大用处，但因为本书的主要目的是开发适用于应用中出现的特定动力学系统的技术，我们不会用适应度量来陈述这些定理，因为使用这样的度量进行计算可能有点笨拙.

（3）可以用几种方法叙述分裂 $\mathbb{R}^n = E_p^s \oplus E_p^u$. 一个足以满足我们目的陈述如下：设 p 是固定的. 对 E_p^s 和 E_p^u 选择一组基向量，如果基向量随 p 连续变化，则称分裂是连续的. 关于这个问题的更多讨论可以在 Nitecki[1971]或者 Hirsch，Pugh 和 Shub [1977]中找到.

注意，映射的双曲不变集的概念是借助线性化映射的结构进行发展的. 我们将看到这种结构对非线性映射有影响. 首先，我们从某些定义开始. 对任何点 $p \in \Lambda$，$\varepsilon > 0$，ε 大小的 p 的稳定和不稳定集的定义如下：

$$\begin{aligned} W_\varepsilon^s(p) &= \left\{p' \in \Lambda \,\|\, f^n(p) - f^n(p')| \leqslant \varepsilon, \text{ 对 } n \geqslant 0\right\}, \\ W_\varepsilon^u(p) &= \left\{p' \in \Lambda \,\|\, f^{-n}(p) - f^{-n}(p')| \leqslant \varepsilon, \text{ 对 } n \geqslant 0\right\}. \end{aligned} \tag{2. 3. 129}$$

现在由定理 1. 3. 7，我们看到，如果 p 是双曲不动点，则下面的论述成立.

（1）对充分小 ε，$W_\varepsilon^s(p)$ 是在 p 切于 E_p^s 的 C^r 流形，且有与 p 相同的维数. 称 $W_\varepsilon^s(p)$ 为 p 的局部稳定流形.

（2）p 的稳定流形定义如下：

$$W^s(p) = \bigcup_{n=0}^{\infty} f^{-n}(W_\varepsilon^s(p)). \tag{2. 3. 130}$$

类似论述对 $W_\varepsilon^u(p)$ 成立.　[147]

双曲不变集的不变流形定理（见 Hirsch，Pugh 和 Shub[1977]）告诉我们，对 Λ 中的每一点类似结构也成立.

定理 2. 3. 13. 设 Λ 是 C^r $(r \geqslant 1)$ 微分同胚 f 的一个不变集. 则对充分小 $\varepsilon > 0$ 和每一点 $p \in \Lambda$，下面的结果成立.

（1）$W_\varepsilon^s(p)$ 和 $W_\varepsilon^u(p)$ 分别是在 p 切于 E_p^s 和 E_p^u 的 C^r 流形，且分别有与 E_p^s 和 E_p^u 相同的维数.

（2）存在常数 $C > 0$，$0 < \lambda < 1$，使得如果 $p' \in W_\varepsilon^s(p)$，则对 $n \geqslant 0$ 有 $|f^n(p) - f^n(p')| \leqslant C\lambda^n |p - p'|$，如果 $p' \in W_\varepsilon^u(p)$，则对 $n \geqslant 0$ 有

$|f^{-n}(p)-f^{-n}(p')|\leqslant C\lambda^{n}|p-p'|$.

（3）

$$f(W_{\varepsilon}^{s}(p))\subset W_{\varepsilon}^{s}(f(p)),\quad f^{-1}(W_{\varepsilon}^{u}(p))\subset W_{\varepsilon}^{u}(f^{-1}(p)).\tag{2.3.131}$$

（4）$W_{\varepsilon}^{s}(p)$ 和 $W_{\varepsilon}^{u}(p)$ 随 p 连续变化.

证明：见 Hirsch，Pugh 和 Shup[1977]. □

我们对定理 2. 3. 13 做以下说明.

（1）常数 $C>0$，$0<\lambda<1$ 不必需要与出现在定义 2. 3. 8 中的相同.

（2）$W_{\varepsilon}^{s}(p)$ 和 $W_{\varepsilon}^{u}(p)$ 随 p 连续变化在函数空间的拓扑的上下文中最好解释，见 Hirsch[1976]或 Hirsch，Pugh 和 Shup[1977].

（3）对任何点 $p\in\Lambda$，p 的稳定和不稳定流形分别定义为：

$$W^{s}(p)=\bigcup_{n=0}^{\infty}f^{-n}(W_{\varepsilon}^{s}(f^{n}(p))),\quad W^{u}(p)=\bigcup_{n=0}^{\infty}f^{n}(W_{\varepsilon}^{u}(f^{-n}(p)))\tag{2.3.132}$$

现在，在实践中要验证映射的不变集的定义 2. 3. 8 是十分困难的. 幸运的是，由于 Newhouse 和 Palis[1973]，我们现在描述双曲性的一个等价叙述.

[148] 如上，设 $f:\mathbb{R}^{n}\to\mathbb{R}^{n}$ 是一个 C^{r} $(r\geqslant 1)$ 微分同胚，令 Λ 是在 f 作用下的不变闭集. 设 $\mathbb{R}^{n}=E_{p}^{s}\oplus E_{p}^{u}$ 是 $\mathbb{R}^{n}$ 对 $p\in\Lambda$ 的一个分裂，令 $u(p)$ 是定义在 Λ 上的一个正实值函数. 定义 $u(p)$ 扇形 $S_{\mu(p)}$ 如下：

$$S_{\mu(p)}=\{(\xi_{p},\eta_{p})\in E_{p}^{s}\oplus E_{p}^{u}\,\|\,\xi_{p}|\leqslant\mu(p)|\eta(p)|\}\tag{2.3.133}$$

以及定义补扇形 $S'_{\mu(p)}$ 如下：

$$S'_{\mu(p)}=\mathbb{R}^{n}-S_{\mu(p)}\ .\tag{2.3.134}$$

于是我们有下面定理.

定理 2. 3. 14. 设 $f:\mathbb{R}^{n}\to\mathbb{R}^{n}$ 是一个 C^{r} $(r\geqslant 1)$ 微分同胚，$\Lambda\subset\mathbb{R}^{n}$ 是在 f 作用下的一个不变闭集，则 Λ 是一个双曲不变集，当且仅当对每个 $p\in\Lambda$，常数 $C>0$，$0<\lambda<1$ 满足 $C\lambda^{n}<1$ 和实值函数 $\mu:\Lambda\to\mathbb{R}^{n}$，使得以下条件满足：

（1）$\sup\limits_{p\in\Lambda}\{\max(\mu(p),\ \mu(p)^{-1})\}<\infty$. (2. 3. 135)

（2）对每个 $p\in\Lambda$，我们有：

（a）$Df^{n}(p)\cdot S_{\mu(p)}\subset S_{\mu(f^{n}(p))}$.

（b）如果 $\xi_{p}\subset S'_{\mu(p)}$，则 $|Df^{n}(p)\xi_{p}|\leqslant C\lambda^{n}|\xi_{p}|$.

（c）如果 $\xi_p \subset S_{\mu(p)}$，则 $|Df^{-n}(p)\xi_p| \leqslant C\lambda^n |\xi_p|$.　（2. 3. 136）

这个定理的证明可在 Newhouse 和 Palis[1973]中找到. 定理 2. 3. 14 告诉我们，为了建立 Λ 的双曲性，只需找扇形从 $S = \bigcup_{p\in\Lambda} S_{\mu(p)}$，$S' = \bigcup_{p\in\Lambda} S'_{\mu(p)}$，使得 Df 将 S 映到 S，同时扩展 S 中的每个向量，Df 将 S' 映到 S'，同时收缩 S' 中的每个向量. 定理 2. 3. 13 的几何结构如图 2. 3. 14 所示.

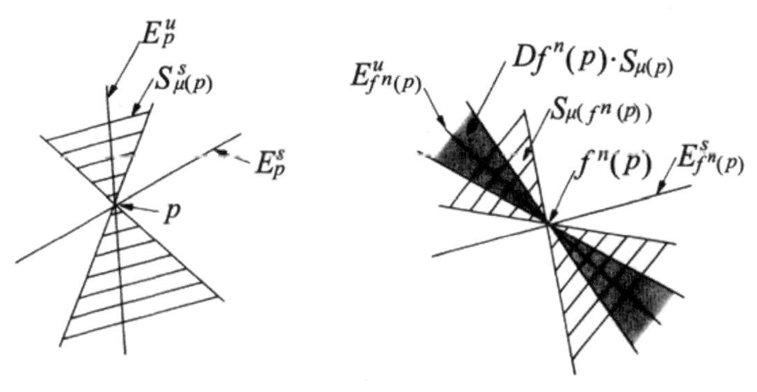

图 2. 3. 13　定理 2. 3. 14 的几何

现在，关于我们的映射，读者应该注意到，如果 A1 和 A3 成立，则不变集 Λ 是双曲不变集，因为条件 A3 是定理 2. 3. 14 中给出的集为双曲的充分必要条件的弱化形式.

讨论双曲不变集概念的原因是它们在现代动力系统理论的发展中发挥了核心作用. 例如，Markov 分割、伪轨、跟踪等概念. 所有这些概念都主要利用了双曲不变集的概念. 事实上，双曲不变集的存在性通常是先验假设的. 这给应用科学家造成了极大的困难，因为为了利用动力系统的许多技术或理论，他们必须首先证明他们的特定系统具有双曲不变集. 定理 2. 3. 5 允许我们建立这个事实. 有关双曲不变集的结果和应用的更多信息，请参阅 Smale[1967]，Nitecki[1971]，Bowen[1970]，[1978]，Conley[1978]，Shub[1987]和 Franks[1982].　[149]

2. 3f. 无穷多个水平板的情形

在一些应用中，会出现我们的映射包含一个 Cantor 不变集. 在这个集上的映射拓扑共轭于无穷多个符号的全移位. 现在我们讨论 A1，A2，A3，$\overline{\text{A1}}$ 和 $\overline{\text{A2}}$ 的必要修改，以便提供在特定映射中发生这种情况的条件.

设 H_i，$i = 1, 2, \cdots, N, \cdots$ 是包含在 f 定义域 D 内 μ_h-水平板的集合，如果我们选择 H_i 使得下面两个条件成立，那一切都可通过.

（1）$\lim_{i\to\infty} d(H_i) = 0$.

[150]　（2）对每个 i 和 $j=1,\cdots,N,\cdots$，$f(H_i)$ 都会与 H_j 相交.

注意，条件（2）意味着在我们处理全移位时将不需要转移矩阵. 现在，如果我们令 $S=\{1,2,\cdots,N,\cdots\}$，则 A1，A2，A3，$\overline{\text{A1}}$ 和 $\overline{\text{A2}}$ 的叙述完全相同，除了术语“使得 $(A)_{ij}=1$”被删除. 定理 2. 3. 3 和 2. 3. 5 以及它们的证明以相同的方式进行，除了定理 2. 3. 3 的结论，f 有一个 Cantor 不变集，在该集上它拓扑共轭于无穷多个符号的全移位.

尽管将前面几节的结果推广到无穷多个符号的情况几乎没有什么困难，但动力学结果需要仔细解释. 在实践中，条件（1）和（2）成立的动力学情况通常要求当 $i\to\infty$ 时 H_i 收敛到 D 的边界. 这很重要，因为在证明与常微分方程相应的 Poincaré 映射满足 A1 和 A3 时，通常 D 的边界对应于某个不变集的稳定和不稳定流形. 此时从 ∂D 出发的轨道在 Poincaré 映射的迭代下不能回到 D. 我们将在第 3 章的一些例子中看到这一点，在那里我们将仔细解释符号“∞”的动力学结果.

2. 4. 混沌准则：非双曲情形

在 2. 3 节我们给出了映射具有 Cantor 不变点集的充分条件. 这些条件涉及将映射的定义域的子集分解为压缩（水平）方向和扩展（垂直）方向，以及与映射和这些方向（即水平板映射到垂直板）的相容性有关的更全局条件. 在这种情况下，当不是所有方向都是强收缩或强扩展时，我们将推导出类似条件，称此为“非双曲情形”. 这些条件都可以看作 Wiggins[1986a]中给出的条件的推广. 与双曲情形相比，我们对非双曲情形的结果的主要区别在于，我们在第 2. 3 节中给出的类似于 A1，A2 和 A3 的条件将导致我们的映射具有混沌的 Cantor 不变**曲面集**，而不是 Cantor 不变点集. 不变曲面集的出现，是由于不是所有方向都是扩展或压缩的. 集合在映射的向前和向后迭代下的交（即映射的不变集）不必是点. 我们现在开始发展一个准则，它将尽可能与第 2. 3 节中给出的对双曲情形发展的准则平行. [151]

2. 4a. 混沌的几何结构

考虑映射

$$f: D\times\Omega\to\mathbb{R}^n\times\mathbb{R}^m\times\mathbb{R}^p, \tag{2.4.1}$$

其中 D 是包含在 $\mathbb{R}^n\times\mathbb{R}^m$ 中的 $n+m$ 维有界闭集，Ω 是包含在 $\mathbb{R}^p$ 中的有界闭的连通集. 额外的 p 维将对应于经历中性增长性态的维数. 我们将按照它们的需要来讨论 f 的连续性和可微性.

我们现在将开始开发第 2. 3 节中描述的水平板和垂直板的类似，然后继续定义板的宽度，并讨论板的各种交的性质. 我们对这些概念的发展将与第 2. 3 节的发展密切相关，并添加必要的修改，以适应中性增长方向. 先从一些初步定义开始. 下面的集合对定义各种映射的定义域有用.

$$D_x = \{x \in \mathbb{R}^n\text{，对此存在}y \in \mathbb{R}^m\text{使得}(x, y) \in D\},$$
$$D_y = \{y \in \mathbb{R}^m\text{，对此存在}x \in \mathbb{R}^n\text{使得}(x, y) \in D\}. \tag{2.4.2}$$

这些集合分别表示 D 映上到 $\mathbb{R}^n$ 和 $\mathbb{R}^m$ 的投影，f 的定义域 $D\times\Omega$ 的说明如图 2.4.1.

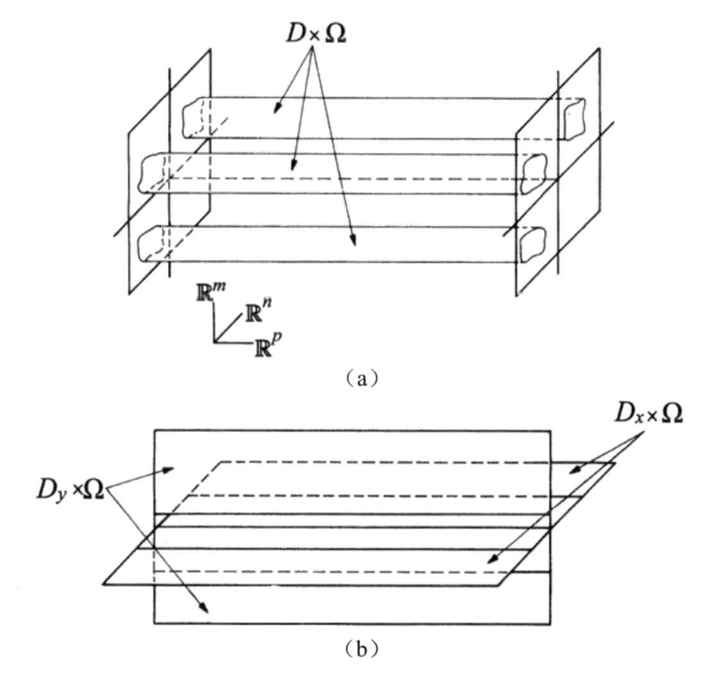

图 2.4.1　（a）$\mathbb{R}^n\times\mathbb{R}^m\times\mathbb{R}^p$，$n=m=p=1$ 中的 $D\times\Omega$；
（b）$\mathbb{R}^n\times\mathbb{R}^m\times\mathbb{R}^p$，$n=m=p=1$ 中的 $D\times\Omega$ 和 $D_y\times\Omega$

注意，在下文中，当给出描述 2.3 节中片、板等类似物的插图时，为了减少图中的混乱，我们不明确显示 $D\times\Omega$.

设 I_x 是 D_x 中的 n 维单连通闭集，I_y 是 D_y 中的 m 维单连通闭集. 我们将需要下面的定义.

定义 2.4.1. μ_h-水平片 $\bar{H}$ 定义为 Lipschitz 函数 $h: I_z\times\Omega\to\mathbb{R}^m$ 的图像，其中 h 满足以下两个条件：

（1）集合 $\bar{H}=\left\{(x, h(x,z), z)\in\mathbb{R}^n\times\mathbb{R}^m\times\mathbb{R}^p \mid x\in I_x, z\in\Omega\right\}$ 包含在 $D\times\Omega$ 中.

[152]　（2）对每对 x_1，$x_2\in I_x$，某个 $0\leqslant\mu_h<\infty$ 和所有 $z\in\Omega$，我们有

$$|h(x_1,z)-h(x_2,z)|\leqslant\mu_h|x_1-x_2|. \tag{2.4.3}$$

类似地，μ_v-垂直片 $\bar{V}$ 定义为 Lipschitz 函数 $v: I_y\times\Omega\to\mathbb{R}^n$ 的图像，其中 v 满足以下两个条件：

（1）集合$\bar{V}=\left\{(v(y,x),y,z)\in\mathbb{R}^n\times\mathbb{R}^m\times\mathbb{R}^p \mid y\in I_y, z\in\Omega\right\}$包含在$D$中.

（2）对每对y_1，$y_2\in I_y$，某个$0\leqslant\mu_v<\infty$和所有$z\in\Omega$，我们有

$$|v(y_1,z)-h(y_2,z)|\leqslant\mu_v|y_1-y_2|. \qquad (2.4.4)$$

因此，定义 2.4.1 可看作定义 2.3.1 的参数化形式，其中条件（2.4.3）和（2.4.4）对参数一致成立，如图 2.4.2. [153]

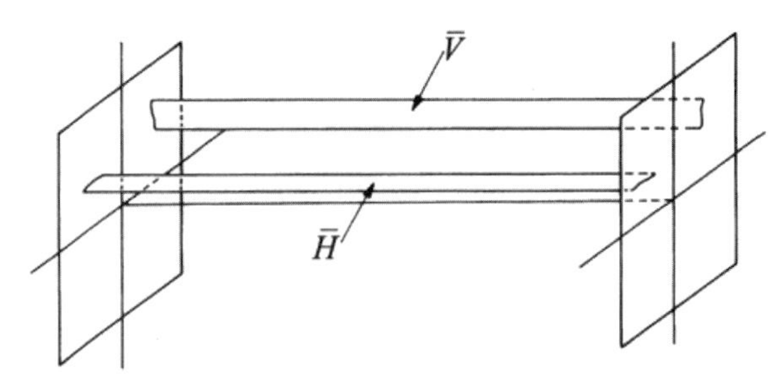

图 2.4.2 $\mathbb{R}^n\times\mathbb{R}^m\times\mathbb{R}^p$，$n=m=p=1$中的水平片和垂直片

下面我们将这些水平片和垂直片“加肥”为$n+m+p$维水平板和垂直板. 先从μ_h-水平板开始.

定义 2.4.2. 固定某个μ_h，$0\leqslant\mu_h<\infty$. 设$\bar{H}$是μ_h-水平片，J^m：$I_y\times\Omega\to\mathbb{R}^n$与$\bar{H}$相交于唯一连续的$p$维曲面. 设$\bar{H}^\alpha$，$\alpha\in I$是所有$\mu_h$-水平片的集合，它们与$J^m$的图像的边界相交于$p$维连续曲面，且有与$\bar{H}$相同的定义域，其中$I$是某个指标集（注意：如在定义 2.3.2，为了使得$\bar{H}^\alpha$包含在$D\times\Omega$中可能有必要调整I_x，或者等价地，调整J^m）.

考虑$\mathbb{R}^n\times\mathbb{R}^m\times\mathbb{R}^p$中的以下集合.

$S_H=\{(x,y,z)\in\mathbb{R}^n\times\mathbb{R}^m\times\mathbb{R}^p \mid x\in I_x$，$z\in\Omega$，$y$有性质：对每个$x\in I_x$，$z\in\Omega$，任给通过$(x,y,z)$平行于平面$x=0$，$z=0$的直线$L$，则对某个$\alpha$，$\beta\in I$，$L$交于点$(x,h^\alpha(x,z),z)$，$(x,h^\beta(x,z),z)$其中$(x,y,z)$沿着$L$位于这两点之间$\}$.

[154] 于是μ_h-水平板H定义为S_H的闭包.

μ_h-水平板的边界定义如下：

定义 2.4.3. μ_h-水平板H的垂直边界记为$\partial_v H$，定义为

$$\partial_v H\equiv\{(x,y,z)\in H \mid x\in\partial I_x\}. \qquad (2.4.5)$$

μ_h-水平板H的水平边界记为$\partial_h H$，定义为

$$\partial_h H\equiv\partial H-\partial_v H. \qquad (2.4.6)$$

注意到，由定义 2.4.2 和定义 2.4.3，可知$\partial_v H$平行于平面$x=0$.

定义 2. 4. 2 和定义 2. 4. 3 的几何说明如图 2. 4. 3.

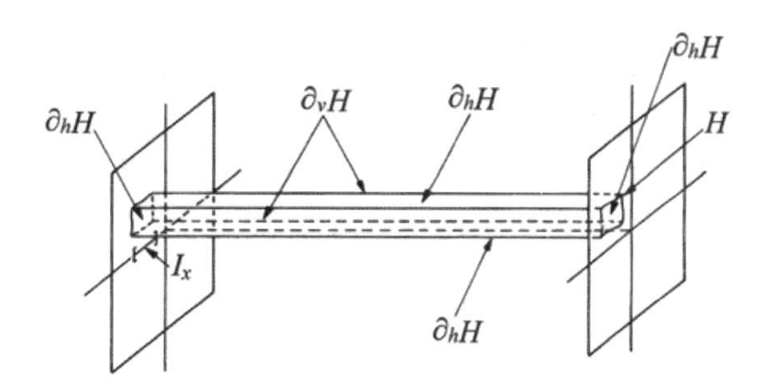

图 2. 4. 3　$\mathbb{R}^n \times \mathbb{R}^m \times \mathbb{R}^p$，$n = m = p = 1$ 中的水平板

为了描述 μ_h -水平板在映射作用下的性态，下面的定义将是有用的.

定义 2. 4. 4. 设 H 和 $\tilde{H}$ 是 μ_h -水平板. 如果 $\tilde{H} \subset H$ 且 $\partial_v \tilde{H} \subset \partial_v H$，则说 $\tilde{H}$ 与 H 全相交.

定义 2. 4. 4 的几何说明如图 2. 4. 4.

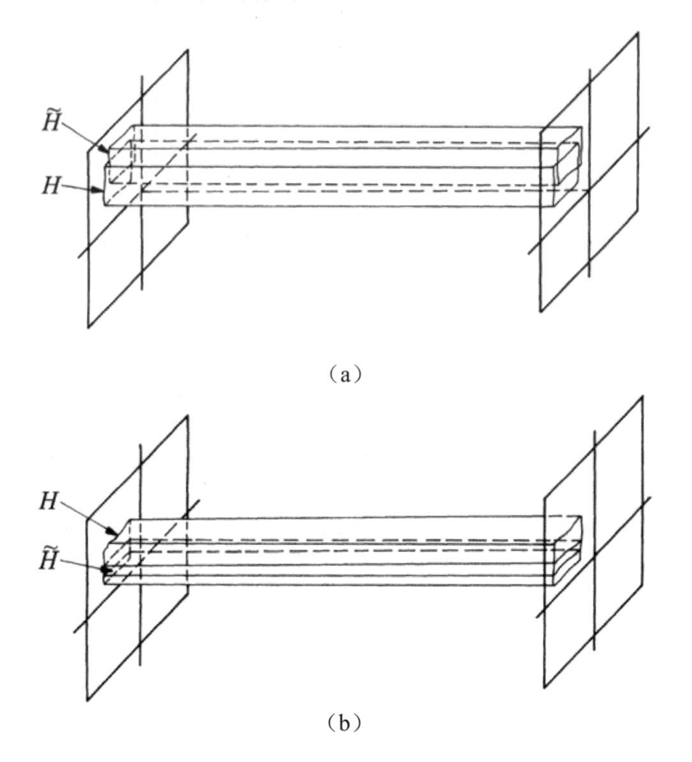

图 2. 4. 4　(a) $\tilde{H}$ 不与 H 全相交；(b) $\tilde{H}$ 与 H 全相交

定义 2. 4. 5. 固定 μ_v，$0 \leqslant \mu_v < \infty$. 设 H 是一个 μ_h -水平板，$\bar{V}$ 是包　[155]

含在 H 中的 μ_v-垂直片，其中 $\partial\bar{V}\subset\partial_h H$. 设 $J^n: I_x\times\Omega\to\mathbb{R}^m$ 是具有以下性质的连续映射：J^n 的图像与 $\bar{V}$ 相交于唯一、连续的 p 维曲面. 设 $\bar{V}^\alpha$ ， $\alpha\in I$ 是与 J^n 的图像的边界相交的所有 μ_v-垂直片，其中 $\partial\bar{V}^\alpha\subset\partial_h H$,I 是某个指标集. 我们用 $I_y^\alpha\times\Omega$ 记函数 $v_\alpha(y,z)$ 的定义域，其图像是 $\bar{V}^\alpha$.

在 $\mathbb{R}^n\times\mathbb{R}^m\times\mathbb{R}^p$ 中考虑下面的集合：

$S_V=\{(x,y,z)\in\mathbb{R}^n\times\mathbb{R}^m\times\mathbb{R}^p\mid(x,y,z)$ 包含在由 $\bar{V}^\alpha$， $\alpha\in I$ 和 $\partial_h H$ 所围的集合的内部$\}$.

[156] 则 μ_v-垂直板 V 定义为 S_V 的闭包.

μ_h-水平板的水平边界和垂直边界定义如下：

定义 2. 4. 6. 设 V 是一个 μ_v-垂直板，V 的水平边界，记为 $\partial_h V$ ，定义为 $V\cap\partial_h H$. V 的垂直边界，记为 $\partial_v V$ ，定义为 $\partial V-\partial_h V$.

定义 2. 4. 5 和定义 2. 4. 6 的说明如图 2. 4. 5.

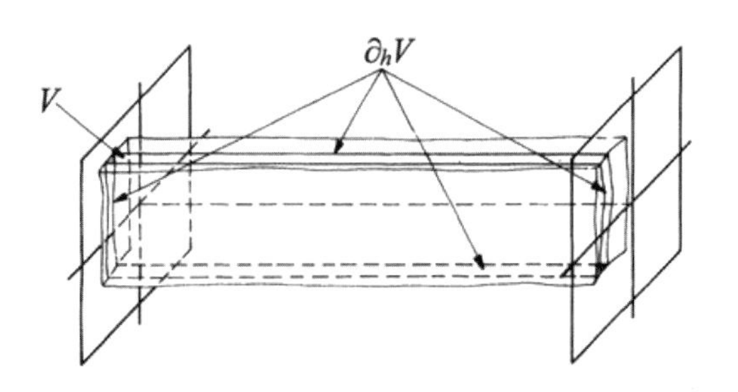

图 2. 4. 5　$\mathbb{R}^n\times\mathbb{R}^m\times\mathbb{R}^p$， $n=m=p=1$ 中的垂直板

我们对水平板和垂直板的边界做一个一般说明. 在每个情形边界的一部分对应于板的“末端”（更精确地说，将水平板 $\{(x,y,z)\in\partial H\mid z\in\partial\Omega\}$ 和垂直板 $\{(x,y,z)\in\partial V\mid z\in\partial\Omega\}$ 定义为水平边界. 这可能看起来很奇怪，但它不会引起任何问题，因为我们将要求边界的这部分在 f 和 f^{-1} 作用下始终表现相同，即，根据定义，它将始终映边界这部分为对应的板的末端. 注意，在 Ω 是环面这一重要特殊情形，板的“末端”并不存在，因为环面没有边界.

下面我们定义 μ_h-水平板和 μ_v-垂直板的宽度.

定义 2. 4. 7. μ_h-水平板 H 的宽度，记为 $d(H)$ ，定义为

$$d(H)=\sup_{\substack{(x,z)\in I_x\times\Omega\\ \alpha,\beta\in I}}\left|h_\alpha(x,z)-h_\beta(x,z)\right|. \tag{2.4.7}$$

类似地， μ_v-垂直板 V 的宽度，记为 $d(V)$ ，定义为 [157]

$$d(V)=\sup_{\substack{(y,z)\in\tilde{I}_y\times\Omega\\ \alpha,\beta\in I}}|v_\alpha(y,z)-v_\beta(y,z)|, \tag{2.4.8}$$

其中 $\tilde{I}_y = I_y^{\alpha} \bigcap I_y^{\beta}$.

现在我们给出两个关键引理.

引理 2.4.1.（a）如果 $H^1 \supset H^2 \supset \cdots \supset H^n \supset \cdots$ 是 μ_h-水平板的无穷序列，其中 H^{k+1} 与 H^k 全相交，$k=1,2,\cdots,$ 且当 $k \to \infty$ 时 $d(H^k) \to 0$，则 $\bigcap\limits_{k=1}^{\infty} H^k \equiv H^{\infty}$ 是 μ_h-水平片，其中 $\partial H^{\infty} \subset \partial H^1$.

（b）类似地，如果 $V^1 \supset V^2 \supset \cdots \supset V^n \supset \cdots$ 是包含在 μ_h-水平板 H 的 μ_v-垂直板的无穷序列，且当 $k \to \infty$ 时 $d(V^k) \to 0$，则 $\bigcap\limits_{k=1}^{\infty} V^k \equiv V^{\infty}$ 是 μ_v-垂直片，其中 $\partial V^{\infty} \subset \partial_h H$.

证明：这条引理的证明完全与引理 2.3.2 的证明相似. 具体证明过程留给读者. □

引理 2.4.2. 设 $\bar{H}$ 是满足 $\partial \bar{H} \subset \partial H$ 的 μ_h-水平板. $\bar{V}$ 是满足 $\partial \bar{V} \subset \partial_h H$ 的 μ_v-垂直片，使得 $0 < \mu_v \mu_h < 1$. 则和 $\bar{V}$ 相交于唯一的 p 维 Lipschitz 曲面.

证明：引理证明类似于引理 2.3.2 的证明. 令

$$\begin{aligned} \bar{H} &= \text{图} h(x,z), \ \text{对} x \in I_x, \ z \in \Omega, \\ \bar{V} &= \text{图} v(y,z), \ \text{对} y \in I_z, \ z \in \Omega. \end{aligned} \tag{2.4.9}$$

设 $\tilde{I}_x =$ 闭包$\{ x \in I_x \mid$ 对每个 $z \in \Omega$，$h(x,z)$ 是 $v(\cdot,\cdot)$ 的定义域$\}$，现在，如果 $\bar{H}$ 与 $\bar{V}$ 相交，则必须存在点 x 使得 $x = v(y,z)$，对某个 $z \in \Omega$ 满足 $y = h(x,z)$. 因此，如果我们能够证明对每个 $z \in \Omega$，方程 $x = v(h(x,z),z)$ 有解，且它是 Lipschitz 的，则引理将得到证明. 现在对每个 $z \in \Omega$，由于 $\bar{V} \subset H$，其中 $\partial \bar{V} \subset \partial_h H$，$v(h(\cdot,z),z)$ 映 $\tilde{I}_x$ 到 $\tilde{I}_x$. 又因为 $\tilde{I}_x$ 是完全度量空间 $\mathbb{R}^n$ 的闭子集，它是类完全空间. 回忆对每个 x_1，$x_2 \in \tilde{I}_x$，$z \in \Omega$，我们有

$$\begin{aligned} | v(h(x_1,z),z) - v(h(x_2,z),z) | &\leqslant \mu_h | h(x_1,z) - h(x_2,z) | \\ &\leqslant \mu_v \mu_h | x_1 - x_2 |. \end{aligned} \tag{2.4.10}$$

[158] 因此，对每个 $z \in \Omega$，由于 $0 \leqslant \mu_v \mu_h < 1$，$v(h(\cdot,z),z)$ 是完全度量空间 $\tilde{I}_x$ 到它自身的压缩映射. 由压缩映射定理，方程 $x = v(h(x,z),z)$ 对每个 $z \in \Omega$ 有一解. 现在由于 v 和 h 都是 Lipschitz 的，由一致压缩原理（Chow 和 Hale[1982]），这个解按 Lipschitz 方式依赖于 z. □

我们现在可以给出我们的映射具有一个混沌的 Cantor 集的充分条件. 然而，首先让我们回顾第 2.3 节中引理 2.4.1 和引理 2.4.2 的类似在得到的双曲情形的结果中所起的作用. 在双曲情形所有方向要么是强压缩，要么强扩展，根据这个事实以及引理 2.3.1，引理 2.3.2

和对f的结构假设 A1 和 A2，得到存在混沌的 Cantor 集．在当前情况下，读者可能会猜测，关于f的类似的结构假设以及引理 2. 4. 1 和引理 2. 4. 2 可能会导致映射的p维曲面的混沌 Cantor 集．我们将很快证明事实确实如此.

设$S=\{1,2,\cdots,N\}$，$N\geqslant 2$，H_i，$i=1,\cdots,N$ 是互不相交的μ_h-水平板，其中$D_H=\bigcup_{i=1}^{N}H_i$．假设f在D_H上是一对一的，定义

$$f(H_i)\bigcap H_j\equiv V_{ji}, \quad \forall i,j\in S$$

和 （2. 4. 11）

$$H_i\bigcap f^{-1}(H_j)\equiv f^{-1}(V_{ji})\equiv H_{ij}, \quad \forall i,j\in S.$$

注意V_{ji}和H_{ij}的下标．第一个下标表示该集合在哪个特定的μ_h-平板中，第二个下标表示对于V_{ji}，该集合由f^{-1}映射到哪个μ_h-平板中，对于H_{ij}，该集合由f映射到哪个μ_h-平板中.

设A是元素不是 0 就是 1 的$N\times N$矩阵，即A是一个转移矩阵（见 2. 2 节），它将最终被用来定义f的符号动力学．我们有对f的“结构性”假设.

A1．对所有使得$(A)_{ij}=1$的$i,j\in S$，V_{ji}是包含在H_j中使得$\partial_v V_{ji}\subset\partial f(H_i)$且$0\leqslant\mu_v\mu_h<1$的$\mu_v$-垂直板．此外，$f$同胚映上$V_{ji}$，其中$f^{-1}(\partial_v V_{ji})\subset\partial_v H_i$.

A2．设H是与H_j全相交的μ_h-水平板．则对所有使得$(A)_{ij}=1$的$i\in S$，$f^{-1}(H)\bigcap H_i\equiv\tilde{H}_i$是与$\tilde{H}_i$全相交的$\mu_h$-水平板．此外，对某个$0<v_h<1$， [159]

$$d(\tilde{H}_i)\leqslant v_h d(H). \qquad (2.4.12)$$

类似地，设V是包含在H_j中的μ_v-垂直板，使得对满足的某个$i,j\in S$也有$V\subset V_{ji}$，其中$(A)_{ij}=1$．于是对所有使得$(A)_{jk}=1$的$k\in S$，$f(V)\bigcap H_k\equiv\tilde{V}_k$是包含在$H_k$中的$\mu_v$-垂直板．此外，对某个$0<v_h<1$，

$$d(\tilde{V}_k)\leqslant v_v d(V). \qquad (2.4.13)$$

A1 和 A2 的几何解释见图 2. 4. 6 和图 2. 4. 7.

读者可能会对 A1 和 A2 的看法与第 2. 3 节中讨论的双曲线情形一样感到震惊，但是，请注意水平板和垂直板的定义以及f的定义域已被修改以适应中性增长方向.

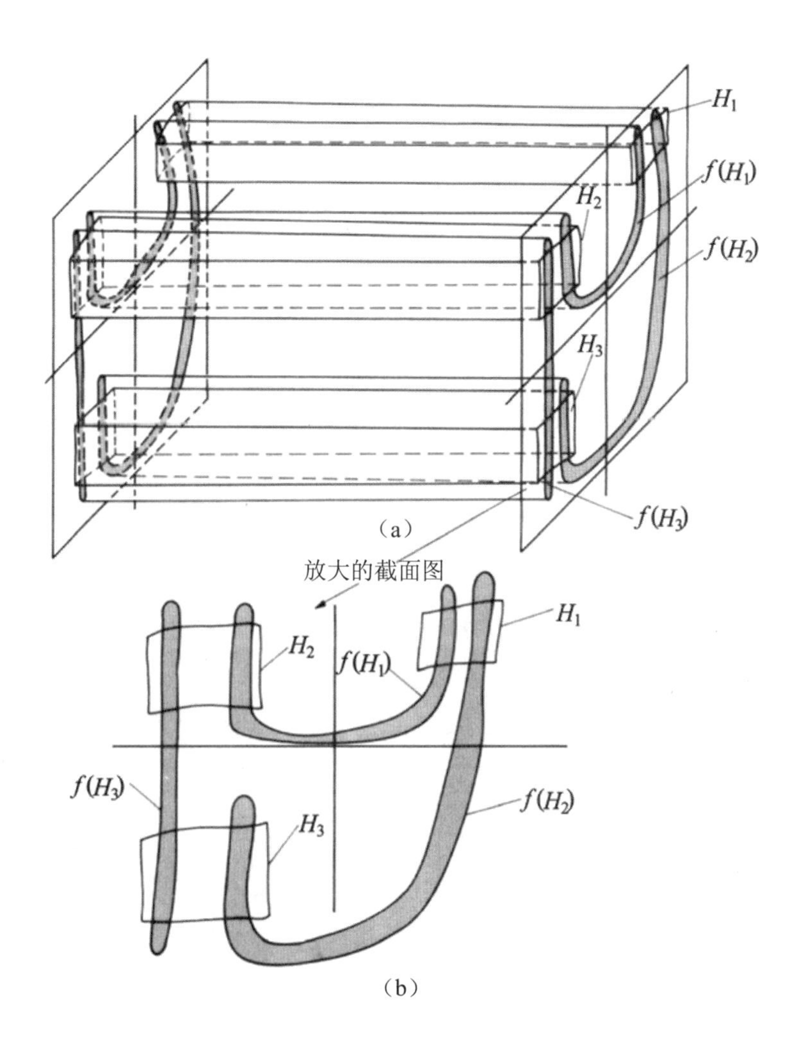

图 2.4.6　（a）水平板与它们在 f，$A=\begin{pmatrix}1&1&0\\1&0&1\\0&1&1\end{pmatrix}$ 作用下的像；（b）z 固定的放大横截面图

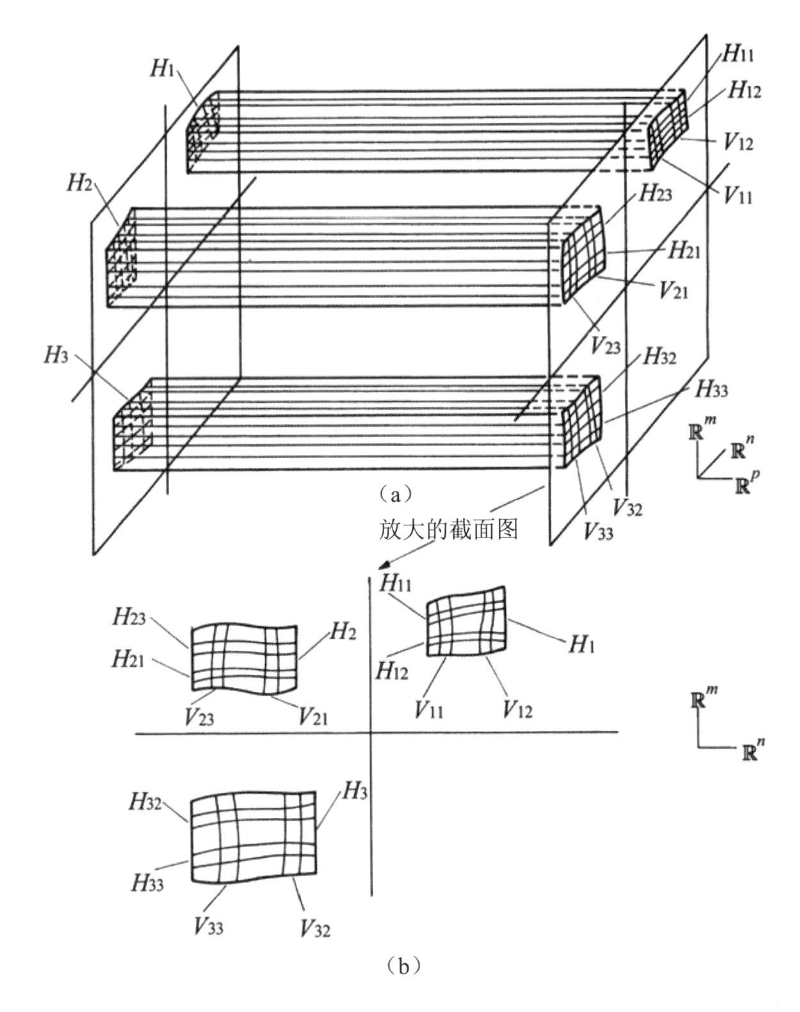

图 2. 4. 7. （a）对$1\leqslant i$，$j\geqslant 3$，$(A)_{ij}=1$的H_{ij}和V_{ji}；（b）对固定z的放大截面

2. 4b. 主要定理

现在我们叙述我们的主要定理，它给出我们的映射具有混沌不变集的充分条件.

定理 2. 4. 3. 假设f满足 A1 和 A2，则f具有一个p维 Lipschitz 曲面的不变集. 此外，用Λ记此不变集，则存在同胚$\phi:\Lambda\to\Sigma_A^N$，使得下面的图可交换

$$\begin{array}{ccc} \Lambda & \xrightarrow{f} & \Lambda \\ \phi \downarrow & & \downarrow \phi . \\ \Sigma_A^N & \xrightarrow{\sigma} & \Sigma_A^N \end{array} \qquad (2.4.14)$$

关于定理 2.4.3，我们做以下说明.

（1）如果 A 是不可约的，则 Λ 是曲面的 Cantor 集，见 2.2 节.

（2）下面我们更详细地讨论表达式 $\Lambda \xrightarrow{f} \Lambda$．短语“$\Lambda$ 是一个 p 维 Lipschitz 曲面的不变集”意味着任给点 $\tau \in \Lambda$，$f(\tau)$ 也是 Λ 的一 [160] 个元素，因此是 p 维 Lipschitz 曲面. 从而表达式 $\Lambda \xrightarrow{f} \Lambda$ 意味着限制 f 定义域中的点取为 Λ 中点，即作为 p 维 Lipschitz 曲面的点（注意， [161] 从某种意义上说，映射的定义域是映射定义的一部分，当 f 被视为限制在 Λ 时，重新命名 f 可能更有意义. 但我们不采用这个方法）.

（3）为了使得 ϕ 是一个同胚，赋予 Λ 一个拓扑是必须的. 做到这一点有两个方法：

第一个方法是利用 Λ 的元素可表为 Lipschitz 函数的图像. 设 Lipschitz 函数 $u_1(z)$ 和 $u_2(z)$，$z \in \Omega$ 表示 Λ 的两个元素. 则 u_1 和 u_2 的图像之间的距离定义为

$$d(u_1,u_2) = \sup_{z\in\Omega} |u_1(z) - u_2(z)|.$$

这个度量足以定义 Λ 上的拓扑.

第二个方法是赋予 Λ 一个拓扑的方法简单地“模出（mod out）”z 方向并利用商拓扑.

（4）一个重要的特殊情形是当 Ω 是一个环面时. 此时 Λ 变成为一个环面集.

（5）假设 A 是不可约的，则我们得到下面结论：

（a）Λ 中存在可数无穷多个周期曲面.

（b）Λ 中存在不可数无穷多个非周期曲面.

（c）Λ 中存在一个曲面，沿着其上某点的轨道任意接近于 Λ 中每个其他曲面.

因此，人们可能认为在曲面法线方向的动力学与第 2.3 节中描述的双曲线情形相同的意义上是混沌的，而曲面切线方向的动力学是未知的. 定理 2.4.3 的证明. 这个定理的证明与定理 2.3.3 的证明完全相同. Ω 是环面情形时的详细情况见 Wiggins [1986a]. □

2.4c. 扇形丛

我们现在想给出一个更可计算的准则来改变 A2 中出现的扩展和 [162] 压缩估计. 该准则类似于第3节给出的双曲情形下的条件A3. 该条件同样可以根据 f 的导数作用于切向量的作用来表述. 其想法是在扩展和压缩方向上给出基本相同的条件，但使它们在 z 方向上一致. 我们 [163] 将对 f 提出以下附加要求.

R1. 设$\mathcal{H}=\bigcup\limits_{\substack{i,j\in S\\(A)_{ij}=1}} H_{ij}$和$\mathcal{V}=\bigcup\limits_{\substack{i,j\in S\\(A)_{ij}=1}} V_{ji}$，则$f$在$\mathcal{H}$上和$f^{-1}$在$\mathcal{V}$上是$C^1$的.

R2. 考虑在定义 2.4.1 给出的μ_h-水平片和μ_v-垂直片的定义. 我们加强 Lipschtiz 要求（2.4.3）和（2.4.4）如下：

（a）对每个x_1，$x_2\in I_x$，z_1，$z_2\in\Omega$，和某个$0\leqslant\mu_h<\infty$，$0\leqslant\bar{\mu}_h\leqslant\mu_h$我们有

$$|h(x_1,z_1)-h(x_2,z_2)|\leqslant\mu_h|x_1-x_2|+\bar{\mu}_h|z_1-z_2|. \quad (2.4.15)$$

（b）对每个y_1，$y_2\in I_y$，z_1，$z_2\in\Omega$，和某个$0\leqslant\mu_v<\infty$，$0\leqslant\bar{\mu}_v\leqslant\mu_v$我们有

$$|v(y_1,z_1)-v(y_2,z_2)|\leqslant\mu_v|y_1-y_2|+\bar{\mu}_v|z_1-z_2|. \quad (2.4.16)$$

下面我们定义在一点的稳定和不稳定扇形.

选择点$p_0\equiv(x_0,y_0,z_0)\in\mathcal{V}\bigcup\mathcal{H}$，在$p_0$的稳定记为$S_{p_0}^s$，定义如下：

$$S_{p_0}^s=\{(\xi_{p_0},\eta_{p_0},\chi_{p_0})\in\mathbb{R}^n\times\mathbb{R}^m\times\mathbb{R}^p\,\|\,\eta_{p_0}|\leqslant\mu_h|\xi_{p_0}|,|\eta_{p_0}|\leqslant\bar{\mu}_h|\chi_{p_0}|\}. \quad (2.4.17)$$

在p_0的不稳定扇形记为$S_{p_0}^u$，定义如下：

$$S_{p_0}^u=\{(\xi_{p_0},\eta_{p_0},\chi_{p_0})\in\mathbb{R}^n\times\mathbb{R}^m\times\mathbb{R}^p\,\|\,\xi_{p_0}|\leqslant\mu_v|\eta_{p_0}|,|\xi_{p_0}|\leqslant\bar{\mu}_v|\chi_{p_0}|\}. \quad (2.4.18)$$

几何说明如图 2.4.8.

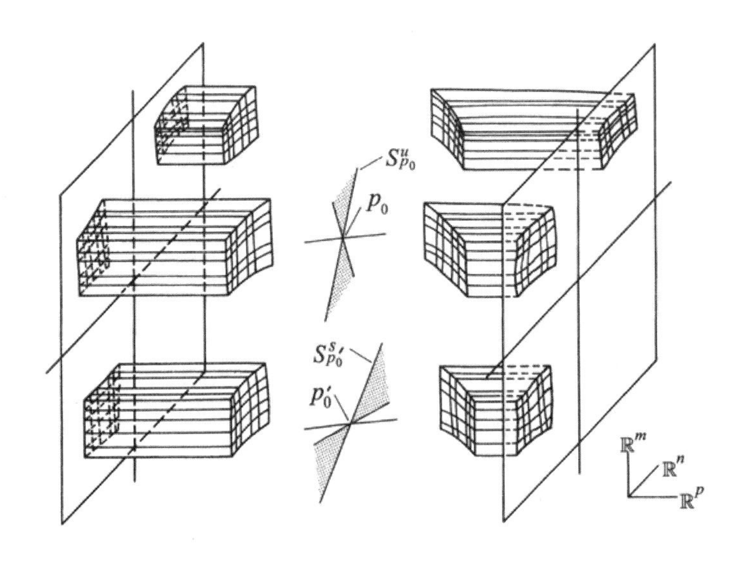

图 2.4.8 稳定和不稳定扇形
（注意，为了清楚起见，我们将水平板表示为切开形状）

[164]　定义扇形丛或锥向量场如下：

$$S_{\mathcal{H}}^{s}=\bigcup_{p_0\in\mathcal{H}}S_{p_0}^{s},$$
$$S_{\mathcal{V}}^{s}=\bigcup_{p_0\in\mathcal{V}}S_{p_0}^{s},$$
$$S_{\mathcal{H}}^{s}=\bigcup_{p_0\in\mathcal{H}}S_{p_0}^{u},\qquad(2.4.19)$$
$$S_{\mathcal{V}}^{u}=\bigcup_{p_0\in\mathcal{V}}S_{p_0}^{u}.$$

我们有下面的假设：

A3. $Df(S_{\mathcal{H}}^{u})\subset S_{\mathcal{V}}^{u}$ 和 $Df^{-1}(S_{\mathcal{V}}^{s})\subset S_{\mathcal{H}}^{s}$. 此外，如果 $(\xi_{p_0},\eta_{p_0},\chi_{p_0})\in S_{p_0}^{u}$ 和 $Df(p_0)(\xi_{p_0},\eta_{p_0},\chi_{p_0})=\left(\xi_{f(p_0)},\eta_{f(p_0)},\chi_{f(p_0)}\right)\in S_{f(p_0)}^{u}$，则对所有 $p_0\in\mathcal{H}$，[165] $(\xi_{p_0},\eta_{p_0},\chi_{p_0})\in S_{p_0}^{u}$，我们有：

（1）$\left|\eta_{f(p_0)}\right|\geqslant\left(\dfrac{1}{\mu_u}\right)|\eta_{p_0}|$，$0<\mu_u\leqslant 1-\mu_v\mu_h-\mu_h\bar{\mu}_v-\bar{\mu}_h$.

（2）$1<\dfrac{|\eta_{f(p_0)}|}{|\chi_{f(p_0)}|}$.

类似地，如果 $(\xi_{p_0},\eta_{p_0},\chi_{p_0})\in S_{p_0}^{s}$，并且

$$Df^{-1}(p_0)(\xi_{p_0},\eta_{p_0},\chi_{p_0})=\left(\xi_{f^{-1}(p_0)},\eta_{f^{-1}(p_0)},\chi_{f^{-1}(p_0)}\right)\in S_{f^{-1}(p_0)}^{s},$$

对所有 $p_0\in\mathcal{V}$，$(\xi_{p_0},\eta_{p_0},\chi_{p_0})\in S_{p_0}^{s}$，则我们有

（1）$\left|\xi_{f^{-1}(p_0)}\right|\geqslant\left(\dfrac{1}{\mu_s}\right)|\xi_{p_0}|$，$0<\mu_s\leqslant 1-\mu_v\mu_h-\mu_v\bar{\mu}_h-\bar{\mu}_v$.

（2）$1<\dfrac{|\xi_{f^{-1}(p_0)}|}{|\chi_{f^{-1}(p_0)}|}$.

关于 A3 我们做以下说明.

（1）条件 $f(S_{\mathcal{H}}^{u})\subset S_{\mathcal{V}}^{u}$ 和 $Df^{-1}(S_{\mathcal{V}}^{s})\subset S_{\mathcal{H}}^{s}$ 分别意味着在 f 和 f^{-1} 作用下保持水平方向和垂直方向，以及垂直片在 f 作用下的像和水平片在 f^{-1} 作用下的像不可能在 z 方向被“卷起”.

（2）对任何 $p_0\in\mathcal{H}$，$(\xi_{p_0},\eta_{p_0},\chi_{p_0})\in S_{p_0}^{u}$，条件 $\left|\eta_{f(p_0)}\right|\geqslant\left(\dfrac{1}{\mu_u}\right)|\eta_{p_0}|$ 意味着垂直方向在 f 作用下一致扩张. 类似地，对任何 $p_0\in\mathcal{V}$，$(\xi_{p_0},\eta_{p_0},\chi_{p_0})\in S_{p_0}^{s}$，条件 $\left|\xi_{f^{-1}(p_0)}\right|\geqslant\left(\dfrac{1}{\mu_s}\right)|\xi_{p_0}|$ 意味着水平方向在 f^{-1} 作用下一致扩张.

（3）条件$1<|\eta_{f(p_0)}|/|\chi_{f(p_0)}|$意味着在$f$映射下$\mu_v$-垂直片在$z$方向经历的“切变”是有界的. 类似地，条件$1<|\xi_{f^{-1}(p_0)}|/|\chi_{f^{-1}(p_0)}|$意味着在$f^{-1}$映射下$\mu_h$-水平片在$z$方向经历的“切变”是有界的. 我们将看到，这些条件对估计板的像的宽度很重要.

[166] 现在的思想是说明A3可以替代A2，然而，首先我们将导出一个初步估计，这将有助于估计板在f作用下的像的宽度.

设H是一个μ_h-水平板，$\bar{H}_1$和$\bar{H}_2$是包含在H内的不相交的μ_h-水平片，其中$\partial\bar{H}_1$和$\partial\bar{H}_2$包含在$\partial_v H$内. 我们用$I_x\times\Omega$表示函数$h_1(x,z)$和$h_2(x,z)$的定义域，$\bar{H}_1$和$\bar{H}_2$是它们的图像. 令$\bar{V}_1$和$\bar{V}_2$是包含在H内的不相交的μ_v-垂直片，其中$\partial\bar{V}_1$和$\partial\bar{V}_2$包含在$\partial_h H$内. 用$I_y^1\times\Omega$和$I_y^2\times\Omega$分别表示函数$v_1(y,z)$和$v_2(y,z)$的定义域，$\bar{V}_1$和$\bar{V}_2$是它们的图像. 设

$$\begin{aligned}\|h_1-h_2\|&=\sup_{(x,z)\in I_x\times\Omega}|h_1(x,z)-h_2(x,z)|,\\ \|v_1-v_2\|&=\sup_{(y,z)\in(I_y^1\cap I_y^2)\times\Omega}|v_1(y,z)-v_2(y,z)|.\end{aligned}\tag{2.4.20}$$

由引理2.4.2，$\bar{H}_1$与$\bar{V}_1$相交于唯一的p维Lipschitz连续曲面，称为τ_1，$\bar{H}_2$与$\bar{V}_2$相交于唯一的p维Lipschitz连续曲面，称为τ_2，设(x_1,y_1,z_1)和(x_2,y_2,z_2)分别是τ_1和τ_2上两个任意点. 几何图形说明如图2.4.9. [167]

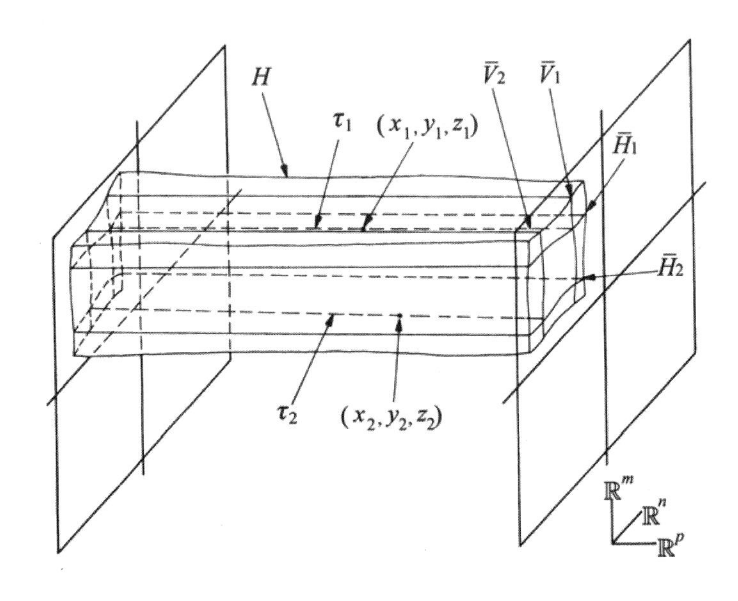

图2.4.9　H中的$\bar{H}_1$，$\bar{H}_2$，$\bar{V}_1$和$\bar{V}_2$的几何

我们有下面的引理.

引理 2.4.4.

$$|x_1-x_2|\leqslant\frac{1}{1-\mu_v\mu_h}[(\bar{\mu}_v+\mu_v\bar{\mu}_h)|z_1-z_2|+\mu_v\|h_1-h_2\|+\|v_1-v_2\|],$$

$$|y_1-y_2|\leqslant\frac{1}{1-\mu_v\mu_h}[(\bar{\mu}_h+\bar{\mu}_v\mu_h)|z_1-z_2|+\mu_h\|v_1-v_2\|+\|h_1-h_2\|].$$

证明：我们有

$$\begin{aligned}|x_1-x_2|&=|v_1(y_1,z_1)-v_2(y_2,z_2)|\\&\leqslant|v_1(y_1,z_1)-v_1(y_2,z_2)|+|v_1(y_2,z_2)-v_2(y_2,z_2)|\\&\leqslant\mu_v|y_1-y_2|+\bar{\mu}_v|z_1-z_2|+\|v_1-v_2\|,\end{aligned}\tag{2.4.21}$$

和

$$\begin{aligned}|y_1-y_2|&=|h_1(x_1,z_1)-h_2(x_2,z_2)|\\&\leqslant|h_1(x_1,z_1)-h_1(x_2,z_2)|+|h_1(x_2,z_2)-h_2(x_2,z_2)|\\&\leqslant\mu_h|x_1-x_2|+\bar{\mu}_h|z_1-z_2|+\|h_1-h_2\|.\end{aligned}\tag{2.4.22}$$

将（2.4.22）代入（2.4.21）得到第一个不等式，将（2.4.21）代入（2.4.22）得到第二个不等式. □

定理 2.4.5. 如果 A1 和 A3 成立，则 A2 成立，其中

$$\nu_h=\frac{\mu_u}{1-\mu_v\mu_h-\mu_h\bar{\mu}_v-\bar{\mu}_h}\text{ 和 }\nu_v=\frac{\mu_s}{1-\mu_v\mu_h-\mu_v\bar{\mu}_h-\bar{\mu}_v}$$

证明：证明过程与双曲情形下的类似定理 2.3.5 的证明大致相同. 然而，我们将包括一些细节，因为与非扩展方向相关的几何结构有些不同. 我们将证明 A2 中处理垂直板的这部分成立，因为处理水平板这部分的证明类似. 证明分为几步进行.

（1）设 $\bar{V}$ 是包含在 H_j 中的 μ_v-垂直片，使得也有 $\bar{V}\subset V_{ji}$，其中对满足 $(A)_{ij}=1$ 的某个 i，$j\in S$，$\partial\bar{V}\subset\partial_h H_j$. 然后证明对满足 $(A)_{jk}=1$ 的所有 $k\in S$，$f(V)\cap H_k\equiv\tilde{V}_k$ 是 μ_v-垂直片，其中，$\partial(f(\bar{V}))\subset\partial_h H_k$.

（2）设 $\bar{V}$ 是包含在 H_j 中的 μ_v-垂直板，使得对满足 $(A)_{ij}=1$ 的某个 i，$j\in S$，$\bar{V}\subset V_{ji}$. 然后我们利用 1）证明对使得 $(A)_{jk}=1$ 的所有 $k\in S$，$f(V)\cap H_k\equiv\tilde{V}_k$ 是包含在 H_k 中的 μ_v-垂直板.

[168]　（3）证明 $d(\tilde{V}_k)\leqslant\frac{\mu_s}{1-\mu_v\mu_h-\mu_v\bar{\mu}_h-\bar{\mu}_v}d(V)$.

第（1）步：设 $\bar{V}$ 是包含在 H_j 中的 μ_v-垂直片，使得对满足 $(A)_{ij}=1$ 的某个 i，$j\in S$，也有 $\bar{V}\subset V_{ji}$，其中 $\partial\bar{V}\subset\partial_h H_j$. 然后由引理 2.4.2，

使得对满足$(A)_{jk}=1$的所有$k\in S$，$\bar{V}$与H_{jk}相交. 现在A1成立，因此$f(\partial_h H_{jk})\subset\partial_h V_{kj}$，从而对每个使得$(A)_{jk}=1$的$k\in S$有$f\left(\partial\left(\bar{V}\cap H_{jk}\right)\right)\subset\partial_h V_{kj}$. 因此$f\left(\bar{V}\cap H_{jk}\right)$由$m+p$维集的族组成，其中$\partial\left(f\left(\bar{V}\cap H_{jk}\right)\right)\subset\partial_h V_{kj}$，如图2.4.10.

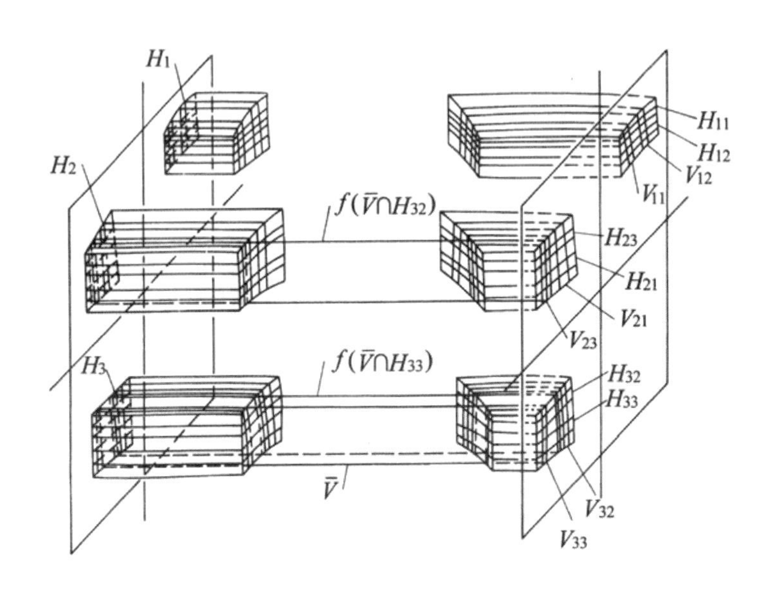

图2.4.10　$\bar{V}$和$f(\bar{V})$的几何

现在我们证明$f\left(\bar{V}\cap H_{jk}\right)$是$\mu_v$-垂直片. 由A3，对所有$p_0\in\mathcal{H}$，$Df$映$S_{\mathcal{H}}^u$到$S_{\mathcal{V}}^u$. 因此，对任何$(x_1,y_1,z_1)$，$(x_2,y_2,z_2)\in f\left(\bar{V}\cap H_{jk}\right)$，我们有

$$\begin{aligned}|x_1-x_2|&\leqslant\mu_v|y_1-y_2|,\\|x_1-x_2|&\leqslant\bar{\mu}_v|z_1-z_2|.\end{aligned}\qquad(2.3.23)$$

因此（2.4.23）允许我们得到，对每个使得$(A)_{jk}=1$的$k\in S$，　[169]
$f\left(\bar{V}\cap H_{jk}\right)$可表示为$(y,z)$变量的Lipschitz函数$\tilde{V}(y,z)$的图像，使得

$$\left|\tilde{V}(y_1,z_1)-\tilde{V}(y_2,z_2)\right|\leqslant\mu_v|y_1-y_2|+\bar{\mu}_v|z_1-z_2|.\qquad(2.4.24)$$

第（2）步：设$\bar{V}$是包含在H_j中的μ_v-垂直片，使得对满足$(A)_{ij}=1$的某个i，$j\in S$，也有$V\subset V_{ji}$. 于是对使得$(A)_{jk}=1$的所有$k\in S$，$\partial_h\left(V\cap H_{jk}\right)\subset\partial_h H_{jk}$. 应用第（1）步到每个$V\cap H_{jk}$的垂直边界的结果，我们看到，对每个使得$(A)_{jk}=1$的$k\in S$，$f\left(V\cap H_{jk}\right)\equiv\tilde{V}_k$是包含

在 H_k 中的 μ_v-垂直板. 此外，$\tilde{V}_k$ 是互不相交的.

第（3）步：现在我们证明 $d\left(\tilde{V}_k\right) \leqslant \frac{\mu_s}{1-\mu_v\mu_h-\mu_v\bar{\mu}_h-\bar{\mu}_v} d(V)$. 固定 k 并令 $p_0=(x_0, y_0, z_0)$ 和 $p_1=(x_1, y_1, z_1)$ 是 $\tilde{V}_k$ 具有相同 y 和 z 坐标的垂直边界上的两点，即 $y_0=y_1$ 和 $z_0=z_1$ 使得

$$d\left(\tilde{V}_k\right)=|p_0-p_1|=|x_0-x_1|, \qquad (2.4.25)$$

如图 2.4.11.

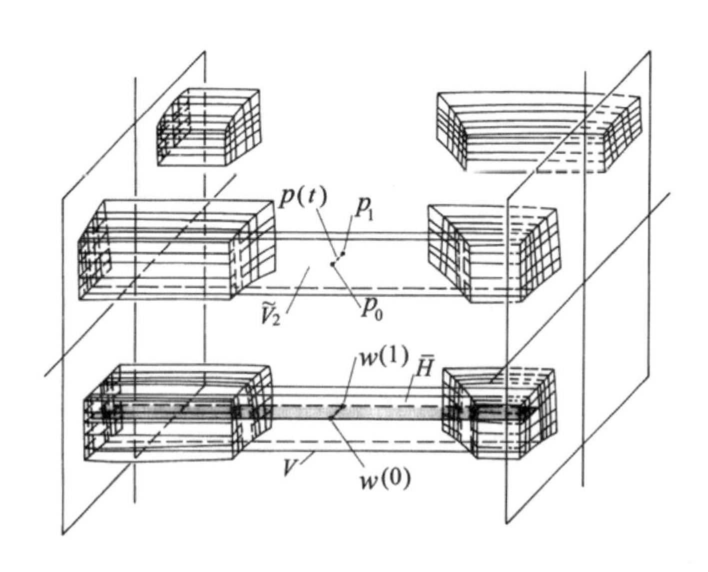

图 2.4.11　V_1 和 $\tilde{V}_2$（注意，为了清楚起见，图中省略了 $\tilde{V}_3$）

[170]　考虑直线

$$p(t)=(1-t)p_0+tp_1,\quad 0 \leqslant t \leqslant 1 \qquad (2.4.26)$$

和 $p(t)$ 在 f^{-1} 作用下的像，它是曲线 $w(t)=f^{-1}(p(t))$. 由 A1，$w(0)$ 和 $w(1)$ 是包含在 V 的垂直边界中的点，如图 2.4.11. 因此，$w(0)$ 包含在 $v_0(y,z)$ 的图像中，$w(1)$ 包含在 $v_1(y,z)$ 的图像中，其中 v_0 和 v_1 是 μ_v-垂直片. 由于 $p(t)$ 平行于平面 $y=z=0$，$p(t)$ 的切向量 $\dot{p}(t)$ 对 $0 \leqslant t \leqslant 1$ 包含在 $S_{\mathcal{V}}^s$ 中. 因此，$w(t)$ 位于某个 μ_h-水平片 $\bar{H}$ 中，其中 $\bar{H}$ 与 V 的垂直边界相交.

同样由 A3，$w(t)=(x(t), y(t), z(t))$ 的切向量 $\dot{w}(t)=Df^{-1}(p(t))\dot{p}(t)$ 包含在 $S_{\mathcal{H}}^s$，$0 \leqslant t \leqslant 1$ 中. 其中

$$|\dot{x}(t)| \geqslant \frac{1}{\mu_s}|\dot{p}(t)| \qquad (2.4.27)$$

和

$$1<\frac{|\dot{x}(t)|}{|\dot{z}(t)|},\tag{2.4.28}$$

其中$0\leqslant t\leqslant 1$.

由（2.4.27）和（2.4.28），我们得到

$$|p_0-p_1|\leqslant \mu_s|x(0)-x(1)|,\tag{2.4.29}$$

和

$$|x(0)-z(1)|<|x(0)-x(1)|.\tag{2.4.30}$$

利用引理2.4.4，我们得到

$$|x(0)-x(1)|\leqslant\frac{1}{1-\mu_v\mu_h}[(\bar{\mu}_v+\mu_v\bar{\mu}_h)|z(0)-z(1)|+\|v_0-v_1\|].\tag{2.4.31}$$

将（2.4.30）代入（2.4.31），得到

$$|x(0)-x(1)|\leqslant\frac{1}{1-\mu_v\mu_h-\mu_v\bar{\mu}_h-\bar{\mu}_v}\|v_0-v_1\|.\tag{2.4.32}$$

因此，由（2.4.25）（2.4.29）和（2.4.32），我们得到

$$d(\tilde{V}_k)\leqslant\frac{\mu_s}{1-\mu_v\mu_h-\mu_v\bar{\mu}_h-\bar{\mu}_v}d(V),\tag{2.4.33}$$

它对每个使得$(A)_{jk}=1$的$k\in S$成立. □

第 3 章　同宿运动和异宿运动

这一章我们将研究动力系统中的同宿轨道和异宿轨道的一些结论. 研究这些特殊轨道的部分动机来自这样一个事实，即近年来，同宿轨道和异宿轨道通常是物理系统中数值观察到的混沌和瞬态混沌的机制. 下面我们将用具体例子加以说明. [171]

3.1. 例子和定义

本节的目的是介绍同宿运动和异宿运动的概念. 为此，我们将首先给出一些出现同宿和异宿运动的具体物理系统的例子，以便读者对此类例子有一定的敏感度. 在此之后，我们将给出同宿轨道和异宿轨道的具体数学定义.

例 3.1.1. 单摆. 考虑质量为 m 的质点，通过长度为 L 的无重力刚性杆悬挂在支架上，并在重力影响下移动，如图 3.1.1 所示（此处忽略耗散效应，如风阻）.

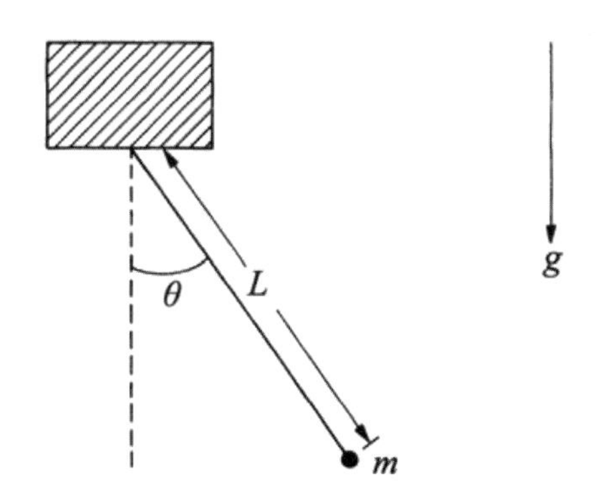

图 3.1.1　单摆

重尺度化后的无量纲变量的摆的运动方程可以写为

$$\ddot{\theta}+\sin\theta=0\,, \tag{3.1.1}$$

或者化为一个系统

$$\begin{aligned}\dot{\theta}&=v,\\ \dot{v}&=-\sin\theta,\end{aligned}\qquad (\theta,v)\in T^1\times\mathbb{R}. \tag{3.1.2}$$

[172] 这个单摆的相空间是圆柱面 $T^1\times\mathbb{R}$，并有图 3.1.2 所示的结构，其中 $\theta=\pi$ 和 $\theta=-\pi$ 等同.

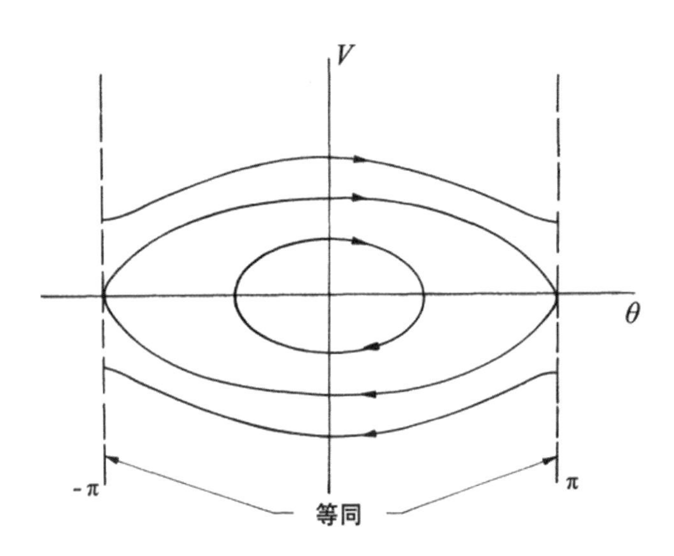

图 3. 1. 2　单摆的相空间

由图 3. 1. 2 看出，摆有两个平衡位置，一个稳定的在 $(\theta,v)=(0,0)$，对应垂直向下的质点，一个不稳定的在 $(\theta,v)=(\pi,0)=(-\pi,0)$，对应垂直直立的质点. 我们也看到，存在两个连接不稳定平衡点到它自身的轨道，这些对应按时间渐近趋于不稳定位置（注意：没有轨线在有限时间趋于不稳定位置，因为平衡点位置本身是（3. 1. 2）的解，而我们有解的唯一性）. 存在两个这种轨线，因为摆可以按顺时针方向或逆时针方向旋转. 这两个特殊轨道称为在 $(\theta,v)=(0,0)$ 的不稳定不动点的同宿轨道. [173]

应该清楚，同宿轨道是由 $(\theta,v)=(0,0)$ 的稳定和不稳定流形的（非横截）交组成. 我们将看到，同宿轨道的这个特征非常有用. 在这个例子中同宿轨道并不显示如何进行复杂运动，仅仅将两个性质不同的运动分开，即将同宿轨道内的自由运动和同宿轨道外的旋转运动分开. 回忆在平面常微分方程中，分界线通常指的就是同宿轨道. 这是因为 1 维轨道将 2 维相平面分成两个不相交的部分.

例 3. 1. 2.　弯曲梁. Moon 和 Holmes（见 Moon[1980]，Holmes [1979]）在实验和理论上对这个系统进行了广泛的研究，该系统由一个细长的悬臂梁组成，该悬臂梁在两个永久磁体的磁场中弯曲. 实验装置如图 3. 1. 3 所示.

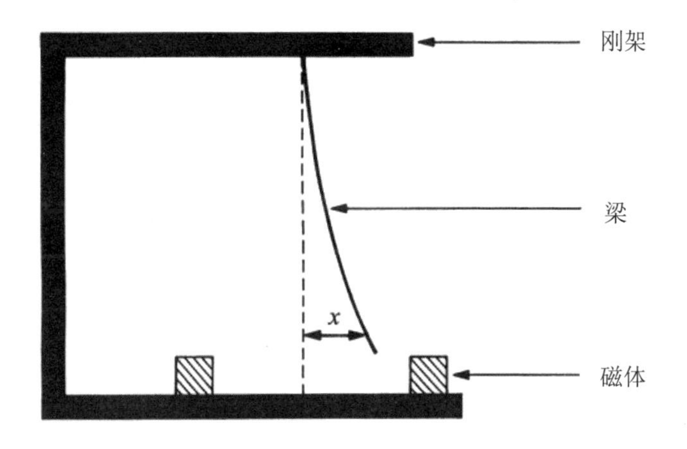

图 3.1.3　磁场中的弹性梁

已经证明，在某些参数范围内，梁的第一种振动模式可以通过以下 Duffing 方程的标准化形式

$$\ddot{x} - x + x^3 = 0 \tag{3.1.3}$$

或者系统

$$\begin{aligned} \dot{x} &= y, \\ \dot{y} &= x - x^3, \end{aligned} \quad (x, y) \in \mathbb{R}^1 \times \mathbb{R}^1 \tag{3.1.4}$$

来充分描述. 这个系统的相空间如图 3.1.4 所示.

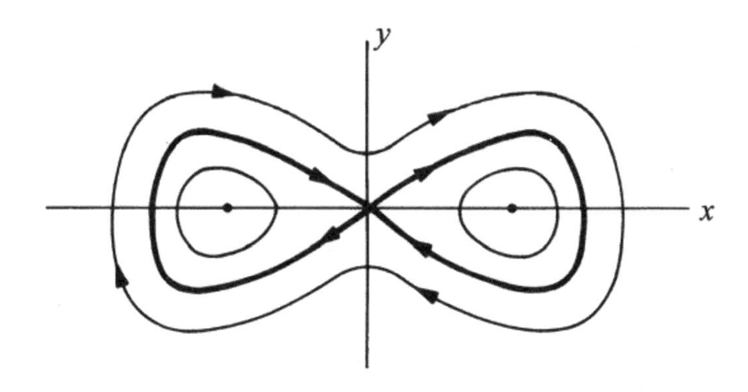

图 3.1.4　梁的相空间

系统在 $(x, y) = (0,0)$ 处有一个不稳定平衡点，对应于梁位于两个磁体之间的中间位置. 这个不稳定平衡点通过两个同宿轨道与其自身相连，这些轨道对应于在两个时间方向上渐近趋于不稳定平衡点的运动. [174] 因此，同宿轨道由 $(x, y) = (0,0)$ 的稳定和不稳定流形的（非横截）交刻

画（注意：由系统的反射不变性，该系统有两个同宿轨道）．与单摆的情况一样，这里的同宿轨道并不表示任何复杂运动，而只是在两个性质不同的运动之间形成一道边界（分界线）．

然而，假设我们用 $\gamma\cos\omega t$ 给这个系统一个水平小振幅的周期强迫力，γ 为小正数，此时运动方程为 [175]

$$\begin{aligned}\dot{x}&=y,\\ \dot{y}&=x-x^3+\gamma\cos\omega t,\end{aligned}\qquad (x,y)\in\mathbb{R}^1\times\mathbb{R}^1,\tag{3.1.5}$$

或者扩展为系统

$$\begin{aligned}\dot{x}&=y,\\ \dot{y}&=x-x^3+\gamma\cos\theta,\\ \dot{\theta}&=\omega,\end{aligned}\qquad (x,y,\theta)\in\mathbb{R}^1\times\mathbb{R}^1\times T^1.\tag{3.1.6}$$

可以证明（见 Guckenheimer 和 Holmes [1983]或本书第 4 章），在强迫系统中，对充分小 γ，现在不稳定平衡点变成不稳定周期轨道，周期 $2\pi/\omega$．此外，对参数 γ 和 ω 的某些值，这个不稳定周期轨道的 2 维稳定和不稳定流形可能会在相空间 $\mathbb{R}^1\times\mathbb{R}^1\times T^1$ 中横截相交，从而产生如图 3. 1. 5 所示的图像.

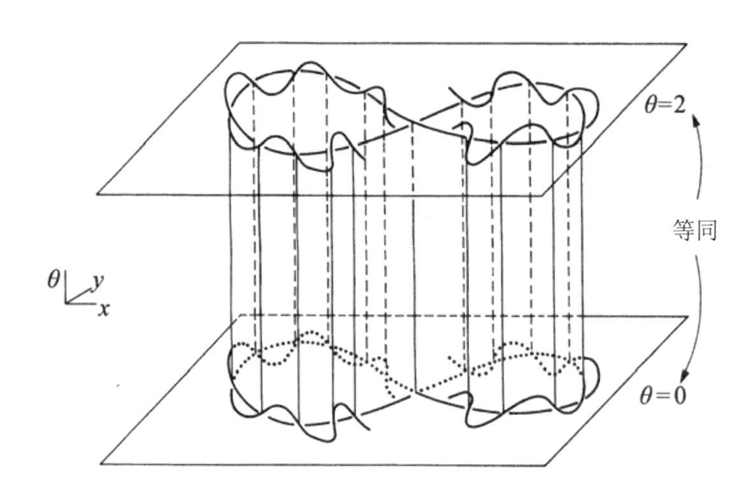

图 3. 1. 5　强迫梁的相空间

在这种情况下，不稳定周期轨道的稳定和不稳定流形的交位于两个时间方向上且渐近于不稳定周期轨道的同宿轨道. [176]

通过考虑相关的 2 维 Poincaré 映射（参见第 1. 6 节），与这些同宿轨道相关的复杂几何现象变得更加清晰．我们构造（3. 1. 6）的 3 维相空间中的 2 维截面 Σ 如下

$$\Sigma=\{(x,y,\theta)\mid\theta=0\in(0,2\pi]\}.\tag{3.1.7}$$

于是 Σ 到它自身的 Poincaré 映射定义为

$$P: \Sigma \to \Sigma,$$
$$(x(0), y(0)) \mapsto \left(x\left(\frac{2\pi}{\omega}\right), y\left(\frac{2\pi}{\omega}\right) \right). \tag{3.1.8}$$

借助 Poincaré 映射，不稳定周期轨道表现为一个不稳定不动点，它的稳定和不稳定流形如图 3. 1. 6 所示.

图 3. 1. 6　Poincaré 映射的同宿轨道

图3. 1. 6描绘了Poincaré [1899]在研究三体问题期间首次发现的熟悉的同宿缠结. 我们将看到，这种现象意味着存在 Smale 马蹄及其伴随的混沌动力学.

对这个特殊例子的更详细动力学见 Guckenheimer 和 Holmes[1983]的第 2 章.

例 3. 1. 3.　刚体动力学.

刚体自由运动的 Euler 方程为

$$\begin{aligned} \dot{m}_1 &= \frac{I_2 - I_3}{I_2 I_3} m_2 m_3, \\ \dot{m}_2 &= \frac{I_3 - I_1}{I_1 I_3} m_1 m_3, \qquad (m_1, m_2, m_3) \in \mathbb{R}^1 \times \mathbb{R}^1 \times \mathbb{R}^1. \\ \dot{m}_3 &= \frac{I_1 - I_2}{I_1 I_2} m_1 m_2. \end{aligned} \tag{3.1.9}$$

其中 $I_1 \geqslant I_2 \geqslant I_3$ 是关于主体固定轴的惯性矩，$m_i = I_i \omega_i$，$i = 1,2,3$ 是关于第 i 个主轴的角速度（见 Goldstein [1980]）. [177]

这些方程有两个运动常数

$$\begin{aligned} H &= \frac{1}{2}\left(\frac{m_1^2}{I_1} + \frac{m_2^2}{I_2} + \frac{m_3^2}{I_3} \right), \\ l^2 &= m_1^2 + m_2^2 + m_3^2. \end{aligned} \tag{3.1.10}$$

因此，（3. 1. 9）的轨道是椭球面 $H =$ 常数与球面 $l^2 =$ 常数的交. 球面上的流有鞍点 $(0, \pm l, 0)$ 和中心 $(0, 0, \pm l)$. 鞍点由 4 条轨道连接，如图 3. 1. 7 所示. 这 4 个轨道具有以下特性：通过轨道上的点的轨线在 $t \to +\infty$ 时趋于其中一个鞍点，而在 $t \to -\infty$ 时趋于另一个鞍点. 这些轨道称为不动点 $(0, \pm l, 0)$ 的异宿轨道.

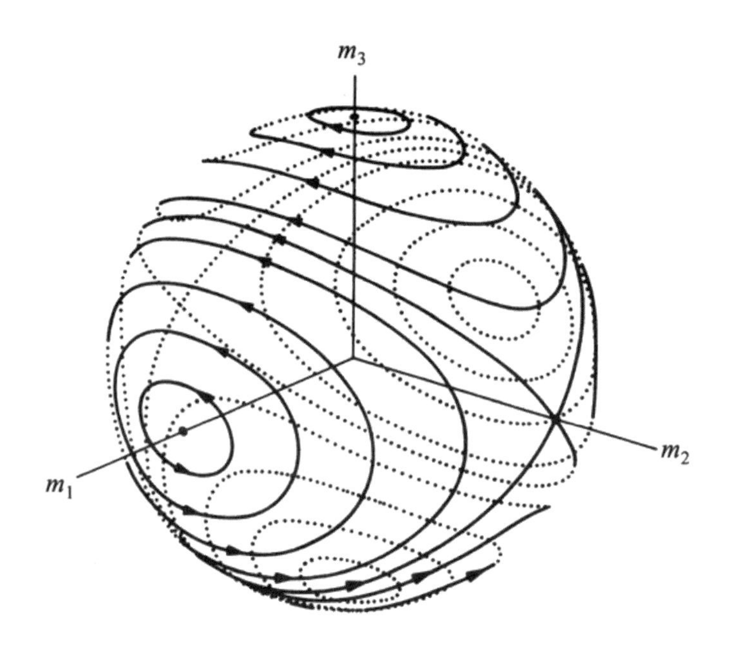

图 3. 1. 7 （3. 1. 9）的相空间，其中 l 固定

[178] 当刚体自由运动受到附加的扰动以后，可产生类似于例 3. 1. 2 中的混沌运动.

例 3. 1. 4. 时变应变场中的点涡.

图 3. 1. 8 中描绘了由一对相距 $2d$ 且具有环流 $\pm\Gamma$ 的平移点涡引起的流体流动. 这个运动可看作一个随点涡速度 $v=\Gamma/4\pi d\hat{e}_x$ 移动的框架的运动.

这个流的流函数是 Lamb[1945]找到的，给出如下：

$$\psi_0=-\frac{\Gamma}{4\pi}\log\left[\frac{(x-x_v)^2+(y-y_v)^2}{(x-x_v)^2+(y+y_v)^2}\right]-\frac{\Gamma y}{4\pi d},\qquad(3.1.11)$$

其中 (x_v,y_v) 是点涡在上半平面中的位置，同样要注意，ψ_0 关于 x 轴对称. 对由（3. 1. 11），$(x_v,y_v)=(0,d)$ 定义的速度场，流体质点的运动方程为

$$\begin{aligned}\frac{\mathrm{d}x}{\mathrm{d}t}&=\frac{\partial\psi_0}{\partial y},\\ \frac{\mathrm{d}y}{\mathrm{d}t}&=-\frac{\partial\psi_0}{\partial x}.\end{aligned}\qquad(3.1.12)$$

方程（3. 1. 12）有驻点 $p_\pm=(\pm\sqrt{3},0)$，它们通过三条由

$$\psi_0(x,y)=0，\ |x|\leqslant\sqrt{3}d\qquad(3.1.13)$$

定义的流线 ψ_{0+}，ψ_{00}，ψ_{0-} 相互连接. 从 ψ_{0+}，ψ_{00}，ψ_{0-} 上出发的流体

质点的运动路径称为 p_+ 和 p_- 的异宿轨道. 特别地，流体质点从 ψ_{0+} 和 ψ_{0-} 上出发当 $t \to +\infty$ 时趋于 p_-，当 $t \to -\infty$ 时趋于 p_+，而从 ψ_{00} 上出发的流体质点当 $t \to -\infty$ 时趋于 p_-，当 $t \to +\infty$ 时趋于 p_+.

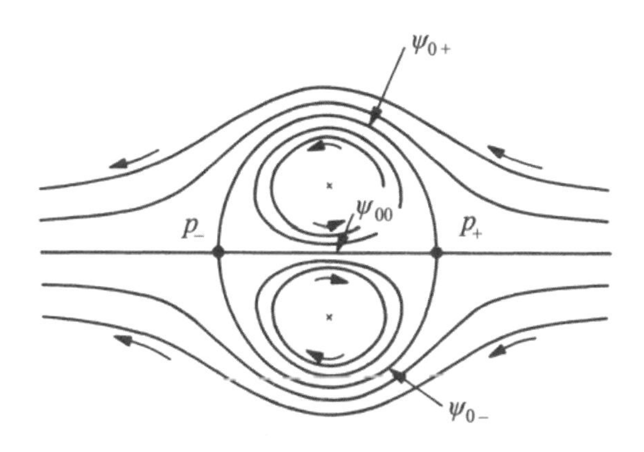

图 3. 1. 8　由一对平移点涡引起的流

下面考虑加上时间周期位势流的影响，即

$$\psi = \psi_0 + \psi_\varepsilon , \tag{3. 1. 14}$$

其中

$$\psi_\varepsilon = \varepsilon xy\omega \sin \omega t + v_\varepsilon y , \tag{3. 1. 15}$$

其中常数平移速度 v_ε 包含在坐标变换的预期中，并且通过要求点涡具有零漂移速度确定. 这种流满足 Euler 方程，并通过例如波浪壁通道中的点涡对的运动产生. 所得的点涡运动相对简单. 引入无量纲参数 [179]

$$a = \frac{\Gamma}{2\pi\omega d^2} , \tag{3. 1. 16}$$

和无量纲变量 $(x/d, y/d) \to (x, y)$，$\omega t \to t$，$v_\varepsilon / d\omega \to v_\varepsilon$，对 $(x_v(0), y_v(0)) = (0,1)$ 计算点涡的运动，得到

$$x_v(t) = \exp(-\varepsilon \cos t)\int_0^t \exp(\varepsilon \cos t')\left\{\frac{a}{2}[\exp(-\varepsilon(\cos t' - 1)) - 1] + v_\varepsilon\right\}\mathrm{d}t' , \tag{3. 1. 17a}$$

$$y_v(t) = \exp(\varepsilon(\cos t - 1)) , \tag{3. 1. 17b}$$

其中

$$v_\varepsilon = \frac{a}{2}\left[1 - \frac{\exp(\varepsilon)}{I_0(\varepsilon)}\right] , \tag{3. 1. 18}$$

这里的 $I_0(\varepsilon)$ 是零阶变形 Bessel 函数.

[180] 流体质点的运动方程为

$$\begin{aligned}\dot{x}&=\frac{\partial\psi_0}{\partial y}(x,y;x_v(t),y_v(t))+\frac{\partial\psi_\varepsilon}{\partial y}(x,y,t),\\ \dot{y}&=-\frac{\partial\psi_0}{\partial y}(x,y;x_v(t),y_v(t))-\frac{\partial\psi_\varepsilon}{\partial x}(x,y,t),\end{aligned}\tag{3.1.19}$$

其中（3. 1. 19）中对 $(x_v(t),y_v(t))$ 的表达式由（3. 1. 17a）和（3. 1. 17b）给出. 方程（3. 1. 19）具有周期为 2π 的时间周期平面向量场的形式，并且最方便的是通过研究由

$$P:\left(x(t_0),y(t_0)\right)\to\left(x(t_0+2\pi),y(t_0+2\pi)\right)\tag{3.1.20}$$

给出的相关 2 维 Poincaré 映射来进行分析，其中 t_0 是映射的相截时间. 对 $\varepsilon=0$，如图 3. 1. 9 所示的流线是映射的不变曲线. 特别地，这个映射有两个双曲鞍点

$$p_\pm=(\pm\sqrt{3},0),\tag{3.1.21}$$

p_+ 的不稳定流形与 p_- 的稳定流形重合. 这些流形也是异宿轨道，并且由上面以维数形式定义的流线 $\psi_{0\pm}$ 定义.

现在对小的 $\varepsilon\neq 0$，不动点 $p_\pm$ 保持，记为 $p_{\pm,\varepsilon}$，流线 ψ_{00} 保持不破，但是，$p_{\pm,\varepsilon}$ 的稳定和不稳定流形的其余分支相交于一个离散点集，导致如图 3. 1. 9 所示的复杂的几何结构.

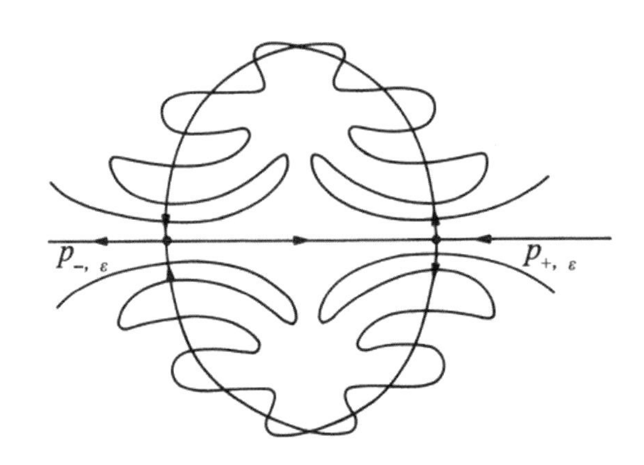

图 3. 1. 9　对小 $\varepsilon\neq 0$ 的（3. 1. 19）的 Poincaré 映射

Poincaré 映射的异宿点（即，在正时间方向渐近趋于 $p_{+\varepsilon}$，负时间方向渐近趋于 $p_{-\varepsilon}$ 的点）负责混沌质点的轨线以及该流的混合和传递性质. 关于这个问题的更详细信息见 Rom-Kedar，Leonard 和 Wiggins[1988].

例 3. 1. 5.　偏微分方程的行波解.

考虑分别记为 x 和 t 的 1 维空间和一个时间变量的偏微分方程. 作变量变换 $z=x+ct$，得到一个常微分方程，其解表示传播速度为 ε 的

行波. 常微分方程中的同宿轨道和异宿轨道代表偏微分方程中的孤立波. 更多信息见 Conley[1975]，Feroe[1982]，Glendinning[1987]，Hastings[1982]，Kopell[1977]和 Smoller[1983]. [181]

例 3. 1. 6.　相转移.

在连续介质力学中，同宿轨道和异宿轨道通常作为分隔连续体为两个不同相结构而出现. 更具体地说，它们可能出现在 Euler-Lagrange 方程的相空间中，该方程与最小化系统的某种能量泛函有关. 更多信息见 Carr[1983]，Coullet 和 Elphick[1987]，Slemrod[1983]，以及 Slemrod 和 Marsden[1985].

现在我们给出同宿轨道和异宿轨道的一般定义.

定义 3. 1. 1. 设 V 是动力系统（映射或流）的一个不变集，p 是动力系统相空间中的一点，假设 p 的轨道在 $t\to-\infty$ 时渐近趋于 V，且 $t\to+\infty$ 时也渐近趋于 V，则说 p 的轨道同宿于 V.

设 V_1 和 V_2 是动力系统的两个不相交的不变集，假设 p 的轨道在 $t\to-\infty$ 时渐近趋于 V_1，$t\to+\infty$ 时渐近趋于 V_2，则说 p 的轨道异宿于 V_1 和 V_2.

定义 3. 1. 1 对我们分析同宿和异宿轨道附近的轨道结构效果一般. [182] 但是，如果 V，V_1 和 V_2 使得它们都具有稳定和不稳定流形（例如，它们是双曲的或正规双曲的），则定义 3. 1. 1 可以交替叙述如下.

定义 3. 1. 2. 设 V，V_1，V_2 和 p 如上设定，称 p 的轨道同宿于 V，如果 p 同时位于 V 的稳定和不稳定流形上.

p 的轨道异宿于 V_1 和 V_2，如果 p 位于 V_1 的不稳定流形和 V_2 的稳定流形上.

点 p 称为同宿（相应地，异宿）点，如果 V（相应地，V_1 和 V_2）的稳定流形和不稳定流形横截相交于 p，则 p 称为横截同宿（相应地，异宿）点.

本书我们将对不变集是不动点、周期轨道或不变环面感兴趣. 在所有情形我们将假设不变集有双曲结构的某种类型.

3. 2. 常微分方程的双曲不动点的同宿轨道

现在我们研究常微分方程双曲不动点的同宿轨道附近的轨道结构. 我们试图回答以下三个问题.

（1）同宿轨道附近是否存在混沌性态？

（2）附近系统的性态是否持续存在？例如，当系统参数发生变化时.

（3）系统中对称性的影响是什么？

只有在最简单的情形下，我们才能对所有这三个问题给出完整的答案.

在开始对具体系统分析之前，我们将在 3. 2a 节中描述一般的分析技术. 在 3.2b 节我们将推导平面系统的经典分支结果，它可在 Andronov 等[1971]中找到. 在 3.2c 节中我们研究一个 3 阶系统，并证明同宿轨道附近可出现 Smale 马蹄. 在 3.2d 节中我们研究 4 阶系统的两个同宿轨道的例子. 在 3.2e 节中我们研究一个 4 阶 Hamilton 系统的双曲不动点的同宿轨道附近的轨道结构，在 3.2f 节中讨论在维数大于 4 的某些已知结果. [183]

3.2a. 分析技术

在进行对具体系统讨论之前，我们希望描述分析方法背后的基本思想以及介绍一些将简化我们后面工作的一般结果.

考虑以下形式的常微分方程

$$\dot{z}=F(z),\quad z\in\mathbb{R}^{s+u},\tag{3.2.1}$$

其中在某个开集 $U\subset\mathbb{R}^{s+u}$ 上 $F:U\to\mathbb{R}^{s+u}$ 是 C^r（$r\geqslant 2$ 是合乎需要的）的. 我们对（3.2.1）有下面假设.

A1. 方程（3.2.1）有双曲不动点 $z=z_0$. 特别地，假设矩阵 $DF(z_0)$ 有 s 个特征值具有负实部，u 个特征值具有正实部.

A2. 方程（3.2.1）有连接 z_0 到它自身的同宿轨道，即存在（3.2.1）的解 $\phi(t)$，使得 $\lim\limits_{t\to+\infty}\phi(t)=\lim\limits_{t\to-\infty}\phi(t)=z_0$.

我们的目的是研究同宿轨道附近的轨道结构. 这将通过在同宿轨道附近的 Poincaré 映射来实现. Poincaré 映射由两个映射的复合组成. 一个由在不动点附近的（基本上）线性流给出，另一个由沿着不动点邻域外的同宿轨道的（基本上）刚体运动给出. 单独 A1 和 A2 还不足以允许构造这样的 Poincaré 映射. 同宿轨道必须是非游荡集（见 1.1k 节）. 这在 2 维和 3 维中总是如此，但在 4 维和更高维中不必成立. 在我们目前的构造中，将引入这一假设，我们有必要为具体系统验证这一事实. 现在我们来描述同宿轨道邻域内 Poincaré 映射的构造. 这将通过以下几步来完成.

第 1～3 步. 在这几步中我们将不动点平移到原点，并证明原点的局部稳定和不稳定流形可用作局部坐标.

[184] 第 4 步. 研究原点附近的几何和建立向量场的截面.

第 5 步. 构造同宿轨道附近的 Poincaré 映射.

第 6 步. 构造一个更容易计算的近似 Poincaré 映射.

第 7 步. 我们给出的结果证明近似 Poincaré 映射的动力学如何与精确 Poincaré 映射的动力学相关.

现在我们开始构造.

第 1 步. 将不动点移到原点.

这是一个平凡的一步，为了完整性我们将它包括在内. 在仿射变换（即线性加平移）$w=z-z_0$ 下，（3.2.1）变成

$$\dot{w}=F(w+z_0)\equiv G(w),\tag{3.2.2}$$

显然（3.2.2）有不动点在 $w=0$.

第 2 步. 利用线性稳定和不稳定特征空间作为坐标系.

由假设 A2，$(s+u)\times(s+u)$ 矩阵 $DG(0)$ 有 s 个特征值具有负实部，u 个特征值具有正实部. 因此由线性代数，我们可以用一个线性变换使得 $DG(0)$ 有下面形式

$$DG(0)=\begin{pmatrix} A & O_{su} \\ O_{us} & B \end{pmatrix}, \tag{3.2.3}$$

其中 A 是 $s\times s$ Jordan 块，使得对角线元素都有负实部，B 是 Jordan 块，使得对角线元素都有正实部，O_{su}（相应地，O_{us}）表示 $s\times u$（相应地，$u\times s$）矩阵，它们的元素都是零. 利用相同的线性变换，非线性系统（3. 2. 2）可以变为形式

$$\begin{aligned} \dot{\xi} &= A\xi + F_1(\xi,\eta), \\ \dot{\eta} &= B\eta + F_2(\xi,\eta), \end{aligned} \quad (\xi,\eta)\in\mathbb{R}^s\times\mathbb{R}^u, \tag{3.2.4}$$

其中 F_1 和 F_2 是 C^{r-1} 类的，且满足

$$F_1(0,0)=F_2(0,0)=DF_1(0,0)=DF_2(0,0)=0\,. \tag{3.2.5}$$

（注意：对（3. 2. 5）我们要做一些说明. F_1 是 s 维向量，F_2 是 u 维向量，DF_1 是 $s\times(s+u)$ 矩阵，DF_2 是 $u\times(s+u)$ 矩阵，因此，严格地讲，（3. 2. 5）是不正确的，因为这个等号没有意义. 但是，（3. 2. 5）具有象征意义，因为 F_1，F_2，DF_1 和 DF_2 都等于适当空间中的零元素. （3. 2. 5）的另一种写法是 F_1，$F_2=\mathcal{O}(|\xi|^2+|\eta|^2)\equiv\mathcal{O}(2)$. ） [185]

第 3 步. 利用稳定和不稳定流形作为坐标系.

考虑线性系统

$$\begin{aligned} \dot{\xi} &= A\xi, \\ \dot{\eta} &= B\eta. \end{aligned} \tag{3.2.6}$$

由 1. 3 节我们知道，存在由 $\eta=0$ 给出的 s 维线性子空间 E^s 以及由 $\xi=0$ 给出的 u 维线性子空间 E^u，使得（3. 2. 6）从 E^s 出发的解当 $t\to+\infty$ 指数式衰减到原点，而从 E^u 出发的解当 $t\to-\infty$ 指数式衰减到原点. 对非线性问题（3. 2. 4），稳定和不稳定流形定理（见定理 1. 3. 7）告诉我们，存在 C^r 流形 W^s 和 W^u 交于原点，它们分别在原点切于 E^s 和 E^u，并有性质：（3. 2. 4）从 W^s 出发的解当 $t\to+\infty$ 指数式衰减到原点，（3. 2. 4）从 W^u 出发的解当 $t\to-\infty$ 指数式衰减到原点. 由于 W^s 和 W^u 分别切于 E^s 和 E^u，它们局部地可以表示为图像，即

$$\begin{aligned} W^s_{\text{loc}} &= \text{图}\,\phi_s(\xi), \\ W^u_{\text{loc}} &= \text{图}\,\phi_u(\eta), \end{aligned} \tag{3.2.7}$$

其中 $\phi_s(\xi)$ 和 $\phi_u(\eta)$ 分别是 $\mathcal{N}^s\subset\mathbb{R}^s\to\mathbb{R}^u$ 和 $\mathcal{N}^u\subset\mathbb{R}^u\to\mathbb{R}^s$ 的 C^r 映射，它们定义在原点的充分小邻域 $\mathcal{N}^s$ 和 $\mathcal{N}^u$ 内. 最终我们会对比较由（3. 2. 6）生成的线性流与由（3. 2. 4）在原点附近生成的非线性流感

兴趣. 为此，利用 W^s_{loc} 和 W^u_{loc} 而不是用 E^s 和 E^u 作为坐标系. 这由下面的变换来完成

$$(x,y)=(\xi-\phi_u(\eta),\eta-\phi_s(\xi)).\tag{3.2.8}$$

[186] 在（3.2.8）作用下，非线性方程（3.2.4）变成为

$$\begin{aligned}\dot{x}&=Ax+f_1(x,y),\\ \dot{y}&=By+f_2(x,y),\end{aligned}\quad (x,y)\in\mathbb{R}^s\times\mathbb{R}^u,\tag{3.2.9}$$

其中 f_1 和 f_2 是 $\mathcal{O}(2)$ 的，同样

$$f_1(0,y)=f_2(x,0)=0.\tag{3.2.10}$$

方程（3.2.10）反映了 $y=0$ 是原点的局部稳定流形，$x=0$ 是原点的局部不稳定流形. 我们强调，（3.2.10）仅仅在 $\mathcal{N}^s\times\mathcal{N}^u\subset\mathbb{R}^s\times\mathbb{R}^u$ 的某个邻域内局部有效，因为变换（3.2.8）仅仅是定义在 $\mathcal{N}^s\times\mathcal{N}^u$ 上的局部变换. 在 3.2b-3.2f 节，我们将假设所考虑的方程已经变到（3.2.9）的形式. 变换（3.2.8）的几何解释如图 3.2.1.

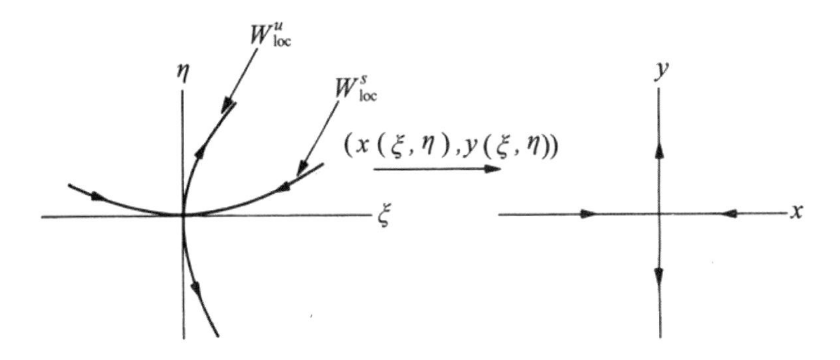

图 3.2.1　变换（3.2.8）的几何解释

第 4 步. 向量场在原点附近的几何结构.

我们将 $\phi(t)$ 在经过上述第 1，2 和 3 步的变换后得到的同宿轨道表示为 $\psi(t)$. 因此，我们有 $\lim\limits_{t\to+\infty}\psi(t)=\lim\limits_{t\to-\infty}\psi(t)=0$. 注意到，局部坐标系（3.2.8）中的向量场可以通过选择适当“冲击函数”光滑地与 $\mathcal{N}^s\times\mathcal{N}^u$ 之外的向量场连接，参见 Spivak[1979]. 考虑下面的 $s+u-1$ 维集合 [187]

$$\begin{aligned}C^s_\varepsilon&=\{(x,y)\in\mathbb{R}^s\times\mathbb{R}^u\,\big|\,|x|=\varepsilon,\ |y|<\varepsilon\},\\ C^u_\varepsilon&=\{(x,y)\in\mathbb{R}^s\times\mathbb{R}^u\,\big|\,|x|<\varepsilon,\ |y|=\varepsilon\},\end{aligned}\tag{3.2.11}$$

和它们相应的闭包

$$\begin{aligned}\bar{C}^s_\varepsilon&=\{(x,y)\in\mathbb{R}^s\times\mathbb{R}^u\,\big|\,|x|=\varepsilon,\ |y|\leqslant\varepsilon\},\\ \bar{C}^u_\varepsilon&=\{(x,y)\in\mathbb{R}^s\times\mathbb{R}^u\,\big|\,|x|\leqslant\varepsilon,\ |y|=\varepsilon\}.\end{aligned}\tag{3.2.12}$$

假设选择 ε 充分小，使得 $\bar{C}^s_\varepsilon$ 和 $\bar{C}^u_\varepsilon$ 包含在 $\mathcal{N}^s\times\mathcal{N}^u$ 中. 我们定义原点的

下面邻域

$$\mathcal{N}=\{(x,y)\in\mathbb{R}^s\times\mathbb{R}^u \mid |x|\leqslant\varepsilon,\ |y|\leqslant\varepsilon\},\tag{3.2.13}$$

则容易看到，$\bar{C}_\varepsilon^s$ 和 $\bar{C}_\varepsilon^u$ 组成 $\mathcal{N}$ 的边界.

设 $n^s(x,y)$ 表示 C_ε^s 在点 $(x,y)\in C_\varepsilon^s$ 的单位法向量，类似地，设 $n^u(x,y)$ 表示 C_ε^u 在点 $(x,y)\in C_\varepsilon^u$ 的单位法向量. 回忆 1.6 节，只要

$$\begin{aligned}&n^s(x,y)\cdot(Ax+f_1(x,y),By+f_2(x,y))\neq 0,\ \forall(x,y)\in C_\varepsilon^s,\\&n^u(x,y)\cdot(Ax+f_1(x,y),By+f_2(x,y))\neq 0,\ \forall(x,y)\in C_\varepsilon^u,\end{aligned}\tag{3.2.14}$$

C_ε^s 和 C_ε^u 就是向量场（3.2.9）的截面.

我们有下面的命题.

命题 3.2.1. 对充分小的 ε，C_ε^s 和 C_ε^u 是向量场（3.2.9）的截面. 此外，（3.2.9）在 C_ε^s 严格指向 $\mathcal{N}$ 的内部，以及（3.2.9）在 C_ε^u 严格指向 $\mathcal{N}$ 的外部.

证明： 利用 A 有负实部的特征值和 B 有正实部的特征值的事实，这个容易计算. □

在计算 Poincaré 映射时，稳定流形与 C_ε^s 的交和不稳定流形与 C_ε^u 的交的表达式

$$\begin{aligned}S_\varepsilon^s&=\{(x,y)\in\mathbb{R}^s\times\mathbb{R}^u \mid |x|=\varepsilon,\ |y|=0\},\\S_\varepsilon^u&=\{(x,y)\in\mathbb{R}^s\times\mathbb{R}^u \mid |x|=0,\ |y|=\varepsilon\}.\end{aligned}\tag{3.2.15}$$

[188] 是有用的. 原点附近的向量场的几何说明如图 3.2.2.

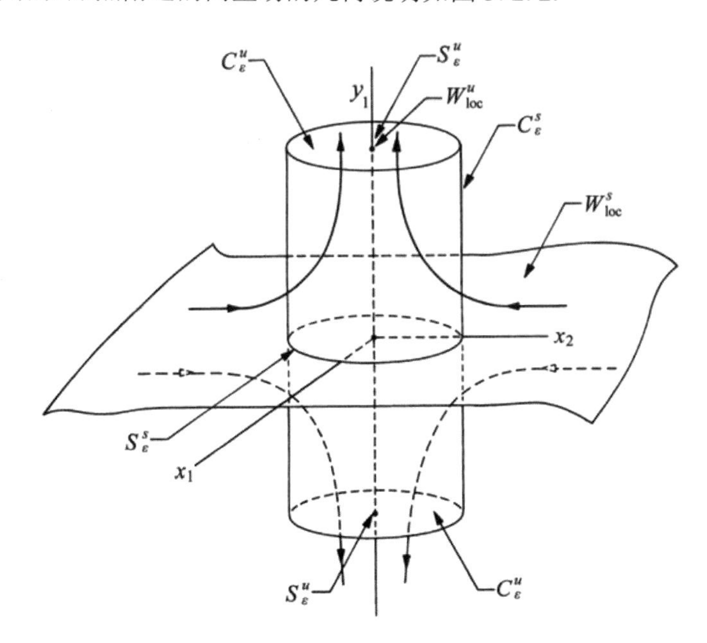

图 3.2.2　向量场在原点附近几何，$s=2$，$u=1$

第 5 步. Poincaré 映射的构造.

现在我们描述在同宿轨道附近定义的Poincaré 映射的构造. 如在前面提到的，Poincaré 映射由两个映射的复合组成，一个在原点邻域内定义，另一个在原点邻域外沿着$\psi(t)$定义. 我们将分别讨论每个映射.

（a）原点附近的映射.

考虑集合$C_\varepsilon^s - S_\varepsilon^s$和$C_\varepsilon^u - S_\varepsilon^u$. 由命题 3. 2. 1，对充分小$\varepsilon$，$C_\varepsilon^s - S_\varepsilon^s$中的点在由（3. 2. 9）产生的流的作用下到达$C_\varepsilon^u - S_\varepsilon^u$. 记由（3. 2. 9）产生的流为 [189]

$$\phi(t,x_0,y_0)=(x(t,x_0,y_0),y(t,x_0,y_0)). \qquad (3.2.16)$$

假设$(x_0,y_0)\in C_\varepsilon^s - S_\varepsilon^s$，则$(x_0,y_0)$在方程

$$|y(T,x_0,y_0)|=\varepsilon \qquad (3.2.17)$$

的解，时间$T=T(x_0,y_0)$到达$C_\varepsilon^u - S_\varepsilon^u$.（注意：$y_0\to 0$时$T(x_0,y_0)$对数式$\to +\infty$）.

我们定义映射

$$\begin{aligned} &P_0: C_\varepsilon^s - S_\varepsilon^s \to C_\varepsilon^u - S_\varepsilon^u,\\ &(x_0,y_0)\mapsto \big(x(T(x_0,y_0),x_0,y_0),y(T(x_0,y_0),x_0,y_0)\big), \end{aligned} \qquad (3.2.18)$$

其中$T(x_0,y_0)$是（3. 2. 17）的解，这里的(x_0,y_0)看作是固定的.

（b）沿着$\psi(t)$远离原点定义的映射.

设α和β分别记同宿轨道与C_ε^u的交点. 又设U_α是α在C_ε^u中的邻域，U_β是β在C_ε^s中的邻域. 现在，由于α和β位于同宿轨道$\psi(t)$上，存在有限时间τ，使得$\phi(\tau,\alpha)=\beta$. 由于这个流是C^r（$r\geqslant 2$）的，因此可以选择U_α充分小，使得$\phi(\tau(u),u)\subset U_\beta$，$u\in U_\alpha$，其中$\tau(u)$是点$u\in U_\alpha$到达$U_\beta$所需要的时间. 因此，我们定义映射

$$\begin{aligned} &P_1: U_\alpha \to U_\beta,\\ &u\mapsto \phi(\tau(u),u). \end{aligned} \qquad (3.2.19)$$

（c）Poincaré 映射.

现在$U_\beta\subset C_\varepsilon^s$和$U_\alpha\subset C_\varepsilon^u$. 假设可以选择一个开集$V_\beta\subset U_\beta$，使得

$$P_0(V_\beta)\subset U_\alpha. \qquad (3.2.20)$$

如果我们能够做到这一点，我们就定义了 Poincaré 映射

$$P\equiv P_1\circ P_0: V_\beta\to U_\beta. \qquad (3.2.21)$$

如图 3. 2. 3.

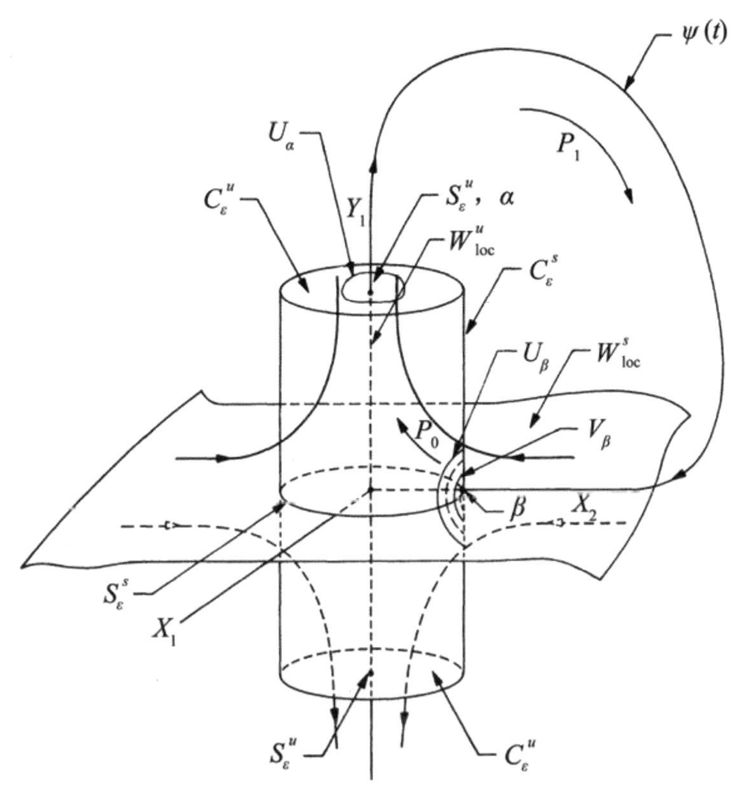

图 3. 2. 3　Poincaré 映射 $P = P_1 \circ P_0$

条件（3. 2. 20）并不总能满足，仅当这一节开始给出的 A1 和 A2 成立时满足（但是，它在 2 维和 3 维始终满足），下一节我们将逐一讨论其适用性. [190]

第 6 步. 近似 Poincaré 映射.

我们研究同宿轨道附近轨道结构的方法将包括构造一个类似于刚才描述的 Poincaré 映射，然后研究其动力学. 然而，从映射的定义来看，很明显，要构造映射，必须首先求解由（3. 2. 9）生成的流. 但一般来说这是不可能的. 相反，我们将构建一个近似 Poincaré 映射，它将再现我们感兴趣研究的精确 Poincaré 映射的动力学.

近似 Poincaré 映射由两个映射复合而成. [191]

（a）原点附近的近似映射.

由向量场（3. 2. 9）关于原点的线性化所产生的流为

$$\phi(t, x_0, y_0) = \left(\mathrm{e}^{At} x_0, \mathrm{e}^{Bt} y_0\right), \tag{3. 2. 22}$$

定义映射

$$\begin{aligned} P_0^L : C_\varepsilon^s - S_\varepsilon^s &\to C_\varepsilon^u - S_\varepsilon^u, \\ (x_0, y_0) &\mapsto \left(\mathrm{e}^{AT} x_0, \mathrm{e}^{BT} y_0\right), \end{aligned} \tag{3. 2. 23}$$

其中 T 满足

$$\left|e^{BT}y_0\right|=\varepsilon. \qquad (3.2.24)$$

直觉上，对于充分小的ε，P_0^L“接近于”P_0应该是合理的，因为越靠近原点，向量场看起来越线性. 我们将在第 7 步对此精确化.

（b）远离原点沿着$\psi(t)$的近似映射.

考虑在（3.2.19）中定义的映射P_1，P_1关于α进行 Taylor 展开，得到

$$\begin{aligned}P_1(\alpha+u')&=P_1(\alpha)+DP_1(\alpha)u'+O(|u'|^2)\\&=\beta+DP_1(\alpha)u'+O(|u'|^2).\end{aligned} \qquad (3.2.25)$$

定义映射

$$\begin{aligned}P_1^L:U_\alpha&\to U_\beta,\\ \alpha+u'&\mapsto\beta+DP_1(\alpha)u'.\end{aligned} \qquad (3.2.26)$$

（c）近似 Poincaré 映射.

如同在第 5 步，假设可以选择$V_\beta\subset U_\beta$，使得$P_0(V_\beta)\subset U_\alpha$. 于是我们定义了一个近似 Poincaré 映射P^L

$$P^L=P_1^L\circ P_0^L:V_\beta\to U_\beta. \qquad (3.2.27)$$

接下来我们证明P^L近似P到什么程度.

第 7 步. 精确 Poincaré 映射与近似 Poincaré 映射之间的关系.

首先，我们要证明，如果利用由线性化向量场生成的流来构造映射，则在原点附近构造的映射近似到$\mathcal{O}(\varepsilon^2)$的误差之内.

[192] 我们从重尺度化

$$\begin{aligned}x&=\varepsilon\overline{x},\\ y&=\varepsilon\overline{y}\end{aligned} \qquad (3.2.28)$$

开始，其中$0<\varepsilon\ll1$.

在这种情形下，（3.2.9）变成

$$\begin{aligned}\dot{\overline{x}}&=A\dot{\overline{x}}+\frac{1}{\varepsilon}f_1(\varepsilon\overline{x},\varepsilon\overline{y})\equiv A\overline{x}+\overline{f}_1(\overline{x},\overline{y};\varepsilon),\\ \dot{\overline{y}}&=B\overline{y}+\frac{1}{\varepsilon}f_2(\varepsilon\overline{x},\varepsilon\overline{y})\equiv B\overline{y}+\overline{f}_2(\overline{x},\overline{y};\varepsilon),\end{aligned} \qquad (3.2.29)$$

其中

$$\begin{aligned}&\lim_{\varepsilon\to0}\overline{f}_1(\overline{x},\overline{y};\varepsilon)=0,\\ &\lim_{\varepsilon\to0}\overline{f}_2(\overline{x},\overline{y};\varepsilon)=0.\end{aligned} \qquad (3.2.30)$$

由（3.2.29）生成的流记为

$$\overline{\phi}(t,\overline{x}_0,\overline{y}_0,\varepsilon)=(\overline{x}(t,\overline{x}_0,\overline{y}_0,\varepsilon),\overline{y}(t,\overline{x}_0,\overline{y}_0,\varepsilon)), \qquad (3.2.31)$$

显然

$$\overline{\phi}(t,\overline{x}_0,\overline{y}_0,0)=(e^{At}\overline{x}_0,e^{Bt}\overline{y}_0), \qquad (3.2.32)$$

即，在$\varepsilon=0$，（3.2.29）化为一个线性方程. 因此，由ε的重尺度化

具有“放大”原点邻域的效果. 在重尺度化坐标下向量场的截面取形式

$$
\begin{aligned}
C_1^s &= \{(\bar{x},\bar{y})\in\mathbb{R}^s\times\mathbb{R}^u \mid |\bar{x}|=1,\ |\bar{y}|<1\},\\
C_1^u &= \{(\bar{x},\bar{y})\in\mathbb{R}^s\times\mathbb{R}^u \mid |\bar{x}|<1,\ |\bar{y}|=1\},
\end{aligned}
\tag{3.2.33}
$$

稳定流形与 C_1^s 的交，以及不稳定流形与 C_1^u 的交分别为

$$
\begin{aligned}
S_1^s &= \{(\bar{x},\bar{y})\in\mathbb{R}^s\times\mathbb{R}^u \mid |\bar{x}|=1,\ |\bar{y}|=0\},\\
S_1^u &= \{(\bar{x},\bar{y})\in\mathbb{R}^s\times\mathbb{R}^u \mid |\bar{x}|=0,\ |\bar{y}|=1\}.
\end{aligned}
\tag{3.2.34}
$$

于是，在尺度化坐标下，原点附近的映射变成为

$$
\begin{aligned}
&\bar{P}_0 : C_1^s - S_1^s \to C_1^u - S_1^u,\\
&(\bar{x}_0,\bar{y}_0)\mapsto \bar{\phi}(T(\bar{x}_0,\bar{y}_0,\varepsilon),\bar{x}_0,\bar{y}_0,\varepsilon),
\end{aligned}
\tag{3.2.35}
$$

其中 $T(\bar{x}_0,\bar{y}_0,\varepsilon)$ 是 [193]

$$
|y(T,\bar{x}_0,\bar{y}_0,\varepsilon)|=1 \tag{3.2.36}
$$

的解. 对 $\varepsilon=0$，我们用

$$
\begin{aligned}
&\bar{P}_0^L : C_1^s - S_1^s \to C_1^u - S_1^u,\\
&(\bar{x}_0,\bar{y}_0)\mapsto (\mathrm{e}^{AT_L}\bar{x}_0,\mathrm{e}^{BT_L}\bar{y}_0)
\end{aligned}
\tag{3.2.37}
$$

记映射，其中 T_L 是

$$
\left|\mathrm{e}^{BT_L}\bar{y}_0\right|=1 \tag{3.2.38}
$$

的解.

现在我们证明 $\left|\bar{P}_0-\bar{P}_0^L\right|=\mathcal{O}(\varepsilon)$. 但是，首先需要几个预备引理.

引理 3.2.2. 对 $(\bar{x}_0,\bar{y}_0)\in C_1^s-S_1^s$ 和充分接近零的 ε，（3.2.36）的解 $T(\bar{x}_0,\bar{y}_0,\varepsilon)$ 是 $(\bar{x}_0,\bar{y}_0,\varepsilon)$ 的 C^r 函数.

证明： 从点 $(\bar{x}_0,\bar{y}_0)\in C_1^s-S_1^s$ 到 $C_1^u-S_1^u$ 的飞行时间由

$$
\begin{aligned}
h(T,\bar{x}_0,\bar{y}_0,\varepsilon) &= |\bar{y}(T,\bar{x}_0,\bar{y}_0,\varepsilon)|-1\\
&= \sqrt{(\bar{y}_1(T,\bar{x}_0,\bar{y}_0,\varepsilon))^2+\cdots+(\bar{y}_u(T,\bar{x}_0,\bar{y}_0,\varepsilon))^2}-1\\
&=0
\end{aligned}
\tag{3.2.39}
$$

给出，其中 $(T,\bar{x}_0,\bar{y}_0,\varepsilon)\in\mathbb{R}^1\times C_1^s-S_1^s\times\mathbb{R}^1$. 我们将用隐函数定理证明 T 是 $(\bar{x}_0,\bar{y}_0,\varepsilon)$ 的 C^r 函数.

现在方程（3.2.39）在 $\varepsilon=0$，对每个 $(\bar{x}_0,\bar{y}_0)\in C_1^s-S_1^s$ 有解

$$
h(T_L,\bar{x}_0,\bar{y}_0,0)=\left|\mathrm{e}^{BT_L}\bar{y}_0\right|-1=0. \tag{3.2.40}
$$

利用（3.2.39），经简单计算得到

$$
D_t h(T_L,\bar{x}_0,\bar{y}_0,0)=\frac{\bar{y}(T_L,\bar{x}_0,\bar{y}_0,0)}{|\bar{y}(T_L,\bar{x}_0,\bar{y}_0,0)|}\cdot B\bar{y}(T_L,\bar{x}_0,\bar{y}_0,0). \tag{3.2.41}
$$

因此，由于 B 有非零实部特征值，（3.2.41）对每个 $(\bar{x}_0,\bar{y}_0)\in C_1^s-S_1^s$ 非零，或者更几何地说，因为 C_1^u 是向量场的截面，（3.2.41）不为零. 因

此，由隐函数定理，对充分接近零的 ε 和每个 $(\overline{x}_0,\overline{y}_0)\in C_1^s-S_1^s$，$T=T(x_0,y_0,\varepsilon)$ 关于 (x_0,y_0,ε) 是 C^r 的. □

[194] **引理 3.2.3.** $D_\varepsilon T(\overline{x}_0,\overline{y}_0,0)$ 和 $D_\varepsilon^2 T(\overline{x}_0,\overline{y}_0,0)$ 在 $C_1^s-S_1^s$ 中有界.

证明: 我们已经证明 T 在 $C_1^s-S_1^s$ 中是 C^r 的. 然而，当 S_1^s 接近时（即，当 $|\overline{y}_0|\to 0$ 时），可能会出现问题，因为在此情形，飞行时间对数式趋于 ∞. 因此，为了证明引理，只需证明 $\overline{\lim\limits_{|\overline{y}_0|\to 0}} D_\varepsilon T(\overline{x}_0,\overline{y}_0,0)$ 和 $\overline{\lim\limits_{|\overline{y}_0|\to 0}} D_\varepsilon^2 T(\overline{x}_0,\overline{y}_0,0)$ 都有界.

我们可以利用（3.2.39）和隐函数定理直接计算这些导数. 首先计算 $D_\varepsilon T(\overline{x}_0,\overline{y}_0,0)$.

利用引理 3.2.2 和（3.2.39），得到

$$D_\varepsilon T(\overline{x}_0,\overline{y}_0,0)=-[D_t h(T(\overline{x}_0,\overline{y}_0,0),\overline{x}_0,\overline{y}_0,0)]^{-1}D_\varepsilon h(T(\overline{x}_0,\overline{y}_0,0),\overline{x}_0,\overline{y}_0,0),\tag{3.2.42}$$

以及由（3.2.41）我们得到

$$\begin{aligned}D_t h(T(\overline{x}_0,\overline{y}_0,0),\overline{x}_0,\overline{y}_0,0)&=\frac{\overline{y}(T_L,\overline{x}_0,\overline{y}_0,0)}{|\overline{y}(T_L,\overline{x}_0,\overline{y}_0,0)|}\cdot B\overline{y}(T_L,\overline{x}_0,\overline{y}_0,0)\\&=\frac{\mathrm{e}^{BT_L}\overline{y}_0}{|\mathrm{e}^{BT_L}\overline{y}_0|}\cdot B\mathrm{e}^{BT_L}\overline{y}_0\end{aligned}\tag{3.2.43}$$

和

$$D_\varepsilon h(T(\overline{x}_0,\overline{y}_0,0),\overline{x}_0,\overline{y}_0,0)=\frac{\mathrm{e}^{BT_L}\overline{y}_0}{|\mathrm{e}^{BT_L}\overline{y}_0|}\cdot D_\varepsilon\overline{y}(T_L,\overline{x}_0,\overline{y}_0,0).\tag{3.2.44}$$

因此，利用（3.2.43）和（3.2.44），我们有

$$D_\varepsilon T(\overline{x}_0,\overline{y}_0,0)=-[\mathrm{e}^{BT_L}\overline{y}_0\cdot B\mathrm{e}^{BT_L}\overline{y}_0]^{-1}[\mathrm{e}^{BT_L}\overline{y}_0\cdot D_\varepsilon\overline{y}(T_L,\overline{x}_0,\overline{y}_0,0)].\tag{3.2.45}$$

现在，为了证明当 $|\overline{y}_0|\to 0$ 时（3.2.45）有界，只需证明两件事：

（a）$\overline{\lim\limits_{|\overline{y}_0|\to 0}} D_t h(T_L,\overline{x}_0,\overline{y}_0,0)$ 有界. （3.2.46a）

（b）$\overline{\lim\limits_{|\overline{y}_0|\to 0}} D_\varepsilon \overline{y}(T_L,\overline{x}_0,\overline{y}_0,0)$ 有界. （3.2.46b）

（3.2.46a）由以下几何事实得到：对每个 $(\overline{x}_0,\overline{y}_0)\in C_1^s-S_1^s$，我们有

$$\left|\mathrm{e}^{BT_L}\overline{y}_0\right|=1.$$

注意，对（3.2.46a）有必要考虑上极限而不是极限，因为极限沿着 B 的不同特征方向当 $|\overline{y}_0|\to 0$ 时可能会改变.

（3.2.46b）的成立在很大程度上取决于以下条件： [195]

（1）$\overline{f}_2(\overline{x},0,\varepsilon)=0$.

（2）对某个常数 K，$\alpha>0$，有

$$\left|e^{At}\bar{x}_0\right|\leqslant Ke^{-\alpha t}\bar{x}_0,\quad |t|\geqslant 0,$$

$$\left|e^{Bt}\bar{y}_0\right|\leqslant Ke^{-\alpha t}\bar{y}_0,\quad |t|\leqslant 0,$$

现在（2）的得到是因为原点是双曲不动点（见 Hale[1980]），（1）的得到是因为局部稳定和不稳定流形的坐标选择，以及事实，f_2 是 C^{r-1} 的，$r\geqslant 1$，后者也意味着存在常数 $\bar{K}>0$，使得对 $(x,y)\in\mathcal{N}^s\times\mathcal{N}^u$ 有

$$|f_2(x,y)|\leqslant\bar{K}(|x||y|+|y|^2).$$

利用（3.2.29）我们有

$$|\bar{f}_2(\bar{x},\bar{y},\varepsilon)|\leqslant\bar{K}\varepsilon(|\bar{x}||\bar{y}|+|\bar{y}|^2).$$

由（3.2.30）我们得到

$$\frac{|\bar{f}_2(\bar{x},\bar{y},\varepsilon)-\bar{f}_2(\bar{x},\bar{y},0)|}{\varepsilon}\leqslant\bar{K}(|\bar{x}||\bar{y}|+|\bar{y}|^2),$$

因此

$$|D_\varepsilon\bar{f}_2(\bar{x},\bar{y},0)|\leqslant\bar{K}(|\bar{x}||\bar{y}|+|y|^2).\qquad(3.2.47)$$

现在利用（3.2.47），我们可以对 $D_\varepsilon\bar{y}(T_L,\bar{x}_0,\bar{y}_0,0)$ 直接利用常数变易公式（见 Arnold[1973]或 Hale[1980]），得到

$$D_\varepsilon y(T_L,\bar{x}_0,\bar{y}_0,0)=e^{BT_L}\int_0^{T_L}e^{-Bs}D_\varepsilon\bar{f}_2(e^{As}\bar{x}_0,e^{Bs}\bar{y}_0,0)ds.\qquad(3.2.48)$$

利用条件（2），式（3.2.47）和式（3.2.48），容易证明当 $|y_0|\to 0$ 时（3.2.46b）有界.

下面我们计算 $D_\varepsilon^2T(\bar{x}_0,\bar{y}_0,0)$. 利用引理 3.2.2 和（3.2.39），得到

$$D_\varepsilon^2T(\bar{x}_0,\bar{y}_0,0)=-[D_th]^{-1}[D_t^2h(D_\varepsilon T)^2+2(D_\varepsilon D_th)D_\varepsilon T+D_\varepsilon^2h],\qquad(3.2.49)$$

[196] 其中在（3.2.49）中的所有导数都是在 $(T(\bar{x}_0,\bar{y}_0,0),\bar{x}_0,\bar{y}_0,0)$ 计算的. 现在我们已经证明

$$\overline{\lim_{|\bar{y}_0|\to 0}}D_th(T(\bar{x}_0,\bar{y}_0,0),\bar{x}_0,\bar{y}_0,0)\text{ 有界}\qquad(3.2.50)$$

和

$$\overline{\lim_{|\bar{y}_0|\to 0}}D_\varepsilon T(\bar{x}_0,\bar{y}_0,0)\text{ 有界.}\qquad(3.2.51)$$

利用（3.2.39），经简单计算，得到

$$D_t^2h|_{\varepsilon=0}=\left(\frac{Be^{BT_L}\bar{y}_0}{|e^{BT_L}\bar{y}_0|}-\frac{e^{BT_L}\bar{y}_0\left(\dfrac{e^{BT_L}\bar{y}_0}{|e^{BT_L}\bar{y}_0|}\right)\cdot Be^{BT_L}\bar{y}_0}{|e^{BT_L}\bar{y}_0|^2}\right)\cdot Be^{BT_L}\bar{y}_0,\qquad(3.2.52)$$

$$D_\varepsilon D_t h = D_\varepsilon\left(\frac{\overline{y}(T(\overline{x}_0,\overline{y}_0,\varepsilon),\overline{x}_0,\overline{y}_0,\varepsilon)}{|\overline{y}(T(\overline{x}_0,\overline{y}_0,\varepsilon),\overline{x}_0,\overline{y}_0,\varepsilon)|}\cdot B\overline{y}(T(\overline{x}_0,\overline{y}_0,\varepsilon),\overline{x}_0,\overline{y}_0,\varepsilon)\right),\tag{3.2.53}$$

$$D_\varepsilon^2 h = D_\varepsilon\left(\frac{\overline{y}(T(\overline{x}_0,\overline{y}_0,\varepsilon),\overline{x}_0,\overline{y}_0,\varepsilon)}{|\overline{y}(T(\overline{x}_0,\overline{y}_0,\varepsilon),\overline{x}_0,\overline{y}_0,\varepsilon)|}\cdot D_\varepsilon\overline{y}(T(\overline{x}_0,\overline{y}_0,\varepsilon),\overline{x}_0,\overline{y}_0,\varepsilon)\right).\tag{3.2.54}$$

现在，类似上面给出的论述（即，$\overline{f}_2(\overline{x},0,\varepsilon)=0$，不动点的双曲性，以及常数变易公式）我们可以得到，当$|\overline{y}_0|\to 0$时，（3. 2. 52）（3. 2. 53）和（3. 2. 54）的上极限都有界，因此

$$\overline{\lim_{|\overline{y}_0|\to 0}} D_\varepsilon^2 T(\overline{x}_0,\overline{y}_0,\varepsilon)\tag{3.2.55}$$

有界. 证明细节留给读者.

现在我们利用引理 3. 2. 2 和 3. 2. 3 证明下面的命题.

命题 3. 2. 4. $\left|\overline{P}_0-\overline{P}_0^L\right|=\mathcal{O}(\varepsilon)$.

证明： 由引理 3. 2. 2，对每个$(\overline{x}_0,\overline{y}_0)\in C_1^s-S_1^s$，可将 T 进行 Taylor 展开如下

$$T(\overline{x}_0,\overline{y}_0,\varepsilon)=T(\overline{x}_0,\overline{y}_0,0)+\varepsilon T_1(\overline{x}_0,\overline{y}_0,0)+\mathcal{O}(\varepsilon^2),\tag{3.2.56}$$

其中$T_1(\overline{x}_0,\overline{y}_0,0)\equiv D_\varepsilon T(\overline{x}_0,\overline{y}_0,0)$和$T(\overline{x}_0,\overline{y}_0,0)=T_L$.

现在，在$\overline{P}_0(\overline{x}_0,\overline{y}_0)$中利用表达式（3. 2. 56），并在$\varepsilon=0$进行 Taylor 展开，得到

$$\begin{aligned}\overline{P}_0(\overline{x}_0,\overline{y}_0,\varepsilon)=(\overline{x}(T_L,\overline{x}_0,\overline{y}_0,0),\overline{y}(T_L,\overline{x}_0,\overline{y}_0,0))+\varepsilon(D_\varepsilon\overline{x}(T_L,\overline{x}_0,\overline{y}_0,0)+\\ T_1D_t\overline{x}(T_L,\overline{x}_0,\overline{y}_0,0),D_\varepsilon\overline{y}(T_L,\overline{x}_0,\overline{y}_0,0)+\\ T_1D_t\overline{y}(T_L,\overline{x}_0,\overline{y}_0,0))+\mathcal{O}(\varepsilon^2).\end{aligned}\tag{3.2.57}$$

由（3. 2. 32）我们有$(\overline{x}(T_L,\overline{x}_0,\overline{y}_0,0),\overline{y}(T_L,\overline{x}_0,\overline{y}_0,0))=(\mathrm{e}^{AT_L}\overline{x}_0,\mathrm{e}^{BT_L}\overline{y}_0)$，从而（3. 2. 57）可写为 [197]

$$\begin{aligned}\overline{P}_0(\overline{x}_0,\overline{y}_0,\varepsilon)=\overline{P}_0^L(\overline{x}_0,\overline{y}_0)+\varepsilon(D_\varepsilon\overline{x}(T_L,\overline{x}_0,\overline{y}_0,0)+\\ T_1D_t\overline{x}(T_L,\overline{x}_0,\overline{y}_0,0),D_\varepsilon\overline{y}(T_L,\overline{x}_0,\overline{y}_0,0)+\\ T_1D_t\overline{y}(T_L,\overline{x}_0,\overline{y}_0,0))+\mathcal{O}(\varepsilon^2).\end{aligned}\tag{3.2.58}$$

现在将引理 3. 2. 3 和中值定理应用到（3. 2. 58），得到命题证明. □

返回未尺度化的原坐标，可得到以下结果.

命题 3. 2. 5. $\left|P_0-P_0^L\right|=\mathcal{O}(\varepsilon^2)$.

证明： 这是命题 3. 2. 4 和重尺度化的明显结果. □

我们还有下面的重要结果.

命题 3. 2. 6. $\left|D\overline{P}_0-D\overline{P}_0^L\right|=\mathcal{O}(\varepsilon)$，$\left|DP_0-DP_0^L\right|=\mathcal{O}(\varepsilon^2)$.

证明：$\left|D\overline{P}_0 - D\overline{P}_0^L\right| = \mathcal{O}(\varepsilon)$ 由命题 3. 2. 4 给出的类似证明得到，主要步骤是类似引理 3. 2. 3 证明当 $|y_0| \to 0$ 时 DT 和 D^2T 有界. 我们将过程留给读者思考. 关系式 $\left|DP_0 - DP_0^L\right| = \mathcal{O}(\varepsilon^2)$ 通过返回未尺度化的原坐标得到. □

现在沿着 $\psi(t)$ 的近似映射与精确映射之间的关系相对平凡. 回忆在第 5 步我们定义了沿着 $\psi(t)$ 从邻域 $U_\alpha \subset C_\varepsilon^u - S_\varepsilon^u$ 到 $U_\beta \subset C_\varepsilon^s - S_\varepsilon^s$ 的映射 P_1. 将 P_1 关于点 $u=\alpha$ 进行 Taylor 展开，得到

$$\begin{aligned} P_1(\alpha + u') &= P_1(\alpha) + DP_1(\alpha)u' + \mathcal{O}(u'^2) \\ &= \beta + DP_1(\alpha)u' + \mathcal{O}(u'^2). \end{aligned} \tag{3.2.59}$$

定义 P_1 的近似映射为

$$\begin{aligned} P_1^L : U_\alpha &\to U_\beta, \\ \alpha + u' &\to \beta + DP_1(\alpha)u', \end{aligned} \tag{3.2.60}$$

我们有下面的结果：

[198] **命题 3. 2. 7.** $\left|P_1 - P_1^L\right| = \mathcal{O}(\varepsilon^2)$.

证明：这是集合 C_ε^s 和 C_ε^u 的直径为 $\mathcal{O}(\varepsilon)$ 的一个平凡结果. □

我们现在可以展示精确 Poincaré 映射和近似 Poincaré 映射之间的关系. 假设可以选择 $V_\beta \subset U_\beta$，使得

$$P_0(V_\beta) \subset U_\alpha \quad 和 \quad P_0^L(V_\beta) \subset U_\alpha, \tag{3.2.61}$$

我们定义了 Poincaré 映射

$$P \equiv P_1 \circ P_0 : V_\beta \to U_\beta, \tag{3.2.62}$$

$$P^L \equiv P_1^L \circ P_0^L : V_\beta \to U_\beta. \tag{3.2.63}$$

我们有下面的结果：

命题 3. 2. 8. $\left|P - P^L\right| = O(\varepsilon^2)$，$\left|DP - DP^L\right| = O(\varepsilon^2)$.

证明：这是命题 3. 2. 5，3. 2. 6 和 3. 2. 7 的简单结果. □

我们需要的是将 P^L 与 P 的动力学联系起来的下面结果.

命题 3. 2. 9. 假设 P^L 有双曲不动点 (x_0, y_0). 则对充分小 ε，P 在 $(x_0, y_0) + \mathcal{O}(\varepsilon^2)$ 有相同稳定性类型的双曲不动点.

证明：这由在尺度化坐标 $(\overline{x}, \overline{y})$ 下对映射应用隐函数定理得到. □

命题 3. 2. 10. 假设 P^L 满足 2. 3 节的 A1 和 A2，A1 和 A3 或者 $\overline{\text{A1}}$ 和 $\overline{\text{A2}}$. 则对充分小 ε，P 也满足 A1 和 A2，A1 和 A3 或者 $\overline{\text{A1}}$ 和 $\overline{\text{A2}}$.

证明：这由 A1，A2，A3 或者 $\overline{\text{A1}}$ 和 $\overline{\text{A2}}$ 的定义，以及映射连同它们的一阶导数如在命题 3. 2. 8 中描述的接近的事实得到. □

最后，我们注意到，在（3. 2. 1）以 C^r（$r \geqslant 2$）方式依赖于参数时整个分析可一样进行.

3. 2b. 平面系统

[199]

考虑常微分方程系统

$$\begin{aligned}\dot{x} &= \alpha x + f_1(x,y;\mu),\\ \dot{y} &= \beta y + f_2(x,y;\mu),\end{aligned}\qquad (x,y,\mu)\in\mathbb{R}^1\times\mathbb{R}^1\times\mathbb{R}^1, \qquad (3.2.64)$$

其中 f_1， $f_2=\mathcal{O}(|x|^2+|y|^2)$ 且是 C^r 的， $r\geqslant 2$ ， μ 可看作参数. 对（3. 2. 64）我们有以下假设：

H1. $\alpha<0$， $\beta>0$ 且 $\alpha+\beta\neq 0$.

H2. 在 $\mu=0$ ，（3. 2. 64）具有连接双曲不动点 $(x,y)=(0,0)$ 到它自身的同宿轨道，在 $\mu=0$ 的两侧这个同宿轨道破裂. 此外，由于稳定流形和不稳定流形在 $\mu=0$ 的不同侧具有不同的定向，同宿轨道以横截方式破裂. 为了确定起见，假设对 $\mu<0$ ，稳定流形位于不稳定流形的内部[①]，对 $\mu>0$ ，稳定流形位于不稳定流形的外部[②]，对 $\mu=0$ 它们重合，如图 3. 2. 4.

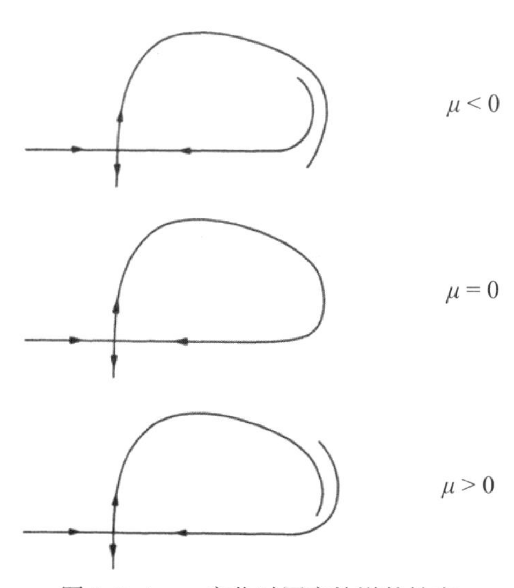

图 3. 2. 4　μ 变化时同宿轨道的性态

[200] 假设 H1 是局部性的，因为它考虑到向量场关于不动点的线性化的特征值. 假设 H2 是全局性的，因为它假设同宿轨道的存在性，并描述了同宿轨道依赖于参数的特性. 这种假设在我们的高维分析中是典型的，此外，全局假设将更加复杂，也难以在例子中验证. 现在一个明显的问题是，为什么会出现这种情况？为什么当 $\mu>0$ [③]时不是稳定的在不稳定的内部，以及当 $\mu<0$ 时不稳定在稳定的内部？当然，这是可能发生

① 原书这里有误. ——译者注
② 原书这里有误. ——译者注
③ 原书这里为 $\mu<0$. ——译者注

的. 然而，现在这对我们并不重要. 我们只需要知道，在分支值的一侧稳定流形在不稳定流形的内部，在分支值的另一侧，不稳定流形位于稳定流形的内部. 当然，在应用中你要确定真实发生哪种情形，在第 4 章我们将学习做这件事的方法（Melnikov 方法），然而，现在我们将只研究同宿轨道对平面向量场的双曲不动点以上述方式破裂的结果.

我们注意到，特征值 α 和 β 当然有可能依赖于参数 μ，然而，如果每个参数值都满足 H1，这将没有任何结果，这对于足够接近于零的 μ 也成立.

我们要问的问题是，对于 $\mu=0$ 附近的 μ，同宿轨道附近的轨道结构的性质是什么？我们通过计算在 3. 2a 节中描述的同宿轨道附近的 Poincaré 映射，并研究 Poincaré 映射的轨道结构来回答这个问题.

由 3. 2a 节，分析将分几个步骤进行：

第 1 步. 设置 Poincaré 映射的定义域.

第 2 步. 计算 P_0^L.

第 3 步. 计算 P_1^L.

第 4 步. 研究 $P^L=P_1^L\circ P_0^L$ 的动力学.

我们从第 1 步开始. 设置 Poincaré 映射的定义域.

对 P_0^L 的定义域，我们选择

$$\Pi_0=\{(x,y)\in C_\varepsilon^s \mid x=\varepsilon>0, y>0\}, \tag{3.2.65}$$

对 P_1^L 的定义域，我们选择

$$\Pi_1=\{(x,y)\in C_\varepsilon^u \mid x>0, y=\varepsilon>0\}, \tag{3.2.66}$$

其中 C_ε^s 和 C_ε^u 在（3. 2. 11）定义，如图 3. 2. 5.　　[201]

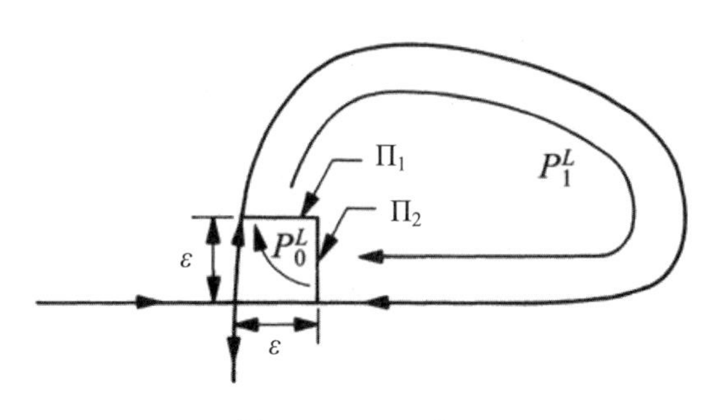

图 3. 2. 5　Π_0 和 Π_1

第 2 步. 计算 P_0^L.

由（3. 2. 64）关于原点的线性化定义的流为

$$\begin{aligned} x(t)&=x_0 e^{\alpha t},\\ y(t)&=y_0 e^{\beta t}. \end{aligned} \tag{3.2.67}$$

在（3. 2. 67）作用下，从点 $(\varepsilon, y_0)\in\Pi_0$ 到达 Π_1 所需的飞行时间 T 通过

解方程

$$\varepsilon = y_0 e^{\beta T} \tag{3.2.68}$$

得到

$$T = \frac{1}{\beta}\log\frac{\varepsilon}{y_0}. \tag{3.2.69}$$

因此，P_0^L 由

$$\begin{aligned} &P_0^L : \Pi_0 \to \Pi_1, \\ &(\varepsilon, y_0) \mapsto \left(\varepsilon\left(\frac{\varepsilon}{y_0}\right)^{\alpha/\beta}, \varepsilon \right) \end{aligned} \tag{3.2.70}$$

给出.

第 3 步. 计算 P_1^L.

由 3.2a 的第 5 步（b）部分，通过流关于初始条件的光滑性和沿着同宿轨道从 Π_1 到 Π_0 只需有限时间的事实，可以找到一个邻域 $U \subset \Pi_1$ 在（3.2.64）生成的流作用下映上到 Π_0. 记这个映射为

$$P_1(x,y;\mu) = (P_{11}(x,y;\mu), P_{12}(x,y;\mu)) : U \subset \Pi_1 \to \Pi_0, \tag{3.2.71}$$

[202] 其中 $P_1(0,\varepsilon;0) = (\varepsilon, 0)$. 将（3.2.71）关于 $(x,y;\mu) = (0,\varepsilon;0)$ 进行 Taylor 展开，得到

$$P_1(x,y;\mu) = (\varepsilon, ax + b\mu) + \mathcal{O}(2). \tag{3.2.72}$$

因此，我们有

$$\begin{aligned} &P_1^L : U \subset \Pi_1 \to \Pi_0, \\ &(x,\varepsilon) \mapsto (\varepsilon, ax + b\mu), \end{aligned} \tag{3.2.73}$$

其中 $a > 0$，$b > 0$.

第 4 步. 研究 $P^L = P_1^L \circ P_0^L$ 的动力学.

我们有

$$\begin{aligned} &P^L = P_1^L \circ P_0^L : V \subset \Pi_0 \to \Pi_0, \\ &(\varepsilon, y_0) \mapsto \left(\varepsilon, a\varepsilon\left(\frac{\varepsilon}{y_0}\right)^{\alpha/\beta} + b\mu \right), \end{aligned} \tag{3.2.74}$$

其中 $V = (P_0^L)^{-1}(U)$，或者

$$P^L(y;\mu) : y \to Ay^{|\alpha/\beta|} + b\mu,$$

其中 $A \equiv a\varepsilon^{1+(\alpha/\beta)} > 0$（为了简化一些符号，我们省略掉 y_0 的下标“0”）.

设 $\delta = |\alpha/\beta|$，则 $\alpha + \beta \neq 0$ 意味着 $\delta \neq 1$. 我们将求 Poincaré 映射的不动点，即求 $y \in \Pi_0$，使得

$$P^L(y;\mu) = Ay^{\delta} + b\mu = y. \tag{3.2.75}$$

对固定的 μ，这个不动点可以图形显示为 $P^L(y;\mu)$ 的图像与直线 $y=P^L(y;\mu)$ 的交点.

存在两个不同情形：

情形 1. $|\alpha|>|\beta|$，或者 $\delta>1$.

此时，$D_yP^L(0;0)=0$，P^L 对 $\mu>0$，$\mu=0$ 和 $\mu<0$ 的图像如图 3.2.6 所示.

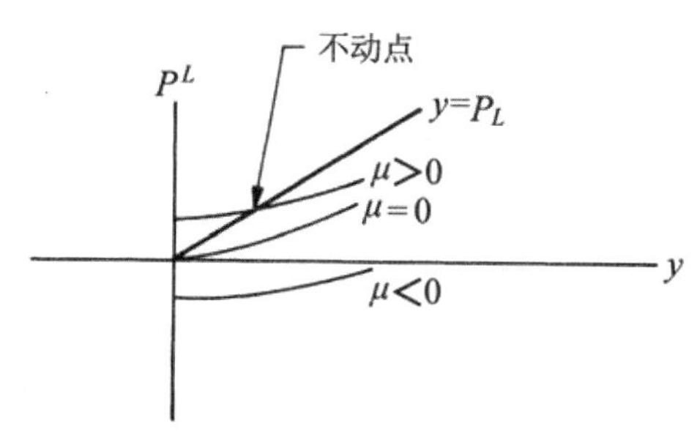

图 3.2.6　P^L 在 $\mu>0$，$\mu=0$ 和 $\mu<0$ 时的图像，其中 $\delta>1$

因此，对 $\mu>0$ 且很小，（3.2.75）有一个不动点. 这个不动点是稳定且是双曲的，因为对充分小 μ 有 $0<D_yP^L<1$. 利用命题 3.2.9 我们可以得出结论，即这个不动点对应于（3.2.64）的吸引周期轨道，如图 3.2.7. 我们注意到，如果同宿轨道在与图 3.2.7 所示相反的方向破裂，则（3.2.75）的不动点将出现在 $\mu<0$ 时.　[203]

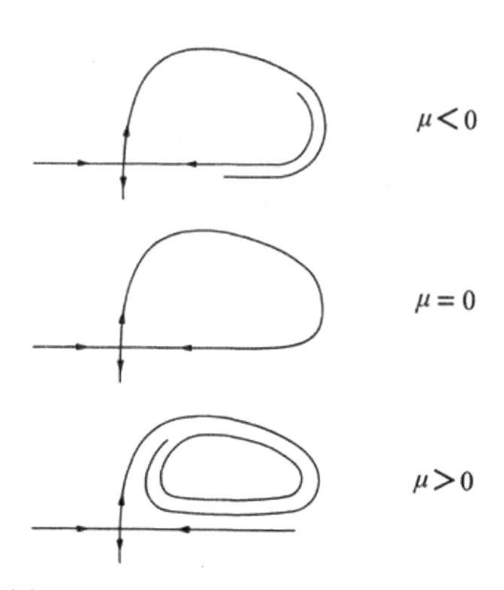

图 3.2.7　（3.2.64）在 $\delta>1$ 时的相图

情形 2. $|\alpha|<|\beta|$，或者 $\delta<1$.

[204]　此时，$D_yP^L(0;0)=\infty$，P^L 的图像如图 3.2.8 所示.

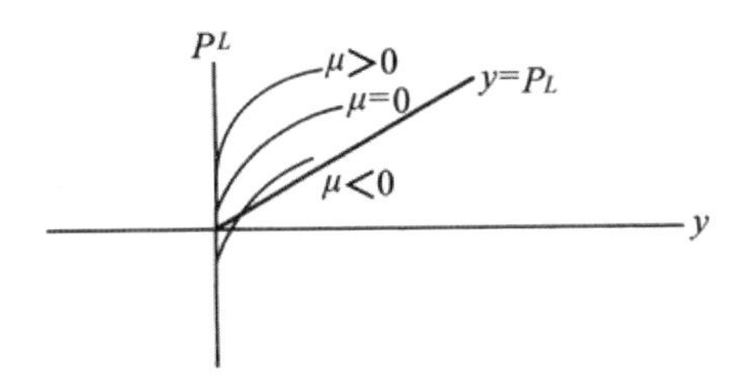

图 3. 2. 8　P^L 在 $\mu>0$，$\mu=0$，$\mu<0$ 时的图像，其中 $\delta<1$

因此，（3. 2. 75）对 $\mu<0$ 有一个排斥不动点. 利用命题 3. 2. 9 可以得知这对应于（3. 2. 64）的排斥周期轨道，如图 3. 2. 9. 注意到，如果同宿轨道以图 3. 2. 9 相反方式破裂，则（3. 2. 75）的不动点将在 $\mu>0$ 时出现.

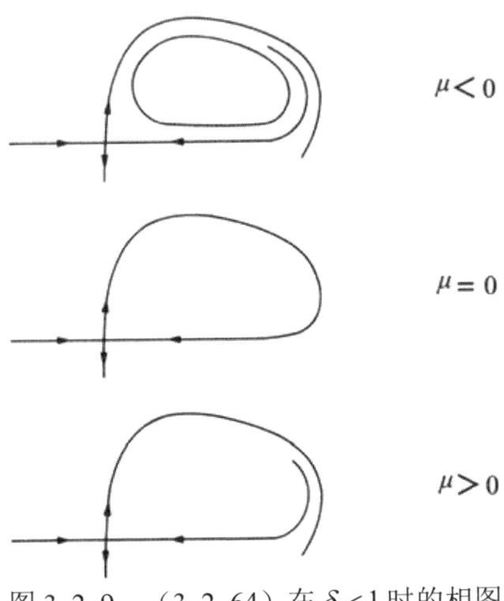

图 3. 2. 9　（3. 2. 64）在 $\delta<1$ 时的相图

我们把所得的结果总结为下面定理.

定理 3. 2. 11. 考虑 H1 和 H2 满足的系统. 那么对充分小 μ，我们有：（1）如果 $\alpha+\beta<0$，则在 $\mu=0$ 的一侧存在唯一稳定的周期轨道，在 $\mu=0$ 的相反一侧没有周期轨道.（2）如果 $\alpha+\beta>0$，则除了周期轨道不稳定，（1）中的结论同样成立.

注意，如果同宿轨道按图 3. 2. 4 所示的相反方式破裂，则定理 3. 2. 11 仍成立，除周期轨道出现在 μ 值具有与定理 3. 2. 11 中给出的符号相反的符号之外. 定理 3. 2. 11 是在 Andronov 等[1971]可找到的经典结果. 额外证明可在 Guckenheimer 和 Homes[1983]以及 Chow 和 Hale[1982]中找到.

如果（3. 2. 64）在坐标变换 $(x,y)\to(-x,-y)$ 下不变，则会出现一种有趣的情况. 此时（3. 2. 64）关于原点 180° 旋转对称，因此必须具有另外的同宿轨道. 于是 H2 要如图 3. 2. 10 所示做些修改.　[205]

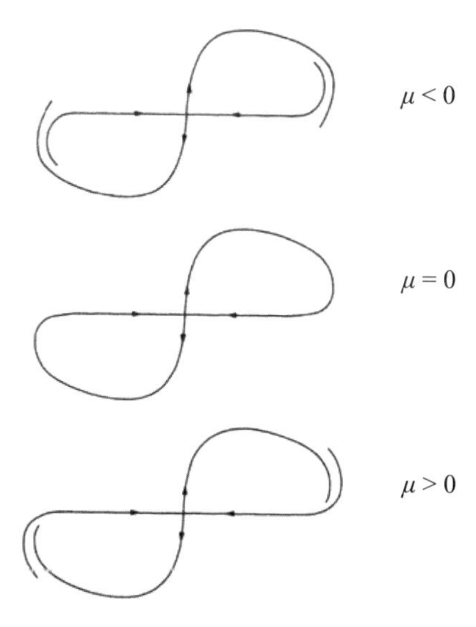

图 3. 2. 10　μ 变化时的对称同宿轨道的性态

类似于定理 3. 2. 11 中的结论，可以形成两个周期轨道，每个同宿轨道对应一个周期轨道. 由于对称性，存在一个重要的附加效应. 对称性使我们能够计算同宿轨道外的 Poincaré 映射，它由 4 个映射组成，两个映射通过鞍点的邻域，围绕每个同宿轨道有一个映射. 在这种情况下，周期轨道可以从完全围绕不动点的稳定流形和不稳定流形的同宿轨道分支出. 细节留给感兴趣的读者，但在图 3. 2. 11 中我们显示了假设 H1 和 H2 对 $|\alpha|>|\beta|$ 成立的情境.

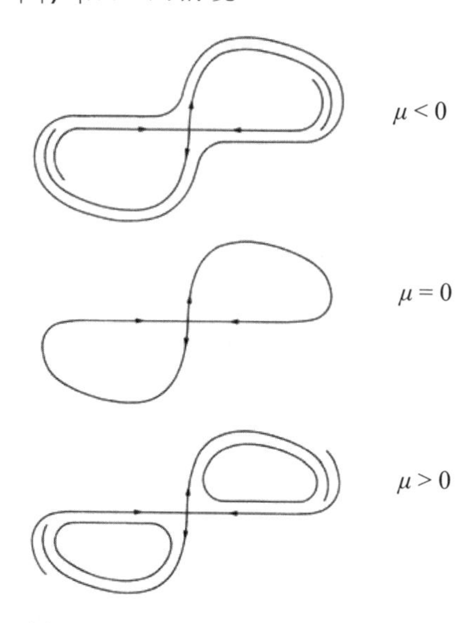

图 3. 2. 11　对称情形的周期轨道分支

我们用以下说明来结束我们对平面系统的研究.

（1）$\alpha+\beta=0$ 的情形. 此时，显然我们的方法失效. Andronov 等[1971]中说明了，此时，从同宿轨道会分支出多重极限环，且对一些特殊情形呈现一些结果. Dangelmayr 和 Guckenheimer[1987]开发了一些技术可用于这个情况. [206]

（2）无对称的多重同宿轨道，见 Dangelmayr 和 Guckenheimer [1987].

3. 2c. 3 阶系统

[207]

现在我们考虑有不动点同宿轨道的 3 维向量场，并研究在同宿轨道邻域内的轨道结构. 我们将看到，轨道结构的性质在很大程度上依赖于两个重要特性：

（1）向量场在不动点的线性化的特征值的性质.

（2）对称性的存在性.

关于上述条件（1），显然，不动点处的线性化向量场的三个特征值可以是鞍点型双曲不动点的两种可能类型： [208]

（1）鞍点型：$\lambda_1, \lambda_2, \lambda_3, \lambda_i$ 为实数，$\lambda_1,\lambda_2<0$，$\lambda_3>0$.

（2）鞍-焦点型：$\rho\pm\mathrm{i}\omega$，λ；$\rho<0$，$\lambda>0$.

双曲不动点的所有其他情形可以由（1）和（2）通过时间反向得到. 我们通过考虑具有纯实特征值的鞍点来开始我们的分析.

3. 2c（i）具有纯实特征值的鞍点的同宿轨道

考虑下面的系统

$$
\begin{aligned}
\dot{x}&=\lambda_1 x+f_1(x,y,z;\mu),\\
\dot{y}&=\lambda_2 y+f_2(x,y,z;\mu),\quad (x,y,z,\mu)\in\mathbb{R}^1\times\mathbb{R}^1\times\mathbb{R}^1\times\mathbb{R}^1,\\
\dot{z}&=\lambda_3 z+f_3(x,y,z;\mu),
\end{aligned}
\tag{3.2.76}
$$

其中 f_i 是 C^2 的，且它们与它们的一阶导数在 $(x,y,z,\mu)=(0,0,0,0)$ 都为零. 因此（3. 2. 76）有在原点的不动点，特征值为 λ_1，λ_2 和 λ_3. 我们做以下假设.

H1. λ_1，$\lambda_2<0$，$\lambda_3>0$.

H2. 对 $\mu=0$，（3. 2. 76）有连接 $(x,y,z)=(0,0,0)$ 到它自身的同宿轨道. 此外，我们假设同宿轨道如图 3. 2. 12 所示在 $\mu>0$ 和 $\mu<0$ 时破裂.

注意到图 3. 2. 12 是在 $\lambda_2>\lambda_1$ 的情形下绘制的，因此同宿轨道进入曲线的原点邻域，该曲线在原点与 y 轴相切. 假设（3. 2. 76）没有对称性，即这个系统是通有的.

我们将通过在适当选择的截面上计算 Poincaré 映射，并用标准方式分析 Γ 附近的轨道结构. 对某个 $\varepsilon > 0$，我们选择如下两个与流横截的矩形：

$$\begin{aligned} \Pi_0 &= \{(x, y, z) \in \mathbb{R}^3 \| x | \leqslant \varepsilon,\ y = \varepsilon,\ 0 < z \leqslant \varepsilon\}, \\ \Pi_1 &= \{(x, y, z) \in \mathbb{R}^3 \| x | \leqslant \varepsilon,\ |y| \leqslant \varepsilon,\ z = \varepsilon\}, \end{aligned} \tag{3.2.77}$$

如图 3.2.13 所示.

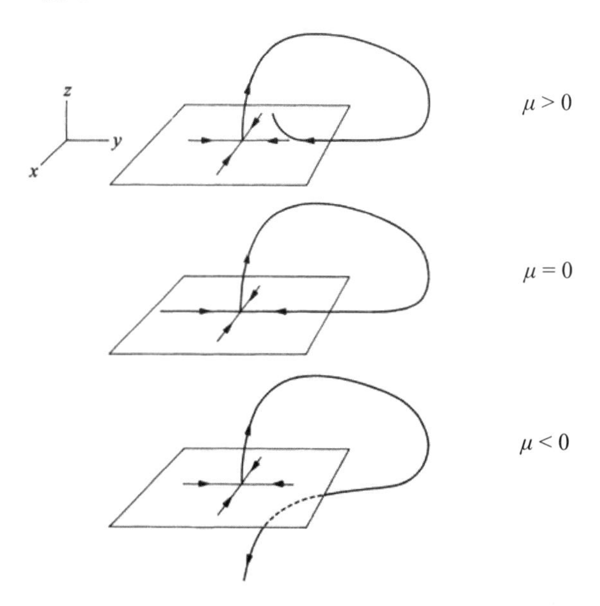

图 3.2.12　同宿轨道在 $\mu = 0$ 附近的性态

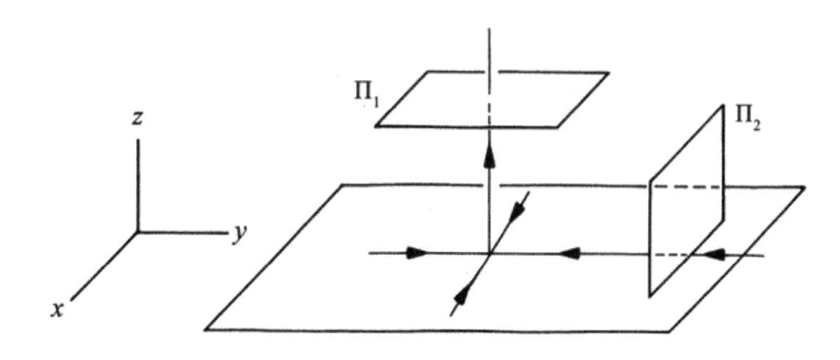

图 3.2.13　（3.2.76）在原点附近的截面

P_0^L 的计算.

[209]

原点附近的线性化流由

$$\begin{aligned} x(t) &= x_0 e^{\lambda_1 t}, \\ y(t) &= y_0 e^{\lambda_2 t}, \\ z(t) &= z_0 e^{\lambda_3 t} \end{aligned} \tag{3.2.78}$$

给出，从Π_0到Π_1的飞行时间为

$$t=\frac{1}{\lambda_3}\log\frac{\varepsilon}{z_0}. \tag{3.2.79}$$

[210] 因此映射

$$P_0^L:\Pi_0\to\Pi_1$$

由

$$\begin{pmatrix}x\\ \varepsilon\\ z\end{pmatrix}\mapsto\begin{pmatrix}x(\frac{\varepsilon}{z})^{\frac{\lambda_1}{\lambda_3}}\\ \varepsilon(\frac{\varepsilon}{z})^{\frac{\lambda_2}{\lambda_3}}\\ \varepsilon\end{pmatrix} \tag{3.2.80}$$

给出（去掉了下标 0）.

P_1^L的计算.

由第 5 步，3.2a 节 b 部分以及Π_1在某个开集$U\subset\Pi_1$上的定义，我们有

$$P_1^L:U\subset\Pi_1\to\Pi_0$$

$$\begin{pmatrix}x\\ y\\ \varepsilon\end{pmatrix}\mapsto\begin{pmatrix}0\\ \varepsilon\\ 0\end{pmatrix}+\begin{pmatrix}a&b&0\\ 0&0&0\\ c&d&0\end{pmatrix}\begin{pmatrix}x\\ y\\ 0\end{pmatrix}+\begin{pmatrix}e\mu\\ 0\\ f\mu\end{pmatrix}, \tag{3.2.81}$$

其中a，b，c，d，e和f都是常数. 注意，由图 3.2.12 我们有$f>0$，因此可尺度化参数使得$f=1$. 下面我们将假设这已经完成.

Poincaré 映射$P^L\equiv P_1^L\circ P_0^L$. [211]

P_0^L与P_1^L形成复合，得到定义在同宿轨道邻域内的下面形式的 Poincaré 映射：

$$P^L\equiv P_1^L\circ P_0^L:V\subset\Pi_0\to\Pi_0$$

$$\begin{pmatrix}x\\ z\end{pmatrix}\mapsto\begin{pmatrix}ax(\frac{\varepsilon}{z})^{\frac{\lambda_1}{\lambda_3}}+b\varepsilon(\frac{\varepsilon}{z})^{\frac{\lambda_2}{\lambda_3}}+e\mu\\ cx(\frac{\varepsilon}{z})^{\frac{\lambda_1}{\lambda_3}}+d\varepsilon(\frac{\varepsilon}{z})^{\frac{\lambda_2}{\lambda_3}}+\mu\end{pmatrix} \tag{3.2.82}$$

其中$V=(P_0^L)^{-1}(U)$.

计算P^L的不动点.

现在我们求 Poincaré 映射的不动点（它对应于（3.2.76）的周期轨道. 首先我们记

$$A=a\varepsilon^{\frac{\lambda_1}{\lambda_3}},\ B=b\varepsilon^{1+\frac{\lambda_2}{\lambda_3}},\ C=c\varepsilon^{\frac{\lambda_1}{\lambda_3}},\ D=d\varepsilon^{1+\frac{\lambda_2}{\lambda_3}}.$$

于是（3.2.82）的不动点条件是

$$x = Axz^{\frac{|\lambda_1|}{\lambda_3}} + Bz^{\frac{|\lambda_2|}{\lambda_3}} + e\mu, \tag{3.2.83a}$$

$$z = Cxz^{\frac{|\lambda_1|}{\lambda_3}} + Dz^{\frac{|\lambda_2|}{\lambda_3}} + \mu. \tag{3.2.83b}$$

求解（3. 2. 83a）作为 x 的函数，得到

$$x = \frac{Bz^{\frac{|\lambda_2|}{\lambda_3}} + e\mu}{1 - Az^{\frac{|\lambda_1|}{\lambda_3}}}. \tag{3.2.84}$$

我们将把自己限制在同宿轨道的一个足够小的邻域内，这样 z 就可以足够小，以便（3. 2. 84）的分母可以取为 1. 将这个 x 的表达式代入（3. 2. 83b），得到（3. 2. 82）的不动点仅借助 z 和 μ 的下面条件：

$$z - \mu = CBz^{\frac{|\lambda_1+\lambda_2|}{\lambda_3}} + Ce\mu z^{\frac{|\lambda_1|}{\lambda_3}} + Dz^{\frac{|\lambda_2|}{\lambda_3}}. \tag{3.2.85}$$

我们将通过绘制（3. 2. 85）的左边和（3. 2. 85）的右边的图，并求曲线的交点，这样以图的方式显示（3. 2. 85）对于足够小 μ 且接近零的解.

[212]　首先，我们要研究（3. 2. 85）右边的曲线在 $z=0$ 的斜率，这由下面表达式给出：

$$\begin{aligned}&\frac{\mathrm{d}}{\mathrm{d}z}\left(CBz^{\frac{|\lambda_1+\lambda_2|}{\lambda_3}} + Ce\mu z^{\frac{|\lambda_1|}{\lambda_3}} + Dz^{\frac{|\lambda_2|}{\lambda_3}}\right)\\ &= \frac{|\lambda_1+\lambda_2|}{\lambda_3}CBz^{\frac{|\lambda_1+\lambda_2|}{\lambda_3}-1} + \frac{|\lambda_1|}{\lambda_3}Ce\mu z^{\frac{|\lambda_1|}{\lambda_3}-1} + \frac{|\lambda_2|}{\lambda_3}Dz^{\frac{|\lambda_2|}{\lambda_3}-1}.\end{aligned} \tag{3.2.86}$$

现在，回忆 P_1^L 是可逆的，因此 $ad-bc\neq 0$，这意味着 $AD-BC\neq 0$，因此 C 和 D 不能都为零. 从而，在 $z=0$，（3. 2. 86）取值

$$\begin{cases}\infty，如果 |\lambda_1| < \lambda_3 或者 |\lambda_2| < \lambda_3,\\ 0，如果 |\lambda_1| > \lambda_3 且 |\lambda_2| > \lambda_3.\end{cases}$$

存在 4 种可能情形，∞ 斜率和 0 斜率各有两种. 这些情形的差别主要在于全局效应，即 A，B，C，D，e 和 μ 的相对符号. 我们将会更谨慎地考虑到这一点. 图 3. 2. 14 说明（3. 2. 85）在 0 斜率情形的图解.

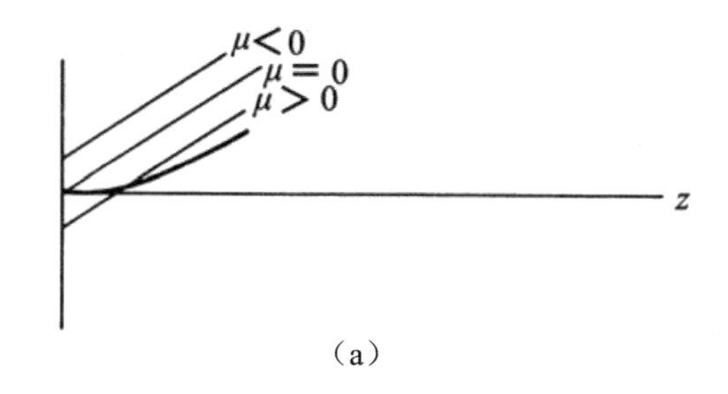

（a）

图 3. 2. 14　$\mu<0$，$\mu=0$ 和 $\mu>0$ 时（3. 2. 85）的右边与左边在零斜率情形时的图

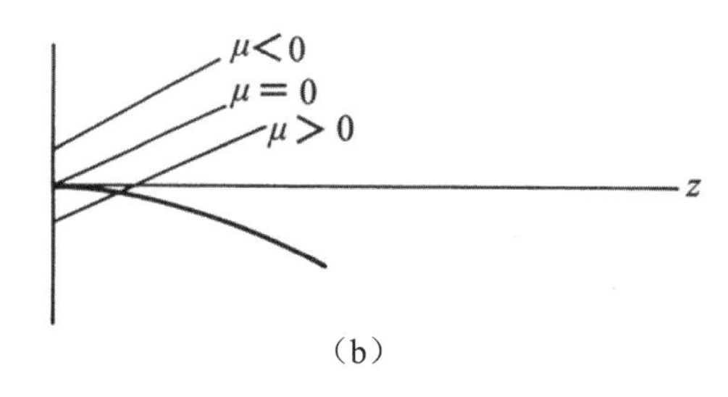

（b）

图 3. 2. 14（续）

这两个零斜率情形在图 3. 2. 14 中说明给出相同的结果，即，$\mu>0$ [213] 时从同宿轨道分支出一个周期轨道.

在无穷斜率情形，两种可能的情形如图 3. 2. 15 所示.

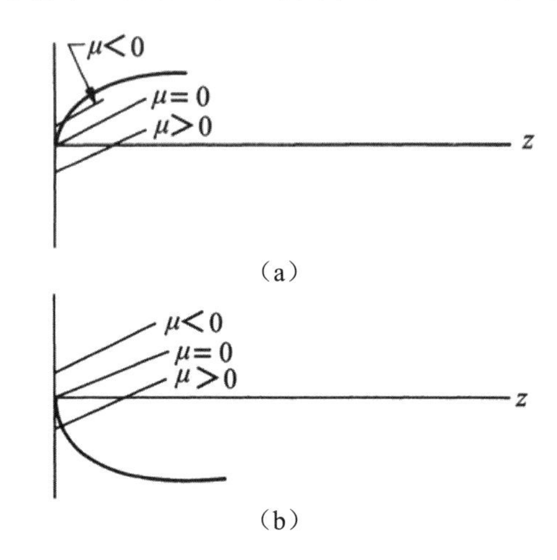

（b）

图 3. 2. 15　$\mu<0$，$\mu=0$ 和 $\mu>0$ 时（3. 2. 85）的（a）右边与（b）左边在无穷斜率情形时的图

有趣的是，在无穷斜率的情形下，我们得到两个不同的结果；即，在一种情况下，我们得到一个 $\mu<0$ 时的周期轨道，在另一种情况下，$\mu>0$ 时的周期轨道会发生什么？我们很快就会看到，在这种情况下存在全局效应，我们的局部分析检测不到它. 现在我们解释这个全局效应.

设 τ 分别是从 Π_0 和 Π_1 开始和结束并包含 Γ 的管子. 则 $\tau\cap W^s(0)$ 是一个 2 维带，记为 $\mathcal{R}$. 假设不扭转 $\mathcal{R}$ 将它两端连接在一起，存在两种情形：（1）$W^s(0)$ 在 τ 内经历偶数次半扭曲，在这种情形下，当 $\mathcal{R}$ 的两端连接在一起时，它同胚于一个柱面，或（2）$W^s(0)$ 在 τ 内经历奇数次半扭曲，在这种情形下，当 $\mathcal{R}$ 的两端连接在一起时，它同胚于 [214] 一个 Möbius 带，如图 3. 2. 16.

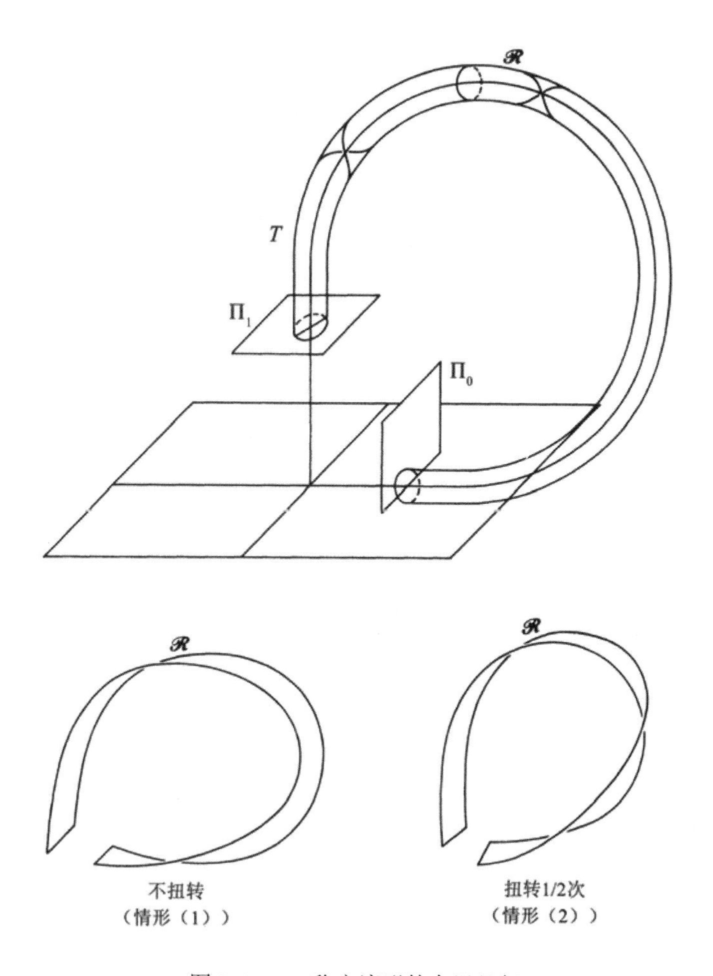

图 3.2.16　稳定流形的全局几何

我们现在讨论在这两个情形下的动力学结论. 首先考虑如图 3.2.17（a）所示的矩形 $\mathcal{D}\subset\Pi_0$，它有在 $W^s(0)$ 中的下面水平边界. 我们想讨论 $\mathcal{D}$ 在 P_0^L 作用下的形状. 由（3.2.80），P_0^L 由

$$\begin{pmatrix} x \\ \varepsilon \\ z \end{pmatrix} \mapsto \begin{pmatrix} x\left(\dfrac{\varepsilon}{z}\right)^{\frac{\lambda_1}{\lambda_3}} \\ \varepsilon\left(\dfrac{\varepsilon}{z}\right)^{\frac{\lambda_2}{\lambda_3}} \\ \varepsilon \end{pmatrix} \qquad (3.2.87)$$

给出. 现在考虑 $\mathcal{D}$ 中的水平直线 $z=$ 常数. 由（3.2.87），我们看到，这条直线映为直线 $y=\varepsilon(\varepsilon/z)^{\lambda_2/\lambda_3}=$ 常数. 然而，由于 $\lambda_2/\lambda_3<0$，故当 $z\to 0$ 时，它的长度没有得到保持，而是被任意大收缩. 因此，$\mathcal{D}$ 的下面水平边界映为原点. 下面考虑 $\mathcal{D}$ 中的垂直线 $x=$ 常数. 由(3.2.87)，

当 $z \to 0$ 时，这条直线在 y 方向被任意大收缩并挤压，因此当 $z \to 0$ 时它与 $x=0$ 相切. 其结果是 $\mathcal{D}$ 被映为“半领结”形状. 图 3. 2. 17（b）以几何方式说明了这一过程.

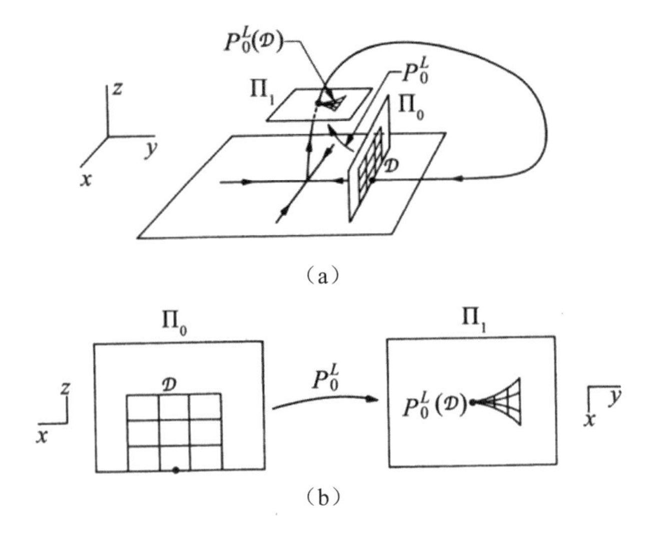

图 3. 2. 17　Poincaré 映射的几何

现在半领结 $P_0^L(\mathcal{D})$ 在映射 P_1^L 作用下被映回到 Γ 周围，$P_0^L(\mathcal{D})$ 的尖端状回到 $\Gamma \cap \Pi_0$ 附近. 在 $\mathcal{R}$ 同胚于柱面时，$P_0^L(\mathcal{D})$ 在其围绕 Γ 的旅程中扭转了偶数次然后回到 $W^s(0)$ 上方的 Π_0. 当 $\mathcal{R}$ 同胚于一个 Möbius 带时，$P_0^L(\mathcal{D})$ 在其围绕 Γ 的旅程中扭转了奇数次然后回到 $W^s(0)$ 下方的 Π_0，见图 3. 2. 18.

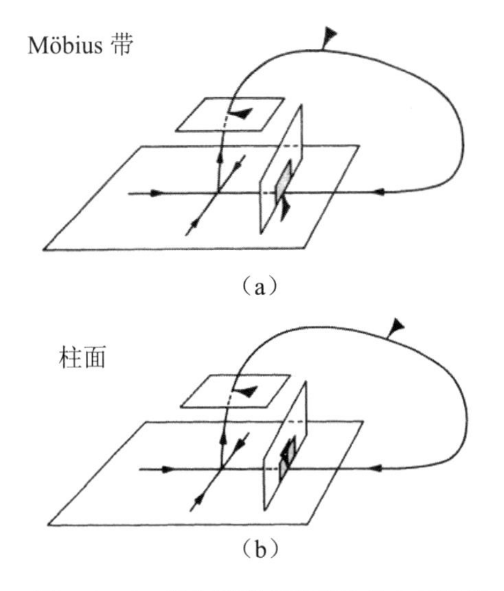

图 3. 2. 18　稳定流形扭转产生的全局效应

现在我们回到定位分支周期轨道时发生的 4 种不同情况，看看出现哪种特殊的全局效应.

回忆不动点的 z 分量是通过求解

$$z = CBz^{\frac{|\lambda_1+\lambda_2|-\lambda_3}{\lambda_3}} + Ce\mu z^{\frac{|\lambda_1|-\lambda_3}{\lambda_3}} + Dz^{\frac{|\lambda_2|-\lambda_3}{\lambda_3}} + \mu. \qquad (3.2.88)$$

得到的. 因此，这个方程的右边表示点第一次回到 Π_0 时的 z 分量. 于是，在 $\mu = 0$，如果我们有柱面（C）则第一次返回它是正的，如果有 Möbius 带（M），则它是负的. 利用这个说明，我们可以回到这 4 种情况，其标记如图 3.2.19 所示. [215]

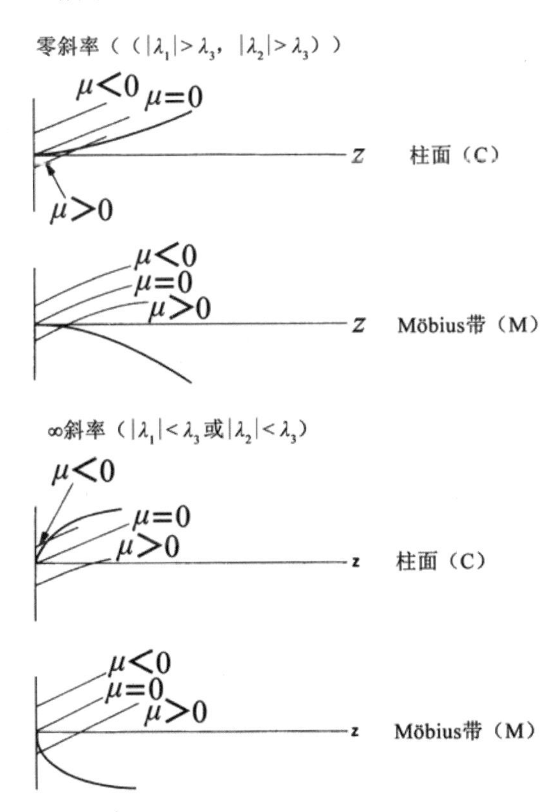

图 3.2.19　不动点的 z 分量与相应的全局效应

[216] 现在我们来解决分支周期轨道的稳定性问题.

周期轨道的稳定性.

（3.2.82）的导数为

$$DP^L = \begin{pmatrix} Az^{\frac{|\lambda_1|}{\lambda_3}} & \frac{|\lambda_1|}{\lambda_3} Axz^{\frac{|\lambda_1|}{\lambda_3}-1} + \frac{|\lambda_2|}{\lambda_3} Bz^{\frac{|\lambda_2|}{\lambda_3}-1} \\ Cz^{\frac{|\lambda_1|}{\lambda_3}} & \frac{|\lambda_1|}{\lambda_3} Cxz^{\frac{|\lambda_1|}{\lambda_3}-1} + \frac{|\lambda_2|}{\lambda_3} Dz^{\frac{|\lambda_2|}{\lambda_3}-1} \end{pmatrix}. \qquad (3.2.89)$$

稳定性通过考虑（3. 2. 89）的特征值的性质确定. DP^L 的特征值为

$$\gamma_{1,2}=\frac{\mathrm{tr}DP^L}{2}\pm\frac{1}{2}\sqrt{(\mathrm{tr}DP^L)^2-4\det(DP^L)}.\tag{3.2.90}$$

其中 [217]

$$\begin{aligned}\det DP^L&=\frac{|\lambda_2|}{\lambda_3}(AD-BC)z^{\frac{|\lambda_1+\lambda_2|-\lambda_3}{\lambda_3}},\\ \mathrm{tr}DP^L&=Az^{\frac{|\lambda_1|}{\lambda_3}}+\frac{|\lambda_1|}{\lambda_3}Cxz^{\frac{|\lambda_1|}{\lambda_3}-1}+\frac{|\lambda_2|}{\lambda_3}Dz^{\frac{|\lambda_2|}{\lambda_3}-1}.\end{aligned}\tag{3.2.91}$$

将在不动点的 x 方程（3. 2. 84）代入 $\mathrm{tr}DP^L$ 的表达式，得到

$$\mathrm{tr}DP^L=Az^{\frac{|\lambda_1|}{\lambda_3}}+\frac{|\lambda_1|}{\lambda_3}CBz^{\frac{|\lambda_1+\lambda_2|}{\lambda_3}-1}+\frac{|\lambda_2|}{\lambda_3}Dz^{\frac{|\lambda_2|}{\lambda_3}-1}+\frac{|\lambda_1|}{\lambda_3}Ce\mu z^{\frac{|\lambda_1|}{\lambda_3}-1}.\tag{3.2.92}$$

[218] 我们注意以下事实：

对充分小 z，有

$$\det DP^L\begin{cases}\text{(a) 为任意大, 对}\ |\lambda_1+\lambda_2|<\lambda_3\\ \text{(b) 为任意小, 对}\ |\lambda_1+\lambda_2|>\lambda_3\end{cases},$$

$$\mathrm{tr}DP^L\begin{cases}\text{(a) 为任意大, 对}\ |\lambda_1|<\lambda_3\ \text{或}\ |\lambda_2|<\lambda_3\\ \text{(b) 为任意小, 对}\ |\lambda_1|>\lambda_3\ \text{且}\ |\lambda_2|>\lambda_3\end{cases}.$$

利用这些事实以及（3. 2. 90），我们得到：

（1）对 $|\lambda_1|>\lambda_3$ 和 $|\lambda_2|>\lambda_3$，只要取 z 充分小，DP^L 的两个特征值可使得任意小.

（2）对 $|\lambda_1+\lambda_2|>\lambda_3$ 和 $|\lambda_1|<\lambda_3$ 和（或）$|\lambda_2|<\lambda_3$，只要取 z 充分小，DP^L 的一个特征值可以使得任意小，另一个特征值可使得任意大.

（3）对 $|\lambda_1+\lambda_2|<\lambda_3$，通过取 z 充分小，DP^L 的两个特征值可使得任意大. [219]

现在将我们的结果总结为下面的定理.

定理 3. 2. 12. 对充分小 $\mu\neq 0$，从（3. 2. 76）的 Γ 中分支出周期轨道. 这个周期轨道：

（1）对 $|\lambda_1|>\lambda_3$ 和 $|\lambda_2|>\lambda_3$ 是汇.

（2）对 $|\lambda_1+\lambda_2|>\lambda_3$，$|\lambda_1|<\lambda_3$ 和（或）$|\lambda_2|<\lambda_3$ 是鞍点.

（3）对 $|\lambda_1+\lambda_2|<\lambda_3$ 是源.

注意，我们用于定理 3. 2. 12 证明中的 Poincaré 映射的构造是针对情形 $|\lambda_2|<\lambda_1$（图 3. 2. 12）. 然而，对 $\lambda_2<\lambda_1$ 和 $\lambda_1=\lambda_2$ 情形，同样结果也成立. 细节留给读者证明.

下面考虑连接鞍点型不动点到它自己的两个同宿轨道的情形，并说明如何在某些条件下会出现混沌动力学.

具有实特征值的不动点的两个同宿轨道.

我们考虑如前的相同系统，但是用下面给出的条件 H2′ 代替 H2.

H2′.（3. 2. 76）有一对在 $\mu=0$ 同宿于 $(0,0,0)$ 的轨道 Γ_r，Γ_l，Γ_r 和 Γ_l 位于 $(0,0,0)$ 的不稳定流形的隔开的分支上，因此，存在两种如图 3. 2. 20 所示的可能图像.

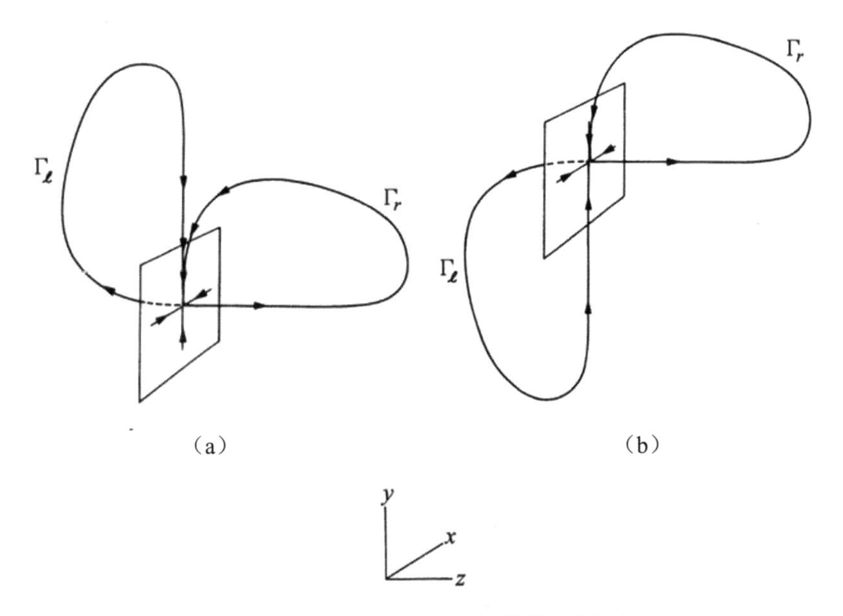

图 3. 2. 20　原点两个同宿轨道的可能情景

注意，图 3. 2. 20 中的坐标轴已相对于图 3. 2. 12 中的坐标进行了旋转. 这只是为了艺术上的方便. 我们只考虑图 3. 2. 20 中的情形（a）的配置. 然而，对于情况（b），相同的分析（以及大多数由此产生的动力学）将可一样进行. 我们的目的是确定在同宿轨道附近构造的 Poincaré 映射包含 Smale 马蹄的混沌动力学，或者更具体地说，它包含一个不变的 Cantor 集，在该集上它同胚于两个符号的全移位（参见第 2. 2 节）.

我们从原点附近构造向量场的局部截面开始. 对充分小的 $\varepsilon>0$，

[220]　定义

$$
\begin{aligned}
\Pi_0^r &= \{(x,y,z)\in\mathbb{R}^3 \mid y=\varepsilon,\ |x|\leqslant\varepsilon,\ 0<z\leqslant\varepsilon\},\\
\Pi_0^l &= \{(x,y,z)\in\mathbb{R}^3 \mid y=\varepsilon,\ |x|\leqslant\varepsilon,\ -\varepsilon\leqslant z<0\},\\
\Pi_1^r &= \{(x,y,z)\in\mathbb{R}^3 \mid z=\varepsilon,\ |x|<\varepsilon,\ 0<y\leqslant\varepsilon\},\\
\Pi_1^l &= \{(x,y,z)\in\mathbb{R}^3 \mid z=-\varepsilon,\ |x|<\varepsilon,\ 0<y\leqslant\varepsilon\}.
\end{aligned}
\tag{3. 2. 93}
$$

原点附近的几何说明如图 3. 2. 21.

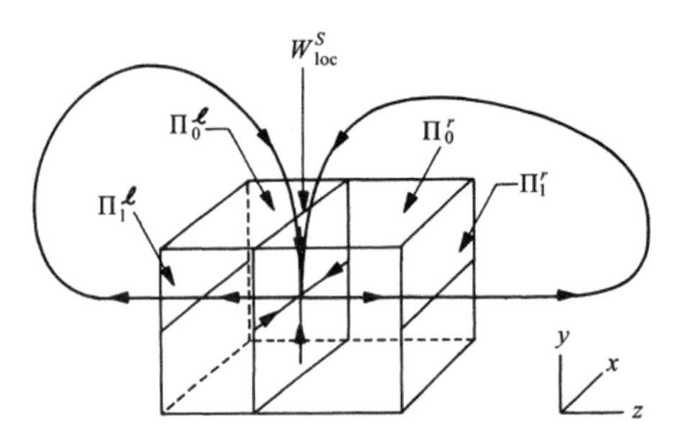

图 3. 2. 21　向量场在原点附近的局部截面

现在回忆原点的稳定流形的全局扭转. 并考虑这个扭转对 Poincaré 映射的构造所产生的影响. 设τ_r（相应地，τ_l）是从Π_1^r（相应地，Π_1^l）上开始到Π_0^r（相应地，Π_0^l）上结束并包含Γ_r（相应地，Γ_l）的一根管子（图 3. 2. 15）. 于是$\tau_r \cap W^s(0)$（相应地，$\tau_l \cap W^s(0)$）是一条 2 维带，记为$\mathcal{R}_r$（相应地，记为$\mathcal{R}_l$）. 如果我们无扭转$\mathcal{R}_r$（相应地，$\mathcal{R}_l$）将$\mathcal{R}_r$的两个端面连接在一起，则$\mathcal{R}_r$（相应地，$\mathcal{R}_l$）同胚于柱面或 Möbius 带（图 3. 2. 15）. 因此，这个全局效应出现三种不同情形. [221]

（1）$\mathcal{R}_r$和$\mathcal{R}_l$同胚于柱面.

（2）$\mathcal{R}_r$同胚于圆柱面，$\mathcal{R}_l$同胚于 Möbius 带.

（3）$\mathcal{R}_r$和$\mathcal{R}_l$同胚于 Möbius 带.

如图 3. 2. 22 所示，这三种情形在 Poincaré 映射中都有表现.

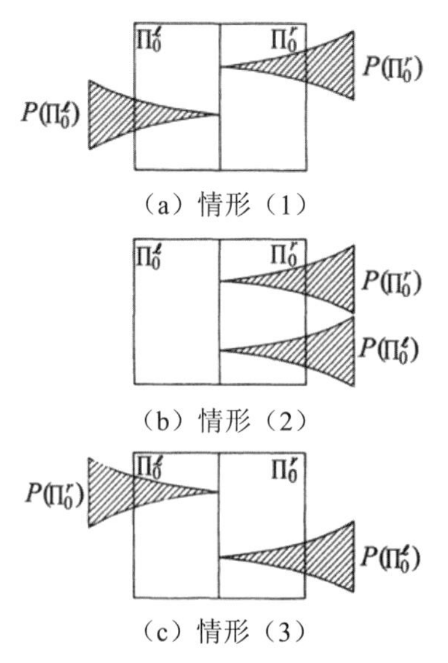

（a）情形（1）

（b）情形（2）

（c）情形（3）

图 3. 2. 22　三个情形的 Poincaré 映射的几何

我们现在想激发我们在这些情况下如何才能期望出现马蹄. 考虑情形（1）. 假设我们变化参数 μ，使得同宿轨道破裂，导致 Π_0^r 和 Π_0^l 的像以图 3. 2. 3 所示的方式移动. 是否期望在 3 维向量场的单参数族中出现这种性态的问题将很快得到解决.

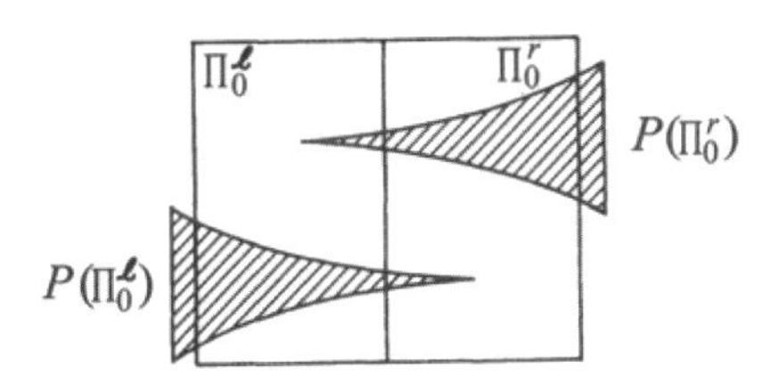

图 3. 2. 23　$\mu \neq 0$ 时的 Poincaré 映射的几何结构

从图 3. 2. 23 中，我们可以开始看到，在这个系统中，我们如何获得类马蹄动力学. 我们可以如图 3. 2. 24 所示，选择 Π_0^r 和 Π_0^l 中的 μ_h-水平板，它们在 μ 变化时映到 μ_v-垂直板. [222]

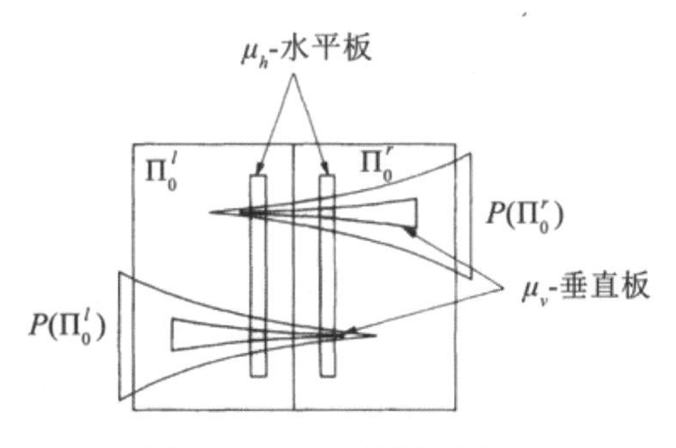

图 3. 2. 24　水平板和垂直板

注意，在 $\mu = 0$ 不可能出现马蹄性态. 当然，在图 3. 2. 24 中许多事情需要证明，即扩展率和压缩速率，以及小三角形在同宿轨道破裂时的正确性态. 然而，我们不会逐一分析这三个情形，而是研究一个具体例子，并将读者介绍 Afraimovich，Bykov 和 Silnikov[1984]以了解一般情形的详细讨论. 然而，首先我们要讨论参数的作用. [223]

在 3 维向量场中，人们会期望改变一个参数会导致一个特殊同宿轨道的破坏. 在两个同宿轨道情形，我们不能期望两个同宿轨道的性态被单个参数所控制，导致如图 3. 2. 23 所示的性态. 我们需要两个参数，其中每个参数可以被认为是“控制”一个特定的同宿轨道. 在分支理论的语言中，这是一个全局余维二分支问题. 然而，如果向量包含对称性，例如，（3. 2. 76）在坐标变换 $(x, y, z) \to (-x, y, -z)$ 下是不变的，这表示围绕 y 轴的 180 度旋转，于是一个同宿轨道的存在必然导致另一个同宿轨道的存在，因此一个参数控制了这两个同宿轨道. 为了简单起见，我们将讨论对称情形，对非对称情形的讨论建议读者见

Afraimovich，Bykov 和 Silnikov[1984]．对称情形具有历史意义，因为这正是在大量研究的 Lorenz 方程中出现的情况，见 Sparrow[1982]．

我们将考虑由下面性质刻画的情形．

H1′．$0<-\lambda_2<\lambda_3<-\lambda_1$, $d\neq 0$．

H2′．（3. 2. 76）在坐标变换 $(x,y,z)\to(-x,y,-z)$ 下不变，以及同宿轨道在 μ 靠近零时以如图 3. 2. 25 所示的方式破裂．

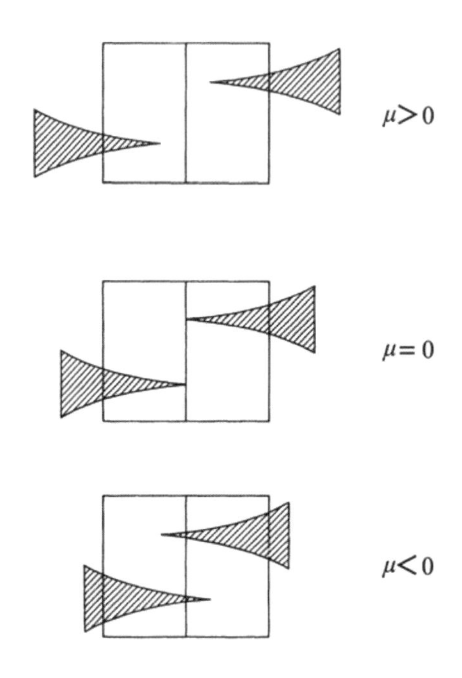

图 3. 2. 25　同宿轨道关于尺度化参数 μ 的依赖性

性质 H1′ 确保 Poincaré 映射有强收缩方向和强扩展方向（由

[224]（3. 2. 81）回忆，d 是定义 P_1^L 的矩阵中的一个元素）．

现在从 $\Pi_0^r\cup\Pi_0^l$ 到 $\Pi_0^r\cup\Pi_0^l$ 的 Poincaré 映射 P^L 由两部分组成，

$$P_r^L:\Pi_0^r\to\Pi_0^r\cup\Pi_0^l,\qquad (3.2.94)$$

其中由（3. 2. 82）给出的 P_r^L 和

$$P_l^L:\Pi_0^l\to\Pi_0^r\cup\Pi_0^l,\qquad (3.2.95)$$

其中由对称性，我们有

$$P_l^L(x,z)=-P_r^L(-x,-z).\qquad (3.2.96)$$

我们的目的是证明对 $\mu<0$，P^L 包含一个 Cantor 不变集，在这个集上它拓扑共轭于两个符号的全移位．这是通过下面定理实现的．[225]

定理 3. 2. 13. *存在 $\mu_0<0$，使得对 $\mu_0<\mu<0$，P^L 具有一个 Cantor 不变集，在这个集上它拓扑共轭于两个符号的全移位．*

证明: 由2.3d节,只需证明$\overline{\text{A1}}$和$\overline{\text{A2}}$成立. 于是定理结果由定理2.3.12和定理2.3.3得到.

$\overline{\text{A1}}$. 由(3.2.89),其中$P^L(x,z)=(P_1^L(x,z),P_2^L(x,z))$,我们有

$$\begin{aligned} D_xP_1^L &= Az^{\frac{|\lambda_1|}{\lambda_3}}, \\ D_zP_2^L &= \frac{|\lambda_1|}{\lambda_3}Cxz^{\frac{|\lambda_1|}{\lambda_3}-1}+\frac{|\lambda_2|}{\lambda_3}Dz^{\frac{|\lambda_2|}{\lambda_3}-1}, \\ D_zP_1^L &= \frac{|\lambda_1|}{\lambda_3}Axz^{\frac{|\lambda_1|}{\lambda_3}-1}+\frac{|\lambda_2|}{\lambda_3}Bz^{\frac{|\lambda_2|}{\lambda_3}-1}, \\ D_xP_2^L &= Cz^{\frac{|\lambda_1|}{\lambda_3}}. \end{aligned} \tag{3.2.97}$$

现在,由H1′,$|\lambda_1|/\lambda_3>1$和$|\lambda_2|/\lambda_3<1$,我们有

$$\begin{aligned} &\lim_{z\to 0}\left\|D_xP_1^L\right\|=0, \\ &\lim_{z\to 0}\left\|D_xP_2^L\right\|=0, \\ &\lim_{z\to 0}\left\|(D_zP_2^L)^{-1}\right\|=0, \quad \text{因为 } d\neq 0, \\ &\lim_{z\to 0}\left\|D_zP_1^L\right\|\left\|(D_zP_2^L)^{-1}\right\|=\left|\frac{B}{D}\right|<\infty, \quad \text{因为 } d\neq 0. \end{aligned} \tag{3.2.98}$$

因此,对充分小z,$\overline{\text{A1}}$满足.

$\overline{\text{A2}}$. 固定$\mu<0$. 选择μ_h-水平板$H_r\subset\Pi_0^r$和$H_l\subset\Pi_0^l$,其中“水平边”平行于x轴,“垂直边”平行于z轴,使得$P^L(H_r)$和$P^L(H_l)$与H_r和H_l的水平边界都相交. 这对充分小z总是可能的,因为$\lim_{z\to 0}\left\|(D_zP_2^L)^{-1}\right\|=0$,如图3.2.26.

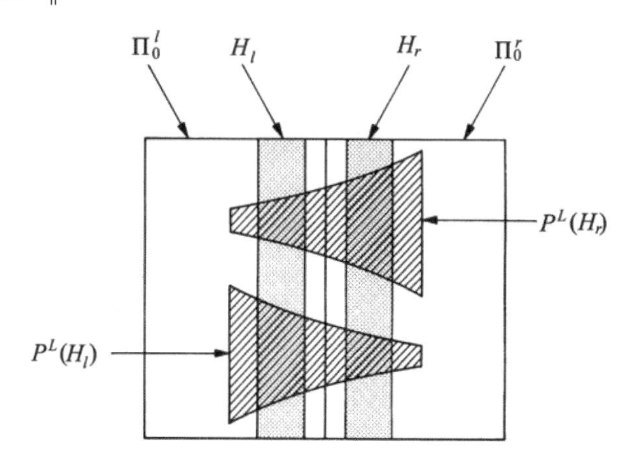

图3.2.26　H_l和H_r在P^L作用下的像

通过我们前面对Π_0在P^L作用下的像，显然，H_r和H_l的水平边界和垂直边界满足$\overline{\text{A2}}$．特别地，选择H_r和H_l，使得$\mu_h=0$以及H_r和H_l的垂直边界是$\mu_v=0$时的μ_v垂直片．因此，μ_h满足（2.3.68）和（2.3.74），又由引理2.3.11和引理2.3.8，$P^L(H_r)$和$P^L(H_l)$满足（2.3.69）（2.3.75）和（2.3.78）．因此，$\overline{\text{A2}}$成立．[226] □

定理3.2.13的动力学结果令人震惊.当$\mu\geqslant 0$时（破裂的）同宿轨道附近的动力学没有什么特别之处.然而，当$\mu<0$时马蹄及其随之而来的混沌动力学似乎无处不在.这种特殊类型的全局分支被称为同宿爆炸.

评论和其他参考文献.

我们几乎没有触及到与三阶常微分方程中具有实特征值的不动点的同宿轨道相关的可能动力学的曲面.有几个问题值得进行更彻底的研究.

没有对称性的两个同宿轨道，见Afraimovich，Bykov和Silnikov[1984]和其中的文献.

*奇异吸引子的存在性.*马蹄是混沌不变集，然而马蹄中的所有轨道都是鞍点型不稳定的.然而，应该清楚，马蹄可能会对任何系统的动力学产生显著影响.特别是，它们往往是数值观察到的奇异吸引子的混沌心脏.关于与三阶常微分方程中具有实特征值的不动点的同宿轨道相关的"奇异吸引子问题"的工作，请参见Afraimovich，Bykov和Silnikov[1984].对这类系统所做的大部分工作都是在Lorenz方程的背景下进行的.Lorenz吸引子的参考文献包括Sparrow[1982]，Guckenheimer和Williams[1980]，以及Williams[1980]. [227]

*产生马蹄的分支.*在同宿爆炸中，产生了无穷多个所有可能周期的周期轨道.问题是关于这些周期轨道是如何产生的，以及它们之间的相互关系如何.这个问题也与奇异吸引子问题相关.近年来，Birman，Williams和Holmes一直利用周期轨道的*纽结型*作为分支不变量，以便了解三阶常微分方程中周期轨道的出现、消失和相互关系.粗略地说，3维周期轨道可以被认为是一个打结的闭环.当系统参数变化时，由于解的唯一性，周期轨道可以永不自交．因此，当参数变化时纽结型周期轨道不能变化．因此，纽结型是分支不变量，且是开发周期轨道分类方案的关键工具.参考文献见Birman和Williams[1985a，b]，Holmes[1986]，[1987]，以及Holmes和Williams[1985].

3.2c（ii）鞍-焦点的同宿轨道

现在我们考虑三阶常微分方程的鞍-焦点同宿轨道附近的动力学.自从Silnikov[1965]首次对其进行研究以来，这种现象就被称为Silnikov现象.

考虑下面形式的方程

$$
\begin{aligned}
\dot{x} &= \rho x - \omega y + P(x,y,z), \\
\dot{y} &= \omega x + \rho y + Q(x,y,z), \\
\dot{z} &= \lambda z + R(x,y,z),
\end{aligned}
\qquad (3.2.99)
$$

其中 P，Q，R 在原点是 C^2 和 $\mathcal{O}(2)$ 的. 应该清楚，$(0,0,0)$ 是不动点，且（3.2.99）关于 $(0,0,0)$ 的线性化的特征值是 $\rho \pm \mathrm{i}\omega$，$\lambda$（注意：现在这个问题中没有参数，后面将考虑（3.2.99）的分支）. 我们对系统（3.2.99）做如下假设.

[228]

H1.（3.2.99）有连接 $(0,0,0)$ 到它自身的同宿轨道 Γ.

H2. $\lambda > -\rho > 0$.

因此，$(0,0,0)$ 具有 2 维稳定流形和 1 维不稳定流形，它们非横截相交，如图 3.2.27.

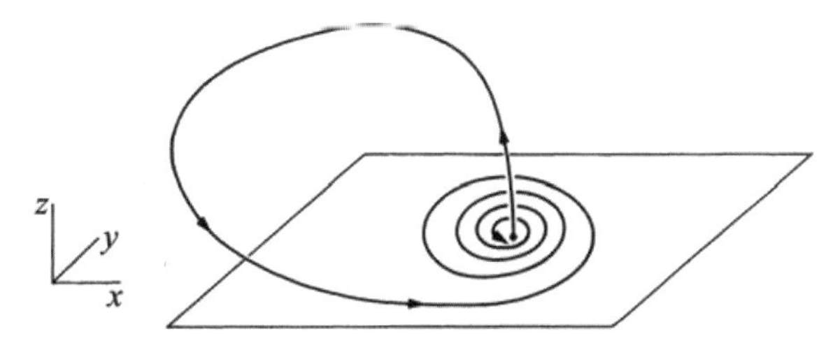

图 3.2.27　（3.2.99）中的同宿轨道

为了确定 Γ 附近轨道结构的特性，我们按通常方式构造一个在 Γ 附近定义的 Poincaré 映射，见 3.2a 节.

P_0^L 的计算.

设 Π_0 是位于 (x,z) 平面内的一个矩形，Π_1 是平行于 (x,z) 平面在 $x=\varepsilon$ 上的矩形，如图 3.2.27. 与纯实特征值的情况相反，Π_0 将需要更详细的描述. 然而，为了做到这一点，我们需要更好地了解流在原点附近的动力学.

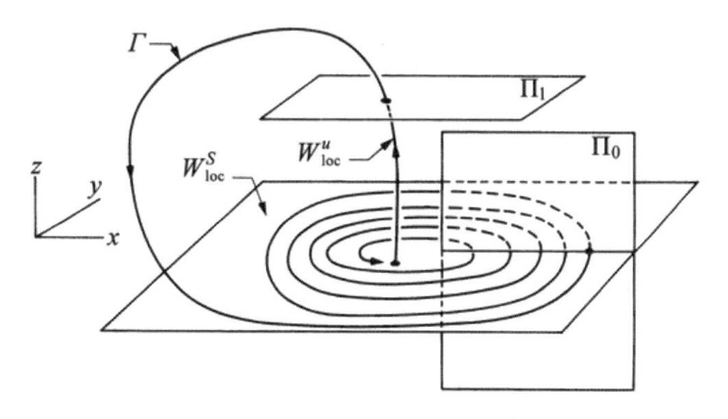

图 3.2.28　（3.2.99）中的同宿轨道

（3.2.99）关于原点线性化的流由

$$x(t) = e^{\rho t}(x_0 \cos \omega t - y_0 \sin \omega t),$$
$$y(t) = e^{\rho t}(x_0 \sin \omega t + y_0 \cos \omega t), \quad (3.2.100)$$
$$z(t) = z_0 e^{\lambda t}$$

给出. 从 Π_0 上的点到达 Π_1 上所需时间 T 通过求解

$$\varepsilon = z_0 e^{\lambda T} \quad (3.2.101)$$

得到，或者 [229]

$$T = \frac{1}{\lambda} \log \frac{\varepsilon}{z_0}. \quad (3.2.102)$$

因此，P_0^L 为

$$P_0^L : \Pi_0 \to \Pi_1,$$
$$\begin{pmatrix} x \\ 0 \\ z \end{pmatrix} \mapsto \begin{pmatrix} x(\frac{\varepsilon}{z})^{\rho/\lambda} \cos(\frac{\omega}{\lambda} \log \frac{\varepsilon}{z}) \\ x(\frac{\varepsilon}{z})^{\rho/\lambda} \sin(\frac{\omega}{\lambda} \log \frac{\varepsilon}{z}) \\ \varepsilon \end{pmatrix}. \quad (3.2.103)$$

现在更仔细地考虑 Π_0. 任意选择 Π_0 有可能 Π_0 上的点在它到达 Π_1 之前与自己相交许多次，此时 P_0^L 不能同胚地映上到 $P_0^L(\Pi_0)$. 我们要避免这种情况，因为映射具有第 2 章描述的移位映射动力学的条件是对同胚给出的. 根据（3.2.100），从 (x,z) 平面 $x>0$ 的点出发回到 (x,z) 平面 $x>0$ 的时间 $t = 2\pi/\omega$. 现在设 $x=\varepsilon$，$0<z\leqslant\varepsilon$ 是 Π_0 的右边界. 因此如果我们选择 $x = \varepsilon e^{2\pi\rho/\omega}$，$0<z\leqslant\varepsilon$ 为 Π_0 的左边界，则没有点从 Π_0 内部出发在到达 Π_1 之前回到 Π_0. 我们取此作为 Π_0 的定义.

$$\Pi_0 = \{(x,y,z) \in \mathbb{R}^3 \mid y=0,\ \varepsilon e^{2\pi\rho/\omega} \leqslant x \leqslant \varepsilon,\ 0<z\leqslant\varepsilon\}. \quad (3.2.104)$$

[230] 选择 Π_1 足够大使它包含 $P_0^L(\Pi_0)$ 在其内部.

现在描述 $P_0^L(\Pi_0)$ 的几何. Π_1 用 x 和 y 坐标化，我们用 x'，y' 标记以免与 Π_0 的坐标混淆. 于是，由（3.2.103）我们有

$$(x',y') = \left(x\left(\frac{\varepsilon}{z}\right)^{\rho/\lambda} \cos\left(\frac{\omega}{\lambda}\log\frac{\varepsilon}{z}\right), x\left(\frac{\varepsilon}{z}\right)^{\rho/\lambda} \sin\left(\frac{\omega}{\lambda}\log\frac{\varepsilon}{z}\right) \right). \quad (3.2.105)$$

Π_1 上的极坐标给出更清晰的几何图像. 设

$$r = \sqrt{x'^2 + y'^2}, \quad \frac{y'}{x'} = \tan\theta \quad (3.2.106)$$

则（3.2.105）变成

$$(r,\theta) = \left(x\left(\frac{\varepsilon}{z}\right)^{\lambda/\rho}, \frac{\omega}{\lambda}\log\frac{\varepsilon}{z} \right). \quad (3.2.107)$$

现在考虑Π_0中的垂直线$x=$常数. 由（3.2.107），它将映为对数螺线. Π_0中的水平线$z=$常数映为从$(0,0,\varepsilon)$出发的径向直线. 考虑矩形

$$R_k=\{(x,y,z)\in\mathbb{R}^3\mid y=0,\ \varepsilon e^{\frac{2\pi\rho}{\omega}}\leqslant x\leqslant\varepsilon,\ \varepsilon e^{\frac{-2\pi(k+1)\lambda}{\omega}}\leqslant z\leqslant\varepsilon e^{\frac{-2\pi k\lambda}{\omega}}\}. \tag{3.2.108}$$

于是，我们有

$$\Pi_0=\bigcup_{k=0}^{\infty}R_k. \tag{3.2.109}$$

我们通过确定其在P_0^L作用下的水平边界和垂直边界的性态来考虑矩形R_k的像. 记这4条直线段为

$$\begin{aligned}
h^u&=\{(x,y,z)\in\mathbb{R}^3\mid y=0,\ z=\varepsilon e^{\frac{-2\pi k\lambda}{\omega}},\ \varepsilon e^{\frac{2\pi\rho}{\omega}}\leqslant x\leqslant\varepsilon\},\\
h^l&=\{(x,y,z)\in\mathbb{R}^3\mid y=0,\ z=\varepsilon e^{\frac{-2\pi(k+1)\lambda}{\omega}},\ \varepsilon e^{\frac{2\pi\rho}{\omega}}\leqslant x\leqslant\varepsilon\},\\
v^r&=\{(x,y,z)\in\mathbb{R}^3\mid y=0,\ x=\varepsilon,\varepsilon e^{\frac{-2\pi(k+1)\lambda}{\omega}}\leqslant z\leqslant e^{\frac{-2\pi k\lambda}{\omega}}\},\\
v^l&=\{(x,y,z)\in\mathbb{R}^3\mid y=0,\ x=\varepsilon e^{\frac{2\pi\rho}{\omega}},\varepsilon e^{\frac{-2\pi(k+1)\lambda}{\omega}}\leqslant z\leqslant e^{\frac{-2\pi k\lambda}{\omega}}\}.
\end{aligned} \tag{3.2.110}$$

如图3.2.29. 这些直线段在P_0^L作用下的像为 [231]

$$\begin{aligned}
P_0^L(h^u)&=\{(r,\theta,z)\in\mathbb{R}^3\mid z=\varepsilon,\ \theta=2\pi k,\ \varepsilon e^{\frac{2\pi(k+1)\rho}{\omega}}\leqslant r\leqslant\varepsilon e^{\frac{2\pi k\rho}{\omega}}\},\\
P_0^L(h^l)&=\{(r,\theta,z)\in\mathbb{R}^3\mid z=\varepsilon,\ \theta=2\pi(k+1),\ \varepsilon e^{\frac{2\pi(k+2)\rho}{\omega}}\leqslant r\leqslant\varepsilon e^{\frac{2\pi(k+1)\rho}{\omega}}\},\\
P_0^L(v^r)&=\{(r,\theta,z)\in\mathbb{R}^3\mid z=\varepsilon,\ 2\pi k\leqslant\theta\leqslant2\pi(k+1),\ r(\theta)=\varepsilon e^{\frac{\rho\theta}{\omega}}\},\\
P_0^L(v^l)&=\{(r,\theta,z)\in\mathbb{R}^3\mid z=\varepsilon,\ 2\pi k\leqslant\theta\leqslant2\pi(k+1),\ r(\theta)=\varepsilon e^{\frac{\rho(2\pi+\theta)}{\omega}}\},
\end{aligned} \tag{3.2.111}$$

因此，$P_0^L(R_k)$如图3.2.29所示.

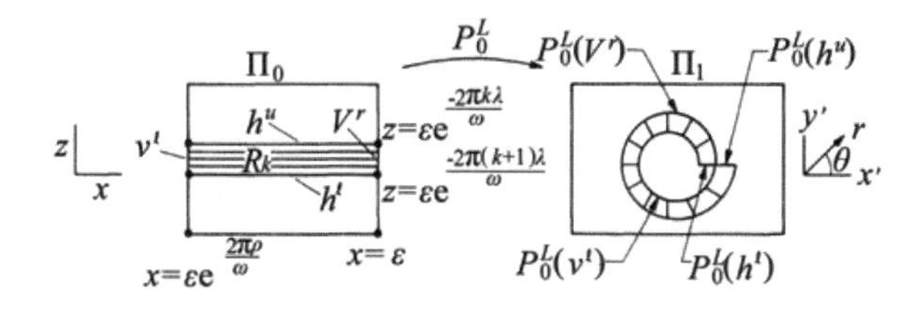

图3.2.29　R_k和它在P_0^L作用下的像

图3.2.29的几何形状应强烈表明该系统中可能出现马蹄.

P_1^L的计算.

由第5步，3.2节b部分，在某个开集$U\subset\Pi_1$上，我们有

$$P_1^L: U \subset \Pi_1 \to \Pi_0,$$

$$\begin{pmatrix} x \\ y \\ \varepsilon \end{pmatrix} \mapsto \begin{pmatrix} a & b & 0 \\ c & d & 0 \\ 0 & 0 & 0 \end{pmatrix} \begin{pmatrix} x \\ y \\ z \end{pmatrix} + \begin{pmatrix} \bar{x} \\ 0 \\ 0 \end{pmatrix}, \tag{3.2.112}$$

其中 $(\bar{x}, 0, 0) \equiv \Gamma \cap \Pi_0$， $\bar{x} = \varepsilon \dfrac{1 + \mathrm{e}^{\frac{2\pi\rho}{2}}}{2}$.

Poincaré 映射 $P^L = P_1^L \circ P_0^L$.

由（3. 2. 103）和（3. 2. 112），我们有

$$P^L: P_1^L \circ P_0^L: V \subset \Pi_0 \to \Pi_0,$$

$$\begin{pmatrix} x \\ z \end{pmatrix} \mapsto \begin{pmatrix} x\left(\dfrac{\varepsilon}{z}\right)^{\frac{\rho}{\lambda}}\left[a\cos\left(\dfrac{\omega}{\lambda}\log\dfrac{\varepsilon}{z}\right) + b\sin\left(\dfrac{\omega}{\lambda}\log\dfrac{\varepsilon}{z}\right)\right] + \bar{x} \\ x\left(\dfrac{\varepsilon}{z}\right)^{\frac{\rho}{\lambda}}\left[c\cos\left(\dfrac{\omega}{\lambda}\log\dfrac{\varepsilon}{z}\right) + d\sin\left(\dfrac{\omega}{\lambda}\log\dfrac{\varepsilon}{z}\right)\right] \end{pmatrix} \tag{3.2.113}$$

[232] 其中 $V = (P_0^L)^{-1}(U)$.

因此，如果我们选择 Π_0 充分小，则 $P^L(\Pi_0)$ 出现如图 3. 2. 30 所示的图像.

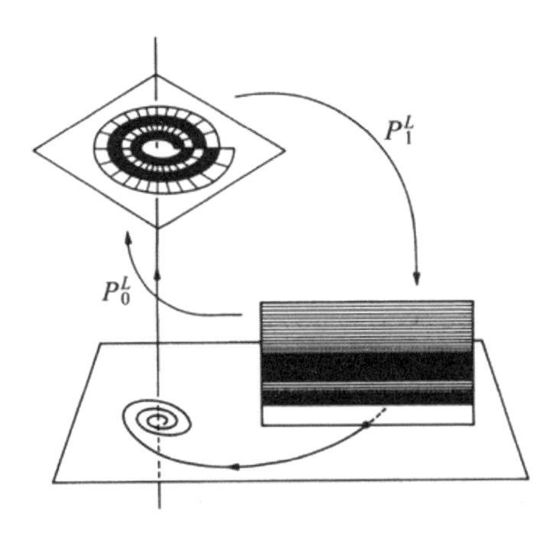

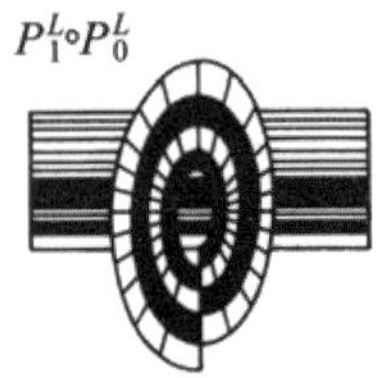

图 3. 2. 30　Poincaré 映射

现在我们证明 P^L 包含一个 Cantor 不变集，在这个集上它拓扑共轭

于一个移位映射. 从图 3. 2. 30 中可以明显看出有类马蹄性态的可能性. 但是，这需要证明，特别是，我们需要验证 2. 3d 节的 $\overline{\text{A1}}$ 和 $\overline{\text{A2}}$. 首先我们需要一个预备性结果.

考虑图 3. 2. 31 中的矩形 R_k. 为了验证 R_k 中的水平板和垂直板的适当性态，必须验证 $P^L(R_k)$ 的内外边界都与 R_k 的上边界相交，如图 3. 2. 31a 所示. 或者，换句话说，R_k 的上水平边界（至少）相交 $P^L(R_k)$ 的内边界的两点. 此外，了解 $P^L(R_k)$ 也以这种方式与 R_k 上方的多少矩形相交将是有用的. 我们有下面的引理. [233]

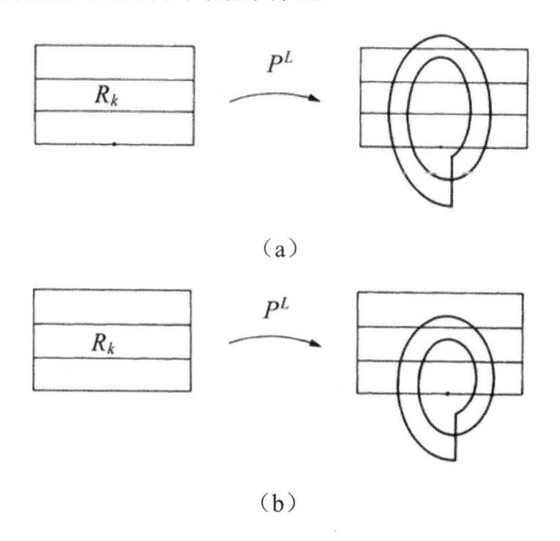

图 3. 2. 31　R_k 在 P^L 作用下的像的两个可能性

引理 3. 2. 14. 对充分大固定的 k 考虑 R_k. 则对 $i \geqslant k/\alpha$，$1 \leqslant \alpha < -\lambda/\rho$，$P^L(R_k)$ 的内边界与 R_i 的上水平边界（至少）相交两点. 此外，$P^L(R_k) \cap R_i$ 的垂直边界的原像包含在 R_k 的垂直边界内.

证明： R_i 的上水平边界的 z 坐标为

$$\overline{z} = \varepsilon \mathrm{e}^{\frac{-2\pi i\lambda}{\omega}}. \tag{3. 2. 114}$$

$P_0^L(R_k)$ 的靠近 $(0,0,\varepsilon)$ 的内边界为

$$r_{\min} = \varepsilon \mathrm{e}^{\frac{4\pi\rho}{\omega}} \mathrm{e}^{\frac{2\pi k\rho}{\omega}}. \tag{3. 2. 115}$$

[234] 由于 P_1^L 是线性映射，对某个 $K > 0$，$P^L(R_k) = P_1^L \circ P_0^L(R_k)$ 由

$$\overline{r}_{\min} = K\varepsilon \mathrm{e}^{\frac{4\pi\rho}{\omega}} \mathrm{e}^{\frac{2\pi k\rho}{\omega}} \tag{3. 2. 116}$$

给出. 现在只要

$$\frac{\overline{r}_{\min}}{\overline{z}} > 1, \tag{3. 2. 117}$$

$P^L(R_k)$ 的内边界将与 R_i 的上水平边界（至少）相交于两点. 利用（3. 2. 114）和（3. 2. 116）明显计算这个比，得到

$$\frac{\overline{r}_{\min}}{\overline{z}} = K\mathrm{e}^{\frac{4\pi\rho}{\omega}}\mathrm{e}^{\frac{2\pi}{\omega}(k\rho+i\lambda)}. \quad (3.2.118)$$

现在 $K\mathrm{e}^{\frac{4\pi\rho}{\omega}}$ 是一个固定常数，因此，（3. 2. 118）的大小被项 $\mathrm{e}^{(2\pi/\omega)(k\rho+i\lambda)}$ 所控制. 为了使得（3. 2. 118）大于 1，只需取 $k\rho+i\lambda$ 充分大，由 H2 我们有 $\lambda+\rho>0$，因此对 $i\geqslant k/\alpha$，$1\leqslant\alpha<-\lambda/\rho$，$k\rho+i\lambda$ 是正的，且对充分大的 k，（3. 2. 118）大于 1.

现在我们要描述 R_k 的垂直边界的性态. 回忆图 3. 2. 29. 在 P_0^L 的作用下 R_k 的垂直边界映为类环状物的内外边界. 现在 P_1^L 是一个可逆的放射映射. 因此，$P_0^L(R_k)$ 对应于 $P^L(R_k)=P_1^L\circ P_0^L(R_k)$ 的内外边界. 从而，$P^L(R_k)\cap R_i$ 的垂直边界的原像包含在 R_k 的垂直边界内. □

引理 3. 2. 14 指出 H2 的必要性，因为如果我们改为 $-\rho>\lambda>0$，则对充分大的 k，R_k 的像将降到 R_k 之下，如图 3. 2. 31（b）.

现在证明 $\overline{\text{A2}}$ 在 Π_0 的所有点都成立，除了可能在可数多个水平线上，这必要时可以避免. 如果我们利用记号 $P^L=(P_1^L,P_2^L)$（注意：P_1^L，P_2^L 代表 P^L 的两个分量，不应与原点邻域外沿着同宿轨道的映射 P_1^L 混淆），于是由（3. 2. 113）我们有

$$DP^L=\begin{pmatrix} D_xP_1^L & D_zP_1^L \\ D_xP_2^L & D_zP_2^L \end{pmatrix}, \quad (3.2.119)$$

其中 [235]

$$\begin{aligned}
D_xP_1^L &\equiv \varepsilon^{\frac{\rho}{\lambda}}z^{-\frac{\rho}{\lambda}}\left[a\cos\left(\frac{\omega}{\lambda}\log\frac{\varepsilon}{z}\right)+b\sin\left(\frac{\omega}{\lambda}\log\frac{\varepsilon}{z}\right)\right],\\
D_zP_1^L &\equiv \frac{-x}{\lambda}\varepsilon^{\frac{\rho}{\lambda}}z^{-(1+\frac{\rho}{\lambda})}\left\{\rho\left[a\cos\left(\frac{\omega}{\lambda}\log\frac{\varepsilon}{z}\right)+b\sin\left(\frac{\omega}{\lambda}\log\frac{\varepsilon}{z}\right)\right]+\right.\\
&\qquad \left.\omega\left[-a\sin\left(\frac{\omega}{\lambda}\log\frac{\varepsilon}{z}\right)+b\cos\left(\frac{\omega}{\lambda}\log\frac{\varepsilon}{z}\right)\right]\right\},\\
D_xP_2^L &\equiv \varepsilon^{\frac{\rho}{\lambda}}z^{-\frac{\rho}{\lambda}}\left[c\cos\left(\frac{\omega}{\lambda}\log\frac{\varepsilon}{z}\right)+d\sin\left(\frac{\omega}{\lambda}\log\frac{\varepsilon}{z}\right)\right], \quad (3.2.120)\\
D_zP_2^L &\equiv \frac{-x}{\lambda}\varepsilon^{\frac{\rho}{\lambda}}z^{-(1+\frac{\rho}{\lambda})}\left\{\rho\left[c\cos\left(\frac{\omega}{\lambda}\log\frac{\varepsilon}{z}\right)+d\sin\left(\frac{\omega}{\lambda}\log\frac{\varepsilon}{z}\right)\right]+\right.\\
&\qquad \left.\omega\left[-c\sin\left(\frac{\omega}{\lambda}\log\frac{\varepsilon}{z}\right)+d\cos\left(\frac{\omega}{\lambda}\log\frac{\varepsilon}{z}\right)\right]\right\}.
\end{aligned}$$

我们有以下引理.

引理 3.2.15. $\overline{\text{A1}}$ 在 Π_0 上处处成立，除了可能有可数多个水平直线. 此外，如果必要这些“坏”水平直线可以避免.

证明： 由 H2，$1+\rho/\lambda>0$，因此，我们有

$$\begin{aligned}&\lim_{z\to 0}\left\|D_x P_1^L\right\|=0,\\&\lim_{z\to 0}\left\|D_x P_2^L\right\|=0,\\&\lim_{z\to 0}\left\|(D_z P_2^L)^1\right\|=0.\end{aligned}\tag{3.2.121}$$

需要担心的项

$$\left\|D_z P_1^L\right\|\left\|D_z P_1^L)^{-1}\right\|,\tag{3.2.122}$$

其中 z 很小. 我们需要证明（3.2.122）有界，如果

$$\begin{aligned}&\rho\left[c\cos\left(\frac{\omega}{\lambda}\log\frac{\varepsilon}{z}\right)+d\sin\left(\frac{\omega}{\lambda}\log\frac{\varepsilon}{z}\right)\right]+\\&\omega\left[-c\sin\left(\frac{\omega}{\lambda}\log\frac{\varepsilon}{z}\right)+d\sin\left(\frac{\omega}{\lambda}\log\frac{\varepsilon}{z}\right)\right]=0,\end{aligned}\tag{3.2.123}$$

或者，等价地，如果

$$\frac{c}{d}=\frac{\rho\sin\left(\frac{\omega}{\lambda}\log\frac{\varepsilon}{z}\right)+\omega\cos\left(\frac{\omega}{\lambda}\log\frac{\varepsilon}{z}\right)}{-\rho\cos\left(\frac{\omega}{\lambda}\log\frac{\varepsilon}{z}\right)+\omega\sin\left(\frac{\omega}{\lambda}\log\frac{\varepsilon}{z}\right)},\tag{3.2.124}$$

[236] 则有界性可能不成立. 但是，假设存在 z 值，使得（3.2.124）成立. 则由周期性，这样的 z 值可存在可数无穷多个. 但在实践中，我们在（3.2.122）中并不对 Π_0 上的所有点感兴趣，而是对 Π_0 中包含的一组可数的不相交的水平板感兴趣. 因此，如果“坏”的 z 值落在我们选择的水平板之间，则不会有问题. 我们总是可以通过稍微改变截面 Π_0 和（或）Π_1 来确保这一点，但这会导致 c/d 的改变. 因此，（3.2.121）和（3.2.122）在适当选择 μ_h-水平板上的有界性意味着 $\overline{\text{A1}}$ 成立.

现在讨论 μ_h-水平板的适当选择及其在 P^L 作用下的性态问题，即，我们必须验证 $\overline{\text{A2}}$. 我们从一个预备性引理开始.

引理 3.2.16. 考虑对充分大 k 的 R_k，则对 $i\geqslant k/\alpha$，$1\leqslant\alpha<-\lambda/\rho$，$P^L(R_k)$ 相交于 R_i 的两个不相交的 μ_v-水平板，其中 μ_v 满足（2.3.69）（2.3.75）和（2.3.78）. 此外，这些水平板的边界的原像位于 R_k 的

垂直边界内.

证明：由引理 3. 2. 14，对 $i \geqslant k/\alpha$，$P^L(R_k)$ 相交于 R_i 的两个不相交的分量，其中这些分量的垂直边界的原像位于 R_k 的垂直边界内. 因此，我们只需证明这些分量是 μ_v-垂直片，其中 μ_v 满足（2. 3. 69）（2. 3. 75）和（2. 3. 78）.

由构造 R_k 是 μ_h-水平板，其中 $\mu_h = 0$，R_k 的垂直边是 μ_v-垂直片，其中 $\mu_v = 0$. 所以由引理 2. 3. 11 和引理 2. 3. 8，$P^L(R_k) \cap R_i$ 的垂直边界是 μ_v-垂直片，其中 μ_v 满足（2. 3. 69）（2. 3. 75）和（2. 3. 78）. □

现在利用引理 3. 2. 16 证明，我们如何才能在每个 k 充分大的 R_k 中找到两个 μ_h-水平板，使得 $\overline{\text{A2}}$ 满足. 考虑 $P^L(R_k) \cap [\bigcup_{i \geqslant k/\alpha} R_i]$. 由引理 3. 2. 16 这由两个不相交的 μ_v-垂直板组成，其中 μ_v 满足（2. 3. 69）（2. 3. 75）和（2. 3. 78）. 这些 μ_v-垂直板的原像由两个包含在 R_k 中的不相交的分量组成，其垂直边界位于 R_k 的垂直边界内. 此外，由于 μ_v-垂直板的水平边界是 μ_h-水平的，其中 $\mu_h = 0$，由引理 2. 3. 10 和引理 2. 3. 8，μ_v-垂直板的原像的两个分量的水平边界是 μ_h-水平的，其中 μ_h 满足（2. 3. 68）和（2. 3. 74）. 记这两个 μ_h-水平板为 H_{+k} 和 H_{-k}，并分别与符号 $+k$ 和 $-k$ 相对应. 因此，$\overline{\text{A2}}$ 在 H_{+k} 和 H_{-k} 上成立. □ [237]

我们现在将这些结果放在一起，以证明 P^L 包含一个 Cantor 不变集，在该集上它与移位映射拓扑共轭. 存在两个不同的可能性，我们将分别处理.

$2N$ 个符号的全移位.

对充分大的 k，选择 N 个矩形 $R_k, \cdots, R_{k+N}$，其中选择 N 使得 $k \geqslant (k+N)/\alpha$，$1 \leqslant \alpha < -\lambda/\rho$. 由于 $k \geqslant (k+N)/\alpha$ 等价于 $k(\alpha-1) \geqslant N$，$\alpha \geqslant 1$，对 $\alpha > 1$ 和固定的 N，总可选择 k 足够大，使得这个条件满足. 于是，如在上面讨论的，我们在 R_i，$i = k, \cdots, k+N$ 中选择 μ_h-水平板 H_{+i} 和 H_{-i}，使得 $P^L(H_{+i})$ 和 $P^L(H_{-i})$ 在满足 $\overline{\text{A2}}$ 的 μ_v-垂直板中与 $R_k, \cdots, R_{k+N}$ 相交. 于是，由于 $\overline{\text{A1}}$ 和 $\overline{\text{A2}}$ 满足，由定理 2. 3. 12 和定理 2. 3. 3，P^L 具有 Cantor 不变集，在该集上它拓扑共轭于 $2N$ 个符号的全移位. 几何说明如图 3. 2. 32.

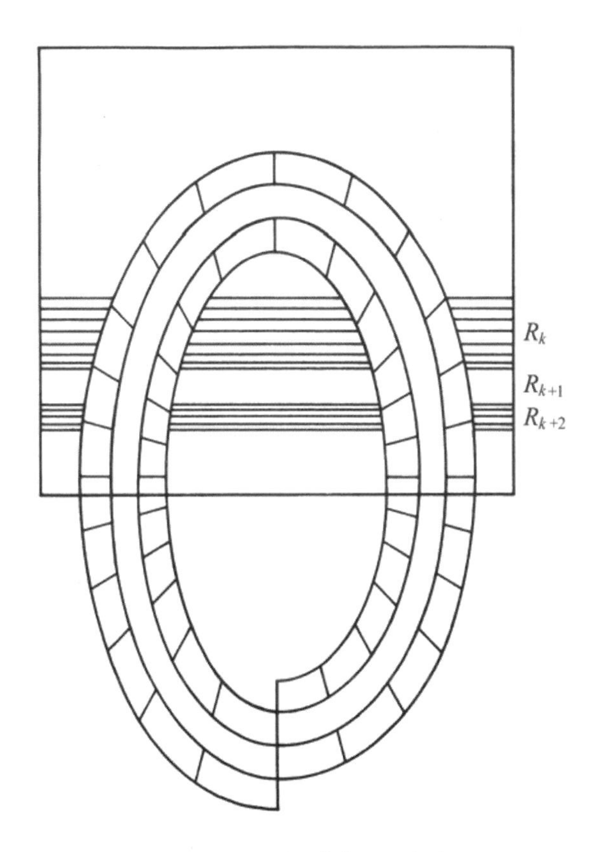

图 3. 2. 32　R_k 在 P^L 作用下的像

无穷多个符号的有限型子移位.

考虑符号序列空间

$$\Sigma^{\infty,\alpha}=\left\{\underline{s}=\{s_i\}_{-\infty}^{\infty}\mid s_i\in\pm k,\cdots,k\in\mathbb{Z}-0\ 和\ |s_{i+1}|\geqslant\frac{|s_i|}{\alpha}\right\}\quad(3.2.125)$$

对充分大的 k，在每个 R_i，$i=k,\cdots$ 中选择两个 μ_h-水平板 H_{+i} 和 H_{-i}，它们分别与符号 $+i$ 和 $-i$ 相应. 由引理 3. 2. 16，对 $k\geqslant i/\alpha$，$P^L(H_{+i})$ 和 $P^L(H_{-i})$ 与 R_k 相交. 如上所述，可以选择 H_{+i} 和 H_{-i}，$i=k,\cdots$ 使得 $\overline{\mathrm{A1}}$ 和 $\overline{\mathrm{A2}}$ 满足，此时，对定理 2. 3. 3 做简单的修改使得我们得到 P^L 包含一个 Cantor 不变集，在该集上它拓扑共轭于作用在 $\Sigma^{\infty,\alpha}$ 上的移位映射. 注意，符号 $\pm\infty$ 对应于 $W^s(0)$ 上的轨道. 因此，在这种情况下，某些轨道可能会“漏出”Cantor 集. 几何说明如图 3. 2. 33.

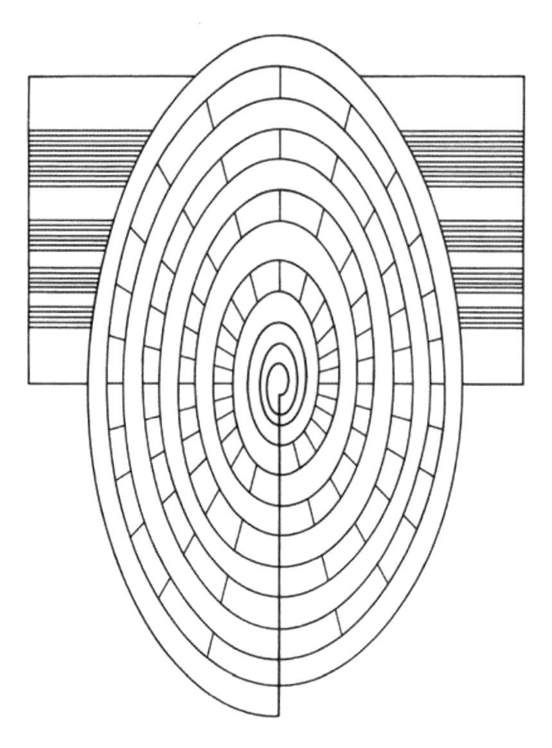

图 3. 2. 33　R_k 在 P^L 作用下的像

现在将我们的结果总结为以下定理.

定理 3. 2. 17.（a）对每个偶正整数 N，存在映射

$$\phi^N : \Sigma^N \to \Pi_0 ,$$

[238] 它是一个将 Σ^N 映上 $O^N \equiv \phi^N(\Sigma^N)$ 的同胚，使得

$$P^L|_{O^N} = \phi^N \circ \sigma \circ (\phi^N)^{-1} .$$

（b）对每个满足 $1 \leqslant \alpha < -\lambda/\rho$ 的实数 α，存在映射

$$\phi^{\infty,\alpha} : \Sigma^{\infty,\alpha} \to \Pi_0,$$

它是将 $\Sigma^{\infty,\alpha}$ 映上 $O^{\infty,\alpha} \equiv \phi^{\infty,\alpha}(\Sigma^{\infty,\alpha})$ 的一个同胚，使得 [239]

$$P^L|_{O^{\infty,\alpha}} = \phi^{\infty,\alpha} \circ \sigma \circ (\phi^{\infty,\alpha})^{-1} .$$

扰动作用下的持久性.

注意，在不动点处的纯实特征值的情况和当前情况之间存在一个主要区别. 在前一个情形，为了得到马蹄有必要以一个特殊方式使得同宿轨道破裂. 在现在的情况下，马蹄出现在同宿轨道的一个邻域内. [240] 自然要问如果这个情况被扰动将会发生什么.

设 Ω_0 是不稳定流形与 Π_0 的交，Ω_1 是不稳定流形与 Π_1 的交. 考虑向量场的 C^2 小扰动. 用 Z 表示点 $\Omega_0 = P_1^L(\Omega_1)$ 的 z 坐标，如图 3. 2. 34.

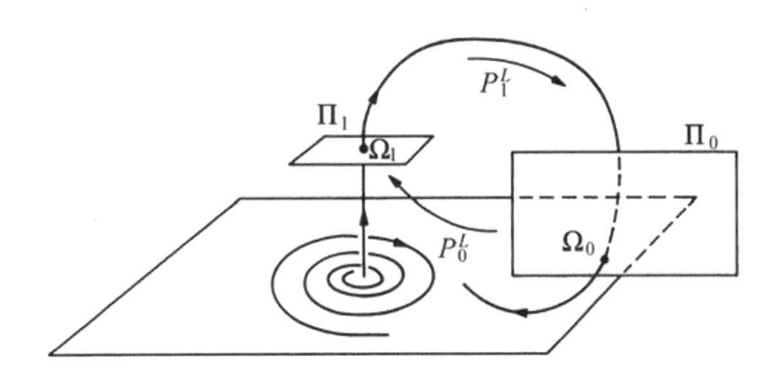

图 3.2.34　不稳定流形与 Π_0 和 Π_1 的交

于是我们有下面的定理.

定理 3.2.18. 对充分小 $|Z|$，可以找到 $M>1$，以及对每个满足 $1<N\leqslant M$ 的 N，映射

$$\phi^N:\Sigma^N\to\Pi_0$$

是映上到它的像 $O^N=\phi^N(\Sigma^N)$ 的一个同胚，使得

$$P^L|_{O^N}=\phi^N\circ\sigma\circ(\phi^N)^{-1}.$$

证明: 我们将证明细节留给读者，但也可见 Tresser[1984]. □

由定理 3.2.18，可知对充分小的 C^2 扰动，有限多个马蹄可得到保持，如图 3.2.35.

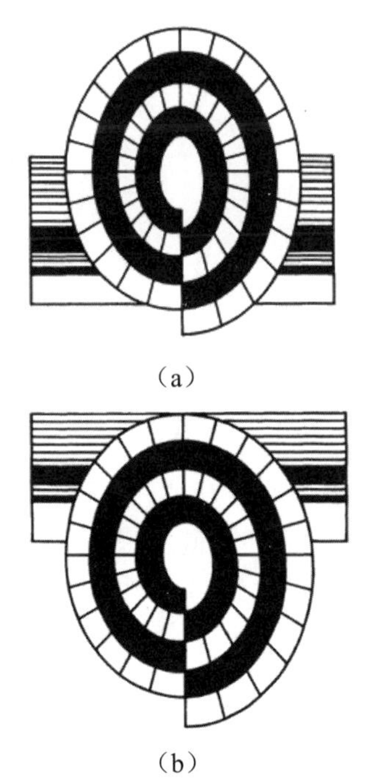

（a）

（b）

图 3.2.35　扰动的马蹄：（a）$z>0$；（b）$z<0$

Glendinning 和 Sparrow 的分支分析.

现在我们已经看到，鞍-焦点型不动点的同宿轨道邻域内的轨道结构有多么复杂. 我们想了解在产生同宿轨道时，这种情况是如何发生的. 在这方面，Glendinning 和 Sparrow[1984]的分析很有洞察力. [241]

假设（3.2.99）的同宿轨道依赖于如图 3.2.36 所示的方式的标量参数 μ.

我们以与讨论具有所有实特征值的不动点的情况相同的方式构造依赖于参数的 Poincaré 映射. 这个映射给出如下： [242]

$$\begin{pmatrix} x \\ y \end{pmatrix} \mapsto \begin{pmatrix} x\left(\dfrac{\varepsilon}{z}\right)^{\frac{\rho}{\lambda}}\left[a\cos\dfrac{\omega}{\lambda}\log\dfrac{\varepsilon}{z}+\delta\sin\dfrac{\omega}{\lambda}\log\dfrac{\varepsilon}{z}\right]+e\mu+x_0 \\ x\left(\dfrac{\varepsilon}{z}\right)^{\frac{\rho}{\lambda}}\left[c\cos\dfrac{\omega}{\lambda}\log\dfrac{\varepsilon}{z}+d\sin\dfrac{\omega}{\lambda}\log\dfrac{\varepsilon}{z}\right]+f\mu \end{pmatrix} \tag{3.2.126}$$

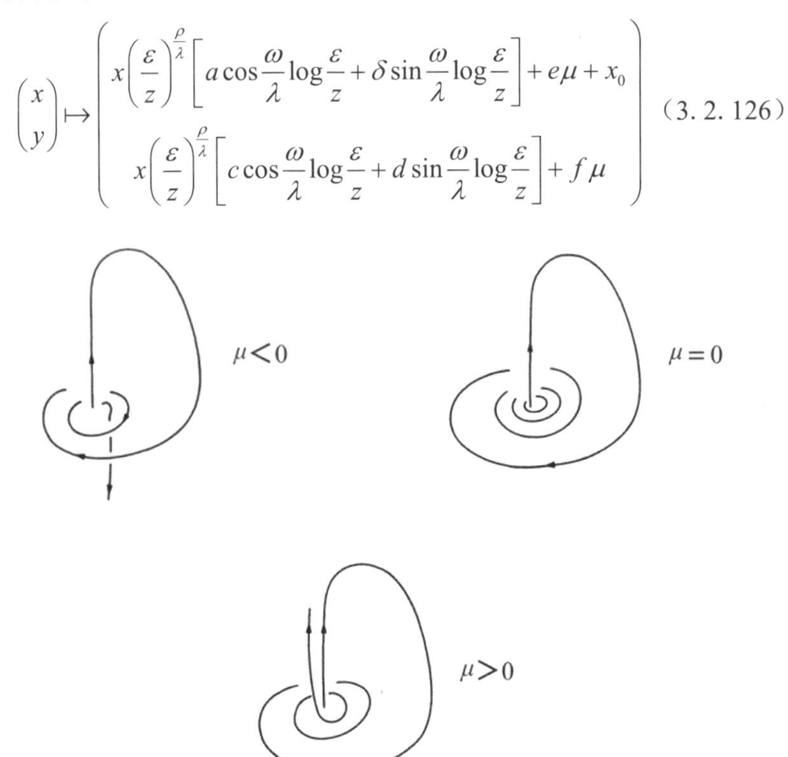

图 3.2.36 同宿轨道关于参数 μ 的性态

其中由图 3.2.36 我们有 $f>0$. 我们已经看到，这个映射在 $\mu=0$ 具有可数无穷多个马蹄，而且我们知道，每个马蹄包含所有周期的周期轨道. 研究在同宿轨道形成时马蹄在这种情况下是如何形成的是一个尚未解决的困难问题. 我们将解决一个更温和的问题，这仍然会让我们对正在发生的一些事情有一个好的想法；即，我们将研究上述映射的不动点. 回想一下，不动点对应于在闭合之前穿过原点附近一次的周期轨道. 首先，我们将映射放置在一个更容易工作的形式中. 这个映射可以写为形式 [243]

$$\begin{pmatrix} x \\ y \end{pmatrix} \mapsto \begin{pmatrix} x\left(\dfrac{\varepsilon}{z}\right)^{\frac{\rho}{\lambda}} p\cos\left(\dfrac{\omega}{\lambda}\log\dfrac{\varepsilon}{z}+\phi_1\right)+e\mu+x_0 \\ x\left(\dfrac{\varepsilon}{z}\right)^{\frac{\rho}{\lambda}} q\cos\left(\dfrac{\omega}{\lambda}\log\dfrac{\varepsilon}{z}+\phi_2\right)+\mu \end{pmatrix}, \quad (3.2.127)$$

其中我们已经重尺度化 μ 使得 $f=1$（注意：f 必须为正）.

现在，令

$$-\delta=\frac{\rho}{\lambda},\qquad \alpha=p\varepsilon^{-\delta},\qquad \beta=q\varepsilon^{-\delta},$$
$$\xi=-\frac{\omega}{\lambda},\quad \Phi_1=\frac{\omega}{\lambda}\log\varepsilon+\phi_1,\ \Phi_2=\frac{\omega}{\lambda}\log\varepsilon+\phi_2. \quad (3.2.128)$$

于是映射取形式

$$\begin{pmatrix} x \\ z \end{pmatrix} \mapsto \begin{pmatrix} \alpha x z^{\delta}\cos(\xi\log z+\Phi_1)+e\mu+x_0 \\ \beta x z^{\delta}\cos(\xi\log z+\Phi_2)+\mu \end{pmatrix} \quad (3.2.129)$$

现在我们研究这个映射的不动点和它们的稳定性以及分支.

不动点.

不动点通过求解下面方程得到

$$x=\alpha x z^{\delta}\cos(\xi\log z+\Phi_1)+e\mu+x_0, \quad (3.2.130a)$$

$$y=\beta x z^{\delta}\cos(\xi\log z+\Phi_2)+\mu. \quad (3.2.130b)$$

对作为 z 的函数 x 求解（3.2.130a）得到

$$x=\frac{e\mu+x_0}{1-\alpha z^{\delta}\cos(\xi\log z+\Phi_1)}. \quad (3.2.131)$$

将（3.2.131）代入（3.2.130b），得到

$$(x-\mu)(1-\alpha z^{\delta}\cos(\xi\log z+\Phi_1))=(e\mu+x_0)\beta z^{\delta}\cos(\xi\log z+\Phi_2) \quad (3.2.132)$$

求解（3.2.132）得到不动点的 z 分量，将它代入（3.2.131）得到不动点的 x 分量. 为了得到关于（3.2.132）的解的思想，我们假设 z 很小，使得

$$1-\alpha z^{\delta}\cos(\xi\log z+\Phi_1)\sim 1. \quad (3.2.133)$$

[244]　于是不动点的 z 分量的方程为

$$(z-\mu)=(e\mu+x_0)\beta z^{\delta}\cos(\xi\log z+\Phi_2). \quad (3.2.134)$$

存在如图 3.2.37 所示的几种情形.

因此，在情形 $\delta<1$ 中，我们有：

$\mu<0$：有限多个不动点.

$\mu=0$：可数无穷多个不动点.

$\mu>0$：有限多个不动点.

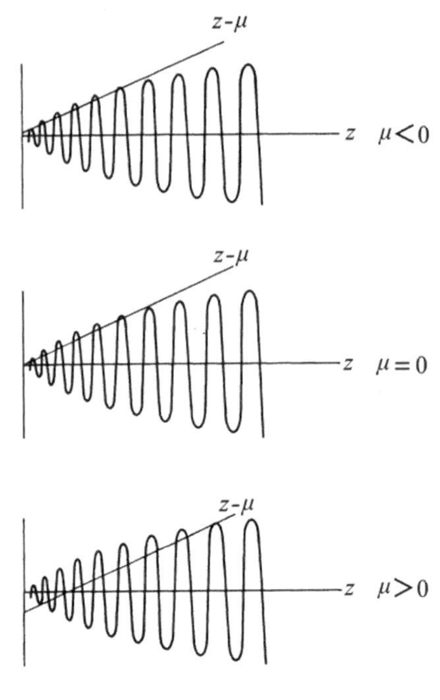

图 3. 2. 37　情形 1：$\delta<1$

下面一个情形是 $\delta>1$，即 H2 不成立. 我们证明此时有如图 3. 2. 38 所示的结果. [245]

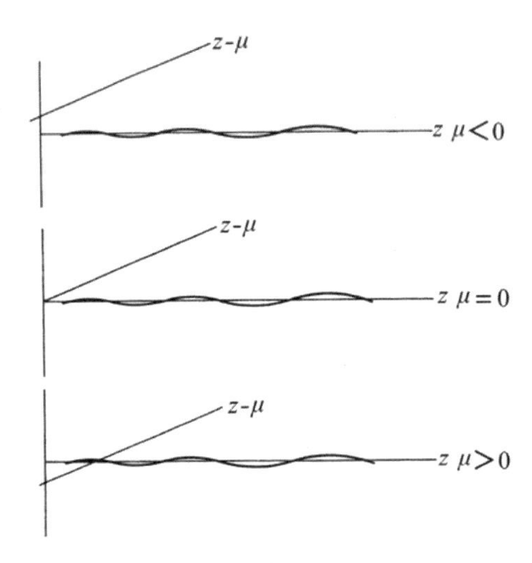

图 3. 2. 38　情形 2：$\delta>1$

因此，在情形 $\delta>1$ 我们有：

$\mu\leqslant 0$：此时没有不动点，除了在 $z=\mu=0$ 的一个（即同宿轨道）.

$\mu>0$：对 $z>0$，对每个 μ 存在一个不动点. 这可从下面事实看出：摆动曲线的斜率是 $z^{\delta-1}$ 阶的，由于 $\delta>1$ 它对小 z 也是小的. 因此，$z-\mu$ 直线仅与它相交一次.

[246] 同样，我们找到的不动点有对应（3. 2. 99）的周期轨道，它们在闭合之前通过零的邻域一次. 我们对这些不动点的知识允许我们画出如图 3. 2. 39 所示的分支图.

$\delta>1$ 的分支图应该很清楚. 但是，$\delta<1$ 的分支图可能令人困惑. 在分支图上面的摆动曲线代表周期轨道. 由图 3. 2. 37，可知周期轨道成对产生，具低 z 值的一个有高周期（因为它更接近不动点）. 随着我们继续进行工作，我们将更加担心这条曲线的结构.

不动点的稳定性. [247]

映射的 Jacobi 矩阵为

$$\begin{pmatrix} A & C \\ D & B \end{pmatrix},$$

其中

$$\begin{aligned}
A &= \alpha z^{\delta}\cos(\xi\log z+\Phi_1),\\
B &= \beta x z^{\delta-1}[\delta\cos(\xi\log z+\Phi_2)-\xi\sin(\xi\log z+\Phi_2)],\\
C &= \alpha x z^{\delta-1}[\delta\cos(\xi\log z+\Phi_1)-\xi\sin(\xi\log z+\Phi_1)],\\
D &= \beta z^{\delta}\cos(\xi\log z+\Phi_2).
\end{aligned} \qquad (3.2.135)$$

这个矩阵的特征值是

$$\lambda_{1,2}=\frac{1}{2}\left\{(A+B)\pm\sqrt{(A+B)^2-4(AB-CD)}\right\}. \qquad (3.2.136)$$

$\delta>1$：对 $\delta>1$，显然，如果 z 很小则特征值很小（因为 z^{δ} 和 $z^{\delta-1}$ 很小）. 因此，$\mu>0$ 时存在一个周期轨道，$\delta>1$，μ 小时稳定，而且在 $\mu=0$ 时的同宿轨道是一个吸引子.

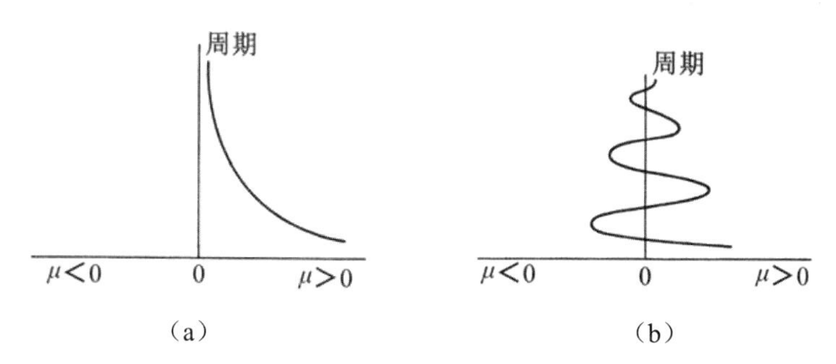

图 3. 2. 39　分支周期轨道对 μ 的依赖性：（a）$\delta>1$；（b）$\delta<1$

$\delta<1$ 的情形更复杂.

$\delta<1$：首先注意，矩阵的行列式 $AB-CD$ 只包含 $z^{2\delta-1}$ 阶项，因此，对充分小 z，映射将面积缩小 $1/2<\delta<1$，面积扩大 $0<\delta<1/2$.

因此，在 δ 的这两个范围内我们期望有不同的结果.

现在回忆摆动曲线与 $z-\mu$ 的交点得到由

$$(e\mu + x_0)\beta z^{\delta}\cos(\xi\log z + \Phi_2)$$

给出的不动点. 因此，不动点对应于与 $B=0$ 相应的这条曲线的最大点，而不动点也对应于与 $D=0$ 相应的穿过这条曲线的零点. 我们要看看满足这些条件的不动点的稳定性.

[248] $D=0$. 在此情形 $\lambda_1 = A$，$\lambda_2 = B$. 对小的 z，λ_1 是小的，而 λ_2 始终是大的. 因此，不动点是鞍点. 注意，特别是对 $\mu=0$，D 很接近零，因此，所有周期轨道如期望的都是鞍点型.

$B=0$. 特征值为

$$\lambda_{1,2} = A \pm \sqrt{A^2 + 4CD},$$

两个特征值都有大的或者小的模，这依赖于 CD 是大还是小，因为：

（a）$A^2 \sim z^{2\delta}$ 与 $CD \sim z^{\delta-1}$ 相比可以忽略.

（b）$A \sim z^{\delta}$ 与 $\sqrt{CD} \sim z^{\delta-(1/2)}$ 相比可以忽略.

CD 是否小依赖于 $0<\delta<1/2$ 还是 $1/2<\delta<1$. 因此我们有：

（a）$1/2<\delta<1$ 时不动点稳定，

（b）$0<\delta<1/2$ 时不动点不稳定.

现在我们要将 z 的其他值都放在一起（即，使得 B，$D \neq 0$ 的 z）.

考虑下面的图 3. 2. 40，它是图 3. 2. 37 中各种参数值的放大图，其中两条曲线的交点给出了不动点的 z 坐标.

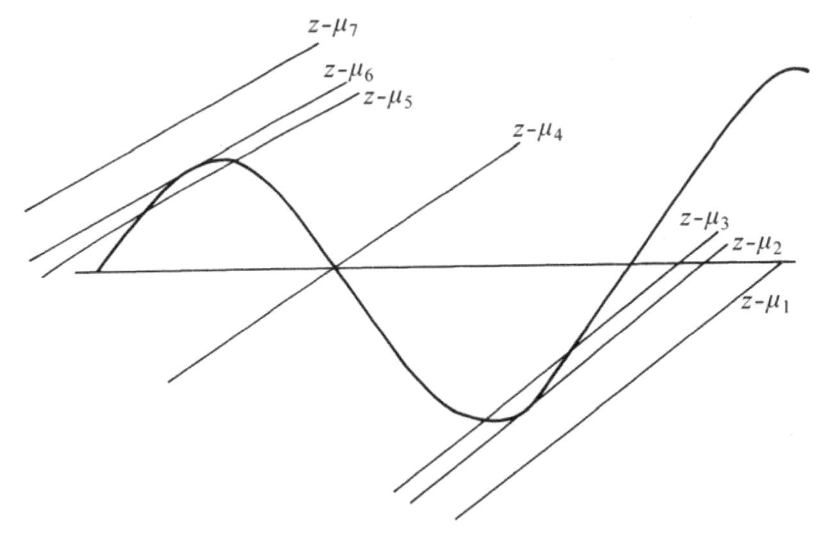

图 3. 2. 40 $\mu_1 > \mu_2 > \mu_3 > \mu_4 > 0 > \mu_5 > \mu_6 > \mu_7$

现在我们描述图 3. 2. 40 所示的每个参数值的情况.

$\mu = \mu_6$：此时，我们有一个切触点，我们知道，鞍结点分支将产生鞍结点对.

$\mu=\mu_5$：此时，我们有两个不动点，低 z 值的一个有较大的周期，在曲线最大值的那个 $B=0$，因此，它对 $\delta>1/2$ 是稳定的，对 $\delta<1/2$ 是不稳定的. 其他不动点是鞍点.

$\mu=\mu_4$：此时，稳定（不稳定）不动点变成鞍点，因为 $D=0$. 因此，由于倍周期分支，必须改变稳定性类型.

$\mu=\mu_3$：此时，再次 $B=0$. 因此，鞍点要么变成纯稳定，要么再次不稳定

$\mu=\mu_2$：出现鞍–结点分支. [249]

因此，最后我们得到图 3.2.41.

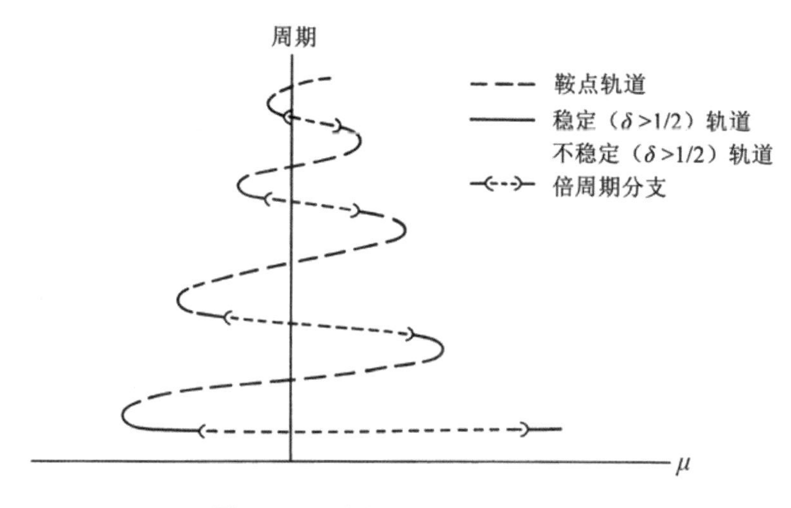

图 3.2.41　分支周期轨道的稳定性图

接下来我们想了解图 3.2.41 中“摆动”的大小，因为如果摆动很小，则意味着 1 环周期轨道仅在狭窄范围的参数内可见. 如果摆动很大，我们可能会期望观察到周期性轨道的可能性更大.

我们用

$$\mu_i, \mu_{i+1}, \cdots, \mu_{i+n}, \cdots \to 0 \qquad (3.2.137)$$

表示图 3.2.41 中曲线的切线是垂直的参数值，其中 μ_i 的符号交替变化. 现在回忆不动点的 z 分量通过方程

$$z-\mu=(e\mu+x_0)\beta z^{\delta}\cos(\xi\log z+\Phi_2) \qquad (3.2.138)$$

的解给出. 因此，我们有

$$z_i-\mu_i=(e\mu_i+x_0)\beta z_i^{\delta}\cos(\xi\log z_i+\Phi_2). \qquad (3.2.139a)$$

[250]

$$z_{i+1}-\mu_{i+1}=(e\mu_{i+1}+x_0)\beta z_{i+1}^{\delta}\cos(\xi\log z_{i+1}+\Phi_2). \qquad (3.2.139b)$$

由（3.2.139a）和（3.2.139b）得到

$$\mu_i=\frac{z_i-x_0\beta z_i^{\delta}\cos(\xi\log z_i+\Phi_2)}{1+e\beta z_i^{\delta}\cos(\xi\log z_i+\Phi_2)}, \qquad (3.2.140a)$$

$$\mu_{i+1}=\frac{z_{i+1}-x_0\beta z_{i+1}^{\delta}\cos(\xi\log z_{i+1}+\Phi_2)}{1+e\beta z_{i+1}^{\delta}\cos(\xi\log z_{i+1}+\Phi_2)}. \quad (3.2.140b)$$

现在注意，我们有

$$\xi\log z_{i+1}-\xi\log z_i\approx\pi \quad \Rightarrow \quad \frac{z_{i+1}}{z_i}\approx\exp\frac{\pi}{\xi}, \quad (3.2.141)$$

假设 $z\ll 1$，因此

$$1+e\beta z_{i(i+1)}^{\delta}\cos(\xi\log z_{i(i+1)}+\Phi_2)\sim 1. \quad (3.2.142)$$

因此，我们最后得到

$$\frac{\mu_{i+1}}{\mu_i}=\frac{z_{i+1}+[x_0\beta\cos(\xi\log z_i+\Phi_2)]z_{i+1}^{\delta}}{z_i-[x_0\beta\cos(\xi\log z_i+\Phi_2)]z_i^{\delta}}. \quad (3.2.143)$$

[251]

现在，令 $z\to 0$ 取极限，（3.2.143）变成

$$\frac{\mu_{i+1}}{\mu_i}\approx-\left(\frac{z_{i+1}}{z_i}\right)^{\delta}\approx-\exp\left(\frac{\pi\delta}{\xi}\right). \quad (3.2.144)$$

回忆 $\delta=-\rho/\lambda$， $\xi=-\omega/\lambda$，我们得到

$$\lim_{i\to\infty}\frac{\mu_{i+1}}{\mu_i}=-\exp\frac{\rho\pi}{\omega}. \quad (3.2.145)$$

这个量决定了我们在图 3.2.41 中看到的振荡的大小.

辅助同宿轨道.

现在我们证明，当我们打破原来的同宿轨道（主同宿轨道）时，会出现其他不同性质的同宿轨道，并且对这些新的同宿轨道重复 Silnikov 现象. 这一现象首先是 Hastings[1982]，Evans 等[1982]，Gaspard[1983]和 Glendinning 以及 Sparrow[1984]注意到的. 我们遵循 Gaspard 的论点.

当我们让同宿轨道破裂时，不稳定流形与 Π_0 相交于点 $(e\mu+x_0,\mu)$. 因此，当 $\mu>0$ 时，这点可用作为我们映射的初始条件. 现在如果这点的像的 z 分量是零，则将找到一个新的同宿轨道，它在回到原点之前穿过原点的邻域一次. 这个条件是

$$0=\beta(e\mu+x_0)\mu^{\delta}(\xi\log\mu+\Phi_2)+\mu, \quad (3.2.146)$$

或者

$$-\mu=\beta(e\mu+x_0)\mu^{\delta}(\xi\log\mu+\Phi_2). \quad (3.2.147)$$

如同我们研究不动点方程，我们可用同样方式对 $\delta>1$ 和 $\delta<1$ 图解这个方程来求解，如图 3.2.42.

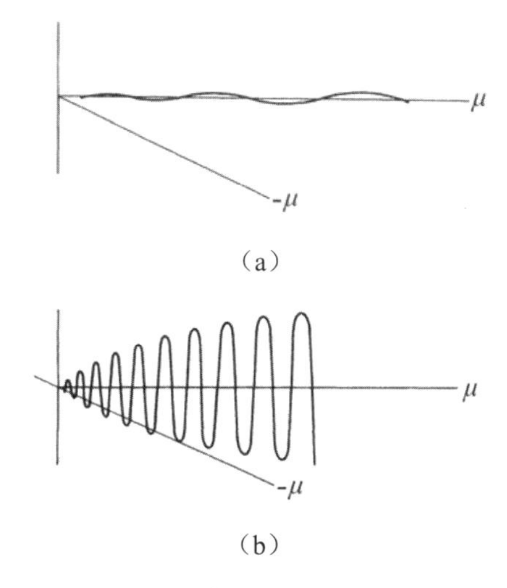

图 3. 2. 42　(3. 2. 147) 的图解：(a) $\delta > 1$；(b) $\delta < 1$

因此，对 $\delta > 1$，唯一的同宿轨道是在 $\mu = 0$ 存在的主同宿轨道.

对 $\delta < 1$，我们得到可数无穷多个 μ 值

$$\mu_i, \mu_{i+1}, \cdots, \mu_{i+n}, \cdots \to 0, \tag{3.2.148}$$

对此，存在如图 3. 2. 43 所示的辅助或双脉冲同宿轨道，如图 3. 2. 43 所示.

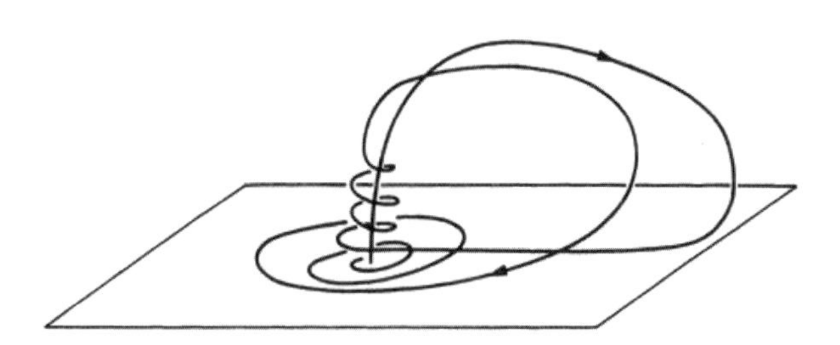

图 3. 2. 43　双脉冲同宿轨道

[252] 注意，对这些同宿轨道的每一个，我们可以重新构造可数无穷多个马蹄的 Silnikov 现象.

对实特征值曲线的双脉冲同宿轨道的参考文献见 Yanagida[1986]. [253]

对称性结论.

在不动点具有实特征值情形，我们看到对称性的存在导致了戏剧性的动力学结论. 特别地，对称性意味着存在一个额外的同宿轨道，这导致了马蹄. 我们现在想研究 (3. 2. 99) 中对称性的动力学结论.

假设 H1 和 H2 成立，同样 (3. 2. 99) 在坐标变换

$$(x, y, z) \to (-x, -y, -z) \tag{3.2.149}$$

下不变. 这是(3. 2. 99)允许有同宿轨道的唯一对称性，见 Tresser[1984]. 在此种情形中，(3. 2. 99)有一对如图 3. 2. 44 所示的同宿轨道 Γ_u 和 Γ_l.

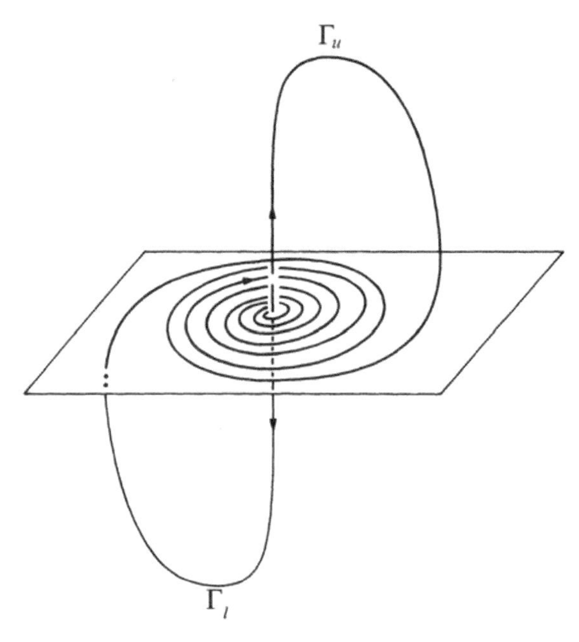

图 3. 2. 44　一对对称的同宿轨道

[254]　现在我们对以前的分析可以分别应用于 Γ_u 和 Γ_l，并应用定理 3. 2. 17. 然而，我们对“8 字形” $\Gamma_u \cup \Gamma_l$ 附近的动力学感兴趣.

先从构造原点附近向量场的截面开始. 定义

$$\Pi_0^u = \{(x,y,z) \in \mathbb{R}^3 \mid \varepsilon e^{\frac{2\pi\rho}{\omega}} \leqslant x \leqslant \varepsilon,\ y=0,\ |z| \leqslant \varepsilon\},$$

$$\Pi_0^l = \{(x,y,z) \in \mathbb{R}^3 \mid -\varepsilon(\frac{e^{-\frac{\rho\pi}{\omega}} + e^{\frac{\rho\pi}{\omega}}}{2}) \leqslant x \leqslant -\varepsilon(\frac{e^{\frac{\rho\pi}{\omega}} + e^{\frac{3\rho\pi}{\omega}}}{2}), y=0,\ |z| \leqslant \varepsilon\},$$

$$\Pi_0^{u,+} = \{(x,y,z) \in \Pi_0^u \mid 0 < z \leqslant \varepsilon\}, \tag{3. 2. 150}$$

$$\Pi_0^{u,-} = \{(x,y,z) \in \Pi_0^u \mid -\varepsilon \leqslant z < 0\},$$

$$\Pi_0^{l,+} = \{(x,y,z) \in \Pi_0^l \mid 0 < z \leqslant \varepsilon\},$$

$$\Pi_0^{u,-} = \{(x,y,z) \in \Pi_0^l \mid -\varepsilon \leqslant z < 0\}.$$

我们分别以与在非对称情况下在 $\Pi_1^u = \{(x,y,z) \mid z = \varepsilon\}$ 和 $\Pi_1^l = \{(x,y,z) \mid z = -\varepsilon\}$ 上构造 P_0^L 的相同的方式分别在 $\Pi_0^{u,+}$ 和 $\Pi_0^{l,-}$ 上构造映射 $P_0^{L,u}$， $P_0^{L,l}$，其中 Π_1^u 和 Π_1^l 选择得足够大使得它们分别包含 $P_0^{L,u}(\Pi_0^{u,+})$ 和 $P_0^{L,l}(\Pi_0^{l,-})$. 沿着原点邻域外的同宿轨道的映射也以与非对称情形相同的方式构造. 因此，我们有

$$P_0^{L,u} = P_1^{L,u} \circ P_0^{L,u} : \Pi_0^{u,+} \to \Pi_0^u,$$
$$P_0^{L,l} = P_0^{L,l} \circ P_0^{L,l} : \Pi_0^{l,-} \to \Pi_0^l. \tag{3.2.151}$$

几何说明如图 3. 2. 45.

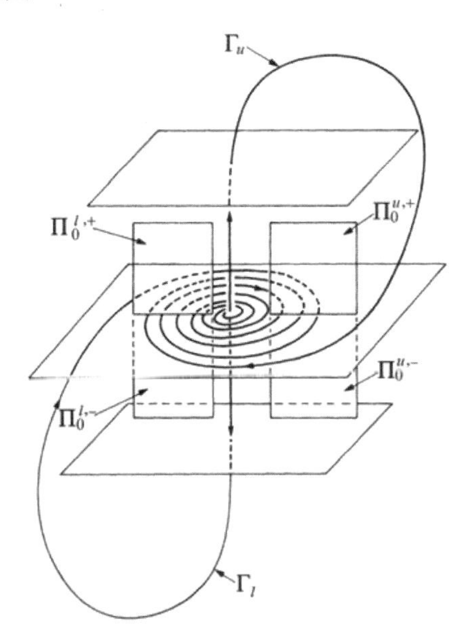

图 3. 2. 45　对称情形的局部截面

我们现在可以在 $\Gamma_u \cup \Gamma_l$ 的邻域中构造 Poincaré 映射. 设 $\phi_t(\cdot)$ 表示由（3. 2. 99）生成的线性化流. 于是，由构造，对每个 $p \in \Pi_0^u$（相应地，Π_0^l），点 $\phi_{\pi/\omega}(p)$ 和 $\phi_{-\pi/\omega}(p)$ 有且只有一个属于 Π_0^l（相应地，Π_0^u）. 记此点为 $\phi(p)$. 设 $z(p)$ 表示任何点 $p \in \Pi_0^u \cup \Pi_0^l$ 的 z 坐标. 则 Poincaré 映射定义为

$$P : \Pi_0^u \cup \Pi_0^l \to \Pi_0^u \cup \Pi_0^l,$$
$$p \mapsto \begin{cases} P(p) = P^{L,u}(p), \text{ 如果 } z(p)z(P^{L,u}(p)) > 0, \\ P(p) = P^{L,l}(p), \text{ 如果 } z(p)z(P^{L,l}(p)) > 0, \\ P(p) = \phi(P^{L,u}(p)), \text{ 如果 } z(p)z(P^{L,u}(p)) > 0, \\ P(p) = \phi(P^{L,l}(p)), \text{ 如果 } z(p)z(P^{L,l}(p)) < 0. \end{cases} \tag{3.2.152}$$

选择矩形序列 $R_k^u \in \Pi_0^{u,+}$，$R_k^l \in \Pi_0^{l,-}$ 使得 $\Pi_0^{u,+} = \bigcup_{k=0}^{\infty} R_k^u$ 和 $\Pi_0^{l,-} = \bigcup_{k=0}^{\infty} R_k^u$　[255] 正好与（3. 2. 108）的形式相同. 利用与非对称情形相同的论述，可以证明，对充分大的 k，可选择两个 μ_h -水平板 H_{+k}^u， $H_{-k}^u \in R_k^u$ 和 H_{+k}^l， $H_{-k}^l \in R_k^l$，使得 2. 3d 节的 $\overline{\text{A1}}$ 和 $\overline{\text{A2}}$ 成立. 几何说明如图 3. 2. 46.

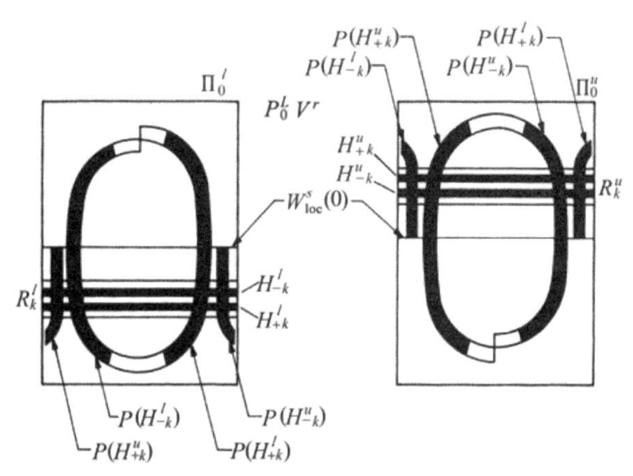

图 3. 2. 46　水平板以及它们在 Poincaré 映射作用下的像

现在我们来创建符号动力学.

设 $A^N=\{\pm k,\cdots,\pm(k+N),\ k,N\in\mathbb{Z}^+$，又令 $S^N=A^N\times\{u,l\}$. 则 $\Sigma^N_{u,l}$ 表示双向无穷序列，其中序列的每个元素包含在 S^N 中. 对 $s=(a,u)\in S^N$

[256] 或者 $s=(a,l)\in S^N$ 定义 $|s|=|a|$，我们有

$$\Sigma^{\infty,\alpha}_{u,l}=\{\underline{s}=(s_i)^{\infty}_{i=-\infty}\mid s_i\in S^{\infty}\text{ 和}|s_i|\geqslant\frac{|s_i|}{\alpha}\}$$

我们的主要定理可以叙述如下.

定理 3. 2. 19. (a)*对每个正整数 N, 存在将 $\Sigma^N_{u,l}$ 同胚映上到 $O^N_{u,l}=\phi^N(\Sigma^N_{u,l})$ 的映射*

$$\phi^N:\Sigma^N_{u,l}\to\Pi^{u,+}_0\cup\Pi^{l,-}_0,$$

使得

$$P|_{O^N_{u,l}}=\phi^N\circ\sigma\circ(\phi^N)^{-1}.$$

(b) *对每个满足 $1\leqslant\alpha<-\lambda/\rho$ 的 α，存在映射*

$$\phi^{\infty,\alpha}:\Sigma^{\infty,\alpha}_{u,l}\to\Pi^{u,+}_0\cup\Pi^{l,-}_0,$$

它是一个映上 $\Sigma^{\infty,\alpha}_{u,l}$ 到 $O^{\infty,\alpha}_{u,l}=\phi^{\infty,\alpha}(\Sigma^{\infty,\alpha}_{u,l})$ 的同胚，使得 [257]

$$P|_{O^{\infty,\alpha}_{u,l}}=\phi^{\infty,\alpha}\circ\sigma\circ(\phi^{\infty,\alpha})^{-1}.$$

现在假设 H2 不成立，即，代之以我们有

$$-\rho>\lambda>0.\tag{3. 2. 153}$$

在非对称情形，我们已经看到，如果（3. 2. 135）成立，那就没有马蹄. Glendinning 和 Sparrow 的分析证明，这时同宿轨道是一个吸引子，当它破裂时产生周期轨道.

设 $\Sigma^{2,+}$ 表示 1 和 2 的无穷序列集. $\Sigma^{2,+}$ 中的元素写为 $\underline{s}=\{s_i\}^{\infty}_{i=0}$，$s_i\in\{1,2\}$. 在原点邻域内选择点 p. 考虑 p 的向前轨道，我们通过以下规则为其确定 1 和 2 的无穷序列. 序列的第一个元素是 1(相应地，2)，

如果 p 围绕 Γ_u（相应地，Γ_l），然后再进入原点邻域. 序列的第 2 个元素是 1（相应地，2），如果 p 随之围绕 Γ_u（相应地，Γ_l）移动，再进入原点邻域. 继续与这种方式构造序列. 一个明显的问题是，是否真的存在这样的向前轨道. 我们有下面定理.

定理 3.2.20. 如果（3.2.153）成立，则在 $\Gamma^u \cup \Gamma^l$ 的每个邻域内，存在一对一对应于 $\Sigma^{2,+}$ 的元素的轨道集，序列中的编码动力学，使得 1 对应于围绕 Γ^u 的环路，2 对应于围绕 Γ^l 的环路.

证明：见 Holmes[1980]. □

尽管如果（3.2.135）成立则没有马蹄，但定理 3.2.20 告诉我们接近于 $\Gamma^u \cup \Gamma^l$ 的轨道是混沌的.

评论与其他参考文献.

具有实特征值的鞍点与鞍-焦点之间的比较. 在离开 3 维系统之前，我们想再次强调所研究的两个情形之间的主要差异.

[258] 实特征值. 为了得到马蹄必须从两个同宿轨道开始. 即使如此，在同宿轨道破裂之前，同宿轨道附近没有马蹄，例如可通过改变参数发生. 为了确定马蹄形是如何形成的，有必要了解同宿轨道周围轨道的全局扭转.

复特征值. 一个同宿轨道足以使可数无穷多个马蹄存在，而马蹄的存在不需要首先打破同宿连接. 围绕同宿轨道的全局扭转知识是没有必要的，因为与特征值虚部相应的螺旋形轨道一致趋于同宿轨道周围的“涂抹”轨线. 关于 Silnikov 现象存在大量工作，但仍存在一些尚未解决的问题.

奇异吸引子. Silnikov类型的吸引子并没有引起像Lorenz吸引子那样的大量关注. 与特征值的虚部相应的螺旋形拓扑使 Silnikov 问题更加困难.

马蹄的创建与分支分析. 我们已经给出 Glendinning 和 Sparrow[1984]的分支分析的部分内容，他们的文章还包含某些有趣的数值工作和一些猜想，也可见 Gaspard，Kapral 和 Nicolis[1984]. 这个问题没有用到纽结理论.

非双曲不动点. 在 3 维系统中似乎很少或没有有关非双曲不动点的同宿轨道结果.

应用. 在各种应用中都会出现 Silnikov 现象. 例如，见 Arneodo，Coullet 和 Tresser[1981a，b]，[1985]，Arneodo，Coullet，Spiegel 和 Tresser[1985]，Arneodo，Coullet 和 Spiegel[1982]，Gaspard 和 Nicolis [1983]，Hastings[1982]，Pilovskii，Rabinovich 和 Trakhtengerts[1979]，Rabinovich[1978]，Rabinovich 和 Fabrikant[1979]. Roux，Rossi，Bachelart 和 Vidal[1981]，以及 Vyskind 和 Rabinovich[1976].

3.2d. 4 阶系统

我们现在将研究 4 阶常微分方程双曲不动点的两个同宿轨道的例

子. 从 3 维到 4 维的跳跃带来了大量新的困难，在讨论例子之前，我们想做一个简短的概述.

1. *更多情形有待考虑*. 在 3 维，基本上只有两种情形需要考虑（其他情形可通过时间反转得到）. 在 4 维，按照在双曲不动点的线性化向量场的特征值的不同可能性存在 5 种不同情形. 它们是： [259]

实特征值：（1）λ_1，$\lambda_2>0$，λ_3，$\lambda_4<0$.

（2）$\lambda_1>0$，λ_2，λ_3，$\lambda_4<0$.

复特征值：（1）$\rho_1\pm\mathrm{i}\omega_1$，$\rho_2\pm\mathrm{i}\omega_2$；$\rho_1>0$，$\rho_2<0$，$\omega_1$，$\omega_2\neq0$.

实和复特征值：（1）$\rho_1\pm\mathrm{i}\omega_1$，$\lambda_1$，$\lambda_2>0$；$\rho_1<0$，$\omega_1\neq0$.

（2）$\rho_1\pm\mathrm{i}\omega_1$，$\lambda_1<0$，$\lambda_2>0$，$\rho_1<0$，$\omega_2\neq0$.

其他情形可以由这些情形通过时间反向得到. 如果考虑非双曲不动点，则必须考虑更多情况. 我们将研究的都是复特征值的例子，以及具有 1 维不稳定流形的实和复特征值的例子.

2. *更一般的马蹄*. 在我们的 3 维例子中，我们将问题化为 2 维 Poincaré 映射的研究. 包含在 2 维映射中的马蹄有一个扩展方向、一个压缩方向和一个围绕垂直于平面的轴的弯曲“方向”.

对 4 阶系统，我们将研究 3 维 Poincaré 映射. 包含在 3 维映射中的马蹄有一个扩展方向和两个压缩方向. 此外，它们可能有一个或两个弯曲方向. 各种可能性由不动点处的特征值的性质决定. 在大多数情况下，我们不会特别关心不同的可能性，因为我们的主要目的只是证明马蹄的存在性. 然而，这些性质对于研究马蹄更“全局”方面，尤其是寻找它们形成奇异吸引子的混沌中心的条件，是很有意义的. 图 3. 2. 47 展示了一些不同类型的 3 维马蹄.

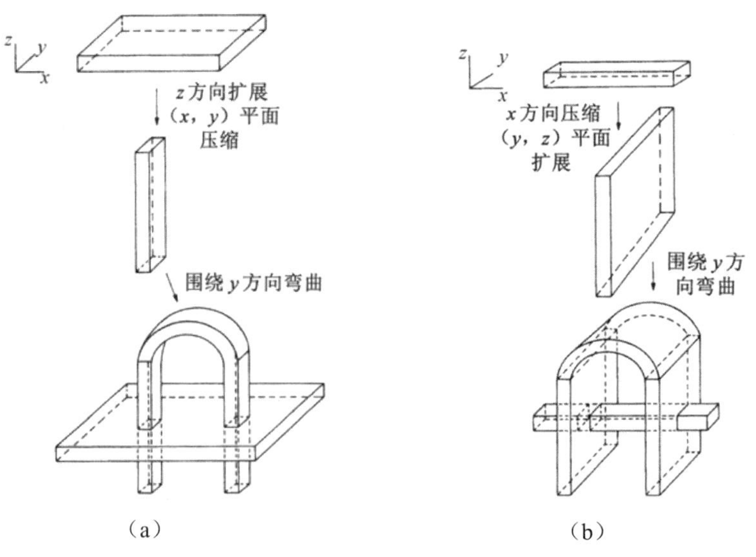

图 3. 2. 47　3 维马蹄的例子.（a）一个扩展，两个压缩和一个弯曲方向，（b）一个压缩，两个扩展和一个弯曲方向，（c）一个压缩，两个扩展和两个弯曲方向

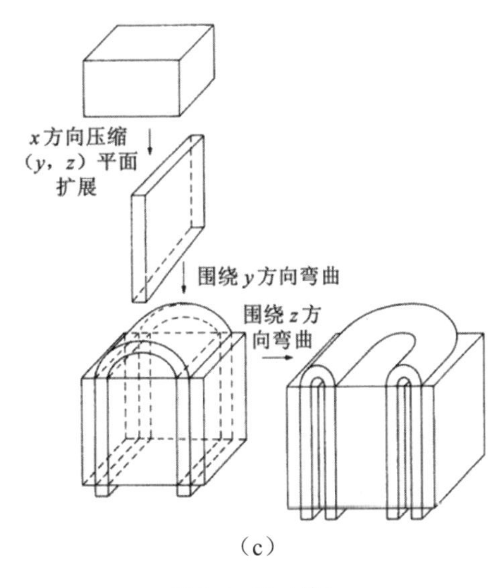

（c）

图 3.2.47（续）

3. *从 Π_0 到 Π_1 的飞行时间的计算*. 在 2 维和 3 维中，求解飞行时间是一件平凡事. 然而（除了复特征值情况以外），在 4 维中，当不稳定流形是 2 维时，飞行时间的方程是一个困难的超越方程，需要更精细的分析. 在我们研究 4 维 Hamilton 系统时，我们将看到一个这样的例子. [260]

4. *对称性的存在*. 在 2 维和 3 维空间中，可以或多或少地猜测允许同宿轨道存在的向量场可能有对称性. 此外，它们都是离散对称的. 在 4 维中，连续对称的可能性使得情况变得很复杂. 这将允许存在同宿轨道流形（见 Armbruster，Guckenheimer 和 Holmes[1987]）. [261]

3. 2d（i）一对共轭复特征值和两个实特征值

考虑下面形式的方程

$$\begin{aligned}\dot{x}&=\rho x-\omega y+P(x,y,z,w),\\ \dot{y}&=\omega x+\rho y+Q(x,y,z,w),\\ \dot{z}&=\lambda z+R(x,y,z,w),\\ \dot{w}&=\nu w+S(x,y,z,w),\end{aligned}\qquad (x,y,z,w)\in\mathbb{R}^4,\qquad (3.2.154)$$

其中 ρ，$\lambda<0$，ω，$\nu>0$，以及 P, Q, R 和 S 在原点是 C^2 和 $\mathcal{O}(2)$ 的. 显然，$(x,y,z,w)=(0,0,0,0)$ 是（3.2.154）的一个双曲不动点，在原点的线性化向量场的特征值为 $\rho\pm i\omega$，λ，ν，因此，原点有 3 维稳定流形和 1 维不稳定流形. 我们对（3.2.154）做以下额外假设.

H1. 方程（3.2.154）有连接 $(0,0,0,0)$ 到它自身的同宿轨道 Γ.

H2. $\nu>-\rho>0$，$-\lambda\neq\nu$.

我们的目的是研究（3.2.154）在 Γ 附近的轨道结构. 为了做到这

一点，我们将遵循我们的标准步骤来计算 Γ 邻域中定义的局部 Poincaré 映射.

P_0^L 的计算.

假设 $\rho>\lambda$. 在这种情况下，同宿轨道在原点与 (x,y) 平面相切. 这种假设仅仅是为了几何上方便构造向量场的截面. 当 H1 和 H2 成立时，它不会影响我们关于（3.2.154）的动力学的任何最终结果.

[262] 定义（3.2.145）的下面截面：

$$\Pi_0=\{(x,y,z,w)\in\mathbb{R}^4\mid \varepsilon \mathrm{e}^{\frac{2\pi\rho}{\omega}}\leqslant x\leqslant\varepsilon,\ y=0,\ 0<w\leqslant\varepsilon,\ -\varepsilon\leqslant z\leqslant\varepsilon\}. \tag{3.2.155}$$

如同在 $\mathbb{R}^3$ 中的鞍-焦点的同宿轨道情形. 选择 Π_0 的 x 宽度使得从 Π_0 上出发的轨道在它离开原点邻域之前不与 Π_0 再相交. 此外，我们定义

$$\Pi_1=\{(x,y,z,w)\in\mathbb{R}^4\mid w=\varepsilon\}. \tag{3.2.156}$$

Π_1 将选择足够大，以便它包含 Π_0 在 P_0^L 作用下的现在将描述的像. [263]

由（3.2.154）生成的线性化流为

$$\begin{aligned}
x(t)&=\mathrm{e}^{\rho t}(x_0\cos\omega t-y_0\sin\omega t),\\
y(t)&=\mathrm{e}^{\rho t}(x_0\sin\omega t+y_0\cos\omega t),\\
z(t)&=z_0\mathrm{e}^{\lambda t},\\
w(t)&=w_0\mathrm{e}^{\nu t}.
\end{aligned} \tag{3.2.157}$$

从 Π_0 到 Π_1 的飞行时间通过求解

$$\varepsilon=w_0\mathrm{e}^{\nu T} \tag{3.2.158}$$

得到，因此得到

$$T=\frac{1}{\nu}\log\frac{\varepsilon}{w_0}. \tag{3.2.159}$$

利用（3.2.157）和（3.2.159）得到从 Π_0 到 Π_1 的映射 P_0^L（去掉了下标 0）

$$P_0^L:\Pi_0\to\Pi_1,$$

$$\begin{pmatrix}x\\0\\z\\w\end{pmatrix}\mapsto\begin{pmatrix}x(\frac{\varepsilon}{w})^{\rho/\nu}\cos(\frac{\omega}{\nu}\log\frac{\varepsilon}{w})\\ x(\frac{\varepsilon}{w})^{\rho/\nu}\sin(\frac{\omega}{\nu}\log\frac{\varepsilon}{w})\\ z(\frac{\varepsilon}{w})^{\lambda/\nu}\\ \varepsilon\end{pmatrix}. \tag{3.2.160}$$

几何说明如图 3.2.48.

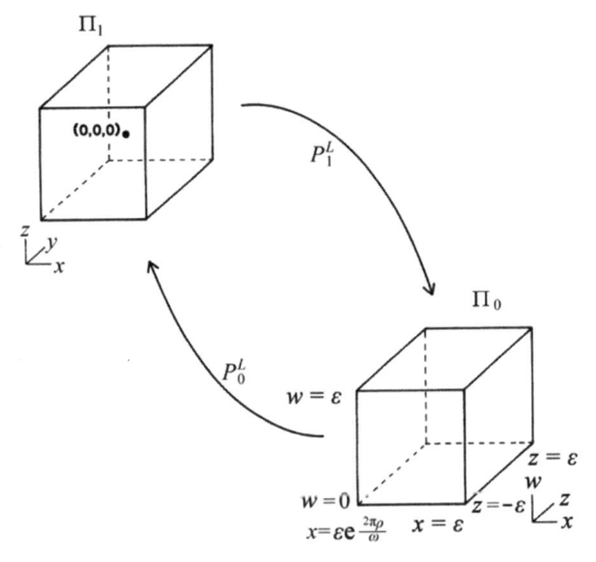

图 3.2.48　原点附近的截面

我们现在想了解 $P_0^L(\Pi_0)$ 的几何结构. 为此，如 $\mathbb{R}^3$ 中的鞍–焦点情形，考虑通过用板叶化 Π_0 是有用的. 定义

$$R_k=\{(x,y,z,w)\in\mathbb{R}^4\mid \varepsilon e^{\frac{2\pi\rho}{\omega}}\leqslant x\leqslant\varepsilon,\ y=0,\ 0<z\leqslant\varepsilon,\ \varepsilon e^{\frac{-2\pi(k+1)\nu}{\omega}}\leqslant w\leqslant\varepsilon e^{\frac{-2\pi k\nu}{\omega}}\}.\tag{3.2.161}$$

于是，我们有

$$\Pi_0=\bigcup_{k=0}^{\infty}R_k .\tag{3.2.162}$$

通过极坐标坐标化 Π_1 的 (x,y) 部分将是有用的. 为了避免与 Π_0 上的坐标混淆，我们用 x',y',z' 表示 Π_1 上的坐标 x,y,z . 我们有

$$r=\sqrt{x'^2+y'^2}\ ,\quad \tan\theta=\frac{y'}{x'},\tag{3.2.163}$$

[264]　在这些坐标下，P_0^L 写为

$$P_0^L:\Pi_0\to\Pi_1,$$

$$\begin{pmatrix}x\\0\\z\\w\end{pmatrix}\mapsto\begin{pmatrix}x(\dfrac{\varepsilon}{w})^{\rho/\nu}\\ \dfrac{\omega}{\nu}\log\dfrac{\varepsilon}{w}\\ z(\dfrac{\varepsilon}{w})^{\lambda/\nu}\\ \varepsilon\end{pmatrix}=\begin{pmatrix}r\\ \theta\\ z'\\ \varepsilon\end{pmatrix}.\tag{3.2.164}$$

对固定的 k，现在考虑 $R_k \subset \Pi_0$. 利用（3.2.164）我们对 $P_0^L(R_k)$ 进行以下观察.

（1）包含在 R_k 中的2维叶在 P_0^L 作用下映为 $\theta=$ 常数.

（2）R_k 的两个平行于 (w,z) 平面的垂直边界映为2维对数螺线.

（3）包含在 R_k 中的2维叶 $z=0$ 映为 Π_1 中的 $z'=0$.

（4）比 z'/w 当 $w\to 0$ 在 $\lambda<-\nu$ 时趋于零，在 $\lambda>-\nu$ 时趋于无穷.

利用这4个说明，对固定的 k，R_k 在 P_0^L 作用下的像的两种可能性如图3.2.49所示.

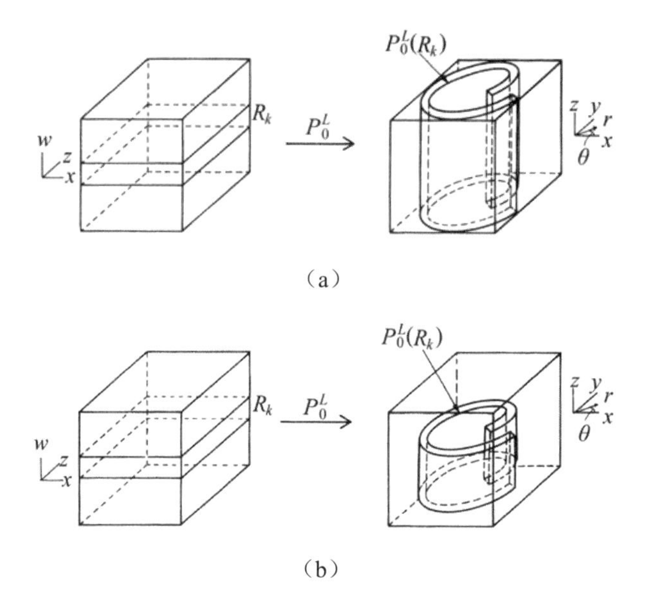

图3.2.49 $P_0^L(R_k)$ 的几何说明.（a）$\lambda>-\nu$，（b）$\lambda<-\nu$

P_1^L 的计算.

对某个开集 $U\subset\Pi_1$，我们有

$$P_1^L: U\subset\Pi_1\to\Pi_0,$$

$$\begin{pmatrix} x\\ y\\ z\\ \varepsilon \end{pmatrix} \mapsto \begin{pmatrix} a & b & c & 0\\ d & e & f & 0\\ g & h & i & 0\\ 0 & 0 & 0 & 0 \end{pmatrix}\begin{pmatrix} x\\ y\\ z\\ 0 \end{pmatrix}+\begin{pmatrix} \bar{x}\\ 0\\ 0\\ 0 \end{pmatrix}, \tag{3.2.165}$$

其中 $(\bar{x}=\varepsilon((1+e^{2\pi\rho})/2),0,0,0)=\Gamma\bigcap\Pi_0$.

Poincaré 映射 $P^L=P_1^L\circ P_0^L$.

[265]

利用（3.2.160）和（3.2.165），我们有

$$P^L: P_1^L \circ P_0^L: V \subset \Pi_0 \to \Pi_0,$$

$$\begin{pmatrix} x \\ z \\ w \end{pmatrix} \mapsto \begin{pmatrix} ax(\frac{\varepsilon}{w})^{\frac{\rho}{\nu}} \cos(\frac{\omega}{\nu}\log\frac{\varepsilon}{w}) + bx(\frac{\varepsilon}{w})^{\frac{\rho}{\nu}} \sin(\frac{\omega}{\nu}\log\frac{\varepsilon}{w}) + cz(\frac{\varepsilon}{w})^{\frac{\lambda}{\nu}} + \bar{x} \\ dx(\frac{\varepsilon}{w})^{\frac{\rho}{\nu}} \cos(\frac{\omega}{\nu}\log\frac{\varepsilon}{w}) + ex(\frac{\varepsilon}{w})^{\frac{\rho}{\nu}} \sin(\frac{\omega}{\nu}\log\frac{\varepsilon}{w}) + cz(\frac{\varepsilon}{w})^{\frac{\lambda}{\nu}} \\ gx(\frac{\varepsilon}{w})^{\frac{\rho}{\nu}} \cos(\frac{\omega}{\nu}\log\frac{\varepsilon}{w}) + hx(\frac{\varepsilon}{w})^{\frac{\rho}{\nu}} \sin(\frac{\omega}{\nu}\log\frac{\varepsilon}{w}) + iz(\frac{\varepsilon}{w})^{\frac{\lambda}{\nu}} + \bar{x} \end{pmatrix}$$

（3. 2. 166）

其中 $V = (P_0^L)^{-1}(U)$.

[266]　　因此，如果 Π_0 充分小，则 $P^L(R_k)$ 如图 3. 2. 50 所示.

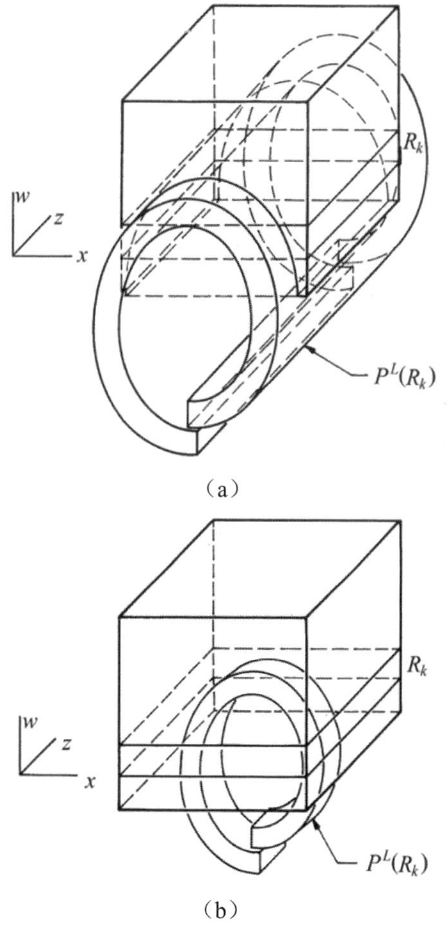

图 3. 2. 50　$P^L(R_k)$ 的几何说明.（a）$\lambda > -\nu$，（b）$\lambda < -\nu$

现在我们证明 P^L 含有马蹄. 由图 3. 2. 50 应该清楚，这种可能性　[267]

很大，但是必须满足某些性质. 我们特别关注两个主要影响.

（1）寻找能将水平板映为具有适当边界性态的垂直板的能力.

（2）沿着适当方向存在足够大的扩展率和压缩率.

这些影响在第 2 章的性质 A1 和 A2，A1 和 A3，或者 $\overline{\text{A1}}$ 和 $\overline{\text{A2}}$ 中被形式化，这意味着定理 2.3.3 和由此产生的与移位映射相应的混沌动力学. 在我们对 $\mathbb{R}^3$ 中的鞍−焦点的同宿轨道的研究中，我们非常详细验证了 $\overline{\text{A1}}$ 和 $\overline{\text{A2}}$. 然而，在这个例子中，我们将只指出导致验证 $\overline{\text{A1}}$ 和 $\overline{\text{A2}}$ 的关键点，因为完整的细节与 $\mathbb{R}^3$ 中给出的鞍−焦点情形非常相似.

将水平板映为具有适当边界性态的垂直板的存在性.

考虑固定 k 的 $R_k \subset \Pi_0$. 于是可以证明 $P^L(R_k)$ 与 R_i 交于两个互不相交的 μ_v-垂直板，其中对 $i \geqslant k/\alpha$，$1 \leqslant \alpha < -\nu/\rho$ 和充分大 k，μ_v 满足（2.3.69）（2.3.75）和（2.3.78）. 这主要依赖于性质 $\nu > -\rho > 0$ 和 $-\lambda \neq \nu$，论证非常类似于引理 3.2.16 给出的证明.

扩展率和压缩率.

类似引理 3.2.15 中给出的论证可用于证明 $\overline{\text{A1}}$ 在 Π_0 上的任何地方都成立，但叶的可数集 $w=$ 常数（可避免的）可能除外.

如果 $-\lambda > \nu$，则存在两个压缩方向和一个扩展方向；如果 $-\lambda < \nu$，则存在一个压缩方向和两个扩展方向.

因此，P^L 含有可数无穷多个马蹄，而且与定理 3.2.17 相同的定理成立. 然而，尽管这描述了丰富的动力学，但我们仅仅触及了 P^L 可能动力学的表面，还有很多有待发现.

3.2d（ii）$\mathbb{R}^4$ 中的 Silnikov 例子

[268] Silnikov[1967]首先研究了下面的系统.

$$\begin{aligned} \dot{x}_1 &= -\rho_1 x_1 - \omega_1 x_2 + P(x_1, x_2, y_1, y_2), \\ \dot{x}_2 &= \omega_1 x_1 - \rho_1 x_2 + Q(x_1, x_2, y_1, y_2), \\ \dot{y}_1 &= \rho_2 y_1 + \omega_2 y_2 + R(x_1, x_2, y_1, y_2), \\ \dot{y}_2 &= -\omega_2 y_1 + \rho_2 y_2 + S(x_1, x_2, y_1, y_2). \end{aligned} \quad (x_1, x_2, y_1, y_2) \in \mathbb{R}^4. \tag{3.2.167}$$

其中 ρ_1，ρ_2，ω_1，$\omega_2 > 0$，P，Q，R，S 在原点是 C^2 和 $\mathcal{O}(2)$ 的. 因此，$(x_1, x_2, y_1, y_2) = (0,0,0,0)$ 是（3.2.167）的不动点.（3.2.167）在原点线性化的特征值是 $-\rho_1 \pm \mathrm{i}\omega_1$，$\rho_2 \mp \mathrm{i}\omega_2$. 因此，原点有 2 维稳定流形和 2 维不稳定流形. 此外，我们对（3.2.167）做以下假设.

H1. 方程（3.2.167）有连接 $(0,0,0,0)$ 到它自身的同宿轨道 Γ.

H2. $\rho_1 \neq \rho_2$.

因此，原点的 2 维稳定流形与不稳定流形沿着 Γ 非横截相交. 我们的目的是研究 Γ 邻域内的轨道结构.

P_0^L 的计算.

我们通过线性化流计算原点附近的映射. 为此，较方便的是利用

极坐标. 设

$$
\begin{aligned}
x_1 &= r_1 \cos\theta_1, \\
x_2 &= r_1 \sin\theta_1 \\
y_1 &= r_2 \cos\theta_2, \\
y_2 &= r_2 \sin\theta_2,
\end{aligned}
\tag{3.2.168}
$$

线性化向量场为

$$
\begin{aligned}
\dot{r}_1 &= -\rho_1 r_1, \\
\dot{\theta}_1 &= \omega_1, \\
\dot{r}_2 &= \rho_2 r_2, \\
\dot{\theta}_2 &= -\omega_2.
\end{aligned}
\tag{3.2.169}
$$

容易找到由（3. 2. 169）生成的流为 [269]

$$
\begin{aligned}
r_1(t) &= r_{10}\mathrm{e}^{-\rho_1 t}, \\
\theta_1(t) &= \omega_1 t + \theta_{10}, \\
r_2(t) &= r_{20}\mathrm{e}^{\rho_2 t}, \\
\theta_2(t) &= -\omega_2 t + \theta_{20}.
\end{aligned}
\tag{3.2.170}
$$

我们定义向量场在原点附近的通常截面

$$
\begin{aligned}
\Pi_0 &= \{(r_1,\theta_1,r_2,\theta_2) \mid r_1 = \varepsilon\}, \\
\Pi_1 &= \{(r_1,\theta_1,r_2,\theta_2) \mid r_2 = \varepsilon\}.
\end{aligned}
\tag{3.2.171}
$$

注意，Π_0 和 Π_1 具有 3 维环体的结构，其中局部稳定流形，即 $r_2 = 0$ 是 Π_0 的中心圆，局部不稳定流形，即 $r_1 = 0$ 是 Π_1 的中心圆. 令 $p_1 = (0,0,\varepsilon,\bar{\theta}) = \Gamma \cap W^u_{\text{loc}}$ 和 $p_0 = (\varepsilon,\bar{\theta},0,0) = \Gamma \cap W^s_{\text{loc}}$. 几何说明如图 3. 2. 51.

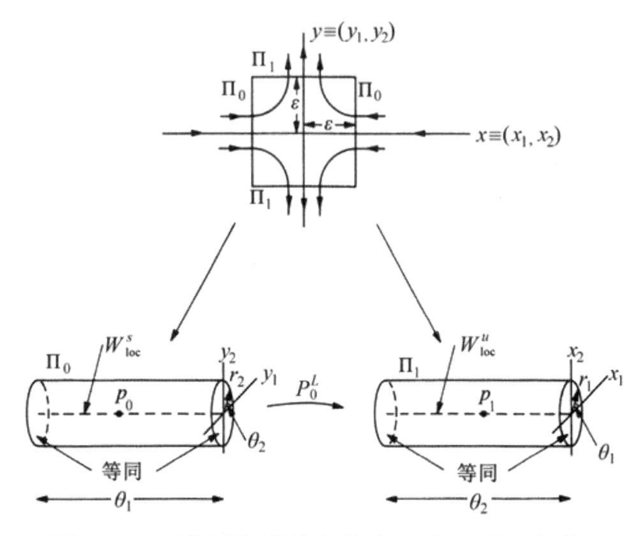

图 3. 2. 51　原点附近的流和截面 Π_0 和 Π_1 的几何说明

从Π_0和Π_1的飞行时间T通过求解

$$\varepsilon = r_{20}\mathrm{e}^{\rho_2 T}, \tag{3.2.172}$$

得到

$$T = \frac{1}{\rho_2}\log\frac{\varepsilon}{r_{20}}. \tag{3.2.173}$$

利用（3.2.170）和（3.2.173），得到映射P_0^L（去掉下标0）

$$P_0^L : \Pi_0 \to \Pi_1,$$

$$\begin{pmatrix} \varepsilon \\ \theta_1 \\ r_2 \\ \theta_2 \end{pmatrix} \mapsto \begin{pmatrix} \varepsilon(\frac{r_2}{\varepsilon})^{\frac{\rho_1}{\rho_2}} \\ \theta_1 + \frac{\omega_1}{\rho_2}\log\frac{\varepsilon}{r_2} \\ \varepsilon \\ \theta_2 - \frac{\omega_2}{\rho_2}\log\frac{\varepsilon}{r_2} \end{pmatrix}. \tag{3.2.174}$$

我们现在想了解Π_0在P_0^L作用下的像的几何形状. 考虑包含在Π_0内的环体的无穷序列，对某个$\alpha > 0$和$k = 0,1,2,\cdots$定义如下，如图3.2.52.

$$A_k = \{(r_1,\theta_1,r_2,\theta_2) \mid r_1 = \varepsilon,\ \bar{\theta}_1 - \alpha \leqslant \theta_1 \leqslant \bar{\theta}_1 + \alpha, \\ \varepsilon\mathrm{e}^{\frac{-2\pi(k+1)\rho_2}{\omega_1}} \leqslant r_2 \leqslant \varepsilon\mathrm{e}^{\frac{-2\pi k\rho_2}{\omega_1}},\ 0 \leqslant \theta_2 \leqslant 2\pi\} \tag{3.2.175}$$

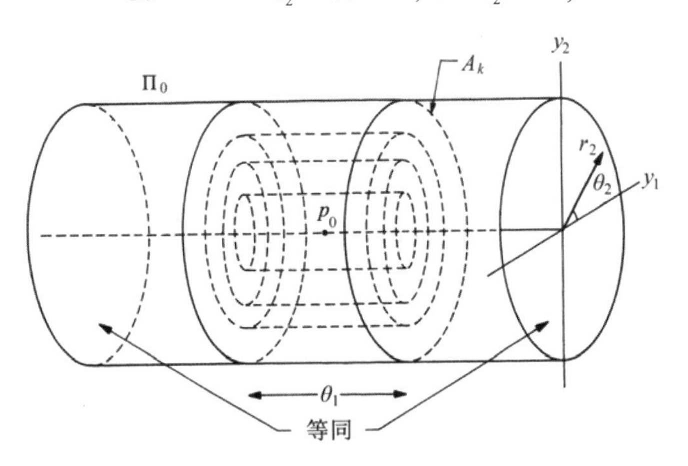

图 3.2.52　$A_k \subset \Pi_0$的几何图形

[270]　对固定的$k \geqslant 0$，我们要研究$P_0^L(A_k)$的几何形状. 特别地，我们对A_k的边界在P_0^L作用下的性态感兴趣. A_k的边界由两个“端盖”E_k^l和E_k^r的并组成，其内表面和外表面分别记为S_k^i和S_k^0. 更具体地说，我

们有

$$E_k^l = \{(r_1,\theta_1,r_2,\theta_2) \mid r_1 = \varepsilon,\ \theta_1 = \overline{\theta}_1 - \alpha,\ \varepsilon e^{(k+1)c} \leqslant r_2 \leqslant \varepsilon e^{kc},\ 0 \leqslant \theta_2 \leqslant 2\pi\},$$
$$E_k^r = \{(r_1,\theta_1,r_2,\theta_2) \mid r_1 = \varepsilon,\ \theta_1 = \overline{\theta}_1 + \alpha,\ \varepsilon e^{(k+1)c} \leqslant r_2 \leqslant \varepsilon e^{kc},\ 0 \leqslant \theta_2 \leqslant 2\pi\},$$
$$S_k^i = \{(r_1,\theta_1,r_2,\theta_2) \mid r_1 = \varepsilon,\ \overline{\theta}_1 - \alpha \leqslant \theta_1 \leqslant \overline{\theta}_1 + \alpha,\ r_2 = \varepsilon e^{(k+1)c},\ 0 \leqslant \theta_2 \leqslant 2\pi\},$$
$$S_k^0 = \{(r_1,\theta_1,r_2,\theta_2) \mid r_1 = \varepsilon,\ \overline{\theta}_1 - \alpha \leqslant \theta_1 \leqslant \overline{\theta}_1 + \alpha,\ r_2 = \varepsilon e^{kc},\ 0 \leqslant \theta_2 \leqslant 2\pi\},$$

（3. 2. 176）

其中 $c = -2\pi\rho_2 / \omega_1$，几何说明如图 3. 2. 53.

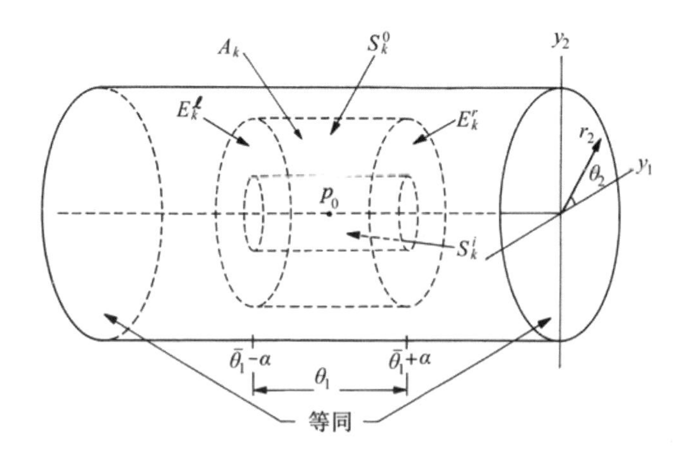

图 3. 2. 53　A_k 边界的几何形状

现在利用（3. 2. 174），我们可以得到下面的表达式： [271]

$$P_0^L(E_k^l) = \{(r_1,\theta_1,r_2,\theta_2) \mid \varepsilon e^{\frac{-2\pi(k+1)\rho_1}{\omega_1}} \leqslant r_1 \leqslant \varepsilon e^{\frac{-2\pi k\rho_1}{\omega_1}},$$
$$\overline{\theta}_1 - \alpha + 2\pi k \leqslant \theta_1 \leqslant \overline{\theta}_1 - \alpha + 2\pi(k+1), r_2 = \varepsilon, 0 \leqslant \theta_2 \leqslant 2\pi\},$$
$$P_0^L(E_k^r) = \{(r_1,\theta_1,r_2,\theta_2) \mid \varepsilon e^{\frac{-2\pi(k+1)\rho_1}{\omega_1}} \leqslant r_1 \leqslant \varepsilon e^{\frac{-2\pi k\rho_1}{\omega_1}},$$
$$\overline{\theta}_1 + \alpha + 2\pi k \leqslant \theta_1 \leqslant \overline{\theta}_1 + \alpha + 2\pi(k+1), r_2 = \varepsilon, 0 \leqslant \theta_2 \leqslant 2\pi\},$$
$$P_0^L(S_k^i) = \{(r_1,\theta_1,r_2,\theta_2) \mid r_1 = \varepsilon e^{\frac{-2\pi(k+1)\rho_1}{\omega_1}},$$
$$\overline{\theta}_1 - \alpha + 2\pi(k+1) \leqslant \theta_1 \leqslant \overline{\theta}_1 + \alpha + 2\pi(k+1), r_2 = \varepsilon, 0 \leqslant \theta_2 \leqslant 2\pi\},$$
$$P_0^L(S_k^0) = \{(r_1,\theta_1,r_2,\theta_2) \mid r_1 = \varepsilon e^{\frac{-2\pi k\rho_1}{\omega_1}},$$
$$\overline{\theta}_1 - \alpha + 2\pi k \leqslant \theta_1 \leqslant \overline{\theta}_1 + \alpha + 2\pi k, r_2 = \varepsilon, 0 \leqslant \theta_2 \leqslant 2\pi\}.$$

（3. 2. 177）

将这些放在一起，我们看到，$P_0^L(A_k)$ 如图 3. 2. 54 所示.

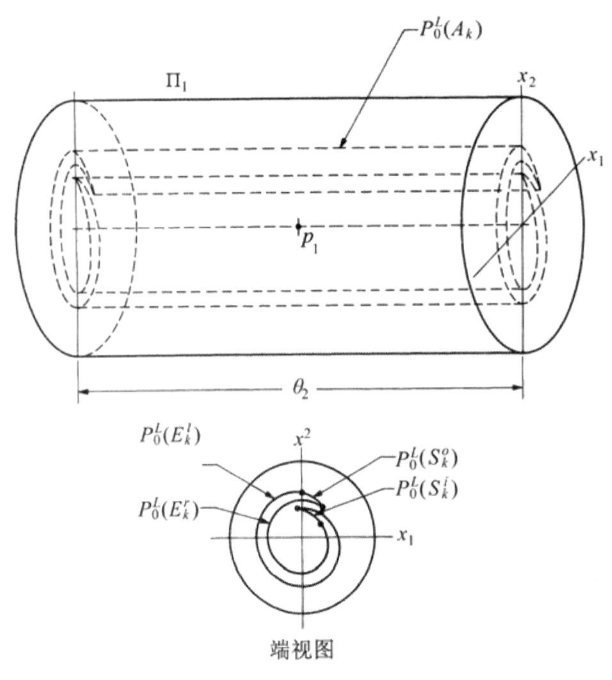

图 3. 2. 54　$P_0^L(A_k)$ 的几何形状

映射 P_1^L.

[272] 放射映射 P_1^L 的表达式可以用通常方法计算. 但是我们不这样做，而是将描述映射几何结构的相关特征. 特别地，由于 p_1 在由(3. 2. 167)生成的流作用下映为 p_0，由解关于初始条件的连续依赖性，我们可以找到 p_1 的邻域，它被映到 p_0 的邻域. 因此，对充分大的 k，$P_0^L(A_k)$ 的一部分被映到 A_k 的上方，如图 3. 2. 55 所示.

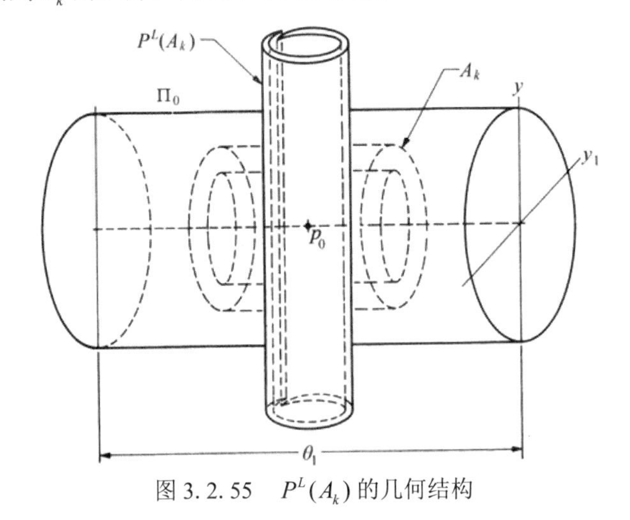

图 3. 2. 55　$P^L(A_k)$ 的几何结构

P^L 中的马蹄.

现在我们指出，确保 P^L 中存在马蹄的相关特征. 细节与我们在 3 维例子中给出的相似，就留给读者证明. 对固定的 $k \geqslant 0$，考虑 A_k 和 $P^L(A_k)$.

边界在 P^L 的作用下的适当性态. 对充分大的 k，$P^L(A_k)$ 完全切断 A_k. 此外，在 P^L 作用下 A_k 端盖的像的一部分与基本平行于它们的原像的 A_k 相交，如图 3. 2. 55. 因此，在 A_k 中可以找到 μ_h -水平板，这些水平板映为具有水平和垂直边界适当性态的 μ_v -垂直板，其中 μ_v 和 μ_h 要满足必须的要求（见 2. 3 节）.

扩展方向和压缩方向. 当 $\rho_2 > \rho_1$ 时，P^L 沿着 r_2 方向扩展，当 $\rho_2 < \rho_1$ 时，P^L 沿着 r_2 方向压缩. 平行于 W^s_{loc} 的直线被压缩. 从图 3. 2. 54 中可以看出，连接 S^l_k 和 S^0_k 的直线在 P^L 作用下扩展. 因此，如果 $\rho_2 > \rho_1$，则 P^L 包含两个扩展方向和一个压缩方向；如果 $\rho_2 < \rho_1$，则它包含一个扩展方向和两个压缩方向. 这些增长率通过取足够大的 k 可以使得任意大. [273] [274]

因此，得知 P^L 包含可数多个马蹄及其伴随的混沌动力学. 对 P^L 也可叙述与定理 3. 2. 17 完全相同的定理.

评论与文献.

在 4 维同宿轨道上还有很多工作要做，特别是关于 Poincaré 映射的详细分析和奇异吸引子的存在性.

我们第 2 个例子可以在 Glendinning 和 Tresser[1985]中找到. 对参数化系统的这个例子中辅助同宿轨道的存在性被 Glendinning[1987]考虑过，也见 Fowler 和 Sparrow[1984].

最后，我们没有讨论具有多个同宿轨道的 4 维例子. 人们可能会猜测，具有两个同宿轨道的实特征值的鞍点可能以与 $\mathbb{R}^3$ 中的 Lorenz 方程大致相同的方式具有马蹄. 我们针对 Hamilton 情况（见 3. 2e（ii）节）得到了这个例子，并注意到相同的技术应该在一般情况下起作用. 然而，具体细节仍有待解决. [275]

3. 2e. 4 维自治 Hamilton 系统的不动点的同宿轨道

现在我们研究自治 Hamilton 系统的不动点的同宿轨道. 由于所有 2 维（一个自由度）Hamilton 系统都是可积的，因此，不具有与同宿轨道相应的复杂动力学，自然要从 4 维系统的研究开始.

设 H 是定义在 $\mathbb{R}^4$ 上至少是 C^3 的标量函数.

$$H(x,y): \mathbb{R}^4 \to \mathbb{R}^1, \quad (x,y) \equiv (x_1,x_2,y_1,y_2) \in \mathbb{R}^4 \qquad (3.2.178)$$

考虑向量场

$$\begin{pmatrix}\dot{x}_1\\ \dot{x}_2\\ \dot{y}_1\\ \dot{y}_2\end{pmatrix}=JDH(x_1,x_2,y_1,y_2), \qquad (3.2.179)$$

其中

$$J=\begin{pmatrix}0&0&1&0\\0&0&0&1\\-1&0&0&0\\0&-1&0&0\end{pmatrix}.$$

这是一个 Hamilton 向量场. 通过计算容易看出 $H(x,y)=$ 常数对由向量场定义的流是不变的.

假设（3. 2. 179）有一个不动点在 $(x,y)=(0,0)$. 于是，由 Liouville 定理（Arnold[1978]），关于（0，0）的线性化向量场的特征值必须加起来为零. 因此，对这个 Hamilton 系统存在两类双曲不动点. 它们是：

（1） $\pm\rho\pm \mathrm{i}\omega$ - 鞍-焦点.

（2） $\pm k$ ， $\pm l$ - 鞍点.

[276] 我们将研究这两种情形；然而，首先我们想对 4 阶 Hamilton 系统的轨道结构做一些一般性的说明.

（1）如上所述，从（3. 2. 179）的不动点离开的轨道位于由 $H(x,y)=$ 常数定义的 3 维不变流形上.

（2）由 Liouville 定理，（3. 2. 179）的不动点的稳定和不稳定流形有相同的维数.

（3）假设（3. 2. 179）有一个双曲不动点，该不动点具有沿 1 维同宿轨道相交的 2 维稳定和不稳定流形. 于是，一般来说，这个交在 3 维曲面 $H(x,y)=$ 常数上是横截的. 但这个论断对 4 维 Hamilton 系统并不成立.

在上述两种情况下我们将假设，存在一个将不动点连接到它自身的同宿轨道 Γ . 这个同宿轨道将位于原点的稳定流形和不稳定流形的横截交点上. 我们的目的是研究 Γ 邻域内的轨道结构. 我们将按照通常的步骤在同宿轨道附近构造一个 Poincaré 映射并研究映射的轨道结构. 然而，由于轨道位于不变的 3 维流形上，因此必须进行一些修改. 我们的研究从鞍-焦点开始.

3. 2e（i）鞍-焦点

这个问题首先是由 Devaney[1976]研究的. 假设（3. 2. 179）在原点有一个不动点，它有一条连接它到它自身的同宿轨道，而且关于原点的线性化向量场为

$$\begin{aligned}\dot{x}_1 &= \rho x_1 - \omega x_2,\\ \dot{x}_2 &= \omega x_1 + \rho x_2,\\ \dot{y}_1 &= -\rho y_1 + \omega y_2,\\ \dot{y}_2 &= -\omega y_1 - \rho y_2,\end{aligned} \qquad \rho,\ \omega > 0. \tag{3.2.180}$$

它的流为

$$\begin{aligned} x_1(t) &= \mathrm{e}^{\rho t}(x_{10}\cos\omega t - x_{20}\sin\omega t),\\ x_2(t) &= \mathrm{e}^{\rho t}(x_{10}\sin\omega t + x_{20}\cos\omega t),\\ y_1(t) &= \mathrm{e}^{-\rho t}(y_{10}\cos\omega t + y_{20}\sin\omega t),\\ y_2(t) &= \mathrm{e}^{-\rho t}(-y_{10}\sin\omega t + y_{20}\cos\omega t).\end{aligned} \tag{3.2.181}$$

不失一般性，我们可以假设原点的局部稳定和不稳定流形为 [277]

$$\begin{aligned} W^s_{\mathrm{loc}}(0) &= \{(x,y)\mid x=0\},\\ W^u_{\mathrm{loc}}(0) &= \{(x,y)\mid y=0\},\end{aligned} \tag{3.2.182}$$

（注意：$(x,y)\equiv(x_1,x_2,y_1,y_2)$）.

我们用在前面已经做过的相同方法来研究（3. 2. 179）邻域内的轨道结构. 即在适当选择的流的截面上计算 Poincaré 映射. 通常，对于 4 维系统，截面是 3 维的. 但是，在 Hamilton 情形，由于我们被限制在 3 维曲面上，这个截面将是 2 维的（这是主要的简化）. 我们的映射将由两个映射组成，一个位于由线性化向量场给出的原点的邻域内，另一个沿着 Γ 是全局性的，这基本上是一个刚体运动（正如我们之前所做的那样）. 现在我们将描述原点邻域内的几何图形.

对充分小的 ε，下面的曲面是向量场的截面

$$\begin{aligned}\Pi_0 &= \{(x,y)\,\|\, x| \leqslant \varepsilon,\ |y| = \varepsilon\},\\ \Pi_1 &= \{(x,y)\,\|\, x| = \varepsilon,\ |y| \leqslant \varepsilon\}.\end{aligned} \tag{3.2.183}$$

这些曲面是环体（$S^1\times\mathbb{R}^2$）. 我们也考虑这些曲面与 3 维能量曲面的交

$$\begin{aligned}\Sigma^s_0 &= \Pi_0 \cap H^{-1}(0),\\ \Sigma^u_0 &= \Pi_1 \cap H^{-1}(0).\end{aligned} \tag{3.2.184}$$

设 σ^s（相应地，σ^u）是局部稳定（相应地，不稳定）流形与 Σ^s_0（相应地，Σ^u_0）. 因此，σ^s 和 σ^u 是环体 Π_0，Π_1 的中心圆. 最后，给定一个横截同宿轨道 Γ，记 $q^s=\Gamma\cap\sigma^s$ 和 $q^u=\Gamma\cap\sigma^u$. 我们将尝试在图 3. 2. 56 中说明原点附近的几何结构. 在该图中，我们分别等同柱面的两端以获得环面. Σ^s_0 和 Σ^u_0 分别代表 Π_0 和 Π_1 中的 2 维曲面. D^s 和 D^u 分别代表 Σ^s_0 和 Σ^u_0 中 q^s 和 q^u 的 2 维邻域.

P^L_0 的计算.

[278] 我们现在要构造 (D^s,σ^s) 到 (D^u,σ^u) 的映射 P^L_0（注意：P^L_0 不能在

σ^s 上定义，因为这些点在 $W^s(0)$ 上）．先验地，没有理由期望 (D^s,σ^s) 中的点应该映射到 (D^u,σ^u)．然而，我们将看到，这是由于特征值具有非零虚部的结果.

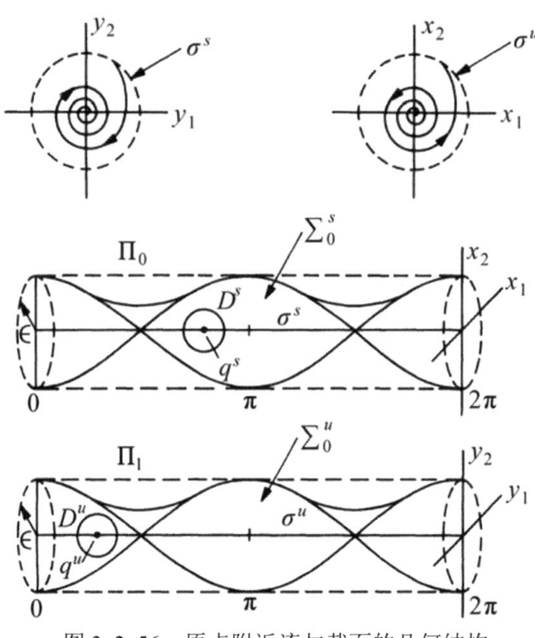

图 3. 2. 56　原点附近流与截面的几何结构

首先，我们将线性流变换到极坐标．设 [279]

$$
\begin{aligned}
x_1 &= r_u \cos\theta_u, \\
x_2 &= r_u \sin\theta_u, \\
y_1 &= r_s \cos\theta_s, \\
y_2 &= r_s \sin\theta_s,
\end{aligned}
\tag{3.2.185}
$$

线性化向量场变成

$$
\begin{aligned}
\dot{r}_u &= \rho r_u, \\
\dot{\theta}_u &= \omega, \\
\dot{r}_s &= -\rho r_s, \\
\dot{\theta}_s &= -\omega,
\end{aligned}
\tag{3.2.186}
$$

由（3. 2. 186）生成的流为

$$
\begin{aligned}
r_u(t) &= r_u^0 \mathrm{e}^{\rho t}, \\
\theta_u(t) &= \omega t + \theta_u^0, \\
r_s(t) &= r_s^0 \mathrm{e}^{-\rho t}, \\
\theta_s(t) &= -\omega t + \theta_s^0.
\end{aligned}
\tag{3.2.187}
$$

现在我们要证明，P_0^L 映 D^s 中与 σ^s 横截的曲线到通常围绕 Σ_0^u 无穷

多次旋转且是 C^1 ε（对某个给定的 $\varepsilon>0$）趋于 σ^u 的曲线. 说明如图 3.2.57 所示.

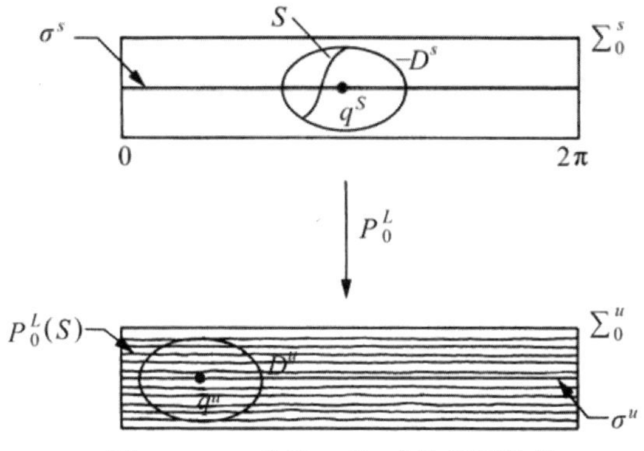

图 3.2.57　曲线 S 在 P_0^L 作用下的像

此刻读者怎么看待上述内容？回忆流的表达式. 当接近 σ^s 时，Σ_0^s 上的点到达 Σ_0^u 所需的时间长度接近于 ∞（我们将很快将计算这个时间的精确表达式）. 因此，当 t 增加时，r_s 收缩，r_u 增长，θ_u 和 θ_s 单调（$\bmod 2\pi$）增加. 因此，如果我们将 θ_u 看作 Σ_0^u 的坐标，我们就可以看到，曲线 S 的像通常围绕 σ^u 缠绕无穷多次.

从 Σ_0^s 到 Σ_0^u 的飞行时间通过求解

$$\varepsilon = r_u^0 e^{\rho t} \tag{3.2.188}$$

得到

$$T = \frac{1}{\rho}\log\frac{\varepsilon}{r_u^0}. \tag{3.2.189}$$

[280] Σ_0^s 上的点可以用 θ_s，x_1，x_2 标记（去掉了下标 0），Σ_0^u 上的点可以用 θ_u，y_1，y_2 标记（注意：用于标记 2 维曲面上的点的“额外”坐标是由于我们没有 $\Sigma_0^{s,u}$ 的固有坐标系，这无关紧要）. 因此，这个映射在笛卡儿坐标下为

$$P_0^L : D^s - \sigma^s \to \Sigma_0^u,$$

$$\begin{pmatrix} x_1 \\ x_2 \\ y_1 \\ y_2 \end{pmatrix} \mapsto \begin{pmatrix} \frac{\varepsilon}{r_u}(x_1\cos(\frac{\omega}{\rho}\log\frac{\varepsilon}{r_u}) - x_2\sin(\frac{\omega}{\rho}\log\frac{\varepsilon}{r_u})) \\ \frac{\varepsilon}{r_u}(x_1\sin(\frac{\omega}{\rho}\log\frac{\varepsilon}{r_u}) + x_2\cos(\frac{\omega}{\rho}\log\frac{\varepsilon}{r_u})) \\ \frac{r_u}{\varepsilon}(y_1\cos(\frac{\omega}{\rho}\log\frac{\varepsilon}{r_u}) + y_2\sin(\frac{\omega}{\rho}\log\frac{\varepsilon}{r_u})) \\ \frac{r_u}{\varepsilon}(-y_1\sin(\frac{\omega}{\rho}\log\frac{\varepsilon}{r_u}) + y_2\cos(\frac{\omega}{\rho}\log\frac{\varepsilon}{r_u})) \end{pmatrix}, \tag{3.2.190}$$

其中$r_u=\sqrt{x_1^2+x_2^2}$，映射在极坐标下为

$$\begin{pmatrix} r_u \\ \theta_u \\ \varepsilon \\ \theta_s \end{pmatrix} \mapsto \begin{pmatrix} \varepsilon \\ \dfrac{\omega}{\rho}\log\dfrac{\varepsilon}{r_u}+\theta_u \\ r_u \\ \dfrac{\omega}{\rho}\log\dfrac{r_u}{\varepsilon}+\theta_s \end{pmatrix}. \tag{3.2.191}$$

现在设$\beta: I\to D^s$是D^s中的一条参数化曲线，它与σ^s相交于q，其中$I=(-\tau,\tau)$，$\beta(0)=q$，$\tau>0$为某个正数，如图3.2.58（注意：在图3.2.58的右边分别表示从Π_0和Π_1移去Σ_0^s和Σ_0^u，并“扁平化”）. [281]

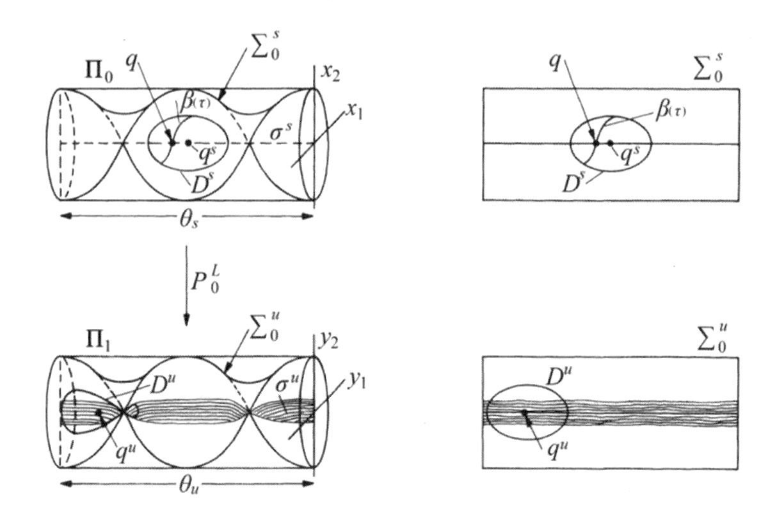

图3.2.58 曲线$\beta(\tau)$在P_0^L作用下的像

注意，由图3.2.58我们看到，$\beta(\tau)$关于坐标(x_1,x_2,θ_s,r_s)有分量$\beta_{\theta_s}(\tau)$，$\beta_{x_1}(\tau)$和$\beta_{x_2}(\tau)$，其中$\beta_{r_s}(\tau)=0$，$P_0^L(\beta(\tau))$关于坐标(r_u,θ_u,y_1,y_2)有分量$P_0^L(\beta(\tau))_{\theta_u}$，$P_0^L(\beta(\tau))_{y_1}$和$P_0^L(\beta(\tau))_{y_2}$，其中$P_0^L(\beta(\tau))_{r_u}=0$. 这个坐标化特别有用. 我们有下面引理.

引理 3.2.21. 对充分小ε，$P_0^L(\beta(\tau))$是C^1 ε接近于Σ_0^u中的σ^u. 此外，当$\tau\to 0$时，垂直于σ^s的切向量被任意大扩展，并且与σ^u相切的向量被任意大压缩.

[282] **证明**：我们已经知道，β被映在Σ_0^u周围，当$\tau\to 0$时，在σ^u上凝聚. 我们需要证明，$P_0^L(\beta(\tau))$是ε接近于σ^u的切向量，其中ε是某个正数，D^s足够小. 如果

$$\lim_{\tau\to 0}\frac{\left|\left(\frac{\mathrm{d}}{\mathrm{d}\tau}P_0^L(\beta(\tau))_{y_1},\frac{\mathrm{d}}{\mathrm{d}\tau}P_0^L(\beta(\tau))_{y_2}\right)\right|}{\left|\frac{\mathrm{d}}{\mathrm{d}\tau}P_0^L(\beta(\tau))_{\theta_u}\right|}=0 \tag{3.2.192}$$

这将成立. 注意到，$\frac{\mathrm{d}}{\mathrm{d}\tau}P_0^L(\beta(\tau))=DP_0^L(\beta(\tau))\frac{\mathrm{d}\beta}{\mathrm{d}\tau}$.

因此，利用（3.2.190）和（3.2.191），得到

$$\begin{aligned}\frac{\mathrm{d}}{\mathrm{d}\tau}P_0^L(\beta(\tau))_{y_1}=&\frac{x_1}{\varepsilon r_u}\left[y_1\left(\cos\left(\frac{\omega}{\rho}\log\frac{\varepsilon}{r_u}\right)+\frac{\omega}{\rho}\sin\left(\frac{\omega}{\rho}\log\frac{\varepsilon}{r_u}\right)\right)+\right.\\&\left.y_2\left(\sin\left(\frac{\omega}{\rho}\log\frac{\varepsilon}{r_u}\right)-\frac{\omega}{\rho}\cos\left(\frac{\omega}{\rho}\log\frac{\varepsilon}{r_u}\right)\right)\right]\dot{\beta}_{x_1}(\tau)+\\&\frac{x_2}{\varepsilon r_u}\left[y_1\left(\cos\left(\frac{\omega}{\rho}\log\frac{\varepsilon}{r_u}\right)+\frac{\omega}{\rho}\sin\left(\frac{\omega}{\rho}\log\frac{\varepsilon}{r_u}\right)\right)+\right.\\&\left.y_2\left(\sin\left(\frac{\omega}{\rho}\log\frac{\varepsilon}{r_u}\right)-\frac{\omega}{\rho}\cos\left(\frac{\omega}{\rho}\log\frac{\varepsilon}{r_u}\right)\right)\right]\dot{\beta}_{x_2}(\tau)+\\&\frac{r_u}{\varepsilon}\left(\cos\left(\frac{\omega}{\rho}\log\frac{\varepsilon}{r_u}\right)\right)\dot{\beta}_{y_1}(\tau)+\frac{r_u}{\varepsilon}\left(\sin\left(\frac{\omega}{\rho}\log\frac{\varepsilon}{r_u}\right)\right)\dot{\beta}_{y_2}(\tau),\end{aligned} \tag{3.2.193}$$

$$\begin{aligned}\frac{\mathrm{d}}{\mathrm{d}\tau}P_0^L(\beta(\tau))_{y_2}=&\frac{x_1}{\varepsilon r_u}\left[y_1\left(-\sin\left(\frac{\omega}{\rho}\log\frac{\varepsilon}{r_u}\right)+\frac{\omega}{\rho}\cos\left(\frac{\omega}{\rho}\log\frac{\varepsilon}{r_u}\right)\right)+\right.\\&\left.y_2\left(\cos\left(\frac{\omega}{\rho}\log\frac{\varepsilon}{r_u}\right)+\frac{\omega}{\rho}\sin\left(\frac{\omega}{\rho}\log\frac{\varepsilon}{r_u}\right)\right)\right]\dot{\beta}_{x_1}(\tau)+\\&\frac{x_2}{\varepsilon r_u}\left[y_1\left(-\sin\left(\frac{\omega}{\rho}\log\frac{\varepsilon}{r_u}\right)+\frac{\omega}{\rho}\cos\left(\frac{\omega}{\rho}\log\frac{\varepsilon}{r_u}\right)\right)+\right.\\&\left.y_2\left(\cos\left(\frac{\omega}{\rho}\log\frac{\varepsilon}{r_u}\right)+\frac{\omega}{\rho}\cos\left(\frac{\omega}{\rho}\log\frac{\varepsilon}{r_u}\right)\right)\right]\dot{\beta}_{x_2}(\tau)+\\&\frac{r_u}{\varepsilon}\left(-\sin\left(\frac{\omega}{\rho}\log\frac{\varepsilon}{r_u}\right)\right)\dot{\beta}_{y_1}(\tau)+\left(\frac{r_u}{\varepsilon}\cos\left(\frac{\omega}{\rho}\log\frac{\varepsilon}{r_u}\right)\right)\dot{\beta}_{y_2}(\tau),\end{aligned} \tag{3.2.194}$$

和

$$\frac{\mathrm{d}}{\mathrm{d}\tau}P_0(\beta(\tau))_{\theta_u}\equiv\frac{-\omega}{\rho r_u}\dot{\beta}(\tau)_{r_u}+\dot{\beta}(\tau)_{\theta_u}, \tag{3.2.195}$$

其中“·” $=\dfrac{\mathrm{d}}{\mathrm{d}\tau}$. 现在，当 $\tau\to 0$ 时 r_u， x_1， $x_2\to 0$. 而且可假设 $\left|\dfrac{\mathrm{d}}{\mathrm{d}\tau}\beta(\tau)\right|$ 有界，因此，$\tau\to 0$ 时 $\dfrac{\mathrm{d}}{\mathrm{d}\tau}P_0^L(\beta(\tau))_{y_1}$ 和 $\dfrac{\mathrm{d}}{\mathrm{d}\tau}P_0^L(\beta(\tau))_{y_2}$ 有界，而且当 $\tau\to 0$ 时 $\dfrac{\mathrm{d}}{\mathrm{d}\tau}P_0^L(\beta(\tau))_{\theta_u}\to\infty$. 从而，

$$\lim_{\tau\to 0}\frac{\left|\left(\dfrac{\mathrm{d}}{\mathrm{d}\tau}P_0^L(\beta(\tau))_{y_1},\dfrac{\mathrm{d}}{\mathrm{d}\tau}P_0^L(\beta(\tau))_{y_2}\right)\right|}{\left|\dfrac{\mathrm{d}}{\mathrm{d}\tau}P_0^L(\beta(\tau))_{\theta_u}\right|}=0, \qquad (3.2.196)$$

这意味着 $\beta(\tau)$ 的像的切向量趋于 σ^u 的切向量. [283]

接下来，我们查看不同方向的扩展率和压缩率. 设

$$C=\cos\left(\frac{\omega}{\rho}\log\frac{\varepsilon}{r_u}\right),$$

$$S=\sin\left(\frac{\omega}{\rho}\log\frac{\varepsilon}{r_u}\right).$$

$$\begin{aligned}T_1&=x_1C-x_2S,\\T_2&=x_1S+x_2C,\\T_3&=y_1C+y_2S,\\T_4&=-y_1S+y_2C.\end{aligned}$$

于是，在笛卡儿坐标下，DP_0^L 为

$$\begin{pmatrix}\dfrac{-\varepsilon x_1}{r_u^3}T_1+\dfrac{\varepsilon\omega x_1}{\rho r_u^3}T_2+\dfrac{\varepsilon}{r_u}C & \dfrac{-\varepsilon x_2}{r_u^3}T_1+\dfrac{\varepsilon\omega x_2}{\rho r_u^3}T_2-\dfrac{\varepsilon}{r_u}S & 0 & 0\\ \dfrac{-\varepsilon x_1}{r_u^3}T_2-\dfrac{\varepsilon\omega x_1}{\rho r_u^3}T_1+\dfrac{\varepsilon}{r_u}S & \dfrac{-\varepsilon x_2}{r_u^3}T_2-\dfrac{\varepsilon\omega x_2}{\rho r_u^3}T_1+\dfrac{\varepsilon}{r_u}S & 0 & 0\\ \dfrac{x_1}{\varepsilon r_u}T_3-\dfrac{\omega x_1}{\varepsilon\rho r_u}T_4 & \dfrac{x_2}{\varepsilon r_u}T_3-\dfrac{\omega x_2}{\varepsilon\rho r_u}T_4 & \dfrac{r_u}{\varepsilon}C & \dfrac{r_u}{\varepsilon}S\\ \dfrac{x_1}{\varepsilon r_u}T_4+\dfrac{\omega x_1}{\varepsilon\rho r_u}T_3 & \dfrac{x_2}{\varepsilon r_u}T_4+\dfrac{\omega x_2}{\varepsilon\rho r_u}T_4 & \dfrac{-r_u}{\varepsilon}S & \dfrac{r_u}{\varepsilon}C\end{pmatrix}.$$

(3.2.197)

现在检查

$$DP_0^L\begin{pmatrix}\dot{\beta}_{x_1}\\\dot{\beta}_{x_2}\\\dot{\beta}_{y_1}\\\dot{\beta}_{y_2}\end{pmatrix}\equiv\begin{pmatrix}\dot{\dot{\beta}}_{x_1}\\\dot{\dot{\beta}}_{x_2}\\\dot{\dot{\beta}}_{y_1}\\\dot{\dot{\beta}}_{y_2}\end{pmatrix}. \qquad (3.2.198)$$

利用（3. 2. 197），（相对）容易看到，向量$(0,0,\dot{\beta}_{y_1},\dot{\beta}_{y_2})$对应于在$\theta^s$方向的切向量，$\tau \to 0$时（或者，等价地，$r_u \to 0$时）这个向量的像的长度趋于零. 类似地，$(\dot{\beta}_{x_1},\dot{\beta}_{x_2},0,0)$对应于垂直于$\sigma^s$方向的切向量，而且

$$DP_0^L\begin{pmatrix}\dot{\beta}_{x_1}\\ \dot{\beta}_{x_2}\\ 0\\ 0\end{pmatrix} \tag{3. 2. 199}$$

的长度在$\tau \to 0$（$r_u \to 0$）时趋于∞. □

映射P_1^L.

[284] 现在我们描述映射P_1^L，它将q^u映到q^s，从而映q^u的邻域到q^s的邻域. 回忆$W^u(0)$与$W^s(0)$沿着Γ在$H^{-1}(0)$横截相交. 因此，$W^s(0)$在q^u与D^u横截相交，$W^u(0)$在q^s与D^s横截相交. 这是我们需要描述的整个 Poincaré 映射的主要特征，如图 3. 2. 59.

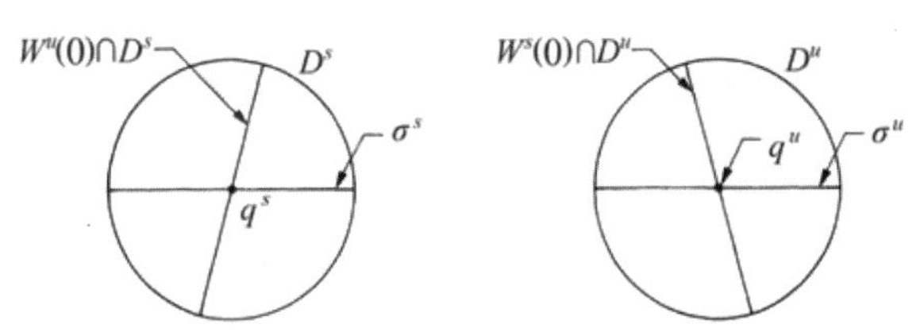

图 3. 2. 59　$W^u(0)\cap D^s$和$W^s(0)\cap D^u$的几何

Poincaré 映射$P^L = P_1^L \circ P_0^L$.

我们要证明P^L含有一个马蹄，因此需要找到在P^L作用下适当的水平板，并验证扩展和压缩条件（见 2. 3 节）.

在D^s中选择一个水平板 H，其水平边“平行于”σ^s，垂直边界“平行于”$W^u(0)\cap D^s$，如图 3. 2. 60 所示.

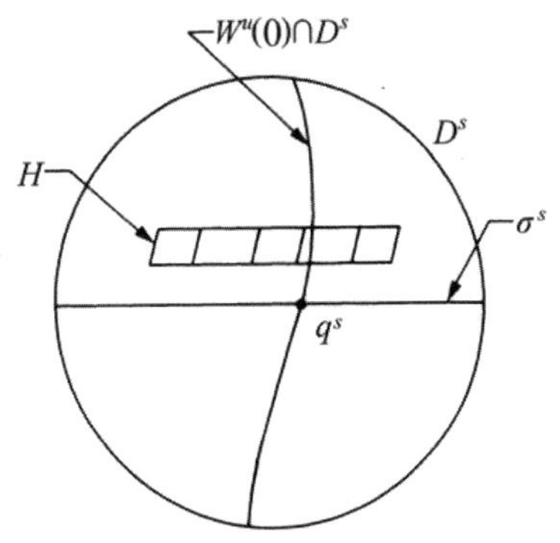

图 3. 2. 60　D^s中的水平边界

由引理 3.2.21，$P_0^L(H)$ 沿 $W^u(0)$ 扩展，沿 $W^s(0)$ 方向压缩，并围绕 Σ_0^u 缠绕多次，如图 3.6.21 所示，其中 $P_0^L(H)$ 的垂直边界 C^1 ε 接近于 σ^u.

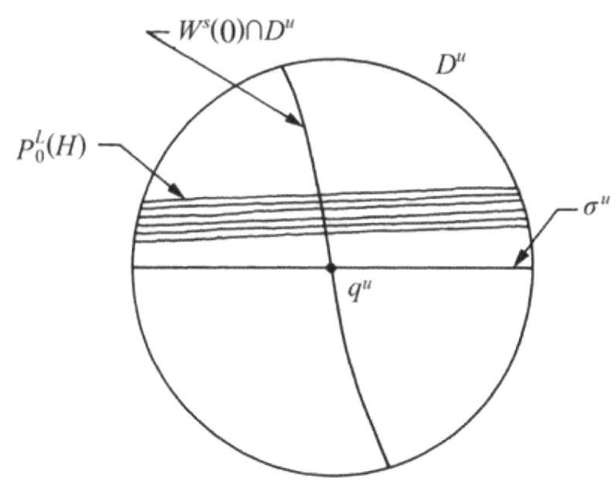

图 3.2.61　H 在 P_0^L 作用下的像

因此，对适当选择的 D^s 和 H，P_1^L 映 $P_0^L(H)$ 到如图 3.2.62 所示的 H 上方. 其中 H 的垂直边界 C^1 ε 接近于 $W^u(0)\cap D^s$.

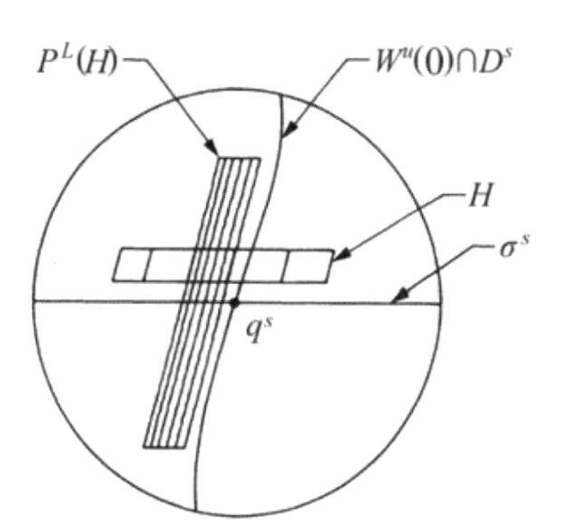

图 3.2.62　$P^L(H)\cap H$ 的几何结构

因此，我们可以选择水平板序列，得到 P^L 含有一个 Cantor 不变集，在这个集合上它拓扑共轭于可数多个符号集的全移位. 换句话说，我们证明了下面的 Devaney 定理.

定理 3.2.22.（Devaney[1976]）　考虑两个自由度的 Hamilton 系统，它具有鞍-焦点型（即，特征值为 $\pm\rho\pm i\omega$）不动点的一个横截同宿轨道. 则定义在适当选择的同宿轨道的截面上相应的 Poincaré 映射含有一个 Smale 马蹄. [285]

[286] 最后，注意，我们证明在等位集 $H^{-1}(0)$ 上的马蹄存在性. 但是，鉴于马蹄的结构稳定性，它们也在等位集 $H^{-1}(\varepsilon)$ 上存在.

3. 2e（ii）具有实特征值的鞍点

这个问题首先是由 Holmes[1980]研究的. 假设我们给定一个两个自由度的 Hamilton 系统，它在原点有纯实特征值的不动点. 关于原点的线性化向量场（可能要经过线性变换）为

$$\begin{aligned} \dot{x}_1 &= lx_1, \\ \dot{x}_2 &= kx_2, \\ \dot{y}_1 &= -ly_1, \\ \dot{y}_2 &= -ky_2, \end{aligned} \qquad l,\ k>0, \tag{3.2.200}$$

其中的流为

$$\begin{aligned} x_1(t) &= x_{10}\mathrm{e}^{lt}, \\ x_2(t) &= x_{20}\mathrm{e}^{kt}, \\ y_1(t) &= x_{10}\mathrm{e}^{-lt}, \\ y_2(t) &= x_0\mathrm{e}^{-kt}. \end{aligned} \tag{3.2.201}$$

因此（与鞍–焦点情形完全一样），我们有 [287]

$$\begin{aligned} W_{\mathrm{loc}}^{s}(0) &= \{(x,y)\mid x=0\}, \\ W_{\mathrm{loc}}^{u}(0) &= \{(x,y)\mid y=0\}. \end{aligned} \qquad (x,y)\equiv(x_1,x_2,y_1,y_2) \tag{3.2.202}$$

现在我们做以下假设.

假设 1　存在两个连接 O 到它自身的同宿轨道 Γ_a，Γ_b. Γ_a 从 $W_{\mathrm{loc}}^{u}(0)$ 的第 1 象限离开 O，再进入 $W_{\mathrm{loc}}^{s}(0)$ 的第 2 象限；Γ_b 从 $W_{\mathrm{loc}}^{u}(0)$ 的第 3 象限离开 O，再进入 $W_{\mathrm{loc}}^{s}(0)$ 的第 4 象限，如图 3. 2. 63.

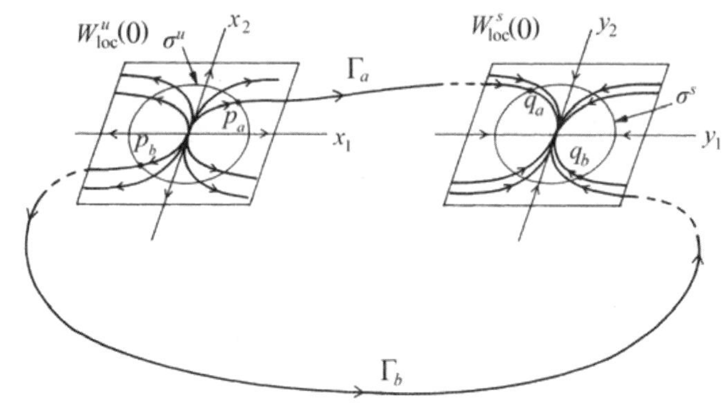

图 3. 2. 63　原点附近的 Hamilton 轨道的几何说明

现在我们给出的分析方法仍是通常的方法，即在原点邻域内通过线性流构造一个映射，然后将其与沿着同宿轨道的“全局”映射复合，以便在适当选择的截面上得到 Poincaré 映射. 然而，在现在的情况下，Poincaré 映射将由两个映射的并组成，各个映射都沿着每个同宿轨道.

P_0^L 的计算.

[288] 首先，我们在原点邻域内构造映射. 这时有必要对 Π_0 和 Π_1 的定义

做些修改. 定义

$$\begin{aligned}\Pi_0 &= \{(x,y) \| x| \leqslant \varepsilon_1,\ |y| = \varepsilon_2\},\\ \Pi_1 &= \{(x,y) \| x| = \varepsilon_2,\ |y| \leqslant \varepsilon_1\}.\end{aligned} \tag{3.2.203}$$

不像前面的例子，为了得到所要求的性态，必须仔细地选择 ε_1 和 ε_2.

Σ_0^s，Σ_0^u，σ^s 和 σ^u 如前面鞍一焦点情形定义. 设 Γ_a，Γ_b 与 σ^s，σ^u 相交于点 p_a，p_b，q_a，q_b. 令 D_a^u，D_b^u 分别是 p_a，p_b 在 Σ_0^u 中的邻域，D_a^s，D_b^s 分别是 q_a，q_b 在 Σ_0^s 中的邻域. 现在必须证明，D_a^s，D_b^s 中的点在流的作用下映到 $D_a^u \cup D_b^u$ 中. 这绝非显而易见，它将依赖于 ε_1 和 ε_2 之间的关系.

我们构造下面的映射：

$$\begin{aligned}P_0^{L,a} &: D_a^s - \sigma^s \to \Sigma_0^u,\\ P_0^{L,b} &: D_b^s - \sigma^s \to \Sigma_0^u,\end{aligned} \tag{3.2.204}$$

并描述它们的工作，但首先我们要给出我们的第 2 个主要假设.

假设 2 $l > k$ 和 Γ_a（相应地，Γ_b）离开 $W_{\text{loc}}^u(0)$ 中的 O，使得 $p_a \in \sigma^u$（相应地，$p_b \in \sigma^u$）位于角 $\theta_a^u \in (0, 2\pi)$（相应的，$\theta_b^u \in (\pi, 3\pi/2)$）内，并进入 $W_{\text{loc}}^s(0)$ 中的 O，使得 $q_a \in \sigma^s$（相应地 $q_b \in \sigma^s$）位于角 $\theta_a^s \in (\pi/2, \pi)$（相应地，$\theta_b^u \in (3\pi/2, 2\pi)$）内. 此外，对小的 $\delta > 0$

$$|(\tan\theta_u)(\tan\theta_s)| < -\delta + \frac{l}{k[\exp(\frac{l}{k} - 1)\log\frac{\varepsilon_1}{\varepsilon_2}]}, \tag{3.2.205}$$

其中 θ_s 表示 S_a（相应地，S_b）中的 θ_s 坐标，θ_u 表示这些相同点在 P_0^L 作用下的像的 θ_u 坐标. S_a 和 S_b 分别是 D_a^s 和 D_b^s 中的矩形，如图 3.2.64 和 3.2.65(注意: 图 3.2.64 右边表示从 Π_0 和 Π_1 中移去的 2 维叶 Σ_0^s 和 Σ_0^u，并"扁平化").

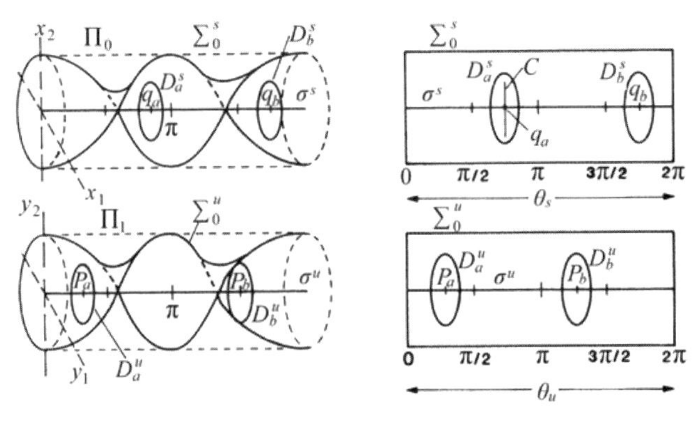

图 3.2.64 原点附近的流与截面的几何说明

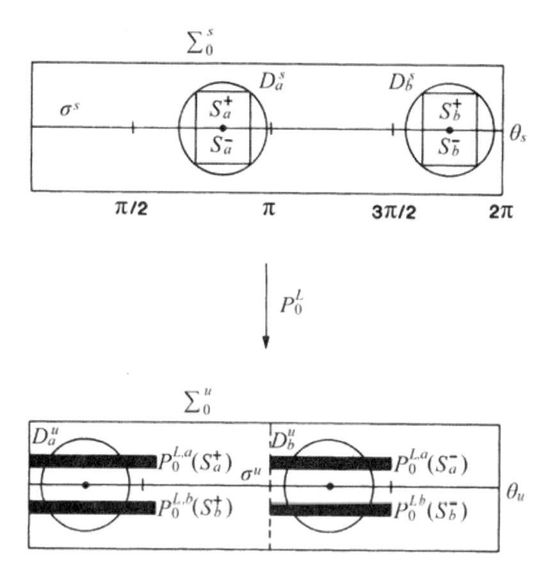

图 3.2.65　矩形的像

设 S_a^+（相应地，S_b^+）为 S_a（相应地，S_b）在 σ_s 上面的部分，S_a^-（相应地，S_b^-）为 S_a（相应地，S_b）在 σ_s 下面的部分，如图 3.2.65.

下面的引理描述了流在原点附近的轨道结构.

引理 3.2.23. $P_0^{L,a}(S_a)$ 由两个分别横跨 D_a^u 和 D_b^u 的分量 $P_0^{L,a}(S_a^+)$ 和 $P_0^{L,a}(S_a^-)$ 组成，其中对充分小的 S_a，$P_0^{L,a}(S_a^+)$ 和 $P_0^{L,a}(S_a^-)$ 的水平边界 C^1 ε 接近于 σ^u. 类似地，$P_0^{L,a}(S_b)$ 由两个分别横跨 D_a^u 和 D_b^u 的分量 $P_0^{L,b}(S_b^+)$ 和 $P_0^{L,b}(S_b^-)$ 组成，其中对充分小的 S_b，$P_0^{L,b}(S_b^+)$ 和 $P_0^{L,b}(S_b^-)$ 的水平边界 C^1 ε 接近于 σ^u. 如图 3.2.65 所示. [289]

证明： 第 1 步. 首先求使得 $S_a^{+,-}$，$S_b^{+,-}$ 的像位于 Σ_0^u 的关于 ε_1 和 ε_2 的条件. 为此，选择与 σ^s 横截的曲线 $C\subset S_a$. 现在 $P_0^{L,a}(C)\subset\Sigma_0^u$ 意味着

$$y_1^2(t)+y_2^2(t)<\varepsilon_1^2,\tag{3.2.206}$$

其中 $y_1(t)$，$y_2(t)$ 是 C 上点的像的 y_1，y_2 分量.

但是，利用（3.2.201），得到

$$y_1^2(t)+y_2^2(t)=y_{10}^2\mathrm{e}^{-2lt}+y_{20}^2\mathrm{e}^{-2kt}<(y_{10}^2+y_{20}^2)\mathrm{e}^{-2kt}.\tag{3.2.207}$$

由于 $C\subset\Sigma_0^s$，我们有

$$y_{10}^2+y_{20}^2=\varepsilon_2^2.\tag{3.2.208}$$

[290] 结合（3.2.206）（3.2.207）和（3.2.208），我们看到，如果

$$\varepsilon_2^2\mathrm{e}^{-2kt}<\varepsilon_1^2\tag{3.2.209}$$

或者

$$\frac{\varepsilon_2}{\varepsilon_1} < \mathrm{e}^{kt}, \tag{3.2.210}$$

则（3.2.206）满足. 方程（3.2.210）告诉我们，如果适当选择 ε_1 和 ε_2（即 Π_0 和 Π_1），则 Σ_0^s 上的点实际上在线性化流的作用下映到 Σ_0^u.

第 2 步. 我们根据（3.2.210）来估计时间 t，或者更具体地说，估计 C 的点映到 Σ_0^u 所需的最短时间，这发生在 C 的极值点，因为接近 σ^s 的点需要很长时间才能到达 Σ_0^u. 在 C 的极值点，我们有 [291]

$$x_{10}^2 + x_{20}^2 = \varepsilon_1^2. \tag{3.2.211}$$

因此，利用（3.2.201），得到方程

$$x_1^2(t) + x_2^2(t) = x_{10}^2\mathrm{e}^{2lt} + x_{20}^2\mathrm{e}^{2kt} = \varepsilon_2^2. \tag{3.2.212}$$

利用 Hamilton 函数 $H = lx_1y_1 + kx_2y_2$，在曲面 $H = 0$ 上我们有

$$lx_{10}y_{10} = -kx_{20}y_{20}, \tag{3.2.213}$$

因此，我们可以利用（3.2.211）和（3.2.213），借助 ε_1 表示 x_{10}，x_{20}，得到

$$\varepsilon_2^2 = \varepsilon_1^2\left(\frac{\mathrm{e}^{2lt}}{1+a^2} + \frac{\mathrm{e}^{2kt}}{1+a^{-2}}\right)，\text{其中 } a = \frac{ly_{10}}{ky_{20}}, \tag{3.2.214}$$

因此

$$\frac{\varepsilon_2^2}{\varepsilon_1^2} = \frac{\mathrm{e}^{2lt}}{1+a^2} + \frac{\mathrm{e}^{2kt}}{1+a^{-2}}. \tag{3.2.215}$$

现在 a^2 是 0 与 ∞ 之间的一个正常数，且 $l > k$，所以我们有

$$\frac{\mathrm{e}^{2kt}}{1+a^2} + \frac{\mathrm{e}^{2kt}}{1+a^{-2}} < \frac{\mathrm{e}^{2lt}}{1+a^2} + \frac{\mathrm{e}^{2kt}}{1+a^{-2}} < \frac{\mathrm{e}^{2lt}}{1+a^2} + \frac{\mathrm{e}^{2lt}}{1+a^{-2}} \tag{3.2.216}$$

（注意：$\frac{1}{1+a^2} + \frac{1}{1+a^{-2}} = 1$）.

结合（3.2.215）和（3.2.216），得到

$$\mathrm{e}^{kt} < \frac{\varepsilon_2}{\varepsilon_1} < \mathrm{e}^{lt}, \tag{3.2.217}$$

或者

$$\frac{1}{l}\log\frac{\varepsilon_2}{\varepsilon_1} < t_{\min} < \frac{1}{k}\log\frac{\varepsilon_2}{\varepsilon_1}. \tag{3.2.218}$$

第 3 步. 我们现在要找 C 的像围绕 σ_u 扩展到多远，点的像的角度 θ_u 为 $\tan^{-1}(x_2(t)/x_1(t))$.

现在 C 上任意接近 σ^s 的点需要任意长时间才能到达 Σ_0^u. 因此，因为 $l > k$，对大 t，我们有

$$\frac{x_2(t)}{x_1(t)} = \frac{x_{20}\mathrm{e}^{kt}}{x_{10}\mathrm{e}^{lt}} \sim 0, \tag{3.2.219}$$

[292] 因此，这些点可在 $\theta_u = 0$ 和 $\theta_u = \pi$ 附近到达 Σ_0^u．现在的问题是，那些点去了哪里？我们将更仔细地研究这个情况.

我们想知道在 $P_0^{L,a}$ 作用下 C 发生了什么，更具体地说，哪些点变到 $\theta_u \sim 0$，哪些点变到 $\theta_u \sim \pi$.

我们考虑 C 上任意接近 σ^s 的点. 现在我们通过"俯视""切开"环面并查看它在 (x_1, x_2) 平面上的投影来研究 D_a^s，如图 3. 2. 66.

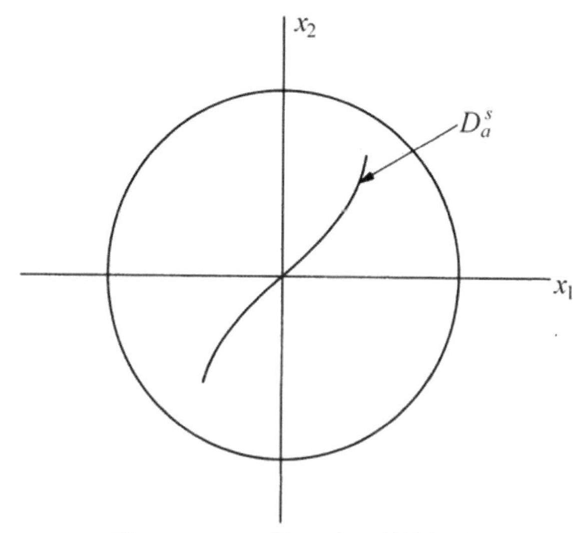

图 3. 2. 66　D_a^s 沿环面 Π_0 的端视图

D_a^s 必须如图 3. 2. 66 所示，理由如下：在能量曲面 $H = 0$ 上，利用 Hamilton 函数，我们看到下面条件成立：

$$\frac{x_{10}}{x_{20}} = \frac{-k}{l}\frac{y_{20}}{y_{10}} \quad (l,\ k > 0). \tag{3. 2. 220}$$

现在，D_a^s 中的所有点，都使得它们的 θ_s 值满足 $\theta_s \in (\pi/2, \pi)$，但是 $\theta_s = \tan^{-1}(y_{20}/y_{10})$ 意味着 y_{20} 和 y_{10} 具有相反符号，因此，x_{10} 和 x_{20} 具有相同符号，要么 +，+，要么 −，−，因此，我们验证了图 3. 2. 66.

现在我们可以回答我们原来的问题，就是说，C 上 σ^s 附近的点去了哪里？现在我们知道， [293]

$$\theta_u = \tan^{-1}\left[\frac{x_{20}}{x_{10}}e^{(k-l)t}\right] \tag{3. 2. 221}$$

存在两个可能性. x_{10}，x_{20} 为正的点映到 $\theta_u = 0$，x_{10}，x_{20} 为负的点映到 $\theta_u = \pi$. 此外，由于我们可以假设 C 上所有点基本上都有相同的 (y_1, y_2) 值（作图），而 (y_1, y_2) 的符号不能在它们经历的时间发展中改变（即，$y_1(t) = y_{20}e^{-kt}$），于是 C 上所有点至少与 (y_1, y_2) 有相同符号

（如果它正确选择，则 C 上所有点的 y_1, y_2 值基本上相等）. 还需要注意的是，对于距离 σ^s 更远的点 C，t 减小，这导致 θ_u 增加（这可通过检查 $\theta_u = \tan^{-1}\left[\frac{x_{20}}{x_{10}}\mathrm{e}^{(k-l)t}\right]$ 看到. 因此，最后我们确定了图 3. 2. 67 成立.

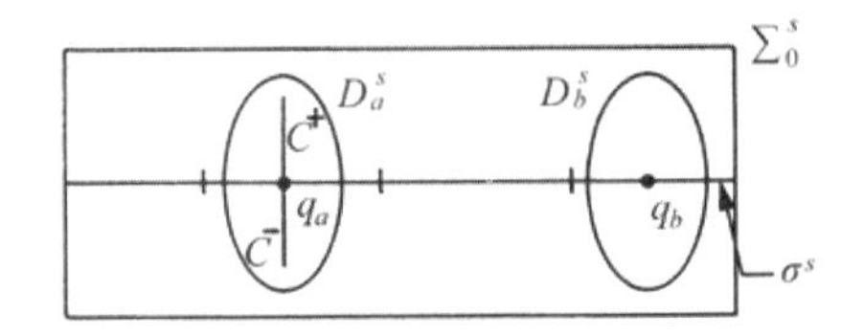

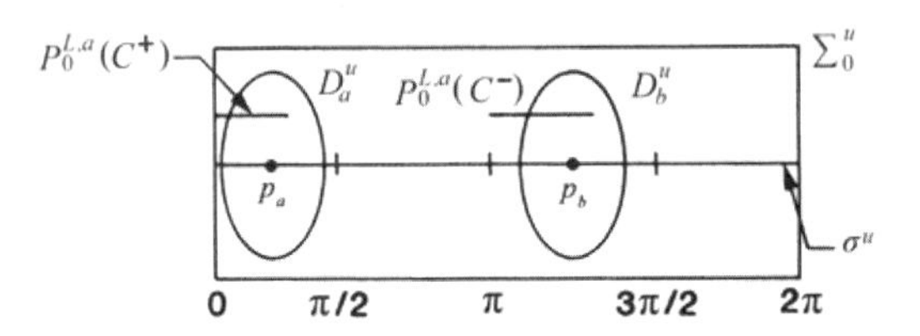

图 3. 2. 67　C 在 $P_0^{L,a}$ 作用下的像

利用类似的论述你可证明 D_b^s 中与 σ^s 横截的曲线被 $P_0^{L,b}$ 映为如图 3. 2. 68 所示的图像.

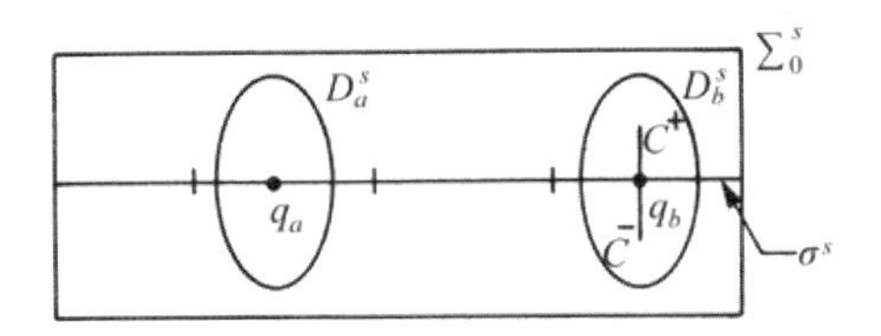

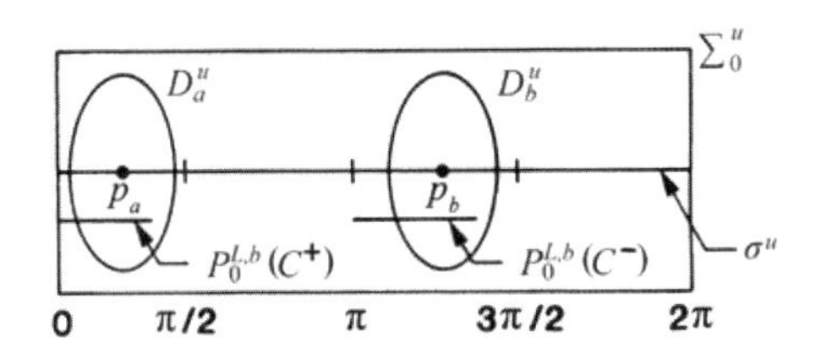

图 3. 2. 68　曲线 C 在 $P_0^{L,b}$ 作用下的像

[294]　接下来，我们需要知道曲线在 σ^u 周围延伸的距离，然后需要将它们加肥成条带.

由（3. 2. 201）和（3. 2. 220），得到

$$\frac{x_2(t)}{x_1(t)}=\frac{x_{20}e^{kt}}{x_{10}e^{lt}}=\frac{-ly_{10}}{ky_{20}}e^{(k-l)t}. \quad (3.2.222)$$

由（3.2.218），我们有

$$t_{\min}<\frac{1}{k}\log\frac{\varepsilon_2}{\varepsilon_1}. \quad (3.2.223)$$

结合（3.2.222）和（3.2.223），给出

$$\left|\frac{x_2 y_{20}}{x_1 y_{10}}\right|>\frac{1}{k}\exp\left[\left(1-\frac{1}{k}\right)\log\frac{\varepsilon_2}{\varepsilon_1}\right], \quad (3.2.224)$$

或者

$$|\tan\theta_u\tan\theta_s|>\frac{l}{k}\exp\left[\left(1-\frac{l}{k}\right)\log\frac{\varepsilon_2}{\varepsilon_1}\right]. \quad (3.2.225)$$

因此，由于接近于 σ^s 的 C 的像映为 $\theta_u\sim 0$ 或 π，由连续性 C 像的每个分量从 0（相应地，π）扩展到由上述不等式给出的角 θ_u（相应地，$\theta_u+\pi$）．现在，如果位于 σ^s，σ^u 的 q_a，p_a，q_b，p_b 满足 [295]

$$|\tan\theta_u\tan\theta_s|<\frac{l}{k}\exp\left[\left(1-\frac{l}{k}\right)\log\frac{\varepsilon_2}{\varepsilon_1}\right], \quad (3.2.226)$$

则我们可以确定，C 在 $P_0^{L,a}$ 作用下将 p_a 和 p_b “推到”如图 3.2.67 所示的位置.

此外，如果对固定的某个小 $\delta>0$，以下表达式满足（每个符号仍相同定义）

$$|\tan\theta_u\tan\theta_s|<-\delta+\frac{l}{k}\exp\left[\left(1-\frac{l}{k}\right)\log\frac{\varepsilon_2}{\varepsilon_1}\right]. \quad (3.2.227)$$

（这允许我们对 θ_s 可稍微变化）．于是我们可以加肥 C 成一条带子，而且图 3.2.65 也将成立.

对 D_b^s 中的带子的类似论述成立．这证明了引理 3.2.23. □

映射 P_1^L.

现在我们讨论在原点邻域外沿着同宿轨道的映射．在通常方式下，对充分小的 D_a^u，D_b^u，定义

$$\begin{aligned}&P_1^{L,a}:D_a^u\to D_a^s,\ \text{其中}\ P_1^{L,a}(p_a)=q_a,\\&P_1^{L,b}:D_b^u\to D_b^s,\ \text{其中}\ P_1^{L,b}(p_b)=q_b.\end{aligned} \quad (3.2.228)$$

回忆，$W^s(0)$ 沿着 Γ_a 和 Γ_b 与 $W^u(0)$ 横截相交．因此，$W^u(0)\cap D_a^u$ 和 $W^u(0)\cap D_b^u$ 分别在 $P_1^{L,a}$ 和 $P_1^{L,b}$ 作用下与 $W^s(0)$ 横截相交于 q_a 和 q_b，如图 3.2.69.

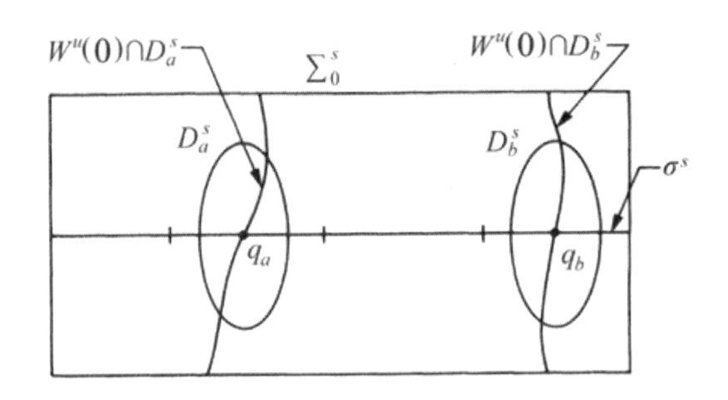

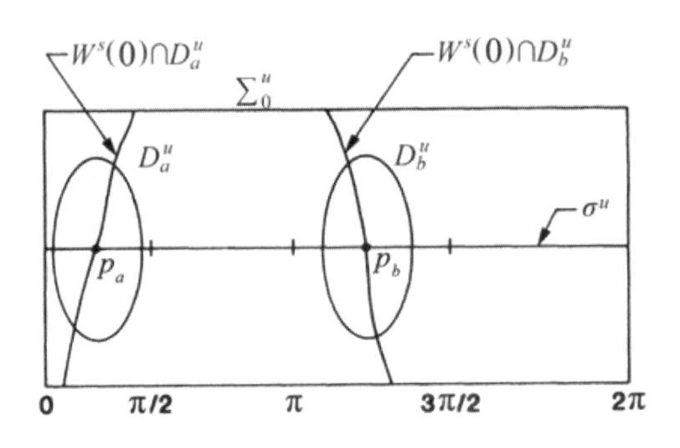

图 3.2.69　$W^u(0)\cap D_a^s$，$W^u(0)\cap D_b^s$，$W^s(0)\cap D_a^u$ 和 $W^s(0)\cap D_b^u$ 的几何说明

Poincaré 映射 P^L.

如 $P^{L,a}\cup P^{L,b}$ 定义

$$P^L:(D_a^s\cup D_b^s)-\sigma_s\to\Sigma_0^u,\qquad(3.2.229)$$

其中 $P^{L,a}=P_1^{L,a}\circ P_0^{L,a}$ 和 $P^{L,b}=P_1^{L,b}\circ P_0^{L,b}$. 我们认为 P^L 包含一个不变集，在这个集合上，它拓扑共轭于有限型子移位.

[296] 考虑 4 个水平板 S_a^+，S_a^-，S_b^+ 和 S_b^-. $P_0^{L,a}$ 和 $P_0^{L,b}$ 的垂直边界收缩，它们的水平边界扩展一个依赖于 D_a^s 和 D_b^s 大小的任意量. 在 $P_1^{L,a}$ 和 $P_1^{L,b}$ 作用下，这 4 个集合映回 D_a^s 和 D_b^s，它们的垂直边界 C^1 ε 接近于 $P_1^{L,a}(W^u(0)\cap D_a^u)$ 和 $P_1^{L,b}(W^u(0)\cap D_b^u)$，如图 3.2.70.

更具体地说，我们有 [297]

$$\begin{aligned}&P^L(S_a^+)\text{ 交 }S_a^+\text{ 和 }S_a^-,\\&P^L(S_a^-)\text{ 交 }S_b^+\text{ 和 }S_b^-,\\&P^L(S_b^+)\text{ 交 }S_a^+\text{ 和 }S_a^-,\\&P^L(S_b^-)\text{ 交 }S_b^+\text{ 和 }S_b^-.\end{aligned}\qquad(3.2.230)$$

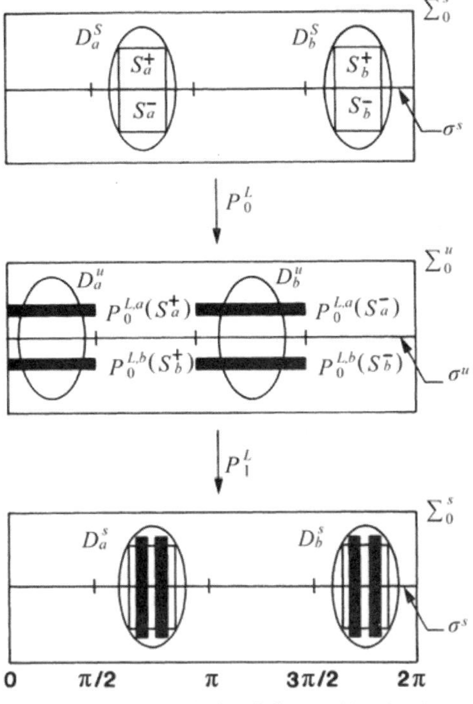

图 3. 2. 70　水平板在 P^L 作用下的几何说明

[298]　因此，转移矩阵是

$$A=\begin{pmatrix}1&1&0&0\\0&0&1&1\\1&1&0&0\\0&0&1&1\end{pmatrix}. \tag{3.2.231}$$

注意到，A 是不可约的（见 2. 2c 节）.

于是我们证明了下面定理.

定理 3. 2. 24.　Poincaré 映射 P^L 有一个 Cantor 不变集，在这个集合上，它拓扑共轭于有限型子移位，其中转移矩阵为（3. 2. 231）.

注意到，如在鞍–焦点情形，鉴于马蹄的结构稳定性，对充分小 ε，在等位集 $H^{-1}(\varepsilon)$ 上也存在马蹄.

3. 2e（iii）Devaney 例子：可积系统中的横截同宿轨道

我们已经看到，当不动点上的特征值是实数时，同宿轨道附近马蹄的存在是微妙的. 事实上，在 Holmes[1980]的例子中存在 3 个要求：（1）两个同宿轨道的存在性，（2）同宿轨道在特定角度范围内进入和离开原点的邻域，（3）在不动点的特征值必须满足某个关系. Devaney[1978]中的一个例子生动地说明如果不满足这些要求中的任何一个，马蹄可能不存在的事实. Devaney 在实 n 维射影空间中构造了一个 Hamilton 系统，该系统具有唯一的具有实特征值的双曲不动点

和 $2n$ 个横截同宿轨道. 然后，他证明这个系统是完全可积的，因此由 Moser[1973]的定理，它不可能存在马蹄.

3. 2f. 高维结果

现在我们描述 Silnikov[1968]，[1970]的两个在任何（但有限）维也成立的结果. 第一个结果讨论鞍−焦点情形.

考虑系统

$$\begin{aligned}\dot{x} &= Ax + f(x,y),\\ \dot{y} &= By + g(x,y),\end{aligned}\qquad (x,y)\in\mathbb{R}^m\times\mathbb{R}^n, \qquad (3.2.232)$$

其中 A 是具有负实部特征值 $\lambda_1,\cdots,\lambda_m$ 的 $m\times m$ 矩阵，B 是具有正实部特征值 $\gamma_1,\cdots,\gamma_n$ 的 $n\times n$ 矩阵，f 和 g 在原点解析且是 $\mathcal{O}(2)$ 的. 因此，（3. 2. 232）在原点有一个双曲不动点以及一个 m 维稳定流形 $W^s(0)$ 和一个 n 维不稳定流形 $W^u(0)$. 我们做以下的额外假设. [299]

A1. （3. 2. 232）具有连接原点到它自己的同宿轨道 Γ. 此外，我们假设 $W^s(0)$ 和 $W^u(0)$ 沿着 Γ 在下面意义下在原点简单相交，即 $\dim(T_pW^s(0)\cap T_pW^u(0))=1$，$\forall p\in\Gamma$，其中 $T_pW^{s,u}(0)$ 表示在原点的切空间.

A2. γ_1 和 γ_2 是复共轭，且 $\mathrm{Re}(\gamma_1)<-\mathrm{Re}(\gamma_i)$，$i=1,\cdots,m$.

A3. $\mathrm{Re}(\gamma_1)<-\mathrm{Re}(\gamma_j)$，$j=3,\cdots,n$.

A4. 某个矩阵是非奇异的.

Silnikov 证明了下面的定理.

定理 3. 2. 25. *如果 A1 到 A4 满足，则适当定义的 Poincaré 映射含有一个不变集，在这个集合上它拓扑共轭作用于 $\Sigma^{\infty,\delta}$ 上的有限型子移位，其中 $\delta=-\mathrm{Re}(\lambda_1)/\mathrm{Re}(\gamma_1)$.*

我们说明有点神秘的 A4. 这个假设确保 $W^u(0)$ 的连通部分的闭包在 Γ 一个足够小的邻域内是局部不连通的. 涉及的矩阵计算，细节建议读者参阅 Silnikov[1970].

下面我们给出描述同宿轨道的分支周期轨道的 Silnikov[1970]的结果.

考虑系统

$$\dot{z}=Z(z,\mu),\quad z\in\mathbb{R}^{m+n},\quad \mu\in\mathbb{R}^1 \qquad (3.2.233)$$

其中 Z 是解析函数. 假设对 $\mu\in[-\mu_0,\mu_0]$，（3. 2. 233）有在 $z=0$ 的双曲不动点，（3. 2. 233）关于 $z=0$ 的线性化的特征值是具有负实部的 $\lambda_1(\mu),\cdots,\lambda_m(\mu)$ 和具有正实部的 $\gamma_1(\mu),\cdots,\gamma_n(\mu)$. 进一步我们假设：

A1. 在 $\mu=0$，（3. 2. 233）有一条连接 $z=0$ 到它自身的同宿轨道 Γ. 此外，我们有 $\dim(T_pW^s(0)\cap T_pW^u(0))=1$，$\forall p\in\Gamma$.

[300] A2. $\gamma_1(0)$ 是实数且 $\gamma_1(0)<-\mathrm{Re}(\lambda_i)$，$i=1,\cdots,m$.

A3. $\gamma_1(0) < -\text{Re}(\lambda_j)$， $j = 1,\cdots,n$.

A4. 某个矩阵是非奇异的.

Silnikov 证明了下面的结果.

定理 3. 2. 26. 如果 A1 ~ A4 满足，则当 μ 变化时，从 Γ 仅分支出一个周期运动. 当 $n = 1$ 时这个周期轨道稳定，当 $n > 1$ 时它是一个鞍点.

我们注意到，类似于第一个结果，A4 讨论了在原点足够小邻域内的不稳定流形闭包的几何形状. 这涉及矩阵的计算，细节建议读者参阅 Silnikov[1968]. 对于这两个结果，应该可以将向量场的可微性从解析降低到 C^r ，r 有限. 这对于中心流形类型的应用很有用. 在高维仍有许多工作要做.

3. 3. 常微分方程的双曲不动点的异宿轨道

我们现在将研究两个例子，这些例子表明不动点的异宿轨道可能是产生马蹄的机制. 回想一下，在我们的同宿轨道例子中，马蹄是由于相空间区域在经过鞍点附近时经历剧烈的扩展和压缩而产生的，同宿轨道提供了最终回到它开始地方附近的相空间那部分的机制. 现在，异宿轨道并不提供最终回到它开始地方附近的相空间那部分的机制.

定义 3. 3. 1. 设 $p_1, p_2, \cdots, p_N$ 是常微分方程的不动点，其中 $\Gamma_{1,2}, \Gamma_{2,3}, \cdots, \Gamma_{N-1,N}$ 和 $\Gamma_{N,1}$ 是分别连接 p_1 和 p_2 ，p_2 和 p_3 ，…，p_{N-1} 和 p_N 以及 p_N 和 p_1 的异宿轨道. 则称

$$\{p_1\} \cup \Gamma_{1,2} \cup \{p_2\} \cup \Gamma_{2,3} \cup \{p_3\} \cup \cdots \cup \{p_{N-1}\} \cup \Gamma_{N-1,N} \cup \{p_N\} \cup \Gamma_{N,1}$$

为异宿环，如果它是一个非游荡集，如图 3. 3. 1 所示.

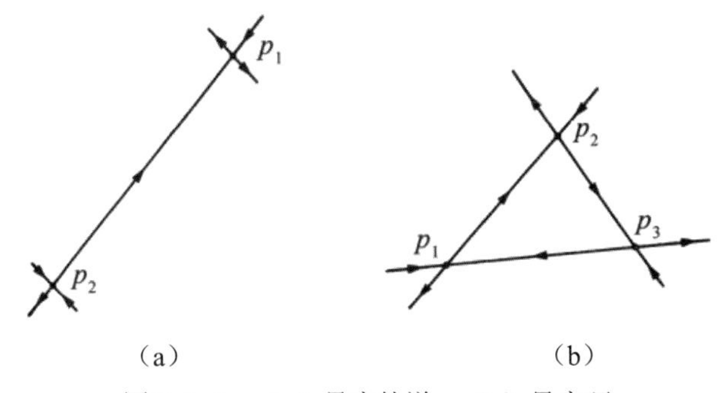

图 3. 3. 1　(a) 异宿轨道；(b) 异宿环

异宿环附近的轨道结构的分析将与同宿轨道附近的轨道结构的分析相同，其中主要区别是现在的 Poincaré 映射至少由 4 个映射复合而成，一个对每个不动点的邻域，一个对不动点邻域外的每个异宿轨道. [301]
我们从第 1 个例子开始.

3. 3a. $\mathbb{R}^3$ 中的异宿环

这个例子首先是由 Tresser[1984]研究的. 假设我们有 3 阶 C^2 常微

分方程，它有两个具有以下形式的特征值的不动点 p_1, p_2：

p_1： $\lambda_1 > 0$， $\lambda_3 < \lambda_2 < 0$，鞍点.

p_2： $\lambda > 0$， $\rho \pm \mathrm{i}\omega$， $\rho < 0$，鞍–焦点.

因此，每个不动点是双曲的，且具有 2 维稳定流形和 1 维不稳定流形. 接下来，我们要假设它们以某种方式重合，以形成一个异宿环，然而，这可以以多种方式发生，并不是所有的方式都会导致非游荡集. 我们将假设图 3. 3. 2 中的设定.

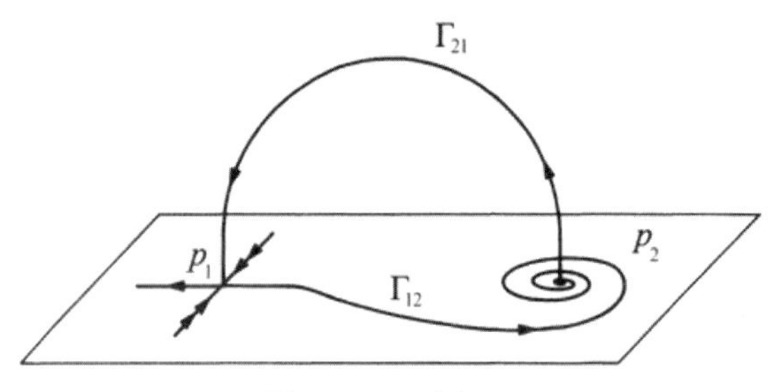

图 3. 3. 2　异宿环

现在，设 p_1， p_2， Γ_{12} 位于同一个平面上，则容易看到，$\Gamma \equiv \Gamma_{12} \cup \Gamma_{21} \cup \{p_1\} \cup \{p_2\}$ 在这个几何配置下是一个非游荡集. 我们将假设情况就是这样.

[302] 我们现在以通常的方式进行，即我们构造一个定义在 Γ 的邻域中的 Poincaré 映射 P^L，并研究其性质. 构造与具有实特征值的不动点相应的映射与 3. 2c（i）节中的相同，构造与具有复特征值的不动点相应的映射与 3. 2c（ii）节中的相同. 我们将参考这些例子以了解某些细节.

P_{01}^L 和 P_{02}^L 的构造.

如在(3. 2. 77)中在 p_1 的邻域内构造截面 Π_{01} 和 Π_{11}，如在(3. 2. 104)中在 p_2 的邻域内构造截面 Π_{02} 和 Π_{12}，如图 3. 3. 3.

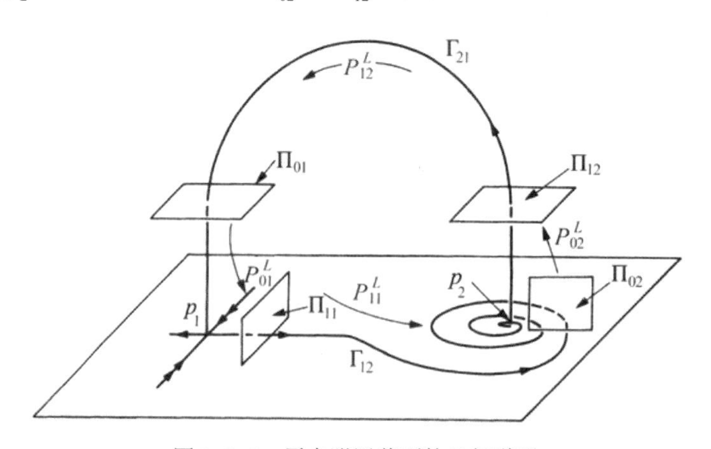

图 3. 3. 3　原点附近截面的几何说明

我们假设在 p_1 的邻域内，在适当的局部坐标下系统的线性化流由下式给出：

$$x_1(t) = x_{10}e^{\lambda_1 t},$$
$$y_1(t) = y_{10}e^{\lambda_2 t}, \qquad (3.3.1)$$
$$x_1(t) = z_{10}e^{\lambda_3 t}.$$

从 Π_{01} 和 Π_{11} 的飞行时间是 $t = \frac{1}{\lambda_1}\log\frac{\varepsilon}{x_1}$. 因此，映射 P_{01}^L 为　[303]

$$P_{01}^L : \Pi_{01} \to \Pi_{11},$$

$$\begin{pmatrix} x_1 \\ \varepsilon \\ z_1 \end{pmatrix} \mapsto \begin{pmatrix} \varepsilon \\ \varepsilon\left(\frac{\varepsilon}{x_1}\right)^{\frac{\lambda_2}{\lambda_1}} \\ z_1\left(\frac{\varepsilon}{x_1}\right)^{\frac{\lambda_3}{\lambda_1}} \end{pmatrix}. \qquad (3.3.2)$$

同样，我们假设，在适当的局部坐标下系统的线性化流为

$$x_2(t) = e^{\rho t}(x_{20}\cos\omega t - y_{20}\sin\omega t),$$
$$y_2(t) = e^{\rho t}(x_{20}\sin\omega t + y_{20}\cos\omega t), \qquad (3.3.3)$$
$$z_2(t) = z_{20}e^{\lambda t}.$$

从 Π_{02} 和 Π_{12} 的飞行时间是 $t = \frac{1}{\lambda}\log\frac{\varepsilon}{z_2}$. 因此，映射 P_{02}^L 为

$$P_{02}^L : \Pi_{02} \to \Pi_{12}$$

$$\begin{pmatrix} x_2 \\ 0 \\ z_2 \end{pmatrix} \mapsto \begin{pmatrix} x_2\left(\frac{\varepsilon}{z_2}\right)^{\frac{\rho}{\lambda}}\cos\frac{\omega}{\lambda}\log\frac{\varepsilon}{z_2} \\ x_2\left(\frac{\varepsilon}{z_2}\right)^{\frac{\rho}{\lambda}}\sin\frac{\omega}{\lambda}\log\frac{\varepsilon}{z_2} \\ \varepsilon \end{pmatrix}. \qquad (3.3.4)$$

[304]　映射 P_{11}^L 和 P_{12}^L 的构造.

沿着 Γ_{12} 的映射 P_{11}^L 和沿着 Γ_{21} 的 P_{12}^L 以通常方式构造. 我们有

$$P_{12}^L : \Pi_{12} \to \Pi_{01}$$

$$\begin{pmatrix} x_2 \\ y_2 \\ \varepsilon \end{pmatrix} \mapsto \begin{pmatrix} 0 \\ 0 \\ \varepsilon \end{pmatrix} + \begin{pmatrix} a_2 & b_2 & 0 \\ c_2 & d_2 & 0 \\ 0 & 0 & 0 \end{pmatrix}\begin{pmatrix} x_2 \\ y_2 \\ 0 \end{pmatrix}, \qquad (3.3.5)$$

和

$$P_{11}^{L}:\Pi_{11}\to\Pi_{02}$$

$$\begin{pmatrix}\varepsilon\\ y_1\\ z_1\end{pmatrix}\mapsto\begin{pmatrix}\varepsilon\\ 0\\ 0\end{pmatrix}+\begin{pmatrix}0&0&0\\ 0&a_1&b_1\\ 0&c_1&d_1\end{pmatrix}\begin{pmatrix}0\\ y_1\\ z_1\end{pmatrix}. \tag{3.3.6}$$

Poincaré 映射 P^L.

现在我们可以计算 Poincaré 映射

$$P^L\equiv P_{11}^L\circ P_{01}^L\circ P_{12}^L\circ P_{02}^L:\Pi_{02}\to\Pi_{02}, \tag{3.3.7}$$

但是我们首先要稍微简化一下记号．令

$$a_2x_2\left(\frac{\varepsilon}{z_2}\right)^{\frac{\rho}{\lambda}}\cos\frac{\omega}{\lambda}\log\frac{\varepsilon}{z_2}+b_2x_2\left(\frac{\varepsilon}{z_2}\right)^{\frac{\rho}{\lambda}}\sin\frac{\omega}{\lambda}\log\frac{\varepsilon}{z_2}$$

$$=k_1x_2\left(\frac{\varepsilon}{z_2}\right)^{\frac{\rho}{\lambda}}\cos(\theta+\phi_1),$$

$$c_2x_2\left(\frac{\varepsilon}{z_2}\right)^{\frac{\rho}{\lambda}}\cos\frac{\omega}{\lambda}\log\frac{\varepsilon}{z_2}+d_2x_2\left(\frac{\varepsilon}{z_2}\right)^{\frac{\rho}{\lambda}}\sin\frac{\omega}{\lambda}\log\frac{\varepsilon}{z_2}$$

$$=k_2x_2\left(\frac{\varepsilon}{z_2}\right)^{\frac{\rho}{\lambda}}\sin(\theta+\phi_2),$$

其中 $\theta=\dfrac{\omega}{\lambda}\log\dfrac{\varepsilon}{z_2}$， $\phi=-\tan^{-1}\dfrac{b_2}{a_2}$， $k_1=\sqrt{a_2^2+b_2^2}$， $k_2=\sqrt{c_2^2+d_2^2}$.

于是，得到

$$P_{12}^L\circ P_{02}^L(x_2,z_2)=\begin{pmatrix}k_1x_2\left(\dfrac{\varepsilon}{z_2}\right)^{\frac{\rho}{\lambda}}\cos(\theta+\phi_1)\\ k_2x_2\left(\dfrac{\varepsilon}{z_2}\right)^{\frac{\rho}{\lambda}}\sin(\theta+\phi_2)\end{pmatrix}, \tag{3.3.8}$$

和

$$P_{01}^L\circ P_{12}^L\circ P_{02}^L(x_2,z_2)$$

$$=\begin{pmatrix}\varepsilon^{1+\frac{\lambda_2}{\lambda_1}}\left[k_1x_2\left(\dfrac{\varepsilon}{z_2}\right)^{\frac{\rho}{\lambda}}\cos(\theta+\phi_1)\right]^{\left|\frac{\lambda_2}{\lambda_1}\right|}\\ \varepsilon^{\frac{\lambda_3}{\lambda_1}}\left[k_2x_2\left(\dfrac{\varepsilon}{z_2}\right)^{\frac{\rho}{\lambda}}\sin(\theta+\phi_2)\right]\left[k_1x_2\left(\dfrac{\varepsilon}{z_2}\right)^{\frac{\rho}{\lambda}}\cos(\theta+\phi_1)\right]^{\left|\frac{\lambda_3}{\lambda_1}\right|}\end{pmatrix}. \tag{3.3.9}$$

最后 [305]

$$P^L = P_{11}^L \circ P_{01}^L \circ P_{12}^L \circ P_{02}^L(x_2, z_2)$$

$$= \begin{pmatrix} a_1 \varepsilon^{1+\frac{\lambda_2}{\lambda_1}} \left[\hat{k}_1 \cos(\theta+\phi_1)\right]^{\left|\frac{\lambda_2}{\lambda_1}\right|} + b_1 \varepsilon^{\frac{\lambda_3}{\lambda_1}} \left[\hat{k}_2 \sin(\theta+\phi_2)\right]\left[\hat{k}_1 \cos(\theta+\phi_1)\right]^{\left|\frac{\lambda_3}{\lambda_1}\right|} \\ c_1 \varepsilon^{1+\frac{\lambda_2}{\lambda_1}} \left[\hat{k}_1 \cos(\theta+\phi_1)\right]^{\left|\frac{\lambda_2}{\lambda_1}\right|} + d_1 \varepsilon^{\frac{\lambda_3}{\lambda_1}} \left[\hat{k}_2 \sin(\theta+\phi_2)\right]\left[\hat{k}_1 \cos(\theta+\phi_2)\right]^{\left|\frac{\lambda_3}{\lambda_1}\right|} \end{pmatrix}, \tag{3.3.10}$$

其中

$$\hat{k}_1 = k_1 x_2 \left(\frac{\varepsilon}{z_2}\right)^{\frac{\rho}{\lambda}},$$

$$\hat{k}_2 = k_2 x_2 \left(\frac{\varepsilon}{z_2}\right)^{\frac{\rho}{\lambda}}.$$

对 P^L 的分析完全与 $\mathbb{R}^3$ 中的鞍-焦点同宿轨道情形的分析相同. 我们将细节留给读者，只证明有关出现马蹄的相关特性.

对充分小 z_2，由于 $|\lambda_3|>|\lambda_2|$，这个映射基本上是

$$\begin{pmatrix} x_2 \\ z_2 \end{pmatrix} \mapsto \begin{pmatrix} \overline{k}_1 x_2^{\left|\frac{\lambda_2}{\lambda_1}\right|} z_2^{\frac{\rho\lambda_2}{\lambda\lambda_1}} \cos^{\left|\frac{\lambda_2}{\lambda_1}\right|}(\theta+\phi_1) \\ \overline{k}_2 x_2^{\left|\frac{\lambda_2}{\lambda_1}\right|} z_2^{\frac{\rho\lambda_2}{\lambda\lambda_1}} \cos^{\left|\frac{\lambda_2}{\lambda_1}\right|}(\theta+\phi_1) \end{pmatrix}, \tag{3.3.11}$$

因为 $|\lambda_3|>|\lambda_2|$，其中 $\overline{k}_1 = a_1 \varepsilon^{1+(\lambda_2/\lambda_1)+(\rho\lambda_2/\lambda\lambda_1)} k_1^{|\lambda_2/\lambda_1|}$ 和 $\overline{k}_2 = c_1 \varepsilon^{1+(\lambda_2/\lambda_1)+(\rho\lambda_2/\lambda\lambda_1)} k_1^{|\lambda_2/\lambda_1|}$. 这看起来有点像我们在 $\mathbb{R}^3$ 中推导原来 Silnikov 的同宿轨道情形的映射. 从图 3.3.4 应该看清这个类似情形.

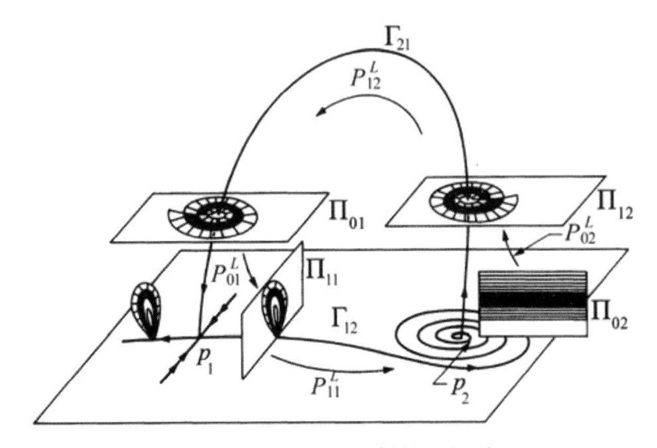

图 3.3.4　Poincaré 映射的几何说明

由图 3.3.4 可以看到，矩形通过鞍-焦点卷为对数螺旋形，然后被鞍点分成两段，但是，我们仍然可以找到映为垂直带的水平带，因此，这个情况与 $\mathbb{R}^3$ 中同宿轨道的 Silnikov 情形相同.

这个映射的分析可以与 $\mathbb{R}^3$ 中的鞍-焦点的同宿轨道得到的映射的分析完全相同，而且所有相同的结论成立（我们省略了细节）. 注意，这里的量 $\rho\lambda_2/\lambda\lambda_1$ 起着与 $\mathbb{R}^3$ 中的鞍-焦点的同宿轨道情形中的量 $-\rho/\lambda$ 的相同作用.

我们有下面的结果.

[306] **定理 3. 3. 1.** 如果

$$\frac{\rho\lambda_2}{\lambda\lambda_1}<1,$$

则 Poincaré 映射 P^L 具有可数无穷多个马蹄.

证明： 留给读者. □

Tresser[1984]更详细地讨论了马蹄中的轨道通过符号动力学进行编码. 如果 $(\rho\lambda_2/\lambda\lambda_1)>1$，则 P^L 不再包含马蹄；但是类似于定理 3. 2. 20 的定理，表明异宿环是瞬态混沌附近的一个吸引子. 如果异宿环通过扰动破裂（例如通过变化扰动系统中的参数），则对充分小的扰动有限个马蹄仍得到保持.

3. 3b. $\mathbb{R}^4$ 中的异宿环

这个例子可以在 Glendinning 和 Tresser[1985]中找到. 我们考虑 $\mathbb{R}^4$ 中具有两个不动点 p_1，p_2 的自治常微分方程，这些不动点具有下面类型的特征值：

$$\begin{aligned} &p_1:(\lambda_1,\ -\rho_1\pm\mathrm{i}\omega_1,\ -\nu_1),\\ &p_2:(\lambda_2,\ -\rho_2\pm\mathrm{i}\omega_2,\ -\nu_2), \end{aligned} \tag{3. 2. 12}$$

[307]

其中 $\nu_j>\lambda_j>\rho_j>0$，$j=1,2$.

在 p_1 和 p_2 附近的适当局部坐标系下，向量场取形式

$$\begin{aligned} \dot{x}_i&=-\rho_i x_i+\omega_i y_i,\\ \dot{y}_i&=-\omega_i x_i-\rho_i y_i,\\ \dot{z}_i&=\lambda_i z_i,\\ \dot{w}_i&=-\nu_i w_i, \end{aligned}\qquad i=1,2. \tag{3. 3. 13}$$

因此，p_1 和 p_2 具有 3 维稳定流形（在 x_i，y_i 方向呈螺旋状）和 1 维不稳定流形. 此外，我们假设存在两条异宿轨道：连接 p_1 和 p_2 的 Γ_{12} 和连接 p_2 和 p_1 的 Γ_{21}. Γ_{12} 沿着 z_1 轴离开 p_1，Γ_{21} 沿着 z_2 轴离开 p_2. 我们通过抑制图 3. 3. 5 中的 y_1，y_2 方向来粗略地说明这个情况的几何结构.

[308] 我们构造下面的流的 3 维横截面

$$
\begin{aligned}
\Pi_{01} &= \{(x_1, y_1, z_1, w_1) \mid y_1 = 0\}, \\
\Pi_{11} &= \{(x_1, y_1, z_1, w_1) \mid z_1 = \varepsilon\}, \\
\Pi_{02} &= \{(x_2, y_2, z_2, w_2) \mid y_2 = 0\}, \\
\Pi_{12} &= \{(x_2, y_2, z_2, w_2) \mid z_2 = \varepsilon\},
\end{aligned} \tag{3.3.14}
$$

这些截面的定义如在 3.2d（i）中具有特征值 $\rho \pm \mathrm{i}\omega$，$\lambda$，$\nu$ $(\rho, \lambda < 0)$ 的不动点的同宿轨道例子中的定义.

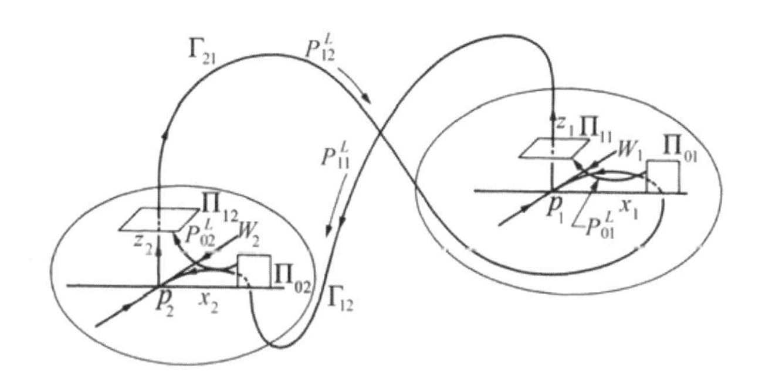

图 3.3.5　原点附近的异宿轨道和截面的几何结构

现在我们在异宿环 $\Gamma \equiv \Gamma_{12} \cup \Gamma_{21} \cup \{p_1\} \cup \{p_2\}$ 的邻域内构造 Poincaré 映射（注意：应该验证 Γ 是一个非游荡集），并以通常方法研究其性质. 这个 Poincaré 映射由下面 4 个映射的复合而成：

$$
\begin{aligned}
P_{01}^L &: \Pi_{01} \to \Pi_{11}, \\
P_{11}^L &: \Pi_{11} \to \Pi_{02}, \\
P_{02}^L &: \Pi_{02} \to \Pi_{12}, \\
P_{12}^L &: \Pi_{12} \to \Pi_{01},
\end{aligned} \tag{3.3.15}
$$

其中 P_{01}^L 和 P_{11}^L 由线性流给出. 注意，两个不动点的不稳定流形都是 1 维的（因此，异宿轨道重合），这保证在线性流作用下 Π_{10} 映到 Π_{11}，Π_{20} 映到 Π_{21}. 注意到，P_{ij}^L 的定义域可以不是整个 Π_{ij}（如读者在图像中看到的），而是适当选择的一个子集（如 $\mathbb{R}^3$ 中的 Silnikov 情形）.

由于我们已经在前面计算类似的映射许多次，现在我们仅叙述一些结果.

$$P_{01}^L:\Pi_{01}\to\Pi_{11},$$

$$\begin{pmatrix}x_1\\0\\z_1\\w_1\end{pmatrix}\mapsto\begin{pmatrix}x_1\left(\dfrac{z_1}{\varepsilon}\right)^{\frac{\rho_1}{\lambda_1}}\cos\left(\dfrac{\omega_1}{\lambda_1}\log\dfrac{\varepsilon}{z_1}\right)\\ x_1\left(\dfrac{z_1}{\varepsilon}\right)^{\frac{\rho_1}{\lambda_1}}\sin\left(\dfrac{\omega_1}{\lambda_1}\log\dfrac{\varepsilon}{z_1}\right)\\ \varepsilon\\ w_1\left(\dfrac{z_1}{\varepsilon}\right)^{\frac{\nu_1}{\lambda_1}}\end{pmatrix},\tag{3.3.16}$$

$$P_{02}^L:\Pi_{02}\to\Pi_{12},$$

[309]

$$\begin{pmatrix}x_2\\0\\z_2\\w_2\end{pmatrix}\mapsto\begin{pmatrix}x_2\left(\dfrac{z_2}{\varepsilon}\right)^{\frac{\rho_2}{\lambda_2}}\cos\left(\dfrac{\omega_2}{\lambda_2}\log\dfrac{\varepsilon}{z_2}\right)\\ x_2\left(\dfrac{z_2}{\varepsilon}\right)^{\frac{\rho_2}{\lambda_2}}\sin\left(\dfrac{\omega_2}{\lambda_2}\log\dfrac{\varepsilon}{z_2}\right)\\ \varepsilon\\ w_2\left(\dfrac{z_2}{\varepsilon}\right)^{\frac{\nu_2}{\lambda_2}}\end{pmatrix},\tag{3.3.17}$$

$$P_{11}^L:\Pi_{11}\to\Pi_{02}$$

$$\begin{pmatrix}x_1\\y_1\\\varepsilon\\w_1\end{pmatrix}\mapsto\begin{pmatrix}\varepsilon\\0\\0\\0\end{pmatrix}+\begin{pmatrix}0&0&0&a_1\\0&0&0&0\\A_1&B_1&0&0\\C_1&D_1&0&0\end{pmatrix}\begin{pmatrix}x_1\\y_1\\0\\w_1\end{pmatrix},\tag{3.3.18}$$

$$P_{12}^L:\Pi_{12}\to\Pi_{01}$$

$$\begin{pmatrix}x_2\\y_2\\\varepsilon\\w_1\end{pmatrix}\mapsto\begin{pmatrix}\varepsilon\\0\\0\\0\end{pmatrix}+\begin{pmatrix}A_2&B_2&0&0\\0&0&0&0\\0&0&0&a_2\\C_2&D_2&0&0\end{pmatrix}\begin{pmatrix}x_2\\y_2\\0\\w_2\end{pmatrix},\tag{3.3.19}$$

其中我们选择 Π_{02} 和 Π_{01} 使得 Γ_{12} 和 Γ_{21} 分别与这些超曲面相交于 $(\varepsilon,0,0,0)$. 假设我们的坐标系使得上面的矩阵取对角块型. 该形式表示以下两个几何假设：

P_{11}^L 映 (x_1,y_1) 平面 $\cap\Pi_{11}$ 到 (z_2,w_2) -平面 $\cap\Pi_{12}$.

P_{12}^L 映 (x_2,y_2) 平面 $\cap\Pi_{12}$ 到 (x_1,w_1) -平面 $\cap\Pi_{01}$.

现在我们需要一步一步地给出映射的几何图像.

第 1 步.

$$P_{01}^{L}:\Pi_{01}\to\Pi_{11},$$

$$\begin{pmatrix} x_1\\ 0\\ z_1\\ w_1 \end{pmatrix}\mapsto\begin{pmatrix} x_1\left(\dfrac{z_1}{\varepsilon}\right)^{\frac{\rho_1}{\lambda_1}}\cos\left(\dfrac{\omega_1}{\lambda_1}\log\dfrac{\varepsilon}{z_1}\right)\\ x_1\left(\dfrac{z_1}{\varepsilon}\right)^{\frac{\rho_1}{\lambda_1}}\sin\left(\dfrac{\omega_1}{\lambda_1}\log\dfrac{\varepsilon}{z_1}\right)\\ \varepsilon\\ w_1\left(\dfrac{z_1}{\varepsilon}\right)^{\frac{\nu_1}{\lambda_1}} \end{pmatrix}. \qquad (3.3.20)$$

假设 P_{01}^{L} 定义在如图 3. 3. 6 所示的 Π_0 的一片上.

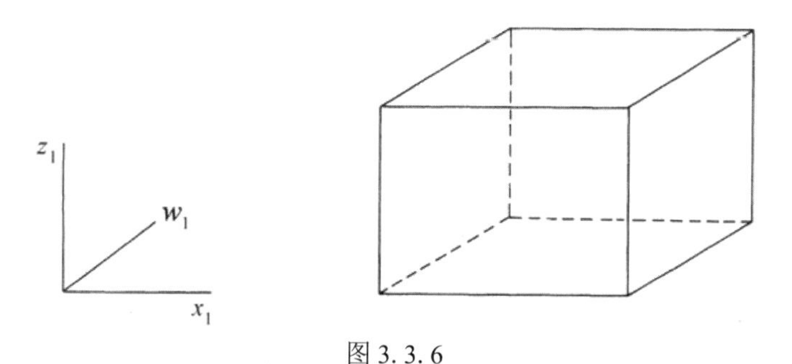

图 3. 3. 6

注意，P_{01}^{L} 不在 $z_1=0$ 定义，因为这些点在 $W^s(p_1)$ 上. 通过检查上面给出的 P_{01}^{L} 的表达式，x_1 和 z_1 方向被扭转成对数螺线，其中当 $z_1\to 0$ 时 w_1 坐标压缩为零，如图 3. 3. 7.

[310]

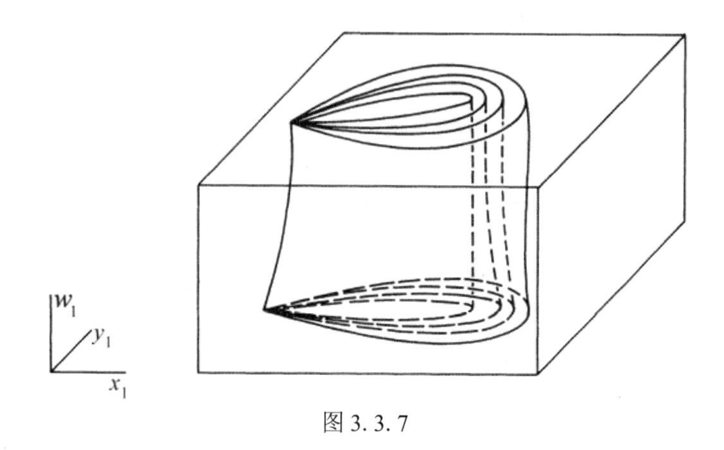

图 3. 3. 7

第 2 步. P_{11}^{L}： $\Pi_{11}\to\Pi_{01}^{L}$ 映射 $P_{01}^{L}(\Pi_{01})$，如图 3. 3. 8 所示.

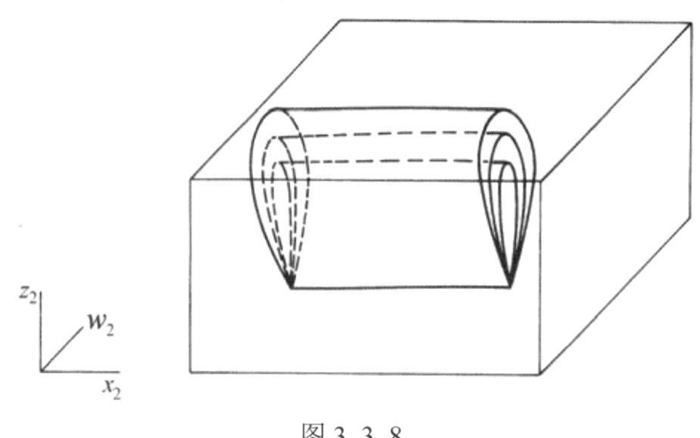

图 3. 3. 8

第 3 步. $P_{02}:\Pi_{02}\to\Pi_{12}$ 扭转 $P_{11}^L\circ P_{01}^L(\Pi_{01})$ 的方式与 P_{01}^L 变形 Π_{01} 的 [311] 方式大致相同，如图 3. 3. 9.

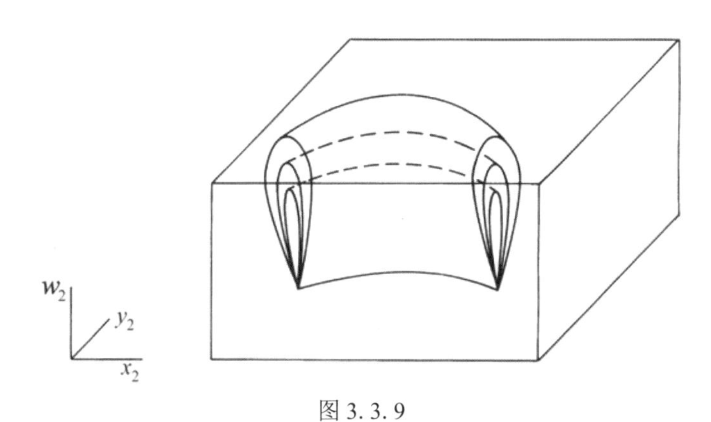

图 3. 3. 9

[312] 第 4 步. 最后，P_{12}^L 将 $P_{02}^L\circ P_{11}^L\circ P_{01}^L(\Pi_{01})$ 传回 Π_{01}，如图 3. 3. 10 所示.

从图 3. 3. 10，读者应该能够想象，并找到水平板，这些板被映到具有适当边界性态的垂直板. 当

$$\frac{\rho_1 v_2}{\lambda_1\lambda_2}<1 \tag{3.3.21}$$

和

$$\frac{\rho_2 v_1}{\lambda_1\lambda_2}<1 \tag{3.3.22}$$

时，将满足必要的扩展和压缩条件.（3. 3. 21）和（3. 3. 22）意味着马蹄具有两个扩展方向和一个压缩方向.

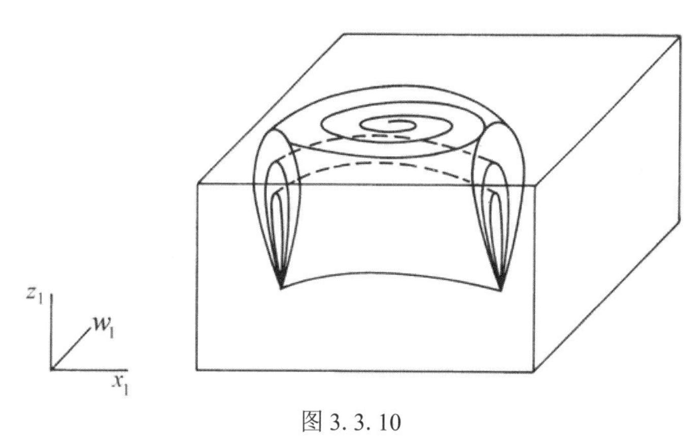

图 3. 3. 10

评论.

（1）*参数化系统*. 在我们两个例子中，马蹄是在异宿环邻域内找到的. 但是，如果不存在螺旋线（即只有实特征值），为了得到马蹄可能有必要使得一个或多个异宿轨道破裂（见 3. 2c（i）节）. 这在参数化系统中是可能的. 然而，如果不存在对称性，为了确保适当的性态，通常需要使参数的数量等于异宿轨道的数量. [313]

（2）*其他结果*. Tresser[1984]将我们的第一个例子推广到 $\mathbb{R}^3$ 中具有 1 维不稳定流形（或者在时间反向下的 1 维稳定流形）的多个双曲不动点的情形. Devaney[1976]在 Hamilton 系统中讨论某些异宿环. 在应用中经常出现异宿环. 例如，它们似乎是墙壁附近流体流动的边界层中的涡流相互作用模型中产生“突发”的机制，参见 Aubry，Holmes，Lumley 和 Stone[1987]以及 Guckenheimer 和 Holmes[1987].

3. 4. 周期轨道和不变环面的同宿轨道

在 3. 2 节我们研究了常微分方程双曲不动点的同宿轨道的几个例子. 现在我们研究与常微分方程双曲周期轨道或者一般的双曲不变环面相应的同宿轨道. 不像常微分方程的双曲不动点的同宿轨道，那里的结果依赖于多种因素，例如系统的维数、不动点处特征值的特性、对称性的存在性等. 我们将得到一个一般性结果，它意味着存在独立于这些考虑的“类马蹄”动力学（尽管这些因素可能会产生我们的定理未捕获的重要动力学效应）.

我们分析的精神将与常微分方程的双曲不动点的同宿轨道相同. 然而，会有一些重要的技术差异，主要区别在于我们根本不去讨论常微分方程，而是讨论映射. 在将我们的结果应用于常微分方程时没有任何困难，因为从第 1. 6 节中可以回忆到，对常微分方程周期轨道附近的轨道结构的研究可以简化为对相关 Poincaré 映射的不动点附近的轨道结构的研究. 类似地，对常微分方程 $l+1$ 维不变环面附近的轨道结构的研究可以简化为对相关 Poincaré 映射的 l 维不变环面附近的轨道 [314] 结构的研究. 因此，描述与 $l+1$ 维环面同宿轨道动力学的映射结果对常微分方程中与$l+1$维环面同宿的轨道动力学有直接的解释（注意：对于常微分方程，0维环面是不动点，1维环面是周期轨道）．撇开技术不谈，我们分析的精神在某种意义上是相同的，即我们将寻找同宿轨道附近的区域，该区域通过映射的某些迭代以“类马蹄方式”映回自身. 特别是，我们寻找映到垂直板的水平板，这些板具有适当边界性态和足够的扩展和收缩. 与常微分方程的双曲不动点的情形一样，同宿轨道提供了相空间全局弯曲的机制，同宿轨道的不变集（即l维环面）提供了以下扩展和收缩的机制. 在给出具体的假设之前，我们对这些想法进行直观的描述.

双曲不动点的同宿轨道.

假设我们有$\mathbb{R}^2$的一个微分同胚f，它有一个双曲不动点p_0，其稳定流形和不稳定流形在某点p横截相交，如图 3.4.1 所示. 我们注意到，与常微分方程的双曲不动点的同宿轨道不同，映射的双曲不动点的稳定和不稳定流形可以在不违反解的唯一性的情况下与一个离散点集相交. 这是因为映射的轨道是离散点的无穷序列，而常微分方程的轨道是光滑曲线.

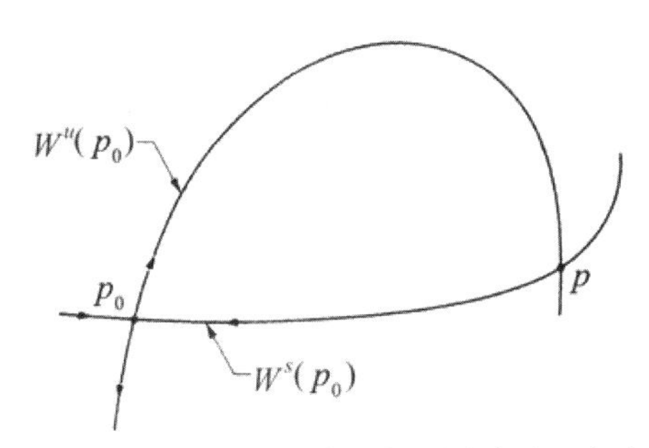

图 3.4.1　p_0的稳定流形与不稳定流形相交

同样，回忆 1.4 节中的流形横截相交的定义. 当我们严格证明以下启发式论点时，横截性的重要性将变得很清楚.

现在p同时位于不变流形$W^s(p_0)$和$W^u(p_0)$上，因此，p_0的轨道必须位于$W^s(p_0)$和$W^u(p_0)$上. 从而，迭代图 3.4.1 给出同宿缠结，其一部分如图 3.4.2 所示，称p为横截同宿点. 因此，由于$W^s(p_0)$和$W^u(p_0)$的不变性，存在一个横截同宿点意味着存在可数无穷多个横截同宿点. 从图 3.4.2 中我们注意到，$W^s(p_0)$和$W^u(p_0)$本身似乎是凝聚的. 我们将很快通过分析证明这一点. 关于图 3.4.2 的更详细和仔细的讨论，请读者参考 Abraham 和 Shaw[1984]. [315] [316]

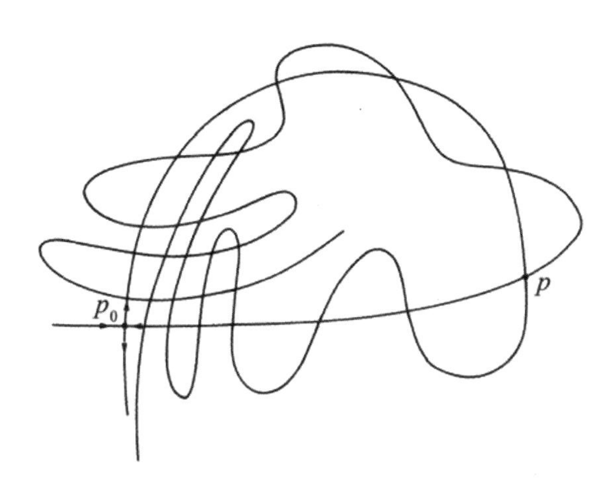

图 3. 4. 2　同宿缠结

我们的目的是证明类马蹄动力学是如何可从这种情况中产生. 考虑如图 3. 4. 3 所示的区域 D，其左垂直边位于 $W^u(p_0)$ 上，右垂直边与 $W^s(p_0)$ 接触. 由不变性，D 必须在 f 的所有迭代下保持与 $W^s(p_0)$ 和 $W^u(p_0)$ 的接触，这是需要记住的重要一点.

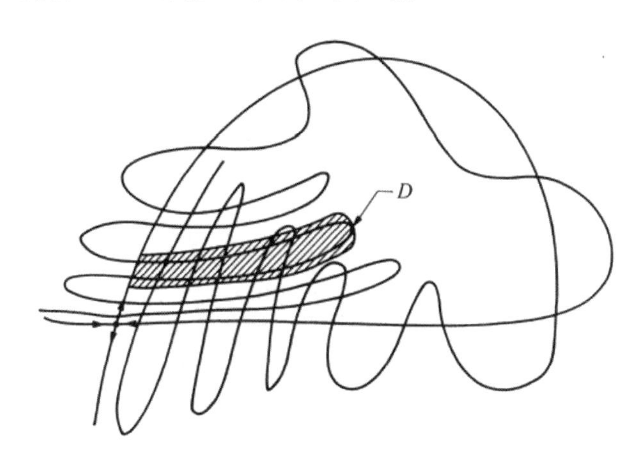

图 3. 4. 3　区域 D 的几何说明

下面考虑出现在图 3. 4. 4（a）中的 $f(D)$. 现在我们通过注意必须分别保持在 $W^u(p_0)$ 和 $W^s(p_0)$ 上 $f(D)$ 的部分来推断 $f(D)$ 的性态. 然而，一个明显的问题是，为什么 $f(D)$ 不能如图 3. 4. 4（b）（c）（d）那样出现？是因为这些情况仍反映流形的不变性？

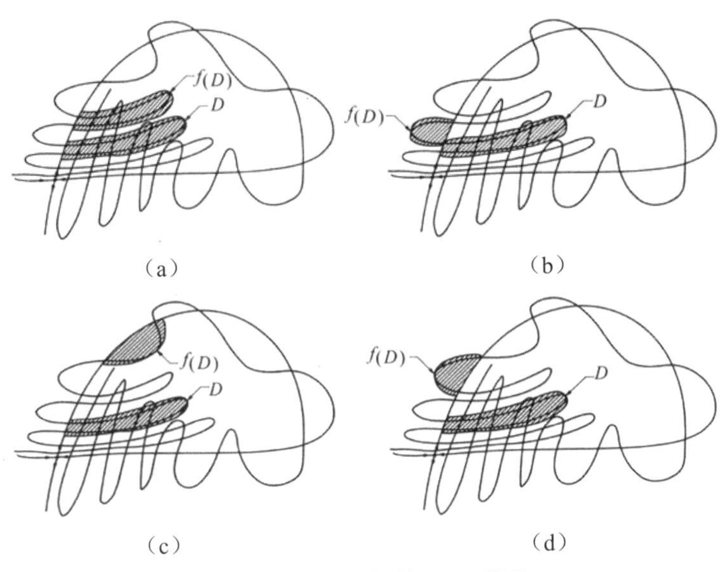

图 3.4.4　各种可能的 $f(D)$ 截面

回答是这些情形事实上都有可能，为了确定起见，我们只选择图 3.4.4（a）. 然而，我们对其余图做如下评论.

图 3.4.4（b）（d）中，如果 f 保持定向，则这些情况不可能出现. 从 1.6 节回忆，由常微分方程定义的 Poincaré 映射必须保持定向.

[318] 图 3.4.4（c）中，由 $W^s(p_0)$ 和 $W^u(p_0)$ 的片形成的“叶”的像当然有可能在迭代中“跳过”许多其他叶. 我们选择图 3.4.4(a)的情形，在 f 的迭代下，叶到达最近可能的叶，同时保持定向. [317]

因此，D 的其他迭代如图 3.4.5 所示.

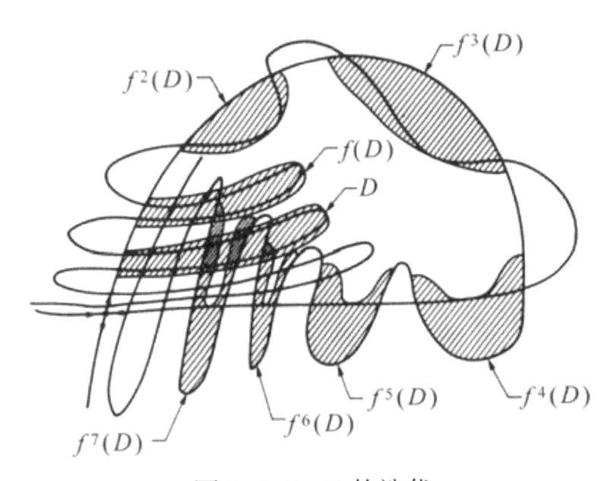

图 3.4.5　D 的迭代

从图 3.4.5 可以明显看出，$f^7(D)$ 与 D 以马蹄形相交. 这应该表明可能存在类马蹄动力学； 然而，还有很多事情需要严格证明，我们即将证明. 特别是，我们将说明几何允许我们找到水平板，其像与垂直板相交，且有适当的边界性态、必要的扩展和压缩率．因此，f的某个迭代将包含一个 Cantor 不变集，在该集上它在拓扑共轭于可数个符号集上的一个全移位．

正规双曲不变环面的同宿轨道．

现在考虑 $\mathbb{R}^3$ 中的一个微分同胚 f，它具有正规双曲不变的 1 维环面 τ_0（即圆），它的稳定和不稳定流形横截相交于 1 维环面 τ，如图 3.4.6. [319]

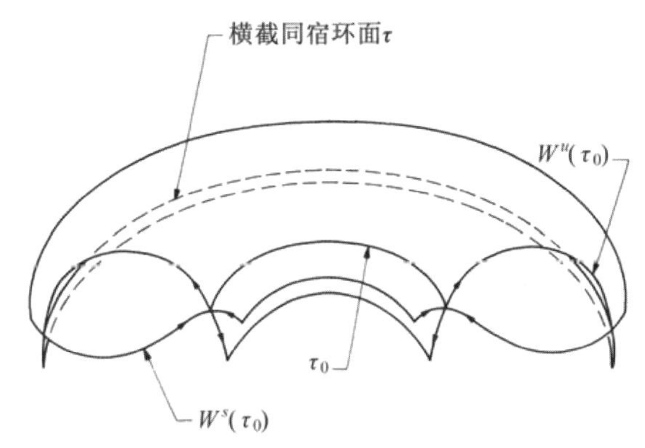

图 3.4.6　横截同宿环面的剖视图

我们称 τ 为横截同宿环面．由 $W^u(\tau_0)$ 和 $W^s(\tau_0)$ 的不变性，可知 τ 的轨道必须始终在 $W^u(\tau_0)$ 和 $W^s(\tau_0)$ 中．因此，一个横截同宿环面意味着存在可数无穷多个横截同宿环面．因此，由迭代图 3.4.6 可给出图 3.4.7.

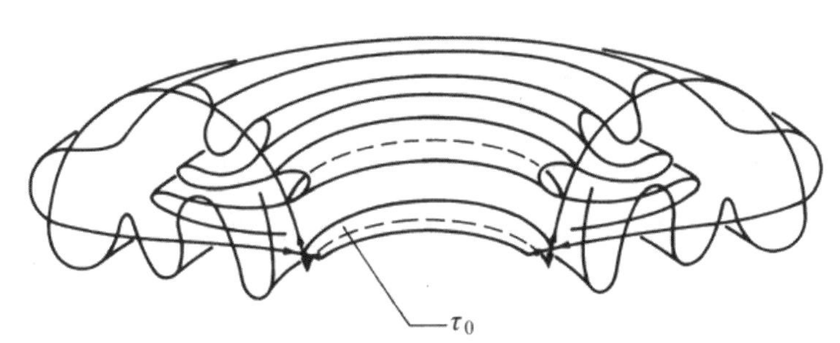

图 3.4.7　同宿环面缠结，（切掉一半的）剖视图

利用类似于前面对双曲不动点情形给出的论述，可以找到一个区域 D，它由f的某个类马蹄形迭代映为其自身，如图 3.4.8 所示.

然而，在这种情况下，我们将得到一个圆的马蹄．正规双曲性保证与不变环面垂直的动力学主导环面上的动力学，因此区域 D 不会在不变环面的方向上“扭结”，因为它通过某个迭代映回其自身．因此，我们应该能够找到 D 中的水平板，这些水平板被映射到垂直板中，且有适当的边界性态、必要的扩展和压缩率．于是由定理 2.4.3，这意味着在 D 中存在 Cantor 集与环面的笛卡儿积的混沌不变集．要注意，此时 [320]

并不知道沿着环面方向的动力学.

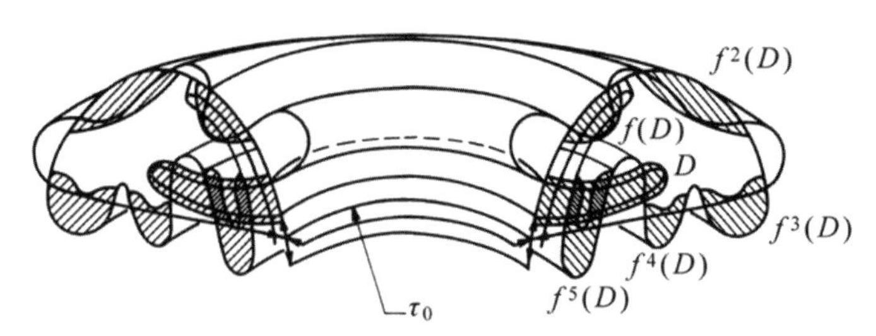

图 3.4.8 区域 D 与其迭代的（切掉一半的）剖视图

现在我们讲述关于这些例子对任意（但有限）维的严格证明.

我们可以精确地叙述假设.

设 $f: \mathcal{M} \to \mathcal{M}$ 是 C^∞ 流形 $\mathcal{M}$ 上的一个 C^r $(r \geqslant 2)$ 微分同胚，其中 $\dim \mathcal{M} = N$ 使紧无边子流形 V 不变（即 $f(V) = V$ ）. 我们做以下“结构性”假设：

（1）V 微分同胚于 l 维环面 T^l.

（2）V 是正规双曲的.

（3）V 有 $l+n$ 维稳定流形 $W^s(V)$ 和 $l+m$ 维不稳定流形 $W^u(V)$，其中 $l+m+n=N$. [321]

（4）$W^s(V)$ 与 $W^u(V)$ 横截相交于 l 维环面 τ，即

$$\dim(T_pW^s(V) \cap T_pW^u(V)) = l, \quad \forall p \in \tau,$$

其中 $T_pW^{s,u}(V)$ 表示 $W^{s,u}(V)$ 在 $p \in \tau$ 的切空间. 注意到，τ 是 l 维环面，它在 f 的向前和向后的作用下渐近于 V，我们称 τ 为横截同宿环面.

在叙述主要定理之前，我们需要精确叙述 V 是正规双曲的概念. 粗略地说，在 f 的作用下，垂直于 V 的方向比与 V 相切的方向的扩展或压缩得更强. 我们用 D_pf 记 f 在 $p \in \mathcal{M}$ 的导数，假设对 $\mathcal{M}$ 赋予 Riemann 度量 $|\cdot|$. 设 $T_V\mathcal{M}$ 是 $\mathcal{M}$ 在 V 上的切丛，具有 Df（相关于 $|\cdot|$）不变分解

$$T_V\mathcal{M} = \mathcal{N}^s \oplus \mathcal{N}^u \oplus TV,$$

其中 $\mathcal{N}^s \oplus TV$ 在 V 切于 $W^s(V)$，$\mathcal{N}^u \oplus TV$ 在 V 切于 $W^u(V)$. f 在 $p \in \mathcal{M}$ 的导数关于这个分解可写为

$$D_pf = \mathcal{N}_p^sf \oplus \mathcal{N}_p^uf \oplus V_pf,$$

其中

$$\mathcal{N}_p^sf \equiv Df|_{\mathcal{N}_p^s},$$

$$\mathcal{N}_p^uf \equiv Df|_{\mathcal{N}_p^u},$$

$$V_pf \equiv Df|_{T_pV}.$$

假设 V 在下面意义下是正规双曲的：$\exists\, 0<\lambda<1$ 使得对 $v \in \mathcal{N}_p^s$，$u \in \mathcal{N}_p^u$，有

$$\begin{aligned} &\left|(\mathcal{N}_p^s f)^n v\right| \leqslant \lambda^n |v|. \\ &\left|(\mathcal{N}_p^u f)^{-n} u\right| \leqslant \lambda^n |u|. \qquad \forall p \in V,\ n \geqslant 0. \\ &\left\|\mathcal{N}_p^s f\right\| < \left\|V_p f\right\| < \left\|\mathcal{N}_p^u f\right\|, \end{aligned} \tag{3.4.1}$$

现在我们叙述主要定理.

[322] **定理 3.4.1.** 设 f 满足上面的假设（1）~（4）. 则在 τ 的邻域内，f^n 有 Cantor 不变环面，其中某个 $n \geqslant 1$. 此外，存在同胚 ϕ，取 Λ 中的环面到 N 个符号的双向无穷序列，使得下面的图可交换

$$\begin{array}{ccc} \Lambda & \xrightarrow{f^n} & \Lambda \\ \phi\downarrow & & \downarrow\phi \\ \Sigma & \xrightarrow{\sigma} & \Sigma \end{array}$$

其中 Σ 表示 N 个符号的双向无穷序列空间，σ 是这个空间中的移位映射.

在开始证明定理 3.4.1 之前，我们需要做一些初步考虑.

假设在 V 的管状邻域 B 中存在局部坐标系，f 在其中取下面形式：

$$f:\ \begin{aligned} &x \mapsto A(\theta)x + g_1(x,y,\theta), \\ &y \mapsto B(\theta)y + g_2(x,y,\theta), \qquad (x,y,\theta) \in \mathbb{R}^n \times \mathbb{R}^m \times T^l, \\ &\theta \mapsto g_3(\theta), \end{aligned} \tag{3.4.2}$$

其中在 $x=y=0$，$g_1 = g_{1x} = g_{1y} = g_{1\theta} = g_2 = g_{2x} = g_{2y} = g_{2\theta} = 0$，见 Samoilenko[1972]，或者 Sell[1979].（注意：为了记号紧凑，我们用例如 g_{1x} 等记为偏导数 $D_x g_1$.）

此外，对所有点 $p \in V$，（3.4.1）给出的正规双曲性假设对存在分解

$$T_p\mathcal{M} = \mathcal{N}_p^s \oplus \mathcal{N}_p^u \oplus T_p V, \quad p \in V$$

是充分的. 因此，$W^s(V)$ 和 $W^u(V)$ 在 B 中可分别表示为函数 $y = G^s(x,\theta)$ 和 $x = G^u(y,\theta)$ 的图像，其中在 B 中 $G^s(0,\theta) = G_x^s(0,\theta) = G_\theta^s(0,\theta) = G^u(0,\theta) = G_y^u(0,\theta) = G_\theta^u(0,\theta) = 0$.（注意：正规双曲性假设 3.4.1 也保证 $G^{u,s}$ 至少是 C^2 的，这由 Hirsch，Pugh 和 Shub[1977]的 C^r 截面定理得到.）

因此，如果我们构造映射

$$\begin{aligned} &\phi: B \to N^s \oplus N^u \oplus TV, \\ &(x,y,\theta) \mapsto (x - G^u(y,\theta), y - G^s(x,\theta), \theta), \end{aligned} \tag{3.4.3}$$

其中 $\phi(0,0,\theta) = (0,0,\theta)$ 和 $D\phi(0,0,\theta) =$ 恒等，并利用（3.4.3）到定义的新坐标系，我们看到，由 $\mathcal{N}^s \oplus TV$ 给出的局部 $W^s(V)$ 和由 $\mathcal{N}^u \oplus TV$ 给 [323]

出的局部$W^u(V)$（即（3.4.3）在B中"直化"$W^s(V)$和$W^u(V)$）. 此后，我们将假设我们已经在这个坐标系中且使得$g_1(0,y,\theta)=g_2(x,0,\theta)=0$.

在此情形我们可以将V的管状邻域B表示为

$$B=B^s\times B^u. \tag{3.4.4}$$

其中对某个δ_s，$\delta_u>0$，有

$$B^s=\{(x,y,\theta)\in\mathbb{R}^n\times\mathbb{R}^m\times T^l\big|\,|x|\leqslant\delta_s,\ y=0\},$$

$$B^u=\{(x,y,\theta)\in\mathbb{R}^n\times\mathbb{R}^m\times T^l\big|\,x=0_s,\ |y|\leqslant\delta_u\}.$$

下面我们给出一个描述f在V附近的动力学的初步结果. 这个结果对正规双曲不变环面推广了λ-引理（见 Palis 和 deMelo[1982]）. 设$\bar{V}$是与l维环面τ中B^s横截相交的μ_v-垂直片. $\bar{V}^n$表示$f^n(\tau)$属于的$f^n(\bar{V})\cap B$的连通分支，如图 3.4.9. 于是我们有以下引理.

[324]

引理 3.4.2.（环面λ-引理，Wiggins[1980a]） *设给定$\varepsilon>0$. 则对充分小B存在正整数n_0使得对$n\geqslant n_0$，$\bar{V}^n$是C^1 ε接近于$W^u(V)$.*

证明： 证明完全类似于对双曲周期点的通常λ-引理的证明（见 Palis 和 deMelo[1982]）. 唯一不同的是我们必须取"θ动力学"的解释. 但是，由正规双曲性，我们将看到θ动力学受(x,y)动力学所控制. 证明分为以下几步.

（1）估计在B中的各个偏导数的大小.

（2）估计在τ的切向量$\bar{V}$，当它们在f的迭代下沿着$W^s(V)$趋于V时的增长率.

（3）由连续性将第 2 步得到的结果扩展到τ的邻域

（4）估计切向量$\bar{V}$，当它们在f的迭代下沿着$W^u(V)$离开$\bar{V}$时的增长率.

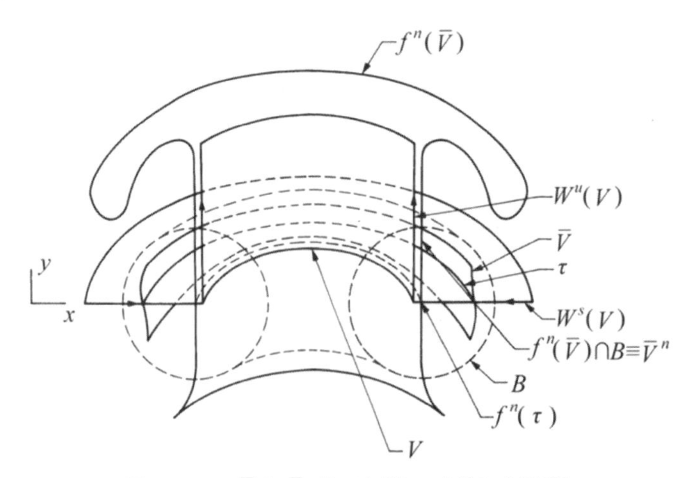

图 3.4.9　$\bar{V}$和$\bar{V}^n$的（切掉一半的）剖视图

从第 1 步开始.

第 1 步. f 在 V 的邻域内的表达式为

$$f:\begin{array}{l} x\mapsto A(\theta)x+g_1(x,y,\theta),\\ y\mapsto B(\theta)y+g_2(x,y,\theta),\quad (x,y,\theta)\in\mathbb{R}^n\times\mathbb{R}^m\times T^l,\\ \theta\mapsto g_3(\theta),\end{array}\qquad (3.4.5)$$

其中

$$Df=\begin{pmatrix} A(\theta)g_{1x} & g_{1y} & (A(\theta)x)_\theta+g_{1\theta}\\ g_{2x} & B(\theta)+g_{2y} & (B(\theta)y)_\theta+g_{2\theta}\\ 0 & 0 & g_{3\theta}\end{pmatrix},\qquad (3.4.6)$$

由（3.4.1）给出的正规双曲性假设，对充分小 δ_s，δ_u，我们有

$$\begin{array}{l} \| A(\theta)\|\leqslant\lambda<1,\quad \| B^{-1}(\theta)\|\leqslant\lambda<1,\\ \| A(\theta)\|<\| g_{3\theta}\|<\| B(\theta)\|,\quad \forall\theta\in T^l.\end{array}\qquad (3.4.7)$$

设 v_0 是 $\bar{V}$ 在 τ 上的切丛 $T_\tau\bar{V}$ 中的单位向量. v_0 关于 V 上的分解可写为 (v_0^x,v_0^y,v_0^θ)，其中 $v_0^x\in\mathcal{N}^s$，$v_0^y\in\mathcal{N}^u$，$v_0^\theta\in TV$. 现在，由于在 $(0,0,\theta)$，我们有 $g_1=g_{1x}=g_{1y}=g_{1\theta}=g_2=g_{2x}=g_{2y}=g_{2\theta}=0$，在 B 中有 $g_1(0,y,\theta)=g_2(x,0,\theta)=0$，由连续性可以选择 δ_s，δ_u 很小和 $0<k<1$，使得　[325]

$$\lambda+k<1,$$

$$b=\frac{1}{\lambda}-kL>1,$$

$$\frac{\| g_{3\theta}\|}{\| B\|}\frac{1}{1-\dfrac{kL}{\| B\|}}\leqslant\alpha<1,\quad \forall\theta\in T^l.\qquad (3.4.8)$$

$$kL<\frac{(b-1)^2}{4},$$

其中

$$L=\max_{v_0^\theta,v_0^y\in T_\tau\bar{V}}\left(1+\left|\frac{v_0^\theta}{v_0^y}\right|\right),$$

和

$$k\geqslant\max_B\{\| g_{1x}\|,\ \| g_{1y}\|,\|\ \ | g_{2x}\|,\ \| g_{2y}\|,\ \|(Ax)_\theta+g_{1\theta}\|,\ \|(By)_\theta+g_{2\theta}\|\}.$$

注意到 v_0^y 非零，因为 $\bar{V}$ 在 τ 横截于 $W^s(V)$. 我们记 $Df^n(v_0^x,v_0^y,v_0^\theta)=(v_n^x,v_n^y,v_n^\theta)$.

第 2 步. 现在可以考虑 $\tau\in B$ 的情况，我们要研究 $\bar{V}$ 以及它在 τ 的切向量，这些切向量在迭代下趋于 V. 注意，由于在 B 中 $g_2(x,0,\theta)=0$，

故 $g_{2x}=0$．首先我们看看比 $\left|\frac{v_0^\theta}{v_0^y}\right|$．由（3.4.6）（3.4.7），我们有

$$\left|\frac{v_1^\theta}{v_1^y}\right| \leqslant \frac{|g_{3\theta}v_0^\theta|}{|Bv_0^y|-k|v_0^y|\left(1+\left|\frac{v_0^\theta}{v_0^y}\right|\right)} \leqslant \frac{\|g_{3\theta}\|}{\|B\|}\frac{1}{1-\frac{kL}{\|B\|}}\left|\frac{v_0^\theta}{v_0^y}\right| \leqslant \alpha\left|\frac{v_0^\theta}{v_0^y}\right|,$$

$$\left|\frac{v_2^\theta}{v_2^y}\right| \leqslant \frac{|g_{3\theta}v_1^\theta|}{|Bv_1^y|-k|v_1^y|\left(1+\left|\frac{v_1^\theta}{v_1^y}\right|\right)} \leqslant \frac{\|g_{3\theta}\|}{\|B\|}\frac{1}{1-\frac{kL}{\|B\|}}\left|\frac{v_1^\theta}{v_1^y}\right| \leqslant \alpha^2\left|\frac{v_0^\theta}{v_0^y}\right|,$$

$$\vdots$$

$$\left|\frac{v_n^\theta}{v_n^y}\right| \leqslant \frac{|g_{3\theta}v_{n-1}^\theta|}{|Bv_{n-1}^y|-k|v_{n-1}^y|\left(1+\left|\frac{v_{n-1}^\theta}{v_{n-1}^y}\right|\right)} \leqslant \frac{\|g_{3\theta}\|}{\|B\|}\frac{1}{1-\frac{kL}{\|B\|}}\left|\frac{v_{n-1}^\theta}{v_{n-1}^y}\right| \leqslant \alpha^n\left|\frac{v_0^\theta}{v_0^y}\right|. \quad (3.4.9)$$

[326] （注意：这个结果并不奇怪：它只告诉我们，$W^u(V)$ 中的向量增长大大快于 V 中的切向量，其中 $\lim_{n\to\infty}\left|\frac{v_n^\theta}{v_n^y}\right|=0$．）

下面检查比 $\chi_0\equiv\left|\frac{v_0^x}{v_0^y}\right|$，并确定它在 f 的迭代下有什么性态．由（3.4.6）我们有

$$\chi_1\equiv\left|\frac{v_1^x}{v_1^y}\right|=\frac{\left|(A+g_{1x})v_0^x+g_{1y}v_0^y+((Ax)_\theta+g_{1\theta})v_0^\theta\right|}{\left|(B+g_{2y})v_0^y+((By)_\theta+g_{2\theta})v_0^\theta\right|}. \quad (3.4.10)$$

分子以

$$(\lambda+k)|v_0^x|+k(|v_0^y|+|v_0^\theta|) \quad (3.4.11)$$

为其上界，分母以

$$\left(\frac{1}{\lambda}-k\right)|v_0^y|-k|v_0^\theta| \quad (3.4.12)$$

为其下界.

因此，得到

$$\chi_1\equiv\left|\frac{v_1^x}{v_1^y}\right| \leqslant \frac{(\lambda+k)|v_0^x|+k(|v_0^y|+|v_0^\theta|)}{\left(\frac{1}{\lambda}-k\right)|v_0^y|-k|v_0^\theta|} \leqslant \frac{\chi_0+kL}{\frac{1}{\lambda}-kL}. \quad (3.4.13)$$

由（3.4.6）和（3.4.8），容易看到

$$\chi_2 \equiv \left|\frac{v_2^x}{v_2^y}\right| \leqslant \frac{\chi_1 + k\left(1+\left|\frac{v_1^\theta}{v_1^y}\right|\right)}{\frac{1}{\lambda} - k\left(1+\left|\frac{v_1^\theta}{v_1^y}\right|\right)}, \tag{3.4.14}$$

利用（3.4.9）中对 $\left|\frac{v_1^\theta}{v_1^y}\right|$ 给出的估计，我们得到（从（3.4.8）回忆 $b=\frac{1}{\lambda}-kL$ ）

$$\chi_2 \leqslant \frac{\chi_1 + kL}{\frac{1}{\lambda} - kL} \leqslant \frac{\chi_0}{b^2} + \frac{kL}{b^2} + \frac{kL}{b}. \tag{3.4.15}$$

继续以这个方式进行估计，得到

$$\chi_n \equiv \left|\frac{v_n^x}{v_n^y}\right| \leqslant \frac{\chi_0}{b^n} + kL\sum_{i=1}^{n}\frac{1}{b^i} \leqslant \frac{\chi_0}{b^n} + \frac{kL}{b-1}, \tag{3.4.16}$$

又因为当 $n\to\infty$ 时 $\chi_0/b^n\to 0$，而 $\frac{kL}{b-1}<\frac{b-1}{4}$，因此存在正整数 $\tilde{n}$，[327] 使得对任何 $n>\tilde{n}$ 我们有

$$\chi_n \leqslant \frac{b-1}{4}. \tag{3.4.17}$$

现在原来的 v_0 可以选择使得 $\left|\frac{v_0^x}{v_0^y}\right|$，$\left|\frac{v_0^\theta}{v_0^y}\right|$ 在 $T_\tau\bar{V}$ 中尽可能大，因此，存在 $\tilde{n}$ 使得对所有 $n\geqslant\tilde{n}$，$T_{f^n(\tau)}(f^n(\bar{V}))$ 的非零向量满足

$$\left|\frac{v_n^x}{v_n^y}\right| \leqslant \frac{b-1}{4},\quad \left|\frac{v_n^\theta}{v_n^y}\right| \leqslant \alpha^n\left|\frac{v_0^\theta}{v_0^y}\right|. \tag{3.4.18}$$

第 3 步. 由 $T_{f^n(\tau)}(f^n(\bar{V}))$ 的切空间的连续性，可以找到 μ_v-垂直片 $\bar{V}\subset f^n(\bar{V})$，其中 $f^n(\tau)\subset\bar{V}$，使得 $\bar{V}$ 的任何切向量的斜率满足

$$\left|\frac{v_n^x}{v_n^y}\right| \leqslant \frac{b-1}{2},\quad \left|\frac{v_n^\theta}{v_n^y}\right| \leqslant \bar{\alpha}^n\left|\frac{v_0^\theta}{v_0^y}\right|,\quad 0<\alpha<\bar{\alpha}<1. \tag{3.4.19}$$

第 4 步. 设 $v=(v^x,v^y,v^\theta)\in T_{f^n(\tau)}\bar{V}$. 我们要估计在 $T_{f^n(\tau)}\bar{V}$ 中的向量的增长率. 首先注意，如果有必要，选择 δ_s，δ_u 很小以致可假设存在 $k_1>0$，使得

$$0<k_1L<\min(\varepsilon,kL), \tag{3.4.20}$$

又因为在 B 中 $g_1(0,y,\theta)=0$，有

$$\max_B\{\|g_{1y}\|,\|(Ax)_\theta+g_{1\theta}\|\}\leqslant k_1. \tag{3.4.21}$$

注意，由（3.4.9）我们有

$$\max_{v^\theta, v^y \in T_{f^n(\tau)} \overline{\overline{V}}} \left(1+\left|\frac{v^\theta}{v^y}\right|\right) < L. \tag{3.4.22}$$

另外，我们有

$$Df(p)v = \begin{pmatrix} (A+g_{1x})v^x + g_{1y}v^y + ((Ax)_\theta + g_{1\theta})v^\theta \\ g_{2x}v^x + (B+g_{2y})v^y + ((By)_\theta + g_{2\theta})v^\theta \\ g_{3\theta}v^\theta \end{pmatrix}, \tag{3.4.23}$$

[328] 和

$$\chi_{\bar{n}+1} = \left|\frac{v_{\bar{n}+1}^x}{v_{\bar{n}+1}^y}\right| = \frac{\left|(A+g_{1x})v^x + g_{1y}v^y + ((Ax)_\theta + g_{1\theta})v^\theta\right|}{\left|g_{2x}v^x + (B+g_{2y})v^y + ((By)_\theta + g_{2\theta})v^\theta\right|}, \tag{3.4.24}$$

其中分子有上界

$$(\lambda+k)|v^x| + k_1|v^y| + k_1|v^\theta|, \tag{3.4.25}$$

分母有下界

$$\left(\frac{1}{\lambda}-k\right)|v^y| - k|v^x| - k|v^\theta|. \tag{3.4.26}$$

因此

$$\begin{aligned}\chi_{\bar{n}+1} &= \left|\frac{v_{\bar{n}+1}^x}{v_{\bar{n}+1}^y}\right| \leqslant \frac{(\lambda+k)|v^x| + k_1|v^y| + k_1|v^\theta|}{\left(\frac{1}{\lambda}-k\right)|v^y| - k|v^x| - k|v^\theta|} \leqslant \frac{(\lambda+k)\chi_{\bar{n}} + k_1 L}{\frac{1}{\lambda} - kL - k\chi_{\bar{n}}} \\ &\leqslant \frac{\chi_{\bar{n}} + k_1 L}{b - k\chi_{\bar{n}}} \leqslant \frac{\chi_{\bar{n}} + k_1 L}{b - k\left(\frac{b-1}{2}\right)} \leqslant \frac{\chi_{\bar{n}} + k_1 L}{b - \frac{1}{2}(b-1)} = \frac{\chi_{\bar{n}} + k_1 L}{\frac{1}{2}(b-1)}.\end{aligned} \tag{3.4.27}$$

设 $b_1 = \frac{1}{2}(b+1) > 1$. 进行类似的计算，得到

$$\chi_{\bar{n}+n} \leqslant \frac{\chi_{\bar{n}}}{b_1^n} + \frac{k_1 L}{b_1 - 1}. \tag{3.4.28}$$

因此，存在 $\bar{n}$，使得对 $n \geqslant \bar{n}$

$$\chi_{\bar{n}+n} \leqslant \varepsilon\left(1 + \frac{1}{b_1 - 1}\right). \tag{3.4.29}$$

由于 v 可使得 $\chi_{\bar{n}}$ 尽可能大，我们看到对 $n \geqslant \bar{n}$，$f^n(\overline{\overline{V}}) \cap B$ 的任何非零切向量满足 $\left|\frac{v^x}{v^y}\right| \leqslant \varepsilon\left(1 + \frac{1}{b_1 - 1}\right)$. 因此，任给 $\varepsilon > 0$，存在 n_0 使得对 $n \geqslant n_0$，$f^n(\overline{\overline{V}}) \cap B$ 的所有非零切向量满足

$$\left|\frac{v_n^x}{v_n^y}\right| < \varepsilon.$$

下面我们要证明 $f^n(\bar{\bar{V}})\cap B$ 在 $W^u(V)$ 方向扩展. 我们通过检查在 f 的迭代下垂直于 V 的切向量的比率 [329]

$$\sqrt{\frac{\left|v_{n+1}^x\right|^2+\left|v_{n+1}^y\right|^2}{|v_n^x|^2+|v_n^y|^2}}=\frac{|v_{n+1}^y|}{|v_n^y|}\sqrt{\frac{1+\chi_{n+1}^2}{1+\chi_n^2}} \tag{3.4.30}$$

来证明这一点.

由（3.4.27）我们看到

$$\frac{|v_{n+1}^y|}{|v_n^y|}\geqslant\frac{1}{\lambda}-kL-k\chi_n. \tag{3.4.31}$$

现在，由于 χ_{n+1} 和 χ_n 为任意小，因此，我们看到与 V 垂直的切向量的迭代的范数的增长率趋于 $\frac{1}{\lambda}-kL>1$. 从而 $f^n(\bar{\bar{V}})\cap B$ 沿着 $W^u(V)$ 扩展. 这与 $f^n(\bar{\bar{V}})\cap B$ 的切向量满足 $|v^x/v^y|<\varepsilon$ 的事实一起证明了存在 n_0，使得对 $n\geqslant n_0$，$f^n(\bar{\bar{V}})\cap B$ 是 C^1 ε-接近于 $W^u(V)$. □

现在我们准备好了给出定理 3. 3. 1 的证明.

定理 3. 4. 1 的证明如下.

现在 $W^s(V)$ 和 $W^u(V)$ 在 τ 横截相交，存在整数 p_1，p_2，使得 $f^{p_1}(\tau)$，$f^{-p_2}(\tau)\in B$ 其中 $W^s(V)$ 和 $W^u(V)$ 在 $f^{p_1}(\tau)$，$f^{-p_2}(\tau)$ 横截相交. 用 $(x_1,0,\theta)$ 和 $(0,y_2,\theta)$ 分别表示 $f^{p_1}(\tau)$ 和 $f^{-p_2}(\tau)$. 对某个 ε_1，$\varepsilon_2>0$，考虑下面的集合：

$$\begin{aligned}U_1&=\{(x,y,\theta)\,\|\,x-x_1|\leqslant\varepsilon_1,\ |y|\leqslant\varepsilon_1,\ \theta\in T^l\},\\U_2&=\{(x,y,\theta)\,\|\,x|\leqslant\varepsilon_2,|y-y_2|\leqslant\varepsilon_2,\ \theta\in T^l\}.\end{aligned} \tag{3.4.32}$$

现在的策略是证明存在集合 $\tilde{U}_1\subset U_1$，该集合在 f 的某个迭代下映上为其自身. 并且 2. 4 节的条件 A1 和 A3 满足.

由引理 3. 4. 2，我们知道，存在正整数 n_0，使得对每个 $n>n_0$ 有 $f^n(U_1)\cap U_2\neq\varnothing$.

设 $\tilde{U}_2$ 是包含 $f^n(x_1,0,\theta)$ 的 $f^n(U_1)\cap U_2$ 的连通分支. 于是，$f^{-n}(\tilde{U}_2)\equiv\tilde{U}_1$ 是 U_1 包含 $(x_1,0,\theta)$ 的子集. 我们选择 μ_v-垂直片 $\bar{V}_\alpha$ 的 $\tilde{U}_1$ 的一个叶层（即，一个 n 维参数族），其中 $\alpha\in I$，I 是某个 n 维指标集，使得 $\bar{V}_\alpha$ 平行于 $(x_1,0,\theta)$ 上的切丛，其中 $\theta\in T^l$ 是包含 $(x_1,0,\theta)$，$\theta\in T^l$ 的 $W^u(V)\cap\tilde{U}_1$ 的分量. 于是由引理 3. 4. 2，对充分小 $\tilde{U}_1$ 和 $n\geqslant n_0$，$f^n(\bar{V}_\alpha)$，$\alpha\in I$ 是 C^1 ε 接近于 $W^u(V)$. [330]

现在 $f^{p_1+p_2}(0,y_2,\theta)=(x_1,0,\theta)$，因此，$(0,y_2,\theta)$ 的邻域映上为 $(x_1,0,\theta)$ 的邻域，由 Taylor 定理，$f^{p_1+p_2}$ 可以通过刚体运动（即平移加旋转）C^1 ε-接近近似，它在 $(0,y_2,\theta)$ 的导数写为

$$\begin{pmatrix} a_{11} & a_{12} & a_{13} \\ a_{21} & a_{22} & a_{23} \\ a_{31} & a_{32} & a_{33} \end{pmatrix}, \qquad (3.4.33)$$

其中因为 $W^s(V)$ 与 $W^u(V)$ 在 $(0, y_2, \theta)$ 横截相交，因此，$\det a_{22} \neq 0$ 和 $\det\begin{pmatrix} a_{22} & a_{23} \\ a_{32} & a_{33} \end{pmatrix} \neq 0$. 这个事实的一个直接结果是 $f^n(\bar{V}_\alpha) \subset \tilde{U}_2$，$\alpha \in I$ 映为 μ_v-垂直片的 n 维参数族，它是 C^1 ε 接近于包含 $(x_1, 0, \theta)$，$\theta \in T^l$ 的 $W^u(V) \bigcap \tilde{U}_1$ 的分量. 几何说明如图 3.4.10 所示.

现在我们要证明，映射

$$F \equiv f^{p_1+p_2} \circ f^n : \tilde{U}_1 \to \tilde{U}_1 \qquad (3.4.34)$$

满足 2.4 节的条件 A1 和 A3.

A1. 我们可以在 $\tilde{U}_1$ 中构造 μ_h-水平板的可数集 H_i，$i=1, 2, \cdots$，由引理 3.4.2，它们的垂直边界由 $\bar{V}_\alpha$，$\alpha \in I$ 构造，使得 $0 < \mu_v \mu_h < 1$. 于是，由前面的讨论，$F(H_i) \subset \tilde{U}_1$，其中 $F(H_i)$ 的垂直边界 C^1 ε 接近于 H_i 的垂直边界. 此外，由于我们通过选择 $\tilde{U}_1$ 充分小可保证 y 方向扩展到一个任意量，于是 $F(H_i)$ 与每个 H_j，$j=1, 2, \cdots$ 适当相交，因此 A1 成立. [331]

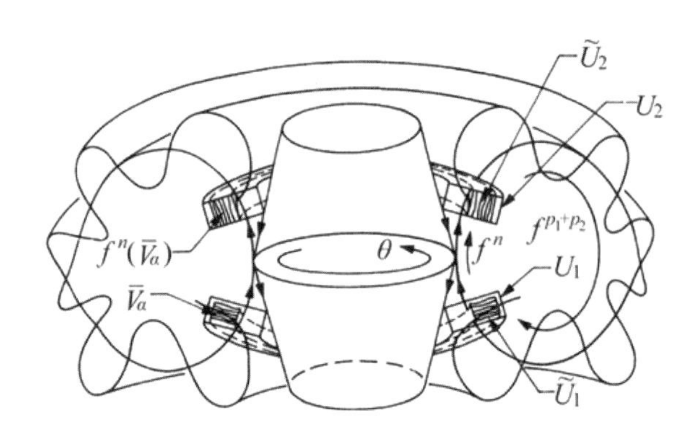

图 3.4.10 同宿缠结附近的几何结构

A3. 现在我们给出对稳定扇形的论述. 对不稳定扇形的论述几乎是相同的. 但我们必须说明三件事. 对所有 $p_0 \in \mathcal{H}$，$0 < \mu < 1 - \mu_v \mu_h - \mu_h \bar{\mu}_v - \bar{\mu}_h$，有

(1) $DF(S^u_{\mathcal{H}}) \subset S^u_{\mathcal{V}}$.

(2) $\left|\eta_{f(p_0)}\right| > \dfrac{1}{\mu} |\eta_{p_0}|$.

（3）$1<\left|\eta_{f(p_0)}\right|/\left|\chi_{f(p_0)}\right|$.

首先引入某个记号. 我们有

$$DF=\begin{pmatrix} a_{11} & a_{12} & a_{13} \\ a_{21} & a_{22} & a_{23} \\ a_{31} & a_{32} & a_{33} \end{pmatrix} Df^n . \quad (3.4.35)$$

对 $v_{p_0}=(v_{p_0}^x,v_{p_0}^y,v_{p_0}^\theta)\in S_{p_0}^u$， $p_0\in\mathcal{H}$， 令

$$Df^n(p_0)v_{p_0}=(v_{f^n(p_0)}^x,v_{f^n(p_0)}^y,v_{f^n(p_0)}^\theta).$$

则

$$DF(p_0)v_{p_0}=\begin{pmatrix} a_{11}v_{f^n(p_0)}^x+a_{12}v_{f^n(p_0)}^y+a_{x13}v_{f^n(p_0)}^\theta \\ a_{21}v_{f^n(p_0)}^x+a_{22}v_{f^n(p_0)}^y+a_{x23}v_{f^n(p_0)}^\theta \\ a_{31}v_{f^n(p_0)}^x+a_{32}v_{f^n(p_0)}^y+a_{x33}v_{f^n(p_0)}^\theta \end{pmatrix}\equiv v_{F(p_0)}. \quad (3.4.36)$$

同样注意，由引理 3.4.2 可选择任意小 $\bar{\mu}_h$ 和 $\bar{\mu}$. 现在开始论述.

$DF(S_{\mathcal{H}}^u)\subset S_{\mathcal{V}}^u$. 在 $\tilde{U}_1$ 中选择中心沿着 $\bar{V}_\alpha$ 的扇形 $S_{p_0}^u$， $p_0\in\mathcal{H}$，其中 $\alpha\in I$. 设 v_{p_0} 是 $S_{p_0}^u$ 中的任意一个向量. 由引理 3.4.2，对充分大 n，在 $Df^n(p_0)$ 作用下，我们有

$$\left|\frac{v_{f^n(p_0)}^x}{v_{f^n(p_0)}^y}\right|<\varepsilon, \quad (3.4.37)$$

[332]　和

$$\left|\frac{v_{f^n(p_0)}^x}{v_{f^n(p_0)}^\theta}\right|<\varepsilon. \quad (3.4.38)$$

现在 $f^n(\bar{V}_\alpha)$ 在 $Df^{p_1+p_2}$ 的作用下的像 C^1 ε 接近于 $\bar{V}_\alpha$ 的切空间. 因此，$DF(S_{\mathcal{H}}^u)\supset S_{\mathcal{V}}^u$.

$\left|\eta_{f(p_0)}\right|>\dfrac{1}{\mu}|\eta_{p_0}|$. 由（3.4.36）我们有

$$\left|\frac{v_{p_0}^y}{v_{f(p_0)}^y}\right|=\frac{|v_{p_0}^y|}{\left|a_{21}v_{f^n(p_0)}^x+a_{22}v_{f^n(p_0)}^y+a_{23}v_{f^n(p_0)}^\theta\right|}. \quad (3.4.39)$$

由横截性，a_{22} 可逆，因此，由引理 3.4.2，通过取 n 充分大可使(3.4.39)的分母任意大.

$1<\left|\eta_{f(p_0)}\right|/\left|\chi_{f(p_0)}\right|$. 这由正规双曲性和引理 3.4.2 得到的类似估计得到. □

关于定理 3.4.1 我们做以下说明：

（1）对 $l=0$ 的情形（即，不变环面简化为不动点的情形），定理

3. 4. 1 变成熟悉的 Smale-Birkhoff 定理，见 Smale[1963].

（2）定理 3. 4. 1 是 Wiggins[1986a]证明的，但是类似的更早结果是 Silnikov[1968b]得到的. Meyer 和 Sell[1986]利用非常不同的技术研究概周期轨道的同宿轨道，并得到了类似于定理 3. 4. 1 中给出的动力学特性.

最后的评论.

（1）与双曲不动点的同宿轨道相应的复杂动力学首先是由 Poincaré[1899]在他的限制三体问题中注意到的. 事实上，这个词是他提出的. Birkhoff 继续 Poincaré 的研究.

映射的双曲不动点的同宿轨道的大部分工作是对 2 维情形做的. Gavrilnov 和 Silnikov[1972]，[1973]研究了参数化系统，并对同宿轨道证明鞍–结点和倍周期分支的无穷序列凝聚在分支值. Newhouse[1974]，[1979]独立地发现 Gavrilnov 和 Silnikov 的结果并走得更远. 事实上，“Newhouse 汇”的存在是证明许多系统中存在奇异吸引子的主要困难，例如强迫 Duffing 振子（见 Guckenheimer 和 Holmes[1983]对它的讨论）. 也见 Robinson[1985]. [333]

（3）在维数大于或等于 3 中的非双曲不动点的同宿轨道和非横截同宿轨道都还没有受到更多的研究.

（4）与 2 维参数化系统中随着马蹄形成的相应分支研究的扭结理论的应用见 Holmes 和 Williams[1985].

（5）通过横截同宿轨道形成的异宿缠结通常会产生与定理 3. 4. 1 中描述的相同类型的混沌动力学. 同样的技术应该得到应用，我们将细节留给读者.

（6）正规双曲不变环面的同宿轨道仅仅在最近才得到研究. 有许多没有解决的问题. 例如，沿着环面的动力学如何“耦合”到正规环面的混沌动力学？有可能“夹带”环面的 Cantor 集吗？如果是这样，那么在环面的 Cantor 集中可能存在“通常”的马蹄.

第 4 章　探测混沌动力学的全局扰动方法

[334] 在第 3 章中我们看到，双曲不动点、双曲周期轨道或正规双曲不变环面通常可能是产生确定性混沌的机制．在本章中我们将开发各种扰动技巧来探测这种同宿轨道和异宿轨道．

术语“全局扰动”是指我们关心的是扰动整个相空间扩展区域中存在的结构．这个方法背后的主要思想可在 Melnikov[1963]的工作中找到．Melnikov 考虑的“未被扰动”系统是具有通过同宿轨道连接到自己的双曲不动点的平面常微分方程．正如我们在 3. 2b 节中看到的，与这种系统相应的没有复杂的动力学现象．然后他用时间周期扰动来扰动这个系统．此时双曲不动点变成双曲周期轨道，它的稳定和不稳定流形可以横截相交，从而导致 Smale 马蹄及其伴随的混沌动力学（见 3. 3 节）．他利用一种巧妙的扰动技术，为双曲周期轨道的稳定流形和不稳定流形之间的距离建立了一个可计算的公式，从而使他能够明确地确定特定系统中混沌动力学的存在性．接下来几年，Arnold[1964] 将 Melnikov 方法推广到两个自由度完全可积的 Hamilton 系统的时间周期的 Hamilton 扰动的特殊例子．Arnold 利用该方法证明 Hamilton 系统存在现在被称为 Arnold 扩散的全局类型的不稳定性．随着 Melnikov 和 Arnold 的这些发展，该技术似乎一直未被（至少在西方）使用，直到 Holmes[1979]在他对周期性强迫 Duffing 振子的研究中重新发现并应用． [335] 从那时起，不同的作者开发了该方法的各种推广，我们将很快会描述这些．

本章的内容结构如下：在第 4. 1 节中，我们将概括地描述我们正在考虑的三种不同类型系统的结构，以及它们如何适应一般的理论框架．我们还将评论我们的方法如何概括以前的工作．在第 4. 2 节中，我们将讨论各种说明该理论的例子．在第 4. 3 节中，将对我们开发的方法进行推广以及一些其他应用发表一些评论．

4. 1. 三个基本系统与它们的几何结构

在本节中，我们将描述所考虑的三个类型系统的结构，并将它们置于先前的工作背景下．

我们的目的是开发扰动技术，使我们能够检测到不同类型的不变集的同宿和异宿轨道的存在性．与大多数扰动理论一样，我们将从一个未被扰动系统开始，我们对这个系统的全局动力学有相当多的了解．在我们的例子中，未被扰动的系统将是完全可积的 Hamilton 系统或具有退化同宿或异宿结构的完全可积 Hamilton 系统的参数化族（更具体地说，它们将包含不变环面的参数化族的非横截同宿或异宿轨道的流形）．我们将考虑这种系统（即，扰动系统不必是 Hamilton 系统）的任意扰动，并确定在扰动系统中可保持的任何不变集的特性．然后，利用我们关于未被扰动系统的非横截同宿结构的知识，开发一种测量扰动系统中保留的某些不变集的稳定流形和不稳定流形之间距离的方法. 从而，能够断言扰动系统中同宿和异宿轨道的存在（或不存在）.

我们将研究的三类系统有形式:

[336] 系统 I：

$$\begin{aligned} \dot{x} &= JD_xH(x,I)+\varepsilon g^x(x,I,\theta,\mu;\varepsilon), \\ \dot{I} &= \varepsilon g^I(x,I,\theta,\mu;\varepsilon), \qquad (x,I,\theta)\in\mathbb{R}^{2n}\times\mathbb{R}^m\times T^l, \\ \dot{\theta} &= \Omega(x,I)+\varepsilon g^\theta(x,I,\theta,\mu;\varepsilon), \end{aligned}$$

系统 II：

$$\begin{aligned} \dot{x} &= JD_xH(x,I)+\varepsilon g^x(x,I,\theta,\mu;\varepsilon), \\ \dot{I} &= \varepsilon g^I(x,I,\theta,\mu;\varepsilon), \qquad (x,I,\theta)\in\mathbb{R}^{2n}\times T^m\times T^l, \\ \dot{\theta} &= \Omega(x,I)+\varepsilon g^\theta(x,I,\theta,\mu;\varepsilon), \end{aligned}$$

系统 III：

$$\begin{aligned} \dot{x} &= JD_xH(x,I)+\varepsilon JD_x\tilde{H}(x,I,\theta,\mu;\varepsilon), \\ \dot{I} &= -\varepsilon D_\theta\tilde{H}(x,I,\theta,\mu;\varepsilon), \qquad (x,I,\theta)\in\mathbb{R}^{2n}\times\mathbb{R}^m\times T^m, \\ \dot{\theta} &= D_IH(x,I)+\varepsilon D_I\tilde{H}(x,I,\theta,\mu;\varepsilon), \end{aligned}$$

其中 $0<\varepsilon\ll 1$， $\mu\in\mathbb{R}^p$ 是参数向量，J 是 $2n\times 2n$ 矩阵

$$J=\begin{pmatrix} 0 & \mathrm{Id} \\ -\mathrm{Id} & 0 \end{pmatrix},$$

其中“Id”表示 $n\times n$ 恒等矩阵，“0”表示 $n\times n$ 零矩阵. 有关系统 I，II 和 III 的结构即将给出，但是现在我们将对它们之间区别做一般性说明.

（1）令 $\varepsilon=0$，得到的系统称为未被扰动系统. 三个未被扰动系统的每一个都有非常简单的结构. 然而，未被扰动系统 III 更特殊，它的整个向量场由 Hamilton 系统 $H_\varepsilon(x,I,\theta,\mu;\varepsilon)=H(x,I)+\varepsilon\tilde{H}(x,I,\theta,\mu;\varepsilon)$ 导出. 对未被扰动系统 I 和 II，就不必是这个情形.

（2）系统 II 和 系统 III 似乎是系统 I 的特例. 这是真的；然而，向量场的基本几何结构存在巨大差异，我们对每种情形证明的内容需要针对每种情形进行单独讨论.

（3）在所有三个系统中，描述它们一般结构的主要区别涉及向量场的 I 分量的性态. 具体地说，我们需要对扰动系统的 I 变量进行某种类型的控制.

在系统 I 中，我们将要求扰动向量场具有耗散特性，从而导致在某种平均意义上向量场的 I 分量存在一个驻点. 这将导致频率 Ω 之间的某些非共振要求. [337]

系统 II 对 I 变量的每个分量是周期的.

系统 III 中的扰动是 Hamilton 的. 此时对 I 变量的控制是用 KAM

（Kolmogorov-Arnold-Moser）型参数得到的. 如同对系统 I，这导致频率Ω之间的某些非共振条件.

在继续对系统 I，II 和 III 进行一般性讨论之前，我们想评论一下以前对 Melnikov 思想的概括以及它们如何适合我们的一般框架.

Melnikov[1963]原来的工作是对系统 I 的一个特殊情形. 令$n=1$，$m=0$和$l=1$，其中$\dot{\theta}=\omega=$常数，这给出

$$\begin{aligned}\dot{x}&=JD_xH(x)+\varepsilon g^x(x,\theta;\mu;\varepsilon),\\ \dot{\theta}&=\omega,\end{aligned}\qquad (x,\theta)\in\mathbb{R}^2\times T^1.$$

这个方程具有周期性扰动振子的形式，是 Melnikov 最初研究的方程类型（注意：Melnikov 的工作实际上更一般，因为它不要求未被扰动系统是 Hamilton 的；见 Melnikov[1963]和 Salam[1987]）. 后来，Chow，Hale 和 Mallet-Paret[1980]重新发现了 Melnikov 在更抽象环境下的结果.

Holmes 和 Marsden[1982a]研究了弱耦合振子耗散扰动和 Hamilton 扰动中的同宿轨道. 对耗散扰动他们的工作是系统 I 的特殊情形，其中$n=1$，$m=l=1$，$\Omega(x,I)=D_IH(x,I)$，所得的方程具有形式

$$\begin{aligned}\dot{x}&=JD_xH(x,I)+\varepsilon g^x(x,I,\theta,\mu;\varepsilon),\\ \dot{I}&=\varepsilon g^I(x,I,\theta,\mu;\varepsilon),\\ \dot{\theta}&=D_IH(x,I)+\varepsilon g^\theta(x,I,\theta,\mu;\varepsilon),\end{aligned}\qquad (x,I,\theta)\in\mathbb{R}^2\times\mathbb{R}^1\times T^1.$$

对 Hamilton 扰动他们的工作是系统 III 的一个特殊情形，其中$n=1$，$m=l=1$，所得的方程具有形式

$$\begin{aligned}\dot{x}&=JD_xH(x,I)+\varepsilon JD_x\tilde{H}(x,I,\theta,\mu;\varepsilon),\\ \dot{I}&=-\varepsilon D_\theta\tilde{H}(x,I,\theta,\mu;\varepsilon),\\ \dot{\theta}&=D_IH(x,I)+\varepsilon D_I\tilde{H}(x,I,\theta,\mu;\varepsilon),\end{aligned}\qquad (x,I,\theta)\in\mathbb{R}^2\times\mathbb{R}^1\times T^1.$$

[338] Lerman 和 Umanski[1984]研究了同时受耗散和 Hamilton 扰动影响的强耦合振子中的同宿轨道. 对耗散扰动他们的工作是对系统 I 的特殊情形，其中$n=2$，$m=0$，$l=0$，其中方程有形式

$$\dot{x}=JD_xH(x)+\varepsilon g^x(x,\mu;\varepsilon),\qquad x\in\mathbb{R}^4.$$

对 Hamilton 扰动，他们的工作是系统 III 的特殊情形，其中$n=2$，$m=0$，$l=0$，所得方程有形式

$$\dot{x}=JD_xH(x)+\varepsilon JD_x\tilde{H}(x,\mu;\varepsilon),\qquad x\in\mathbb{R}^4.$$

Holmes 和 Marsden[1982b]，[1983]给出了一类一般系统中 Arnold 扩散存在的充分条件. 他们考虑的系统是系统 III 的一个特殊情形，其中$n=1$，m任意，所得方程有形式

$$\begin{aligned}\dot{x}&=JD_xH(x,I)+\varepsilon JD_x\tilde{H}(x,I,\theta,\mu;\varepsilon),\\ \dot{I}&=-\varepsilon D_\theta\tilde{H}(x,I,\theta,\mu;\varepsilon),\\ \dot{\theta}&=D_IH(I)+\varepsilon D_I\tilde{H}(x,I,\theta,\mu;\varepsilon),\end{aligned}\qquad (x,I,\theta)\in\mathbb{R}^2\times\mathbb{R}^m\times T^m.$$

在一个关于通过共振的问题中，Robinson[1983]研究了一类方程组中的同宿运动，这类方程组是系统 I 中 $n=1$，m 任意，$l=0$ 的特殊情形，其方程具有形式

$$\begin{aligned} \dot{x} &= JD_x H(x,I) + \varepsilon g^x(x,I,\mu;\varepsilon), \\ \dot{I} &= \varepsilon g^I(x,I,\mu;\varepsilon), \end{aligned} \qquad (x,I) \in \mathbb{R}^2 \times \mathbb{R}^m.$$

Wiggins 和 Holmes[1987]后来研究了 $n=1$，$m=1$，$l=1$ 和 $\dot{\theta}=\omega=$ 常数这样的系统，其方程有形式

$$\begin{aligned} \dot{x} &= JD_x H(x,I) + \varepsilon g^x(x,I,\theta,\mu;\varepsilon), \\ \dot{I} &= \varepsilon g^I(x,I,\theta,\mu;\varepsilon), \qquad (x,I,\theta) \in \mathbb{R}^2 \times \mathbb{R}^1 \times T^1. \\ \dot{\theta} &= \omega, \end{aligned}$$

系统 I 的一般理论是由 Wiggins[1986b]第一个给出的.

系统 II 是 Wiggins[1988]关于低频率大振幅强迫系统中同宿轨道工作的推广. [339]

Wiggins[1986]，[1987]研究了拟周期强迫振子中的同宿轨道. 他的工作是系统 I 的一个特殊情形，其中 $\dot{\theta}=\omega=$ 常数，其方程有形式

$$\begin{aligned} \dot{x} &= JD_x H(x) + \varepsilon g^x(x,\theta,\mu;\varepsilon), \\ \dot{\theta} &= \omega, \end{aligned} \qquad (x,\theta) \in \mathbb{R}^2 \times T^l.$$

Meyer 和 Sell[1986]以及 Scheurle[1985]发展了研究概周期强迫振子中的同宿轨道的技术.

我们的方法在很大程度上依赖于与未被扰动系统相关的完全可积的几何结构. 然而，Melnikov 类型的技术已经被 Greundler[1985]和 Palmer[1984]发展并用于 n 维系统的时间周期扰动，该系统具有通过同宿轨道连接到自身的双曲不动点. 他们的方法在本质上不是几何的，而是用更多的泛函分析，本书不涉及.

随着我们的讨论，我们将对这些技术的其他应用进行评论，并在本章末尾提及对这些想法的进一步概括. 接下来我们将讨论系统 I，II 和 III 的结构.

4. 1a. 系统 I

我们将考虑的第 I 型系统有下面形式

$$\begin{aligned} \dot{x} &= JD_x H(x,I) + \varepsilon g^x(x,I,\theta,\mu;\varepsilon), \\ \dot{I} &= \varepsilon g^I(x,I,\theta,\mu;\varepsilon), \\ \dot{\theta} &= \Omega(x,I) + \varepsilon g^\theta(x,I,\theta,\mu;\varepsilon), \end{aligned} \qquad (4.1.1)_\varepsilon$$

其中 $0<\varepsilon\ll 1$，$(x,I,\theta)\in\mathbb{R}^{2n}\times\mathbb{R}^m\times T^l$，$\mu\in\mathbb{R}^p$ 是参数向量，此外，我们将假设：

I 1. 设 $V\subset\mathbb{R}^{2n}\times\mathbb{R}^m$ 和 $W\subset\mathbb{R}^p\times\mathbb{R}$ 是开集，则以下函数在它们相应的定义域内有定义且“充分可微”：

$$JD_xH : V \mapsto \mathbb{R}^{2n},$$
$$g^x : V\times T^l \times W \mapsto \mathbb{R}^{2n},$$
$$g^I : V\times T^l \times W \mapsto \mathbb{R}^{m},$$
$$\Omega : V \mapsto \mathbb{R}^{l},$$
$$g^\theta : V\times T^l \times W \mapsto \mathbb{R}^{l}.$$

[340] “充分可微”指C^r，$r \geqslant 6$（理由将在后面解释），在许多情形$r \geqslant 2$将已足够．无论如何，指定可微性的确切程度通常是一个技术麻烦，因为我们所有的例子都是解析的．最后，我们回忆 1. 1i 节中（4. 1. 1）$_\varepsilon$的部分相空间是 l 维环面意味着什么．关于 x，l，μ，以及ε固定，这意味着g^x，g^I和g^θ的 l 维θ变量的每个分量是 2π 周期函数，例如，对任何$1 \leqslant i \leqslant l$，$g^x(x,I,\theta_1,\cdots,\theta_i,\cdots,\theta_l,\mu;\varepsilon) = g^x(x,I,\theta_1,\cdots,\theta_i + 2\pi,\cdots,\theta_l,\mu;\varepsilon)$．

Ⅰ2. $H = H(x,I)$ 是一个标量值函数，可将它看作一个 m 维 Hamilton 参数族，J 是 $2n\times 2n$ “辛”矩阵

$$J = \begin{pmatrix} 0 & \mathrm{Id} \\ -\mathrm{Id} & 0 \end{pmatrix},$$

其中 Id 是$n\times n$恒等矩阵，0 是$n\times n$零矩阵.

我们将称（4. 1. 1）$_\varepsilon$为扰动系统.

4.1a（i）未被扰动相空间的几何结构

在（4. 1. 1）$_\varepsilon$中令$\varepsilon = 0$，得到的系统称为未被扰动系统

$$\begin{aligned} \dot{x} &= JD_xH(x,I), \\ \dot{I} &= 0, \\ \dot{\theta} &= \Omega(x,I). \end{aligned} \qquad (4.1.1)_0$$

注意到，由于$\dot{I} = 0$，未被扰动系统的 x 分量由 Hamilton 系统的 m 维参数族组成．同样，（4. 1. 1）$_0$的 x 分量与θ无关，因此，可以讨论（4. 1. 1）$_0$与θ无关的 x 分量的结构．我们有两个关于（4. 1. 1）$_0$的 x 分量的“结构性”假设.

Ⅰ3. 存在开集$U \subset \mathbb{R}^m$，使得对每个$I \in U$，系统

$$\dot{x} = JD_xH(x,I) \qquad (4.1.1)_{0,x}$$

是一个完全可积的 Hamilton 系统．“完全可积”指的是存在n个(x,I)的标量值函数，$H \equiv K_1,K_2,\cdots,K_n$（$K_i$ 称为“积分”），它们满足下面两个条件： [341]

（1）向量集 $D_xK_1, D_xK_2, \cdots, D_xK_n$ 对 $\forall I \in U$ 在 $\mathbb{R}^{2n}$ 的不是（4. 1. 1）$_{0,x}$不动点的所有点是逐点线性无关的.

（2）定义K_i，K_j的 Poisson 括号（记为$\{K_i,K_j\}$）如下

$$\{K_i, K_j\} = \langle JD_x K_i, D_x K_j \rangle \tag{4.1.2}$$

其中$\langle \cdot,\cdot \rangle$表示通常的欧几里得内积，我们要求$K_i$的逐对 Poisson 括号为零，即

$$\langle JD_x K_i, D_x K_j \rangle = 0, \quad \forall i, j, \ I \in U. \tag{4.1.3}$$

此外，假设K_i至少是C^{r+1}的，$r \geqslant 6$.

注意，我们对完全可积的定义与经典定义并不相同. 可积性的经典定义要求积分是解析函数，而且还放松我们对积分的独立性的要求. 为了我们的目的，有限次可微就够了.

（注意：完全可积性的更完全的讨论（这对我们的目的并不需要），建议读者参看 Abraham 和 Marsden[1978]或 Arnold[1978].）

我们要强调的是，Hamilton 系统的背景并不是以下材料的先决条件；相反，完全可积的 Hamilton 系统的几何结果将更重要，很快我们将对此进行评论.

Ⅰ4. 对每个$I \in U$，（4.1.1）$_{0,\ x}$有随I变化的双曲不动点，且有连接不动点到它自身的同宿流形. 我们将假设沿着同宿轨道的轨线可以表示为形式$x^I(t,\alpha)$，其中$t \in \mathbb{R}^1$，$\alpha \in \mathbb{R}^{n-1}$. 假设同宿流形是$n$维的原因与积分的独立性有关，稍后将进行讨论

[342] 现在我们对Ⅰ3 和Ⅰ4 的几何结果进行以下评论.

Ⅰ3 的结论.

对固定的$I = I_0 \in U$将系统（4.1.1）$_{0,\ x}$视为$\mathbb{R}^{2n}$上的向量场. 设x_0是（4.1.1）$_{0,\ x}$的双曲不动点. 用$W^s_{I_0}(x_0)$和$W^u_{I_0}(x_0)$分别表示x_0的n维稳定和不稳定流形（注意：x_0的稳定流形和不稳定流形的维数在Ⅰ4 的结果下进行了更充分的讨论. 在这一点上，我们要求读者接受上述关于维数的说明）. 我们有下面的预备引理.

引理 4.1.1. 假设$K_1(x_0,I_0)=c_1,\cdots,K_n(x_0,I_0)=c_n$，则对所有$x \in W^s_{I_0}(x_0) \cup W^u_{I_0}(x_0)$，$K_1(x,I_0)=c_1,\cdots,K_n(x,I_0)=c_n$.

证明：这是K_i的连续性的一个直接结果. □

为了我们的目的，与Ⅰ3 相应的几何结果包含在下面两个命题中（注意，$T_x W^{s,u}_{I_0}(x_0)$表示$W^{s,u}_{I_0}(x_0)$在x的切空间）.

命题 4.1.2. 对任何$x \in W^s_{I_0}(x_0)$（相应地，$W^u_{I_0}(x_0)$），$T_x W^s_{I_0}(x_0)$（相应地，$T_x W^u_{I_0}(x_0)$）$= \mathrm{span}\{JD_x K_1(x,I_0),\cdots,JD_x K_n(x,I_0)\}$. 此外，

$$N_x = \mathrm{span}\{D_x K_1(x,I_0),\cdots,D_x K_n(x,I_0)\}$$

垂直于$T_x W^s_{I_0}(x_0)$（相应地，$T_x W^u_{I_0}(x_0)$），$\mathbb{R}^{2n} = T_x W^s_{I_0}(x_0) + N_x$（相应地，$T_x W^u_{I_0}(x_0) + N_x$）.

证明：由引理 4.1.1，对任何$x \in W^s_{I_0}(x_0) \cup W^u_{I_0}(x_0)$，我们有

$$
\begin{aligned}
K_1(x,I_0)-c_1&=0,\\
&\vdots\\
K_n(x,I_0)-c_n&=0.
\end{aligned}
\tag{4.1.4}
$$

因此，为了确定起见，我们将给出对 $W_{I_0}^s(x_0)$ 的论述，然而对 $W_{I_0}^u(x_0)$ 的论述相同．设 $x\in W_{I_0}^s(x_0)$，$\beta(t)$ 对包含在关于原点的某个开区间内，是 $W_{I_0}^s(x_0)$ 中满足 $\beta(0)=x$ 的可微曲线．于是 $\beta(t)$ 满足（4.1.4），即　[343]

$$
\begin{aligned}
K_1(\beta(t),I_0)-c_1&=0,\\
&\vdots\\
K_n(\beta(t),I_0)-c_n&=0.
\end{aligned}
\tag{4.1.5}
$$

关于 t 微分（4.1.5）得到

$$
\begin{aligned}
\langle D_xK_1(x,I_0),\dot{\beta}(0)\rangle&=0,\\
&\vdots\\
\langle D_xK_n(x,I_0),\dot{\beta}(0)\rangle&=0.
\end{aligned}
\tag{4.1.6}
$$

几何上，$\dot{\beta}(0)$ 是 $W_{I_0}^s(x_0)$ 在 x 的切向量，或者，换句话说，$\dot{\beta}(0)\in T_xW_{I_0}^s(x_0)$，而且解析地 $\dot{\beta}(0)$ 可看作（4.1.6）的解．因此，由于 $\beta(t)$ 是 $W_{I_0}^s(x_0)$ 中的任意曲线，（4.1.6）的任何解是 $T_xW_{I_0}^s(x_0)$ 的一个元素．由 I 3，n 个线性无关的向量 $JD_xK_1(x,I_0),\cdots,JD_xK_n(x,I_0)$ 的每一个都是（4.1.6）的解．因此，$T_xW_{I_0}^s(x_0)=\operatorname{span}\{JD_xK_1(x,I_0),\cdots,JD_xK_n(x,I_0)\}$．

$N_x=\operatorname{span}\{D_xK_1(x,I_0),\cdots,D_xK_n(x,I_0)\}$ 垂直于 $T_xW_{I_0}^s(x_0)$ 的事实是（4.1.3）的一个直接结论．□

关于 $W_{I_0}^s(x_0)$ 和 $W_{I_0}^u(x_0)$ 的维数，需要注意的是，由（4.1.4）可以看出它们每一个都是 n 维的，因为 $D_xK_i(x,I_0),\ i=1,\cdots,n$ 是线性无关的．

命题 4.1.2 在后面当我们构造“同宿坐标”时将很有用．下面的命题指出，如果存在同宿轨道，它必须是 n 维的．

命题 4.1.3. *假设 $W_{I_0}^s(x_0)$ 和 $W_{I_0}^u(x_0)$ 相交．则 $W_{I_0}^s(x_0)$ 和 $W_{I_0}^u(x_0)$ 沿着包含 $W_{I_0}^s(x_0)\cap W_{I_0}^u(x_0)-\{x_0\}$ 的 $W_{I_0}^s(x_0)-\{x_0\}$ 和 $W_{I_0}^u(x_0)-\{x_0\}$ 的 n 维分量重合．因此，存在 x_0 的同宿轨道的 n 维流形．*

证明： 考虑映射

$$K(x,I_0)=(K_1(x,I_0),\cdots,K_n(x,I_0)):\mathbb{R}^{2n}\to\mathbb{R}^n.$$

由引理 4.1.1，对所有 $x\in W_{I_0}^s(x_0)\cup W_{I_0}^u(x_0)$，$K(x,I_0)=(c_1,\cdots,c_n)\equiv c$．因此，$K^{-1}(c)$ 是包含 $W_{I_0}^s(x_0)\cup W_{I_0}^u(x_0)$ 的一个不变集．现在由 I 3，

[334]　$D_xK_i(x,I_0)$，$1\leqslant i\leqslant n$ 在每个 $x\in W_{I_0}^s(x_0)\cup W_{I_0}^u(x_0)-\{x_0\}$ 是线性无关的．

因此，对每个 $x \in W_{I_0}^s(x_0) \cup W_{I_0}^u(x_0) - \{x_0\}$，$K$ 是映上的（即，$D_x K$ 有最大秩）．因此，由隐函数定理（也见 Guillemin 和 Pollack[1974]中的“浸没定理”），$K^{-1}(c)$ 在每个 $x \in W_{I_0}^s(x_0) \cup W_{I_0}^u(x_0) - \{x_0\}$ 附近有 n 维流形结构．从而，如果 $W_{I_0}^s(x_0)$ 和 $W_{I_0}^u(x_0)$ 相交，则它们沿着包含 $W_{I_0}^s(x_0) \cap W_{I_0}^u(x_0) - \{x_0\}$ 的 $W_{I_0}^s(x_0) - \{x_0\}$ 和 $W_{I_0}^u(x_0) - \{x_0\}$ 的 n 维分量重合． □

如果积分不是独立的，则这个命题不成立，因为可以通过下面的例子看到．考虑系统

$$\begin{aligned} \dot{x}_1 &= x_1, \\ \dot{x}_2 &= x_4, \\ \dot{x}_3 &= -x_3, \\ \dot{x}_4 &= x_2 - x_2^3, \end{aligned} \qquad (x_1, x_2, x_3, x_4) \in \mathbb{R} \times \mathbb{R} \times \mathbb{R} \times \mathbb{R}.$$

这个系统正好是两个可积系统的笛卡儿积．(x_1, x_3) 分量代表原点是鞍点的线性系统，(x_2, x_4) 分量正好是无强迫，无阻尼的 Duffing 方程．Hamilton 函数是

$$H(x_1, x_2, x_3, x_4) = x_1 x_3 + \frac{x_4^2}{2} - \frac{x_2^2}{2} + \frac{x_2^4}{4},$$

其他积分要么是

$$K_2(x_1, x_2, x_3, x_4) = x_1 x_3,$$

要么是

$$K_2(x_1, x_2, x_3, x_4) = \frac{x_4^2}{2} - \frac{x_2^2}{2} + \frac{x_2^4}{4}.$$

对 H 和 K_2 的任一选择验证（4. 1. 3）是一个容易的计算．

现在这个系统有一个在 $(x_1, x_2, x_3, x_4) = (0, 0, 0, 0)$ 的双曲不动点，它具有 2 维稳定和不稳定流形．这两个流形仅沿着由

$$\Gamma = \{(x_1, x_2, x_3, x_4) \in \mathbb{R}^4 \mid x_1 = x_3 = 0, x_2 = \sqrt{2}\operatorname{sech} t, \\ x_4 = -\sqrt{2}\operatorname{sech} t \tanh t\}$$

给出的同宿轨道相交．

经简单计算证明 $D_x H$ 和 $D_x K_2$（对 K_2 的任一选择）在 Γ 上是线性相关的． [345]

Ⅰ4 的结论．

1. 首先我们证明，假设 $(4.1.1)_{0,x}$ 的不动点对 $\forall I \in U$ 是双曲的，这导致它们可以表示为 I 变量的 C^r 光滑函数（注意：这对计算将是有用的）．

回忆 $(4.1.1)_{0,x}$ 的不动点的存在性条件是对某个 $x_0 \in \mathbb{R}^{2n}$，$I_0 \in U$，我们有

$$JD_xH(x_0,I_0)=0\text{,} \tag{4.1.7}$$

或者，因为 J 是非奇异的，

$$D_xH(x_0,I_0)=0. \tag{4.1.8}$$

现在假设不动点是双曲的，这意味着

$$\det\left[JD_x^2H(x_0,I_0)\right]\neq 0\text{,} \tag{4.1.9}$$

或者，利用 J 是非奇异以及积的行列式等于行列式的积的事实，（4. 1. 9）等价于

$$\det\left[D_x^2H(x_0,I_0)\right]\neq 0. \tag{4.1.10}$$

由隐函数定理，对 I_0 的某个邻域内的 I，（4. 1. 10）是（4. 1. 8）存在解 $\gamma(I)$ 的 m 维参数族的充分条件. 由 I 4，（4. 1. 8）的这些新解 $\gamma(I)$ 的每一个也是（4. 1. 1）$_{0,\ x}$ 的双曲不动点，因此，由全局隐函数定理（见 Chow 和 Halc[1982]），存在函数 $\gamma(I)$，且对每个 $I\in U$ 它是 C^r 的（注意：在此情形，我们的理论可以对每个分量单独应用）.

2. Hamilton 系统的对称性要求，如果 λ 是 $JD_x^2H(x_0,I_0)$ 的一个特征值，则 $-\lambda$ 也是它的一个特征值（见 Abraham 和 Marsden[1978]或者 Arnold[1978]）. 这意味着 Hamilton 系统的双曲不动点的稳定和不稳定流形有着相同的维数.

3. 我们要对沿着 n 维同宿流形的轨线的解析表达式做些讨论，假设它可以写成形式 $x^I(t,\alpha)$， $I\in U$ ， $t\in\mathbb{R}^1$， $\alpha\in\mathbb{R}^{n-1}$. 我们要解决的问题是，为什么我们选择这种特殊形式的同宿轨道？ [346]

上标 I 的意义应该很清楚. 它只是表明同宿轨线对 I 的参数依赖性. 我们注意到，根据定理 1. 1. 4， $x^I(t,\alpha)$ 以 C^r 方式依赖于 I.

变量 α 的含义有点神秘. 然而，对于一些具有某些对称性的系统，存在一个同宿轨线，意味着存在同宿轨线的整个曲面或流形. 在这种情况下，改变同宿轨线 $x^I(t,\alpha)$ 中的 α 可以使我们从同宿流形的一个解到另一个解. 我们将在 4. 2c 节中给出一个展示一个具有此性态的系统的明确例子.

4. 现在我们要讨论术语“轨线”和“轨道”（见 1. 1c 节）之间的区别. 对固定的 I 考虑系统（4. 1. 1）$_{0,\ x}$. 于是由 I 4，这个系统有连接双曲不动点到它自身的同宿轨线 $x^I(t,\alpha)$. 当 t 在 $+\infty$ 和 $-\infty$ 之间变化时，同宿轨线通过的点集称为同宿轨道. 我们将对扰动系统（4. 1. 1）$_\varepsilon$ 在这个同宿轨道附近的性态感兴趣，因此要参数化同宿轨道，使得我们可以描述沿着它的点刻画. 这可利用（4. 1. 1）$_{0,\ x}$ 是自治系统这一事实来完成. 由引理 1. 1. 7，鉴于（4. 1. 1）$_{0,\ x}$ 是自治系统，因此对任何 $t_0\in\mathbb{R}$， $x^I(t-t_0,\alpha)$ 也是（4. 1. 1）$_{0,\ x}$ 的同宿轨线. 因此，t_0 被定义为同宿轨道上的点 $x^I(-t_0,\alpha)$ 流向点 $x^I(0,\alpha)$ 所使用的时间.

现在由解的唯一性，通过任何给定的点 $x^I(-t_0,\alpha)$ 只存在一个解. 因此，对固定的 I，同宿轨道上的每一点由坐标 $(t_0,\alpha)\in\mathbb{R}^1\times\mathbb{R}^{n-1}$ 唯一指定. 因此，$x^I(-t_0,\alpha)$，$(t_0,\alpha)\in\mathbb{R}^1\times\mathbb{R}^{n-1}$ 是这个同宿流形的参数化.

这完成了我们对系统（4. 1. 1）$_{0,\,x}$ 的 Ⅰ3 和 Ⅰ4 的结论的讨论. 现在我们要利用这些结果在全 (x,I,θ) 相空间描述未被扰动系统（4. 1. 1）$_0$ 的相空间.

在 $\mathbb{R}^{2n}\times\mathbb{R}^m\times T^l$ 中考虑由

$$\mathcal{M}=\{(x,I,\theta)\in\mathbb{R}^{2n}\times\mathbb{R}^m\times T^l \mid x=\gamma(I)\text{，其中 }\gamma(I)\text{ 是 } D_xH(\gamma(I),I)=0\text{ 的解，且对 }\forall I\in U\text{，}\theta\in T^l\text{ 满足 }\det\left[D_x^2H(\gamma(I),I)\right]\neq 0\} \tag{4. 1. 11}$$

定义的点集 $\mathcal{M}$. 于是我们有下面的命题. [347]

命题 4. 1. 4. *$\mathcal{M}$ 是(4. 1. 1)$_0$ 的一个 C^r $m+l$ 维正规双曲不变流形. 此外，$\mathcal{M}$ 分别有 C^r $n+m+l$ 维稳定和不稳定流形 $W^s(\mathcal{M})$ 和 $W^u(\mathcal{M})$，它们相交于 $n+m+l$ 维同宿流形*

$$\Gamma\equiv\{(x^I(-t_0,\alpha),I,\theta_0)\in\mathbb{R}^{2n}\times\mathbb{R}^m\times T^l \mid (t_0,\alpha,I,\theta_0)\in\mathbb{R}^1\times\mathbb{R}^{n-1}\times U\times T^l\}$$

证明：利用 $\mathcal{M}$ 的表达式（4. 1. 11），限制在 $\mathcal{M}$ 上的向量场（4. 1. 1）$_0$ 为

$$\begin{aligned}\dot{x}&=0,\\ \dot{I}&=0,\qquad I\in U,\\ \dot{\theta}&=\Omega(\gamma(I),I)\end{aligned} \tag{4. 1. 12}$$

其中 $\mathcal{M}$ 上的流为

$$\begin{aligned}x(t)&=\gamma(I)=\text{常数},\\ I(t)&=I=\text{常数},\qquad I\subset U.\\ \theta(t)&=\Omega(\gamma(I),I)t+\theta_0,\end{aligned} \tag{4. 1. 13}$$

由（4. 1. 12）和（4. 1. 13），应该清楚，$\mathcal{M}$ 是一个具有 l 维环面 m 维参数族结构的（带边）不变流形. 此外环面上的流非常简单. 轨线要么是闭的（即周期的），要么稠密地缠绕在环面的周围，取决于对不全为零的整数 $m_1,\cdots,m_l$，方程 $m_1\Omega_1(\gamma(I),I)+\cdots+m_l\Omega_l(\gamma(I),I)=0$ 是否有解. $W^s(\mathcal{M})$ 和 $W^u(\mathcal{M})$ 是 $n+m+l$ 维的事实是 Ⅰ4 的直接结论，Γ 是 $n+m+l$ 维的事实由命题 4. 1. 3 得到. 我们现在讨论 $\mathcal{M}$ 的双曲性质，并计算广义 Lyapunov 型数.

为了简化某些计算，作变换

$$u=x-\gamma(I). \tag{4. 1. 14}$$

因此，在 (u,I,θ) 坐标系下，不变流形 $\mathcal{M}$ 为

$$\mathcal{M}=\left\{(u,I,\theta)\in\mathbb{R}^{2n}\times\mathbb{R}^m\times T^l \mid u=0,\ I\in U\right\}. \quad (4.1.15)$$

（4.1.1）$_0$ 关于 $\mathcal{M}$ 的线性化为

[348]

$$\begin{pmatrix}\delta\dot{u}\\ \delta\dot{I}\\ \delta\dot{\theta}\end{pmatrix}=\begin{pmatrix}JD_u^2H(0,I) & 0 & 0\\ 0 & 0 & 0\\ D_u\Omega(0,I) & D_I\Omega(0,I) & 0\end{pmatrix}\begin{pmatrix}\delta u\\ \delta I\\ \delta\theta\end{pmatrix}, \quad (4.1.16)$$

其中 δu，δI 和 $\delta\theta$ 表示关于 $\mathcal{M}$ 上的轨道的变分．由（4.1.16）我们可以得到由（4.1.1）$_0$ 关于 $\mathcal{M}$ 的线性化生成的流．这个流由

$$D\phi_t(0,I,\theta)=D\phi_t(0,I)$$

$$=\begin{pmatrix}\exp[(JD_u^2H(0,I))t] & 0 & 0\\ 0 & \mathrm{id}_m & 0\\ D_u\Omega(0,I)\left[JD_u^2H(0,I)\right]^{-1}\exp[(JD_u^2H(0,I))t] & D_I\Omega(0,I)t & \mathrm{id}_l\end{pmatrix}$$

（4.1.17）

给出，其中 id_m 和 id_l 分别记 $m\times m$ 和 $l\times l$ 恒等矩阵．

注意到，在 u，I，θ 坐标系中，$\mathcal{M}$ 的切向量的 u 分量为零．考虑到这一点，对任何 $p\in\mathcal{M}$，（4.1.17）的第 2 列和第 3 列张成 $T_p\mathcal{M}$．因此，在 $T_p\mathcal{M}$ 上的投影是平凡的，并由

$$D\phi_t(p)\Pi^{\mathrm{T}}=\begin{pmatrix}0 & 0 & 0\\ 0 & \mathrm{id}_m & 0\\ 0 & D_I\Omega(0,I)t & \mathrm{id}_l\end{pmatrix} \quad (4.1.18)$$

给出．

我们要将 $T\mathbb{R}^{2n+m+l}|_{\mathcal{M}}$ 分解为三个子丛．首先考虑将 I 视为固定的线性化方程（4.1.1）$_{0,x}$．我们有

$$\delta\dot{u}=JD_u^2H(0,I)\delta u,\ \ I\in U, \quad (4.1.19)$$

其中 δu 是关于 $u=0$ 的变分．现在由 Ⅰ4，对每个 $I\in U$，$\mathbb{R}^{2n}$ 分解为两个对应于(4.1.19)的稳定和不稳定子空间的 n 维子空间 $E^s(I)$，$E^u(I)$．设“0”记 $\mathbb{R}^{m+l}$ 中的零向量，考虑下面两个不相交的并

$$\begin{aligned}E^s&\equiv\bigcup_{I\subset U}(E^s(I),0),\\ E^u&\equiv\bigcup_{I\subset U}(E^u(I),0).\end{aligned} \quad (4.1.20)$$

于是，我们有

[349]

$$T\mathbb{R}^{2n+m+l}|_{\mathcal{M}} = T\mathcal{M} \oplus E^s \oplus E^u, \tag{4.1.21}$$

如果我们定义

$$\begin{aligned} N^s &= T\mathcal{M} \oplus E^s, \\ N^u &= T\mathcal{M} \oplus E^u, \end{aligned} \tag{4.1.22}$$

则显然，N^s 在（4.1.17）作用下是正向不变子丛，N^u 在（4.1.17）作用下是负向不变子丛.

现在我们在定理 1.3.6 下计算与 N^u 相应的广义 Lyapunov 型数. 设 E^u 和 E^s 在定理几何设置下起着子丛 I 和 J 的作用. 利用（4.1.18）和 I 4 中给出的（4.1.19）的性质，对任何 $p=(u,I,\theta)\in\mathcal{M}$，可得到

$$\begin{aligned} \lambda(p) &= \overline{\lim_{t\to-\infty}} \left\| \Pi^{E^u} D\phi_t(p) \right\|^{-1/t} = \mathrm{e}^{-\lambda_u(I)} < 1, \\ \gamma(p) &= \overline{\lim_{t\to-\infty}} \left\| \Pi^{E^s} D\phi_t(p) \right\|^{1/t} = \mathrm{e}^{\lambda_s(I)} < 1, \\ \sigma(p) &= \overline{\lim_{t\to-\infty}} \frac{\log\left\| D\phi_t(p)\Pi^T \right\|}{\log\left\| \Pi^{E^s} D\phi_t(p) \right\|} = 0, \end{aligned} \tag{4.1.23}$$

其中 $\lambda_u(I)$ 是 $JD_u^2H(0,I)$ 的 n 个特征值中具有正实部的最小实部，$\lambda_s(I)$ 是 $JD_u^2H(0,I)$ 的 n 特征值中具有负实部的最大实部. 回忆由 I 4 我们有

$$-\lambda_u(I), \quad \lambda_s(I) < 0, \quad \forall I \in U, \tag{4.1.24}$$

因此，

$$\lambda(p) < 1, \quad \gamma(p) < 1, \quad \sigma(p) = 0, \quad \forall p \in \mathcal{M}. \tag{4.1.25}$$

对 N^s 在时间反向的向量场下的类似计算，在 E^u 和 E^s 交换的情形下，我们得到

$$\begin{aligned} \lambda(p) &= \mathrm{e}^{\lambda_s(I)} < 1, \\ \gamma(p) &= \mathrm{e}^{-\lambda_u(I)} < 1, \\ \sigma(p) &= 0, \end{aligned} \tag{4.1.26}$$

[350] 因此，

$$\lambda(p) < 1, \quad \gamma(p) < 1, \quad \sigma(p) = 0, \quad \forall p \in \mathcal{M}. \tag{4.1.27}$$

□

从而，$\mathcal{M}$ 满足 1.3 节描述的正规双曲不变流形的渐近稳定性性质. 然而，不能立刻应用扰动定理，因为 $\mathcal{M}$ 既不是流出不变的，也不是流入不变的. 当我们讨论扰动相空间的几何结构时再处理这个技术困扰. （4.1.1）$_0$ 的未被扰动相空间的说明如图 4.1.1.

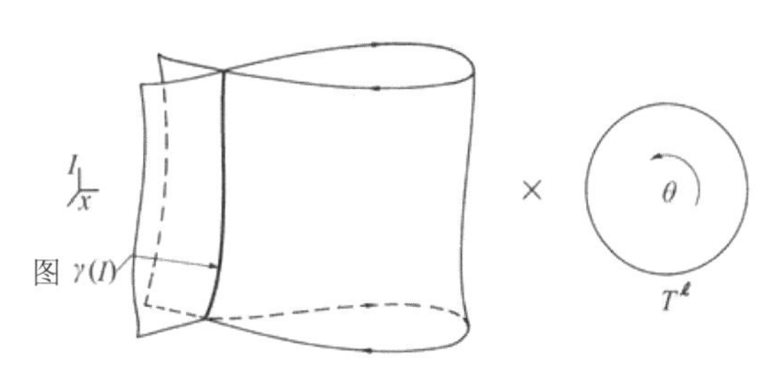

图 4.1.1　$(4.1.1)_0$ 的未被扰动相空间

4.1a（ii）同宿坐标

现在我们要沿着未被扰动系统的同宿流形 Γ 定义移动坐标系，它将在扰动系统中确定流形的分裂时有用.

对每个 $I \in U$，考虑 $\mathbb{R}^{2n} \times \mathbb{R}^m \times T^l$ 中如下的 n 个线性无关向量

$$\{(D_x H - D_x K_1, 0), (D_x K_2, 0), \cdots, (D_x K_n, 0)\}, \qquad (4.1.28)$$

其中"0"表示 $m+l$ 维零向量. 同样，在 $\mathbb{R}^{2n} \times \mathbb{R}^m \times T^l$ 中定义 m 个线性无关的常数单位向量的集合

$$\left\{\hat{I}_1, \cdots, \hat{I}_m\right\}, \qquad (4.1.29)$$

其中 $\hat{I}_i$ 表示 I_i 方向的单位向量. 为了方便记忆，对给定的 [351] $(t_0, \alpha, I, \theta_0) \in \mathbb{R}^1 \times \mathbb{R}^{n-1} \times \mathbb{R}^m \times T^l$，令 $p = (x^I(-t_0, \alpha), I, \theta_0)$ 记 $\Gamma = W^s(\mathcal{M}) \cap W^u(\mathcal{M}) - \mathcal{M}$ 上的对应点. 对任何点 $p \in \Gamma$，令 Π_p 表示由（4.1.28）和（4.1.29）中的向量张成的 $m+n$ 维平面，其中 $D_x K_i$ 在 p 计值. 因此变化 p 相当于沿着同宿轨道 Γ 移动平面 Π_p，如图 4.1.2.

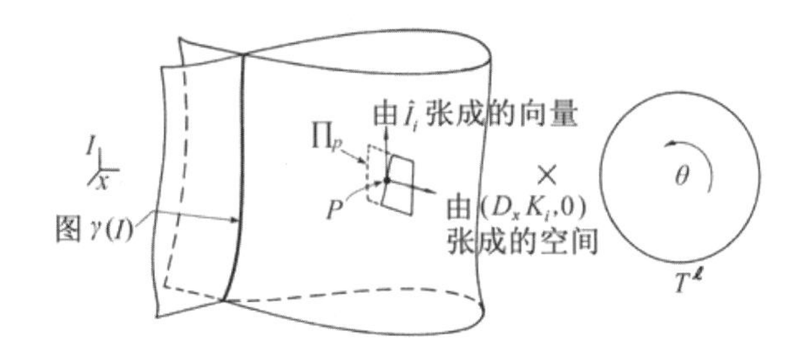

图 4.1.2　Π_p 的几何说明

对每个 $p \in \Gamma$，我们将对 $W^s(\mathcal{M})$ 和 $W^u(\mathcal{M})$ 如何与 Π_p 相交感兴趣. 特别是，我们要知道交的维数和交是否是横截的（见 1.4 节）.

现在 $W^s(\mathcal{M})$ 是 $n+m+l$ 的，因此，对任何点 $p \in W^s(\mathcal{M})$，$W^s(\mathcal{M})$ 在点 p 的切空间，记为 $T_p W^s(\mathcal{M})$ 是 $n+m+l$ 维线性向量空间（见 1.3 节）. 由命题 4.1.2，$T_p W^s(\mathcal{M})$ 的 n 维补向量空间为

$$N_p = \mathrm{span}\{(D_x K_1(p),0),\cdots,(D_x K_n(p),0)\}. \tag{4.1.30}$$

因此，显然

$$T_p W^s(\mathcal{M}) + N_p = \mathbb{R}^{2n+m+l}, \tag{4.1.31}$$

因此，由定义 1.4.1，由于 $N_p \subset \Pi_p$，对所有 $p \in \Gamma$，$W^s(\mathcal{M})$ 与 Π_p 横截相交. 下面要确定这个交的维数. 由于这个交是横截的，由两个向

[352] 量空间和的维数公式，得到

$$2n+m+l = \dim[T_p W^s(\mathcal{M})] + \dim T_p \Pi_p - \dim T_p(W^s(\mathcal{M}) \cap \Pi_p). \tag{4.1.32}$$

现在，$\dim\left[T_p W^s(\mathcal{M})\right] = n+m+l$ 和 $\dim T_p \Pi_p = n+m$，因此，$\dim T_p(W^s(\mathcal{M}) \cap \Pi_p) = m$，这意味着 $W^s(\mathcal{M})$ 与 Π_p 横截相交于 m 维曲面，记此曲面为 S_p^s. 对每个 $p \in \Gamma$，类似的论述可用来得到 $W^u(\mathcal{M})$ 与 Π_p 横截相交于 m 维曲面 S_p^u. 此外，由于 $W^s(\mathcal{M})$ 和 $W^u(\mathcal{M})$ 沿着 $\Gamma = W^s(\mathcal{M}) \cap W^u(\mathcal{M}) - \mathcal{M}$ 重合，因此对每个 $p \in \Gamma$，我们有 $S_p^s = S_p^u$.

我们注意到，确定这些交的维数以及它们是否横截相交的重要性，在于横截相交在扰动下持续存在的事实. 当我们讨论流形的分裂时，这将非常重要. 我们请读者参考图 4.1.3，以了解 $W^s(\mathcal{M})$ 和 $W^u(\mathcal{M})$ 与 Π_p 相交的两种可能情形.

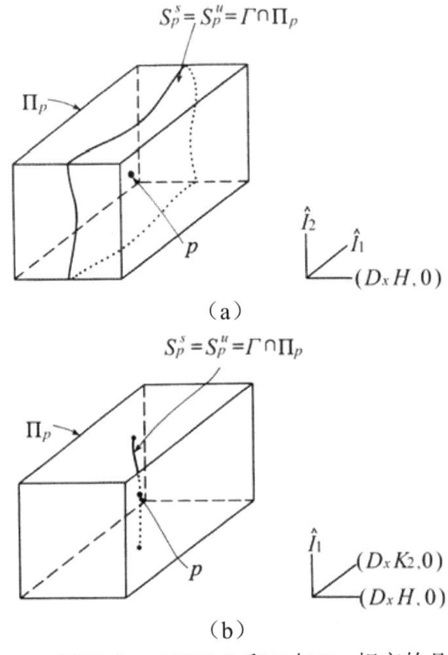

图 4.1.3　$W^s(\mathcal{M})$，$W^u(\mathcal{M})$ 和 Γ 与 Π_p 相交的几何说明

（a）$n=1, m=2$；（b）$n=2, m=1$

4.1a（iii）扰动相空间的几何结构

我们现在描述关于扰动系统相空间结构的一般性质的一些结论. 回忆在未被扰动系统的相空间中我们关注三个基本结构，它们分别是不变流形 $\mathcal{M}$ 以及 $\mathcal{M}$ 的稳定和不稳定流形 $W^s(\mathcal{M})$ 和 $W^u(\mathcal{M})$. 现在让我们讨论这些集合中的每一个结构，以及我们如何期望结构在扰动下发生的变化. 之后我们将给出描述扰动结构的一些结果.

（1）*不变流形* $\mathcal{M}$. 由命题 4.1.4，$\mathcal{M}$ 是一个 $m+l$ 维正规双曲不变流形，它有 l 维 环面的 m 维参数族的结构. 环面上的流非常简单，并由 $\theta(t)=\Omega(\gamma(I),I)t+\theta_0$ 给出.

现在我们要讨论的是这个结构的大部分都适用于扰动系统. 然而，有两个微妙的问题值得仔细考虑. 第一个是 $\mathcal{M}$，它是一个非常不确定的不变流形，因为它是一个带边流形，但它仍然是不变的，又因为 $\dot{I}=0$，所以没有轨道可以越过边界. 然而，在扰动系统中 $\dot{I}$ 不必为零，因此，我们必须更仔细地考虑边界. 幸运的是，Fenichel 的不变流形理论允许我们得到，对扰动系统，$\mathcal{M}$ 作为一个局部不变流形持续存在. 第二个要考虑的是 $\mathcal{M}$ 上的流，以及它如何过渡到扰动问题. 现在具有有理流和无理流的环面的 m 维参数族是一个非常退化的情况. 在扰动下，我们预计这些环面中的“大部分”会被破坏，甚至可能产生复杂的极限集. 我们需要开发一些技术来确定流的性质和扰动流形上可能存在的极限集. [353] [354]

（2）$W^s(\mathcal{M})$ *和* $W^u(\mathcal{M})$. *由定义在未被扰动流的作用下当* $t\to\pm\infty$ 时这两个点集趋于 $\mathcal{M}$. 然而，如果在扰动系统中轨道可以穿过流形的边界，则 $W^s(\mathcal{M})$ 和 $W^u(\mathcal{M})$ 对扰动问题就不是很清楚了，需要仔细考虑.

$\mathcal{M}$ 的持久性. $\mathcal{M}$ 持久性的主要结果是下面的命题.

命题 4.1.5. *存在* $\varepsilon_0>0$，*使得对* $0<\varepsilon\leqslant\varepsilon_0$，*扰动系统*（4.1.1）$_\varepsilon$ *具有局部* C^r $m+l$ *维正规双曲不变流形*

$$\begin{aligned}\mathcal{M}_\varepsilon=\{(x,I,\theta)\in\mathbb{R}^{2n}\times\mathbb{R}^m\times T^l\mid x=\tilde{\gamma}(I,\theta;\varepsilon)=\gamma(I)+\mathcal{O}(\varepsilon),\\ I\subset\tilde{U}\subset U\subset\mathbb{R}^m,\ \theta\in T^l\},\end{aligned}\tag{4.1.33}$$

其中 $\tilde{U}\subset U$ *是一个紧连通的* m *维集合. 此外，*$\mathcal{M}_\varepsilon$ *分别有局部* C^r *稳定和不稳定流形* $W^s_{\text{loc}}(\mathcal{M})$ *和* $W^u_{\text{loc}}(\mathcal{M})$.

证明： 回忆命题 4.1.4 的证明. 在命题的证明中我们证明了存在子丛 $N^u\supset\mathcal{M}$，使得 N^u 在线性化未被扰动向量场的作用下是负向不变的，其中对所有 $p\in\mathcal{M}$，$\lambda(p)<1$，$\gamma(p)<1$ 和 $\sigma(p)=0$. 我们也证明了子丛 $N^s\supset\mathcal{M}$ 的存在性，使得 N^s 在线性化时间反向的未被扰动向量场的作用下是负向不变的，其中对所有 $p\in\mathcal{M}$，$\lambda(p)<1$，$\gamma(p)<1$ 和 $\sigma(p)<1$. 此外，$N^u\cap N^s=T\mathcal{M}$. 现在我们要利用定理 1.3.6. 但是由于 $\mathcal{M}$ 既不是流出不变的，也不是流入不变的，以及未被扰动向量场

(4.1.1)$_0$在$\partial\mathcal{M}$上恒等于零，因此存在一点问题. 这个技术问题可如下处理.

设$\tilde{U}\subset U$是一个 m 维紧集. 选择开集U_0和U_i，使得$\tilde{U}\subset U_0\subset U_i\subset U$，其中$\bar{U}_0\subset U_i$. 接下来选择一个$C^\infty$"冲击"函数

$$\omega:\mathbb{R}^m\to\mathbb{R}, \tag{4.1.34}$$

[355]

使得

$$\begin{aligned}&\omega(I)=0, && 对\ I\in\tilde{U},\\ &\omega(I)=1, && 对\ I\in\partial U_0,\\ &\omega(I)=-1, && 对\ I\in\partial U_i,\\ &\omega(I)=0, && 对\ I\in\mathbb{R}^m-U,\end{aligned} \tag{4.1.35}$$

（见 Spivak[1979]）. 现在对某个$\delta>0$，考虑修改的未被扰动向量场

$$\begin{aligned}&\dot{x}=JD_xH(x,I),\\ &\dot{I}=\delta\omega(I)I, \qquad (x,I,\theta)\in\mathbb{R}^{2n}\times\mathbb{R}^m\times T^l.\\ &\dot{\theta}=\Omega(x,I),\end{aligned} \tag{4.1.36}$$

设$\tilde{\mathcal{M}}$，$\mathcal{M}_0$和$\mathcal{M}_i$是$\mathcal{M}$的子集，对此I分别限制在$\tilde{U}$，U_0和U_i上. 则$\tilde{\mathcal{M}}\subset\mathcal{M}_0\subset\mathcal{M}_i\subset\mathcal{M}$，且下面的结论应该是显然的.

（1）$\mathcal{M}_0$在（4.1.36）作用下是满足定理 1.3.6 的流出不变流形.

（2）$\mathcal{M}_i$在时间反向向量场（4.1.36）作用下是满足定理 1.3.6 的流入不变流形.

现在，由于（4.1.36）和（4.1.1)$_0$对$I\subset\tilde{U}$完全相同，由定理 1.3.6，扰动系统（4.1.1)$_\varepsilon$具有C^r局部不变流形$\mathcal{M}_\varepsilon$. 此外，分别存在C^r接近于$W^s_{\text{loc}}(\mathcal{M})$和$W^u_{\text{loc}}(\mathcal{M})$的局部不变流形$W^s_{\text{loc}}(\mathcal{M}_\varepsilon)$和$W^u_{\text{loc}}(\mathcal{M}_\varepsilon)$. □

关于命题 4.1.5 我们做几点说明.

1. $W^s_{\text{loc}}(\mathcal{M}_\varepsilon)$和$W^u_{\text{loc}}(\mathcal{M}_\varepsilon)$的特性. $\mathcal{M}_\varepsilon$是一个局部不变流形，即，点可以穿过$\mathcal{M}_\varepsilon$的边界而离开$\mathcal{M}_\varepsilon$. 我们将称$W^s_{\text{loc}}(\mathcal{M}_\varepsilon)$（相应地，$W^u_{\text{loc}}(\mathcal{M}_\varepsilon)$）为$\mathcal{M}_\varepsilon$的局部稳定（相应地，不稳定）流形. 然而，这个术语值得说明. 通常，我们将不变集的稳定（相应地，不稳定）流形定义为一个点集，这些点在$t\to+\infty$（相应地，$t\to-\infty$）时渐近于不变集. 对$W^s_{\text{loc}}(\mathcal{M}_\varepsilon)$（相应地，$W^u_{\text{loc}}(\mathcal{M}_\varepsilon)$）中的点当然不需要这样，因为尽管$W^s_{\text{loc}}(\mathcal{M}_\varepsilon)$（相应地，$W^u_{\text{loc}}(\mathcal{M}_\varepsilon)$）中的点在向前（相应地，向后）时间趋于$\mathcal{M}_\varepsilon$，但它们实际上在$t\to+\infty$（相应地，$t\to-\infty$）时不限于$\mathcal{M}_\varepsilon$上的任何点，因为$\mathcal{M}_\varepsilon$上的所有点都可在有限时间离开$\mathcal{M}_\varepsilon$. 然而，当我们提到$W^s_{\text{loc}}(\mathcal{M}_\varepsilon)$（相应地，$W^u_{\text{loc}}(\mathcal{M}_\varepsilon)$）时，我们将保留稳定（相应地，不稳定）流形的术语. 我们请读者参考图 4.1.4 以了解

[356]

扰动流形的几何结构.

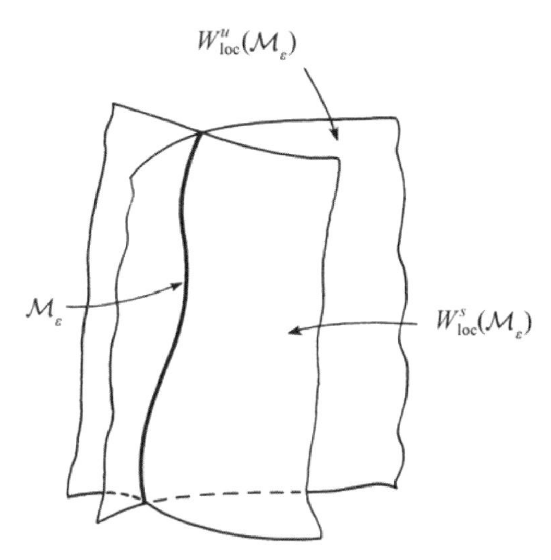

图 4. 1. 4　扰动流形的几何结构，为清楚起见，图中隐藏了角变量

2. 流形关于参数的可微性. 我们要证明命题 4. 1. 4 和命题 4. 1. 5 中给出的稍微修改的形式，它给出 $\mathcal{M}_\varepsilon$，$W^s_{\text{loc}}(\mathcal{M}_\varepsilon)$，$W^u_{\text{loc}}(\mathcal{M}_\varepsilon)$ 也是 ε 和 μ 的 C^r 函数. 考虑向量场

$$\begin{aligned}
&\dot{x} = JD_x H(x,I),\\
&\dot{I} = 0,\\
&\dot{\theta} = \Omega(x,I), \qquad (x,I,\theta,\varepsilon,\mu)\in\mathbb{R}^{2n}\times\mathbb{R}^m\times T^l\times\mathbb{R}\times\mathbb{R}^p. \quad (4.1.37)\\
&\dot{\varepsilon} = 0,\\
&\dot{\mu} = 0,
\end{aligned}$$

其中（4. 1. 37）的 (x,I,θ) 分量满足以前的假设. 则集合　[357]

$$\begin{aligned}
\bar{\mathcal{M}} = \{&(x,I,\theta,\varepsilon,\mu)\in\mathbb{R}^{2n}\times\mathbb{R}^m\times T^l\times\mathbb{R}\times\mathbb{R}^p \mid x=\gamma(I),\\
&\text{其中}\gamma(I)\text{是}D_xH(\gamma(I),I)=0\text{的解,且对}\forall I\in U,\theta\in T^l \quad (4.1.38)\\
&\text{满足}\det\left[D_x^2H(\gamma(I),I)\right]\neq 0\}
\end{aligned}$$

是分别具有 $n+m+l+1+p$ 维的稳定和不稳定流形 $W^s(\bar{\mathcal{M}})$ 和 $W^u(\bar{\mathcal{M}})$ 的 $m+l+1+p$ 维正规双曲不变流形. $\bar{\mathcal{M}}$ 的广义 Lyapunov 型数可如命题 4. 1. 4 中那样计算，而且与 $\bar{\mathcal{M}}$ 给出的相同. 这是因为增加 ε 和 μ 作为新因变量只会给 $\bar{\mathcal{M}}$ 添加新的切线方向，其增长率对时间仅为线性. 因此，命题 4. 1. 5 中给出的论证在此时完全相同，得到 $\mathcal{M}_\varepsilon$，$W^s(\bar{\mathcal{M}}_\varepsilon)$ 和 $W^u(\bar{\mathcal{M}}_\varepsilon)$ 是 x，I，θ，ε 和 μ 的 C^r 函数.

$\mathcal{M}_\varepsilon$ 上的动力学. 回忆我们以前的评论，在 $\mathcal{M}_\varepsilon$ 上可能不存在回归

运动，即，所有轨道最终要穿过$\mathcal{M}_\varepsilon$的边界离开$\mathcal{M}_\varepsilon$. 此时$W^s(\mathcal{M}_\varepsilon)$和$W^u(\mathcal{M}_\varepsilon)$相交的结论并不清楚，它们值得进一步研究. 在第 3 章中，我们看到可能存在与不动点同宿轨道、周期轨道或正规双曲环面相应的戏剧性动力学结果. 考虑到这一点，我们想确定$\mathcal{M}_\varepsilon$上是否存在此类运动. 利用命题 4. 1. 5 中给出的$\mathcal{M}_\varepsilon$的表达式，限制在$\mathcal{M}_\varepsilon$上的扰动向量场为

$$\begin{aligned}\dot{I} &= \varepsilon g^I(\gamma(I), I, \theta, \mu; 0) + \mathcal{O}(\varepsilon^2),\\ \dot{\theta} &= \Omega(\gamma(I), I) + \mathcal{O}(\varepsilon),\end{aligned} \qquad (I,\theta) \in \tilde{U} \times T^l. \quad (4.1.39)$$

考虑相应的“平均”方程

$$\dot{I} = \varepsilon G(I), \qquad (4.1.40)$$

其中

$$G(I) = \frac{1}{(2\pi)^l}\int_0^{2\pi}\cdots\int_0^{2\pi} g^I(\gamma(I), I, \theta, \mu; 0)\mathrm{d}\theta_1\cdots\mathrm{d}\theta_l.$$

我们有下面的结果.

[358] **命题 4. 1. 6.** 假设存在$I = \bar{I} \in \tilde{U}$，使得：

（1）方程

$$m_1\Omega_1(\gamma(\bar{I}), \bar{I}) + \cdots + m_l\Omega_l(\gamma(\bar{I}), \bar{I}) = 0 \qquad (4.1.41)$$

对不全为零的任何整数$m_1, \cdots, m_l$无解.

（2）平均方程（4. 1. 40）有双曲不动点$I = \bar{I}$，其线性化方程有$m-j$个特征值具有正实部，j个特征值具有负实部.

于是，对充分小ε，限制在$\mathcal{M}_\varepsilon$上的向量场，即方程（4. 1. 39）有C^r，$r \geqslant 3(s+1)$，l维正规双曲不变环面$\tau_\varepsilon(\bar{I})$，此环面有$C^s$ $j+l$维稳定流形和C^s $m-j+l$维不稳定流形（注意：C^r指关于I，θ，ε，μ的可微性）.

证明： 见 Arnold 和 Ave[1968]或 Grebenikov 和 Ryabov[1983]. □

（1）平均方程中的稳定和不稳定流形的光滑性问题需要作些澄清. 对每个固定的ε，$\mathcal{M}_\varepsilon$有C^r稳定和不稳定流形. 然而，我们需要流形关于ε在$\varepsilon = 0$的导数. 在此情形，通常的光滑性结果不成立. 这个问题被 Schecter[1986]第一个研究过，稳定和不稳定流形关于ε在$\varepsilon = 0$的微分次数基于基础向量场的可微性是属于他的（注意：他的光滑性结果可能不是最优的）. 这是因为当平均是必须时（即，当问题中的I变量有一个或更多个频率（T^l，$l \geqslant 1$）时），为了通过平均找到$\mathcal{M}_\varepsilon$上的C^1稳定和不稳定流形，我们必须取（4. 1. 1）$_\varepsilon$至少为C^6.

（2）如果$l = 0$（即，问题中没有角变量），则平均方程就没有必要，$\mathcal{M}_\varepsilon$上的流由方程

$$\dot{I} = \varepsilon g^I(\gamma(I), I, \mu, 0) + \mathcal{O}(\varepsilon^2) \qquad (4.1.42)$$

描述.

（3）如果 $I=0$，则只存在一个频率，非共振条件（4. 1. 41）始终满足.

（4）非共振要求（4. 1. 41）意味着 $\tau_\varepsilon(\bar{I})$ 上的流稠密. 为了证明某些反常积分收敛，$\tau_\varepsilon(\bar{I})$ 上的流的稠密性是必要的（见引理 4. 1. 27）. [359]

（5）假设扰动如系统 III 是 Hamilton 的. 则限制在 $\mathcal{M}_\varepsilon$ 上的向量场和对角变量的平均变成为

$$G(I)=\frac{-1}{(2\pi)^l}\int_0^{2\pi}\cdots\int_0^{2\pi}D_\theta H(\gamma(I),I,\theta,\mu;0)\mathrm{d}\theta_1\cdots\mathrm{d}\theta_l=0.\quad(4.1.43)$$

因此，此时平均没有给出什么信息，需要更复杂的方法. 这就是为什么我们要单独讨论系统 III.

现在我们要看在全 $2n+m+l$ 维相空间中，由命题 4. 1. 6 得到的 $\mathcal{M}_\varepsilon$ 上的 l 维环面.

命题 4. 1. 7. 假设我们有 $I=\bar{I}\subset\tilde{U}$，使得命题 4. 1. 6 满足. 则 $\tau_\varepsilon(\bar{I})$ 是包含在 $\mathcal{M}_\varepsilon$ 内的 C^r，$r\geqslant 3(s+1)$，l 维正规双曲不变环面，它具有 C^s，$n+j+l$ 维稳定流形 $W^s(\tau_\varepsilon(\bar{I}))$ 和 C^s，$n+m-j+l$ 维不稳定流形 $W^u(\tau_\varepsilon(\bar{I}))$. 此外，$W^s(\tau_\varepsilon(\bar{I}))\subset W^s(\mathcal{M}_\varepsilon)$ 和 $W^u(\tau_\varepsilon(\bar{I}))\subset W^u(\mathcal{M}_\varepsilon)$.

证明: 这是命题 4. 1. 5 和命题 4. 1. 6 以及 Fenichel[1974]中的定理 6 的直接结果. □

现在我们的目的是确定 $W^s(\tau_\varepsilon(\bar{I}))$ 和 $W^u(\tau_\varepsilon(\bar{I}))$ 是否相交. 因此我们要转到这个问题.

4.1a（iv）流形的分裂

假设我们已经找到了 $\bar{I}\subset\tilde{U}$，使得 $\tau_\varepsilon(\bar{I})\subset\mathcal{M}_\varepsilon$ 是一个有 $n+j+l$ 维稳定流形 $W^s(\tau_\varepsilon(\bar{I}))$ 和 $n+m-j+l$ 维不稳定流形 $W^u(\tau_\varepsilon(\bar{I}))$ 的 l 维正规双曲不变环面. 我们要确定 $W^s(\tau_\varepsilon(\bar{I}))$ 和 $W^u(\tau_\varepsilon(\bar{I}))$ 是否横截相交. 如果它们横截相交，则依赖于 l，就可以用第 3 章的定理断言扰动系统（4. 1. 1）$_\varepsilon$ 存在混沌动力学.

我们首先回忆未被扰动系统（4. 1. 1）$_0$ 的几何结构.

[360] 设 $(t_0,\alpha,I,\theta_0)\in\mathbb{R}^1\times\mathbb{R}^{n-1}\times U\times T^l$ 固定，$\Gamma=W^s(\mathcal{M})\cap W^u(\mathcal{M})-\mathcal{M}$ 上的对应点记为 $p\equiv\{x^I(-t_0,\alpha),I,\theta_0\}$. 设 Π_p 是如前定义的 $m+n$ 维平面，其中对每一点 $p\in\Gamma$，$W^s(\mathcal{M})$ 和 $W^u(\mathcal{M})$ 分别与 Π_p 横截相交于 m 维曲面 S_p^s 和 S_p^u. 同样，注意，Γ 与 Π_p 横截相交于 m 维曲面，其中 $\Gamma\cap\Pi_p=S_p^s=S_p^u$（图 4. 1. 3）.

现在我们讨论扰动系统（4. 1. 1）$_\varepsilon$ 沿着 Γ 的几何结构. 由于对所有 $p\in\Gamma$，$W^s(\mathcal{M})$ 和 $W^u(\mathcal{M})$ 与 Π_p 横截相交，对充分小 ε 和每个

$p \in \Gamma$，$W^s(\mathcal{M}_\varepsilon)$ 和 $W^u(\mathcal{M}_\varepsilon)$ 与 Π_p 横截相交于 m 维集合 $W^s(\mathcal{M}_\varepsilon) \cap \Pi_p \equiv S^s_{p,\varepsilon}$ 和 $W^u(\mathcal{M}_\varepsilon) \cap \Pi_p \equiv S^u_{p,\varepsilon}$．然而，在这种情形，集合 $S^s_{p,\varepsilon}$ 和 $S^u_{p,\varepsilon}$ 不需重合．此外，也可能 $W^s(\mathcal{M}_\varepsilon)$ 和 $W^u(\mathcal{M}_\varepsilon)$ 与 Π_p 相交于一个 m 维不连通的可数集（图 4.1.5）．在这种情况下，我们对 $S^s_{p,\varepsilon}$（相应地，$S^u_{p,\varepsilon}$）的选择对应于沿着 $W^s(\mathcal{M}_\varepsilon)$（相应地，$W^u(\mathcal{M}_\varepsilon)$）的流的正（相应地，负）时间意义上"最接近于" $\mathcal{M}_\varepsilon$ 的点集．当我们讨论推导 Melnikov 向量时，我们将更详细地阐述这个技术要点．

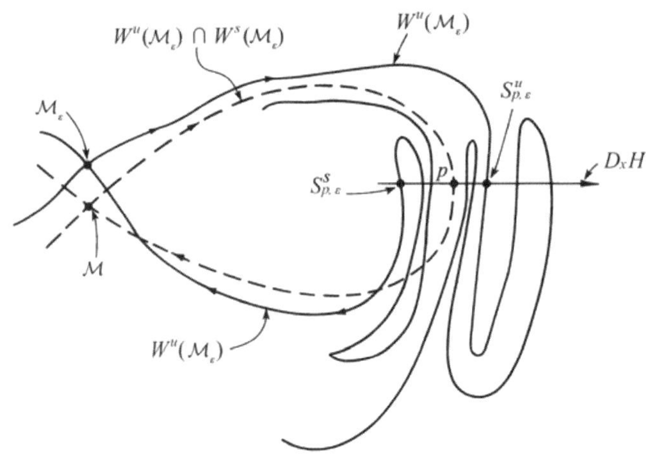

图 4.1.5 "最接近于" $\mathcal{M}_\varepsilon$ 的集合 $S^s_{p,\varepsilon}$，$S^u_{p,\varepsilon}$

（注意：此图是对 $n=1$，$m=l=0$ 的情形）

假设我们已经利用命题 4.1.6，并找到 $I=\bar{I} \in \tilde{U} \subset \mathbb{R}^m$，使得 $\tau_\varepsilon(\bar{I}) \in \mathcal{M}_\varepsilon$ 是有 $n+j+l$ 维稳定流形 $W^s(\tau_\varepsilon(\bar{I}))$ 和 $n+m-j+l$ 维不稳定流形 $W^u(\tau_\varepsilon(\bar{I}))$ 的 l 维正规双曲不变环面．下面我们视 $I=\bar{I}$ 固定．于是，由于 $W^s(\tau_\varepsilon(\bar{I})) \subset W^s(\mathcal{M}_\varepsilon)$ 和 $W^u(\tau_\varepsilon(\bar{I})) \subset W^u(\mathcal{M}_\varepsilon)$，得知 $W^s(\tau_\varepsilon(\bar{I})) \cap S^s_{p,\varepsilon} \equiv W^s_p(\tau_\varepsilon(\bar{I}))$ 是一个 j 维集，$W^u(\tau_\varepsilon(\bar{I})) \cap S^u_{p,\varepsilon} \equiv W^u_p(\tau_\varepsilon(\bar{I}))$ 是一个 $m-j$ 维集．设 $p^s_\varepsilon \equiv (x^s_\varepsilon, I^s_\varepsilon)$ 和 $p^u_\varepsilon \equiv (x^u_\varepsilon, I^u_\varepsilon)$ 是 $W^s_p(\tau_\varepsilon(\bar{I}))$ 和 $W^u_p(\tau_\varepsilon(\bar{I}))$ 中的点，它们有相同的 I 坐标，即，$I^s_\varepsilon = I^u_\varepsilon$．由于 $\tau_\varepsilon(\bar{I})$ 是正规双曲的，意味着 $W^s_{\mathrm{loc}}(\tau_\varepsilon(\bar{I}))$ 与 $W^u_{\mathrm{loc}}(\tau_\varepsilon(\bar{I}))$ 之间的交角有界异于零且与 ε 无关．由于这一论断的重要性，我们在下面的引理中总结了论证的细节． [361]

引理 4.1.8. 对固定的 $p \in \Gamma$，考虑如上定义的 $W^s_p(\tau_\varepsilon(\bar{I}))$ 和 $W^u_p(\tau_\varepsilon(\bar{I}))$．则对充分小的 ε，存在两点 $p^s_\varepsilon \equiv (x^s_\varepsilon, I^s_\varepsilon) \in W^s_p(\tau_\varepsilon(\bar{I}))$ 和 $p^u_\varepsilon \equiv (x^u_\varepsilon, I^u_\varepsilon) \in W^u_p(\tau_\varepsilon(\bar{I}))$，使得 $I^s_\varepsilon = I^u_\varepsilon$．

证明： 考虑限制在 $\mathcal{M}_\varepsilon$ 上的 $\tau_\varepsilon(\bar{I})$. 由于 $\tau_\varepsilon(\bar{I})$ 是正规双曲的，限制在 $\mathcal{M}_\varepsilon$ 上的系统（方程（4. 1. 39））的稳定和不稳定子空间之间的角度以及关于 $\tau_\varepsilon(\bar{I})$ 的线性化有界异于零，且与 ε 无关（注意，角度与 ε 无关的事实由 ε 可以通过时间尺度化在线性化系统中移去的事实得到）. 由于限制在 $\mathcal{M}_\varepsilon$ 上的 $\tau_\varepsilon(\bar{I})$ 的稳定和不稳定流形对固定的 ε 是 C^r 接近于线性化系统的稳定和不稳定子空间，$\tau_\varepsilon(\bar{I})$ 的稳定和不稳定流形在 $\tau_\varepsilon(\bar{I})$ 横截相交. 接下来在 $2n+m+l$ 维全相空间考虑 $\tau_\varepsilon(\bar{I})$ 的稳定和不稳定流形. 我们可以将 $W^s(\tau_\varepsilon(\bar{I}))$ 视为 $\tau_\varepsilon(\bar{I})$ 限制在 $\mathcal{M}_\varepsilon$ 上的稳定流形，它沿着 $W^s(\mathcal{M}_\varepsilon)$ 中渐近于 $\tau_\varepsilon(\bar{I})$ 的轨线代入 $W^s(\mathcal{M}_\varepsilon)$，对 $W^u(\tau_\varepsilon(\bar{I}))$ 类似.

选择 $p\in\Gamma$（其中 $I=\bar{I}$ 固定）在 $\mathcal{M}_\varepsilon$ 的充分小的邻域内，使得 $W^s_{\text{loc}}(\mathcal{M}_\varepsilon)$ 和 $W^u_{\text{loc}}(\mathcal{M}_\varepsilon)$ 与 Π_p 分别相交于不相交的 m 维集 $S^s_{p,\varepsilon}$ 和 $S^u_{p,\varepsilon}$，如图4. 1. 6. 现在 $W^s_p(\tau_\varepsilon(\bar{I}))$ 是一个包含在 $S^s_{p,\varepsilon}$ 中的 j 维集，而 $W^u_p(\tau_\varepsilon(\bar{I}))$ 是一个包含在 $S^u_{p,\varepsilon}$ 中的 $m-j$ 维集. 设 Π^m_p 表示由向量 $\hat{I}_i$，$i=1,\cdots,m$ 张成的 Π_p 的 m 维子空间，令 $W^s_{p,m}(\tau_\varepsilon(\bar{I}))$ 和 $W^u_{p,m}(\tau_\varepsilon(\bar{I}))$ 表示 $W^s_p(\tau_\varepsilon(\bar{I}))$ 和 $W^u_p(\tau_\varepsilon(\bar{I}))$ 在 Π^m_p 上的投影. 由于对每个 $\bar{p}\in W^s_p(\tau_\varepsilon(\bar{I}))$，$(D_xK_i,0)$，$i=1,\cdots,n$ 张成 $T_{\bar{p}}W^s_p(\tau_\varepsilon(I))$ 的 n 维补空间，以及对每个 $\bar{p}\in W^s_p(\tau_\varepsilon(\bar{I}))$ 的 $T_{\bar{p}}W^u_p(\tau_\varepsilon(I))$ 的补空间. 于是投影 $W^s_{p,m}(\tau_\varepsilon(\bar{I}))$ 和 $W^u_{p,m}(\tau_\varepsilon(\bar{I}))$ 分别是 j 维

[362]

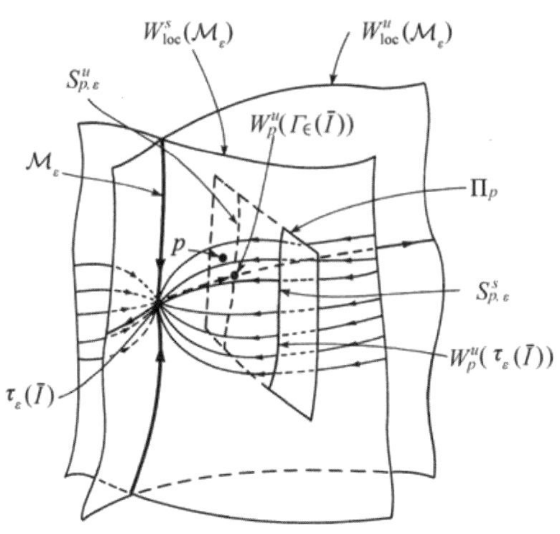

图 4. 1. 6　$W^s_{\text{loc}}(\mathcal{M}_\varepsilon)$ 和 $W^u_{\text{loc}}(\mathcal{M}_\varepsilon)$ 与 Π_p 的交

$n=1$，$m=1$，$l=0$，$j=1$

和 $m-j$ 维集. 此外，$W^s_{p,m}(\tau_\varepsilon(\bar{I}))$ 和 $W^u_{p,m}(\tau_\varepsilon(\bar{I}))$ 必须横截相交于至少

一点，因为限制在 $\mathcal{M}_{\varepsilon}$ 上的 $\tau_{\varepsilon}(\bar{I})$ 的稳定和不稳定流形在 $\tau_{\varepsilon}(\bar{I})$ 横截相交.

这个论述仅对 $\mathcal{M}_{\varepsilon}$ 附近的 p 证明了引理. 下面在 $\mathcal{M}_{\varepsilon}$ 的邻域外选择任一点 $p\in\Gamma$ 于是 $S^{s}_{p,\varepsilon}$ 和 $S^{u}_{p,\varepsilon}$ 分别是 $W^{s}_{\mathrm{loc}}(\mathcal{M}_{\varepsilon})$ 和 $W^{u}_{\mathrm{loc}}(\mathcal{M}_{\varepsilon})$ 在由（4. 1. 1）$_{\varepsilon}$ 对任何 $p\in\Gamma$ 生成的流的作用下的有限时间像. 于是得到结果，因为 $W^{s}_{\mathrm{loc}}(\tau_{\varepsilon}(\bar{I}))$ 与 $W^{u}_{\mathrm{loc}}(\tau_{\varepsilon}(\bar{I}))$ 之间的角度，对充分小 ε 通过在有限时间的积分和简单的 Gronwall 型估计将保持有界异于零. □

我们建议读者参看图 4. 1. 7 来了解引理 4. 1. 8 几何的两种情况. [363]

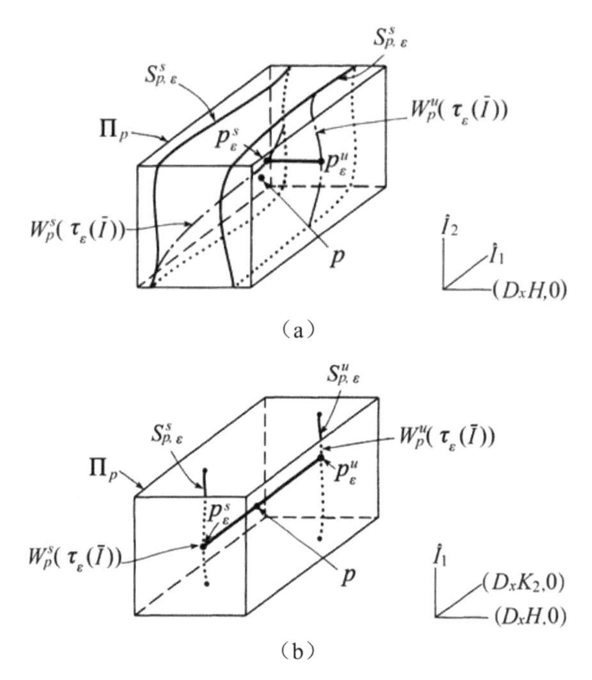

图 4. 1. 7　引理 4. 1. 7 的几何结构

（a）$n=1, m=2, j=1$ （b）$m=1, n=2, j=0$

注意，在扰动是 Hamilton 时引理 4. 1. 8 不必成立，因为此时 $\tau_{\varepsilon}(\bar{I})$ 可能不是正规双曲的. 这是为什么 Hamilton 系统如系统 III 要单独处理的一个原因.

我们现在可以定义 $W^{s}(\tau_{\varepsilon}(\bar{I}))$ 与 $W^{u}(\tau_{\varepsilon}(\bar{I}))$ 之间的距离. 在任一点 [364] $p\in\Gamma$，$W^{s}(\tau_{\varepsilon}(\bar{I}))$ 与 $W^{u}(\tau_{\varepsilon}(\bar{I}))$ 之间的距离简单地定义为

$$d^{\bar{I}}(p,\varepsilon)=|p^{u}_{\varepsilon}-p^{s}_{\varepsilon}|=|x^{u}_{\varepsilon}-x^{s}_{\varepsilon}|, \qquad (4.1.44)$$

其中 p^{u}_{ε} 和 p^{s}_{ε} 的选择如引理 4. 1. 8. 虽然这个数量测量 $W^{s}(\tau_{\varepsilon}(\bar{I}))$ 与 $W^{u}(\tau_{\varepsilon}(\bar{I}))$ 之间的距离是正确的，但它没有利用我们已经开发的基础几何，因为，虽然距离是一个数量，但距离的测量必须在特定的坐标系

中进行. 我们的坐标系是平面 Π_p，可以看到，在定义 Π_p 的坐标方向上的分量可以明显地计算出来. 得到的向量将提供在点 p，$W^s(\tau_\varepsilon(\bar{I}))$ 与 $W^u(\tau_\varepsilon(\bar{I}))$ 之间距离带符号的度量.

在继续讨论之前，我们对方程（4.1.44）背后的几何结构作些额外的说明. 为了测量沿着曲面上不同点的两个曲面之间的距离，其思想是在曲面上移动（即，沿与曲面相切的方向移动），并沿着与曲面每一点相切方向的互补方向测量它们之间的距离. 距离函数（4.1.44）的变量对应于表示与流形相切的运动的变量（具体来说，变量 t_0，θ_0，α）. 现在，对 $m-j$ 个适当选择的 $\hat{I}_i$ 向量，记为 $\{\hat{I}_{i(1)},\cdots,\hat{I}_{i(m-j)}$，$m-j+n$ 维 $T_pW^u(\tau_\varepsilon(\bar{I}))$ 的补空间由 $\{\hat{I}_{i(1)},\cdots,\hat{I}_{i(m-j+1)},(D_xK_1(p),0),\cdots,(D_xK_n(p),0)\}$ 张成. 类似地，对其余 j 个 $\hat{I}_i$ 向量，记为 $\{I_{i(m-j+1)},\cdots,I_{i(m)}\}$，$j+n$ 维 $T_pW^s(\tau_\varepsilon(\bar{I}))$ 的补空间由 $\{\hat{I}_{i(m-j+1)},\cdots,\hat{I}_{i(m)},(D_xK_1(p),0),\cdots,(D_xK_n(p),0)\}$ 张成. 引理4.1.8考虑了沿 I 方向测量的必要性，由于 $\tau_\varepsilon(\bar{I})$ 的正规双曲性，它保证我们可以固定距离的分量在这些方向上为零. 因此，为了确定 $W^s(\tau_\varepsilon(\bar{I}))$ 与 $W^u(\tau_\varepsilon(\bar{I}))$ 之间距离，只需沿着方向 $(D_xK_1,0),\cdots,(D_xK_n,0)$ 测量.

现在我们的目的是对方程（4.1.44）开发可计算的表达式，我们通过利用 Melnikov 的原来的技巧（Melnikov[1963]）来做到这一点. 定义沿着方向 $(D_xK_1,0),\cdots,(D_xK_n,0)$ 测量带符号的距离分量如下

[365]

$$
\begin{aligned}
d_i^{\bar{I}}(p;\varepsilon) &= d_i^{\bar{I}}(t_0,\theta_0,\alpha,\mu;\varepsilon)\\
&\equiv \frac{\langle D_xK_i\left(x^{\bar{I}}(-t_0,\alpha),\bar{I}\right),x_\varepsilon^u-x_\varepsilon^s\rangle}{\left\|D_xK_i\left(x^{\bar{I}}(-t_0,\alpha),\bar{I}\right)\right\|},\quad i=1,\cdots,n,
\end{aligned}
\tag{4.1.45}
$$

其中我们已经用 (t_0,θ_0,α) 代替了符号 p，因为固定的 $I=\bar{I}$，Γ 上的任一点可用 $(t_0,\theta_0,\alpha)\in\mathbb{R}^1\times T^l\times\mathbb{R}^{n-1}$ 参数化，而且我们也已经包括参数向量 $\mu\in\mathbb{R}^p$ 表示扰动向量场对参数可能的依赖性. 应该清楚，如果对某点 $(t_0,\theta_0,\alpha,\mu;\varepsilon)$ 我们有 $d_i^{\bar{I}}(t_0,\theta_0,\alpha,\mu;\varepsilon)=0,\ i=1,\cdots,n$，则 $W^s(\tau_\varepsilon(\bar{I}))$ 与 $W^u(\tau_\varepsilon(\bar{I}))$ 相交于这一点. 在现阶段我们还不清楚（4.1.45）给我们任何计算优势. 但是，如果我们将（4.1.45）关于 $\varepsilon=0$ 进行 Taylor 展开，得到

$$
d_i^{\bar{I}}(t_0,\theta_0,\alpha,\mu;\varepsilon)=d_i^{\bar{I}}(t_0,\theta_0,\alpha,\mu;0)+\varepsilon\frac{\partial d_i^{\bar{I}}}{\partial\varepsilon}(t_0,\theta_0,\alpha,\mu;0)+\mathcal{O}(\varepsilon^2),\quad i=1,\cdots,n,
\tag{4.1.46}
$$

其中

$$d_i^{\bar{I}}(t_0,\theta_0,\alpha,\mu;0)=0,\ \ i=1,\cdots,n\ ,$$

因为$S_p^s=S_p^u$，以及

$$\frac{\partial d_i^{\bar{I}}}{\partial\varepsilon}(t_0,\theta_0,\alpha,\mu;0)=\frac{\langle D_xK_i\left(x^{\bar{I}}(-t_0,\alpha),\bar{I}\right),\left.\frac{\partial x_\varepsilon^u}{\partial\varepsilon}\right|_{\varepsilon=0}-\left.\frac{\partial x_\varepsilon^s}{\partial\varepsilon}\right|_{\varepsilon=0}\rangle}{\left\|D_xK_i\left(x^{\bar{I}}(-t_0,\alpha),\bar{I}\right)\right\|},$$

$$i=1,\cdots,n,$$

我们即将证明

$$\langle D_xK_i\left(x^{\bar{I}}(-t_0,\alpha),\bar{I}\right),\left.\frac{\partial x_\varepsilon^u}{\partial\varepsilon}\right|_{\varepsilon=0}-\left.\frac{\partial x_\varepsilon^s}{\partial\varepsilon}\right|_{\varepsilon=0}\rangle\equiv M_i^{\bar{I}}(\theta_0,\alpha;\mu)$$

$$=\int_{-\infty}^{\infty}[\langle D_xK_i,g^x\rangle+\langle D_xK_i,(D_IJD_xH)\int^t g^I\rangle](q_0^{\bar{I}}(t),\mu;0)\mathrm{d}t,\qquad(4.1.47\mathrm{a})$$

$$i=1,\cdots,n,$$

或者，等价地，

[366]

$$M_i^{\bar{I}}(\theta_0,\alpha;\mu)=\int_{-\infty}^{\infty}\left[\langle D_xK_i,g^x\rangle+\langle D_IK_i,g^I\rangle\right]\left(q_0^{\bar{I}}(t),\mu;0\right)\mathrm{d}t-$$
$$\langle D_IK_i(\gamma(\bar{I}),\bar{I}),\int_{-\infty}^{\infty}g^I(q_0^{\bar{I}}(t),\mu;0)\mathrm{d}t\rangle,\qquad(4.1.47\mathrm{b})$$

其中$q_0^{\bar{I}}(t)=(x^{\bar{I}}(t,\alpha),\bar{I},\int^t\Omega(x^{\bar{I}}(s,\alpha))\mathrm{d}s+\theta_0)$.

（注意：（4.1.45）的 Taylor 展开的理由来自流形关于ε以C^s（$s\geqslant1$）方式变化的事实.）

为了计算（4.1.47），只需知道未被扰动的同宿流形和向量场. 特别是，我们不需要计算$W^s(\tau_\varepsilon(\bar{I}))$和$W^u(\tau_\varepsilon(\bar{I}))$中的解的表达式. 由于在$\Gamma$上$\|D_xK_i(x^{\bar{I}}(-t_0,\alpha),\bar{I})\|\neq0$，于是$M_i=0$意味着$\frac{\partial d_i}{\partial\varepsilon}=0$. 因此，我们看到，$M_i$本质上是沿着方向$(D_xK_i(x^{\bar{I}}(-t_0,\alpha),\bar{I},0)$，$W^s(\tau_\varepsilon(\bar{I}))$和$W^u(\tau_\varepsilon(\bar{I}))$之间的距离的 Taylor 级数展开的主阶项. 为了纪念 V. K. Melnikov，我们称向量

$$M^{\bar{I}}(\theta_0,\alpha;\mu)\equiv\left(M_1^{\bar{I}}(\theta_0,\alpha;\mu),\cdots,M_n^{\bar{I}}(\theta_0,\alpha;\mu)\right)\qquad(4.1.48)$$

为 Melnikov 向量. 注意，变量t_0没有明显出现在 Melnikov 向量的变量中. 当我们讨论（4.1.47）的推导时，我们将证明它可通过坐标变换移去. 这个简化反映了一个事实，当不变流形相交时，它们必须沿着（至少）1 维轨线相交. 因此，为了确定沿流形的不同点处的流形之间的距离，有一个方向我们不需要移动. 实际上，这个事实允许我们移去(t_0,θ_0)的任何一个分量；然而，移去t_0分量是最方便的. 关于这一点的更多讨论将出现在关于 Melnikov 向量的推导这一节.

现在我们可以给出我们的主要定理了.

定理 4.1.9. 假设存在点 $(\theta_0,\alpha,\mu)=(\bar{\theta}_0,\bar{\alpha},\bar{\mu})\in T^l\times\mathbb{R}^{n-1}\times\mathbb{R}^p$，其中 $l+n-1+p\geqslant n$，使得：

（1）$M^{\bar{I}}(\bar{\theta}_0,\bar{\alpha};\bar{\mu})=0$. [367]

（2）$DM^{\bar{I}}(\bar{\theta}_0,\bar{\alpha};\bar{\mu})$ 的秩为 n.

则对充分小 ε，$W^s(\tau_\varepsilon(\bar{I}))$ 和 $W^u(\tau_\varepsilon(\bar{I}))$ 在 $(\bar{\theta}_0,\bar{\alpha};\bar{\mu})$ 附近相交.

证明： $W^s(\tau_\varepsilon(\bar{I}))$ 和 $W^u(\tau_\varepsilon(\bar{I}))$ 相交，当且仅当

$$\begin{aligned}d^{\bar{I}}(t_0,\theta_0,\alpha,\mu;\varepsilon)&=\varepsilon\left(\frac{M_1^{\bar{I}}(\theta_0,\alpha;\mu)}{\|D_xH\|},\cdots,\frac{M_n^{\bar{I}}(\theta_0,\alpha;\mu)}{\|D_xK_n\|}\right)+\mathcal{O}(\varepsilon^2)\\&=0,\end{aligned}\tag{4.1.49}$$

为了使记号更紧凑我们去掉了 D_xK_i 的变量. 现在考虑函数

$$\tilde{d}^{\bar{I}}(\theta_0,\alpha,\mu;\varepsilon)=\varepsilon\left(\frac{M_1^{\bar{I}}(\theta_0,\alpha;\mu)}{\|D_xH\|},\cdots,\frac{M_n^{\bar{I}}(\theta_0,\alpha;\mu)}{\|D_xK_n\|}\right)+\mathcal{O}(\varepsilon).\tag{4.1.50}$$

于是，我们有

$$\tilde{d}^{\bar{I}}(\bar{\theta}_0,\bar{\alpha},\bar{\mu};0)=0.\tag{4.1.51}$$

现在 $DM^{\bar{I}}(\bar{\theta}_0,\bar{\alpha};\bar{\mu})$ 的秩为 n. 因此，我们可以找到 n 个变量 (θ_0,α,μ)，我们用 u 表示，使得 $D_uM^{\bar{I}}(\bar{\theta}_0,\bar{\alpha};\bar{\mu})$ 的秩为 n，设 v 表示余下的 $l-1+p$ 个变量. 则我们有

$$\begin{aligned}\det\left[D_u\tilde{d}^{\bar{I}}(\bar{\theta}_0,\bar{\alpha},\bar{\mu};0)\right]&=\frac{1}{\|D_xH\|\cdots|D_xK_n\|}\det\left[D_uM^{\bar{I}}(\bar{\theta}_0,\bar{\alpha},\bar{\mu})\right]\\&\neq 0.\end{aligned}\tag{4.1.52}$$

因此，由隐函数定理，可以找到 C^r 函数 $u=u(v,\varepsilon)$，其中 $u_0=u(v_0,0)$，使得对 $(v_0,0)$ 附近的 (v,ε) 有

$$\tilde{d}^{\bar{I}}(u(v,\varepsilon),v,\varepsilon)=0,\tag{4.1.53}$$

由于 $d^{\bar{I}}=\varepsilon\tilde{d}^{\bar{I}}$，定理得证. □

从第 3 章我们看到，通常确定 $W^s(\tau_\varepsilon(\bar{I}))$ 和 $W^u(\tau_\varepsilon(\bar{I}))$ 是否横截相交很重要，为此我们有下面定理.

定理 4.1.10. 假设定理 4.1.9 在点 $(\theta_0,\alpha,\mu)=(\bar{\theta}_0,\bar{\alpha},\bar{\mu})\in T^l\times\mathbb{R}^{n-1}\times\mathbb{R}^p$，且 $D_{(\theta_0,\alpha)}M^{\bar{I}}(\bar{\theta}_0,\bar{\alpha},\bar{\mu})$ 的秩为 n. 则对充分小 ε，$W^s(\tau_\varepsilon(\bar{I}))$ 和 $W^u(\tau_\varepsilon(\bar{I}))$ 在 $(\bar{\theta}_0,\bar{\alpha})$ 附近横截相交.

证明： 设 p 表示 $W^s(\tau_\varepsilon(\bar{I}))$ 与 $W^u(\tau_\varepsilon(\bar{I}))$ 的交点. 于是，$T_pW^s(\tau_\varepsilon(\bar{I}))$ 是 $n+j+l$ 维，$T_pW^u(\tau_\varepsilon(\bar{I}))$ 是 $n+m-j+l$ 维的. 由定义 1.4.1，如果 [368]

$T_pW^s(\tau_\varepsilon(\bar{I}))+T_pW^u(\tau_\varepsilon(\bar{I}))=\mathbb{R}^{2n+m+l}$，则$W^s(\tau_\varepsilon(\bar{I}))$与$W^u(\tau_\varepsilon(\bar{I}))$在$p$横截相交. 由向量空间的维数定义，我们有

$$\begin{aligned}&\dim\left(T_pW^s(\tau_\varepsilon(\bar{I}))+T_pW^u(\tau_\varepsilon(\bar{I}))\right)\\&=\dim T_pW^s(\tau_\varepsilon(\bar{I}))+\dim T_pW^u(\tau_\varepsilon(\bar{I}))-\dim T_p\left(W^s(\tau_\varepsilon(\bar{I}))\cap W^u(\tau_\varepsilon(\bar{I}))\right).\end{aligned} \tag{4.1.54}$$

因此，如果$W^s(\tau_\varepsilon(\bar{I}))$与$W^u(\tau_\varepsilon(\bar{I}))$在$p$横截相交，则$W^s(\tau_\varepsilon(\bar{I}))$与$W^u(\tau_\varepsilon(\bar{I}))$局部相交于$l$维集. 因此，为了$W^s(\tau_\varepsilon(\bar{I}))$与$W^u(\tau_\varepsilon(\bar{I}))$在$p$横截相交，其充分必要条件是$T_pW^s(\tau_\varepsilon(\bar{I}))$和$T_pW^u(\tau_\varepsilon(\bar{I}))$分别包含$n+j$和$n+m-j$维没有部分包含在$T_p(W^s(\tau_\varepsilon(\bar{I}))\cap W^u(\tau_\varepsilon(\bar{I})))$中的独立子空间.

现在回忆未被扰动系统的几何结构. 不变环面$\tau(\bar{I})$有$n+l$维稳定和不稳定流形以及m维中心流形. 这些流形沿着$n+m+l$维同宿流形重合. 在扰动系统中利用这些信息，我们需要证明这个扰动分别在$T_pW^s(\tau_\varepsilon(\bar{I}))$和$T_pW^u(\tau_\varepsilon(\bar{I}))$中产生了新的独立的$n+j$和$n+m-j$维不包含在$T_p(W^s(\tau_\varepsilon(\bar{I}))\cap W^u(\tau_\varepsilon(\bar{I})))$中的子空间.

回忆在未被扰动系统中，沿着Γ每一点都可通过(t_0,α,I,θ_0)参数化（注意：I在系统Ⅰ和Ⅲ中是固定的)，因此，对充分小ε，$S^s_{p,\varepsilon}$和$S^u_{p,\varepsilon}$，$p\in\Gamma$也可通过(t_0,α,I,θ_0)参数化. 现在令$q^u_\varepsilon=(x^u_\varepsilon,I^u_\varepsilon,\theta_0)=q^s_\varepsilon=(x^s_\varepsilon,I^s_\varepsilon,\theta_0)=p$表示$W^s(\tau_\varepsilon(\bar{I}))\cap W^u(\tau_\varepsilon(\bar{I}))$中的点. 考虑$(2n+m+l)\times(l+n-1)$矩阵

$$\begin{aligned}A^u_\varepsilon&=\begin{pmatrix}\dfrac{\partial q^u_\varepsilon}{\partial\theta_0} & \dfrac{\partial q^u_\varepsilon}{\partial\alpha}\end{pmatrix},\\A^s_\varepsilon&=\begin{pmatrix}\dfrac{\partial q^s_\varepsilon}{\partial\theta_0} & \dfrac{\partial q^s_\varepsilon}{\partial\alpha}\end{pmatrix}.\end{aligned} \tag{4.1.55}$$

这些矩阵的列表示与$T_pW^s(\tau_\varepsilon(\bar{I}))$和$T_pW^u(\tau_\varepsilon(\bar{I}))$沿着未受扰动系统中重合的方向相切的向量，即$A^u_0=A^s_0$. 考虑$n\times(2n+m+l)$矩阵

$$N=\begin{pmatrix}D_xK_1(p) & 0\\ \vdots & \vdots\\ D_xK_n(p) & 0\end{pmatrix}. \tag{4.1.56}$$

由于沿着同宿轨道D_xK_i是独立的，因此N有秩n. 考虑$n\times(l+n-1)$矩阵 [369]

$$C_\varepsilon=N(A^u_\varepsilon-A^s_\varepsilon). \tag{4.1.57}$$

关于 $\varepsilon=0$ Taylor 展开 C_ε，利用 Melnikov 向量的定义（4. 1. 47），并利用 $M^{\bar{I}}(\bar{\theta}_0,\bar{\alpha},\bar{\mu})=0$，得到

$$C_\varepsilon=\varepsilon D_{(\theta_0,\alpha)}M^{\bar{I}}(\bar{\theta}_0,\bar{\alpha},\bar{\mu})+\mathcal{O}(\varepsilon^2), \tag{4. 1. 58}$$

其中 $(\bar{\theta}_0,\bar{\alpha})$ 是沿着对应于由定理 4. 1. 9 得到的 $W^u(\tau_\varepsilon(\bar{I}))\cap W^s(\tau_\varepsilon(\bar{I}))$ 中的点的未被扰动同宿轨道的参数. 现在由假设，$D_{(\theta_0,\alpha)}M^{\bar{I}}(\bar{\theta}_0,\bar{\alpha},\bar{\mu})$ 的秩为 n. 因此，对充分小 ε，C_ε 也有秩 n. 于是，由于 N 有秩 n，$A_\varepsilon^u-A_\varepsilon^s$ 有秩 n. 这表明 A_ε^u 和 A_ε^s 的每一个包含 n 个线性无关的列，它们对应于 $T_pW^s(\tau_\varepsilon(\bar{I}))$ 和 $T_pW^u(\tau_\varepsilon(\bar{I}))$ 中的 n 个无关的向量. 此外，这些向量不在 $T_p(W^s(\tau_\varepsilon(\bar{I}))\cap W^u(\tau_\varepsilon(\bar{I})))$ 中，因为 N 的列张成 n 维 $T_p(W^s(\tau_\varepsilon(\bar{I}))\cap W^u(\tau_\varepsilon(\bar{I})))$ 的补子空间. $T_pW^s(\tau_\varepsilon(\bar{I}))$ 中剩余的 j 个独立的向量和 $T_pW^u(\tau_\varepsilon(\bar{I}))$ 中 $m-j$ 个独立的向量不在 $T_p(W^s(\tau_\varepsilon(\bar{I}))\cap W^u(\tau_\varepsilon(\bar{I})))$ 中，来自未被扰动系统 m 维中心流形的破裂，参考引理 4. 1. 8. □

关于定理 4. 1. 10 我们做以下说明.

1. 定理 4. 1. 10 只提供了横截性的一个充分条件. 这可从（4. 1. 57）和（4. 1. 58）看出. Melnikov 向量的 Jacobi 矩阵是在 $T_pW^s(\tau_\varepsilon(\bar{I}))$ 和 $T_pW^u(\tau_\varepsilon(\bar{I}))$ 的部分差在特殊互补的 n 维子空间上的投影的主阶项. 因此秩依赖于这个特殊投影，因为 $A_\varepsilon^u-A_\varepsilon^s$ 可以有秩 n，但是 $N(A_\varepsilon^u-A_\varepsilon^s)$ 的秩可小于 n.

2. 注意，如果 $l=0$，则横截性是不可能的. 这是因为此时不变集是双曲不动点，它的稳定和不稳定流形不可能横截相交，也是因为它们受到沿 1 维轨线相交的解的唯一性的限制.

[370]

4. 1b. 系统 II

我们考虑的第 II 型系统有下面形式

$$\begin{aligned}\dot{x}&=JD_xH(x,I)+\varepsilon g^x(x,I,\theta,\mu;\varepsilon),\\ \dot{I}&=\varepsilon g^I(x,I,\theta,\mu;\varepsilon),\\ \dot{\theta}&=\Omega(x,I)+\varepsilon g^x(x,I,\theta,\mu;\varepsilon),\end{aligned} \tag{4.1.59}_\varepsilon$$

其中 $0<\varepsilon\ll 1$，$(x,I,\theta)\in\mathbb{R}^{2n}\times T^m\times T^l$，$\mu\in\mathbb{R}^p$ 是参数向量. 此外，我们假设：

II 1. 设 $V\subset\mathbb{R}^{2n}$ 和 $W\subset\mathbb{R}^p\times\mathbb{R}$ 是开集，则函数

$$\begin{aligned}JD_xH&:V\times T^m\mapsto\mathbb{R}^{2n},\\ g^x&:V\times T^m\times T^l\times W\mapsto\mathbb{R}^{2n},\\ g^I&:V\times T^m\times T^l\times W\mapsto\mathbb{R}^{2n},\end{aligned}$$

$$\Omega : V \times T^m \mapsto \mathbb{R}^l,$$
$$g^\theta : V \times T^m \times T^l \times W \mapsto \mathbb{R}^l$$

有定义且是 C^r 的，$r \geqslant 2$.

Ⅱ2. $H = H(x, I)$ 是标量值函数. 对固定的 x，它可看作对变量 I 的每个分量是 2π 周期的 m 维 Hamilton 参数族. J 是由

$$J = \begin{pmatrix} 0 & \mathrm{Id} \\ -\mathrm{Id} & 0 \end{pmatrix}$$

定义的 $2n \times 2n$ 辛矩阵，其中 Id 是 $n \times n$ 恒等矩阵，0 表示 $n \times n$ 零矩阵.

我们称（4.1.59）$_\varepsilon$ 为扰动系统.

4. 1b（i）未被扰动相空间的几何结构

在（4.1.59）$_\varepsilon$ 中令 $\varepsilon = 0$，得到未被扰动系统

$$\begin{aligned} \dot{x} &= JD_x H(x, I) \\ \dot{I} &= 0, \\ \dot{\theta} &= \Omega(x, I). \end{aligned} \qquad (4.1.59)_0$$

对（4.1.59）$_0$ 的 x 分量，我们有两个结构性假设. [371]

Ⅱ3. 对每个 $I \in T^m$，系统

$$\dot{x} = JD_x H(x, I) \qquad (4.1.59)_{0,\,x}$$

是一个完全可积的 Hamilton 系统，即，存在 n 个满足下面两个条件的 (x, I) 的标量值函数 $H = K_1, \cdots, K_n$.

（1）对 $\forall I \in T^m$，在 $\mathbb{R}^{2n}$ 的不是（4.1.59）$_{0,\,x}$ 的不动点的每一点，向量集 $D_x K_1, D_x K_2, \cdots, D_x K_n$ 是逐点线性无关的.

（2）$\langle JD_x K_i, K_j \rangle = 0,\ \forall i, j,\ I \in T^m$，其中 $\langle \cdot, \cdot \rangle$ 是通常的欧几里得内积.

此外，我们假设 K_i 是 C^r 的，$r \geqslant 2$.

读者应该比较Ⅱ3 和我们讨论的系统Ⅰ的Ⅰ3.

Ⅱ4. 对每个 $I \in T^m$，（4.1.59）$_{0,\,x}$ 具有随 I 光滑变化的双曲不动点，以及连接这个不动点到它自身的 n 维同宿流形. 假设沿着这个同宿流形的轨线可以表示为形式 $x^I(t, \alpha)$，其中 $t \in \mathbb{R}$，$\alpha \in \mathbb{R}^{n-1}$.

在这一点上，读者应该回顾我们在讨论系统Ⅰ时关于Ⅰ1～Ⅰ4 的几何结果的讨论. 在这种情况下，大部分内容都是相同的. 特别是，考虑由

$$\begin{aligned} \mathcal{M} = \{(x, I, \theta) \in \mathbb{R}^{2n} \times T^m \times T^l \mid x = \gamma(I)，&\text{其中}\ \gamma(I)\ \text{是} \\ D_x H(\gamma(I), I) = 0\ \text{的解，且满足}\ &\det\left[D_x^2 H(\gamma(I), I)\right] \neq 0, \\ I \in T^m,\ \theta \in T^l\} & \end{aligned}$$

（4. 1. 60）

定义的 $\mathcal{M}\subset\mathbb{R}^{2n}\times T^m\times T^l$ 中的点集．于是我们有下面的命题．

命题 4. 1. 11.　$\mathcal{M}$ 是（4. 1. 59）$_0$ 的 C^r $m+l$ 维正规双曲不变流形．此外，$\mathcal{M}$ 分别有 C^r $n+m+l$ 维稳定和不稳定流形 $W^s(\mathcal{M})$ 和 $W^u(\mathcal{M})$，它们相交于 $n+m+l$ 维同宿流形

$$\Gamma=\{(x^I(-t_0,\alpha),I,\theta_0)\in\mathbb{R}^{2n}\times T^m\times T^l\mid(t,\alpha,I,\theta_0)\in\mathbb{R}^1\times\mathbb{R}^{n-1}\times T^m\times T^l\}$$

[372] **证明：**证明与命题 4. 1. 3 的证明完全相同．□

关于 $\mathcal{M}$ 的结构我们做几点说明．

1. $\mathcal{M}$ 是一个无边流形．这消除了在证明 $\mathcal{M}$ 在扰动下持续存在时在系统 I 中遇到的技术问题．

2. $\mathcal{M}$ 有 $m+l$ 维环面结构，其中环面上的流由

$$\begin{aligned}I(t)&=I=\text{常数}\\ \theta(t)&=\Omega(\gamma(I),I)t+\theta_0\end{aligned}\qquad(I,\theta)\subset T^m\times T^l\qquad(4.1.61)$$

给出．

（4.1.59）$_0$ 的相空间的几何结构的说明见图 4. 1. 8.

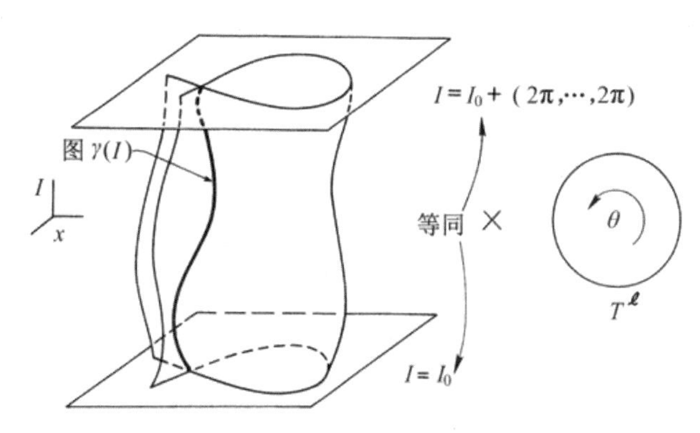

图 4. 1. 8　（4.1.59）$_0$ 的未被扰动相空间

4. 1b（ii）同宿坐标

对系统Ⅱ定义同宿坐标的移动系统与对系统 I 做的方法完全相同．

考虑下面 $n+m$ 个线性无关的向量

$$\{(D_xH=D_xK_1,0),\cdots,(D_xK_n,0)\}\qquad(4.1.62)$$

和 [373]

$$\{\hat{I}_1,\cdots,\hat{I}_m\},\qquad(4.1.63)$$

由Ⅱ3，其中 D_xK_i，$i=1,\cdots,n$ 对每个 $I\in T^m$ 是线性无关的（除了可能在（4.1.59）$_0$ 的不动点），“0”代表 $m+l$ 维零矩阵，$\hat{I}_i$，$i=1,\cdots,m$ 表示在 I_i，$i=1,\cdots,m$ 方向中的单位常数向量．对给定的 $(t_0,\alpha,I,\theta_0)\in\mathbb{R}^1\times\mathbb{R}^{n-1}\times T^m\times T^l$，令 $p=(x^I(-t_0,\alpha),I,\theta_0)$ 表示 $\Gamma=$

$W^s(\mathcal{M})\cap W^u(\mathcal{M})-\mathcal{M}$上的对应点．于是$\Pi_p$被定义为由（4. 1. 62）和（4. 1. 63）张成的$m+n$维平面，其中D_xK_i在p计值，如同在系统Ⅰ，我们对$W^s(\mathcal{M})$和$W^u(\mathcal{M})$与Π_p的交的特性感兴趣.

利用与系统Ⅰ相同的论证，容易看出，$W^s(\mathcal{M})$和$W^u(\mathcal{M})$与Π_p在每点$p\in\Gamma$横截相交于的n维流形. 我们用S_p^s（相应地，S_p^s）记$W^s(\mathcal{M})$（相应地，$W^u(\mathcal{M})$）与Π_p的交．此外，我们有$\Pi_p\cap\Gamma=S_p^s=S_p^u$.

几何结构的说明如图 4. 1. 9（类似见图 4. 1. 2）. 回忆确定交是否是横截的重要性在于横截相交在小扰动下仍然存在，这一事实有助于确定扰动系统中流形交点的性质.

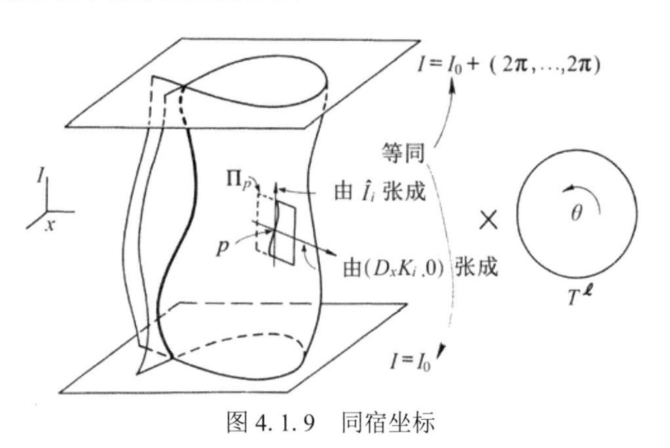

图 4. 1. 9　同宿坐标

4. 1b（iii）扰动相空间的几何结构

我们现在描述一些由于$\mathcal{M}$的正规双曲性有关扰动相空间结构的一般结论．由于$\mathcal{M}$是无边流形的事实，沿着这些方向的复杂性比系统Ⅰ中的要少．我们将在讨论过程中指出这一事实.

我们的主要结果是下面命题.

命题 4. 1. 12. 存在$\varepsilon_0>0$，使得对$0<\varepsilon\leqslant\varepsilon_0$扰动系统（4. 1. 59）$_\varepsilon$具有$C^r$ $m+l$维正规双曲不变流形

$$\mathcal{M}=\{(x,I,\theta)\in\mathbb{R}^{2n}\times T^m\times T^l\mid x=\tilde{\gamma}(I,\theta;\varepsilon)=\gamma(I)+\mathcal{O}(\varepsilon),\\ I\in T^m,\theta\in T^l\}.$$

此外，$\mathcal{M}_\varepsilon$有局部C^r稳定和不稳定流形$W_{\mathrm{loc}}^s(\mathcal{M}_\varepsilon)$和$W_{\mathrm{loc}}^u(\mathcal{M}_\varepsilon)$，它们分别有相同维数，且$C^r$接近于$W_{\mathrm{loc}}^s(\mathcal{M}_\varepsilon)$和$W_{\mathrm{loc}}^u(\mathcal{M}_\varepsilon)$.

[374] **证明:** 由于$\mathcal{M}$是无边流形，命题 4. 1. 4 中的修改技术就没有必要．因此命题结果立刻由命题 4. 1. 10 和定理 1. 3. 7 得到. □

关于命题 4. 1. 11 和它的几何结果我们要做几点说明.

1. $\mathcal{M}_\varepsilon$的结构和$\mathcal{M}_\varepsilon$上的流.

$\mathcal{M}_\varepsilon$有$m+l$维环面的结构．限制在$\mathcal{M}_\varepsilon$上的向量场为

$$\begin{aligned} \dot{I} &= \varepsilon g^I(\gamma(I), I, \theta, \mu; \mathcal{O}) + \mathcal{O}(\varepsilon^2), \\ \dot{\theta} &= \Omega(\gamma(I), I) + \mathcal{O}(\varepsilon). \end{aligned} \tag{4.1.64}$$

一般地，$\mathcal{M}_\varepsilon$ 上的流是未知的，可能涉及复杂的极限集，如 Smale 马蹄或不同频率的共振现象.

在系统 I 中，我们首先要在 $\mathcal{M}_\varepsilon$ 上定位不变环面，因为 $\mathcal{M}_\varepsilon$ 仅仅是局部不变流形，不是一个不变环面．这将通过平均技术来完成．这个技术对系统Ⅱ就没有必要，因为这时 $\mathcal{M}_\varepsilon$ 本身就是一个不变环面.

我们的分析对 $\mathcal{M}_\varepsilon$ 上的动力学不敏感，因为可能存在与环面上的极限集或共振现象相关的额外动力学现象. 这些问题值得进一步研究.　[375]

2. 流形关于相应参数的可微性.

根据命题4. 1. 5 证明后面的评论 2 中描述的情况，为了证明 $\mathcal{M}_\varepsilon$，$W^s_{\text{loc}}(\mathcal{M}_\varepsilon)$ 和 $W^u_{\text{loc}}(\mathcal{M}_\varepsilon)$ 对 ε 和 μ 是 C^r 的，ε 和 μ 作为因变量可明显地包含在内.

我们的目的是确定 $W^s(\mathcal{M}_\varepsilon)$ 与 $W^u(\mathcal{M}_\varepsilon)$ 是否相交. 这样做的动机来自第 3 章，我们在那里看到环面的同宿轨道通常是确定性混沌的潜在机制. 我们强调，这里的“环面”这个术语用于一般意义．对 $l = m = 0$，$\mathcal{M}_\varepsilon$ 是不动点（0 维环面），对 $l = 1$，$m = 0$ 或 $m = 1$，$l = 0$，$\mathcal{M}_\varepsilon$ 是周期轨道（1 维环面），以及对 $m + l \geqslant 2$，$\mathcal{M}_\varepsilon$ 是具有非平凡流的环面，在每个情形同宿轨道的动力学结论是不同的.

4. 1b（iv）流形的分裂

我们现在要描述与 $W^s(\mathcal{M}_\varepsilon)$ 与 $W^u(\mathcal{M}_\varepsilon)$ 分裂的测量相关的几何结构．这种情况没有系统 I 复杂，因为在系统 I 中，我们测量的是 $\mathcal{M}_\varepsilon$ 上分别包含在 $W^s(\mathcal{M}_\varepsilon)$ 与 $W^u(\mathcal{M}_\varepsilon)$ 中的不变环面的稳定和不稳定流形的分裂．在现在的情形，整个 $\mathcal{M}_\varepsilon$ 是有关的不变环面，这就简化了有关几何结构.

我们首先回忆未被扰动系统（4. 1. 59）$_0$ 的几何结构．令 $(t_0, \alpha, I, \theta_0) \in \mathbb{R}^1 \times \mathbb{R}^{n-1} \times T^m \times T^l$ 固定，记在 Γ 上的相应点为 $p \equiv (x^I(-t_0, \alpha), I, \theta_0)$．设 Π_p 为如前定义的 $m+n$ 维平面，对每个 $p \in \Gamma = W^s(\mathcal{M}) \cap W^u(\mathcal{M}) - \mathcal{M}$，$W^s(\mathcal{M}_\varepsilon)$ 与 $W^u(\mathcal{M}_\varepsilon)$ 与 Π_p 分别横截相交于 m 维曲面 S^s_p 和 S^u_p（图 4. 1. 10）.

现在我们考虑扰动系统（4. 1. 59）$_\varepsilon$ 沿着 Γ 的几何结构．由于对所有 $p \in \Gamma$，$W^s(\mathcal{M}_\varepsilon)$ 和 $W^u(\mathcal{M}_\varepsilon)$ 与 Π_p 横截相交．故对充分小 ε，$W^s(\mathcal{M}_\varepsilon)$ 和 $W^u(\mathcal{M}_\varepsilon)$ 对每个 $p \in \Gamma$ 与 Π_p 横截相交于 m 维集 $W^s(\mathcal{M}_\varepsilon) \cap \Pi_p \equiv S^s_{p,\varepsilon}$ 和 $W^u(\mathcal{M}_\varepsilon) \cap \Pi_p \equiv S^u_{p,\varepsilon}$．然而，在这种情形集合 $S^s_{p,\varepsilon}$ 和 $S^u_{p,\varepsilon}$ 不必重合．同样，如同对系统 I 的讨论，$W^s(\mathcal{M}_\varepsilon)$ 和

$W^u(\mathcal{M}_\varepsilon)$与$\Pi_p$可相交于 m 维不连通的可数集（图 4. 1. 5）. 在此种

[376] 情形，$S^s_{p,\varepsilon}$（相应地，$S^u_{p,\varepsilon}$）的选择在沿着$W^s(\mathcal{M}_\varepsilon)$（相应地，$W^u(\mathcal{M}_\varepsilon)$）的流的正（相应地，负）时间方向的意义下对应于“最接近于”$\mathcal{M}_\varepsilon$的点集. 当我们讨论系统Ⅱ的 Melnikov 向量的推导时，我们将更详细地阐述这个技术要点.

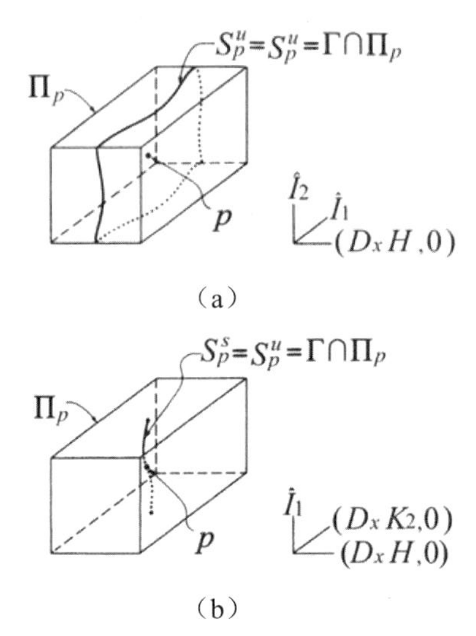

图 4. 1. 10　$W^s(\mathcal{M}_\varepsilon)$和$W^u(\mathcal{M}_\varepsilon)$与$\Pi_p$的交

（a）$m=2$，$n=1$；（b）$m=1$，$n=2$

我们现在可以定义$W^s(\mathcal{M}_\varepsilon)$和$W^u(\mathcal{M}_\varepsilon)$之间的距离了. 设$p^s_\varepsilon=(x^s_\varepsilon, I^s_\varepsilon)$和$p^u_\varepsilon=(x^u_\varepsilon, I^u_\varepsilon)$分别是$S^s_{p,\varepsilon}$和$S^u_{p,\varepsilon}$中的点，它们都有相同的 I 坐标，即$I^s_\varepsilon=I^u_\varepsilon$. 注意，不像在系统Ⅰ，点的这种选择在这个情形没有问题. 于是在任何点$p\in\Gamma$，$W^s(\mathcal{M}_\varepsilon)$和$W^u(\mathcal{M}_\varepsilon)$之间的距离可简单地定义为

$$d(p,\varepsilon)=|x^u_\varepsilon - x^s_\varepsilon| \tag{4. 1. 65}$$

几何说明如图 4. 1. 11.

然而，我们将为（4. 1. 65）开发一个可计算的表达式，它利用了$W^s(\mathcal{M}_\varepsilon)$和$W^u(\mathcal{M}_\varepsilon)$之间的距离的基本几何结构（参考 4. 1a 节（iv）中的讨论）. 因此，如在系统Ⅰ的情形，我们定义沿着方向$(D_xK_1,0),\cdots,(D_xK_n,0)$的距离的带符号的如下分量，它与流形的切空间互补： [377]

$$d_i(p,\varepsilon)=d_i(t_0,I,\theta_0,\alpha,\mu;\varepsilon)=\frac{\langle D_xK_i(x^I(-t_0,\alpha),I), x^u_\varepsilon - x^s_\varepsilon\rangle}{\| D_xK_i(x^I(-t_0,\alpha),I)\|}, \tag{4. 1. 66}$$

$$i=1,\cdots,n,$$

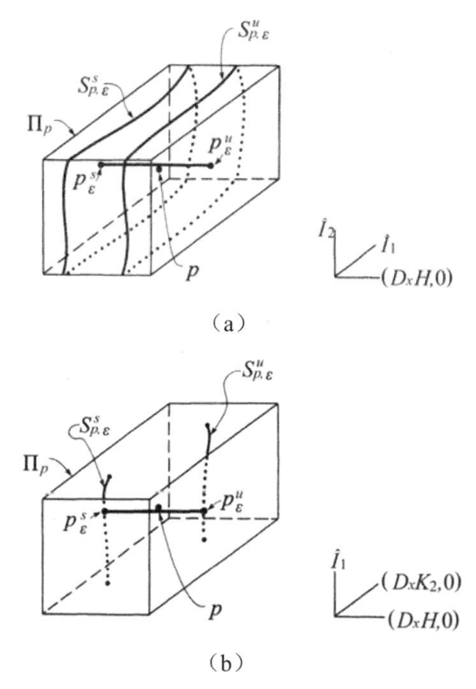

图 4.1.11　$W^s(\mathcal{M}_\varepsilon)$ 和 $W^u(\mathcal{M}_\varepsilon)$ 与 Π_p 之交

（a）$m=2$，$n=1$；（b）$m=1$，$n=2$

其中我们已经用 $(t_0,I,\theta_0,\alpha)\in\mathbb{R}^1\times T^m\times T^l\times\mathbb{R}^{n-1}$ 代替 p，由于 Γ 的任何 [378] 点都可通过 (t_0,I,θ_0,α) 参数化，我们也已包括参数向量 $\mu\in\mathbb{R}^p$，以表明扰动向量场可能的参数依赖性.

（4. 1. 66）关于 $\varepsilon=0$ 进行 Taylor 展开，得到

$$d_i(t_0,I,\theta_0,\alpha,\mu;\varepsilon)=d_i(t_0,I,\theta_0,\alpha,\mu;0)+\varepsilon\frac{\partial d_i}{\partial\varepsilon}(t_0,I,\theta_0,\alpha,\mu;0)+\mathcal{O}(\varepsilon^2),\ i=1,\cdots,n,\tag{4.1.67}$$

其中

$$d_i(t_0,I,\theta_0,\alpha,\mu;0)=0\,,\quad i=1,\cdots,n\,,\quad S^s_p=S^u_p$$

和

$$\frac{\partial d_i}{\partial\varepsilon}(t_0,I,\theta_0,\alpha,\mu;0)=\frac{\langle D_xK_i(x^I(-t_0,\alpha),I),\dfrac{\partial x^u_\varepsilon}{\partial\varepsilon}|_{\varepsilon=0}-\dfrac{\partial x^s_\varepsilon}{\partial\varepsilon}|_{\varepsilon=0}\rangle}{\|D_xK_i(x^I(-t_0,\alpha),I)\|},\quad i=1,\cdots,n.\tag{4.1.68}$$

我们即将证明

$$\langle D_x K_i(x^I(-t_0,\alpha),I), \frac{\partial x_\varepsilon^u}{\partial \varepsilon}|_{\varepsilon=0} - \frac{\partial x_\varepsilon^s}{\partial \varepsilon}|_{\varepsilon=0}\rangle \equiv M_i(I,\theta_0,\alpha;\mu)$$

$$= \int_{-\infty}^{\infty} [\langle D_x K_i, g^x\rangle + \langle D_x K_i, (D_I J D_x H)\int^t g^I\rangle](q_0^I(t),\mu;0)\mathrm{d}t,$$

$$i=1,\cdots,n, \tag{4. 1. 69a}$$

或者，等价地，

$$M_i(I,\theta_0,\alpha;\mu) = \int_{-\infty}^{\infty} [\langle D_x K_i, g^x\rangle + \langle D_I K_i, g^I\rangle](q_0^I(t),\mu;0)\mathrm{d}t \tag{4. 1. 69b}$$

$$= \langle D_I K_i(\gamma(I),I), \int_{-\infty}^{\infty} g^I(q_0^I(t),\mu;0)\mathrm{d}t\rangle,$$

其中 $q_0^I(t) \equiv (x^I(t,\alpha), I, \int^t \Omega(x^I(s,\alpha),I)\mathrm{d}s + \theta_0)$，定义 n 维向量

$$M(I,\theta_0,\alpha;\mu) = (M_1(I,\theta_0,\alpha;\mu),\cdots,M_n(I,\theta_0,\alpha;\mu)) \tag{4. 1. 70}$$

为 Melnikov 向量. [379]

在这一点上，我们想对我们测量 $W^s(\mathcal{M}_\varepsilon)$ 和 $W^u(\mathcal{M}_\varepsilon)$ 之间距离的几何结构做一些说明，并与系统 I 进行一些比较.

1. 如在系统 I，我们没有看到 Melnikov 向量中的变量 t_0，这是因为在我们推导 M 时通过坐标变换可消除 t_0. 我们这样做的原因来自于下面的事实，即 M 测量了轨线流形之间的距离，因此，通过解的唯一性，如果两个流形相交，则它们必须沿着（至少）1 维轨道相交. 因此，为了确定流形之间的距离，沿着流形有一个方向我们不需要移动. 关于这一点的更多细节将在讨论 Melnikov 向量的推导时给出.

2. 为了计算 M，我们不需要求解扰动方程（4. 1. 59）$_\varepsilon$，只需知道未被扰动的同宿流形和扰动向量场.

3. $W^s(\mathcal{M}_\varepsilon)$ 和 $W^u(\mathcal{M}_\varepsilon)$ 是余维 n 流形，M_i，$i=1,\cdots,n$ 表示（到 $\mathcal{O}(\varepsilon^2)$）沿着与流形互补的 n 个独立方向 $(D_x K_i, 0)$，$i=1,\cdots,n$ 的测量.

4. 在系统 II 中变量 I 作为 Melnikov 向量的一个明显分量出现，与系统 I 的情形相反，那里为了在 $\mathcal{M}_\varepsilon$ 上定位不变环面必须固定 I. 对系统 II 整个 $\mathcal{M}_\varepsilon$ 是一个不变环面，变量 I 是环面参数化的一部分.

现在由构造，如果 $d_i(p,\varepsilon)=0$，$i=1,\cdots,n$，则 $W^s(\mathcal{M}_\varepsilon)$ 和 $W^u(\mathcal{M}_\varepsilon)$ 在 p 附近相交. 现在我们叙述我们的主要定理.

定理 4. 1. 13. 假设存在点 $(I,\theta_0,\alpha,\mu) = (\bar{I},\bar{\theta}_0,\bar{\alpha},\bar{\mu}) \in T^m \times T^l \times \mathbb{R}^{n-1} \times \mathbb{R}^p$，其中 $m+l+n-1+p \geqslant n$，使得：

（1）$M(\bar{I},\bar{\theta}_0,\bar{\alpha},\bar{\mu}) = 0$.

（2）$DM(\bar{I},\bar{\theta}_0,\bar{\alpha},\bar{\mu})$ 的秩为 n.

则对充分小 ε，$W^u(\mathcal{M}_\varepsilon)$ 与 $W^s(\mathcal{M}_\varepsilon)$ 在 $(\bar{I},\bar{\theta}_0,\bar{\alpha},\bar{\mu})$ 附近相交.

下面的定理给出了 $W^s(\mathcal{M}_\varepsilon)$ 和 $W^u(\mathcal{M}_\varepsilon)$ 相交的一个充分条件.

证明：证明与定理 4.1.9 的证明完全相同. □

$W^u(\mathcal{M}_\varepsilon)$ 与 $W^s(\mathcal{M}_\varepsilon)$ 相交的一个充分条件由下面定理给出.

[380] **定理 4.1.14.** 假设定理 4.1.13 在点 $(I,\theta_0,\alpha,\mu)=(\bar{I},\bar{\theta}_0,\bar{\alpha},\bar{\mu})\in T^m\times T^l\times\mathbb{R}^{n-1}\times\mathbb{R}^p$ 成立，而且 $D_{(I,\theta_0,\alpha)}M(\bar{I},\bar{\theta}_0,\bar{\alpha},\bar{\mu})$ 的秩为 n. 则对充分小 ε，$W^u(\mathcal{M}_\varepsilon)$ 与 $W^s(\mathcal{M}_\varepsilon)$ 在 $(\bar{I},\bar{\theta}_0,\bar{\alpha})$ 附近横截相交.

证明: 证明完全类似定理 4.1.10 的证明. 但系统Ⅱ的几何结构给出某些差别. 设 $p\in W^s(\mathcal{M}_\varepsilon)\cap W^u(\mathcal{M}_\varepsilon)$，则 $T_pW^s(\mathcal{M}_\varepsilon)$ 和 $T_pW^u(\mathcal{M}_\varepsilon)$ 是 $n+m+l$ 维的，由定义 1.4.1，如果 $T_pW^s(\mathcal{M}_\varepsilon)+T_pW^u(\mathcal{M}_\varepsilon)=\mathbb{R}^{2n+m+l}$，则 $W^s(\mathcal{M}_\varepsilon)$ 与 $W^u(\mathcal{M}_\varepsilon)$ 在 p 横截相交. 因此我们需要证明，$T_pW^s(\mathcal{M}_\varepsilon)$ 和 $T_pW^u(\mathcal{M}_\varepsilon)$ 的每一个都包含 n 维独立了空间，它们没有部分包含在 $T_p(W^s(\mathcal{M}_\varepsilon)\cap W^u(\mathcal{M}_\varepsilon))$ 中.

现在回忆未被扰动系统的几何结构. 此时 $\mathcal{M}$ 是一个具有沿着 $n+m+l$ 维同宿流形重合的 $n+m+l$ 维稳定和不稳定流形的 $m+l$ 维不变环面. 因此，我们需要证明，在 $T_pW^s(\mathcal{M}_\varepsilon)$ 和 $T_pW^u(\mathcal{M}_\varepsilon)$ 中产生不包含在 $T_p(W^s(\mathcal{M}_\varepsilon)\cap W^u(\mathcal{M}_\varepsilon))$ 中新的 n 维无关的子空间，论证的余下部分完全与定理 4.1.10 的后面部分相同. □

4.1c. 系统 III

现在考虑完全可积的 Hamilton 系统的 Hamilton 扰动. 这些系统有形式

$$
\begin{aligned}
\dot{x} &= JD_xH(x,I)+\varepsilon JD_x\tilde{H}(x,I,\theta,\mu;\varepsilon),\\
\dot{I} &= -\varepsilon D_\theta\tilde{H}(x,I,\theta,\mu;\varepsilon),\\
\dot{\theta} &= D_IH(x,I)+\varepsilon D_I\tilde{H}(x,I,\theta,\mu;\varepsilon),
\end{aligned}
\tag{4.1.71}_\varepsilon
$$

其中 $0<\varepsilon\ll 1$，$(x,I,\theta)\in\mathbb{R}^{2n}\times\mathbb{R}^m\times T^m$，$\mu\in\mathbb{R}^p$ 是参数向量，此外我们将假设：

Ⅲ1. 设 $V\subset\mathbb{R}^{2n}\times\mathbb{R}^m$ 和 $W\subset\mathbb{R}^{2n}\times\mathbb{R}^m\times\mathbb{R}^p\times\mathbb{R}$ 是开集，则函数

$$H:V\to\mathbb{R}^1,$$
$$\tilde{H}:W\times T^m\to\mathbb{R}^1$$

有定义且是 C^{r+1} 的，$r\geqslant 2m+2$.

Ⅲ2. J 是由 [381]

$$J=\begin{pmatrix}0 & \mathrm{Id}\\ -\mathrm{Id} & 0\end{pmatrix}$$

定义的 $2n\times 2n$ 辛矩阵，其中 Id 表示 $n\times n$ 恒等矩阵，0 表示 $n\times n$ 零矩阵.

我们称（4. 1. 71）$_\varepsilon$ 为扰动系统.

4. 1c（i）未被扰动相空间的几何结构

在（4. 1. 71）$_\varepsilon$ 中令 $\varepsilon=0$ 得到的系统

$$\begin{aligned}\dot{x}&=JD_xH(x,I),\\ \dot{I}&=0,\\ \dot{\theta}&=D_IH(x,I)\end{aligned}\qquad (4.1.71)_0$$

称为未被扰动系统.

对（4. 1. 71）$_0$ 的 x 分量我们有下面两个结构性假设.

Ⅲ3. 存在开集 $U\subset\mathbb{R}^m$，使得对每个 $I\subset U$ 系统

$$\dot{x}=JD_xH(x,I)\qquad (4.1.71)_{0,\,x}$$

是完全可积的 Hamilton 系统，即，存在 n 个 (x,I) 的标量值函数 $H=K_1,K_2,\cdots,K_n$ 满足下面两个条件.

（1）对 $\forall I\in U$，在 $\mathbb{R}^{2n}$ 中不是（4. 1. 71）$_{0,\,x}$ 的不动点的所有点，向量集 $D_xK_1,D_xK_2,\cdots,D_xK_n$ 是逐点线性无关的.

（2）对 $\forall i,j,\ I\in U\subset\mathbb{R}^m$，$\langle JD_xK_i,K_j\rangle=0$，其中 $\langle\cdot,\cdot\rangle$ 是通常的欧几里得内积. 此外我们假设 K_i 是 C^r 的，$r\geqslant 2m+2$.

Ⅲ4. 对每个 $I\in U$，（4. 1. 71）$_{0,\,x}$ 具有随 I 光滑变化的双曲不动点，以及 n 维连接不动点到它自身的同宿流形. 假设沿着同宿流形的轨线可表示为形式 $x^I(t,\alpha)$，其中 $t\in\mathbb{R}^1$，$\alpha\in\mathbb{R}^{n-1}$.

在这一点上，读者应该注意到系统 Ⅲ 的无扰动结构的假设与系统 Ⅰ 的假设相同. 但在我们考虑扰动系统时就会出现差异.

[382] 类似于系统 Ⅰ 和系统 Ⅱ，考虑在 $\mathbb{R}^{2n}\times\mathbb{R}^m\times T^m$ 中由

$$\begin{aligned}\mathcal{M}=\{(x,I,\theta)\in\mathbb{R}^{2n}\times\mathbb{R}^m\times T^m\mid x=\gamma(I),\ \text{其中}\gamma(I)\text{是}D_xH(\gamma(I),\\ I)=0\text{ 的解, 且对}\forall I\in U,\theta\in T^m\text{满足}\det\left[D_x^2H(\gamma(I),I)\right]\neq 0\}\end{aligned}\qquad (4.1.72)$$

定义的集合 $\mathcal{M}$. 于是我们有下面命题.

命题 4. 1. 15. *$\mathcal{M}$ 是（4. 1. 71）$_0$ 的 C^r $2m$ 维正规双曲不变流形. 此外，$\mathcal{M}$ 分别有相交于 $n+2m$ 维同宿流形*

$$\Gamma=\{(x^I(-t_0,\alpha),I,\theta_0)\in\mathbb{R}^{2n}\times\mathbb{R}^m\times T^m\mid(t_0,\alpha,I,\theta_0)\in\mathbb{R}^1\times\mathbb{R}^{n-1}\times U\times T^m\}$$

的 C^r $2m+n$ 维稳定和不稳定流形 $W^s(\mathcal{M}_\varepsilon)$ 和 $W^u(\mathcal{M}_\varepsilon)$.

证明： 证明完全与命题 4. 1. 4 的证明相同. □

如同对系统 Ⅰ 的情形，最终我们将对扰动系统在 $\mathcal{M}$ 上的详细动力学感兴趣. 对 Hamilton 扰动，我们将看到 $\mathcal{M}$ 上的大部分流结构（特别是某些非共振“运动”）都适用于扰动系统. 为此，我们想更详细

地讨论$\mathcal{M}$上的动力学结构.

限制在$\mathcal{M}$上的未被扰动向量场为

$$\begin{aligned} &\dot{I}=0, \\ &\dot{\theta}=D_I H(\gamma(I),I), \end{aligned} \quad (I,\theta)\in U\times T^m, \qquad (4.1.73)$$

其流为

$$\begin{aligned} &I(t)=I=\text{常数}, \\ &\theta(t)=D_I H(\gamma(I),I)t+\theta_0. \end{aligned} \qquad (4.1.74)$$

因此，$\mathcal{M}$有 m 维环面 m 维参数族的结构，其中环面上的流要么是有理流，要么是无理流. 记这些环面如下：对固定的$\bar{I}\in U$，$\mathcal{M}$上对应的 m 维环面是

$$\tau(\bar{I})=\left\{(x,I,\theta)\in\mathbb{R}^{2n}\times U\times T^m \mid x=\gamma(\bar{I}),I=\bar{I}\right\}. \qquad (4.1.75)$$

$\tau(\bar{I})$分别有$n+m$维稳定和不稳定流形$W^s(\tau(\bar{I}))$和$W^u(\tau(\bar{I}))$，它们沿着$n+m$维同宿流形

$$\Gamma_{\bar{I}}=\{(x^{\bar{I}}(-t_0,\alpha),\bar{I},\theta_0)\in\mathbb{R}^{2n}\times\mathbb{R}^m\times T^m \mid (t_0,\alpha,\theta_0)\in \mathbb{R}^1\times\mathbb{R}^{n-1}\times T^m\} \qquad (4.1.76)$$

相交. 此外，$\tau(\bar{I})$有对应于与$\mathcal{M}$的非指数扩展或收缩方向相切的 m 维中心流形. 未被扰动相空间的几何结构如图 4.1.12 所示. [383]

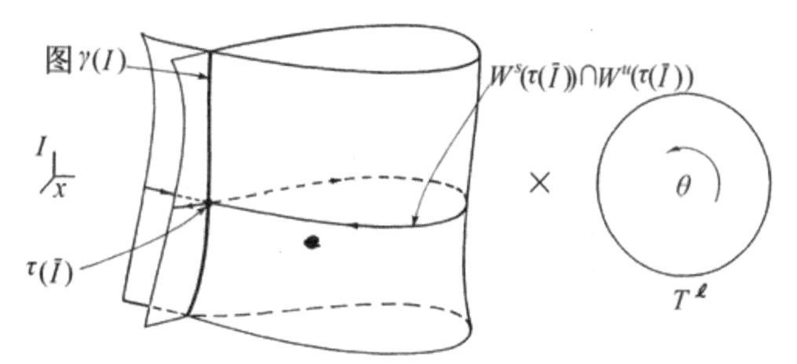

图 4.1.12　(4.1.71)$_0$的未被扰动相空间的几何结构

4.1c（ii）同宿坐标

我们用与系统 I 和系统 II 相同的方法沿着Γ为系统 III 定义移动的同宿坐标系.

在$\mathbb{R}^{2n}\times\mathbb{R}^m\times\mathbb{R}^m$中考虑$n+m$个线性无关向量

$$\{(D_x H=D_x K_1,0),\cdots,(D_x K_n,0)\}, \qquad (4.1.77)$$

其中由 III3，$D_x K_i$是线性无关向量，除了在(4.1.71)$_0$的不动点，“0”表示 $2m$ 维零向量，

$$\left\{\hat{I}_1,\cdots,\hat{I}_m\right\}, \qquad (4.1.78)$$

其中$\hat{I}_i$是$\mathbb{R}^{2n}\times\mathbb{R}^m\times\mathbb{R}^m$中平行于$I_i$坐标族的常数单位向量. 对给定的$(t_0,\alpha,I,\theta_0)\in\mathbb{R}^1\times\mathbb{R}^{n-1}\times U\times T^m$，令$p=(x^I(-t_0,\alpha),I,\theta_0)$表示Γ上的对应

点. 则Π_p定义为由（4.1.77）和（4.1.78）张成的$n+m$维平面，其中D_xK_i在p计值，$\hat{I}_i$视为从p出发. 因此，变化p表示Π_p沿着Γ移动.

[384] 如同对系统Ⅰ和Ⅱ，我们将对$W^s(\mathcal{M})$，$W^u(\mathcal{M})$，$W^s(\tau(I))$，$W^u(\tau(I))$与Π_p的交的特性感兴趣. 我们只叙述结果，因为论证细节与我们对系统Ⅰ的同宿坐标的讨论相同.

$W^s(\mathcal{M})$和$W^u(\mathcal{M})$. 对每一点$p\in\Gamma$，$W^s(\mathcal{M})$与$W^u(\mathcal{M})$横截相交于 m 维流形. 记$W^s(\mathcal{M}_\varepsilon)$（相应地，$W^u(\mathcal{M})$）与$\Pi_p$相交于$S_p^s$（相应地，$S_p^u$）. 此外，我们有$S_p^s=S_p^u$.

$W^s(\tau(\bar{I}))$和$W^u(\tau(\bar{I}))$. 正如前面指出的，对固定的$I=\bar{I}\in U$，$W^s(\tau(\bar{I}))$和$W^u(\tau(\bar{I}))$是$n+m$维的，且沿着$n+m$维同宿流形

$$\Gamma_{\bar{I}}=\{(x^{\bar{I}}(-t_0,\alpha),\bar{I},\theta_0)\in\mathbb{R}^{2n}\times\mathbb{R}^m\times T^m\mid(t_0,\alpha,\theta_0)\in\mathbb{R}^1\times\mathbb{R}^{n-1}\times T^m\}$$

相交. 现在$W^s(\tau(\bar{I}))$和$W^u(\tau(\bar{I}))$与Π_p相交于点$(x^{\bar{I}}(-t_0,\alpha),\bar{I},\theta_0)$. 我们要证明这个交是横截的. 我们可以取$\Pi_p$在 p 的切空间就是Π_p，即$T_p\Pi_p=\Pi_p$. 现在$W^s(\tau(\bar{I}))$（相应地，$W^u(\tau(\bar{I}))$）在p的切空间是$n+m$维的，而且可以看作由 n 个向量$(JD_xK_i,0)$，$i=1,\cdots,n$，（其中JD_xK_i在p计值）和在θ方向的 m 个向量（见命题 4.1.2）张成. 因此，$\Pi_p+T_pW^s(\tau(\bar{I}))$（相应地，$\Pi_p+T_pW^u(\tau(\bar{I}))$）$=\mathbb{R}^{2n}\times\mathbb{R}^{2m}$，从而，$W^s(\tau(\bar{I}))$（相应地，$W^u(\tau(\bar{I}))$）与$\Pi_p$横截相交于一点.

几何结构如图 4.1.13 所示(注意：与图 4.1.2 和 4.1.9 类似). 回忆确定是否横截相交的重要性是横截相交在小扰动下保持，这个事实在确定扰动系统中流形相交的特性很有用.

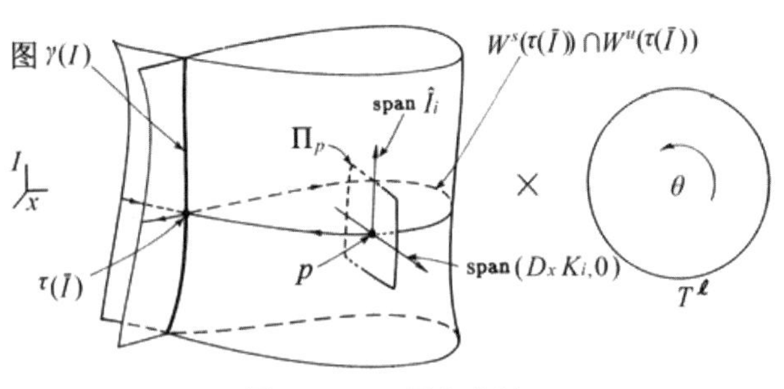

图 4.1.13　同宿坐标

4.1c（iii）扰动相空间的几何结构

我们现在描述一些关于扰动相空间结构的一般结论. 我们将关注$\mathcal{M}$及其局部稳定流形和不稳定流形以及$\mathcal{M}$上的流.

$\mathcal{M}$ 的持久性.

$\mathcal{M}$ 对系统 III 的情况完全与对系统 I 的情况相同，即，$\mathcal{M}$ 作为一个局部不变流形 $\mathcal{M}_\varepsilon$ 是持久的.

命题 4. 1. 16. 存在 $\varepsilon_0 > 0$，使得对 $0 < \varepsilon \leqslant \varepsilon_0$，扰动系统（4. 1. 71）$_\varepsilon$ 具有 C^r $2m$ 维正规双曲局部不变流形 [385]

$$\mathcal{M}_\varepsilon = \{(x, I, \theta) \in \mathbb{R}^{2n} \times \mathbb{R}^m \times T^m \mid x = \tilde{\gamma}(I, \theta; \varepsilon) = \gamma(I) + \mathcal{O}(\varepsilon), \quad I \in \tilde{U} \subset U \subset \mathbb{R}^m, \theta \in T^m\},$$

其中 $\tilde{U} \subset U$ 是一个紧连通的 m 维集. 此外，$\mathcal{M}_\varepsilon$ 有局部 C^r 稳定和不稳定流形 $W^s_{\text{loc}}(\mathcal{M}_\varepsilon)$ 和 $W^u_{\text{loc}}(\mathcal{M}_\varepsilon)$，它们有相同维数，且分别 C^r 接近于 $W^s_{\text{loc}}(\mathcal{M}_\varepsilon)$ 和 $W^u_{\text{loc}}(\mathcal{M}_\varepsilon)$.

证明： 证明类似于命题 4. 1. 5 的证明. □

注意到，$\mathcal{M}$ 关于 ε 和 μ 也是 C^r 的（见命题 4. 1. 5 证明后的说明）.

$\mathcal{M}_\varepsilon$ 上的动力学.

现在我们要解决在 $\mathcal{M}_\varepsilon$ 上是否存在任何回归运动的问题. 特别是，我们要知道 m 维不变环面的 m 维参数族是否在扰动下幸存. 对系统 I 我们利用平均法，因此我们只考虑非共振运动. 然而，如在命题 4. 1. 6 后面的讨论，当系统是 Hamilton 时角变量的平均不起作用，要求有更复杂的方法.

[386] 回忆限制在 $\mathcal{M}$ 上的未被扰动向量场为

$$\begin{aligned} \dot{I} &= 0, \\ \dot{\theta} &= D_I H(\gamma(I), I), \end{aligned} \qquad (I, \theta) \in \tilde{U} \times T^m. \tag{4. 1. 79}$$

因此，（4. 1. 79）有 m 个自由度的完全可积的 Hamilton 系统的形式，其中 m 个 I 变量是运动积分，整个相空间 $\tilde{U} \times T^m$ 被 m 维环面的 m 维参数族叶化，其中环面上的 m 个频率由 m 向量 $D_I H(\gamma(I), I)$ 给出. $\mathcal{M}_\varepsilon$ 上的动力学特性的问题就是当系统受到 Hamilton 扰动时，在完全可积的 Hamilton 系统中这个不变环面族会变成什么的问题. KAM 定理提供了沿着这些思路的一些重要结果，我们现在将以足以满足我们需要的形式陈述它（见 Arnold [1978]，附录 8）.

定理 4. 1. 17（KAM）. 假设

$$\det\left[D_I^2 H(\gamma(I), I)\right] \neq 0, \quad I \in \tilde{U} \subset \mathbb{R}^m.$$

则对充分小 ε，（4. 1. 79）中的“大多数”不变环面保持. 在这些幸存的环面上的运动是具有有理不可公度频率的拟周期运动. 不变的环面形成多数，因为当 ε 很小时，它们并集的补集的 Lebesgue 测度很小.

现在让我们对这个重要定理做几点说明.

1. 关于定理 4. 1. 17 的一个直接问题是，术语“大多数”是什么意思？数学上，“大多数”指的是正测度的 Cantor 集. 为了我们的目的，幸存的“KAM”环面的重要特征是，由于存在一个正测度的 Cantor

集，给定一个“KAM”环面，就存在另一个任意接近的“KAM”环面. 然而，在 Arnold[1963]或 Moser[1973]中可以找到一个更精确的关于未被扰动频率的幸存环面的描述.

2. 注意，在系统 I 中的耗散扰动和系统 III 中的 Hamilton 扰动的情况下 $\mathcal{M}_\varepsilon$ 上的动力学的根本差异. 对于系统 I，离散的非共振正规双曲环面在 $\mathcal{M}_\varepsilon$ 上持续存在，对于系统 III，大部分非共振非正规双曲环面持续存在. 因此，在这两种情况下，我们可能会看到非常不同的动力学现象. 注意，我们在 $\mathcal{M}_\varepsilon$ 上确定运动结果的方法只允许我们发现某些非共振运动，更复杂的技术（尚未开发）可以重现现有技术所错过的有趣的动力学. [387]

3. 我们现在要解决的问题是（4. 1. 79）必须有多少次可微才能使 KAM 定理成立. 最初，该定理由 Kolmogorov[1954]宣布，Arnold[1963]针对解析的 Hamilton 情形给出了完整的细节. 具有有限多次导数的向量场的类似定理首先由 Moser[1966a，b]给出. Moser 的结果适用于具有 C^r（$r \geqslant 2m+2$）的（4. 1. 79）形式的向量场. 最近对 KAM 理论和相关结果的回顾见 Bost[1986].

回忆未被扰动系统的结构. 对任何 $I=\bar{I}\in\tilde{U}$，$\tau(I)$ 是 $\mathcal{M}$ 上的一个具有 $m+n$ 维稳定和不稳定流形 $W^s(\tau(\bar{I}))$ 和 $W^u(\tau(\bar{I}))$ 的 m 维环面，这两个流形沿着 $n+m$ 维同宿轨道

$$\Gamma_{\bar{I}}=\{(x^{\bar{I}}(-t_0,\alpha),\bar{I},\theta_0)\in\mathbb{R}^{2n}\times\mathbb{R}^m\times T^m \mid (t_0,\alpha,\theta_0)\in \mathbb{R}^1\times\mathbb{R}^{n-1}\times T^m\}$$

相交. 由定理 4. 1. 17，这些环面在 $\mathcal{M}_\varepsilon$ 上保持. 用 $\tau_\varepsilon(I)$ 记幸存的环面. 现在标准的 KAM 定理关于 $W^s(\tau_\varepsilon(I))$ 和 $W^u(\tau_\varepsilon(I))$ 没有告诉我们什么. 然而，Graff[1974]的广义 KAM 定理告诉我们，$\tau_\varepsilon(I)$ 有 $m+n$ 维稳定和不稳定流形，我们将它们记为 $W^s(\tau_\varepsilon(I))$ 和 $W^u(\tau_\varepsilon(I))$. 由流形的不变性，我们有 $W^s(\tau_\varepsilon(I))\subset W^s(\mathcal{M}_\varepsilon)$ 和 $W^u(\tau_\varepsilon(I))\subset W^s(\mathcal{M}_\varepsilon)$. 现在 Graff 的定理仅对解析向量场证明. 然而，他叙述由 Moser[1966a，b]开发的光滑技巧可以用来推广有限多次可微情形的结果. 无论如何，这是一个技术上的困难，不会引起我们的关注，因为我们所有的例子都是解析的.

4. 1c（iv）流形的分裂

现在我们开发一种确定 $W^s(\tau_\varepsilon(I))$ 和 $W^u(\tau_\varepsilon(I))$ 是否相交的方法. 现在的情况与系统 I 和 II 的情况不同，因为现在 $W^s(\tau_\varepsilon(I))$ 和 $W^u(\tau_\varepsilon(I))$ 比系统 I 和 II 中相应的稳定和不稳定流形有更大的余维，而且 KAM 环面不是正规双曲的. 因此，我们可能期望需要更大维数的 Melnikov 向量以确定 $W^s(\tau_\varepsilon(I))$ 和 $W^u(\tau_\varepsilon(I))$ 是否相交.

[358] 回忆未被扰动系统的几何结构. 对任何点 $p\in\Gamma$，$2m+n$ 维流形

$W^s(\mathcal{M})$ 和 $W^u(\mathcal{M})$ 与 $m+n$ 维平面 Π_p 分别相交于 m 维曲面 S_p^s 和 S_p^u，其中 $S_p^s=S_p^u$. 对任何 $I=\bar{I}\in\tilde{U}$，相应的 m 维不变环面 $\tau(\bar{I})\in\mathcal{M}$ 有 $m+n$ 维稳定和不稳定流形 $W^s(\tau(\bar{I}))$ 和 $W^u(\tau(\bar{I}))$，它们横截相交于点 p. 未被扰动的几何结构如图 4. 1. 14. 注意，图中 $S_p^s=S_p^u=\Gamma\cap\Pi_p$ 上的每一点代表某个环面 $\tau(I)$ 的 $W^s(\tau(I))\cap W^u(\tau(I))$.

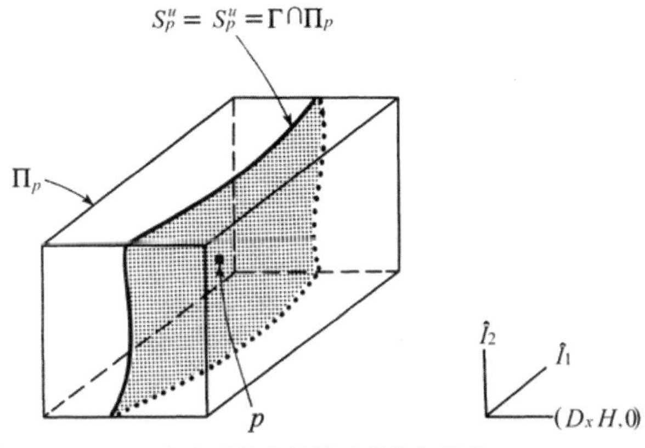

图 4. 1. 14　Π_p 上流形的未被扰动的几何结构，$n=1$，$m=2$

下面考虑扰动系统沿着 $\Gamma=W^s(\mathcal{M})-W^s(\mathcal{M})-\mathcal{M}$ 的几何结构. 由横截性，对每一点 $p\in\Gamma$，$W^s(\mathcal{M}_\varepsilon)$ 和 $W^u(\mathcal{M}_\varepsilon)$ 与 Π_p 分别相交于 m 维曲面 $S_{p,\varepsilon}^s$ 和 $S_{p,\varepsilon}^u$. 如前所述，$W^s(\mathcal{M}_\varepsilon)$ 和 $W^u(\mathcal{M}_\varepsilon)$ 可能与 Π_p 相交于多个 m 维分量；然而，我们选择 $S_{p,\varepsilon}^s$（相应地，$S_{p,\varepsilon}^u$）作为沿着 $W^s(\mathcal{M}_\varepsilon)$（相应地，$W^u(\mathcal{M}_\varepsilon)$）的流的正（相应地，负）时间意义上最接近 $\mathcal{M}_\varepsilon$ 的分量. 当我们讨论 Melnikov 向量的推导时，将更多地关注这个技术细节. 同样由于横截性，对幸存的 KAM 环面 $\tau_\varepsilon(\bar{I})\in\mathcal{M}_\varepsilon$，$W^s(\tau_\varepsilon(\bar{I}))$ 与 Π_p 横截相交于点 $p_\varepsilon^s=(x_\varepsilon^s,I_\varepsilon^s)$，$W^u(\tau_\varepsilon(\bar{I}))$ 与 Π_p 横截相交于点 $p_\varepsilon^u=(x_\varepsilon^u,I_\varepsilon^u)$. 此外，这些点分别包含在 $S_{p,\varepsilon}^s$ 和 $S_{p,\varepsilon}^u$ 中. 扰动的几何结构如图 4. 1. 15 所示. 注意，在图 4. 1. 15 中 $S_{p,\varepsilon}^s$（相应地，$S_{p,\varepsilon}^u$）中的点云代表 $\mathcal{M}_\varepsilon$ 上幸存的环面的稳定（相应地，不稳定）流形与 Π_p 的交.　[389]

我们可以简单地将 $W^s(\tau_\varepsilon(\bar{I}))$ 与 $W^u(\tau_\varepsilon(\bar{I}))$ 之间在点 p 的距离定义为

$$d(p,\varepsilon)=|(x_\varepsilon^u,I_\varepsilon^u)-(x_\varepsilon^s,I_\varepsilon^s)|. \tag{4. 1. 80}$$

然而，正如对系统 I 和 II（参看 4. 1a，iv 的讨论），我们的目标是为

(4.1.80)开发一个与基础几何兼容的可计算表达式. 这将涉及开发沿着Π_p上的坐标的距离分量的表达式. 注意到系统 III 对系统 I 和系统 II 的一个重要区别. 因为$W^s(\tau_\varepsilon(\bar{I}))$和$W^u(\tau_\varepsilon(\bar{I}))$与$\Pi_p$仅相交单个点,[390] 因此不能保证如对系统 I 和 II 那样有$I_\varepsilon^s = I_\varepsilon^u$,因此,对系统 III 我们也必须测量沿着这些方向的距离.

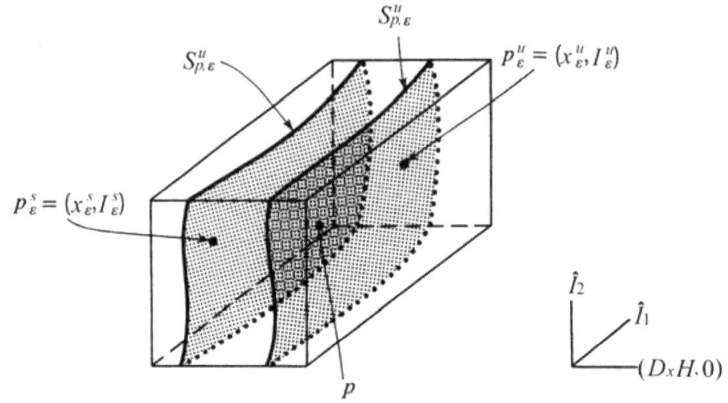

图 4.1.15　Π_p上流形的扰动几何结构,$n=1$,$m=2$

我们定义p_ε^s与p_ε^u之间沿着$n+m$个方向$(D_x K_i, 0)$,$i=1,\cdots,n$和$\hat{I}_i$,$i=1,\cdots,m$的距离的带符号的分量如下:

$$d_i^{\bar{I}}(p,\varepsilon) = d_i^{\bar{I}}(t_0,\theta_0,\alpha,\mu;\varepsilon)$$
$$= \begin{cases} \dfrac{\langle D_x K_i(x^{\bar{I}}(-t_0,\alpha),\bar{I}), x_\varepsilon^u - x_\varepsilon^s \rangle}{\| D_x K_i(x^{\bar{I}}(-t_0,\alpha),\bar{I}) \|}, & i=1,\cdots,n \\ (I_\varepsilon^u)_{i-n} - (I_\varepsilon^s)_{i-n}, i = n+1,\cdots,n+m, \end{cases} \quad (4.1.81)$$

其中$(I_\varepsilon^u)_{i-n}$(相应地,$(I_\varepsilon^s)_{i-n}$)代表m维向量的第$i-n$个分量,而且我们已经用$(t_0,\theta_0,\alpha) \in \mathbb{R}^1 \times T^m \times \mathbb{R}^{n-1}$代替了符号$p$. 我们还明确包含参数向量$\mu \in \mathbb{R}^p$以表明扰动向量场可能的参数依赖性.

将(4.1.81)关于$\varepsilon = 0$进行 Taylor 展开,得到

$$d_i^{\bar{I}}(p,\varepsilon) = d_i^{\bar{I}}(t_0,\theta_0,\alpha,\mu;\varepsilon) = d_i^{\bar{I}}(t_0,\theta_0,\alpha,\mu;0) + \varepsilon \frac{\partial d_i^{\bar{I}}}{\partial \varepsilon}(t_0,\theta_0,\alpha,\mu;0) + \mathcal{O}(\varepsilon^2),$$
$$i = 1,\cdots,n+m, \quad (4.1.82)$$

其中$d_i^{\bar{I}}(t_0,\theta_0,\alpha,\mu;0) = 0$,因为$W^s(\tau(\bar{I})) \cap \Pi_p = W^u(\tau(\bar{I})) \cap \Pi_p = p$,且

$$\frac{\partial d_i^{\bar{I}}}{\partial \varepsilon}(t_0,\theta_0,\alpha,\mu;0)=\begin{cases}\dfrac{\langle D_xK_i(x^{\bar{I}}(-t_0,\alpha),\bar{I}),\left.\dfrac{\partial x_\varepsilon^u}{\partial \varepsilon}\right|_{\varepsilon=0}-\left.\dfrac{\partial x_\varepsilon^s}{\partial \varepsilon}\right|_{\varepsilon=0}\rangle}{\|D_xK_i(x^{\bar{I}}(-t_0,\alpha),\bar{I})\|}, \\ \qquad i=1,\cdots,n, \\ \left(\left.\dfrac{\partial I_\varepsilon^u}{\partial \varepsilon}\right|_{\varepsilon=0}\right)_{i-n}-\left(\left.\dfrac{\partial I_\varepsilon^s}{\partial \varepsilon}\right|_{\varepsilon=0}\right)_{i-n}, \ i=n+1,\cdots,n+m.\end{cases}$$

（4. 1. 83）

我们之后将证明

$$\langle D_xK_i(x^{\bar{I}}(-t_0,\alpha),\bar{I}),\left.\frac{\partial x_\varepsilon^u}{\partial \varepsilon}\right|_{\varepsilon=0}-\left.\frac{\partial x_\varepsilon^s}{\partial \varepsilon}\right|_{\varepsilon=0}\rangle\equiv M_i^{\bar{I}}(\theta_0,\alpha;\mu)$$

$$=\int_{-\infty}^{\infty}[\langle D_xK_i,JD_x\tilde{H}\rangle-\langle D_xK_i,(D_IJD_xH)\int^{t}D_\theta\tilde{H}\rangle](q_0^{\bar{I}}(t),\mu;0)\mathrm{d}t,$$

$$i=1,\cdots,n,$$

（4. 1. 84a）

或者等价地，

[391]

$$M_i(\theta_0,\alpha;\mu)=\int_{-\infty}^{\infty}[\langle D_xK_i,JD_x\tilde{H}\rangle-\langle D_IK_i,D_\theta\tilde{H}\rangle](q_0^{\bar{I}}(t),\mu;0)\mathrm{d}t+$$

$$\langle D_IK_i(\gamma(\bar{I}),\bar{I}),\int_{-\infty}^{\infty}D_\theta\tilde{H}(q_0^{\bar{I}}(t),\mu;0)\mathrm{d}t\rangle,$$

（4. 1. 84b）

和

$$\left(\left.\frac{\partial I_\varepsilon^u}{\partial \varepsilon}\right|_{\varepsilon=0}\right)_{i-n}-\left(\left.\frac{\partial I_\varepsilon^s}{\partial \varepsilon}\right|_{\varepsilon=0}\right)_{i-n}=-\int_{-\infty}^{\infty}D_{\theta_{i-n}}\tilde{H}(q_0^{\bar{I}}(t),\mu;0)\mathrm{d}t, \quad (4.1.85)$$

$$i=n+1,\cdots,n+m$$

其中 $q_0^{\bar{I}}(t)=\left(x^{\bar{I}}(t,\alpha),\bar{I},\int^t D_IH(x^{\bar{I}}(s,\alpha),\bar{I})\mathrm{d}s+\theta_0\right)$．因此，按阶数 ε，（4. 1. 84）和（4. 1. 85）表示 $W^s(\tau_\varepsilon(\bar{I}))$ 与 $W^u(\tau_\varepsilon(\bar{I}))$ 之间在点 p 测量的距离的 $m+n$ 个分量. 然而，存在一点微妙之处. 因为扰动系统是 $2n+2m$ 维相空间中的 Hamilton 系统，轨道被限制在 $2n+2m-1$ 维的“能量”曲面上，这个曲面由 Hamilton 函数的等位集 $H_\varepsilon=H+\varepsilon\tilde{H}$ 给出. 因此，我们期望只需要 $n+m-1$ 个而不是 $n+m$ 个独立的测量以确定 $W^s(\tau_\varepsilon(\bar{I}))$ 与 $W^u(\tau_\varepsilon(\bar{I}))$ 是否相交. 这个问题在以下 Lerman 和 Umanskii[1984]的 $2n+2m$ 维形式的引理中得到解决.

引理 4. 1. 18. $p_\varepsilon^u=p_\varepsilon^s$，当且仅当 $d_i(p,\varepsilon)=0$，$i=2,\cdots,n+m$.

证明： $p_\varepsilon^u=p_\varepsilon^s$ 意味着 $d_i(p,\varepsilon)=0$，$i=2,\cdots,n+m$ 是显然的. 现在证明，

$d_i(p,\varepsilon)=0$，$i=2,\cdots,n+m$ 意味着 $p_\varepsilon^u=p_\varepsilon^s$.

设 $p=(x^{\overline{I}}(-t_0,\alpha),\overline{I},\theta_0)$，则任何点 $\overline{p}\in\Pi_p$ 可表示为

$$\begin{aligned}\overline{p}=p+\xi_1(D_xH(p),0)+\cdots+\xi_n(D_xK_n(p),0)+\\ \xi_{n+1}\hat{I}_1+\cdots+\xi_{n+m}\hat{I}_m,\end{aligned} \tag{4.1.86}$$

其中 $(\xi_1,\cdots,\xi_{n+m})$ 表示沿着定义 Π_p 的向量 $(D_xK_i(p),0)$，$i=1,\cdots,n$ 和 $\hat{I}_{i-n}$，$i=n+1,\cdots,n+m$ 的坐标. 因此，利用（4.1.86）我们有

$$\begin{aligned}p_\varepsilon^u-p_\varepsilon^s=(\xi_1^u-\xi_1^s)(D_xH(p),0)+\cdots+(\xi_n^u-\xi_n^s)(D_xK_n(p),0)+\\ (\xi_{n+1}^u-\xi_{n+1}^s)\hat{I}_1+\cdots+(\xi_{n+m}^u-\xi_{n+m}^s)\hat{I}_m.\end{aligned} \tag{4.1.87}$$

[392] 由于 p_ε^u 和 p_ε^s 在 $W^s(\tau_\varepsilon(\overline{I}))$ 和 $W^u(\tau_\varepsilon(\overline{I}))$ 上，它们必须在由下面方程定义的曲面上：

$$\begin{aligned}R(\xi_1,\cdots,\xi_{n+m};\varepsilon)=H(p+\xi_1(D_xH(p),0)+\cdots+\xi_n(D_xK_n(p),0)+\\ \xi_{n+1}\hat{I}_1+\cdots+\xi_{n+m}\hat{I}_m,\overline{I})+\\ \varepsilon\tilde{H}(p+\xi(D_xH(p),0)+\cdots+\xi_n(D_xK_n(p),0)+\\ \xi_{n+1}\hat{I}_1+\cdots+\xi_{n+m}\hat{I}_m,\overline{I},\theta_0,\varepsilon)-\\ H(\tilde{\gamma}(\overline{I},\theta_0;\varepsilon),I)-\varepsilon\tilde{H}(\tilde{\gamma}(\overline{I},\theta_0;\varepsilon),\overline{I},\theta_0,\varepsilon)=0\end{aligned} \tag{4.1.88}$$

（注意：我们已经抑制了可能的参数 μ，因为它们不会影响我们的论证）. 我们有

$$R(0,\cdots,0;0)=H(x^{\overline{I}}(-t_0,\alpha),\overline{I})-H(\gamma(\overline{I}),\overline{I})=0, \tag{4.1.89}$$

和 $D_{\xi_1}R(0,\cdots,0;0)=\langle D_xH(x^{\overline{I}}(-t_0,\alpha),\overline{I}),D_xH(x^{\overline{I}}(-t_0,\alpha),\overline{I})\rangle\neq 0$. 因此，由隐函数定理，对充分小 $(\xi_1,\cdots,\xi_{n+m},\varepsilon)$，我们有

$$\xi_1=\phi(\xi_2,\cdots,\xi_{n+m};\varepsilon) \tag{4.1.90}$$

其中 ϕ 的光滑性与 $H+\varepsilon\tilde{H}$ 的相同. 利用（4.1.87）和（4.1.90），我们得到

$$\begin{aligned}p_\varepsilon^u-p_\varepsilon^s=(\phi(\xi_2^u,\cdots,\xi_{n+m}^u;\varepsilon)-\phi(\xi_2^s,\cdots,\xi_{n+m}^s;\varepsilon))(D_xH(p),0)+\cdots+\\ (\xi_n^u-\xi_n^s)(D_xK_n(p),0)+(\xi_{n+1}^u-\xi_{n+1}^s)\hat{I}_1+\cdots+(\xi_{n+m}^u-\xi_{n+m}^s)\hat{I}_m.\end{aligned} \tag{4.1.91}$$

因此，由（4.1.90）和（4.1.91），显然对 $\xi_i^u=\xi_i^s$，$i=2,\cdots,n+m$，我们有 $p_\varepsilon^u=p_\varepsilon^s$. 这证明了引理. □

这个引理告诉我们，为了确定 $W^s(\tau_\varepsilon(\overline{I}))$ 与 $W^u(\tau_\varepsilon(\overline{I}))$ 是否相交，我们不需要沿着方向 $(D_xH,0)$ 测量. 直觉上，这应该是合理的，因为能量流形 $H+\varepsilon\tilde{H}$ 得到保持，并且 $(D_xH,0)$ 是与能量流形互补的方向.

我们定义 Melnikov 向量为

$$M^{\bar{I}}(\theta_0,\alpha;\mu)=(M_2^{\bar{I}}(\theta_0,\alpha;\mu),\cdots,M_{n+m}^{\bar{I}}(\theta_0,\alpha;\mu)),\quad(4.1.92)$$

其中出于与系统 I 和 II 讨论的相同原因，我们省略了对 t_0 的显式依赖（注意：这将在我们讨论 Melnikov 向量的推导时详细说明）．现在我们叙述对系统 III 的主要定理.

定理 4.1.19. 假设存在 $I=\bar{I}\in\tilde{U}\subset\mathbb{R}^m$，使得 $\tau_\varepsilon(\bar{I})$ 是 $\mathcal{M}_\varepsilon$ 上的一个 KAM 环面. 令 $(\theta_0,\alpha,\mu)=(\bar{\theta}_0,\bar{\alpha},\bar{\mu})\in T^m\times\mathbb{R}^{n-1}\times\mathbb{R}^p$ 是一点，其中 $m+n-1+p\geqslant m+n-1$，使得： [393]

（1） $M^{\bar{I}}(\bar{\theta}_0,\bar{\alpha},\bar{\mu})=0$.

（2） $DM^{\bar{I}}(\bar{\theta}_0,\bar{\alpha},\bar{\mu})$ 的秩为 $m+n-1$.

则 $W^s(\tau_\varepsilon(\bar{I}))$ 与 $W^u(\tau_\varepsilon(\bar{I}))$ 在 $(\bar{\theta}_0,\bar{\alpha},\bar{\mu})$ 附近相交.

证明： 证明与定理 4.1.9 的证明类似. □

$W^s(\tau_\varepsilon(\bar{I}))$ 与 $W^u(\iota_\varepsilon(\bar{I}))$ 横截相交的一个充分条件由下面定理给出.

定理 4.1.20. 假设定理 4.1.19 在点 $(\theta_0,\alpha,\mu)=(\bar{\theta}_0,\bar{\alpha},\bar{\mu})\in T^m\times\mathbb{R}^{n-1}\times\mathbb{R}^p$ 成立，而且 $D_{(\theta_0,\alpha)}M^{\bar{I}}(\bar{\theta}_0,\bar{\alpha},\bar{\mu})$ 的秩为 $m+n-1$. 则对充分小 ε，$W^s(\tau_\varepsilon(\bar{I}))$ 与 $W^u(\tau_\varepsilon(\bar{I}))$ 在 $(\bar{\theta}_0,\bar{\alpha})$ 附近横截相交于 $2n+2m-1$ 维能量曲面.

证明： 证明类似于定理 4.1.10 的证明. 设 $p\in W^s(\tau_\varepsilon(\bar{I}))\cap W^u(\tau_\varepsilon(\bar{I}))$，则 $T_pW^s(\tau_\varepsilon(\bar{I}))$ 和 $T_pW^u(\tau_\varepsilon(\bar{I}))$ 都是 $m+n$ 维的，由定义 1.4.1，如果 $T_pW^s(\tau_\varepsilon(\bar{I}))+T_pW^u(\tau_\varepsilon(\bar{I}))=\mathbb{R}^{2n+2m-1}$ 则 $W^s(\tau_\varepsilon(\bar{I}))$ 与 $W^u(\tau_\varepsilon(\bar{I}))$ 在 p 横截相交于 $2n+2m-1$ 维能量流形. 由向量空间的维数公式，我们有

$$\begin{aligned}2n+2m-1=&\dim T_pW^s(\tau_\varepsilon(\bar{I}))+\dim T_pW^u(\tau_\varepsilon(\bar{I}))-\\&\dim T_p(W^s(\tau_\varepsilon(\bar{I}))\cap W^u(\tau_\varepsilon(\bar{I}))).\end{aligned}\quad(4.1.93)$$

因此，如果 $W^s(\tau_\varepsilon(\bar{I}))$ 与 $W^u(\tau_\varepsilon(\bar{I}))$ 在 p 横截相交于 $2n+2m-1$ 维能量流形，则 $W^s(\tau_\varepsilon(\bar{I}))$ 与 $W^u(\tau_\varepsilon(\bar{I}))$ 相交于 1 维轨线. 因此，为了 $W^s(\tau_\varepsilon(\bar{I}))$ 与 $W^u(\tau_\varepsilon(\bar{I}))$ 在 p 横截相交，$T_pW^s(\tau_\varepsilon(\bar{I}))$ 和 $T_pW^u(\tau_\varepsilon(\bar{I}))$ 的每一个必须包含 $n+m-1$ 维没有部分包含在 $T_p(W^s(\tau_\varepsilon(\bar{I}))\cap W^u(\tau_\varepsilon(\bar{I})))$ 中的独立子空间.

现在回忆未被扰动相空间的几何结构. m 维 KAM 环面 $\tau(\bar{I})$ 有 $m+n$ 维稳定和不稳定流形，它们沿着 $s+m$ 维同宿轨道重合. 我们需要证明，在 $T_pW^s(\tau_\varepsilon(\bar{I}))$ 和 $T_pW^u(\tau_\varepsilon(\bar{I}))$ 中生成的 $m+n-1$ 维是独立子空间不包含在 $T_p(W^s(\tau_\varepsilon(\bar{I}))\cap W^u(\tau_\varepsilon(\bar{I})))$ 中. 证明的余下部分与定理 4.1.10 证明的后面部分相同. □

[394] 4. 1c（v）马蹄与 Arnold 扩散

对系统 I 和 II，正规双曲不变环面的稳定和不稳定流形相交的动力学结论由第 3 章相应的定理给出（注意，这里环面这个术语适用于一般情形，也应用于 0 维环面（不动点）和 1 维环面（周期轨道））. 然而，与扰动的完全可积的 Hamilton 系统相空间相关的更微妙的几何形状是混沌动力学的原因，我们现在将单独讨论. 对应于相空间维数的不同存在两个不同情况.

$n \geqslant 1$，$m = 1$. 在这个情形相空间是 $2n+2$ 维的，并被 $2n+1$ 维不变的能量曲面叶化. 在未被扰动系统中，$\mathcal{M}$ 是一个 1 维正规双曲不变流形，它有 1 维环面 $\tau(I)$，$I \subset U \subset \mathbb{R}^1$ 的单参数族的结构. 每个环面都有沿着 $n+1$ 维同宿轨道重合的稳定和不稳定流形. 在扰动系统中，$\mathcal{M}$ 被保持（记为 $\mathcal{M}_\varepsilon$），在 $\mathcal{M}_\varepsilon$ 上我们有

$$H_\varepsilon = H(\gamma(I), I) + \mathcal{O}(\varepsilon) = \text{常数}. \qquad (4.1.94)$$

现在，由于 $I \subset U \subset \mathbb{R}^1$，由（4. 1. 94）我们看到，在固定的能量流形上，I 同样是固定的. 因此，在这个情形，KAM 定理的完整结果并不需要. 在一个固定的能量流形上，一个孤立的 1 维环面（即周期轨道）幸存并且在能量流形上是正规双曲的. 因此，Melnikov 向量测量正规双曲周期轨道的稳定和不稳定流形之间的距离. 与它们的交相应的动力学结论是通常的 Smale 马蹄.

$n \geqslant 1$，$m \geqslant 2$. 在 $\mathcal{M}$ 上的未被扰动系统中，我们有

$$H(\gamma(I), I) = \text{常数}. \qquad (4.1.95)$$

因此，在固定的 $2n+2m-1$ 维能量流形上，我们有 m 维环面的 $m-1$ 维参数族. 每个环面都有 $m+n$ 维稳定和不稳定流形，它们沿着一个 $n+m$ 维同宿轨道重合. 注意一个重点是，由于 $m \geqslant 2$，沿着环面的稳定和不稳定流形，环面在能量流形上不是孤立的.

在扰动系统中，由 KAM 定理，每个能量流形上环面的 $m-1$ 维参数族中的“大多数”幸存. 在这个情形，可选择 KAM 环面的集合 $\tau_\varepsilon(I_1), \tau_\varepsilon(I_2), \cdots, \tau_\varepsilon(I_N)$ 具有性质：对 $i = 1, \cdots,, N-1$，$\tau_\varepsilon(I_i)$ 任意接近于 $\tau_\varepsilon(I_{i+1})$. 现在，假设对某个 i，其中 $1 \leqslant i \leqslant N-1$，$W^s(\tau_\varepsilon(I_i))$ 与 $W^u(\tau_\varepsilon(I_i))$ 横截相交. 于是类似于第 3 章中的 Toral 的 λ 引理的证明，我们可以证明 $W^u(\tau_\varepsilon(I_i))$ 凝聚在 $\tau_\varepsilon(I_i)$ 上，得到它也与任意接近的 $W^s(\tau_\varepsilon(I_{i+1}))$ 和 $W^s(\tau_\varepsilon(I_{i-1}))$（对 $i \geqslant 1$）横截相交. 这个论述可以重复，最终结论是对任何 $1 \leqslant i$，$j \leqslant N$，$W^u(\tau_\varepsilon(I_i))$ 和 $W^s(\tau_\varepsilon(I_j))$ 横截相交. 由此产生的流形缠结提供了一种机制，轨道可以在 KAM 环面之间以明显的随机方式漂移. 称环面序列 $\tau_\varepsilon(I_1), \cdots, \tau_\varepsilon(I_N)$ 为转移链，所得运动称为 Arnold 扩散，几何图形的启发式说明如图 4. 1. 16. [395]

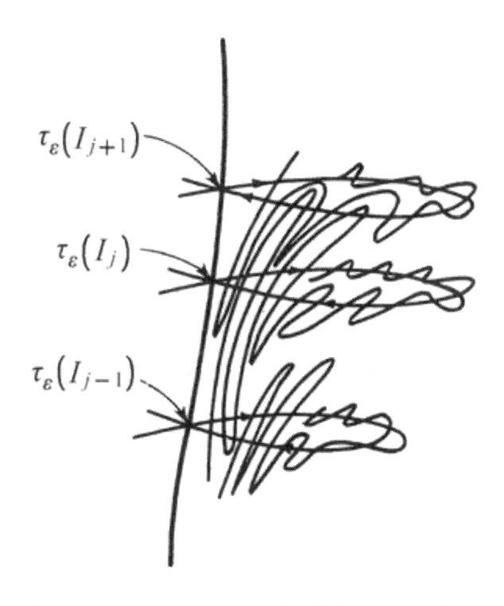

图 4. 1. 16　Arnold 扩散的几何说明

[396]　尽管在具有两个以上自由度的 Hamilton 系统中，Arnold 扩散无处不在，但令人惊讶的是，自 1964 年 Arnold 的原始论文以来，在该领域的研究很少. Nehoroshev[1971]，[1972]提供了对 Arnold 扩散率的估计，如前所述，Holmes 和 Marsden[1982b]发展了第一积分技术来检查特殊系统中的 Arnold 扩散的存在性. 虽然 Easton[1978]和[1981]关于某些模型问题的结果应该在一般情况下通过，并将提供一个良好的起点，但前面所描述的 KAM 环面流形稠密缠结的几何图像还没有按照第 3 章的路子放在严格的基础上. 数值模拟已经对 1 维和 2 维映射的全局动力学产生了深刻的洞察力，但尚未在 Arnold 扩散的研究中得到广泛应用（但请参阅 Lichtenberg 和 Lieberman [1982]）. 这可能是因为为了展示 Arnold 扩散，至少需要一个 4 维保体积映射，而且目前还不清楚如何在 2 维计算机屏幕上最好地显示 4 维映射的动力学.

4. 1d. Melnikov 向量的推导

现在我们推导系统 Ⅰ，Ⅱ和 Ⅲ 的 Melnikov 向量. 我们将同时对这三个系统进行此操作，并在进行过程中讨论其差异.

回忆三个系统的 Melnikov 向量给出如下：

系统Ⅰ.

$$M^{\bar{I}}(\theta_0,\alpha;\mu)=\left(M_1^{\bar{I}}(\theta_0,\alpha;\mu),\cdots,M_n^{\bar{I}}(\theta_0,\alpha;\mu)\right),\qquad (\theta_0,\alpha;\mu)\in T^l\times\mathbb{R}^{n-1}\times\mathbb{R}^p, \tag{4. 1. 96}$$

其中我们将证明

$$M_i^{\bar{I}}(\theta_0,\alpha;\mu)=\int_{-\infty}^{\infty}[\langle D_xK_i,g^x\rangle+\langle D_xK_i,(D_IJD_xH)\int^t g^I\rangle\rangle\left(q_0^{\bar{I}}(t),\mu;0\right)\mathrm{d}t,\qquad i=1,\cdots,n, \tag{4. 1. 97a}$$

或者，等价地，

[397]

$$M_i^{\bar I}(\theta_0,\alpha;\mu)=\int_{-\infty}^{\infty}[\langle D_xK_i,g^x\rangle+\langle D_IK_i,g^I\rangle]\big(q_0^{\bar I}(t),\mu;0\big)\mathrm{d}t-\langle D_IK_i(\gamma(\bar I),\bar I),\int_{-\infty}^{\infty}g^I\big(q_0^{\bar I}(t),\mu;0\big)\mathrm{d}t\rangle,\tag{4.1.97b}$$

并选择

$$q_0^{\bar I}(t)=(x^{\bar I}(t,\alpha),\bar I,\int^t\Omega(x^{\bar I}(s,\alpha),\bar I)\mathrm{d}s+\theta_0)\text{，}\quad I\in\tilde U\subset U\subset\mathbb{R}^m$$

使得 $\tau_\varepsilon(\bar I)$ 是 $\mathcal{M}_\varepsilon$ 上的正规双曲不变环面（见命题 4.1.6 和命题 4.1.7）.

系统Ⅱ.

$$M(I,\theta_0,\alpha;\mu)=\big(M_1(I,\theta_0,\alpha;\mu),\cdots,M_n(I,\theta_0,\alpha;\mu)\big),\quad (I,\theta_0,\alpha;\mu)\in T^m\times T^l\times\mathbb{R}^{n-1}\times\mathbb{R}^p,\tag{4.1.98}$$

其中我们将证明

$$M_i(I,\theta_0,\alpha;\mu)=\int_{-\infty}^{\infty}[\langle D_xK_i,g^x\rangle+\langle D_xK_i,(D_IJD_xH)\int^t g^I\rangle]\big(q_0^I(t),\mu;0\big)dt,\quad i=1,\cdots,n,\tag{4.1.99a}$$

或者，等价地

$$M_i(I,\theta_0,\alpha;\mu)=\int_{-\infty}^{\infty}[\langle D_xK_i,g^x\rangle+\langle D_IK_i,g^I\rangle]\big(q_0^I(t),\mu;0\big)\mathrm{d}t-\langle D_IK_i(\gamma(I),I),\int_{-\infty}^{\infty}g^I\big(q_0^I(t),\mu;0\big)\mathrm{d}t\rangle,\tag{4.1.99b}$$

和 $q_0^I(t)\equiv(x^I(t,\alpha),I,\int^t\Omega(x^I(s,\alpha),I)\mathrm{d}s+\theta_0)$.

系统Ⅲ.

$$M^{\bar I}(\theta_0,\alpha;\mu)=(M_2^{\bar I}(\theta_0,\alpha;\mu),\cdots,M_n^{\bar I}(\theta_0,\alpha;\mu),M_{n+1}^{\bar I}(\theta_0,\alpha;\mu),\cdots,M_{n+m}^{\bar I}(\theta_0,\alpha;\mu)),\ (\theta_0,\alpha;\mu)\in T^m\times\mathbb{R}^{n-1}\times\mathbb{R}^p.\tag{4.1.100}$$

[398] 其中我们将证明

$$M_i^{\bar I}(\theta_0,\alpha;\mu)=\int_{-\infty}^{\infty}[\langle D_xK_i,JD_x\tilde H\rangle-\langle D_xK_i,(D_IJD_xH)\int^t D_\theta\tilde H\rangle](q_0^{\bar I}(t),\mu;0)\mathrm{d}t,\ i=2,\cdots,n,\tag{4.1.101a}$$

或者，等价地

$$M_i^{\bar{I}}(\theta_0,\alpha;\mu)=\int_{-\infty}^{\infty}[\langle D_x K_i, JD_x\tilde{H}\rangle-\langle D_I K_i, D_\theta\tilde{H}\rangle](q_0^{\bar{I}}(t),$$

$$\mu;0)\mathrm{d}t+\langle D_I K_i(\gamma(\bar{I}),\bar{I}),\int_{-\infty}^{\infty}D_\theta\tilde{H}(q_0^{\bar{I}}(t),\mu;0)\mathrm{d}t\rangle$$

（4. 1. 101b）

和

$$M_i^{\bar{I}}(\theta_0,\alpha;\mu)=-\int_{-\infty}^{\infty}D_{\theta_{i-n}}\tilde{H}(q_0^{\bar{I}}(t),\mu;0)\mathrm{d}t\ ,\quad i=n+1,\cdots,n+m\ ,$$

（4. 1. 102）

并选择

$$q_0^{\bar{I}}(t)=(x^{\bar{I}}(t,\alpha),\bar{I},\int^{t}D_I H(x^{\bar{I}}(s,\alpha),\bar{I})\mathrm{d}s+\theta_0),\ I=\bar{I}\in\tilde{U}\subset U\subset\mathbb{R}^m$$

使得 $\tau_\varepsilon(\bar{I})$ 是 $\mathcal{M}_\varepsilon$ 上的一个 KAM 环面（见定理 4. 1. 17）.

得到（4. 1. 97）（4. 1. 99）（4. 1. 101）和（4. 1. 102）的过程，将涉及依赖于时间的 Melnikov 向量必须满足的一阶线性常微分方程的推导，最后，在适当时间计算解以得到（4. 1. 97）（4. 1. 99）（4. 1. 101）和（4. 1. 102）. 我们将在适当点讨论反常积分的收敛性.

作为我们推导 Melnikov 向量的准备，让我们回忆一下与流形分裂相关的几何学. 我们对 $n+m+l$ 维未被扰动同宿流形 $\Gamma=W^s(\mathcal{M})\cap W^u(\mathcal{M})-\mathcal{M}$ 邻域中的扰动系统感兴趣，Γ 的参数化如下：

$$\Gamma=\{(x^I(-t_0,\alpha),I,\theta_0)\in\mathbb{R}^{2n}\times\mathbb{R}^m\times T^l\mid(t_0,\alpha,I,\theta_0)\in\mathbb{R}^1\times\mathbb{R}^{n-1}\times U\times T^l\}.$$

（注意：对系统Ⅱ，$U=T^m$，对系统Ⅲ，$l=m$）. 在每一点 $p\in\Gamma$，我们构造由 n 个线性无关向量 $(D_x K_i(p),0)$，$i=1,\cdots,n$ 和 m 个线性无关的单位向量 $\hat{I}_i$，$i=1,\cdots,m$ 张成的 $n+m$ 维平面 Π_p，其中“0”表示 $m+l$ 维零向量，$\hat{I}_i$ 表示 I_i 方向的单位向量. 然后我们证明在每一点 $p\in\Gamma$，$W^s(\mathcal{M})$ 和 $W^u(\mathcal{M})$ 与 Π_p 分别横截相交于 m 维重合的曲面 S_p^s 和 S_p^u. 未被扰动系统的这种几何结构是我们推导测量扰动系统中某些不变环面流形分裂的主要因素. 在扰动系统中，由横截性，对充分小 ε，$\mathcal{M}$ 得到保持（记为 $\mathcal{M}_\varepsilon$）. 对每一点 $p\in\Gamma$，$W^s(\mathcal{M}_\varepsilon)$ 和 $W^u(\mathcal{M}_\varepsilon)$ 与 Π_p 分别横截相交于 m 维曲面 $S_{p,\varepsilon}^s$ 和 $S_{p,\varepsilon}^u$. 不像未被扰动系统，$W^s(\mathcal{M}_\varepsilon)$ 和 $W^u(\mathcal{M}_\varepsilon)$ 可能 Π_p 相交于多个不连通分支. 考虑到这种可能性，我们选择 $S_{p,\varepsilon}^s$ 和 $S_{p,\varepsilon}^u$ 是在分别沿着 $W^s(\mathcal{M}_\varepsilon)$ 和 $W^u(\mathcal{M}_\varepsilon)$ 流逝的负向时间和正向时间的意义下最接近于 $\mathcal{M}_\varepsilon$ 的分支，这个选择背后的理

[399]

由将在稍后解释. 现在我们的兴趣不一定在 $\mathcal{M}_\varepsilon$ 的稳定和不稳定流形的分裂，而是包含在 $\mathcal{M}_\varepsilon$ 中的不变环面的稳定和不稳定流形的分裂. 存在三种不同情况:

系统 I. 利用平均法在 $\mathcal{M}_\varepsilon$ 上定位的 l 维正规双曲不变环面 $\tau_\varepsilon(\bar{I})$ 有 $n+j+l$ 维稳定流形 $W^s(\tau_\varepsilon(\bar{I}))$ 和 $n+m-j+l$ 维不稳定流形 $W^u(\tau_\varepsilon(\bar{I}))$. 由平均法要求的非共振条件，得到在 $\tau_\varepsilon(\bar{I})$ 的流是轨道稠密充满环面的无理流. 然后我们证明，对每一点 $p\in\Gamma$，$W^s(\tau_\varepsilon(\bar{I}))\cap S^s_{p,\varepsilon}\equiv W^s_p(\tau_\varepsilon(\bar{I}))$ 是 j 维集，$W^u(\tau_\varepsilon(\bar{I}))\cap S^u_{p,\varepsilon}\equiv W^u_p(\tau_\varepsilon(\bar{I}))$ 是 $m-j$ 维集. 我们选择点 $p^s_\varepsilon=(x^s_\varepsilon,I^s_\varepsilon)\in W^s_\varepsilon(\tau_\varepsilon(\bar{I}))$ 和 $p^u_\varepsilon=(x^u_\varepsilon,I^u_\varepsilon)\in W^u_\varepsilon(\tau_\varepsilon(\bar{I}))$ 使得 $I^u_\varepsilon=I^s_\varepsilon$. 由于 $\tau_\varepsilon(\bar{I})$ 的正规双曲性，这是可能的(见引理 4.1.8). 于是沿着 Π_p 其余 n 个独立方向，$W^s(\tau_\varepsilon(\bar{I}))$ 与 $W^u(\tau_\varepsilon(\bar{I}))$ 之间的带符号的距离为

$$d_i^{\bar{I}}(p;\varepsilon)=d_i^{\bar{I}}(t_0,\theta_0,\alpha,\mu;\varepsilon)=\frac{\langle D_xK_i(x^{\bar{I}}(-t_0,\alpha),\bar{I}),x^u_\varepsilon-x^s_\varepsilon\rangle}{\|D_xK_i(x^{\bar{I}}(-t_0,\alpha),\bar{I})\|},\quad i=1,\cdots,n.\tag{4.1.103}$$

[400] 现在，由于 $W^s(\mathcal{M}_\varepsilon)$ 和 $W^u(\mathcal{M}_\varepsilon)$ 关于 ε 可微，(4.1.103) 关于 $\varepsilon=0$ 进行 Taylor 展开，得到

$$d_i^{\bar{I}}(t_0,\theta_0,\alpha,\mu;\varepsilon)=\varepsilon\frac{\langle D_xK_i(x^{\bar{I}}(-t_0,\alpha),\bar{I}),\left.\frac{\partial x^u_\varepsilon}{\partial\varepsilon}\right|_{\varepsilon=0}-\left.\frac{\partial x^s_\varepsilon}{\partial\varepsilon}\right|_{\varepsilon=0}\rangle}{\left\|D_xK_i(x^{\bar{I}}(-t_0,\alpha),\bar{I})\right\|}+\mathcal{O}(\varepsilon^2),\quad i=1,\cdots,n,\tag{4.1.104}$$

其中，因为 $S^s_p=S^u_p$，所以 $d_i^{\bar{I}}(t_0,\theta_0,\alpha,\mu;0)=0$.

Melnikov 向量定义为

$$M^{\bar{I}}(\theta_0,\alpha,\mu)=(M_1^{\bar{I}}(\theta_0,\alpha,\mu),\cdots,M_n^{\bar{I}}(\theta_0,\alpha,\mu)),\tag{4.1.105}$$

其中

$$M_i^{\bar{I}}(\theta_0,\alpha;\mu)=\langle D_xK_i(x^{\bar{I}}(-t_0,\alpha),\bar{I}),\left.\frac{\partial x^u_\varepsilon}{\partial\varepsilon}\right|_{\varepsilon=0}-\left.\frac{\partial x^s_\varepsilon}{\partial\varepsilon}\right|_{\varepsilon=0}\rangle,\ i=1,\cdots,n.\tag{4.1.106}$$

系统 II. 在此情形 $\mathcal{M}_\varepsilon$ 本身分别具有 $n+m+l$ 维稳定和不稳定流形 $W^s(\mathcal{M}_\varepsilon)$ 和 $W^u(\mathcal{M}_\varepsilon)$. 在每一点 $p\in\Gamma$ 选择点 $p^s_\varepsilon=(x^s_\varepsilon,I^s_\varepsilon)\in S^s_{p,\varepsilon}$ 和 $p^u_\varepsilon=(x^u_\varepsilon,I^u_\varepsilon)\in S^u_{p,\varepsilon}$，使得 $I^s_\varepsilon=I^u_\varepsilon$. 于是 $W^s(\mathcal{M}_\varepsilon)$ 与 $W^u(\mathcal{M}_\varepsilon)$ 之间在点 p 沿着 Π_p 的 n 个独立方向带符号的距离定义为

$$d_i(p,\varepsilon)=d_i(t_0,\bar{I},\theta_0,\alpha,\mu;\varepsilon)=\frac{\langle D_xK_i(x^I(-t_0,\alpha),I),x_\varepsilon^u-x_\varepsilon^s\rangle}{\|D_xK_i(x^I(-t_0,\alpha),I)\|},\quad i=1,\cdots,n.\tag{4.1.107}$$

（4.1.107）关于 $\varepsilon=0$ 进行 Taylor 展开，得到

$$d_i(t_0,I,\theta_0,\alpha,\mu;\varepsilon)=\varepsilon\frac{\langle D_xK_i(x^I(-t_0,\alpha),I),\left.\frac{\partial x_\varepsilon^u}{\partial\varepsilon}\right|_{\varepsilon=0}-\left.\frac{\partial x_\varepsilon^s}{\partial\varepsilon}\right|_{\varepsilon=0}\rangle}{\|D_xK_i(x^I(-t_0,\alpha),I)\|}+O(\varepsilon^2),\quad i=2,\cdots,n.\tag{4.1.108}$$

由于 $S_p^s=S_p^u$，故 $d_i(t_0,I,\theta_0,\alpha,\mu;0)=0$.

Melnikov 向量定义为

$$M(I,\theta_0,\alpha,\mu)=(M_1(I,\theta_0,\alpha,\mu),\cdots,M_n(I,\theta_0,\alpha,\mu)),\tag{4.1.109}$$

其中

[401]

$$M_i(I,\theta_0,\alpha,\mu)=\langle D_xK_i(x^I(-t_0,\alpha),I),\left.\frac{\partial x_\varepsilon^u}{\partial\varepsilon}\right|_{\varepsilon=0}-\left.\frac{\partial x_\varepsilon^s}{\partial\varepsilon}\right|_{\varepsilon=0}\rangle,\ i=1,\cdots,n.\tag{4.1.110}$$

注意，对系统Ⅱ，I 是 Melnikov 向量的一个变量，因为它沿着环面 $\mathcal{M}_\varepsilon$ 是一个角变量.

系统Ⅲ. 在此种情形，利用 KAM 定理在 $\mathcal{M}_\varepsilon$ 上定位 m 维不变环面 $\tau_\varepsilon(\bar{I})$. 这个不变环面分别有 $n+m$ 维，记为 $W^s(\tau_\varepsilon(\bar{I}))$ 和 $W^u(\tau_\varepsilon(\bar{I}))$ 的稳定和不稳定流形. 对每一点 $p\in\Gamma$，$W^s(\tau_\varepsilon(\bar{I}))$ 和 $W^u(\tau_\varepsilon(\bar{I}))$ 与 Π_p 分别横截相交于点 $p_\varepsilon^s=(x_\varepsilon^s,I_\varepsilon^s)\in S_{p,\varepsilon}^s$ 和 $p_\varepsilon^u=(x_\varepsilon^u,I_\varepsilon^u)\in S_{p,\varepsilon}^u$. $W^s(\tau_\varepsilon(\bar{I}))$ 与 $W^u(\tau_\varepsilon(\bar{I}))$ 之间在点 p 沿着 Π_p 的 $n+m$ 个方向带符号的距离定义为

$$d_i^{\bar{I}}(p,\varepsilon)=d_i^{\bar{I}}(t_0,\theta_0,\alpha,\mu;\varepsilon)=\begin{cases}\dfrac{\langle D_xK_i(x^{\bar{I}}(-t_0,\alpha),\bar{I}),x_\varepsilon^u-x_\varepsilon^s\rangle}{\|D_xK_i(x^I(-t_0,\alpha),I)\|}, & i=2,\cdots,n\\(I_\varepsilon^u)_{i-n}-(I_\varepsilon^s)_{i-n}, & i=n+1,\cdots,n+m.\end{cases}\tag{4.1.111}$$

（4.1.11）在 $\varepsilon=0$ 进行 Taylor 展开，得到

$$
d_i^{\bar{I}}(t_0,\theta_0,\alpha,\mu;\varepsilon)=\begin{cases}\varepsilon\dfrac{\langle D_xK_i(x^{\bar{I}}(-t_0,\alpha),\bar{I}),\left.\dfrac{\partial x_\varepsilon^u}{\partial\varepsilon}\right|_{\varepsilon=0}-\left.\dfrac{\partial x_\varepsilon^s}{\partial\varepsilon}\right|_{\varepsilon=0}\rangle}{\|D_xK_i(x^I(-t_0,\alpha),I)\|}+\mathcal{O}(\varepsilon^2),\\ i=2,\cdots,n,\\ \varepsilon\left[\left(\left.\dfrac{\partial I_\varepsilon^u}{\partial\varepsilon}\right|_{\varepsilon=0}\right)_{i-1}-\left(\left.\dfrac{\partial x_\varepsilon^s}{\partial\varepsilon}\right|_{\varepsilon=0}\right)_{i-n}\right]+\mathcal{O}(\varepsilon^2),\\ i=n+1,\cdots,n+m,\end{cases}
$$

（4. 1. 112）

其中 $d_i^{\bar{I}}(t_0,\theta_0,\alpha,\mu;0)=0$，因为 $W^s(\tau(\bar{I}))\cap\Pi_p=W^u(\tau(\bar{I}))\cap\Pi_p=p$.

Melnikov 向量定义为

$$
M^{\bar{I}}(\theta_0,\alpha;\mu)=(M_2^{\bar{I}}(\theta_0,\alpha;\mu),...,M_{n+m}^{\bar{I}}(\theta_0,\alpha;\mu)),\qquad（4. 1. 113）
$$

其中

$$
M_i^{\bar{I}}(\theta_0,\alpha;\mu)=\langle D_xK_i(x^{\bar{I}}(-t_0,\alpha),\bar{I}),\left.\frac{\partial x_\varepsilon^u}{\partial\varepsilon}\right|_{\varepsilon=0}-\left.\frac{\partial x_\varepsilon^s}{\partial\varepsilon}\right|_{\varepsilon=0}\rangle,\ i=2,\cdots,n,
$$

（4. 1. 114）

[402]

$$
M_i^{\bar{I}}(\theta_0,\alpha;\mu)=\left(\left.\frac{\partial I_\varepsilon^u}{\partial\varepsilon}\right|_{\varepsilon=0}\right)_{i-n}-\left(\left.\frac{\partial I_\varepsilon^s}{\partial\varepsilon}\right|_{\varepsilon=0}\right)_{i-n},\ i=n+1,\cdots,n+m.
$$

（4. 1. 115）

注意，我们没有沿着方向 $(D_xK_1,0)=(D_xH,0)$ 进行测量，因为对系统 III，$H_\varepsilon=H+\varepsilon\tilde{H}$ 的等位面在扰动下保持，而且方向 $(D_xK_1,0)$ 是这些曲面的补（见引理 4. 1. 18）.

我们的目标是证明（4. 1. 106）（4. 1. 110）（4. 1. 114）和（4. 1. 115）分别由（4. 1. 97）（4. 1. 99）（4. 1. 101）和（4. 1. 102）给出. 然而，首先我们要建立一些简写符号，使得公式更可管理.

（a）我们将用

$$
\dot{q}=f(q)+\varepsilon g(q;\mu,\varepsilon)\qquad（4. 1. 116）
$$

记系统 I，II 和 III 的扰动向量场. 其中对系统 I 和 II，$f=(JD_xH,0,\Omega)$，对系统 III，$f=(JD_xH,0,D_IH)$；对系统 I 和 II，$g=(g^x,g^I,g^\theta)$，对系统 III，$g=(JD_x\tilde{H},-D_\theta\tilde{H},D_I\tilde{H})$.

（b）我们用

$$
q_0^I(t-t_0)=\left(x^I(t-t_0,\alpha),I,\int^t\Omega(x^I(s,\alpha)I)\mathrm{d}s+\theta_0\right),\qquad（4. 1. 117）
$$

表示未被扰动系统沿着同宿流形 Γ 的轨线，其中对系统 III，$\Omega\equiv D_IH$，我们用

$$
q_\varepsilon^{s,u}(t)=(x_\varepsilon^{s,u}(t),I_\varepsilon^{s,u}(t),\theta_\varepsilon^{s,u}(t))\qquad（4. 1. 118）
$$

表示 $W^{s,u}(\mathcal{M}_\varepsilon)$ 中扰动系统的轨线.

4.1d（i）依赖于时间的 Melnikov 向量

我们定义依赖于时间的 Melnikov 向量如下.

系统 I.

$$M_i^{\bar{I}}(t)=\langle D_xK_i(x^{\bar{I}}(t-t_0,\alpha),\bar{I}),\left.\frac{\partial x_\varepsilon^u(t)}{\partial\varepsilon}\right|_{\varepsilon=0}-\left.\frac{\partial x_\varepsilon^s(t)}{\partial\varepsilon}\right|_{\varepsilon=0}\rangle,\quad i=1,\cdots,n. \tag{4.1.119}$$

系统 II.

[403]

$$M_i^{I}(t)=\langle D_xK_i(x^{I}(t-t_0,\alpha),I),\left.\frac{\partial x_\varepsilon^u(t)}{\partial\varepsilon}\right|_{\varepsilon=0}-\left.\frac{\partial x_\varepsilon^u(t)}{\partial\varepsilon}\right|_{\varepsilon=0}\rangle,\quad i=1,\cdots,n. \tag{4.1.120}$$

系统 III.

$$M_i(t)=\begin{cases}\langle D_xK_i(x^{\bar{I}}(t-t_0,\alpha),\bar{I}),\left.\dfrac{\partial x_\varepsilon^u(t)}{\partial\varepsilon}\right|_{\varepsilon=0}-\left.\dfrac{\partial x_\varepsilon^s(t)}{\partial\varepsilon}\right|_{\varepsilon=0}\rangle, & (4.1.121)\\ i=2,\cdots,n, & \\ \left.\left(\left.\dfrac{\partial I_\varepsilon^u(t)}{\partial\varepsilon}\right|_{\varepsilon=0}\right)\right|_{i-n}-\left.\left(\left.\dfrac{\partial I_\varepsilon^s(t)}{\partial\varepsilon}\right|_{\varepsilon=0}\right)\right|_{i-n}, & (4.1.122)\\ i=n+1,\cdots,n+m, & \end{cases}$$

其中位于 $\mathcal{M}_\varepsilon$ 的不变环面的稳定和不稳定流形上的轨线 $q_\varepsilon^s(t)=(x_\varepsilon^s(t),I_\varepsilon^s(t),\theta_\varepsilon^s(t))$ 和 $q_\varepsilon^u(t)=(x_\varepsilon^u(t),I_\varepsilon^u(t),\theta_\varepsilon^u(t))$ 满足 $q_\varepsilon^s(0)=(x_\varepsilon^s(0),I_\varepsilon^s(0),\theta_\varepsilon^s(0))=(x_\varepsilon^s,I_\varepsilon^s,\theta_0)$ 和 $q_\varepsilon^u(0)=(x_\varepsilon^u(0),I_\varepsilon^u(0),\theta_\varepsilon^u(0))=(x_\varepsilon^u,I_\varepsilon^u,\theta_0)$.

轨线 $q_\varepsilon^s(t)$ 和 $q_\varepsilon^u(t)$ 满足方程

$$\dot{q}_\varepsilon^s=f(q_\varepsilon^s)+\varepsilon g(q_\varepsilon^s,\mu;\varepsilon), \tag{4.1.123}$$

$$\dot{q}_\varepsilon^u=f(q_\varepsilon^u)+\varepsilon g(q_\varepsilon^u,\mu;\varepsilon). \tag{4.1.124}$$

我们对这些解存在的时间区间的长度感兴趣. 对此我们有下面的引理.

引理 4.1.21. 对充分小 ε，$q_\varepsilon^s(t)$ 和 $q_\varepsilon^u(t)$ 分别是（4.1.123）和（4.1.124）的解. 对包含在不变环面的稳定和不稳定流形内的所有初始条件 $q_\varepsilon^s(0)$ 和 $q_\varepsilon^u(0)$，这些解在时间的半无穷区间 $[0,+\infty)$ 和 $(-\infty,0]$ 上存在.

证明： 这个证明是显然的，因为由稳定（相应地，不稳定）流形的定义，在不变环面的稳定（相应地，不稳定）流形上任给一点，通过这一点的轨线对所有正（相应地，负）时间存在，并渐近于这个不变环面. 为了使 $\mathcal{M}_\varepsilon$ 及其稳定和不稳定流形存在，ε 必须取很小. □

注意，引理 4.1.21 并不意味着轨线 $q_\varepsilon^{u,s}(t)$ 在适当的半无穷时间区间内近似 $q_0^I(t)$ 到 $\mathcal{O}(\varepsilon)$．这个事实我们并不需要，因为一般它在半神奇时间区间上并不正确，而未被扰动轨线可以分开量 $\mathcal{O}(1)$．

[404]

我们将对量 $\left.\frac{\partial x_\varepsilon^{u,s}(t)}{\partial\varepsilon}\right|_{\varepsilon=0}$ 和 $\left.\frac{\partial I_\varepsilon^{u,s}(t)}{\partial\varepsilon}\right|_{\varepsilon=0}$ 的时间发展感兴趣．为了缩短记号，定义

$$
\begin{aligned}
x_1^{u,s}(t) &= \left.\frac{\partial x_\varepsilon^{u,s}(t)}{\partial\varepsilon}\right|_{\varepsilon=0}, \\
I_1^{u,s}(t) &= \left.\frac{\partial I_\varepsilon^{u,s}(t)}{\partial\varepsilon}\right|_{\varepsilon=0}, \\
\theta_1^{u,s}(t) &= \left.\frac{\partial \theta_\varepsilon^{u,s}(t)}{\partial\varepsilon}\right|_{\varepsilon=0}.
\end{aligned}
\tag{4.1.125}
$$

现在，由定理 1.1.4，（4.1.123）和（4.1.124）的解关于 ε 可微．由定理 1.1.5，解 $(x_1^{u,s}(t), I_1^{u,s}(t), \theta_1^{u,s}(t))$ 满足第一变分方程

$$
\begin{pmatrix} \dot{x}_1^{u,s} \\ \dot{I}_1^{u,s} \\ \dot{\theta}_1^{u,s} \end{pmatrix} = \begin{pmatrix} JD_x^2H & D_IJD_xH & 0 \\ 0 & 0 & 0 \\ D_x\Omega & D_I\Omega & 0 \end{pmatrix} \begin{pmatrix} x_1^{u,s} \\ I_1^{u,s} \\ \theta_1^{u,s} \end{pmatrix} + \begin{pmatrix} g^x(q_0^I(t-t_0),\mu;0) \\ g^I(q_0^I(t-t_0),\mu;0) \\ g^\theta(q_0^I(t-t_0),\mu;0) \end{pmatrix},
\tag{4.1.126}
$$

其中矩阵的元素在

$$
(x^I(t-t_0,\alpha),I), q_0^I(t-t_0) = (x^I(t-t_0,\alpha), I, \int^t \Omega(x^I(s,\alpha),I)\mathrm{d}s + \theta_0)
$$

计值．即在未被扰动轨线上计值．向量 (g^x, g^I, g^θ) 是对系统 III 的适当修改（即，回忆在系统 III，我们有 $(g^x, g^I, g^\theta) = (JD_x\tilde{H}, -D_\theta\tilde{H}, D_I\tilde{H})$）．

4.1d（ii）Melnikov 向量的常微分方程

考虑表达式

$$
M_i(t) = \begin{cases} \langle D_xK_i(x^I(t-t_0,\alpha),I), x_1^u(t) - x_1^s(t)\rangle, & i = 1,\cdots,n, \\ (I_1^u(t))_{i-n} - (I_1^s(t))_{i-n}, & i = n+1,\cdots,n+m. \end{cases}
\tag{4.1.127}
$$

我们将推导（4.1.127）必须满足的线性常微分方程．这个方程在 $t=0$ 的解将是系统 I, II 和 III 的 Melnikov 向量．然而，对方程的这个解必须加上在 $\pm\infty$ 的条件，这些条件将由系统 I，II 和 III 各自特有的动力学现象所确定．

为了缩短符号，我们有

[405]

$$
\Delta_i^{u,s}(t) \equiv \begin{cases} \langle D_xK_i(x^I(t-t_0,\alpha),I), x_1^{u,s}(t)\rangle, & i = 1,\cdots,n, \\ (I_1^{u,s}(t))_{i-n}, & n = n+1,\cdots,n+m, \end{cases}
\tag{4.1.128}
$$

现在，其中

$$M_i(t)=\Delta_i^u(t)-\Delta_i^s(t),\quad i=1,\cdots,n+m, \tag{4.1.129}$$

关于 t 微分（4.1.129），得到

$$\dot{M}_i(t)=\dot{\Delta}_i^u(t)-\dot{\Delta}_i^s(t),\quad i=1,\cdots,n+m, \tag{4.1.130}$$

其中

$$\dot{\Delta}_i^{u,s}(t)=\begin{cases}\langle\frac{\mathrm{d}}{\mathrm{d}t}(D_xK_i(x^I(t-t_0,\alpha),I),x_1^{u,s}(t)\rangle+\langle D_xK_i(x^I(t-t_0,\\ \alpha),I),\dot{x}_1^{u,s}(t)\rangle,\quad i=1,\cdots,n,\\ (\dot{I}_1^{u,s}(t))_{i-n},\quad i=n+1,\cdots,n+m.\end{cases} \tag{4.1.131}$$

利用链规则和在未被扰动系统系统中的事实 $\dot{I}=0$，得到

$$\frac{\mathrm{d}}{\mathrm{d}t}(D_xK_i(x^I(t-t_0,\alpha),I))-D_x^2K_i(x^I(t-t_0,\alpha),I)\dot{x}(t-t_0,\alpha). \tag{4.1.132}$$

利用事实 $\dot{x}^I(t-t_0,\alpha)=JD_xH(x^I(t-t_0,\alpha),I)$，（4.1.132）变成

$$\frac{\mathrm{d}}{\mathrm{d}t}(D_xK_i(x^I(t-t_0,\alpha),I))=D_x^2K_i(x^I(t-t_0,\alpha),I)JD_xH(x^I(t-t_0,\alpha),I). \tag{4.1.133}$$

由第一变分方程（4.1.126），得到

$$\begin{aligned}\dot{x}_1^{u,s}&=JD_x^2H(x^I(t-t_0,\alpha),I)x_1^{u,s}+D_IJD_xH(x^I(t-t_0,\alpha),I)I_1^{u,s}+\\&\quad g^x(q_0^I(t-t_0),\mu;0),\\ \dot{I}_1^{u,s}&=g^I(q_0^I(t-t_0),\mu;0).\end{aligned} \tag{4.1.134}$$

将（4.1.134）代入（4.1.131）得到（注意：为了缩短记号，后文将函数变量省略掉）

$$\dot{\Delta}_i^{u,s}(t)=\begin{cases}\langle D_xK_i,(JD_x^2H)x_1^{u,s}\rangle+\langle D_xK_i,(D_IJD_xH)I_1^{u,s}\rangle+\\ \langle D_xK_i,g^x\rangle+\langle x_1^{u,s},(D_x^2K_i)(JD_xH)\rangle,\quad i=1,\cdots,n,\\ (g^I)_{i-n},\quad i=n+1,\cdots,n+m.\end{cases} \tag{4.1.135}$$

[406]　（4.1.135）的前 n 个分量通过以下引理大大简化.

引理 4.1.22.

$$\langle D_xK_i,(JD_x^2H)x_1^{u,s}\rangle+\langle x_1^{u,s},(D_x^2K_i)(JD_xH)\rangle=0,\quad i=1,\cdots,n.$$

证明： 由Ⅰ3，Ⅱ3或Ⅲ3，我们有

$$\langle JD_xH,D_xK_i\rangle=0,\quad i=1,\cdots,n. \tag{4.1.136}$$

关于 x 微分（4.136），得到

$$D_x\langle JD_xH,D_xK_i\rangle=(JD_x^2H_i)^{\mathrm{T}}D_xK_i+(D_x^2K_i)JD_xH=0,\quad i=1,\cdots,n. \tag{4.1.137}$$

其中“ T ”是矩阵的转置. 取（4. 1. 137）与 $x_1^{u,s}$ 的内积，得到

$$\langle (JD_x^2H)^{\mathrm{T}} D_xK_i, x_1^{u,s}\rangle + \langle (D_x^2K_i)(JD_xH), x_1^{u,s}\rangle = 0,\ \ i=1,\cdots,n, \tag{4. 1. 138}$$

或者

$$\langle D_xK_i, (JD_x^2H)x_1^{u,s}\rangle + \langle x_1^{u,s}, (D_x^2K_i)(JD_xH)\rangle = 0,\ \ i=1,\cdots,n. \tag{4. 1. 139}$$

□

利用引理 4. 1. 22，（4. 1. 135）可化为

$$\dot{\Delta}_i^{u,s}(t) = \begin{cases} \langle D_xK_i, g^x\rangle + \langle D_xK_i, (D_IJD_xH)I_i^{u,s}\rangle, & i=1,\cdots,n, \\ (g^I)_{i-n}, & i=n+1,\cdots,n+m. \end{cases} \tag{4. 1. 140}$$

4. 1d（iii）常微分方程的解

对某个 T^s，$T^u > 0$，从 $-T^u$ 到 0 积分 $\dot{\Delta}_i^u(t)$ 和从 0 到 T^s 积分 $\dot{\Delta}_i^s$，得到

$$\Delta_i^u(0) - \Delta_i^u(-T^u) = \begin{cases} \int_{-T^u}^{0} [\langle D_xK_i, g^x\rangle + \langle D_xK_i, (D_IJD_xH)I_1^u\rangle](q_0^I(t-t_0), \mu; 0)\mathrm{d}t, & i=1,\cdots,n, \\ \int_{-T^u}^{0} (g^I)_{i-n}(q_0^I(t-t_0), \mu; 0)\mathrm{d}t, & i=n+1,\cdots,n+m. \end{cases} \tag{4. 1. 141}$$

和

[407]

$$\Delta_i^s(T^s) - \Delta_i^s(0) = \begin{cases} \int_{0}^{T^s} [\langle D_xK_i, g^x\rangle + \langle D_xK_i, (D_IJD_xH)I_1^s\rangle](q_0^I(t-t_0), \mu; 0)\mathrm{d}t, \\ i=1,\cdots,n, \\ \int_{0}^{T^s} (g^I)_{i-n}(q_0^I(t-t_0), \mu; 0)\mathrm{d}t, \ \ i=n+1,\cdots,n+m. \end{cases} \tag{4. 1. 142}$$

考虑（4. 1. 142）当 $T^s \to +\infty$ 时的极限，和（4. 1. 141）当 $-T^u \to -\infty$ 时的极限.

引理 4. 1. 23. $D_xK_i(\gamma(I), I) = 0$，$i=1,\cdots,n$.

证明： $\gamma(I)$ 是未被扰动向量场的 x 分量的双曲不动点曲面. 因此

$$JD_xH(\gamma(I), I) = JD_xK_1(\gamma(I), I) = 0, \tag{4. 1. 143}$$

由于 J 非退化的，有

$$D_xH(\gamma(I), I) = D_xK_1(\gamma(I), I,) = 0. \tag{4. 1. 144}$$

由（4. 1. 137），我们有

$$D_x\langle JD_xH, D_xK_i\rangle = (JD_x^2H)^{\mathrm{T}} D_xK_i + (D_x^2K_i)JD_xH = 0,\ i=1,\cdots,n. \tag{4. 1. 145}$$

在 $(\gamma(I),I)$ 上计算（4. 1. 145）并利用（4. 1. 143），得到

$$(JD_x^2H(\gamma(I),I)^{\mathrm{T}}D_xK_i(\gamma(I),I)=0,\ \ i=1,\cdots,n. \quad (4.1.146)$$

现在，由于 $(\gamma(I),I)$ 是一个双曲不动点，$\det\left[JD_x^2H(\gamma(I),I)\right]\neq 0$. 因此，$D_xK_i(\gamma(I),I)=0$，$i=1,\cdots,n$. □

利用（4. 1. 129），得到 Melnikov 向量的分量

$$M_i^I(\theta_0,\alpha,\mu)=\Delta_i^u(0)-\Delta_i^s(0). \quad (4.1.147)$$

利用（4. 1. 141）和（4. 1. 142），对三个系统分别计算（4. 1. 147）.

系统Ⅰ. 由第一变分方程（4. 1. 126），我们有

$$I_1^s(t)=I_1^u(t)=\int^{t-t_0} g^I. \quad (4.1.148)$$

[408] 将（4. 1. 148）代入（4. 1. 141），再代入（4. 1. 142），得到

$$\begin{aligned}&M_i^{\bar{I}}(\theta_0,\alpha;\mu)\\&=\Delta_i^u(0)-\Delta_i^s(0)\\&=\int_{-T^u}^{T^s}[\langle D_xK_i,g^x\rangle+\langle D_xK_i,(D_IJD_xH)\int^{t-t_0}g^I\rangle](q_0^I(t-t_0,\mu;0)\mathrm{d}t+\\&\quad\Delta_i^u(-T^u)-\Delta_i^s(T^s),\ \ i=1,\cdots,n.\end{aligned} \quad (4.1.149)$$

现在考虑（4. 1. 149）当 $-T^u\to-\infty$ 和 $T^s\to+\infty$ 时的极限.

引理 4. 1. 24. $\lim\limits_{-T^u\to-\infty}\Delta_i^u(-T^u)=\lim\limits_{T^s\to\infty}\Delta_i^s(T^s)=0$.

证明： 我们对 Δ_i^u 证明，Δ_i^s 的证明类似.

由（4. 1. 129），我们有

$$\Delta_i^u(t)=\langle D_xK_i(x^{\bar{I}}(t-t_0,\alpha),\bar{I}),x_1^u(t)\rangle. \quad (4.1.150)$$

现在，$x_i^u(t)$ 最多只能随时间线性增长，由引理 4. 12. 3，当 $t\to-\infty$ 时 $D_xK_i(x^{\bar{I}}(t-t_0,\alpha),\bar{I})$ 指数快趋于零. 因此，$\lim\limits_{t\to-\infty}\Delta_i^u(t)=0$. □

因此，我们得到了（4. 1. 97a）

$$\begin{aligned}&M_i^{\bar{I}}(\theta_0,\alpha;\mu)\\&=\int_{-\infty}^{\infty}[\langle D_xK_i,g^x\rangle+\langle D_xK_i,(D_IJD_xH)\int^{t-t_0}g^I\rangle](q_0^{\bar{I}}(t-t_0),\mu;0)dt,\\&\qquad i=1,\cdots,n.\end{aligned} \quad (4.1.151)$$

命题 4. 1. 25. 反常积分（4. 1. 151）绝对收敛.

证明： 由于 $\gamma(\bar{I})$ 是未被扰动向量场 x 分量的双曲不动点，当 $t\to\pm\infty$ 时 $x^{\bar{I}}(t-t_0,\alpha)$ 指数快趋近于 $\gamma(\bar{I})$. 因此，由引理 4. 1. 23，当 $t\to\pm\infty$ 时 $D_xK_i(x^{\bar{I}}(t-t_0,\alpha),\bar{I})$ 指数快趋近于零. 现在，由于 g^x 和 [409]

$(D_I JD_x H)\int^{t-t_0} g^I$ 在它们相应的定义域的有界子集上是有界的，因此得知（4. 1. 151）中的积分当 $T^s \to +\infty$，$-T^u \to -\infty$ 时绝对收敛. □

注意，Robinson[1985]第一个详细研究了 Melnikov 型积分的收敛性质.

现在证明我们如何得到方程（4. 1. 97b）的形式.

引理 4. 1. 26. $\langle D_x K_i, (D_I JD_x H) I_1^{u,s}\rangle = -\langle \frac{\mathrm{d}}{\mathrm{d}t}(D_x K_i), I_1^{u,s}\rangle$ 在未被扰动同宿轨道上计算.

证明： 在未被扰动同宿轨道上，由于 $\dot{I}=0$，我们有

$$\frac{\mathrm{d}}{\mathrm{d}t}(D_I K_i) = (D_x D_I K_i)(JD_x H), \tag{4. 1. 152}$$

对这个 Poisson 括号微分，得到

$$D_I\langle JD_x H, D_x K_i\rangle = (D_I JD_x H)^{\mathrm{T}} D_x K_i + (D_I D_x K_i)^{\mathrm{T}} JD_x H = 0, \tag{4. 1. 153}$$

其中“T”表示矩阵转置. 结合（4. 1. 152）和（4. 1. 153）并利用事实 $D_x D_I K_i = (D_I D_x K_i)^{\mathrm{T}}$，得到下面关于未被扰动同宿轨道的恒等式

$$(D_I JD_x H)^{\mathrm{T}} D_x K_i = -\frac{\mathrm{d}}{\mathrm{d}t}(D_I K_i). \tag{4. 1. 154}$$

取（4. 1. 154）与 $I_1^{u,s}$ 的内积，得到

$$\langle (D_I JD_x H)^{\mathrm{T}} D_x K_i, I_1^{u,s}\rangle = \langle -\frac{\mathrm{d}}{\mathrm{d}t}(D_I K_i), I_1^{u,s}\rangle, \tag{4. 1. 155}$$

但是

$$\langle (D_I JD_x H)^{\mathrm{T}} D_x K_i, I_1^{u,s}\rangle = \langle D_x K_i, (D_I JD_x H) I_1^{u,s}\rangle. \tag{4. 1. 156}$$

这给出引理结果. □

现在由（4. 1. 149），得到

$$\begin{aligned} M_i^{\bar{I}}(\theta_0,\alpha,\mu) &= \Delta_i^u(0) - \Delta_i^s(0) \\ &= \int_{-T^u}^{0}\left[\langle D_x K_i, g^x\rangle - \langle \frac{\mathrm{d}}{\mathrm{d}t}(D_I K_i), I_1^u\rangle\right]\mathrm{d}t + \\ &\quad \int_{0}^{T^s}\left[\langle D_x K_i, g^x\rangle - \langle \frac{\mathrm{d}}{\mathrm{d}t}(D_I K_i), I_1^s\rangle\right]\mathrm{d}t + \\ &\quad \Delta_i^u(-T^u) - \Delta_i^s(T^s), \quad i=1,\cdots,n, \end{aligned} \tag{4. 1. 157}$$

[410] 为了简化一些符号，我们省略了被积函数中的变量. 将每个被积函数的第二项分部积分一次，并利用事实 $\dot{I}_1^u = \dot{I}_1^s = g^I$，得到

$$M_i^{\bar{I}}(\theta_0,\alpha,\mu)=\int_{-T^u}^{T^s}\left[\langle D_xK_i,g^x\rangle+\langle D_IK_i,g^I\rangle\right]\mathrm{d}t-\langle D_IK_i,I_1^u\rangle\Big|_{-T^u}^{0}-$$
$$\langle D_IK_i,I_1^s\rangle\Big|_0^{T^s}+\Delta_i^u(-T^u)-\Delta_i^s(T^s),\quad i=1,\cdots,n.$$
（4. 1. 158）

如前，考虑T^s，$T^u\to\infty$时的极限. 首先我们给出两个预备引理.

引理 4. 1. 27. 对每个充分小ε，存在满足$\lim\limits_{j\to\infty}T_j^{s,u}=\infty$的单调递增序列$\{T_j^s\}$，$\{T_j^u\}$，$j=1,2,\cdots$，使得：

（1）$\lim\limits_{j\to\infty}\left|q_\varepsilon^s(T_j^s)-q_\varepsilon^u(-T_j^u)\right|=0$.

（2）$\lim\limits_{j\to\infty}\left|g^I(q_\varepsilon^s(T_j^s),\mu;0)\right|=\lim\limits_{j\to\infty}\left|g^I(q_\varepsilon^u(-T_j^u),\mu;0)\right|=0$.

证明：（1）这由环面的稳定和不稳定流形的轨道趋于具有渐近相的环面这事实得到（见 Fenichel[1974]）. 于是我们可以选择时间序列，使得$q_\varepsilon^s(t)$和$q_\varepsilon^u(t)$沿着这些时间序列趋于环面上的同一点.

（2）回忆g^I在环面上有零平均（见命题 4. 1. 6）. 因此，不是选择时间序列使得$q_\varepsilon^s(t)$和$q_\varepsilon^u(t)$趋于环面上的任意点，而是可以选择序列使得$q_\varepsilon^s(t)$和$q_\varepsilon^u(t)$趋于环面上令g^I为零的点. 这利用了环面上的轨线稠密这事实，见命题 4. 16. □

引理 4. 1. 28.

$$\lim_{j\to\infty}\left[-\langle D_IK_i,I_1^u\rangle\Big|_{-T_j^u}^{0}-\langle D_IK_i,I_1^s\rangle\Big|_0^{T_j^s}\right]=-\langle D_IK_i(\gamma(I),I),$$
$$\int_{-\infty}^{\infty}g^I(q_0^{\bar{I}}(t-t_0),\mu;0)\mathrm{d}t\rangle,$$

其中$\{T_j^s\}$，$\{T_j^u\}$如引理 4. 1. 27 选择.

证明：将这个表达式详细写出，得到

$$-\langle D_IK_i(x^{\bar{I}}(-t_0,\alpha),\bar{I}),I_1^u(0)\rangle+\langle D_IK_i(x^{\bar{I}}(-T_j^u-t_0,\alpha),\bar{I}),I_1^u(-T_j^u)\rangle-$$
$$\langle D_IK_i(x^{\bar{I}}(T_j^s-t_0,\alpha),\bar{I}),I_1^s(T_j^s)\rangle+\langle D_IK_i(x^{\bar{I}}(-t_0,\alpha),\bar{I}),I_1^s(0)\rangle.$$
（4. 1. 159）

由于$I_1^u(0)=I_1^s(0)$，（4. 1. 159）化为 [411]

$$\langle D_IK_i(x^{\bar{I}}(-T_j^u-t_0,\alpha),\bar{I}),I_1^u(-T_j^u)\rangle-\langle D_IK_i(x^{\bar{I}}(T_j^s-t_0,\alpha),\bar{I}),I_1^s(T_j^s)\rangle.$$
（4. 1. 160）

现在当$-T_j^u\to-\infty$时，我们有

$$x^{\bar{I}}(-T_j^u-t_0,\alpha)\to\gamma(I),\qquad(4.1.161)$$

当$T_j^s\to\infty$时，我们有

$$x^{\bar{I}}(T_j^s - t_0, \alpha) \to \gamma(I). \tag{4.1.162}$$

同样，由第一变分方程（4. 1. 126），得到

$$\lim_{j\to\infty}(I_1^s(T_j^s) - I_1^u(-T_j^u)) = \int_{-\infty}^{\infty} g^I(q_0^{\bar{I}}(t-t_0), \mu; 0)\mathrm{d}t. \tag{4.1.163}$$

因此，利用（4. 1. 160）（4. 1. 161）和（4. 1. 163），得到

$$\lim_{j\to\infty}[\langle D_I K_i(x^{\bar{I}}(-T_j^u - t_0, \alpha), \bar{I}) I_1^u(-T_j^u)\rangle - \langle D_I K_i(x^{\bar{I}}(T_j^s - t_0, \alpha), \bar{I})$$

$$I_1^s(T_j^s)\rangle] = -\langle D_I K_i(\gamma(I), I), \int_{-\infty}^{\infty} g^I(q_0^{\bar{I}}(t-t_0), \mu; 0)\mathrm{d}t\rangle. \tag{4.1.164}$$

□

因此，利用引理 4. 1. 24 和引理 4. 1. 28，得到

$$M_i^{\bar{I}}(\theta_0, \alpha; \mu) = \int_{-\infty}^{\infty}[\langle D_x K_i, g^x\rangle + \langle D_x K_i, g^I\rangle](q_0^{\bar{I}}(t-t_0), \mu; 0)\mathrm{d}t,$$

$$-\langle D_I K_i(\gamma(I), \bar{I}), \int_{-\infty}^{\infty} g^I(q_0^{\bar{I}}(t-t_0), \mu; 0)\mathrm{d}t, \quad i = 1, \cdots, n. \tag{4.1.165}$$

现在，（4. 1. 165）绝对收敛，因为它只是（4. 1. 151）的另一种书写形式.（注意：由引理 4. 1. 23，和 $t \to \pm\infty$ 时 $x^{\bar{I}}(t-t_0,\alpha)$ 指数趋于 $\gamma(\bar{I})$，$(D_I K_i(x^{\bar{I}}(t-t_0,\alpha),\bar{I}) - D_I K_i(\gamma(\bar{I}),\bar{I}))$ 指数速度趋于 0. 然而，积分中的两项 [412]

$$\int_{-\infty}^{\infty}\langle D_I K_i(x^{\bar{I}}(t-t_0,\alpha),\bar{I}), g^I(q_0^{\bar{I}}(t-t_0),\mu;0)\rangle\mathrm{d}t \tag{4.1.166}$$

和

$$\langle D_I K_i(\gamma(\bar{I}),\bar{I}), \int_{-\infty}^{\infty} g^I(q_0^{\bar{I}}(t-t_0),\mu;0)\mathrm{d}t\rangle \tag{4.1.167}$$

的每一项仅仅是条件收敛. 这表示在下面的命题中.

命题 4. 1. 29. 设 $\{T_j^s\}$，$\{T_j^u\}$，$j = 1,2,\cdots$ 的选择如引理 4. 1. 27. 则当积分的上下限分别沿着序列 $\{T_j^s\}$，$\{-T_j^u\}$ 允许趋于 $+\infty$ 和 $-\infty$ 时（4. 1. 166）和（4. 1. 167）仅条件收敛.

当 $j \to \infty$ 时同宿轨线沿着时间序列 $\{T_j^s\}$，$\{-T_j^u\}$ 指数快趋于不变环面 $\tau_\varepsilon(\bar{I})$. 因此，由引理 4. 1. 27，沿着这些时间序列 g^I 沿着同宿轨线指数速度趋于零. 回忆假设项 $D_I K_i$ 在它的定义域的有界子集上是有界的. 因此，$\langle D_I K_i, g^I\rangle$ 在同宿轨线上指数速度趋于零，其中选择的时间序列满足引理 4. 1. 27. □

系统Ⅱ. 系统Ⅱ的 Melnikov 向量的分量也由（4. 1. 151）给出：

$$M_i(I,\theta_0,\alpha;\mu)$$
$$=\int_{-\infty}^{\infty}[\langle D_xK_i,g^x\rangle+\langle D_xK_i,(D_IJD_xH)\int^{t-t_0}g^I\rangle](q_0^I(t-t_0),\mu;0)\mathrm{d}t, \tag{4. 1. 168a}$$

或者，利用引理 4. 1. 26 和引理 4. 1. 28，

[413]

$$M_i(I,\theta_0,\alpha;\mu)=\int_{-\infty}^{\infty}[\langle D_xK_i,g^x\rangle+\langle D_xK_i,g^I\rangle](q_0^I(t-t_0),\mu;0)\mathrm{d}t-$$
$$\langle D_xK_i(\gamma(I),I),\int_{-\infty}^{\infty}g^I(q_0^I(t-t_0),\mu;0)\mathrm{d}t\rangle,\ i=1,\cdots,n. \tag{4. 1. 168b}$$

（4. 1. 168）的绝对收敛性是利用与命题 4. 1. 25 相同的论证得到的（注意：回忆 I 是系统Ⅱ的角变量的 m 维向量）.

系统Ⅲ. 将 $g^x=JD_x\tilde{H}$ 和 $g^I=-D_\theta\tilde{H}$ 代入（4. 1. 151）得到

$$M_i^{\bar{I}}(\theta_0,\alpha;\mu)$$
$$=\int_{-\infty}^{\infty}[\langle D_xK_i,JD_x\tilde{H}\rangle-\langle D_xK_i,(D_IJD_xH)\int^{t-t_0}D_\theta\tilde{H}\rangle](q_0^{\bar{I}}(t-t_0),\mu;0)\mathrm{d}t, \tag{4. 1. 169a}$$

或者，利用引理 4. 1. 26 和引理 4. 1. 28，Melnikov 向量的前 $n-1$ 个分量为

$$M_i^{\bar{I}}(\theta_0,\alpha;\mu)=\int_{-\infty}^{\infty}[\langle D_xK_i,JD_x\tilde{H}\rangle-\langle D_IK_i,D_\theta\tilde{H}\rangle](q_0^{\bar{I}}(t-t_0),\mu;0)\mathrm{d}t+$$
$$\langle D_IK_i(\gamma(\bar{I}),\bar{I}),\int_{-\infty}^{\infty}D_\theta\tilde{H}(q_0^{\bar{I}}(t-t_0),\mu;0)\mathrm{d}t\rangle,\ i=2,\cdots,n \tag{4. 1. 169b}$$

（4. 1. 169）的绝对收敛性是命题 4. 1. 25 的直接结果. Melnikov 向量的剩余 m 个分量要求更仔细考虑.

由（4. 1. 141）和（4. 1. 142）我们有

$$\begin{aligned}&M_i^{\bar{I}}(\theta_0,\alpha;\mu)\\&=\Delta_i^u(0)-\Delta_i^s(0)\\&=-\int_{-T^u}^{T^s}D_{\theta_{i-n}}\tilde{H}(q_0^{\bar{I}}(t-t_0),\mu;0)\mathrm{d}t+\Delta_i^u(-T^u)-\Delta_i^s(T^s),\\&\qquad i=n+1,\ldots,n+m.\end{aligned} \tag{4. 1. 170}$$

[414] 现在考虑 T^s，$T^u\to\infty$ 时（4. 1. 170）的极限.

引理 4. 1. 30. 按照引理 4. 1. 27 选择的 $\{T_j^s\}$，$\{T_j^u\}$，我们有

$$\lim_{j\to\infty}\left|\Delta_i^u(-T_j^u)-\Delta_i^s(T_j^s)\right|=0，\quad i=n+1,\cdots,n+m.$$

证明：由（4，1.128），我们有

$$\Delta_i^u(-T_j^u)-\Delta_i^s(T^s)=(I_1^u(-T_j^u))_{i-n}-(I_1^s(T^s))_{i-n},\quad i=n+1,\cdots,n+m. \tag{4.1.171}$$

由于 I 变量选择位于 KAM 环面 $\tau_\varepsilon(\bar{I})$ 上，引理是引理 4.1.27 的一个直接结论. □

因此，我们有

$$M_i^{\bar{I}}(\theta_0,\alpha;\mu)=-\int_{-\infty}^{\infty}D_{\theta_{i-n}}\tilde{H}(q_0^{\bar{I}}(t-t_0),\mu;0)\mathrm{d}t,\ i=n+1,\cdots,n+m. \tag{4.1.172}$$

将命题 4.1.29 直接应用于（4.1.172），得到（4.1.172）条件收敛.

4.1d（iv）$S_{p,\varepsilon}^s$ 和 $S_{p,\varepsilon}^u$ 的选择

回忆我们对三个系统流形的分裂的讨论. 在未被扰动系统中，对每一点 $p\in\Gamma$，$W^s(\mathcal{M})$ 和 $W^u(\mathcal{M})$ 与平面 Π_p 分别横截相交于重合的曲面 S_p^s 和 S_p^u. 因此，在扰动系统中，对充分小 ε 和每一点 $p\in\Gamma$，$W^s(\mathcal{M}_\varepsilon)$ 和 $W^u(\mathcal{M}_\varepsilon)$ 与平面 Π_p 分别横截相交于 m 维曲面 $S_{p,\varepsilon}^s$ 和 $S_{p,\varepsilon}^u$. 然而，有可能 $W^s(\mathcal{M}_\varepsilon)$ 和 $W^u(\mathcal{M}_\varepsilon)$ 与平面 Π_p 相交于可数多个不连通分支，如图 4.1.5.

在构造不变环面的稳定流形和不稳定流形之间距离的测量中，我们选择了 $S_{p,\varepsilon}^s$ 和 $S_{p,\varepsilon}^u$ 中的点，这些点被定义为 $W^s\mathcal{M}_\varepsilon\cap\Pi_p$ 和 $W^s(\mathcal{M}_\varepsilon\Pi_p)$ 的分量，这些分量分别根据沿着 $W^s(\mathcal{M}_\varepsilon)$ 和 $W^u(\mathcal{M}_\varepsilon)$ 流的正负时间为最接近 $\mathcal{M}_\varepsilon$ 的分量. 在继续进行之前，我们更精确地定义这些集合.

定义 4.1.1. 设 $q_\varepsilon^s(t)$ 是 $W^s(\mathcal{M}_\varepsilon)$ 中任何轨线，其中 $q_\varepsilon^s(0)\in S_{p,\varepsilon}^s\subset W^s(\mathcal{M}_\varepsilon)\cap\Pi_p$. 则 $S_{p,\varepsilon}^s$ 称为 $W^s(M_\varepsilon)\cap\Pi_p$ 在沿着 $W^s(\mathcal{M}_\varepsilon)$ 的流的正时间意义下最接近于 $\mathcal{M}_\varepsilon$ 的分量，如果对所有 $t>0$ 有 $q_\varepsilon^s(t)\cap\Pi_p=\varnothing$. 做明显修改，在负时间方向对 $S_{p,\varepsilon}^u$ 类似定义成立. [415]

现在我们想证明，在推导（4.1.97）（4.1.99）（4.1.101）和（4.1.102）中给出的 Melnikov 向量的可计算形式时使用的步骤导致 Melnikov 向量是满足定义 4.1.1 的不变环面的稳定流形和不稳定流形中的点之间的距离.

对不动点 $p=(x^I(-t_0,\alpha),I,\theta_0)\in\Gamma$，设 $S_{p,\varepsilon}^s$ 和 $S_{p,\varepsilon}^u$ 是 $W^s(\mathcal{M}_\varepsilon)\cap\Pi_p$ 和 $W^u(\mathcal{M}_\varepsilon)\cap\Pi_p$ 分别是在沿着 $W^s(\mathcal{M}_\varepsilon)$ 和 $W^u(\mathcal{M}_\varepsilon)$ 的流的正负时间方向意义下最接近于 $\mathcal{M}_\varepsilon$ 的分量. 设 $\hat{S}_{p,\varepsilon}^s$ 和 $\hat{S}_{p,\varepsilon}^u$ 是 $W^s(\mathcal{M}_\varepsilon)\cap\Pi_p$ 和

$W^u(\mathcal{M}_\varepsilon)\cap\Pi_p$ 的其他分量．回忆，Π_p 是定义为由 $\{(D_xK_i(x^I(-t_0,\alpha),0)\}$，$i=1,\cdots,n$ 和 $\{\hat{I}_i\}$，$i=1,\cdots,m$ 张成．我们将在依赖于时间的 Melnikov 向量的构造中如 $\Pi_{p(t)}$ 利用时变平面表示，$\Pi_{p(t)}$ 是由时变向量 $\{(D_xK_i(x^I(t-t_0,\alpha),I),0)\}$，$i=1,\cdots,n$ 和常数向量 $\{\hat{I}_i\}$，$i=1,\cdots,m$ 张成．

现在考虑在（4.1.128）中定义的表达式 $\Delta_i^s(t)$．$\Delta_i^s(0)$ 表示在不变环面的稳定流形中点 $p_\varepsilon^s=(x_\varepsilon^s,I_\varepsilon^s)$ 沿着第 i 个坐标在 Π_p 上的投影的 $\mathcal{O}(\varepsilon)$ 项．$\Delta_i^s(t)$ 表示 $\Delta_i^s(0)$ 在时间区间 $[0,\infty)$ 上的发展，其中平面 $\Pi_{p(t)}$ 沿着未被扰动同宿轨道 Γ 的轨线发展，点 $p_\varepsilon^s(t)$ 沿着不变环面的扰动稳定流形中的轨线发展．现在假设在 $t=0$，$p_\varepsilon^s(0)\equiv p_\varepsilon^s$ 包含在 $\hat{S}_{p,\varepsilon}^s$ 中不是在 $S_{p,\varepsilon}^s$ 中．于是．由定义 4.1.1，存在某个 $T>0$，使得 $p_\varepsilon^s(T)\in S_{p,\varepsilon}^s\subset\Pi_p$．但是这时平面 Π_p 已经移到 $\Pi_{p(T)}\neq\Pi_p$．因此，$\Delta_i^s(T)$ 不是包含在 $W^s(\mathcal{M}_\varepsilon)\cap\Pi_{p(T)}$ 中不变环面的稳定流形中点的 $\Pi_{p(T)}$ 的第 i 个坐标上的投影的 $\mathcal{O}(\varepsilon)$ 项近似．因此，我们看到，对于所有 $t\in[0,\infty)$，唯一可以定义 $\Delta_i^s(t)$ 的方法是，如果环面的稳定流形中的点包含在定义 4.1.1 中定义的 $S_{p(t),\varepsilon}^s$ 中．对 $\Delta_i^u(t)$ 在时间区间 $(-\infty,0]$ 可类似论述．这个论述后面的几何说明如图 4.1.17.

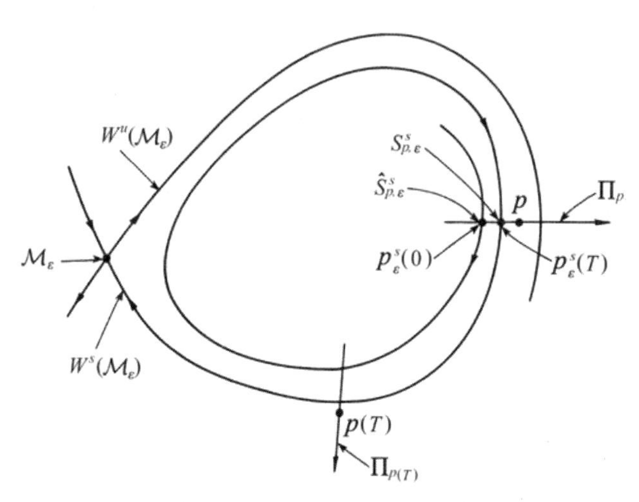

图 4.1.17　$\Delta_i^s(t)$ 的几何说明

[416]　4.1d（v）t_0 的消去

现在我们讨论作为 Melnikov 向量的自变量 t_0 作为参数如何消去．回忆未被扰动同宿轨道可以通过 (t_0,α,I,θ_0) 参数化，其中 I 对系统 I，

Ⅱ和Ⅲ是固定的．变化(t_0,α,I,θ_0)对应于沿着未被扰动的同宿轨道移动，并在每一点测量不变环面的扰动稳定和不稳定流形之间的距离．由解的唯一性，如果稳定和不稳定流形在一点相交，则它们必须沿着（至少）一维轨道相交（注意：如果系统中存在对称性，则这个交可以是高维的）．因此，由于 Melnikov 向量测量稳定和不稳定流形轨线之间的距离，因此 Melnikov 向量的一个零应该意味着存在零的一个单参数族，其中这个参数在确定稳定和不稳定流形是否相交是多余的．现在我们将 Melnikov 向量中的这个几何事实在数学上表现出来． [417]

对系统Ⅰ，Ⅱ和Ⅲ定义 Melnikov 向量的分量的积分变量是

$$\left(x^I(t-t_0,\alpha),I,\int^t\Omega(x^I(s,\alpha),I)\mathrm{d}s+\theta_0,\mu;0\right).\qquad(4.1.173)$$

如果我们作变量变换$t\to t+t_0$，则定义 Melnikov 向量的分量的积分的积分限没有改变，然而，积分变量变为

$$\left(x^I(t,\alpha),I,\int^{t+t_0}\Omega(x^I(s,\alpha),I)\mathrm{d}s+\theta_0,\mu;0\right).\qquad(4.1.174)$$

现在t_0仍明显出现在积分的变量中．然而，请注意，θ变量的每个分量都是周期函数，因此，对θ变量的任何一个固定分量，譬如第 i 个分量θ_{i0}，变化θ_{i0}等价于变化t_0．因此，我们可以考虑固定t_0，为了方便取$t_0=0$．利用这个选择，我们得到在（4.1.97）（4.1.99）（4.1.101）和（4.1.102）中给出的 Melnikov 向量的分量的形式．注意，这等价于令t_0变化固定θ_0的任何一个分量．我们用 4.1e 节中的 Poincaré 映射几何解释这一点．

4.1e. Poincaré 映射的简化

关于正规双曲 l 维环面（$l\geqslant 1$）的稳定和不稳定流形的动力学结果的定理在映射的上下文中得到满足；对于$l\geqslant 1$，我们有定理 3.4.1．这一章介绍的技术借助向量场得到了发展．然而，将系统Ⅰ，Ⅱ和Ⅲ的研究简化为对在Γ邻域内定义的局部 Poincaré 映射的研究是一件简单的事情．

在Γ的邻域内，相空间的一个局部截面Σ通过固定对时间的导数非零（在扰动系统中）的角变量的任何一个分量来构造．于是 Poincaré 映射将截面Σ上的点与它们在扰动向量场产生的流的作用下第一次返回Σ的点相应．我们注意到，在将第 3 章的定理应用到具体问题时，实际构造什么样的 Poincaré 映射并不重要，重要的是它可以构造．

[418] 现在我们描述在 Melnikov 向量的变量中参数t_0或者θ_0的任何一个分量在 Poincaré 映射的上下文中的消去．

回忆同宿轨道Γ可以通过$n+m+l$维参数(t_0,α,I,θ_0)参数化（注意：对系统Ⅲ，$l=m$）．因此，Γ与截面的交可以用$n+m+l-1$个

参数描述，其中固定的一个角变量对应于定义 Σ 的那一个．因此，此时从 Melnikov 向量的变量中消去定义截面的角变量导致我们解释限制在截面上的 Melnikov 向量，并测量 Poincaré 映射的不变环面的稳定流形和不稳定流形之间的距离．于是从Melnikov向量的变量中消去 t_0（即令 $t_0=0$）可看作仅沿着 α，I 和 θ_0 的 $l-1$ 个方向测量 Poincaré 映射的不变环面的稳定和不稳定流形之间的距离，并变化截面 Σ．数学上这两个观点是等价的．

4. 2. 例子

我们现在给出各种例子来说明第 4. 1 节中发展的理论．

4. 2a. 单个自由度的周期强迫系统

首先我们给出两个受到时间周期性外力作用的单摆例子．第一个例子涉及强迫函数有 $\mathcal{O}(\varepsilon)$ 振幅和 $\mathcal{O}(1)$ 频率，且是系统 I 的例子．第二个例子涉及强迫函数有 $\mathcal{O}(1)$ 振幅和 $\mathcal{O}(\varepsilon)$ 频率，且是系统II的例子．这两个例子的更多细节可在 Wiggins[1988]中找到．

4.2a（i）摆：参数化强迫的 $\mathcal{O}(\varepsilon)$ 振幅，$\mathcal{O}(1)$ 频率　[419]

考虑简单的平面摆，它的基受到垂直，周期激发力 $\varepsilon\gamma\sin\Omega t$ 作用，ε 小且固定．系统的运动方程为

$$\ddot{x}_1+\varepsilon\delta\dot{x}_1+(1-\varepsilon\gamma\sin\Omega t)\sin x_1=0, \tag{4.2.1}$$

其中 x_1 表示从垂直位置起的角位移，δ 表示阻尼．几何说明如图 4. 2. 1.

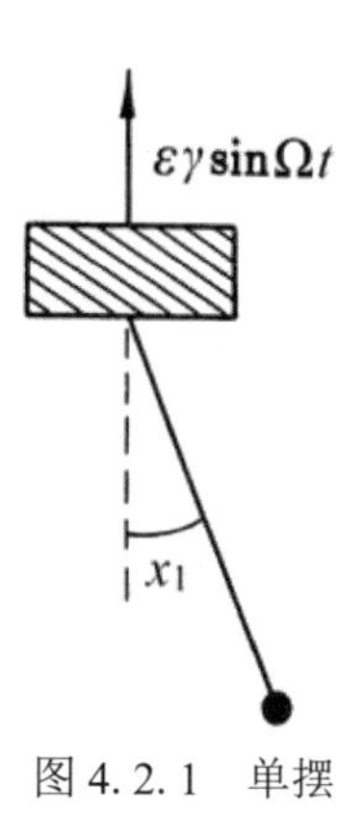

图 4. 2. 1　单摆

将（4. 2. 1）写为一阶方程组

$$\begin{aligned}&\dot{x}_1=x_2,\\&\dot{x}_2=-\sin x_1+\varepsilon[\gamma\sin\theta\sin x_1-\delta x_2],\quad (x_1,x_2,\theta)\in T^1\times\mathbb{R}^1\times T^1.\\&\dot{\theta}=\Omega,\end{aligned} \tag{4.2.2}$$

未被扰动系统为

$$\begin{aligned}\dot{x}_1 &= x_2,\\ \dot{x}_2 &= -\sin x_1,\\ \dot{\theta} &= \Omega.\end{aligned} \tag{4.2.3}$$

[420] 显然，（4.2.3）的 (x_1,x_2) 分量是 Hamilton 的，Hamilton 函数是

$$H=\frac{x_2^2}{2}-\cos x_1. \tag{4.2.4}$$

（4.2.3）的 (x_1,x_2) 分量有一个双曲不动点

$$(x_1,x_2)=(\pi,0)=(-\pi,0). \tag{4.2.5}$$

因此，当我们在全相空间 (x_1,x_2,θ) 看时，（4.2.3）有一个双曲周期轨道

$$\mathcal{M}=(\overline{x}_1,\overline{x}_2,\theta(t))=(\pi,0,\Omega t+\theta_0)=(-\pi,0,\Omega t+\theta_0). \tag{4.2.6}$$

这个双曲周期轨道由一对同宿轨道

$$(x_{1h}^{\pm}(t),x_{2h}^{\pm}(t),\theta(t))=(\pm 2\sin^{-1}(\tanh t),\pm 2\operatorname{sech} t,\Omega t+\theta_0) \tag{4.2.7}$$

连接到它自身，其中“+”表示 $x_2>0$ 的同宿轨线，“－”表示 $x_2<0$ 的同宿轨线. 注意，（4.2.7）的 (x_1,x_2) 分量可通过求解由 $H=1$ 给出的 Hamilton 等位曲线得到. 因此，周期轨道是通过一对二维同宿轨道连接到它自身的轨道，而且由 4.1a（i），这些记为 $\Gamma^{\pm}$ 的同宿轨道可参数化为

$$\Gamma^{\pm}=\{(x_{1h}^{\pm}(-t_0),x_{2h}^{\pm}(-t_0),\theta_0)\in T^1\times\mathbb{R}^1\times T^1 \mid (t_0,\theta_0)\in\mathbb{R}^1\times T^1\}. \tag{4.2.8}$$

因此，对任何固定的 $(t_0,\theta_0)\in\mathbb{R}^1\times T^1$，$p^{\pm}\equiv(x_{1h}^{\pm}(-t_0),x_{2h}^{\pm}(-t_0),\theta_0)$ 表示 $\Gamma^{\pm}$ 上的唯一点，在这个情况下，平面 $\Pi_{p^{\pm}}$ 是一维的，且由向量

$$(D_xH(x_{1h}^{\pm}(-t_0),x_{2h}^{\pm}(-t_0)),0)=(\sin x_{1h}^{\pm}(-t_0),x_{2h}^{\pm}(-t_0),0) \tag{4.2.9}$$

张成，这个平面在每一点 $p^{\pm}\in\Gamma^{\pm}$，即对所有 $(t_0,\theta_0)\in\mathbb{R}^1\times T^1$ 与 $\Gamma^{\pm}$ 横截面相交. 未被扰动相空间的几何说明如图 4.2.2.

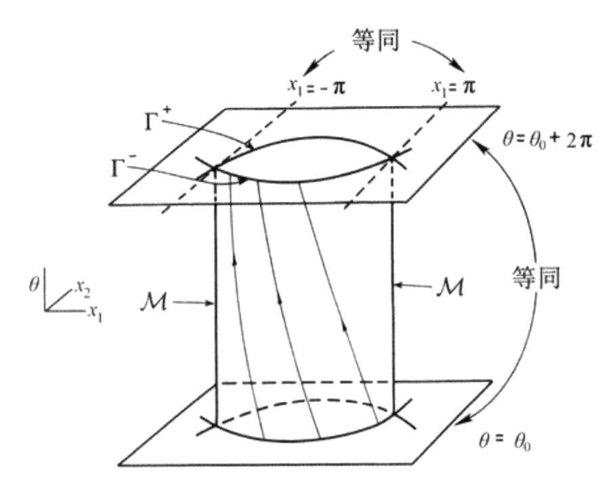

图 4.2.2　未被扰动相空间的几何说明

显然，$\Gamma^{\pm}=W^s(\mathcal{M})\cap W^u(\mathcal{M})-\mathcal{M}$.

描述了未被扰动相空间的几何结构后，我们现在要问的问题是，当$\varepsilon\neq 0$时，这种退化的同宿结构会变成什么．由命题 4. 1. 5，我们知道，双曲周期轨道保持，记为$\mathcal{M}_{\varepsilon}$，它的局部稳定和不稳定流形分别记为$W^s_{\rm loc}(\mathcal{M}_{\varepsilon})$和$W^u_{\rm loc}(\mathcal{M}_{\varepsilon})$，它们分别$C^r$接近于$W^s_{\rm loc}(\mathcal{M})$和$W^u_{\rm loc}(\mathcal{M})$. 我们要确定，$W^s(\mathcal{M}_{\varepsilon})$与$W^u(\mathcal{M}_{\varepsilon})$是否横截相交，如果它们横截相交，则可应用 Smale-Birkhoff 同宿定理去判断，在我们的系统中，存在马蹄和它们随之的混沌动力学. [421]

回忆，对充分小的ε，对每一点$p^{\pm}\in\Gamma^{\pm}$，$W^s(\mathcal{M}_{\varepsilon})$与$W^u(\mathcal{M}_{\varepsilon})$与$\Pi_{p^{\pm}}$分别横截相交于点$S^s_{p^{\pm},\varepsilon}$和$S^u_{p^{\pm},\varepsilon}$．这是因为对$\varepsilon=0$，$\Pi_{p^{\pm}}$与$\Gamma^{\pm}$横截相交，且流形随$\varepsilon$光滑变化．扰动相空间的几何说明如图 4. 2. 3.

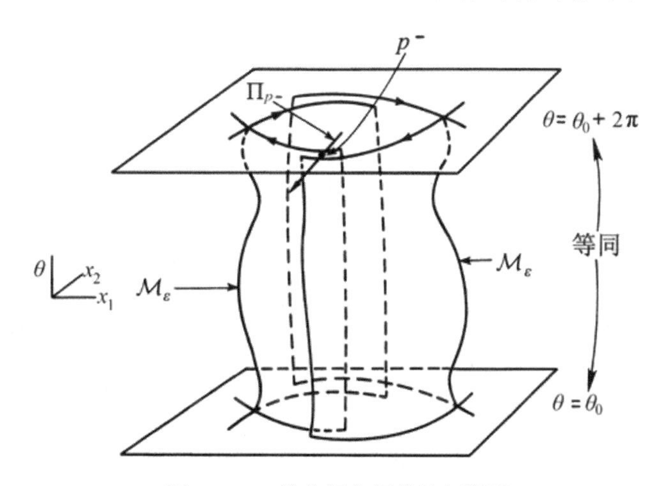

图 4. 2. 3　扰动相空间的几何说明

[422] 现在$W^s(\mathcal{M}_{\varepsilon})$和$W^u(\mathcal{M}_{\varepsilon})$在点$p^{\pm}\in\Gamma^{\pm}$之间的距离已被证明是

$$d^{\pm}(t_0,\theta_0,\delta,\gamma,\Omega)=\varepsilon\frac{M^{\pm}(t_0,\theta_0,\delta,\gamma,\Omega)}{\|D_xH(x^{\pm}_{1h}(-t_0),x^{\pm}_{2h}(-t_0))\|}+\mathcal{O}(\varepsilon^2),\quad(4.2.10)$$

其中

$$\begin{aligned}&\left\|D_xH(x^{\pm}_{1h}(-t_0),x^{\pm}_{2h}(-t_0))\right\|\\&=\sqrt{[D_{x_1}H(x^{\pm}_{1h}(-t_0),x^{\pm}_{2h}(-t_0))]^2+[D_{x_2}H(x^{\pm}_{1h}(-t_0),x^{\pm}_{2h}(-t_0))]^2}\end{aligned}\quad(4.2.11)$$

由（4. 1. 47）

$$\begin{aligned}M^{\pm}(t_0,\theta_0,\delta,\gamma,\Omega)=\int_{-\infty}^{\infty}\{&-\delta[x^{\pm}_{2h}(t-t_0)]^2+\gamma x^{\pm}_{2h}(t-t_0)\cdot\\&\sin x^{\pm}_{1h}(t-t_0)\sin(\Omega t+\theta_0)\}\mathrm{d}t.\end{aligned}\quad(4.2.12)$$

将（4. 2. 7）代入积分（4. 2. 12），得到

$$M^{\pm}(t_0,\theta_0,\delta,\gamma,\Omega)=M^{-}(t_0,\theta_0,\delta,\gamma,\Omega)\equiv M(t_0,\theta_0,\delta,\gamma,\Omega)$$
$$=-8\delta+\frac{2\gamma\pi\Omega^2}{\sinh\frac{\pi\Omega}{2}}\cos(\Omega t_0+\theta_0). \tag{4.2.13}$$

在进行对 Melnikov 函数分析和讨论它的动力学应用之前，我们对（4.2.13）中的t_0和θ_0做些说明（参看 4.1d 和 4.1e）. 注意，变化（4.2.13）中的t_0或θ_0起到相同的效应. 因此我们可以视一个或另一个固定. 几何上，固定θ_0对应于固定相空间的截面Σ^{θ_0}（参看 1.6 节），并考虑相应的 Poincaré 映射. 然后变化t_0对应于沿着未被扰动同宿轨道Γ移动，并测量 Poincaré 映射双曲不动点的扰动稳定和不稳定流形之间的距离. 或者，固定t_0变化θ_0对应于固定Σ^{θ_0}上的点而变化截面Σ^{θ_0}. 正如我们在 4.1d 节和 4.1e 节中指出的，无论哪种观点在数学上是等价的. [423]

利用（4.2.13），以及定理 4.1.9 和定理 4.1.10，可以证明，对充分小ε，在(Γ,δ,Ω)参数空间存在一个曲面

$$\varepsilon\gamma=\frac{4\varepsilon\delta}{\mu\Omega^2}\sinh\frac{\pi\Omega}{2}+\mathcal{O}(\varepsilon^2), \tag{4.2.14}$$

在这个曲面的上方出现双曲周期轨道的稳定和不稳定流形之间的横截相交.

为了更容易叙述由方程（4.2.14）得到的信息，我们给出当方程中一个参数固定时由（4.2.14）定义的两个曲线的图形的形状，一个在(γ,δ)空间，$\Omega\neq 0$固定，另一个在(γ,δ)空间，$\delta\neq 0$固定. 在每个情形，图 4.2.4（a）和图 4.2.4（b）中的曲线上都出现二次同宿切触，在曲线上方出现横截同宿轨道（注意：有关同宿切触的分支定理见 Guckenheimer 和 Holmes [1983]）. 注意，在图 4.2.4（b）中，当$\Omega\to 0$时沿着分支曲线出现$\gamma\to\infty$. 当然γ不能变得太大，否则将超出这个理论的有效范围. 因此，我们没有关于低频限制的信息；然而，从这些结果我们可以预期，为了存在横截同宿轨道，激发力的振幅必须变大. 我们的下一个例子将验证这个猜想.

现在我们的结果说明，（4.2.2）含有双曲周期轨道的横截同宿轨道. 因此，由 Smale-Birkhoff 同宿定理，（4.2.2）包含一个 Cantor 不变集，在这个集合上的动力学可通过 2.2 节中的技术用符号描述. 然而，我们想更进一步，根据摆的振动运动来描述横截同宿轨道的动力学意义. 为此目的，将这对同宿轨道变形为更适合我们的几何论证的形状将很有用. 考虑图 4.2.5，在图 4.2.5（a）中，我们在柱面上的未被扰动系统中显示一对同宿轨道. “+”号表示上方的同宿轨道，其上对应的摆的运动是顺时针方向的，“−”号表示下方的同宿轨道，其上对应的摆的运动是逆时针方向的. 在图 4.2.5（b）中想象这对同宿轨道已经滑出柱体并在图 4.2.5(c)中的平面中变平. 图 4.2.5(d) [424]

只是表示 4. 2. 5c 节的一个方便的旋转和变形.

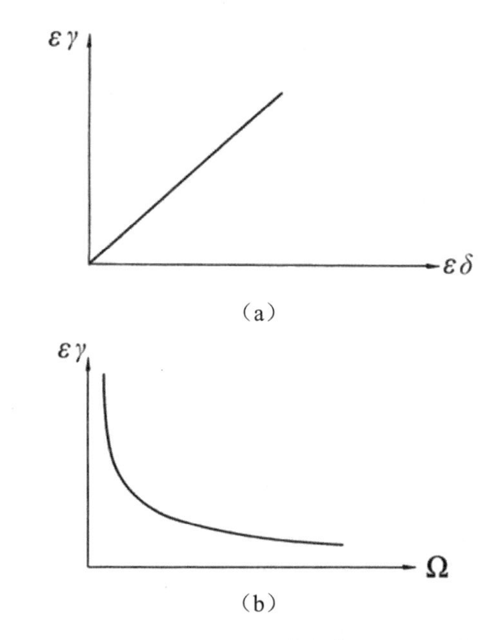

图 4. 2. 4　（a）（4. 2. 14）的图像，$\Omega \neq 0$ 固定；（b）（4. 2. 14）的图像，$\delta \neq 0$ 固定

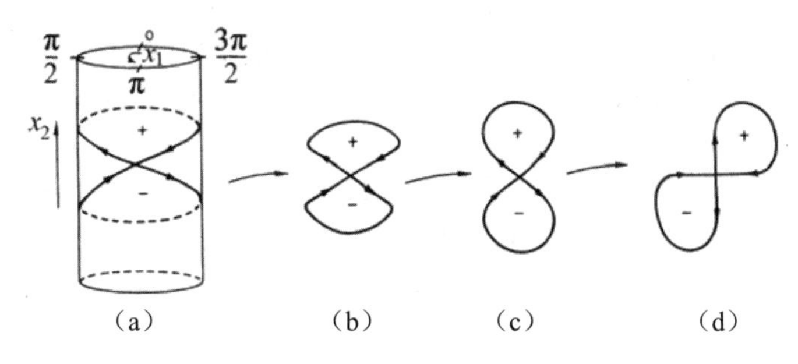

图 4. 2. 5　未被扰动同宿轨道的几何说明

[425] 现在考虑扰动系统的时间 $\frac{2\pi}{\Omega}$ Poincaré 映射 P. 此时这个映射有双曲不动点，它的稳定和不稳定流形可横截相交，给出如图 4. 2. 6 所示的同宿缠结族.

[426] 注意到图 4. 2. 6 中的“水平”板 H_+ 和 H_-. H_+ 和 H_- 在 P^4 作用下在“垂直板”中映回它们自身：$P^4(H_+)=V_+$ 和 $P^4(H_-)=V_-$，其中 H_+ 中的点对应于摆的顺时针方向运动，H_- 中的点对应于摆的逆时针方向运动. 现在，假设我们已经证明 P^4 在 H_+ 和 H_- 上满足 2. 3 节的条件 A1 和 A2 或者 A1 和 A3（其中适当选择 H_+ 和 H_-）. 于是由定理

2. 3. 3 或者定理 2. 3. 5 得知，任给一个“+”和“-”的双向无穷序列，其中“+”号对应于摆顺时针旋转运动，“-”号对应于摆逆时针旋转运动. 命题 2. 2. 7 的抽象结果可以按类似方式，直接根据摆的顺时针或逆时针旋转来解释. 定理 2. 3. 3 和定理 2. 3. 5 的条件验证我们留给读者作为练习，因为它们与第 3 章中的例子类似. 此外，请参阅 Holmes 和 Marsden[1982a]，以估计根据扰动参数 ε 和 Melnikov 函数形成马蹄所需的 Poincare 映射的迭代次数.

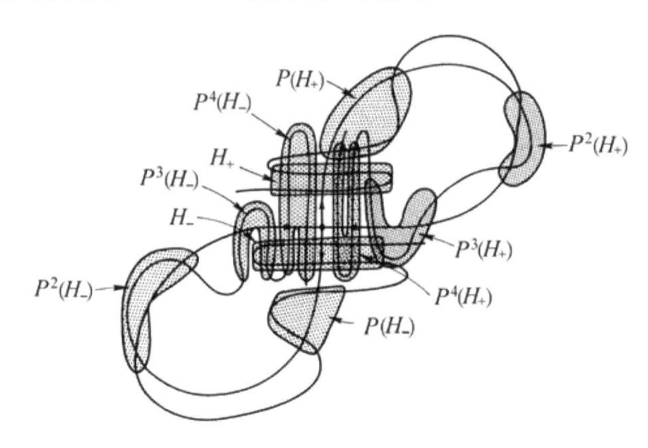

图 4. 2. 6　马蹄的形成

4.2a（ii）摆：参数化强迫的 $\mathcal{O}(1)$ 振幅，$\mathcal{O}(\varepsilon)$ 频率

考虑与 4. 2a(i)类似的参数化强迫摆，但现在基部受到由 $\gamma\sin\varepsilon\Omega t$ 给出的垂直周期性激发力作用，其中 ε 视为小且固定. 系统的运动方程为

$$\ddot{x}_1+\varepsilon\delta\dot{x}_1+(1-\gamma\sin\varepsilon\Omega t)\sin x_1=0, \qquad (4.2.15)$$

其中 x_1 表示从垂直位置开始的角位移，δ 表示阻尼. 几何说明如图 4. 2. 1 所示. 将（4. 2. 15）写为系统

$$\begin{aligned}&\dot{x}_1=x_2,\\&\dot{x}_2=-(1-\gamma\sin I)\sin x_1-\varepsilon\delta x_2,\quad (x_1,x_2,I)\in T^1\times\mathbb{R}^1\times T^1.\\&\dot{I}=\varepsilon\Omega,\end{aligned} \qquad (4.2.16)$$

未被扰动系统为

$$\begin{aligned}&\dot{x}_1=x_2,\\&\dot{x}_2=-(1-\gamma\sin I)\sin x_1,\\&\dot{I}=0.\end{aligned} \qquad (4.2.17)$$

容易看到，（4. 2. 17）有 Hamilton 系统的单参数族的形式，其中 Hamilton 函数为 [427]

$$H(x_1,x_2,I)=\frac{x_2^2}{2}-(1-\gamma\sin I)\cos x_1. \qquad (4.2.18)$$

对每个 $I\in[0,2\pi)$，这个未被扰动系统有不动点

$$(\bar{x}_1,\bar{x}_2)=(\pi,0)=(-\pi,0), \tag{4.2.19}$$

如果

$$0\leqslant\gamma<1, \tag{4.2.20}$$

则这个不动点是双曲的．现我们始终假设(4.2.20)满足．在(x_1,x_2,I)全相空间我们可视

$$\mathcal{M}=(\bar{x}_1,\bar{x}_2,I)=(\pi,0,I)=(-\pi,0,I),\quad I\in[0,2\pi) \tag{4.2.21}$$

为一个周期轨道．连接$\mathcal{M}$到它自身的两条同宿轨线为

$$\begin{aligned}&(x_{1h}^{\pm}(t),x_{2h}^{\pm}(t),t)\\&=(\pm 2\sin^{-1}[\tanh\sqrt{1-\gamma\sin I}t],\pm 2\sqrt{1-\gamma\sin I}\ \operatorname{sech}\sqrt{1-\gamma\sin I}t,I),\end{aligned} \tag{4.2.22}$$

其中“+”表示$x_2>0$的同宿轨线，“−”表示$x_2<0$的同宿轨线. 因此，$\mathcal{M}$通过一对 2 维同宿轨道$\Gamma^{\pm}$连接到它自身，这对同宿轨道参数化为

$$\Gamma^{\pm}=\{(x_{1h}^{\pm}(-t_0),x_{2h}^{\pm}(-t_0),I)\in T^1\times\mathbb{R}^1\times T^1\,|\,(t_0,I)\in\mathbb{R}^1\times T^1\}. \tag{4.2.23}$$

因此，这个系统是系统Ⅱ的一个例子，其中$n=1$，$m=1$，$l=0$. 注意到，如图 4.2.2 所示，(4.2.17)的未被扰动相空间与(4.2.3)的非常相似．差别在于在(4.2.3)中$\Gamma^{\pm}$的(x_1,x_2)坐标不依赖角变量θ_0，而(4.2.17)中的依赖于角变量I.

[428] 现在考虑扰动系统(4.2.16)．由命题 4.1.12，$\mathcal{M}$作为周期$\dfrac{2\pi}{\varepsilon\Omega}$的周期轨道得到保持（记为$\mathcal{M}_{\varepsilon}$）．我们要确定$\mathcal{M}_{\varepsilon}$的稳定和不稳定流形的性态．由 4.1b（v），流形之间的距离为标量函数

$$d^{\pm}(t_0,I,\delta,\gamma,\Omega)=\varepsilon\frac{M^{\pm}(I,\delta,\gamma,\Omega)}{\|D_xH(x_{1h}^{\pm}(-t_0),x_{2h}^{\pm}(-t_0))\|}+\mathcal{O}(\varepsilon^2), \tag{4.2.24}$$

其中

$$\begin{aligned}&\|D_xH(x_{1h}^{\pm}(-t_0),x_{2h}^{\pm}(-t_0))\|\\&=\sqrt{[D_{x_1}H(x_{1h}^{\pm}(-t_0),x_{2h}^{\pm}(-t_0))]^2+[D_{x_2}H(x_{1h}^{\pm}(-t_0),x_{2h}^{\pm}(-t_0))]^2}.\end{aligned} \tag{4.2.25}$$

由(4.1.69)，Melnikov 函数为

$$M^{\pm}(I;\delta,\gamma,\Omega)=\int_{-\infty}^{\infty}[-\delta(x_{2h}^{\pm}(t))^2+\gamma\Omega t(\cos I)x_{2h}^{\pm}(t)\sin x_{1h}^{\pm}(t)]\mathrm{d}t. \tag{4.2.26}$$

将(4.2.22)代入(4.2.26)，得到

$$\begin{aligned}M^{+}(I;\delta,\gamma,\Omega)&=M^{-}(I;\delta,\gamma,\Omega)\\&\equiv M(I;\delta,\gamma,\Omega)\\&=-8\delta\sqrt{1-\gamma\sin I}+\frac{4\gamma\Omega\cos I}{\sqrt{1-\gamma\sin I}}.\end{aligned} \tag{4.2.27}$$

利用(4. 2. 27)和定理 4. 1. 13，定理 4. 1. 14，经过一些代数运算，得到一个方程，它在(δ,γ,Ω)空间的图像是一个曲面，在这曲面的上方出现横截同宿轨道．这个方程是

$$\gamma=\frac{\frac{2\delta}{\pi}}{\sqrt{1+\left(\frac{2\delta}{\pi}\right)^2}}+\mathcal{O}(\varepsilon). \tag{4. 2. 28}$$

如同在上一个例子，我们将展示两个图形，表示当其中一个参数被视为固定时从(4. 2. 28)得到的曲线形状，一个在(γ,δ)空间中，$\Omega\neq 0$固定，另一个在(γ,Ω)空间中，$\delta\neq 0$固定．在每种情形，图 4. 2. 7 中的曲线使得，在曲线上出现二次同宿切触，在曲线上方出现横截同宿轨道．注意，我们的理论对$\gamma=1$并不成立，因为此时未被扰动系统的不动点是非双曲的．这破坏了Ⅱ4.

横截同宿轨道的动力学结论可以完全按照上一个例子末尾所描述的方法借助符号动力学解释. [429]

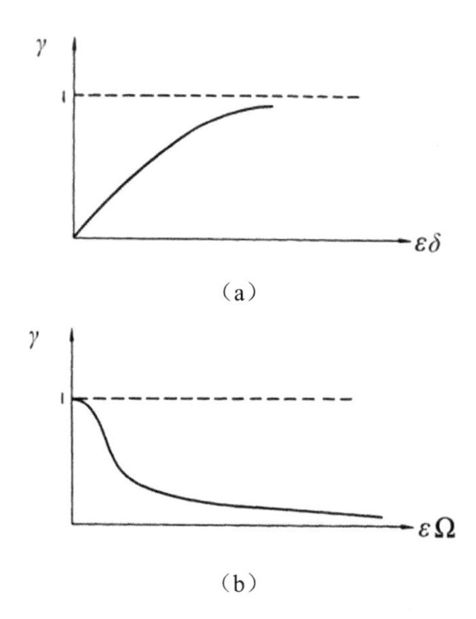

图 4. 2. 7 (a)(4. 2. 28)的图像，$\Omega\neq 0$固定；
(b)(4. 2. 28)的图像，$\delta\neq 0$固定

4. 2b. 缓变振动

现在我们给出系统Ⅰ的两个例子，它们有周期强迫、单个自由度的非线性振子结构，是包含一个参数服从缓变$(\mathcal{O}(\varepsilon))$的一阶常微分方程.

第一个例子考虑由 Holmes 和 Moon[1983]提出的出自模拟某些反

馈控制的机械设备的一类 3 阶自治系统．想象一个在没有反馈的情况下具有多个平衡位置的机械设备．添加控制器以将系统从一个平衡位置移动到另一个平衡位置．具有一阶反馈的这种系统的一个可能的模型是 [430]

$$\begin{aligned}&\ddot{x}+\delta\dot{x}+k(x)x=-z+F(t),\\&\dot{z}+\varepsilon z=\varepsilon G[x-x_r(t)].\end{aligned} \tag{4.2.29}$$

方程（4.2.29）表示具有线性阻尼 δ、非线性弹簧常数 $k(x)$ 和具有时间常数 $1/\varepsilon$ 和增益参数 G 的线性反馈回路的机械振子．$F(t)$ 表示外力，$x_r(t)$ 代表设备的期望位置历史．我们将给出（4.2.29）的一个带有一阶线性反馈回路的 Duffing 振子组成的具体的例子．这个例子的更多细节可在 Wiggins 和 Holmes[1987]中找到．

第二个例子考虑附在一个旋转框架上的摆．这是旋转动力学中经常出现的一类系统的例子，它具有非常丰富的同宿结构．这个例了的更多细节可在 Shaw 和 Wiggins[1988]中找到．

4.2b（i）具有弱反馈控制的 Duffing 振子

考虑下面的系统

$$\begin{aligned}&\dot{x}_1=x_2,\\&\dot{x}_2=x_1-x_1^3-I-\varepsilon\delta x_2,\\&\dot{I}=\varepsilon(\gamma x_1-\alpha I+\beta\cos\theta),\\&\dot{\theta}=1,\end{aligned}\qquad (x_1,x_2,I,\theta)\in\mathbb{R}^1\times\mathbb{R}^1\times\mathbb{R}^1\times T^1, \tag{4.2.30}$$

其中 α，β，γ 和 δ 是参数，ε 小且固定．它的未被扰动系统是

$$\begin{aligned}&\dot{x}_1=x_2,\\&\dot{x}_2=x_1-x_1^3-I,\\&\dot{I}=0,\\&\dot{\theta}=1,\end{aligned} \tag{4.2.31}$$

（4.2.31）的 (x_1,x_2) 分量有 Hamilton 系统的单参数族的形式，其中 Hamilton 函数为

$$H(x_1,x_2;I)=\frac{x_2^2}{2}-\frac{x_1^2}{2}+\frac{x_1^4}{4}+Ix_1. \tag{4.2.32}$$

现在我们描述未被扰动相空间的几何结构．

不动点．（4.2.31）的 (x_1,x_2,I) 分量的不动点是 [431]

$$(x_1(I),0,I), \tag{4.2.33}$$

其中 $x_1(I)$ 是

$$x_1^3-x_1+I=0 \tag{4.2.34}$$

的解．对 $I\in\left(-\frac{2}{3\sqrt{3}},\frac{2}{3\sqrt{3}}\right)$，（4.2.24）有三个解，中间的根对应一个

双曲不动点．对 $I>\dfrac{2}{3\sqrt{3}}$ 和 $I<-\dfrac{2}{3\sqrt{3}}$，（4.2.34）仅存在一个对应椭圆不动点的解，对 $I=\pm\dfrac{2}{3\sqrt{3}}$ 有对应于椭圆不动点和鞍−结点的两个解．（4.2.34）的图像说明如图 4.2.8．我们仅对其中的双曲不动点感兴趣．

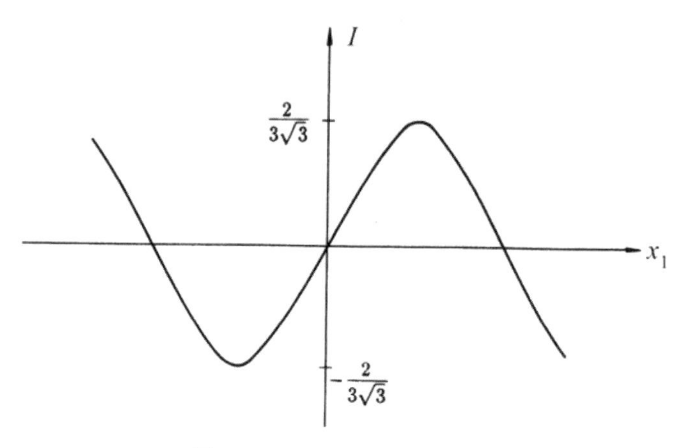

图 4.2.8　（4.2.34）的图像

同宿轨道．我们用

$$\gamma(I)=(\overline{x}_1(I),0,I) \tag{4.2.35}$$

记（4.2.31）的 (x_1,x_2,I) 分量的双曲不动点的 1 维流形，其中 $\overline{x}_1(I)$ 是（4.2.34）对 $I\in\left(-\dfrac{2}{3\sqrt{3}},\dfrac{2}{3\sqrt{3}}\right)$ 的中间解．这些不动点的每一个都通过一对同宿轨道连接到自身，这对轨道满足

$$\left[\frac{x_2^2}{2}-\frac{x_1^2}{2}+\frac{x_1^4}{4}+Ix_1\right]-\left[-\frac{\overline{x}_1(I)^2}{2}+\frac{\overline{x}_1(I)^4}{4}+I\overline{x}_1(I)\right]=0. \tag{4.2.36}$$

[432]　因此，（4.2.31）的相空间如图 4.2.9 所示．

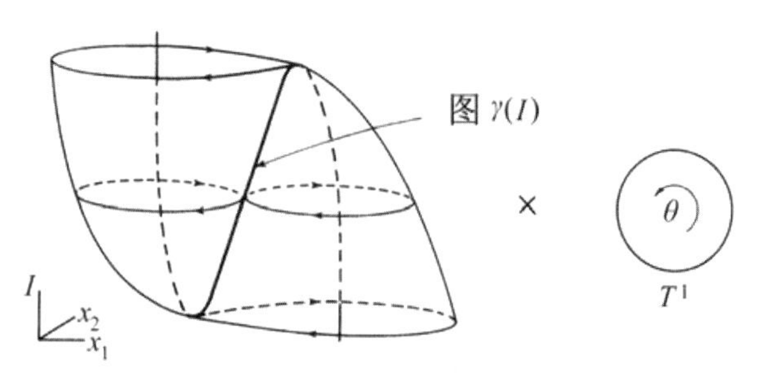

图 4.2.9　（4.2.31）的未被扰动相空间

因此，在 (x_1,x_2,I,θ) 的全相空间中（4. 2. 31）具有 2 维正规双曲不变的带边流形

$$\mathcal{M}=(\gamma(I),\theta_0),\ I\in\left(-\frac{2}{3\sqrt{3}},\frac{2}{3\sqrt{3}}\right),\ \theta_0\in[0,2\pi)\ , \qquad (4.2.37)$$

$\mathcal{M}$ 有 3 维互相重合的稳定和不稳定流形．因此，（4. 2. 30）是系统 I 的一个例子，其中 $n=m=l=1$．

现在我们把注意力转到扰动系统（4. 2. 30）．由命题 4. 1. 5，我们知道，$\mathcal{M}$ 保持一个不变流形 $\mathcal{M}_\varepsilon$，记

$$\mathcal{M}_\varepsilon=(\gamma(I)+\mathcal{O}(\varepsilon),\theta_0),\ I\in\left(-\frac{2}{3\sqrt{3}},\frac{2}{3\sqrt{3}}\right),\ \theta_0\in[0,2\pi). \qquad (4.2.38)$$

其过程是利用命题 4. 1. 6 判断 $\mathcal{M}_\varepsilon$ 是否包含任何周期轨道，然后通过计算适当的 Melnikov 积分来判断这些周期轨道的稳定流形和不稳定流形是否相交.

$\mathcal{M}_\varepsilon$ 上的流．限制在 $\mathcal{M}_\varepsilon$ 上的扰动向量场是

$$\begin{aligned}\dot{I}&=\varepsilon[\gamma x_1(I)-\alpha I+\cos\theta]+\mathcal{O}(\varepsilon^2),\\ \dot{\theta}&=1.\end{aligned}\qquad I\in\left(-\frac{2}{3\sqrt{3}},\frac{2}{3\sqrt{3}}\right), \qquad (4.2.39)$$

平均向量场是

[433]

$$\begin{aligned}\dot{I}&=\frac{\varepsilon}{2\pi}\int_0^{2\pi}[\gamma x_1(I)-\alpha I+\beta\cos\theta]\mathrm{d}\theta\\ &=\varepsilon[\gamma x_1(I)-\alpha I].\end{aligned} \qquad (4.2.40)$$

（4. 2. 40）的不动点必须满足

$$I=\frac{\gamma}{\alpha}x_1(I). \qquad (4.2.41)$$

利用（4. 2. 41）和 $x_1(I)$ 必须满足（4. 2. 34）的事实，得到（4. 2. 40）的不动点的下面表达式：

$$I=0\ ,\quad \pm\frac{\gamma}{\alpha}\sqrt{1-\frac{\gamma}{\alpha}}\ . \qquad (4.2.42)$$

因此，$\frac{\gamma}{\alpha}<1$ 时，（4. 2. 40）有三个不动点，$\frac{\gamma}{\alpha}>1$ 时，（4. 2. 40）有一个不动点（注意：在 $\frac{\gamma}{\alpha}=1$ 出现叉分支，见 Guckenheimer 和 Holmes [1983]）．如图 4. 2. 10.

下面讨论平均方程不动点的稳定性质．这由

$$\frac{\mathrm{d}}{\mathrm{d}I}\varepsilon\left(\gamma x_1(I)-\alpha I\right) \qquad (4.2.43)$$

的符号给出．如果（4. 2. 43）是正的，则（在 $\mathcal{M}_\varepsilon$ 上）不动点不稳定，如果（4. 2. 43）是负的，则不动点稳定．简单计算证明

$$\frac{\mathrm{d}}{\mathrm{d}I}\left[\varepsilon\left(\gamma x_1(I)-\alpha I\right)\right]=\begin{cases}\varepsilon(\gamma-\alpha), & \text{对 } I=0,\\ \dfrac{-2\varepsilon(\gamma-\alpha)}{3\dfrac{\gamma}{\alpha}-2}, & \text{对 } I=\pm\dfrac{\gamma}{\alpha}\sqrt{1-\dfrac{\gamma}{\alpha}}.\end{cases}\quad (4.2.44)$$

因此，对 $\gamma<\alpha$，$I=0$ 稳定，$\gamma>\alpha$ 时不稳定，对 $\frac{2\alpha}{3}<\gamma<\alpha$，$I=\pm\frac{\gamma}{\alpha}\sqrt{1-\frac{\gamma}{\alpha}}$ 都不稳定.

由命题 4.1.6，平均方程（4.2.40）的这些不动点对应于（4.2.39）的周期 2π 的周期轨道，它们如平均方程的不动点都有相同的稳定性类型. 如果我们考虑由（4.2.30）通过固定 $\theta=\bar{\theta}$ 形成的 3 维 Poincaré 映射，其中映射取点 (x_1,x_2,I) 到它们在扰动流作用下经过时间 2π 的像（见 1.6 节）. 于是 $\mathcal{M}_\varepsilon$ 上的周期轨道变成为 Poincaré 映射的不动点.

[434]

Poincaré 映射的结构. 利用我们对 $\mathcal{M}_\varepsilon$ 上的流的知识以及未被扰动相空间的结构，我们看到 Poincaré 映射有如下结构.

$\gamma>\alpha$. 在 $(x_1,x_2,I)=(0,0,0)$ 的双曲不动点有 2 维不稳定流形和 1 维稳定流形.

$\frac{2\alpha}{3}<\gamma<\alpha$. 3 个双曲不动点 $(x_1,x_2,I)=(0,0,0)$ 和 $\left(\pm\sqrt{1-\frac{\gamma}{\alpha}},0,\pm\frac{\gamma}{\alpha}\sqrt{1-\frac{\gamma}{\alpha}}\right)$，其中 $(0,0,0)$ 有 2 维稳定流形和 1 维不稳定流形，$\left(\pm\sqrt{1-\frac{\gamma}{\alpha}},0,\pm\frac{\gamma}{\alpha}\sqrt{1-\frac{\gamma}{\alpha}}\right)$ 有 2 维不稳定流形和 1 维稳定流形.

$\gamma<\frac{2\alpha}{3}$. 在 $(x_1,x_2,I)=(0,0,0)$ 的双曲不动点有 2 维稳定流形和 1 维不稳定流形.

Poincaré 映射的几何说明如图 4.2.10.

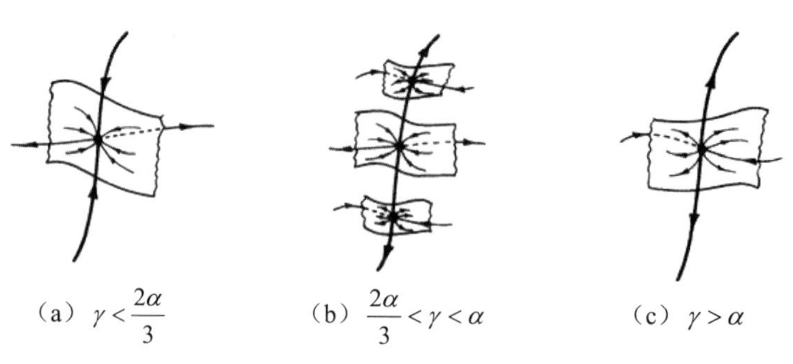

（a）$\gamma<\frac{2\alpha}{3}$　（b）$\frac{2\alpha}{3}<\gamma<\alpha$　（c）$\gamma>\alpha$

图 4.2.10　Poincaré 映射的几何说明

Melnikov 积分的计算. 下面我们计算 Melnikov 积分. 这些积分给出 Poincaré 映射的双曲不动点的稳定和不稳定流形横截相交的充分条件.

[435] 由（4. 1. 47），Melnikov 积分由下式给出：

$$
\begin{aligned}
&M^{\bar{I}}(\theta_0,\alpha,\beta,\gamma,\delta)\\
&=\int_{-\infty}^{\infty}[\langle D_xH,g^x\rangle+\langle D_IH,g^I\rangle](x^{\bar{I}}(t),\bar{I},t+t_0)\mathrm{d}t-\\
&\quad\langle D_IH(x(\bar{I}),0,\bar{I}),\int_{-\infty}^{\infty}g^I(x^{\bar{I}}(t),\bar{I},t+t_0)\mathrm{d}t\rangle\\
&=\int_{-\infty}^{\infty}[-\delta\left(x_2^{\bar{I}}(t)\right)^2+\gamma\left(x_1^{\bar{I}}(t)\right)^2-\alpha\bar{I}x_1^{\bar{I}}(t)+\beta x_1^{\bar{I}}(t)\cos(t+t_0)]\mathrm{d}t-\\
&\quad x_1(\bar{I})\int_{-\infty}^{\infty}[\gamma x_1^{I}(t)-\alpha\bar{I}+\beta\cos(t+t_0)]\mathrm{d}t,
\end{aligned}
\tag{4.2.45}
$$

其中 $x^{\bar{I}}(t)=(x_1^{\bar{I}}(t),x_2^{\bar{I}}(t))$ 是在等位集 $I=\bar{I}$ 上对应于 $\mathcal{M}_\varepsilon$ 上的平均向量场的双曲不动点的同宿轨线. 由（4. 2. 36）这些同宿轨线被找到为：

$\bar{I}=0.$

$$
x^{\pm}(t)=(x_1^{\pm}(t),x_2^{\pm}(t))=(\pm\sqrt{2}\operatorname{sech}t,\mp\sqrt{2}\operatorname{sech}t\tanh t).\tag{4.2.46}
$$

$\bar{I}=-\dfrac{\gamma}{\alpha}\sqrt{1-\gamma/\alpha}.$

$$
\begin{aligned}
x^{+}(t)&=\left(\frac{2cS+ab}{2bS-a},\frac{-2ad^3ST}{(2bS-a)^2}\right),\\
x^{-}(t)&=\left(\frac{2cS-ab}{2bS+a},\frac{2ad^3ST}{(2bS-a)^2}\right).
\end{aligned}
\tag{4.2.46$_l$}
$$

$\bar{I}=+\dfrac{\gamma}{\alpha}\sqrt{1-\gamma/\alpha}.$

$$
\begin{aligned}
x^{+}(t)&=\left(\frac{-2cS-ab}{2bS-a},\frac{2ad^3ST}{(2bS-a)^2}\right),\\
x^{-}(t)&=\left(\frac{-2cS+ab}{2bS+a},\frac{-2ad^3ST}{(2bS+a)^2}\right).
\end{aligned}
\tag{4.2.46$_u$}
$$

其中

$$
a=\sqrt{\frac{2\gamma}{\alpha}},\quad b=\sqrt{1-\frac{\gamma}{\alpha}},\quad c=1-\frac{2\gamma}{\alpha},\quad d=\sqrt{\frac{3\gamma}{\alpha}-2},
$$
$$
S=\operatorname{sech}(\mathrm{d}t),\quad T=\tanh(\mathrm{d}t)
$$

[436] 其中下标“u”和“l”表示等位面 $I=(\gamma/\alpha)\sqrt{1-\gamma/\alpha}$ 上的“上”同

宿轨道和等位面 $I=-(\gamma/\alpha)\sqrt{1-\gamma/\alpha}$ 上的“下”同宿轨道.

将（4. 2. 46）（4. 2. 46）$_l$ 和（4. 2. 46）$_u$ 代入（4. 2. 45），并计算积分，得到

$I=0$.

$$M^{\pm}(t_0,\alpha,\beta,\gamma,\delta)=\frac{-4\delta}{3}+4\gamma\pm\sqrt{2}\beta\pi\operatorname{sech}\frac{\pi}{2}\cos t_0 \qquad (4.2.47)^{\pm}$$

$I=-\dfrac{\gamma}{\alpha}\sqrt{1-\gamma/\alpha}$.

$$M_l^{\pm}(t_0,\alpha,\beta,\gamma,\delta)=-4\delta\left[\frac{d}{3}+\frac{\gamma b}{\sqrt{2}\alpha}\left(\frac{\pi}{2}\pm\sin^{-1}\sqrt{\frac{2\alpha}{\gamma}}b\right)\right]+$$
$$2\gamma\left[2d-2\sqrt{2}b\left(\frac{\pi}{2}\pm\sin^{-1}\sqrt{\frac{2\alpha}{\gamma}}b\right)\right]\mp \qquad (4.2.47)_l^{\pm}$$
$$2\sqrt{2}\pi\beta\frac{\sinh\left(\frac{1}{d}\sin^{-1}\sqrt{\frac{\alpha}{\gamma}}b\right)}{\sinh\frac{\pi}{d}}\cos t_0.$$

$I=+\dfrac{\gamma}{\alpha}\sqrt{1-\gamma/\alpha}$.

$$M_u^{\pm}(t_0,\alpha,\beta,\gamma,\delta)=-4\delta\left[\frac{d}{3}+\frac{\gamma b}{\sqrt{2}\alpha}\left(\frac{\pi}{2}\pm\sin^{-1}\sqrt{\frac{2\alpha}{\gamma}}b\right)\right]+$$
$$2\gamma\left[2d-\sqrt{2}b\left(\frac{\pi}{2}\pm\sin^{-1}\sqrt{\frac{2\alpha}{\gamma}}b\right)\right]\pm \qquad (4.2.47)_u^{\pm}$$
$$2\sqrt{2}\pi\beta\frac{\sinh\left(\frac{1}{d}\sin^{-1}\sqrt{\frac{\alpha}{\gamma}}b\right)}{\sinh\frac{\pi}{d}}\cos t_0,$$

其中，在等位面 $I=\pm\dfrac{\gamma}{\alpha}\sqrt{1-\dfrac{\gamma}{\alpha}}$ 上，上标“+”指的是较大的同宿回路.

在图 4. 2. 11 中我们展示(4. 2. 47)$^{\pm}$ 和(4. 2. 47)$_l^{\pm}$ 以及(4. 2. 47)$_u^{\pm}$ 对 $\alpha=1$，$\beta=1$ 的图像. 在由(4. 2. 47)$_u^{-}$ 和(4. 2. 47)$_l^{-}$ 所围的区域中，等位面 $I=\pm\dfrac{\gamma}{\alpha}\sqrt{1-\dfrac{\gamma}{\alpha}}$ 上的双曲不动点的稳定和不稳定流形对应于小同宿轨道横截相交. 在由（4. 2. 47）$_u^{+}$ 和（4. 2. 47）$_l^{-}$ 所围的区域中，等位面 $I=\pm\dfrac{\gamma}{\alpha}\sqrt{1-\dfrac{\gamma}{\alpha}}$ 上的双曲不动点的稳定和不稳定流形对应于较大

的同宿轨道横截相交. 在由（4. 2. 47）$^+$和（4. 2. 47）$^-$所围的区域中，等位面 $I=0$ 上的双曲不动点的稳定和不稳定流形的两个分支横截相交.　[437]

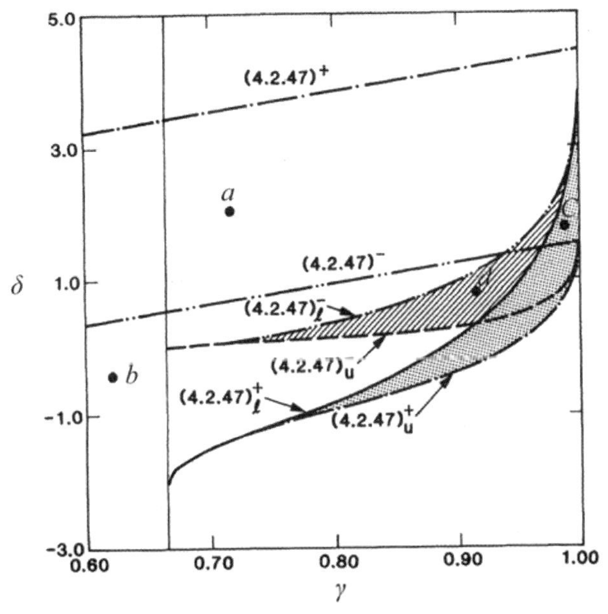

图 4. 2. 11　存在马蹄的区域

在图 4. 2. 12 中，我们说明了对于图 4. 2. 11 中所示的 4 个不同参数值的 Poincaré 映射的稳定和不稳定流形的性态.

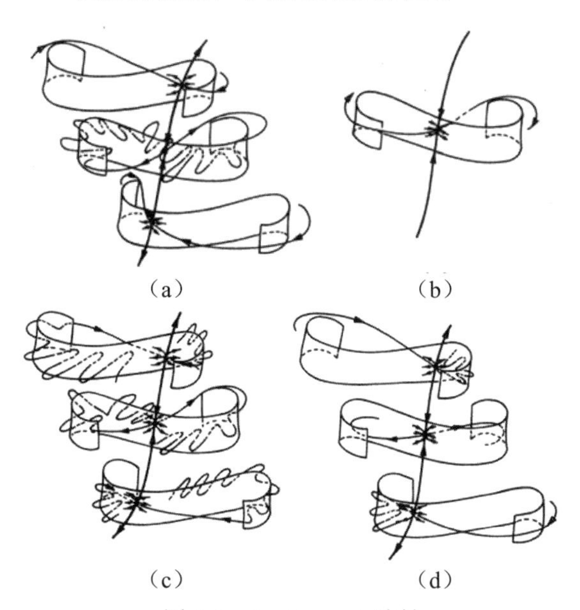

图 4. 2. 12　Poincaré 映射

现在我们在反馈控制系统的背景下解释我们的结果．我们需要考虑两个方面：（1）通过反馈回路修改参数空间中的混沌区域，（2）通过反馈回路引入混沌．我们强调，在这个例子中混沌意指马蹄．我们分别考虑每个方面．

1．*通过反馈修改混沌区域*．考虑增益γ趋于零的情况．此时向量场的(x_1, x_2)分量与I分量解耦．因此I可解为时间的明显函数，它是渐近周期的（$t \to \infty$时$I \sim \varepsilon\beta\sin t + \mathcal{O}(\varepsilon^2)$），可将这个解代入方程的$(x_1, x_2)$分量．得到周期强迫 Duffing 振子的方程 [438]

$$\begin{aligned}\dot{x}_1 &= x_2, \\ \dot{x}_2 &= x_1 - x_1^3 - \varepsilon[\delta x_2 + \beta\sin t] + \mathcal{O}(\varepsilon^2).\end{aligned} \tag{4.2.48}$$

Holmes[1979]以及 Greenspan 和 Holmes[1983]对方程（4.2.48）做了非常详细的研究，并用原来的 Melnikov[1963]方法在(β, δ)空间给出一条曲线，在此曲线的上方存在双曲周期轨道的横截同宿轨道．这条曲线为 [439]

$$\beta = \frac{4\delta}{3\sqrt{2}\pi}\cosh\frac{\pi}{2}. \tag{4.2.49}$$

由（4.2.47）我们看到一条类似的曲线，在此曲线的上方，在非零增益γ的情况下，在等位线$I = 0$上存在双曲周期轨道的横截同宿轨道，这条曲线是

$$\beta = \frac{\left(\frac{4\delta}{3} - 4\gamma\right)}{\sqrt{2}\pi}\cosh\frac{\pi}{2}. \tag{4.2.50}$$

这些曲线如图 4.2.13 所示．

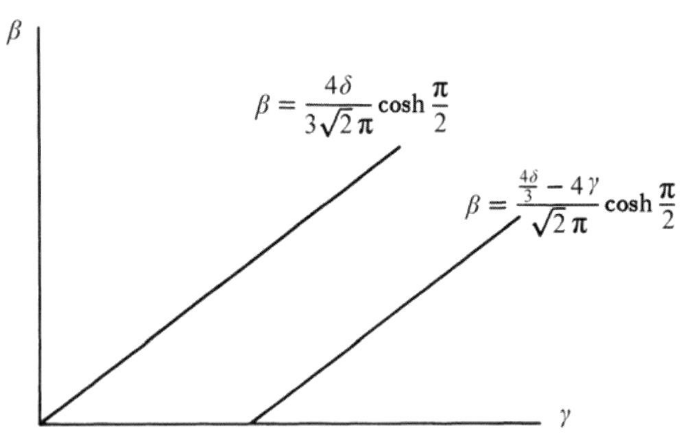

图 4.2.13　（4.2.49）和（4.2.50）的图像

因此，由图 4.2.13 我们看到，增益的效应是降低边界，因此，在（4.2.50）动力学中增加了(β, δ)空间中呈现 Smale 马蹄的区域面积．

2. 通过反馈引入混沌. 从图 4. 2. 11 可以明显看出，反馈回路给系统带来了混沌. 水平线 $I=\pm\frac{\gamma}{\alpha}\sqrt{1-\frac{\gamma}{\alpha}}$ 上的不动点和马蹄仅仅是反馈的结果.

[440]　4. 2b（ii）旋转摆

如图 4. 2. 14 所示旋转摆由一个刚性框架组成，该框架围绕垂直轴自由旋转，并在其上安装了一个平面摆，枢轴位于垂直轴上. 这个系统的性态是众所周知的，如果框架旋转速率 $\dot{\theta}$ 为一个固定值，例如 Ω，低于临界的 Ω，摆的性态本质上像一个不旋转的摆;它有一个稳定平衡点在 $\phi=0$ 和一个不稳定平衡点在 $\phi=\pi$. 在临界值 Ω 的上方 $\phi=0$ 变成不稳定，出现两个新平衡点在 $\phi=\bar{\phi}=\pm\cos^{-1}\left(\frac{g}{l\Omega^2}\right)$，当 $\Omega\to\infty$ 时，如期望 $\bar{\phi}\to\pm\frac{\pi}{2}$.

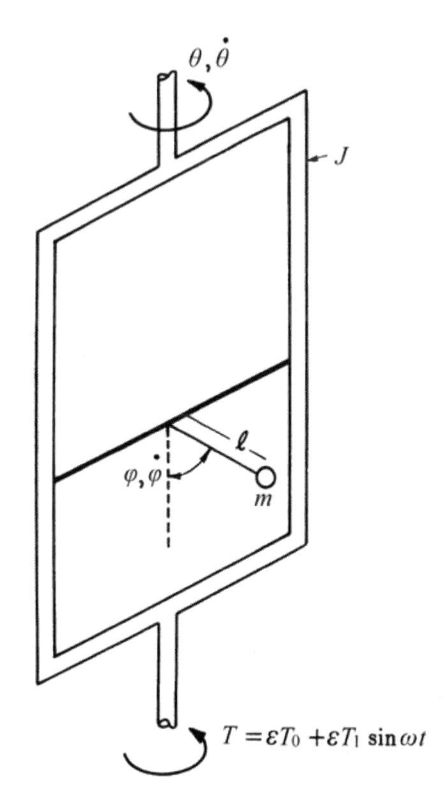

图 4. 2. 14　旋转摆

如果在摆轴处增加一个小耗散，并允许 $\dot{\theta}$ 有一个小的周期性变化，即令 $\dot{\theta}=\Omega+\varepsilon\bar{\Omega}\cos(\omega t)$ $(0<\varepsilon\ll1)$，系统将成为一个强迫的平面振子，

通常的平面 Melnikov[1963]分析可以用来预测混沌运动的发生. 这种类型的扰动是我们更一般系统的极限情形（见 Shaw 和 Wiggins[1988]），其中 $\dot{\theta}$ 允许根据控制系统角动量性态的方程变化.

这里考虑的系统具有“一个半”自由度. 框架的旋转通过角动量关系与摆的运动的耦合. 框架的方向通过变量 θ 测量，并没有出现在运动的未被扰动方程中. 在 Hamilton 公式中，在未扰动的情况下，立即得到两个运动常数：与 θ 相关的能量和共轭动量，因此，这个系统是完全可积的. 加上小扰动后，角动量和能量都随时间缓慢变化，这种变化影响混沌运动的发生. 这些结果应该是实验员感兴趣的，因为通常在旋转系统中，可以指定施加的扭矩，但不一定是旋转速度本身.

无量纲形式下的运动方程（见 Shaw 和 Wiggins[1988]）为

$$\dot{\phi} = p_{\phi}, \tag{4.2.51a}$$

$$\dot{p}_{\phi} = \sin\phi[-1 + p_{\theta}^2 \cos\phi / (\mu + \sin^2\phi)^2] + \varepsilon Q_{\phi}(p_{\phi}), \tag{4.2.51b}$$

$$\dot{\theta} = \frac{p_{\theta}}{\mu + \sin^2\phi}, \tag{4.2.51c}$$

$$\dot{p}_{\theta} = \varepsilon Q_{\theta}(\phi, p_{\theta}, t), \tag{4.2.51d}$$

[441]

$$(\phi, p_{\phi}, \theta, p_{\theta}) \in T^1 \times \mathbb{R}^1 \times T^1 \times \mathbb{R}^1,$$

其中 $\mu = J / ml^2$，$Q_{\phi} = -c_{\phi} p_{\phi}$ 和 $Q_{\theta} = -c_{\theta} p_{\theta} / (\mu + \sin^2\phi) + T_0 + T_1 \sin(\omega t)$. 物理上，$c_{\theta} > 0$ 表示框架轴承中的黏性阻尼的阻尼常数，$c_{\phi} > 0$ 是与摆轴中的黏性阻尼相关的阻尼常数，T_0 表示围绕垂直轴施加到框架上的常数扭矩，$T_1 \sin(\omega t)$ 表示同样围绕垂直轴施加到框架上的振动扭矩.

这些方程的形式非常有趣，（4. 2. 51a，b）具有特定形式的参数激

[442]

发的弱阻尼振子的形式. 这个小激发是通过（4. 2. 51b）中的 p_{θ} 项施加的，并由它自己的微分方程（4. 2. 51d）控制. 特别需要注意的是，（4. 2. 51）的 $(\phi, p_{\phi}, p_{\theta})$ 分量不依赖于 θ，因此，它足以分析这个三维非自治子系统，因为它的动力学决定了 $\theta(t)$.

因此，我们将分析的系统是

$$\begin{aligned}
&\dot{\phi} = p_{\phi}, \\
&\dot{p}_{\phi} = \sin\phi[-1 + p_{\theta}^2 \cos\phi / (\mu + \sin^2\phi)^2] + \varepsilon Q_{\phi}(p_{\phi}), \\
&\dot{p}_{\theta} = \varepsilon Q_{\theta}(\phi, p_{\theta}, \psi), \\
&\dot{\psi} = \omega,
\end{aligned} \tag{4.2.52}$$

其中我们利用扰动的时间周期性并定义

$$\psi(t) = \omega t, \quad \mod 2\pi. \tag{4.2.53}$$

将这个 3 维非自治子系统（4. 2. 51a，b，d）写为 4 维自治子系统.

我们从描述未被扰动系统和它的相空间的几何结构开始. 未被扰动系统为

$$\begin{aligned}
&\dot{\phi}=p_{\phi},\\
&\dot{p}_{\phi}=\sin\phi[-1+p_{\theta}^{2}\cos\phi/(\mu+\sin^{2}\phi)^{2}],\\
&\dot{p}_{\theta}=0,\\
&\dot{\psi}=\omega.
\end{aligned}\tag{4.2.54}$$

容易看到，（4. 2. 54）的 (ϕ,p_{ϕ}) 分量有 Hamilton 系统的单参数形式，Hamilton 函数是

$$H(\phi,p_{\phi};p_{\theta})=\frac{1}{2}\left[\frac{p_{\theta}^{2}}{\mu+\sin^{2}\phi}\right]+\frac{1}{2}p_{\phi}^{2}+(1-\cos\phi).\tag{4.2.55}$$

不动点. （4. 2. 54）的 $(\phi,p_{\phi},p_{\theta})$ 分量的不动点是

$$(\phi(p_{\theta}),0,p_{\theta}),\tag{4.2.56}$$

其中 $\phi(p_{\theta})$ 是　[443]

$$\sin\phi[-1+p_{\theta}^{2}\cos\phi/(\mu+\sin^{2}\phi)^{2}]=0.\tag{4.2.57}$$

对 $\mu<p_{\theta}$，方程（4. 2. 57）有两个对应于 $\phi=0$ 和 $\phi=\pi$ 的解. 这两个解对所有 p_{θ} 都存在，但是，对 $\phi=0$ 在 $\mu=p_{\theta}$ 出现稳定性的改变. 对 $\mu<p_{\theta}$，$\phi=0$ 是一个中心，对 $\mu>p_{\theta}$ 它是一个鞍点. 在 $\mu=p_{\theta}$ 出现叉分支，从 $\phi=0$ 分支出两个中心，当 $p_{\theta}\to\infty$ 时它们分别趋于 $\pm\pi/2$. 不动点显示在图 4. 2. 15 中的 (ϕ,p_{θ}) 平面上.

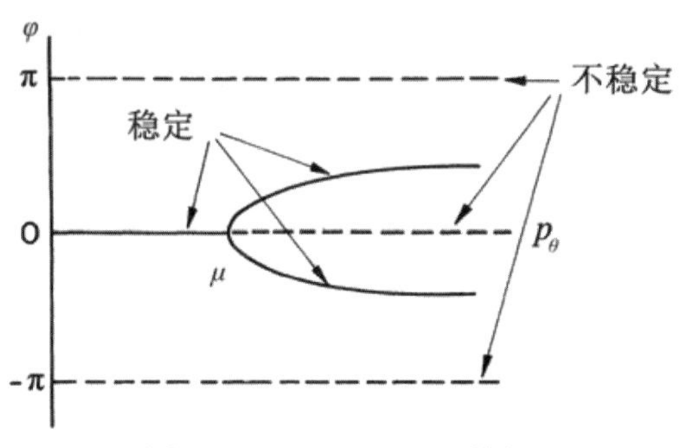

图 4. 2. 15　（4. 2. 57）的解

同宿轨道. 利用 Hamilton 函数（4. 2. 55），可以证明通过一对同宿轨道对 p_{θ} 的所有值连接鞍点

$$\gamma_{P}(p_{\theta})=(\pi,0,p_{\theta})\tag{4.2.58}$$

到它自身，以及通过一对同宿轨道对 $p_{\theta}>\mu$ 的所有值连接鞍点

$$\gamma_{D}(p_{\theta})=(0,0,p_{\theta})\tag{4.2.59}$$

到它自身. （4. 2. 54）的相空间如图 4. 2. 16 所示. 我们在（4. 2. 58）[444] 中利用下标 P，因为在这种情况下的同宿轨道让人想起单摆中的同宿轨道，在（4. 2. 59）中的 D 由于在这种情况下的同宿轨道让人想起 Duffing 振子中的同宿轨道（见 Guckenheimer 和 Holmes[1983].

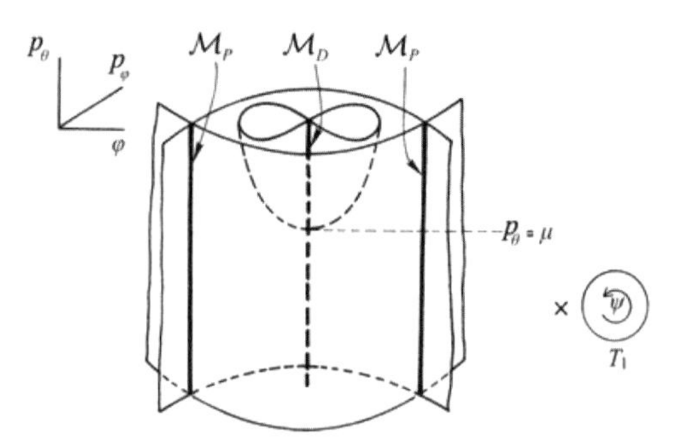

图 4.2.16 （4.2.54）的未被扰动相空间

因此，在$(\phi, p_\phi, p_\theta, \psi)$的全相空间的背景下，（4.2.54）有 2 维正规双曲不变的带边流形

$$\mathcal{M}_P = (\gamma_P(p_\theta), \psi_0), \quad \psi_0 \in [0, 2\pi), \tag{4.2.60}$$

$$\mathcal{M}_D = (\gamma_D(p_\theta), \psi_0), \quad p_\theta > \mu,\ \psi_0 \in [0, 2\pi), \tag{4.2.61}$$

$\mathcal{M}_P$和$\mathcal{M}_D$都有 3 维重合的稳定和不稳定流形. 因此，（4.2.51）是系统 I 的一个例子，其中$n = m = l = 1$.

现在我们把注意力转到扰动系统. 由命题 4.1.5，我们知道，$\mathcal{M}_P$和$\mathcal{M}_D$作为不变流形都得到保持，分别记为$\mathcal{M}_{P,\varepsilon}$和$\mathcal{M}_{D,\varepsilon}$. 然后利用命题 4.1.6 确定在这些流形上是否存在任何周期轨道，如果存在，计算适当的 Melnikov 积分以确定周期轨道的稳定和不稳定流形是否相交.

$\mathcal{M}_{D,\varepsilon}$和$\mathcal{M}_{P,\varepsilon}$上的流. [445]

限制在$\mathcal{M}_{D,\varepsilon}$和$\mathcal{M}_{P,\varepsilon}$上的扰动向量场恒等，且为

$$\begin{aligned} \dot{p}_\theta &= -\varepsilon\left[\frac{c_\theta p_\theta}{\mu} + T_0 + T_1 \sin\psi\right] + \mathcal{O}(\varepsilon^2), \\ \dot{\psi} &= \omega. \end{aligned} \tag{4.2.62}$$

平均向量场为

$$\dot{p}_\theta = -\varepsilon\left(\frac{c_\theta p_\theta}{\mu} + T_0\right). \tag{4.2.63}$$

这个方程有唯一不动点

$$p_\theta = \frac{\mu T_0}{c_\theta}. \tag{4.2.64}$$

$\mathcal{M}_{D,\varepsilon}$和$\mathcal{M}_{P,\varepsilon}$上的不动点稳定，因为

$$\frac{\mathrm{d}}{\mathrm{d}p_\theta}\left(-\varepsilon\left[\frac{c_\theta p_\theta}{\mu} + T_0\right]\right) = -\varepsilon\frac{c_\theta}{\mu} < 0. \tag{4.2.65}$$

现在，由命题 4.1.6，平均方程的这些不动点对应于$\mathcal{M}_{D,\varepsilon}$和$\mathcal{M}_{P,\varepsilon}$上的周期轨道，每一个都有周期$\dfrac{2\pi}{\omega}$，稳定性类型与平均方程的不动

点类型相同.

为了更好地理解相空间的几何结构，考虑在与外部强迫周期相对应的离散时间（即在 $\frac{2\pi}{\omega}$ 的时间区间）对变量 (ϕ, p_ϕ, p_θ) 进行采样的通常方法构造三维 Poincaré 映射，参看以前的例子和第 1. 6 节. 此时周期轨道变成 Poincaré 映射的不动点.

Poincaré 映射的构造. 利用我们对 $\mathcal{M}_{D,\varepsilon}$ 和 $\mathcal{M}_{P,\varepsilon}$ 上的流的知识，以及我们对未被扰动相空间的知识，容易看到，对 $p_\theta < \mu$，Poincaré 映射有一个双曲不动点，它有 2 维稳定流形和 1 维不稳定流形. 对 $p_\theta > \mu$，这个 Poincaré 映射有两个双曲不动点，每个都有 2 维稳定流形和 1 维不稳定流形. 三维 Poincaré 映射的几何结构如图 4. 2. 17 所示.

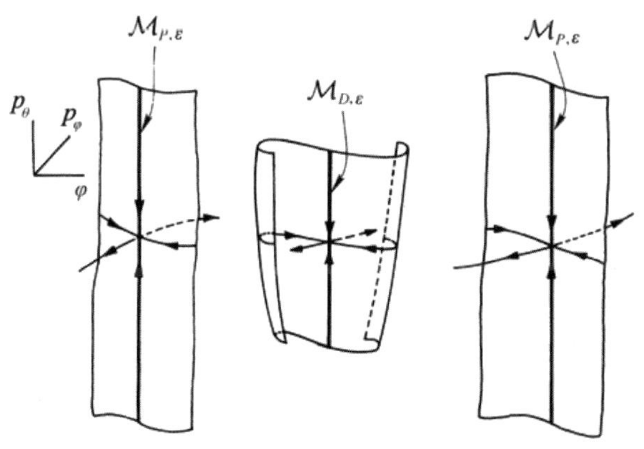

图 4. 2. 17　$p_\theta > \mu$ 时的 Poincaré 映射的几何结构

Melnikov 积分的计算. 现在我们计算对应于 Poincaré 映射不动点的 Melnikov 积分，以便可以确定 Poincaré 映射不动点的同宿轨道的存在性.

[446]　由（4. 1. 47），Melnikov 向量现在是一个标量

$$
\begin{aligned}
& M_{P,D}(t;\mu,c_\theta,c_\phi,T_0,T_1,\omega) \\
&= \int_{-\infty}^{\infty} [(D_{p_\phi}H(Q_\phi)+(D_{p_\theta}H)(Q_\theta)](\phi^{\bar{p}_\theta}(t), p_\phi^{\bar{p}_\theta}(t), \bar{p}_\theta, t+t_0)\mathrm{d}t - \\
& D_{p_\theta}H(\gamma_P, D(\bar{p}_\theta))\int_{-\hbar}^{\infty} Q_\theta(\phi^{\bar{p}_\theta}(t), p_\phi^{\bar{p}_\theta}(t), \bar{p}_\theta, t+t_0)\mathrm{d}t \\
&= \int_{-\infty}^{\infty} [-c_\phi\left(p_\phi^{\bar{p}_\theta}(t)\right)^2 + \frac{\bar{p}_\theta}{\mu+\sin^2\phi^{\bar{p}_\theta}(t)}(\frac{-c_\theta\bar{p}_\theta}{\mu+\sin^2\phi^{\bar{p}_\theta}(t)} + T_0 + \\
& T_1\sin\omega(t+t_0))]\mathrm{d}t - \frac{\bar{p}_\theta}{\mu}\int_{-\infty}^{\infty}\left[\frac{-c_\theta\bar{p}_\theta}{\mu+\sin^2\phi^{\bar{p}_\theta}(t)} + T_0 + T_1\sin\omega(t+t_0)\right]\mathrm{d}t,
\end{aligned}
\tag{4.2.66}
$$

其中，$(\phi^{\bar{p}_\theta}(t), p_\phi^{\bar{p}_\theta}(t))$是等位线$p_\theta=\bar{p}_\theta=\dfrac{\mu T_0}{c_\theta}$上对应于$\mathcal{M}_{D,\varepsilon}$或$\mathcal{M}_{P,\varepsilon}$上 [447] 平均向量场的双曲不动点的未被扰动系统的同宿轨线. 不同前一个例子，我们不将明显计算同宿轨道，然而，通过定性论证，这将能够使得这个工作走得更远.

更方便地将 Melnikov 积分写为

$$M_{P,D}(t_0,c_\phi,T_1,\omega)=-c_\phi J_1-c_\theta J_2+T_1J_3(\omega,t_0), \quad (4.2.67)$$

其中

$$J_1=\int_{-\infty}^{\infty}\left(p_\phi^{\bar{p}_\theta}(t)\right)^2\mathrm{d}t, \quad (4.2.68)$$

$$J_2=\int_{-\infty}^{\infty}\left(\frac{\bar{p}_\theta}{\mu+\sin^2\phi^{\bar{p}_\theta}(t)}-\frac{\bar{p}_\theta}{\mu}\right)^2\mathrm{d}t, \quad (4.2.69)$$

$$J_3(\omega,t_0)=\int_{-\infty}^{\infty}\left(\frac{\bar{p}_\theta}{\mu+\sin^2\phi^{\bar{p}_\theta}(t)}-\frac{\bar{p}_\theta}{\mu}\right)\sin\omega(t+t_0)\mathrm{d}t. \quad (4.2.70)$$

我们将视μ，T_0和c_θ固定，c_ϕ，T_1和ω为参数.

引理 4.2.1. （1）$J_1>0$.

（2）$J_2>0$.

（3）$J_3(\omega,t_0)=\overline{J_3(\omega)}\sin\omega t_0$，其中$\overline{J_3(\omega)}=-\dfrac{1}{\omega}\displaystyle\int_{-\infty}^{\infty}\theta^{\bar{p}_\theta}(t)\sin\omega t\mathrm{d}t$.

证明： 由（4.2.68）和（4.2.64），（1）和（2）分别是显然的. 对（3），首先考虑（4.2.70）中的项$-\dfrac{\bar{p}_\theta}{\mu}\displaystyle\int_{-\infty}^{\infty}\sin\omega(t+t_0)\mathrm{d}t$. 展开$\sin\omega(t+t_0)$并将反常积分考虑为一个序列的极限，得到

$$-\frac{\bar{p}_\theta}{\mu}\int_{-\infty}^{\infty}\sin\omega(t+t_0)\mathrm{d}t=\lim_{n\to\infty}[-\frac{\bar{p}_\theta}{\mu}\cos\omega t_0\int_{\frac{-2\pi n}{\omega}}^{\frac{2\pi n}{\omega}}\sin\omega t dt-\frac{\bar{p}_\theta}{\mu}\sin\omega t_0\cdot\int_{\frac{-2\pi n}{\omega}}^{\frac{2\pi n}{\omega}}\cos\omega t\mathrm{d}t]=0. \quad (4.2.71)$$

下面处理（4.2.70）的余下部分. 首先，注意，如果我们选择未被扰动同宿轨线使得$\phi^{\bar{p}_\theta}(0)=0$，则$\bar{p}_\theta/(\mu+\sin^2\phi^{\bar{p}_\theta}(t))$可取为$t$的偶函数. 于是通过展开$\sin(\omega(t+t_0))=\sin(\omega t)\cos(\omega t_0)+\cos(\omega t)\sin(\omega t_0)$，被积函数的奇次部分$(\bar{p}_\theta/(\mu+\sin^2\phi^{\bar{p}_\theta}(t)))\sin\omega t\cos(\omega t_0)$可被消去，因为它的 [448] 积分为零. 余下的项$(\bar{p}_\theta/(\mu+\sin^2\phi^{\bar{p}_\theta}(t)))\cos(\omega t)\sin(\omega t_0)$仍只是条件收敛，见 4.1d 节. 将积分视为极限，进行一次分部积分，得到

$$J_3(\omega,t_0)=\sin\omega t_0\left(\lim_{n\to\infty}\left[\frac{\overline{p}_\theta\sin\omega t}{\mu+\sin^2\phi^{\overline{p}_\theta}(t)}\Bigg|_{\frac{-2\pi n}{\omega}}^{\frac{2\pi n}{\omega}}-\frac{1}{\omega}\int_{\frac{-2\pi n}{\omega}}^{\frac{2\pi n}{\omega}}\theta^{\overline{p}_\theta}(t)\sin\omega t\mathrm{d}t\right]\right),$$

（4. 2. 72）

其中 $\theta^{\overline{p}_\theta}(t)$ 是

$$\dot{\theta}^{\overline{p}_\theta}(t)=\frac{\overline{p}_\theta}{\mu+\sin^2\phi^{\overline{p}_\theta}(t)}\qquad（4. 2. 73）$$

的解. 引理结果由（4. 2. 72）得到. □

现在对固定的 c_θ，ω 和 T_0，积分 J_1，J_2 和 $\overline{J_3}$ 是常数，Melnikov 函数可写为形式

$$M(t_0;c_\phi,T_1)=-c_\phi J_1-c_\theta J_2+T_1\overline{J}_3(\omega)\sin\omega t_0,\qquad（4. 2. 74）$$

其中 J_1，J_2 和 $\overline{J_3(\omega)}$ 依赖于它们是否沿着连接 $\mathcal{M}_D$ 或 $\mathcal{M}_P$ 上未被扰动不动点的同宿轨道计算. 存在两个不同的可能性，要么

$$(-J_2/J_1)_D>(-J_2/J_1)_P,\qquad（4. 2. 75）$$

要么

$$(-J_2/J_1)_P>(-J_2/J_1)_D,\qquad（4. 2. 76）$$

其中下标 D 表示积分沿着连接 $\mathcal{M}_D$ 上的不动点的未被扰动同宿轨道计算，下标 P 表示积分沿着连接 $\mathcal{M}_P$ 上的不动点的未被扰动同宿轨道计算. 我们将假设成立（4. 2. 76），此时我们可利用定理 4. 1. 9 和定理 4. 1. 10，并用（4. 2. 74）在 (c_ϕ,T_1) 空间画出一个区域，其中出现 Poincaré 映射的双曲不动点的横截同宿轨道. 这在图 4. 2. 18 中显示为两个楔形区域. 在标为 D 的楔形区域内，存在 $\mathcal{M}_{D,\varepsilon}$ 上的双曲周期轨道的横截同宿轨道，在标为 P 的楔形区域内，存在 $\mathcal{M}_{P,\varepsilon}$ 上的双曲不动点的横截同宿轨道. 在图 4. 2. 19 中我们显示 Poincaré 映射在不同区域中的同宿缠结的图像. [449]

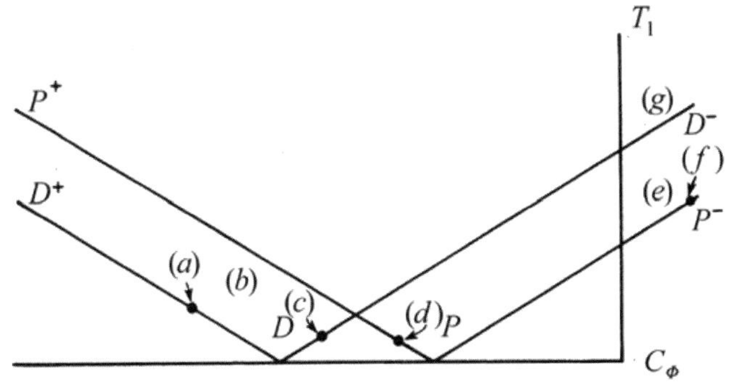

图 4. 2. 18　存在马蹄的区域

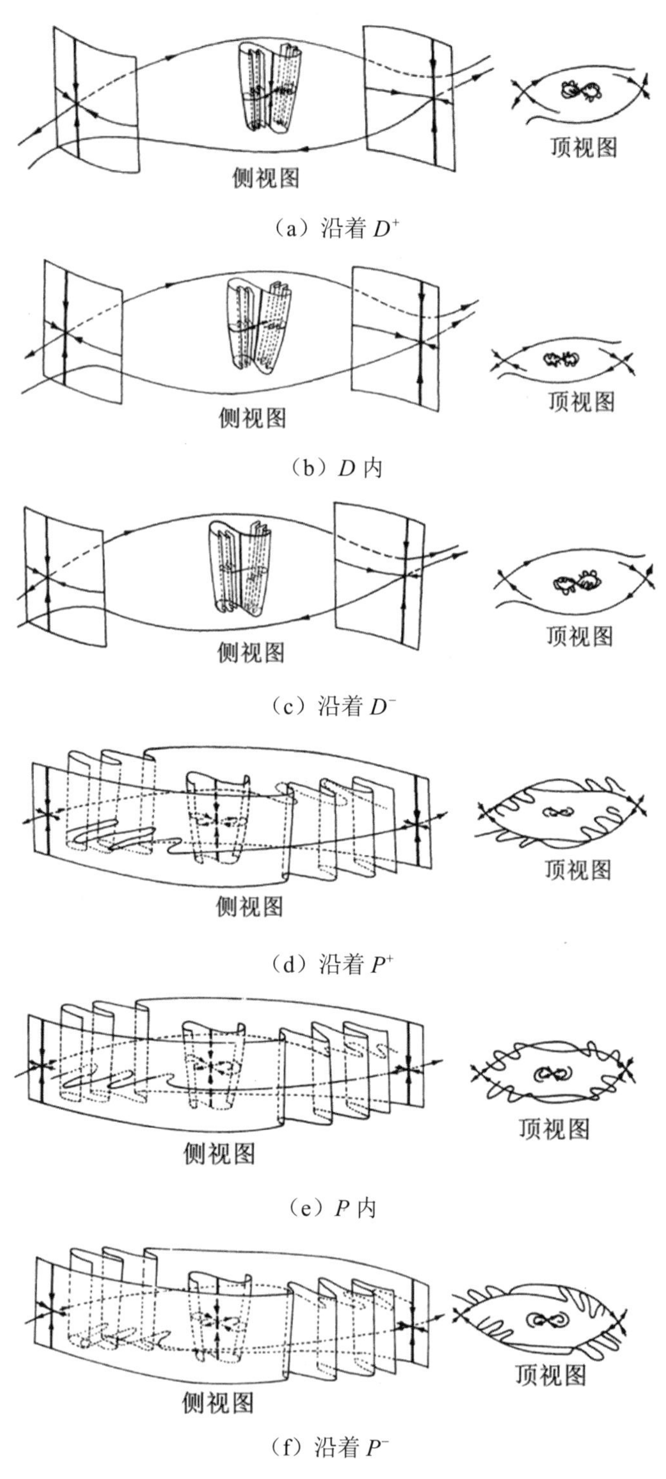

（a）沿着 D^{+}

（b）D 内

（c）沿着 D^{-}

（d）沿着 P^{+}

（e）P 内

（f）沿着 P^{-}

图 4. 2. 19　Poincaré 映射

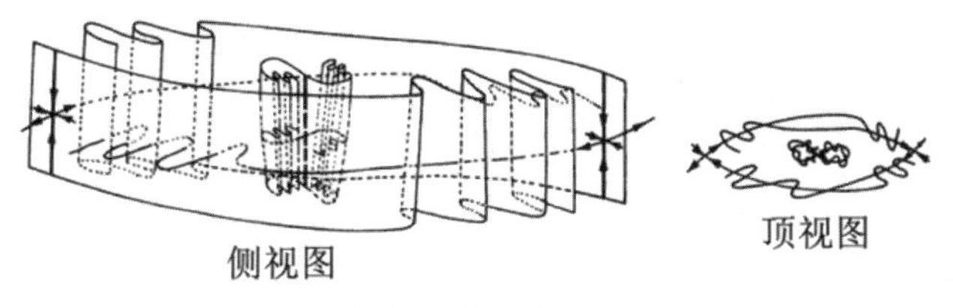

（g） $D\cap P$ 内

[450] 图 4. 2. 19（续）

可能有几个有趣的动力学性态. 例如，在楔形 D 的内部，可能出现摆在 $\phi=0$ 后不稳定地来回摆动，但不超过顶部的混沌运动，这与 Duffing 方程中观察到的混沌非常相似，见 Holmes[1979]. 在楔形 P 的内部，存在混沌运动，其中摆围绕 $\phi=0$ 经历顺时针和逆时针旋转的任意序列，参见 4. 2a（i）这个例子提供了两种通常研究的不同类型的混沌运动. 事实上，在两个楔形内部的相交区域，两种类型的混沌同时有可能的. 该区域的动力学有可能使系统从一种混沌“跳跃”到另一种混沌；使用目前的方法还无法证明这一点，因为这两种类型的混沌的不变流形保持彼此有界. 然而，对 $\overline{p}_{\theta}=\mathcal{O}\left(\dfrac{1}{\varepsilon^{2}}\right)$，利用类似于现在的方法有可能预测这些流形何时混合在一起，从而证明这种“跳跃”的存在.

这里存在的混沌类型涉及物理上不同事件的任意序列。对于摆型混沌 (P)，存在摆以顺时针和逆时针任意序列摆动大约 2π 圈的运动。对于 Duffing 型混沌 (D)，存在以任意次序通过 $\phi=0$ 朝着 $\phi>0$ 和 $\phi<0$ 来回摆动的运动. 这些论述的证明涉及类似于 4. 2a（i）的末尾给出的符号序列和符号动力学的应用. [451]

必须指出，如果 $(-J_2/J_1)_D>(J_2/J_1)_D$，则必须考虑不同的分支图. 本质上，切换楔形 P 和 D 的顺序，分支序列也改变. 这种情形的细节可以用上面介绍的方法容易地算出来.

[452] 4. 2c. 完全可积的扰动，两个自由度的 Hamilton 系统

我们现在叙述完全可积的两个自由度的 Hamilton 系统的扰动的两个例子.

第一个例子属于 Holmes 和 Marsden[1982a]，他们首先将 Melnikov 方法推广到这种系统. 他们的技术对 Hamilton 系统利用了“约化方法”（见 Marsden 和 Weinstein[1974]），这本质上将考虑的 Hamilton 扰动问题化为标准的平面 Melnikov 理论（Melnikov[1963]）. 我们的技术不要求约化方法. 读者应该比较我们的结果与 Holmes 和 Marsden[1982a]的结果（注意，不用约化方法的例子见 Holmes [1985].

我们第二个例子属于 Lerman 和 Umanski [1984]. 它考虑在两个强耦合非线性振子中的双曲不动点的同宿轨道. 这是一个包含对称性的

未被扰动系统的例子，导致未被扰动同宿轨道是 2 维的.

4.2c（i）耦合摆和调和振子

考虑单摆和调和振子的线性耦合（见 Holmes 和 Marsden[1982a]）. 其运动方程是

$$\begin{aligned}\dot{x}_1 &= x_2,\\ \dot{x}_2 &= -\sin x_1 + \varepsilon(x_1 - x_3),\\ \dot{x}_3 &= x_4,\\ \dot{x}_4 &= -\omega^2 x_3 + \varepsilon(x_3 - x_1),\end{aligned} \quad (x_1, x_2, x_3, x_4) \in T^1 \times \mathbb{R} \times \mathbb{R} \times \mathbb{R}. \tag{4.2.77}$$

为了方便我们通过变换

$$\begin{aligned}x_3 &= \sqrt{\frac{2I}{\omega}} \sin\theta,\\ x_4 &= \sqrt{2I\omega} \cos\theta\end{aligned} \tag{4.2.78}$$

将调和振子变为用作用角坐标. 利用这个变换，(4.2.77) 变为 [453]

$$\begin{aligned}\dot{x}_1 &= x_2,\\ \dot{x}_2 &= -\sin x_1 + \varepsilon\left(\sqrt{\frac{2I}{\omega}} \sin\theta - x_1\right),\\ \dot{I} &= -\varepsilon\left(\sqrt{\frac{2I}{\omega}} \sin\theta - x_1\right)\sqrt{\frac{2I}{\omega}} \cos\theta, (x_1, x_2, I, \theta) \in T^1 \times \mathbb{R} \times \mathbb{R}^+ \times T^1.\\ \dot{\theta} &= \omega + \varepsilon\left(\sqrt{\frac{2I}{\omega}} \sin\theta - x_1\right)\frac{\sin\theta}{\sqrt{2I\omega}},\end{aligned} \tag{4.2.79}$$

其中 $\mathbb{R}^+$ 表示非负实数. 这是一个 Hamilton 系统，Hamilton 函数是

$$H_\varepsilon = H(x_1, x_2, I) + \varepsilon \tilde{H}(x_1, x_2, I, \theta) = \frac{x_2^2}{2} - \cos x_1 + I\omega + \frac{\varepsilon}{2}\left(\sqrt{\frac{2I}{\omega}} \sin\theta - x_1\right)^2. \tag{4.2.80}$$

未被扰动系统为

$$\begin{aligned}\dot{x}_1 &= x_2,\\ \dot{x}_2 &= -\sin x_1,\\ \dot{I} &= 0,\\ \dot{\theta} &= \omega.\end{aligned} \tag{4.2.81}$$

显然，(4.2.81) 的 (x_1, x_2) 分量对所有 $I \in \mathbb{R}^+$ 有双曲不动点 $(\bar{x}_1, \bar{x}_2) = (\pi, 0) = (-\pi, 0)$. 这个不动点通过一对同宿轨线

$$(x_{1h}^{\pm}(t), x_{2h}^{\pm}(t)) = (\pm 2\sin^{-1}(\tanh t), \pm 2\operatorname{sech} t) \tag{4.2.82}$$

连接到它自身. 因此，在 (x_1, x_2, I, θ) 全相空间中，(4.2.81) 有 2 维正规双曲不变的带边流形

$$\mathcal{M} = \{(x_1, x_2, I, \theta) \mid (x_1, x_2) = (\pi, 0),\ I \in \mathbb{R}^+,\ \theta \in [0, 2\pi)\}. \tag{4.2.83}$$

$\mathcal{M}$ 有 3 维稳定和不稳定流形，它们沿着 3 维同宿轨道 Γ 重合，Γ 由下式参数化

$$\Gamma = \{(\pm 2\sin^{-1}(\tanh(-t_0)), \pm 2\operatorname{sech}(-t_0), I, \theta_0) \in T^1 \times \mathbb{R} \times \mathbb{R}^+ \times T^1 \mid (t_0, I, \theta_0) \in \mathbb{R} \times \mathbb{R}^+ \times T^1\}. \tag{4.2.84}$$

[454] 未被扰动相空间的几何结构如图 4.2.20 所示. 因此，(4.2.77) 有系统 III 的形式，其中 $n = m = 1$.

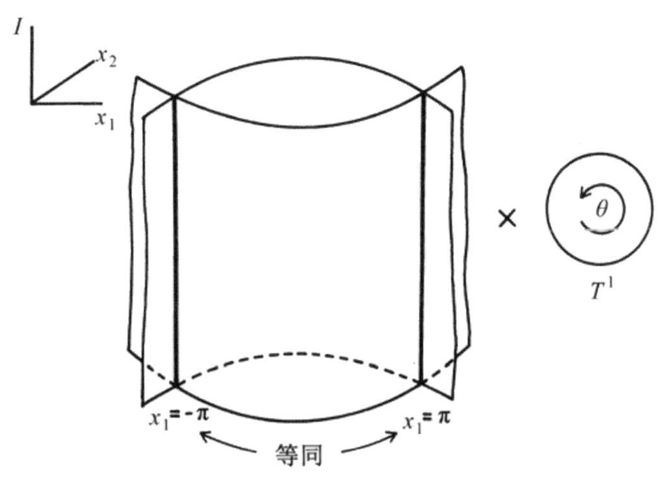

图 4.2.20　(4.2.81) 的相空间的几何结构

现在我们把注意力转到扰动系统. 由命题 4.1.16，$\mathcal{M}$ 和 (4.2.80) 的等位集给出的三维能量流形的集合一样存在. 这些能量流形与 $\mathcal{M}$ 交于周期轨道，该周期轨道可以由 I 参数化 (见 4.1c，v). 为了确定周期轨道的 2 维稳定和不稳定流形是否与 3 维能量曲面相交，我们计算相应的 Melnikov 积分.

由 (4.1.85) 和 (4.1.92)，Melnikov 向量现在是一个标量，并由下面公式给出.

$$\begin{aligned} M^{I^{\pm}}(t_0;\omega) &= -\int_{-\infty}^{\infty} D_\theta \tilde{H}(x_{1h}^{\pm}(t), x_{2h}^{\pm}(t), I, \omega(t+t_0))\mathrm{d}t \\ &= -\int_{-\infty}^{\infty}\left(\sqrt{\frac{2I}{\omega}}\sin(\omega(t+t_0)) - x_{1h}^{\pm}(t)\right)\sqrt{\frac{2I}{\omega}}\cos(\omega(t+t_0))\mathrm{d}t. \end{aligned} \tag{4.2.85}$$

显然，(4.2.85) 是最好的条件收敛. 由引理 4.1.29，如果我们沿着时间序列 $\{T_j^s\}$，$\{-T_j^u\}$，$j = 1, 2, \cdots$ 趋于极限 $\pm\infty$，对这个问题我们选择 $T_j^s = T_j^u = \dfrac{\pi}{2\omega}(2j+1)$，则这个反常积分有意义.

利用 (4.2.82)，这个积分变成 [455]

$$M^{I^{\pm}}(t_0;\omega)=\mp\frac{2\pi}{\omega}\sqrt{\frac{2I}{\omega}}\operatorname{sech}\frac{\pi\omega}{2}\sin\omega t_0. \qquad (4.2.86)$$

因此，（4. 2. 86）有零点 $t_0=\frac{\pi j}{\omega}$， $j=0,\pm1,\pm2,\cdots$， 且对所有 $I>0$，$D_{t_0}M^{I^{\pm}}(\overline{t}_0;\omega)\neq 0$. 因此，由定理4. 1. 19和定理4. 1. 20，对每个 $I>0$，对应的双曲周期轨道的稳定和不稳定流形横截相交，导致在适当的能量流形上出现 Smale 马蹄（注意，这些马蹄在 $I\to 0$ 发生什么是一个尚未解决的问题）.

4.2c（ii）两个自由度系统的强耦合

下面的例子属于 Lerman 和 Umanski[1984]. 他们考虑下面形式的两个自由度的完全可积的 Hamilton 系统

$$\begin{pmatrix}\dot{x}_1\\ \dot{x}_2\\ \dot{x}_3\\ \dot{x}_4\end{pmatrix}=\begin{pmatrix}\lambda & -\omega & 0 & 0\\ \omega & \lambda & 0 & 0\\ 0 & 0 & -\lambda & \omega\\ 0 & 0 & -\omega & -\lambda\end{pmatrix}\begin{pmatrix}x_1\\ x_2\\ x_3\\ x_4\end{pmatrix}-2\sqrt{2}\lambda\begin{pmatrix}x_3(x_3^2+x_4^2)\\ x_4(x_3^2+x_4^2)\\ -x_1(x_1^2+x_2^2)\\ -x_2(x_1^2+x_2^2)\end{pmatrix}, \qquad (4.2.87)$$

其中 $\lambda<0$ 和 $\omega>0$. 两个积分是

$$\begin{aligned}H=K_1&=\lambda(x_1x_3+x_2x_4)-\omega(x_2x_3-x_1x_4)-\frac{\lambda}{\sqrt{2}}[(x_1^2+x_2^2)^2+\\&\quad(x_3^2+x_4^2)^2], \qquad (4.2.88)\\ K_2&=x_2x_3-x_1x_4.\end{aligned}$$

方程（4. 2. 87）有一个双曲不动点 $(x_1,x_2,x_3,x_4)=(0,0,0,0)$，容易看出，（4. 2. 87）关于这个不动点的线性化特征值为 $\pm\lambda\pm\mathrm{i}\omega$. 因此，$(0,0,0,0)$ 有2维稳定流形和2维不稳定流形，它们沿着2维同宿流形 Γ 相交. 这个流形的参数化为

$$\begin{aligned}\Gamma=\{&(x_{1h}(t),x_{2h}(t),x_{3h}(t),x_{4h}(t))=2^{-1/4}[\cosh(-4\lambda t_0)]^{-1/2}\\&(\mathrm{e}^{\lambda t_0}\cos a,\mathrm{e}^{\lambda t_0}\sin a,\mathrm{e}^{-\lambda t_0}\cos a,\mathrm{e}^{-\lambda t_0}\sin a)\in\mathbb{R}^4\mid \qquad (4.2.89)\\&a=(-\omega t_0+\alpha),(t_0,\alpha)\in\mathbb{R}^1\times T^1\}.\end{aligned}$$

我们注意到，稳定流形和不稳定流形重合的原因是第二个积分 K_2 在向量场中启发式地诱导了一个旋转对称，K_2 可以被认为是“角动量”. [456]（4. 2. 89）中的变量“α”是由于这种旋转对称性而产生的.

在这个例子中，原点起到了一般理论中的 $\mathcal{M}$ 的作用. 因此，对（4. 2. 87）的充分小扰动，不动点保存（注意：特别是，对我们的扰动，原点实际上保持为扰动系统的双曲不动点）. 不动点的同宿轨道是否幸存要通过计算适当的 Melnikov 向量才能确定. 有两种不同的情况依赖于扰动是否是Hamilton的. 我们给出两个例子来说明这个问题的不同情况.

（4. 2. 87）的非 Hamilton 扰动. 考虑（4. 2. 87）的下面扰动

$$\varepsilon g^x(x;\mu)=\varepsilon\begin{pmatrix}(\mu_1+\mu_2)x_2\\0\\\mu_1x_4\\-\mu_2x_3\end{pmatrix},\tag{4. 2. 90}$$

其中 $\mu=(\mu_1,\mu_2)\in\mathbb{R}^2$ 是参数.

因此，在这个情形，扰动系统是系统 I 的一个例子，其中 $n=2$，$m=l=0$. 对这个问题的 Melnikov 向量有两个分量，它们是

$$M_1(\alpha;\mu)=\int_{-\infty}^{\infty}\langle D_xH,g^x\rangle(x_{1h}(t),x_{2h}(t),x_{3h}(t),x_{4h}(t);\mu_1,\mu_2)\mathrm{d}t,\tag{4. 2. 91a}$$

$$M_2(\alpha;\mu)=\int_{-\infty}^{\infty}\langle D_xK_2,g^x\rangle(x_{1h}(t),x_{2h}(t),x_{3h}(t),x_{4h}(t);\mu_1,\mu_2)\mathrm{d}t.\tag{4. 2. 91b}$$

利用（4. 2. 89），积分是

$$M_1(\alpha;\mu)=\frac{-\pi\mu_1}{4\sqrt{2}}\operatorname{sech}\frac{\pi\omega}{4\lambda}\sin2\alpha+\frac{\mu_2\omega}{4\sqrt{2}\lambda}+\frac{\sqrt{2}\pi\mu_2\omega}{8\lambda}\operatorname{sech}\frac{\pi\omega}{4\lambda}\cos2\alpha,\tag{4. 2. 92a}$$

$$M_2(\alpha;\mu)=\frac{-\pi\mu_2}{4\sqrt{2}\lambda}.\tag{4. 2. 92b}$$

显然，在

$$\mu_2=\bar{\mu}_2=0,\quad\alpha=\bar{\alpha}=0,\ \frac{\pi}{2},\ \pi,\ \frac{3\pi}{2}\tag{4. 2. 93}$$

$M(\alpha;\mu)\equiv(M_1(\alpha;\mu),M_2(\alpha;\mu))$ 是零向量，以及 [457]

$$\det[D_{(\alpha_1,\mu_2)}M(\bar{\alpha},\mu_1,\mu_2)]=\begin{cases}\dfrac{\pi^2\mu_1}{16\lambda}\operatorname{sech}\dfrac{\pi\omega}{4\lambda}, & \alpha=0,\pi,\\[2mm]-\dfrac{\pi^2\mu_1}{16\lambda}\operatorname{sech}\dfrac{\pi\omega}{4\lambda}, & \alpha=\dfrac{\pi}{2},\dfrac{3\pi}{2}.\end{cases}\tag{4. 2. 94}$$

因此，由定理 4. 1. 9，扰动系统对零附近的 μ_2 和任何 $\mu_1\neq0$，存在原点的 4 条同宿轨道. 我们不能立即诉诸第 3. 2d（ii）节的结果来断言扰动系统中存在 Smale 类马蹄性态. 这是因为未被扰动系统的特征值不满足第 3. 2d（ii）节中的例子的假设，因此，我们必须计算由于扰动对特征值的 $\mathcal{O}(\varepsilon)$ 修正，然后重新检查例子的假设.

（4. 2. 87）的 Hamilton 扰动.

考虑（4. 2. 87）[①]的 Hamilton 扰动，其中我们用 $\varepsilon\tilde{H}$ 扰动 H，这里

$$\tilde{H}=x_1^2+x_3^2.\tag{4. 2. 95}$$

因此，此时扰动系统是系统 III 的一个例子，其中 $n=2$，$m=0$.

由于扰动是 Hamilton 的，因此，3 维不变能量流形保持，Melnikov

① 原书此处有误. ——译者注

向量只是一个标量，由（4.1.92）和（4.1.85），它是

$$M_2(\alpha)=\int_{-\infty}^{\infty}\langle D_xK_2,JD\tilde{H}\rangle(x_{1h}(t),x_{2h}(t),x_{3h}(t),x_{4h}(t))\mathrm{d}t. \quad (4.2.96)$$

利用（4.2.89），这个积分可计算得

$$M_2(\alpha)=\frac{-\pi}{2\lambda}\cdot\frac{\cosh\frac{\pi\omega}{4\lambda}}{\cosh\frac{\pi\omega}{2\lambda}}\sin 2\alpha. \quad (4.2.97)$$

因此，在 $\alpha=\bar{\alpha}=0$，$\frac{\pi}{2}$，π，$\frac{3\pi}{2}$，$M_2(\alpha)=0$，在这些点 $D_\alpha M_2\neq 0$. 因此，由定理4.1.19，扰动系统有原点的4条同宿轨道. 由定理4.1.20，原点的2维稳定和不稳定流形沿着3维能量曲面的这些轨道横截相交. 因此，由 Devaney 定理（定理 3.2.22），扰动系统在这些轨道附近含有马蹄（注意：读者可以通过计算直接验证，对这个问题和所有 α 有 $M_1=0$）.

[458]

4.2d. 三个自由度的完全可积系统的扰动：Arnold 扩散

我们现在给出一个由 Holmes 和 Marsden[1982b]提出的三个自由度的 Hamilton 系统的例子，该系统具有 Arnold 扩散现象，见第 4.1d（v）节. 我们的方法与 Holmes 和 Marsden 的方法略有不同，因为他们用约化方法来先降低系统的阶数. 我们的方法更直接，因此我们避免了系统的这种初步变换.

考虑下面的系统

$$\begin{aligned}
\dot{x}_1&=x_2,\\
\dot{x}_2&=-\sin x_1+\varepsilon[\sqrt{2I_1}\sin\theta_1+\sqrt{2I_2}\sin\theta_2-2x_1],\\
\dot{I}_1&=-\varepsilon[\sqrt{2I_1}\sin\theta_1-x_1]\sqrt{2I_1}\cos\theta_1,\\
\dot{I}_2&=-\varepsilon[\sqrt{2I_2}\sin\theta_2-x_1]\sqrt{2I_2}\cos\theta_2,\\
\dot{\theta}_1&=D_{I_1}G_1(I_1)+\varepsilon[\sqrt{2I_1}\sin\theta_1-x_1]\frac{\sin\theta_1}{\sqrt{2I_1}},\\
\dot{\theta}_2&=D_{I_2}G_2(I_2)+\varepsilon[\sqrt{2I_2}\sin\theta_2-x_2]\frac{\sin\theta_2}{\sqrt{2I_2}},\\
&(x_1,x_2,I_1,I_2,\theta_1,\theta_2)\in T^1\times\mathbb{R}\times\mathbb{R}^+\times\mathbb{R}^+\times T^1\times T^1.
\end{aligned} \quad (4.2.98)$$

这个系统是 Hamilton 系统，Hamilton 函数为

$$\begin{aligned}
H_\varepsilon&=H(x_1,x_2,I_1,I_2)+\varepsilon\tilde{H}(x_1,x_2,I_1,I_2,\theta_1,\theta_2)\\
&=\frac{x_2^2}{2}-\cos x_1+G_1(I_1)+G_2(I_2)+\frac{\varepsilon}{2}[(\sqrt{2I_1}\sin\theta_1-x_1)^2+\\
&\quad(\sqrt{2I_2}\sin\theta_2-x_2)^2],
\end{aligned} \quad (4.2.99)$$

其中 $G_1(I_1)$ 和 $G_2(I_2)$ 是满足 KAM 定理 4. 1. 17 的非退化要求

$$D_{I_1}^2 G_1(I_1) D_{I_2}^2 G_2(I_2) \neq 0 \tag{4. 2. 100}$$

的任何 C^2 函数.

未被扰动系统为　[459]

$$\begin{aligned}
\dot{x}_1 &= x_2, \\
\dot{x}_2 &= -\sin x_1, \\
\dot{I}_1 &= 0, \\
\dot{I}_2 &= 0, \\
\dot{\theta}_1 &= D_{I_1} G_1(I_1), \\
\dot{\theta}_2 &= D_{I_2} G_2(I_2).
\end{aligned} \tag{4. 2. 101}$$

我们可以将（4. 2. 101）的 (I_1, θ_1) 和 (I_2, θ_2) 分量想象为用以表示作用角坐标的非线性振子，其中 $D_{I_1} G_1(I_1)$ 和 $D_{I_2} G_2(I_2)$ 是振子的频率. (x_1, x_2) 分量有一个双曲不动点 $(\bar{x}_1, \bar{x}_2) = (\pi, 0) = (-\pi, 0)$，它通过一对同宿轨线 $(x_{1h}^{\pm}(t), x_{2h}^{\pm}(t)) = (\pm 2\sin^{-1}(\tanh t), \pm 2\operatorname{sech} t)$ 与自身相连. 因此，在 $(x_1, x_2, I_1, I_2, \theta_1, \theta_2)$ 的全相空间中，（4. 2，101）有 4 维正规双曲不变流形

$$\begin{aligned}
\mathcal{M} = \{&(x_1, x_2, I_1, I_2, \theta_1, \theta_2) \in T^1 \times \mathbb{R} \times \mathbb{R}^+ \times \mathbb{R}^+ \times T^1 \times T^1 \mid \\
&(x_1, x_2) = (\pi, 0) = (-\pi, 0)\},
\end{aligned} \tag{4. 2. 102}$$

它有 2 维环面的双参数族的结构. $\mathcal{M}$ 有 5 维稳定流形和 5 维不稳定流形，它们沿着 5 维同宿轨道 $\Gamma^{\pm}$ 重合，$\Gamma^{\pm}$ 的参数化为

$$\begin{aligned}
\Gamma^{\pm} = [&(\pm 2\sin^{-1}(\tanh(-t_0)), \pm 2\operatorname{sech}(-t_0), I_1, I_2, \theta_{10}, \theta_{20}) \in \\
&T^1 \times \mathbb{R} \times \mathbb{R}^+ \times T^1 \times T^1 \mid t_0 \in \mathbb{R}\}.
\end{aligned} \tag{4. 2. 103}$$

注意，在 $\mathcal{M}$ 上，对每个 $I = (I_1, I_2)$，存在对应的具有 3 维稳定和不稳定流形的 2 维环面 $\tau(I)$，这些流形沿着 3 维同宿轨道 $\Gamma_I^{\pm}$ 重合，其中 $\Gamma_I^{\pm}$ 由（4. 2. 103）通过固定 I 分量得到. 因此，（4. 2. 98）是系统 III 的一个例子，其中 $n = 1$，$m = 2$.

现在我们把注意力转到扰动系统，其中扰动对应于非线性振子与摆的耦合. 由命题 4. 1. 16，$\mathcal{M}$ 保持（记为 $\mathcal{M}_{\varepsilon}$），且与由（4. 2. 99）的等位集给出的每个 5 维不变的能量曲面相交于 3 维集，根据 KAM 定理 4. 1. 17，不变的 2 维环面的单参数族的"大多数"得到保持（注意：[460] 对我们的系统，（4. 2. 100）等价于 KAM 定理中的非退化假设）. 然后，为了确定 KAM 环面的稳定和不稳定流形是否横截相交，我们计算 Melnikov 向量. 如果横截相交，则可得到（4. 2. 98）具有 Arnold 扩散.

由（4. 1. 92）和（4. 1. 85），Melnikov 向量有两个分量

$$M_2^{\pm}(\theta_{10},\theta_{20},I_1,I_2)=\int_{-\infty}^{\infty}D_{\theta_1}\tilde{H}(x_{1h}^{\pm}(t),x_{2h}^{\pm}(t),I_1,I_2,\omega_1 t+\theta_{10},\omega_2 t+\theta_{20})\mathrm{d}t, \tag{4.2.104a}$$

$$M_3^{\pm}(\theta_{10},\theta_{20},I_1,I_2)=\int_{-\infty}^{\infty}D_{\theta_2}\tilde{H}(x_{1h}^{\pm}(t),x_{2h}^{\pm}(t),I_1,I_2,\omega_1 t+\theta_{10},\omega_2 t+\theta_{20})\mathrm{d}t. \tag{4.2.104b}$$

利用（4. 2. 103）（参看（4. 2. 85）和（4. 2. 86）），可计算 Melnikov 积分，得到

$$M_{i+1}^{I^{\pm}}(\theta_{10},\theta_{20})=\mp\frac{2\pi}{\Omega_i}\sqrt{2I_i}\,\mathrm{sech}\frac{\pi\Omega_i}{2}\sin\theta_{i0},\quad i=1,2, \tag{4.2.105}$$

其中$\Omega_i\equiv D_{I_i}G_i(I_i)$，

$$\det[D_{(\theta_{10},\theta_{20})}M^{I^{\pm}}(\theta_{10},\theta_{20})]=\frac{8\pi^2\sqrt{I_1I_2}}{\Omega_1\Omega_2}\mathrm{sech}\frac{\pi\Omega_1}{2}\mathrm{sech}\frac{\pi\Omega_2}{2}\cdot\cos\theta_{10}\cos\theta_{20}. \tag{4.2.106}$$

因此，$M^{I^{\pm}}(\theta_{10},\theta_{20})$有根$(\theta_{10},\theta_{20})=(\bar{\theta}_{10},\bar{\theta}_{20})=(k\pi,k\pi)$，$k=0,\pm1,\pm2,\cdots$，以及$D_{(\theta_{10},\theta_{20})}M^{I^{\pm}}(\theta_{10},\theta_{20})$在这些点有秩 2. 因此，根据定理 4. 1. 19 和定理 4. 1. 20，KAM 环面的稳定和不稳定流形横截相交. 因此，（4. 2. 98）中出现 Arnold 扩散.

4. 2e. 单个自由度的拟周期强迫系统

现在考虑两个受到拟周期激发力作用的单个自由度系统. 在这些例子中 Melnikov 向量将探测正规双曲不变环面的同宿轨道具有定理 3. 4. 1 描述的混沌动力学.

第一个例子是 Wiggins[1987]研究的拟周期强迫的 Duffing 振子. 在这个例子中建立了横截同宿环面的存在性，并研究了强迫频率的个数对参数空间中混沌区域的影响. 此外，讨论了这些理论结果与 Moon 和 Holmes[1985]在梁受到拟周期外力作用的实验工作之间的关系. [461]

第二个例子是参数激发摆，其底部垂直振动，$\mathcal{O}(\varepsilon)$ 振幅 $\mathcal{O}(1)$ 频率和 $\mathcal{O}(1)$ 振幅 $\mathcal{O}(\varepsilon)$ 频率激发的组合.

4.2e（i）Duffing 振子： 强迫的 N 个 $\mathcal{O}(\varepsilon)$ 振幅，$\mathcal{O}(1)$ 频率

首先考虑具有两个频率的拟周期强迫的 Duffing 振子

$$\begin{aligned}
\dot{x}_1&=x_2,\\
\dot{x}_2&=\frac{1}{2}x_1(1-x_1^2)+\varepsilon[f\cos\theta_1+f\cos\theta_2-\delta x_2],\\
\dot{\theta}_1&=\omega_1,\\
\dot{\theta}_2&=\omega_2,
\end{aligned}$$

$$(x_1,x_2,\theta_1,\theta_2)\in\mathbb{R}\times\mathbb{R}\times T^1\times T^1, \tag{4.2.107}$$

其中 f 和 δ 是正数，ω_1 和 ω_2 是正实数. 我们可以将（4.2.107）的研究化为相关的三维 Poincaré 映射的研究，该映射通过固定一个角变量的相位以定义截面并允许其余三个变量从截面开始在（4.2.107）产生的流的作用下随时间发展，直到它们返回到截面来得到. 见第 1.6 节. 更确切地说，截面 $\Sigma^{\theta_{20}}$ 定义为

$$\Sigma^{\theta_{20}}=\{(x_1,x_2,\theta_1,\theta_2)\in\mathbb{R}\times\mathbb{R}\times T^1\times T^1\mid\theta_2=\theta_{20}\}, \tag{4.2.108}$$

其中，为了确定起见，我们固定 θ_2 的相位. 于是 Poincaré 映射定义为

$$P_\varepsilon:\Sigma^{\theta_{20}}\to\Sigma^{\theta_{20}},$$

$$(x_1(0),x_2(0),\theta_1(0)=\theta_{10})\mapsto\left(x_1\left(\frac{2\pi}{\omega_2}\right),x_2\left(\frac{2\pi}{\omega_2}\right),\theta_1\left(\frac{2\pi}{\omega_2}\right)=\frac{2\pi\omega_1}{\omega_2}+\theta_{10}\right), \tag{4.2.109}$$

[462] 对 $\varepsilon=0$，（4.2.107）的 (x_1,x_2) 分量是完全可积的 Hamilton 系统，Hamilton 函数为

$$H(x_1,x_2)=\frac{x_2^2}{2}-\frac{x_1^2}{4}+\frac{x_1^4}{8}. \tag{4.2.110}$$

它还有一个在 $(x_1,x_2)=(0,0)$ 的双曲不动点，这个不动点通过一对对称的同宿轨线 $(x_1(t),x_2(t))=\left(\pm\sqrt{2}\operatorname{sech}\frac{t}{\sqrt{2}},\mp\operatorname{sech}\frac{t}{\sqrt{2}}\tanh\frac{t}{\sqrt{2}}\right)$ 连接到它自身. 因此，在 $(x_1,x_2,\theta_1,\theta_2)$ 全相空间中未被扰动系统有 2 维正规双曲不变环面

$$M=\{(x_1,x_2,\theta_1,\theta_2)\in\mathbb{R}\times\mathbb{R}\times T^1\times T^1\mid x_1=x_2=0,\ \theta_1,\theta_2\in[0,2\pi)\}, \tag{4.2.111}$$

其中环面上的轨线为 $(x_1(t),x_2(t),\theta_1(t),\theta_2(t))=(0,0,\omega_1t+\theta_{10},\omega_2t+\theta_{20})$. 这个环面有一对对称重合的 3 维稳定和不稳定流形，其各自的分支上的轨线为

$$\begin{aligned}(x_{1h}^{\pm}(t),x_{2h}^{\pm}(t),\theta_1(t),\theta_2(t))=&\left(\pm\sqrt{2}\operatorname{sech}\frac{t}{\sqrt{2}},\mp\operatorname{sech}\frac{t}{\sqrt{2}}\tanh\frac{t}{\sqrt{2}},\right.\\&\left.\omega_1t+\theta_{10},\omega_2t+\theta_{20}\right)\end{aligned} \tag{4.2.112}$$

因此，（4.2.107）是系统 I 的一个例子，其中 $n=1$，$m=0$，$l=2$.

利用这些信息，我们可以得到未被扰动的 Poincaré 映射 P_0. 特别是，P_0 具有一维正规双曲不变环面 $T_0=\mathcal{M}\cap\Omega^{\theta_{20}}$，这个环面有一对对称的 2 维重合的稳定和不稳定流形 $W^s(T_0)$ 和 $W^u(T_0)$，如图 4.2.21.

由命题 4.1.5，对小的 $\varepsilon\neq0$，扰动的 Poincaré 映射 P_ε 仍具有 1 维正规双曲不变环面 $T_\varepsilon=\mathcal{M}_\varepsilon\cap\Sigma^{\theta_{20}}$，这个环面具有 2 维稳定和不稳定流

形$W^s(T_\varepsilon)$和$W^u(T_\varepsilon)$，它们现在可以横截相交，从而得到T_ε的同宿轨道. $W^s(T_\varepsilon)$和$W^u(T_\varepsilon)$的相交可以由 Melnikov 向量确定. 由（4. 1. 47），Melnikov 向量有一个分量为

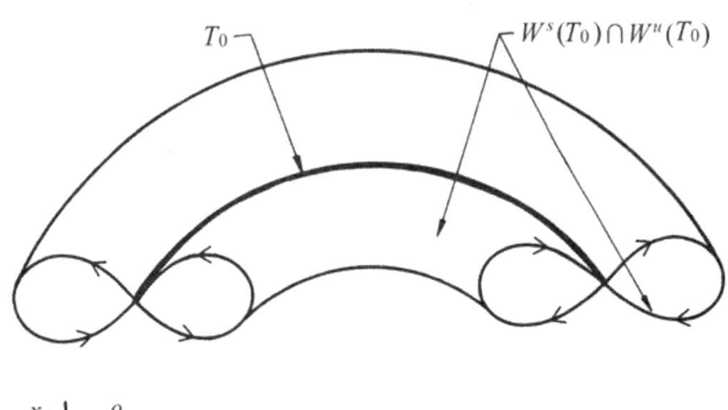

图 4. 2. 21 P_0 相空间的同宿几何，切掉一半的视图

$$M^{\pm}(\theta_{10},\theta_{20};f,\delta,\omega_1,\omega_2)=\int_{-\infty}^{\infty}\langle D_xH,g^x\rangle(x_{1h}^{\pm}(t),x_{2h}^{\pm}(t),\omega_1t+\theta_{10},\omega_2t+\theta_{20})\mathrm{d}t. \tag{4.2.113}$$

利用（4. 2. 110）和由（4. 2. 107），$g^x=(0,f\cos\theta_1+f\cos\theta_2-\delta x_2)$变成 [463]

$$\begin{aligned}&M^{\pm}(\theta_{10},\theta_{20};f,\delta,\omega_1,\omega_2)\\&=\int_{-\infty}^{\infty}\left[-\delta(x_{2h}^{\pm}(t))^2+fx_{2h}^{\pm}(t)\cos(\omega_1t+\theta_{10})+fx_{2h}^{\pm}(t)\cos(\omega_2t+\theta_{20})\right]\mathrm{d}t\\&=\frac{-2\sqrt{2}}{3}\delta\pm2\pi f\omega_1\mathrm{sech}\frac{\pi\omega_1}{\sqrt{2}}\sin\theta_{10}\pm2\pi f\omega_2\mathrm{sech}\frac{\pi\omega_2}{\sqrt{2}}\sin\theta_{20}.\end{aligned} \tag{4.2.114}$$

显然，如果

$$f>\frac{\sqrt{2}\delta}{3\pi(\omega_1\mathrm{sech}\frac{\pi\omega_1}{\sqrt{2}}+\omega_2\mathrm{sech}\frac{\pi\omega_2}{\sqrt{2}})}, \tag{4.2.115}$$

（4. 2. 114）就有根. 我们有下面的定理.

定理 4. 2. 2. 对所有使得（4. 2. 115）满足的$f,\delta,\omega_1,\omega_2$，$W^s(T_\varepsilon)$和$W^u(T_\varepsilon)$横截相交于横截同宿环面.

证明： 由（4. 2. 114），$M^{\pm}=0$意味着

$$f = \frac{\pm\sqrt{2}\delta}{3\pi\left[\omega_1 \operatorname{sech}\frac{\pi\omega_1}{\sqrt{2}}\sin\theta_{10} + \omega_2 \operatorname{sech}\frac{\pi\omega_2}{\sqrt{2}}\sin\theta_{20}\right]}. \quad (4.2.116)$$

[464] 因此，如果（4. 2. 115）满足，则对某个$(\theta_{10},\theta_{20})$，（4. 2. 116）有解. 同样我们有

$$\frac{\partial M^{\pm}}{\partial \theta_{10}} = \pm 2\pi f \omega_1 \operatorname{sech}\left(\frac{\pi\omega_1}{\sqrt{2}}\right)\cos\theta_{10}, \quad (4.2.117a)$$

$$\frac{\partial M^{\pm}}{\partial \theta_{20}} = \pm 2\pi f \omega_2 \operatorname{sech}\left(\frac{\pi\omega_2}{\sqrt{2}}\right)\cos\theta_{20}, \quad (4.2.117b)$$

因此，如果（4. 2. 115）满足，则（4. 2. 117a）和（4. 2. 117b）不能同时为零. 于是. 由定理 4. 1. 9 可得到 $W^s(T_\varepsilon)$ 和 $W^u(T_\varepsilon)$ 在某个 $(\theta_{10},\theta_{20}) = (\bar{\theta}_{10},\bar{\theta}_{20})$ 相交，由定理 4. 1. 10，可得到横截相交.

这建立了 $W^s(T_\varepsilon)$ 和 $W^u(T_\varepsilon)$ 在某点 $(\theta_{10},\theta_{20}) = (\bar{\theta}_{10},\bar{\theta}_{20})$ 横截相交. 现在我们需要证明，（4. 2. 115）事实上是 $W^s(T_\varepsilon)$ 与 $W^u(T_\varepsilon)$ 横截相交于 1 维环面的充分条件. 论证如下： 由于（4. 2. 115），$\frac{\partial M^{\pm}}{\partial \theta_{10}}$ 和 $\frac{\partial M^{\pm}}{\partial \theta_{20}}$ 不能同时为零，为了确定起见，可假设 $\frac{\partial M^{\pm}}{\partial \theta_{10}}(\bar{\theta}_{10},\bar{\theta}_{20}) \neq 0$. 于是，由全局隐函数定理（Chow 和 Hale[1982]），存在 θ_{20} 的函数，譬如 $h^{\pm}(\theta_{20})$，它的图是 $M^{\pm}$ 的零点，即对所有 θ_{20}，$M^{\pm}(h^{\pm}(\theta_{20}),\theta_{20})$ 使得 $\frac{\partial M^{\pm}}{\partial \theta_{10}}(h^{\pm}(\theta_{20}),\theta_{20}) \neq 0$. 在 $\frac{\partial M^{\pm}}{\partial \theta_{10}} = 0$ 的点，由于 $\frac{\partial M^{\pm}}{\partial \theta_{20}}$ 也不为零，存在函数 $g^{\pm}(\theta_{10})$ 使得 $\frac{\partial M^{\pm}}{\partial \theta_{20}}(\theta_{10}, g^{\pm}(\theta_{10})) \neq 0$. 于是 $\frac{\partial M^{\pm}}{\partial \theta_{10}}$ 和 $\frac{\partial M^{\pm}}{\partial \theta_{20}}$ 永远不能同时为零，图 $h^{\pm}(\theta_{20}) \cup$ 图 $g^{\pm}(\theta_{10})$ 组成一个是 $M^{\pm}$ 的零点的可微圆周. □ [465]

因此，应用定理 3. 4. 1 到这个系统，对满足（4. 2. 24）的参数值得到存在混沌动力学.

我们在图 4. 2. 22 和图 4. 2. 23 中说明了 P_ε 的同宿轨道的几何结构. 在图 4. 2. 22 中，我们展示了 P_ε 的横截同宿环面. 利用与给出的相似的论证得到同宿轨道与映射的不动点同宿缠结的存在性（见 3. 4 节，或者 Abraham 和 Shaw[1984]），我们可以得出结论，同宿环面缠结的结果如图 4. 2. 23 所示.

同宿环面缠结似乎形成了 Moon 和 Holmes[1985]对该系统实验观察到的奇异吸引子的主干. 他们利用 Lorenz[1984]的技术研究了奇异吸引子的结构，该技术包括通过固定一个角变量的相位和关于剩余角变量的固定相位的小窗口来构造双 Poincaré 截面或 Lorenz 截面. 这个

“截面中的截面”的映射本身揭示了奇异吸引子的分形性质，类似于在常见的 Duffing-Holmes 奇异吸引子（Holmes[1979]）中发现的分形性质，这在三维 Poincare 图中并不明显．我们的结果对这一现象的本质有了更深入的了解．在图 4. 2. 23，显然，$W^s(T_\varepsilon)$ 和 $W^u(T_\varepsilon)$ 与双 Poincaré 截面相交得到的几何结构非常类似于周期强迫 Duffing 方程的同宿缠结的几何结构，这是 Duffing - Holmes 奇异吸引子分形结构的原因.

[466]

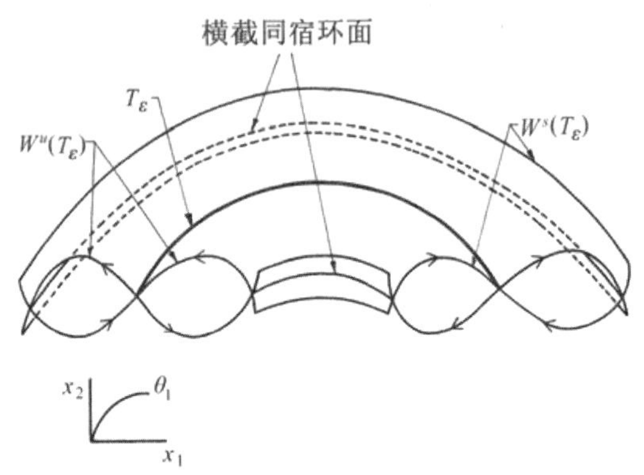

图 4. 2. 22　横截同宿环面（切掉一半的视图）

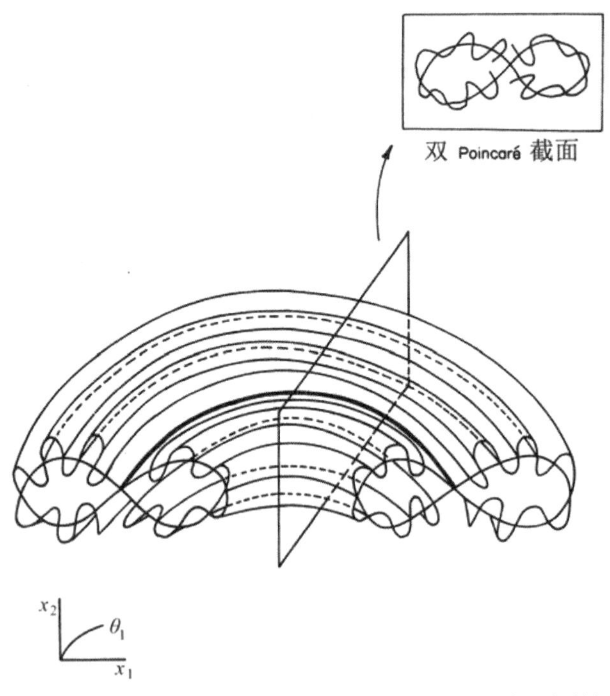

图 4. 2. 23　P_ε 的同宿环面缠结和双 Poincaré 截面（切掉一半的视图）

接下来我们要考虑在（4. 2. 107）中增加额外的强迫函数对横截同 [467]

宿环面存在区域的影响，即考虑

$$
\begin{aligned}
&\dot{x}_1 = x_2,\\
&\dot{x}_2 = \frac{1}{2}x_1(1-x_1^2) + \varepsilon[f\cos\theta_1 + f\cos\theta_2 + \cdots + f\cos\theta_n - \delta y],\\
&\dot{\theta}_1 = \omega_1,\\
&\vdots\\
&\dot{\theta}_n = \omega_n.
\end{aligned}
\tag{4.2.118}
$$

我们将对（4.2.118）的研究化为对具有 $n-1$ 维稳定和不稳定流形的 $n-2$ 维正规双曲不变流形的相应的 $n-1$ 维 Poincaré 映射的研究. 稳定和不稳定流形的交通过计算 Melnikov 函数来确定. 在图 4.2.24 中，直线 $f = m_1\delta$，$f = m_2\delta$ 和 $f = m_n\delta$ 分别表示Duffing强迫振子在1，2 和 n 个频率处发生横截同宿环面的直线，m_1，m_2 和 m_n 由 Melnikov 函数得到，它们为

$$
m_1 = \frac{\sqrt{2}}{3\pi\omega_1 \operatorname{sech}\frac{\pi\omega_1}{\sqrt{2}}},
$$

[468]

$$
m_2 = \frac{\sqrt{2}}{3\pi\left(\omega_1 \operatorname{sech}\frac{\pi\omega_1}{\sqrt{2}} + \omega_2 \operatorname{sech}\frac{\pi\omega_2}{\sqrt{2}}\right)},
$$

和

$$
m_n = \frac{\sqrt{2}}{3\pi\left(\omega_1 \operatorname{sech}\frac{\pi\omega_1}{\sqrt{2}} + \omega_2 \operatorname{sech}\frac{\pi\omega_2}{\sqrt{2}} + \cdots + \omega_n \operatorname{sech}\frac{\pi\omega_n}{\sqrt{2}}\right)}.
$$

因此，我们看到，增加强迫频率的个数就是增加参数空间中发生混沌性态的面积，因此增加混沌动力学的可能性.

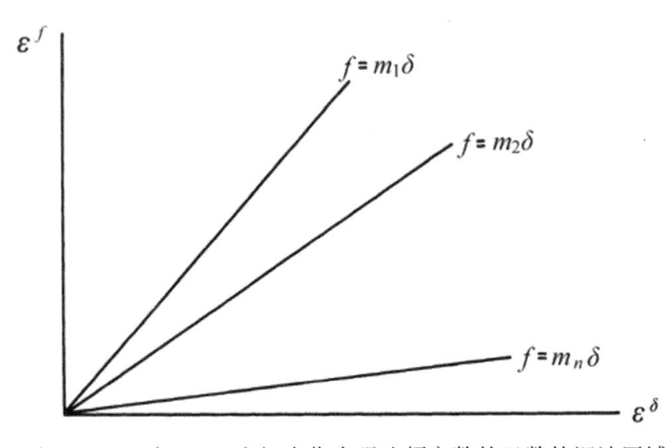

图 4.2.23　在 $f-\delta$ 空间中作为强迫频率数的函数的混沌区域

4.2e（ii）摆：参数化强迫的$\mathcal{O}(\varepsilon)$振幅，$\mathcal{O}(1)$频率和$\mathcal{O}(1)$振幅，$\mathcal{O}(\varepsilon)$频率

我们考虑与 4.2a 中相同的系统，但与例 4.2a（i）和 4.2a（ii）相结合的系统，更具体地说，我们有

$$\ddot{x}_1+\varepsilon\delta\dot{x}_1+(1-\varepsilon\Gamma\sin\Omega t-\gamma\sin\varepsilon\omega t)\sin x_1=0. \quad (4.2.119)$$

将（4.2.119）写为系统

$$\begin{aligned}&\dot{x}_1=x_2,\\&\dot{x}_2=-(1-\gamma\sin I)\sin x_1+\varepsilon[\Gamma\sin\theta\sin x_1-\delta x_2],\\&\dot{I}=\varepsilon\omega,\\&\dot{\theta}=\Omega,\\&(x_1,x_2,I,\theta)\in T^1\times\mathbb{R}\times T^1\times T^1.\end{aligned} \quad (4.2.120)$$

未被扰动系统为

$$\begin{aligned}&\dot{x}_1=x_2,\\&\dot{x}_2=-(1-\gamma\sin I)\sin x_1,\\&\dot{I}=0,\\&\dot{\theta}=\Omega,\end{aligned} \quad (4.2.121)$$

（4.2.121）的(x_1,x_2)分量是 Hamilton 系统，Hamilton 函数是

$$H(x_1,x_2)=\frac{x_2^2}{2}-(1-\gamma\sin I)\cos x_1. \quad (4.2.122)$$

对每个$I\in(0,2\pi]$，$\theta\in(0,2\pi]$，只要$0\leqslant\gamma<1$，未被扰动系统有双曲不动点$(\overline{x}_1,\overline{x}_2)=(\pi,0)=(-\pi,0)$，每个不动点由一对同宿轨线 [469]

$$\begin{aligned}&(x_{1h}^{\pm}(t),x_{2h}^{\pm}(t))\\&=\left(\pm2\sin^{-1}[\tanh\sqrt{1-\gamma\sin I}t],\pm2\sqrt{1-\gamma\sin I}\,\mathrm{sech}\sqrt{1-\gamma\sin I}t\right)\end{aligned} \quad (4.2.123)$$

连接到它自身. 因此，未被扰动系统有正规双曲不变的 2 维环面，它的稳定和不稳定流形重合. （4.2.121）的相空间的说明见图 4.2.25. 因此（4.2.120）是系统Ⅱ的一个例子，其中$n=m=l=1$.

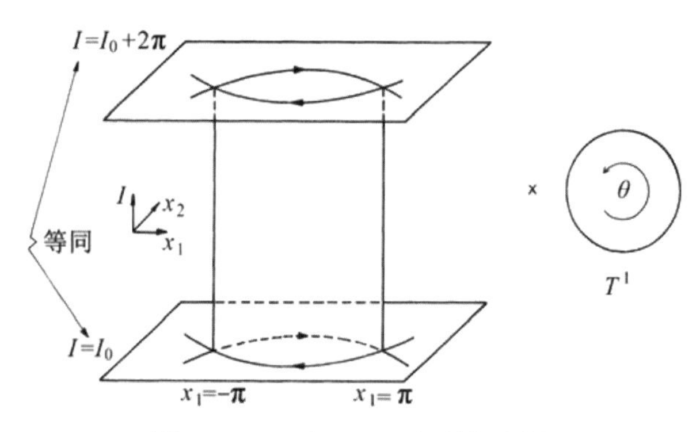

图 4.2.25 （4.2.121）的相空间

Melnikov 函数将给我们提供扰动系统中环面的稳定和不稳定流形的信息. 由（4. 1. 89），Melnikov 函数为

$$M^{\pm}(t_0,I;\delta,\gamma,\omega,\Gamma,\Omega)=\int_{-\infty}^{\infty}\Big[-\delta(x_{2h}^{\pm}(t))^2+\gamma\omega t\cos I x_{2h}^{\pm}(t)\sin x_{1h}^{\pm}(t)+$$
$$\Gamma x_{2h}^{\pm}(t)\sin x_{1h}^{\pm}(t)\sin\Omega(t+t_0)\Big]\mathrm{d}t. \tag{4. 2. 124}$$

[470] 利用（4. 2. 31），得到

$$\begin{aligned}&M^{+}(t_0,I;\delta,\gamma,\omega,\Gamma,\Omega)\\&=M^{-}(t_0,I;\delta,\gamma,\omega,\Gamma,\Omega)\equiv M(t_0,I;\delta,\gamma,\omega,\Gamma,\Omega)\\&=-8\delta\sqrt{1-\gamma\sin I}+\frac{4\gamma\omega\cos I}{\sqrt{1-\gamma\sin I}}+\frac{2\pi\Omega^2\Gamma}{\sinh\left[\dfrac{\pi\Omega}{2\sqrt{1-\gamma\sin I}}\right]}\cos\Omega t_0.\end{aligned} \tag{4. 2. 125}$$

利用与拟周期强迫 Duffing 振子给出的相似论述，并用（4. 2. 125）可证明（4. 2. 120）的横截同宿环面的存在性. 然而，项 $\sinh\dfrac{\pi\Omega}{2\sqrt{1-\gamma\sin I}}$ 使得必要的计算在分析上难以处理，细节可能需要用数值来实现. 我们把这个问题留给感兴趣的读者.

4. 3. 最后的评论

4. 3a. 异宿轨道

在本章中，我们开发了用于测量三类一般的常微分方程中不变环面的稳定和不稳定流形之间距离的技术，即，我们开发了用于确定环面同宿轨道的存在性的技术. 以完全相同的方式开发了用于检测同类系统中的异宿轨道的类似技术. 唯一的区别是，假设未被扰动系统具有两个正规双曲不变流形，例如 $\mathcal{M}_1$ 和 $\mathcal{M}_2$，它们通过异宿轨道的流形相互连接. 流形分裂的几何形状、流形分裂的测量和 Melnikov 向量对相同维数的异宿轨道与同宿情形相同. 不同类型不变集（例如，周期轨道和 2 维环面）的异宿轨道情形尚未解决.

4. 3b. Melnikov 方法的其他应用

以下是根据不同领域分组的 Melnikov 方法的其他应用的参考文献.

流体力学. Holmes[1985]，Knobloch 和 Weiss[1986]，Slemrod 和 Marsden[1985]，Suresh[1985]，Ziglin [1980]，Rom-Kedar，Leonard 和 Wiggins[1987].

Josephson *结*. Holmes[1981]，Salam 和 Sastry[1985]，Hockett 和 Holmes[1986]. [471]

电力系统动力学. Kopell 和 Washburn[1982], Salam, Marsden 和 Varaiya[1984].

凝聚态物理学. Coullet 和 Elphick[1987], Koch[1986].

刚体动力学. Holmes 和 Marsden[1981], [1983], Koiller[1984], Shaw 和 Wiggins[1988].

Yang（杨振宁）-Mills 场论. Nikolaevskii 和 Shchur[1983].

奇异吸引子的功率谱. Brunsden 和 Holmes[1987]

4. 3c. 小指数 Melnikov 函数

平均法和规范形方法通常是将解析的不易处理的问题化为“几乎”可处理的问题的有用技术，参见 Guckenheimer 和 Holmes[1983]或 Sanders 和 Verhulst [1985]，特别是，这些技术通常可用于将系统变为“近可积”系统，这似乎是 Melnikov 型分析的理想的候选者. 然而，可怕的数学难题隐藏在背后. 我们将简要地说明其中的主要问题.

假设我们有一个应用于平均法的平面时间周期的常微分方程的标准形式，即

$$\dot{x} = \varepsilon f(x,t) + \varepsilon^2 g(x,t;\varepsilon), \qquad (4.2.126)$$

其中 $0 < \varepsilon \ll 1$，f 和 g 是 C^r 函数，$r \geqslant 2$，且在 $\mathbb{R}^2$ 的有界子集上对每个 $t \in [0,T)$ 有界，T 是周期，而且极限 $\lim\limits_{\varepsilon \to 0} g(x,t;\varepsilon)$ 一致存在. 对（4. 2. 126）应用平均变换，得到

$$\dot{x} = \varepsilon \overline{f}(x) + \varepsilon^2 \tilde{g}(x,t;\varepsilon), \qquad (4.2.127)$$

其中 $\overline{f}(x) = \frac{1}{T}\int_0^T f(x,t)\mathrm{d}t$（$\tilde{g}$ 的确切形式对我们并不重要，但它可在 Guckemheimer 和 Holmes[1983]或者 Sanders 和 Verhulst[1985]中找到. 尺度化变换 $t \to t/\varepsilon$ 将（4. 2. 127）变为

$$\dot{x} = \overline{f}(x) + \varepsilon \tilde{g}\left(x, \frac{t}{\varepsilon}; \varepsilon\right). \qquad (4.2.128)$$

[472] 现在假设，对 $\varepsilon = 0$，（4. 2. 128）是 Hamilton 系统，Hamilton 函数是 $H(x)$，特别地，它有一个连接双曲不动点 p_0 到它自身的同宿轨道 $q_0(t)$. 于是（4. 2. 128）的 Melnikov 函数是

$$M\left(\frac{t_0}{\varepsilon}\right) = \int_{-\infty}^{\infty} \langle D_x H(q_0(t)), \tilde{g}(q_0(t)), \frac{t+t_0}{\varepsilon}; 0)\rangle \mathrm{d}t. \qquad (4.2.129)$$

由(4. 2. 129)，问题应该很明显了，即 Melnikov 函数明显依赖于 ε. 此外，相对快速的振动（周期 εT）通常导致 Melnikov 函数在对 ε 呈指数级小. 因此，如果不仔细考虑流形之间以 ε 的幂展开的距离公式中的误差，我们不能断言对于足够小的 ε，$\mathcal{O}(\varepsilon)$ 项（即 Melnikov 函数）主导高阶项. 特别是，定理 4. 1. 9、定理 4. 1. 13 和定理 4. 1. 19 不再成立. 这些问题是 Sanders[1982]第一个指出的. 我们用一个具体的计算来说明.

考虑单摆

$$\ddot{x}+\sin x=\varepsilon\sin\omega t. \qquad (4.2.130)$$

（4. 2. 130）的 Melnikov 函数为

$$M(t_0)=2\pi\operatorname{sech}\left(\frac{\pi\omega}{2}\right)\cos\omega t_0. \qquad (4.2.131)$$

分开的分裂距离正比于

$$d_{分裂}\approx\varepsilon\max_{t_0}|M(t_0)|+\mathcal{O}(\varepsilon^2). \qquad (4.2.132)$$

下面考虑快速强迫摆

$$\ddot{x}+\sin x=\varepsilon\sin\frac{t}{\varepsilon}. \qquad (4.2.133)$$

利用（4. 2. 131），对（4. 2. 133）我们得到

$$\max_{t_0}|M(t_0)|\approx 2\pi e^{\frac{-\pi}{2\varepsilon}}. \qquad (4.2.134)$$

因此，这个 Melnikov 函数小于 ε 的任何一个幂.

最近，Holmes，Marsden 和 Scheurle [1987a，b]在这类问题上取得了理论上的突破，我们现在提到的是关于这些问题的两个结果.

[473]

上估计．考虑

$$\ddot{x}+\sin x=\delta\sin(t/\varepsilon).$$

对任何 $\eta>0$，存在 $\delta_0>0$ 和常数 $C=C(\eta,\delta_0)$，使得对所有满足 $0<\varepsilon\leqslant 1$ 和 $0<\delta\leqslant\delta_0$ 的 ε 和 δ，我们有

$$分裂距离\leqslant C\delta\exp\left[-\left(\frac{\pi}{2}-\eta\right)\frac{1}{\varepsilon}\right].$$

下估计和精确的上估计．考虑

$$\ddot{x}+\sin x=\varepsilon^p\delta\sin(t/\varepsilon).$$

如果 $p\geqslant 8$，则存在 $\delta_0>0$ 和（绝对）常数 C_1 和 C_2，使得对所有满足 $0<\varepsilon\leqslant 1$ 和 $0<\delta\leqslant\delta_0$ 的 ε 和 δ，我们有

$$C_2\varepsilon^p\delta e^{-\pi/2\varepsilon}\leqslant 分裂距离\leqslant C_1\varepsilon^p\delta e^{-\pi/2\varepsilon}.$$

这些估计是对平面系统

$$\dot{u}=g(u,\varepsilon)+\varepsilon^p\delta h\left(u,\varepsilon,\frac{t}{\varepsilon}\right),\quad u\in\mathbb{R}^2$$

估计的特殊情形，其中我们假设：

（1）g 和 h 是 u 和 ε 的整函数.

（2）h 是 Sobolev 类 H^1（对分裂距离的结果），关于变量 $\theta=t/\varepsilon$ 是 T-周期的.

（3）$\dot{u}=g(u,\varepsilon)$ 在 t-复平面的宽为 r 的条带上有一个解析的同宿轨道 $\overline{u}(\varepsilon,t)$.

关于在摆例子中可验证成立的第一变分方程

$$\dot{v} = D_\mu g(\overline{u}, \varepsilon) \cdot v$$

的基本解我们需要作额外的假设. 对这个一般情形存在类似于上面的上估计和下估计，其中用正常数 r 代替 $\pi/2$，细节建议参考 Holmes，Marsden 和 Scheurle[1987a]. 证明依赖于在复带迭代过程中用于定义不变流形的项的详细估计. 以适当的方式将这些迭代扩展到复带上是很

[474] 重要的；例如，对于复数 t，$\sin\left(\frac{t}{\varepsilon}\right)$变得非常大，而对稳定和不稳定流形简单地扩展迭代过程将导致无限的函数序列.

Holmes-Marsden-Scheurle 技术可以直接应用于 KAM 理论中的共振带结构和向量场退化奇点的开折. 具体例子可以在 Holmes，Marsden 和 Scheurle[1987b]中找到.

参考文献

Abraham, R. H., and Marsden, J. E. [1978]. *Foundations of Mechanics*. Benjamin/Cummings: Reading, MA.

Abraham, R. H., and Shaw, C. D. [1984]. *Dynamics - The Geometry of Behavior, Part Three: Global Behavior*. Aerial Press, Inc.: Santa Cruz.

Afraimovich, V. S., Bykov, V. V., and Silnikov, L. P. [1983]. On structurally unstable attracting limit sets of Lorenz attractor type. *Trans. Mosc. Math. Soc.*, **2**, 153–216.

Andronov, A. A., and Pontryagin, L. [1937]. Systèmes grossiers. *Dokl. Akad. Nauk. SSSR*, **14**, 247–251.

Andronov, A. A., Leontovich, E. A., Gordon, I. I., and Maier, A. G. [1971]. *Theory of Bifurcations of Dynamic Systems on a Plane*. Israel Program of Scientific Translations: Jerusalem.

Armbruster, D., Guckenheimer, J., and Holmes, P. [1988]. Heteroclinic cycles and modulated traveling waves in systems with $O(2)$ symmetry. To appear *Physica D*.

Arnéodo A., Coullet, P., and Tresser, C. [1981a]. A possible new mechanism for the onset of turbulence. *Phys. Lett.* 81A, 197–201.

Arnéodo A., Coullet, P., and Tresser, C. [1981b]. Possible new strange attractors with spiral structure. *Comm. Math. Phys.*, **79**, 573–579.

Arnéodo A., Coullet, P., and Tresser, C. [1982]. Oscillators with chaotic behavior: An illustration of a theorem by Shil'nikov. *J. Stat. Phys.*, **27**, 171–182.

Arnéodo A., Coullet, P., and Spiegel, E. [1982]. Chaos in a finite macroscopic system. *Phys. Lett.* 92A, 369–373.

Arnéodo A., Coullet, P., Spiegel, E., and Tresser, C. [1985]. Asymptotic chaos. *Physica* 14D, 327–347.

Arnold, V. I. [1964]. Instability of dynamical systems with many degrees of freedom. *Sov. Math. Dokl*, **5**, 581–585.

Arnold, V. I. [1973]. *Ordinary Differential Equations*. M.I.T. Press: Cambridge MA. (中译本：《常微分方程》，孙家棋等译，科学出版社.)

Arnold, V. I. [1978]. *Mathematical Methods of Classical Mechanics*. Springer-Verlag: New York, Heidelberg, Berlin.

Arnold, V. I. [1982]. *Geometrical Methods in the Theory of Ordinary Differential*

Equations. Springer-Verlag: New York, Heidelberg, Berlin.. (中译本：《常微分方程理论中的几何方法》，齐民友译，科学出版社，1989年.)

Aronson, D. G., Chory, M. A., Hall, G. R., and McGeehee, R. P. [1982]. Bifurcations from an invariant circle for two parameter families of maps of the plane: A computer assisted study. *Comm. Math. Phys.*, **83**, 303–354.

Aubry, N., Holmes, P. J., Lumley, J. L., and Stone, E. [1986]. The dynamics of coherent structures in the wall region of a turbulent boundary layer. To appear *J. Fluid Mech.*

Bernoussou, J. [1977]. *Point Mapping Stability*. Pergamon: Oxford.

Birkhoff, G. D. [1927]. *Dynamical Systems*. A. M. S. Publications: Providence, reprinted 1966.

Birman, J. S., and Williams, R. F. [1983a]. Knotted periodic orbits in dynamical systems I: Lorenz's equations. *Topology*, **22**, 47–82.

Birman, J. S., and Williams, R. F. [1983b]. Knotted periodic orbits in dynamical systems II: Knot holders for fibred knots. *Contemp. Math.*, **20**, 1–60.

Bogoliobov, N., and Mitropolsky, Y. [1961]. *Asymptotic Methods in the Theory of Nonlinear Oscillations*. Gordon and Breach: New York.

Bost, J. [1986]. Tores Invariants des Systèmes Dynamiques Hamiltoniens. *Astérisque*, 133–134. 113–157.

Bowen, R. [1970]. Markov partitions for Axiom A diffeomorphisms. *Amer. J. Math.*, **92**, 725–747.

Bowen, R. [1978]. *On Axiom A Diffeomorphisms*, CBMS Regional Conference Series in Mathematics, Vol. 35, A.M.S. Publications: Providence.

Brunsden, V., and Holmes, P. J. [1987]. Power spectra of strange attractors near homoclinic orbits. *Phys. Rev. Lett.*, **58**, 1699-1702.

Carr, J. [1981]. *Applications of Center Manifold Theory*. Springer-Verlag: New York, Heidelberg, Berlin.

Carr, J. [1983]. Phase transitions via bifurcation from heteroclinic orbits. In *Proc. of the NATO Advanced Study Institute on Systems of Nonlinear Partial Differential Equations*, J. Ball (ed.), pp.333–342. D. Reidel: Holland.

Chillingworth, D. R. J. [1976]. *Differentiable Topology with a View to Applications*. Pitman: London.

Chow, S. N., Hale, J. K., and Mallet-Paret, J. [1980]. An example of bifurcation to homoclinic orbits. *J. Diff. Eqns.*, **37**, 351–373.

Chow, S. N., and Hale, J. K. [1982]. *Methods of Bifurcation Theory*. Springer-Verlag: New York, Heidelberg, Berlin..

Coddington, E. A., and Levinson, N. [1955]. *Theory of Ordinary Differential Equations*. McGraw-Hill: New York.

Conley, C. [1975]. On traveling wave solutions of nonlinear diffusion equations. In *Dynamical Systems and Applications*. Springer Lecture Notes in Physics, 38, pp. 498–510, Springer-Verlag: New York, Heidelberg, Berlin.

Conley, C. [1978]. *Isolated Invariant Sets and the Morse Index*. CBMS Regional Conference Series in Mathematics, Vol. 38, A.M.S. Publications: Providence.

Coppel, W. A. [1978]. *Dichotomies in Stability Theory*. Springer Lecture Notes in Mathematics, Vol. 629. Springer-Verlag: New York, Heidelberg, Berlin.

Coullet, P., and Elphick, C. [1987]. Topological defects dynamics and Melnikov's Theory. *Phys. Lett.*, 121A, 233–236.

Dangelmayr, G., and Guckenheimer, J. [1987]. On a four parameter family of planar vector fields. *Arch. Rat. Mech. Anal.*, **97**, 321–352.

Devaney, R. [1976]. Homoclinic orbits in Hamiltonian systems. *J. Diff. Eqns.*, **21**, 431–438.

Devaney, R. [1977]. Blue sky catastrophes in reversible and Hamiltonian systems. *Ind. Univ. J. Math.*, **26**, 247–263.

Devaney, R. [1978]. Transversal homoclinic orbits in an integrable system. *Amer. J. Math.*, **100**, 631–642.

Devaney, R. [1986]. *An Introduction to Chaotic Dynamical Systems*. Benjamin/ Cummings: Menlo Park, CA.

Devaney, R., and Nitecki, Z. [1979]. Shift automorphisms in the Hénon mapping. *Comm. Math. Phys.*, **67**, 137–148.

Diliberto, S. P. [1960]. Perturbation theorems for periodic surfaces, I. *Rend. Circ. Mat. Palermo*, **9**, 265–299.

Diliberto, S. P. [1961]. Perturbation theorems for periodic surfaces, II. *Rend. Circ. Mat. Palermo*, **10**, 111.

Dugundji, J. [1966]. *Topology*. Allyn and Bacon: Boston.

Easton, R. W. [1978]. Homoclinic phenomena in Hamiltonian systems with several degrees of freedom. *J. Diff. Eqns.*, **29**, 241–252.

Easton, R. W. [1981]. Orbit structure near trajectories biasymptotic to invariant tori. In *Classical Mechanics and Dynamical Systems*, R. Devaney and Z. Nitecki (eds.), pp. 55–67. Marcel Dekker, Inc: New York.

Evans, J. W., Fenichel, N., and Feroe, J. A. [1982]. Double impulse solutions in nerve axon equations. *SIAM J. Appl. Math.*, **42**(2), 219–234.

Fenichel, N. [1971]. Persistence and smoothness of invariant manifolds for flows. *Ind. Univ. Math. J.*, **21**, 193–225.

Fenichel, N. [1974]. Asymptotic stability with rate conditions. *Ind. Univ. Math. J.*, **23**, 1109–1137.

Fenichel, N. [1977]. Asymptotic stability with rate conditions, II. *Ind. Univ. Math. J.*, **26**, 81–93.

Fenichel, N. [1979]. Geometric singular perturbation theory for ordinary differential equations. *J. Diff. Eqns.*, **31**, 53–98.

Feroe, J. A. [1982]. Existence and stability of multiple impulse solutions of a nerve equation. *SIAM J. Appl. Math.*, **42**, 235–246.

Fowler, A. C., and Sparrow, C. [1984]. Bifocal homoclinic orbits in four dimensions. University of Oxford preprint.

Franks, J. M. [1982]. *Homology and Dynamical Systems*. CBMS Regional Conference Series in Mathematics, Vol. 49, A.M.S. Publications: Providence.

Gaspard, P. [1983]. Generation of a countable set of homoclinic flows through bifurcation. *Phys. Lett.* , 97A, 1–4.

Gaspard, P., and Nicolis, G. [1983]. What can we learn from homoclinic orbits in chaotic systems? *J. Stat. Phys.*, **31**, 499–518.

Gaspard, P., Kapral, R., and Nicolis, G. [1984]. Bifurcation phenomena near homoclinic systems: A two parameter analysis. *J. Stat. Phys.*, **35**, 697–727.

Gavrilov, N. K., and Silnikov, L. P. [1972]. On three dimensional dynamical systems close to systems with a structurally unstable homoclinic curve, I. *Math. USSR Sb.*, **17**, 467–485.

Gavrilov, N. K., and Silnikov, L. P. [1973]. On three dimensional dynamical systems close to systems with a structurally unstable homoclinic curve, II. *Math. USSR Sb.*, **19**, 139–156.

Glendinning, P. [1984]. Bifurcations near homoclinic orbits with symmetry. *Phys. Lett.*, 103A, 163–166.

Glendinning, P. [1987]. Subsidiary bifurcations near bifocal homoclinic orbits. University of Warwick preprint.

Glendinning, P. [1987]. Homoclinic Bifurcations in Ordinary Differential Equations. In NATO ASI Life Sciences Series, *Chaos in Biological Systems*, H. Degn, A. V. Holden, and L. Olsen (eds.). Plenum: New York.

Glendinning, P., and Sparrow, C. [1984]. Local and global behavior near homoclinic orbits. *J. Stat. Phys.*, **35**, 645–696.

Glendinning, P., and Tresser, C. [1985]. Heteroclinic loops leading to hyperchaos. *J. Physique Lett.*, **46**, L347–L352.

Goldstein, H. [1980]. *Classical Mechanics*, 2nd ed., Addison-Wesley: Reading.

Golubitsky, M., and Guillemin, V. [1973]. *Stable Mappings and Their Singularities*. Springer-Verlag: New York, Heidelberg, Berlin..

Grebenikov, E. A., and Ryabov, Yu. A. [1983]. *Constructive Methods in the Analysis of Nonlinear Systems*. Mir: Moscow.

Greenspan, B. D., and Holmes, P. J. [1983]. Homoclinic orbits, subharmonics, and global bifurcations in forced oscillations. In *Nonlinear Dynamics and Turbulence*, G. Barenblatt, G. Iooss, and D.D. Joseph (eds.), pp. 172–214. Pitman, London.

Greundler, J. [1985]. The existence of homoclinic orbits and the method of Melnikov for systems in $\mathbb{R}^n$. *SIAM J. Math. Anal.*, **16**, 907–931.

Guckenheimer, J. [1981]. On a codimension two bifurcation. In *Dynamical Systems and Turbulence*, D. A. Rand and L. S. Young (eds.), pp. 99–142. Springer Lecture Notes in Mathematics, Vol. 898. Springer-Verlag: New York, Heidelberg, Berlin.

Guckenheimer, J., and Holmes, P. J. [1983]. *Nonlinear Oscillations, Dynamical Systems, and Bifurcations of Vector Fields*. Springer-Verlag: New York, Heidelberg, Berlin.(中译本：《常微分方程，动力系统与向量场的分支》，金成桴，何燕琍译，哈尔滨工业大学出版社，2022年.)

Guckenheimer, J., and Holmes, P. J. [1986]. Structurally stable heteroclinic cycles. Cornell University preprint.

Guckenheimer, J., and Williams, R. F. [1980]. Structural stability of the Lorenz attractor. *Publ. Math. IHES*, **50**, 73–100.

Hadamard, J. [1901]. Sur l'itération et les solutions asymptotiques des équations différentielles. *Bull. Soc. Math. France*, **29**, 224–228.

Hale, J. [1961]. Integral manifolds of perturbed differential systems. *Ann. Math.*, **73**, 496–531.

Hale, J. [1980]. *Ordinary Differential Equations*. Robert E. Krieger Publishing Co., Inc.: Malabar Florida.（中译本：《常微分方程》，科学出版社.）

Hale, J., Magalhães, L., and Oliva, W. [1984]. *An Introduction to Infinite Dimensional Dynamical Systems - Geometric Theory*. Springer-Verlag: New York, Heidelberg, Berlin..

Hartman, P. [1964]. *Ordinary Differential Equations*. Wiley: New York.

Hastings, S. [1982]. Single and multiple pulse waves for the Fitzhugh-Nagumo equations. *SIAM J. Appl. Math.*, **42**, 247–260.

Hausdorff. [1962]. *Set Theory*. Chelsea: New York.

Henry, D. [1981]. *Geometric Theory of Semilinear Parabolic Equations*. Springer Lecture Notes in Mathematics, Vol. 840. Springer-Verlag: New York, Heidelberg, Berlin..

Hirsch, M. W. [1976]. *Differential Topology*. Springer-Verlag: New York, Heidelberg, Berlin..

Hirsch, M. W., and Pugh, C. C. [1970]. Stable manifolds and hyperbolic sets. *Proc. Symp. Pure Math.*, **14**, 133–163.

Hirsch, M. W., Pugh, C. C., and Shub, M. [1977]. *Invariant Manifolds*. Springer Lecture Notes in Mathematics, Vol. 583. Springer-Verlag: New York, Heidelberg, Berlin..

Hirsch, M. W., and Smale, S. [1974]. *Differential Equations, Dynamical Systems, and Linear Algebra*. Academic Press: New York.（中译本：《微分方程，动力系统与混沌导论（第3版）》，金成桴，何燕琍译，哈尔滨工业大学出版社，2022年.）

Hockett, K. and Holmes, P. [1986]. Josephson's junction, annulus maps, Birkhoff attractors, horseshoes, and rotation sets. *Ergod. Th. and Dynam. Sys.*, **6**, 205–239.

Holmes, P. J. [1979]. A nonlinear oscillator with a strange attractor. *Phil. Trans. Roy. Soc. A*, **292**, 419-448.

Holmes, P. J. [1980]. A strange family of three-dimensional vector fields near a degenerate singularity. *J. Diff. Eqns.*, **37**, 382–404.

Holmes, P. J. [1980]. Periodic, nonperiodic, and irregular motions in a Hamiltonian system. *Rocky Mountain J. Math.*, **10**, 679–693.

Holmes, P. J. [1981]. Space and time-periodic perturbations of the Sine-Gordon equation. *Proc. Univ. of Warwick Conference on Turbulence and Dynamical Systems*, Springer Lecture Series in Math., Vol. 898, D. A. Rand and L. S. Young (eds.), pp. 164–191. Springer-Verlag: New York, Heidelberg, Berlin.

Holmes, P. J. [1985]. Chaotic motions in a weakly nonlinear model for surface waves. *J. Fluid Mech.*, **162**, 365–388.

Holmes, P. J. [1986]. Knotted periodic orbits in suspensions of Smale's horseshoe: Period multiplying and cabled knots. *Physica*, 21D, 7–41.

Holmes, P. J. [1987]. Knotted periodic orbits in suspensions of annulus maps. *Proc. R. Soc. Lond.*, A **411**, 351–378.

Holmes, P. J., and Marsden, J. E. [1981]. A partial differential equation with infinitely many periodic orbits: Chaotic oscillations of a forced beam. *Arch. Rat. Mech. Analysis*, **76**, 135–166.

Holmes, P. J., and Marsden, J. E. [1982a]. Horseshoes in perturbations of Hamiltonian systems with two degrees of freedom. *Comm. Math. Phys.*, **82**, 523–544.

Holmes, P. J., and Marsden, J. E. [1982b]. Melnikov's method and Arnold diffusion for perturbations of integrable Hamiltonian systems. *J. Math. Phys.*, **23**, 669-675.

Holmes, P. J., and Marsden, J. E. [1983]. Horseshoes and Arnold diffusion for Hamiltonian systems on Lie groups, *Indiana Univ. Math J.*, **32**, 273–309.

Holmes, P. J., Marsden, J. E., and Scheurle, J. [1987a]. Exponentially small splitting of separatrices. Preprint.

Holmes, P. J., Marsden, J. E., and Scheurle, J. [1987b]. Exponentially small splittings of separatrices in KAM theory and degenerate bifurcations. Preprint.

Holmes, P., and Moon, F. [1983]. Strange attractors and chaos in nonlinear mechanics. *J. App. Mech.*, **50**, 1021–1032.

Holmes, P. J., and Williams, R. F. [1985]. Knotted periodic orbits in suspensions of Smale's horseshoe: Torus knots and bifurcation sequences. *Arch. Rat. Mech. Analysis*, **90**, 115–194.

Hufford, G. [1956]. Banach spaces and the perturbation of ordinary differential equations. In *Contributions to the Theory of Nonlinear Oscillations, III*. Annals of Mathematical Studies, Vol 36. Princeton University Press: Princeton.

Irwin, M. C. [1980]. *Smooth Dynamical Systems*. Academic Press: London, New York.

Katok, A. [1983]. Periodic and quasiperiodic orbits for twist maps. Springer Lecture Notes in Physics, Vol. 179, pp. 47–65. Springer-Verlag: New York, Heidelberg, Berlin..

Kelley, A. [1967]. The stable, center-stable, center, center-unstable, unstable manifolds. An appendix in *Transversal Mappings and Flows* by R. Abraham and J. Robbin. Benjamin: New York.

Knobloch, E., and Proctor, M. R. E. [1981]. Nonlinear periodic convection in double diffusive systems. *J. Fluid. Mech.*, **108**, 291–313.

Knobloch, E., and Weiss, J. B. [1986]. Chaotic advection by modulated travelling waves. U.C. Berkeley Physics preprint.

Koch, B. P. [1986]. Horseshoes in superfluid ^3He. *Phys. Lett.*, 117A, 302–306.

Koiller, J. [1984]. A mechanical system with a "wild" horseshoe. *J. Math. Phys.*, **25**, 1599–1604.

Kolmogorov, A. N. [1954]. On conservation of conditionally periodic motions for a small change in Hamilton's function. *Dokl. Akad. Nauk. SSSR*, **98**:4, 525–530 (Russian).

Kopell, N. [1977]. Waves, shocks, and target patterns in an oscillating chemical reagent. *Proceedings of the 1976 Symposium on Nonlinear Equations at Houston*. Pitman Press: London.

Kopell, N., and Washburn, R. B. [1982]. Chaotic motion in the two-degree of freedom swing equation. *IEEE Trans. Circ.*, Vol. CAS-24, 738–46.

Krishnaprasad, P. S., and Marsden, J. E. [1987]. Hamiltonian structures and stability for rigid bodies with flexible attachments. *Arch. Rat. Mech. Anal.*, **98**, 71–93.

Kurzweil, J. [1968]. Invariant manifolds of differential systems. *Differencial'nye Uravnenija*, **4**, 785–797.

Kyner, W. T. [1956]. A fixed point theorem. In *Contributions to the Theory of Nonlinear Oscillations, III*. Annals of Mathematical Studies, Vol 36. Princeton University Press: Princeton.

Lamb, H. [1945]. *Hydrodynamics*. Dover: New York.

Langford, W. F. [1979]. Periodic and steady mode interactions lead to tori. *SIAM J. Appl. Math.*, **37** (1), 22–48.

LaSalle, J. P. [1976]. *The Stability of Dynamical Systems*. CBMS Regional Conference Series in Applied Mathematics, Vol. 25. SIAM: Philadelphia.

Lerman, L. M., Umanski, Ia. L. [1984]. On the existence of separatrix loops in four dimensional systems similar to integrable Hamiltonian systems. *PMM U.S.S.R.*, **47**, 335–340.

Levinson, N. [1950]. Small periodic perturbations of an autonomous system with a stable orbit. *Ann. Math.*, **52**, 727–738.

Lichtenberg, A. J., and Lieberman, M. A. [1982]. *Regular and Stochastic Motion*. Springer-Verlag: New York, Heidelberg, Berlin.

Lorenz, E. N. [1984]. The local structure of a chaotic attractor in four dimensions. *Physica* 13D, 90–104.

Marcus, M. [1956]. An invariant surface theorem for a non-degenerate system. In *Contributions to the Theory of Nonlinear Oscillations, III*. Annals of Mathematical Studies, Vol. 36. Princeton University Press: Princeton.

Marsden, J., and Weinstein, A. [1974]. Reduction of symplectic manifolds with symmetry. *Rep. Math. Phys.*, **5** , 121–130.

McCarthy, J. [1955]. Stability of invariant manifolds, abstract. *Bull. Amer. Math. Soc.*, **61**, 149–150.

Melnikov, V. K. [1963]. On the stability of the center for time periodic perturbations. *Trans. Moscow Math.*, **12**, 1–57.

Meyer, K. R., and Sell, G. R. [1986]. Homoclinic orbits and Bernoulli bundles in almost periodic systems. Univ. of Cincinnati preprint.

Milnor, J. W. [1965]. *Topology from the Differentiable Viewpoint*. University of Virginia Press: Charlottesville.

Moon, F.C. and Holmes, W.T. [1985]. Double Poincaré sections of a quasiperiodically forced, chaotic attractor. *Phys. Lett.* **111A**, 157–160.

Moon, F. C. [1980]. Experiments on chaotic motions of a forced nonlinear oscillator. *J. Appl. Mech.*, **47**, 638–644.

Moser, J. [1966a]. A rapidly convergent iteration method and nonlinear partial differential equations, I. *Ann. Scuola Norm. Sup. Pisa*, Ser. III, **20**, 265–315.

Moser, J. [1966b]. A rapidly convergent iteration method and nonlinear differential equations, II. *Ann. Scuola Norm. Sup. Pisa*, Ser. III, **20**, 499–535.

Moser, J. [1973]. *Stable and Random Motions in Dynamical Systems*. Princeton University Press: Princeton.

Nehoroshev, N. N. [1971]. On the behavior of Hamiltonian systems close to integrable ones. *Funct. Anal. Appl.*, **5**, 82–83.

Nehoroshev, N. N. [1972]. Exponential estimate of the time of stability of nearly integrable Hamiltonian systems. *Russ. Math. Surv.*, **32**(6), 1–65.

Newhouse, S. E. [1974]. Diffeomorphisms with infinitely many sinks. *Topology*, **13**, 9–18.

Newhouse, S. [1979]. The abundance of wild hyperbolic sets and non-smooth stable sets for diffeomorphisms. *Publ. Math. IHES*, **50**, 101–151.

Newhouse, S., and Palis, J. [1973]. Bifurcations of Morse-Smale dynamical systems. In *Dynamical Systems*, M. M. Peixoto (ed.). Academic Press: New York and London.

Nikolaevskii, E. S., and Shchur, L. N. [1983]. The nonintegrability of the classical Yang-Mills equations. *Soviet Physics JETP*, **58**, 1–7.

Nitecki. Z. [1971]. *Differentiable Dynamics*. M.I.T. Press: Cambridge.

Palis, J., and deMelo, W. [1982]. *Geometric Theory of Dynamical Systems: An Introduction*. Springer-Verlag: New York, Heidelberg, Berlin..(中译本：《动力系统几何理论引论》，金成桴等译，科学出版社，1988年.)

Palmer, K. J. [1984]. Exponential dichotomies and transversal homoclinic points. *J. Diff. Eqns.*, **55**, 225–256.

Peixoto, M. M. [1962]. Structural stability on two-dimensional manifolds. *Topology*, **1**, 101–120.

Perron, O. [1928]. Über Stabilität und asymptotisches verhalten der Integrale von Differentialgleichungssystem. *Math. Z.*, **29**, 129–160.

Perron, O. [1929]. Über Stabilität und asymptotisches verhalten der Losungen eines systems endlicher Differenzengleichungen. *J. Reine Angew. Math.*, **161**, 41–64.

Perron, O. [1930]. Die Stabilitäts Frage bei Differentialgleichungen. *Math. Z.*, **32**, 703–728.

Pesin, Ja. B. [1977]. Characteristic Lyapunov exponents and smooth ergodic theory. *Russ. Math. Surv.*, **32**, 55–114.

Pesin, Ja. B. [1976]. Families of invariant manifolds corresponding to nonzero characteristic exponents. *Math. USSR Izvestiji*, **10**, 1261–1305.

Pikovskii, A.S., Rabinovich, M.I., and Trakhtengerts, V.Yu. [1979]. Onset of stochasticity in decay confinement of parametric instability. *Sov. Phys. JETP*, **47**, 715–719.

Poincaré, H. [1899]. *Les Méthodes Nouvelles de la Mécanique Céleste*, 3 Vols. Gauthier-Villars: Paris.

Rabinovich, M.I. [1978]. Stochastic self-oscillations and turbulence. *Sov. Phys. Usp.*, **21**, 443–469.

Rabinovich, M.I., and Fabrikant, A.L. [1979]. Stochastic self-oscillation of waves in non-
equilibrium media. *Sov. Phys. JETP*, **50**, 311–323.

Robinson, C. [1983]. Sustained resonance for a nonlinear system with slowly varying coefficients. *SIAM J. Math. Anal.*, **14**, 847–860.

Robinson, C. [1985]. Bifurcation to infinitely many sinks. *Comm. Math. Phys.*, **90**, 433–459.

Robinson, C. [1985]. Horseshoes for autonomous Hamiltonian systems using the Melnikov integral. Northwestern University preprint.

Robinson, R. C. [1970]. Generic properties of conservative systems. *Am. J. Math.*, **92**, 562–603.

Robinson, R. C. [1970]. Generic properties of conservative systems II. *Am. J. Math.*, **92**, 897–906.

Rom-Kedar, V., Leonard, A., and Wiggins, S. [1988]. An analytical study of transport, mixing, and chaos in an unsteady vortical flow. Caltech preprint.

Rouche, N., Habets, P., and Laloy, M. [1977]. *Stability Theory by Liapunov's Direct Method*. Springer-Verlag: New York, Heidelberg, Berlin..

Roux, J.C., Rossi, A., Bachelart, S., and Vidal, C. [1981]. Experimental observations of complex dynamical behavior during a chemical reaction. *Physica*, 2D, 395–403.

Sacker, R. J. [1964] *On Invariant Surfaces and Bifurcation of Periodic Solutions of Ordinary Differential Equations*. New York University, IMM-NYU 333.

Sacker, R. J., and Sell G. R. [1974]. Existence of dichotomies and invariant splittings for linear differential systems. *J. Diff. Eqns.*, **15**, 429–458.

Sacker, R. J., and Sell G. R. [1978]. A spectral theory for linear differential systems. *J. Diff. Eqns.*, **27**, 320–358.

Salam, F. M. A. [1987]. The Melnikov technique for highly dissipative systems. *SIAM J. App. Math.*, **47**, 232–243.

Salam, F. M. A., and Sastry, S. S. [1985]. Dynamics of the forced Josephson junction: The regions of chaos. *IEEE Trans. Circ. Syst.*, Vol. CAS-32, No. 8, 784–796.

Salam, F. M. A., Marsden, J. E., and Varaiya, P. P. [1984]. Arnold diffusion in the swing equations of a power system. *IEEE Trans. Circ. Sys.*,, Vol CAS-31, no. 8, 673–688.

Samoilenko, A.M., [1972]. On the reduction to canonical form of a dynamical system in the neighborhood of a smooth invariant torus. *Math. USSR IZV.*, **6**, 211–234.

Sanders, J. A. [1982]. Melnikov's method and averaging. *Celestial Mechanics*, **28**, 171–181.

Sanders, J. A., and Verhulst, F. [1985]. *Averaging Methods in Nonlinear Dynamical Systems*. Springer-Verlag: New York, Heidelberg, Berlin., Tokyo.

Schecter, S. [1986]. Stable manifolds in the method of averaging. North Carolina State University preprint.

Scheurle, J. [1986]. Chaotic solutions of systems with almost periodic forcing. *ZAMP*, **37**, 12–26.

Sell, G. R. [1978]. The structure of a flow in the vicinity of an almost periodic motion. *J. Diff. Eqns.*, **27**, 359–393.

Sell, G. R. [1979]. Bifurcation of higher dimensional tori. *Arch. Rat. Mech. Anal.*, **69**, 199–230.

Sell, G. R. [1981]. Hopf-Landau bifurcation near strange attractors. *Chaos and Order in Nature*, Proc. Int. Symp. on Synergetics. Springer-Verlag: New York, Heidelberg, Berlin..

Sell, G. R. [1982]. Resonance and bifurcation in Hopf-Landau dynamical systems. In *Nonlinear Dynamics and Turbulence*, G. I. Barenblatt, G. Iooss, D. D. Joseph (eds.). Pitman: London.

Shaw, S.W. and Wiggins, S. [1988]. Chaotic dynamics of a whirling pendulum. *Physica* D, to appear.

Shub, M. [1987]. *Global Stability of Dynamical Systems*. Springer-Verlag: New York, Heidelberg, Berlin..

Sijbrand, J. [1985]. Properties of center manifolds. *Trans. Amer. Math. Soc.*, **289**, 431–469.

Silnikov, L. P. [1965]. A case of the existence of a denumerable set of periodic motions. *Sov. Math. Dokl.*, **6**, 163–166.

Silnikov, L. P. [1967]. On a Poincaré-Birkhoff problem. *Math. USSR Sb.*, **3**, 353–371.

Silnikov, L. P. [1967]. The existence of a denumerable set of periodic motions in four-dimensional space in an extended neighborhood of a saddle-focus. *Sov. Math. Dokl.*, **8**(1), 54–58.

Silnikov, L. P. [1968a]. On the generation of a periodic motion from a trajectory doubly asymptotic to an equilibrium state of saddle type. *Math. USSR Sb.*, **6**, 428–438.

Silnikov, L. P. [1968b]. Structure of the neighborhood of a homoclinic tube of an invariant torus. *Sov. Math. Dokl.*, **9**, 624–628.

Silnikov, L. P. [1970]. A contribution to the problem of the structure of an extended neighborhood of a rough equilibrium state of saddle-focus type. *Math. USSR Sb.*, **10**(1), 91–102.

Slemrod, M. [1983]. An admissibility criterion for fluids exhibiting phase transitions. In *Proc. of the NATO Advanced Study Institute on Systems of Nonlinear Partial Differential Equations*, J. Ball (ed.), pp. 423–432. D. Reidel: Holland.

Slemrod, M., and Marsden, J. E. [1985]. Temporal and spatial chaos in a Van der Waals fluid due to periodic thermal fluctuations. *Adv. Appl. Math.*, **6**, 135–158.

Smale, S. [1963]. Diffeomorphisms with many periodic points. In *Differential and Combinatorial Topology*, S. S. Cairns (ed.), pp. 63–80. Princeton University Press: Princeton.

Smale, S. [1966]. Structurally stable systems are not dense. *Amer. J. Math.*, **88**, 491–496.

Smale, S. [1967]. Differentiable dynamical systems. *Bull. Amer. Math. Soc.*, **73**, 747–817.

Smale, S. [1980]. *The Mathematics of Time: Essays on Dynamical Systems, Economic Processes and Related Topics*. Springer-Verlag: New York, Heidelberg, Berlin..

Smoller, J. [1983]. *Shock Waves and Reaction-Diffusion Equations*. Springer-Verlag: New York, Heidelberg, Berlin.

Sparrow, C. [1982]. *The Lorenz Equations*. Springer-Verlag: New York, Heidelberg, Berlin..

Spivak, M. [1979]. *Differential Geometry, Vol. I,*. second edition. Publish or Perish, Inc.: Wilmington.

Suresh, A. [1985]. Nonintegrability and chaos in unsteady ideal fluid flow. *AIAA Journal*, **23**, 1285-1287.

Takens, F. [1974]. Singularities of vector fields. *Publ. Math. IHES*, **43**, 47–100.

Tresser, C. [1984]. About some theorems by L. P. Silnikov. *Ann. Inst. Henri Poincaré*, **40**, 440–461.

Vyshkind, S.Ya. and Rabinovich, M.I. [1976]. The phase stochastization mechanism and the structure of wave turbulence in dissipative media. *Sov. Phys. JETP*, **44**, 292–299.

Wiggins, S. [1988]. On the detection and dynamical consequences of orbits homoclinic to hyperbolic periodic orbits and normally hyperbolic invariant tori in a class of ordinary differential equations. To appear in *SIAM J. App. Math.*

Wiggins, S. [1987]. Chaos in the quasiperiodically forced Duffing oscillator. *Phys. Lett.*, 124A, 138–142.

Wiggins, S. [1986a]. The orbit structure near a transverse homoclinic torus. Caltech preprint.

Wiggins, S. [1986b]. A generalization of the method of Melnikov for detecting chaotic invariant sets. Caltech preprint.

Wiggins, S. and Holmes, P.J. [1987]. Homoclinic orbits in slowly varying oscillators. *SIAM J. Math Anal.*, **18**, 612–629 with errata to appear.

Williams, R. F. [1980]. Structure of Lorenz attractors. *Publ. Math. IHES*, **50**, 59–72.

Yanagida, E. [1987]. Branching of double pulse solutions from single pulse solutions in nerve axon equations. *J. Diff. Eqn.*, **66**, 243–262.

Yoshizawa, T. [1966]. *Stability Theory by Liapunov's Second Method*. Math. Soc. of Japan: Tokyo.

Ziglin, S. L. [1980]. Nonintegrability of a problem on the motion of four point vortices. *Sov. Math. Dokl.*, **21**, 296–299.

索　引

（条目后面的页码是英文原著相应的页码）

刘培杰数学工作室

已出版(即将出版)图书目录——高等数学 

书　　名	出版时间	定　价	编号
距离几何分析导引	2015－02	68.00	446
大学几何学	2017－01	78.00	688
关于曲面的一般研究	2016－11	48.00	690
近世纯粹几何学初论	2017－01	58.00	711
拓扑学与几何学基础讲义	2017－04	58.00	756
物理学中的几何方法	2017－06	88.00	767
几何学简史	2017－08	28.00	833
微分几何学历史概要	2020－07	58.00	1194
解析几何学史	2022－03	58.00	1490
曲面的数学	2024－01	98.00	1699
复变函数引论	2013－10	68.00	269
伸缩变换与抛物旋转	2015－01	38.00	449
无穷分析引论(上)	2013－04	88.00	247
无穷分析引论(下)	2013－04	98.00	245
数学分析	2014－04	28.00	338
数学分析中的一个新方法及其应用	2013－01	38.00	231
数学分析例选:通过范例学技巧	2013－01	88.00	243
高等代数例选:通过范例学技巧	2015－06	88.00	475
基础数论例选:通过范例学技巧	2018－09	58.00	978
三角级数论(上册)(陈建功)	2013－01	38.00	232
三角级数论(下册)(陈建功)	2013－01	48.00	233
三角级数论(哈代)	2013－06	48.00	254
三角级数	2015－07	28.00	263
超越数	2011－03	18.00	109
三角和方法	2011－03	18.00	112
随机过程(Ⅰ)	2014－01	78.00	224
随机过程(Ⅱ)	2014－01	68.00	235
算术探索	2011－12	158.00	148
组合数学	2012－04	28.00	178
组合数学浅谈	2012－03	28.00	159
分析组合学	2021－09	88.00	1389
丢番图方程引论	2012－03	48.00	172
拉普拉斯变换及其应用	2015－02	38.00	447
高等代数.上	2016－01	38.00	548
高等代数.下	2016－01	38.00	549
高等代数教程	2016－01	58.00	579
高等代数引论	2020－07	48.00	1174
数学解析教程.上卷.1	2016－01	58.00	546
数学解析教程.上卷.2	2016－01	38.00	553
数学解析教程.下卷.1	2017－04	48.00	781
数学解析教程.下卷.2	2017－06	48.00	782
数学分析.第1册	2021－03	48.00	1281
数学分析.第2册	2021－03	48.00	1282
数学分析.第3册	2021－03	28.00	1283
数学分析精选习题全解.上册	2021－03	38.00	1284
数学分析精选习题全解.下册	2021－03	38.00	1285
数学分析专题研究	2021－11	68.00	1574
实分析中的问题与解答	2024－06	98.00	1737
函数构造论.上	2016－01	38.00	554
函数构造论.中	2017－06	48.00	555
函数构造论.下	2016－09	48.00	680
函数逼近论(上)	2019－02	98.00	1014
概周期函数	2016－01	48.00	572
变叙的项的极限分布律	2016－01	18.00	573
整函数	2012－08	18.00	161
近代拓扑学研究	2013－04	38.00	239
多项式和无理数	2008－01	68.00	22
密码学与数论基础	2021－01	28.00	1254

刘培杰数学工作室
已出版(即将出版)图书目录——高等数学

书　名	出版时间	定　价	编号
模糊数据统计学	2008－03	48.00	31
模糊分析学与特殊泛函空间	2013－01	68.00	241
常微分方程	2016－01	58.00	586
平稳随机函数导论	2016－03	48.00	587
量子力学原理.上	2016－01	38.00	588
图与矩阵	2014－08	40.00	644
钢丝绳原理:第二版	2017－01	78.00	745
代数拓扑和微分拓扑简史	2017－06	68.00	791
半序空间泛函分析.上	2018－06	48.00	924
半序空间泛函分析.下	2018－06	68.00	925
概率分布的部分识别	2018－07	68.00	929
Cartan 型单模李超代数的上同调及极大子代数	2018－07	38.00	932
纯数学与应用数学若干问题研究	2019－03	98.00	1017
数理金融学与数理经济学若干问题研究	2020－07	98.00	1180
清华大学"工农兵学员"微积分课本	2020－09	48.00	1228
力学若干基本问题的发展概论	2023－04	58.00	1262
Banach 空间中前后分离算法及其收敛率	2023－06	98.00	1670
基于广义加法的数学体系	2024－03	168.00	1710
向量微积分、线性代数和微分形式:统一方法:第 5 版	2024－03	78.00	1707
向量微积分、线性代数和微分形式:统一方法:第 5 版:习题解答	2024－03	48.00	1708
分布式多智能体系统主动安全控制方法	2023－08	98.00	1687
受控理论与解析不等式	2012－05	78.00	165
不等式的分拆降维降幂方法与可读证明(第 2 版)	2020－07	78.00	1184
石焕南文集:受控理论与不等式研究	2020－09	198.00	1198
半离散 Hardy-Hilbert 不等式的拓展性应用	2025－01	88.00	1809
实变函数论	2012－06	78.00	181
复变函数论	2015－08	38.00	504
非光滑优化及其变分分析(第 2 版)	2024－05	68.00	230
疏散的马尔科夫链	2014－01	58.00	266
马尔科夫过程论基础	2015－01	28.00	433
初等微分拓扑学	2012－07	18.00	182
方程式论	2011－03	38.00	105
Galois 理论	2011－03	18.00	107
古典数学难题与伽罗瓦理论	2012－11	58.00	223
伽罗华与群论	2014－01	28.00	290
代数方程的根式解及伽罗瓦理论	2011－03	28.00	108
代数方程的根式解及伽罗瓦理论(第二版)	2015－01	28.00	423
线性偏微分方程讲义	2011－03	18.00	110
几类微分方程数值方法的研究	2015－05	38.00	485
分数阶微分方程理论与应用	2020－05	95.00	1182
N 体问题的周期解	2011－03	28.00	111
代数方程式论	2011－05	18.00	121
线性代数与几何:英文	2016－06	58.00	578
动力系统的不变量与函数方程	2011－07	48.00	137
基于短语评价的翻译知识获取	2012－02	48.00	168
应用随机过程	2012－04	48.00	187
概率论导引	2012－04	18.00	179
矩阵论(上)	2013－06	58.00	250
矩阵论(下)	2013－06	48.00	251
对称锥互补问题的内点法:理论分析与算法实现	2014－08	68.00	368
抽象代数:方法导引	2013－06	38.00	257
集论	2016－01	48.00	576
多项式理论研究综述	2016－01	38.00	577
函数论	2014－11	78.00	395
反问题的计算方法及应用	2011－11	28.00	147
数阵及其应用	2012－02	28.00	164
绝对值方程—折边与组合图形的解析研究	2012－07	48.00	186
代数函数论(上)	2015－07	38.00	494
代数函数论(下)	2015－07	38.00	495

刘培杰数学工作室

已出版(即将出版)图书目录——高等数学

书　　名	出版时间	定　价	编号
偏微分方程论:法文	2015－10	48.00	533
粒子图像测速仪实用指南:第二版	2017－08	78.00	790
数域的上同调	2017－08	98.00	799
图的正交因子分解(英文)	2018－01	38.00	881
图的度因子和分支因子:英文	2019－09	88.00	1108
点云模型的优化配准方法研究	2018－07	58.00	927
锥形波入射粗糙表面反散射问题理论与算法	2018－03	68.00	936
广义逆的理论与计算	2018－07	58.00	973
不定方程及其应用	2018－12	58.00	998
几类椭圆型偏微分方程高效数值算法研究	2018－08	48.00	1025
现代密码算法概论	2019－05	98.00	1061
模形式的 p－进性质	2019－06	78.00	1088
混沌动力学:分形、平铺、代换	2019－09	48.00	1109
微分方程,动力系统与混沌引论:第3版	2020－05	65.00	1144
分数阶微分方程理论与应用	2020－05	95.00	1187
应用非线性动力系统与混沌导论:第2版	2021－05	58.00	1368
非线性振动,动力系统与向量场的分支	2021－06	55.00	1369
遍历理论引论	2021－11	46.00	1441
全局分支与混沌:解析方法	2025－03	78.00	1812
动力系统与混沌	2022－05	48.00	1485
Galois 上同调	2020－04	138.00	1131
毕达哥拉斯定理:英文	2020－03	38.00	1133
模糊可拓多属性决策理论与方法	2021－06	98.00	1357
统计方法和科学推断	2021－10	48.00	1428
有关几类种群生态学模型的研究	2022－04	98.00	1486
加性数论:典型基	2022－05	48.00	1491
加性数论:反问题与和集的几何	2023－08	58.00	1672
乘性数论:第三版	2022－07	38.00	1528
解析数论	2024－10	58.00	1771
交替方向乘子法及其应用	2022－08	98.00	1553
结构元理论及模糊决策应用	2022－09	98.00	1573
随机微分方程和应用:第二版	2022－12	48.00	1580
吴振奎高等数学解题真经(概率统计卷)	2012－01	38.00	149
吴振奎高等数学解题真经(微积分卷)	2012－01	68.00	150
吴振奎高等数学解题真经(线性代数卷)	2012－01	58.00	151
高等数学解题全攻略(上卷)	2013－06	58.00	252
高等数学解题全攻略(下卷)	2013－06	58.00	253
高等数学复习纲要	2014－01	18.00	384
数学分析历年考研真题解析.第一卷	2021－04	38.00	1288
数学分析历年考研真题解析.第二卷	2021－04	38.00	1289
数学分析历年考研真题解析.第三卷	2021－04	38.00	1290
数学分析历年考研真题解析.第四卷	2022－09	68.00	1560
数学分析历年考研真题解析.第五卷	2024－10	58.00	1773
数学分析历年考研真题解析.第六卷	2024－10	68.00	1774
硕士研究生入学考试数学试题及解答.第1卷	2024－01	58.00	1703
硕士研究生入学考试数学试题及解答.第2卷	2024－04	68.00	1704
硕士研究生入学考试数学试题及解答.第3卷	即将出版		1705
超越吉米多维奇.数列的极限	2009－11	48.00	58
超越普里瓦洛夫.留数卷	2015－01	48.00	437
超越普里瓦洛夫.无穷乘积与它对解析函数的应用卷	2015－05	28.00	477
超越普里瓦洛夫.积分卷	2015－06	18.00	481
超越普里瓦洛夫.基础知识卷	2015－06	28.00	482
超越普里瓦洛夫.数项级数卷	2015－07	38.00	489
超越普里瓦洛夫.微分、解析函数、导数卷	2018－01	48.00	852
统计学专业英语(第三版)	2015－04	68.00	465
代换分析:英文	2015－07	38.00	499

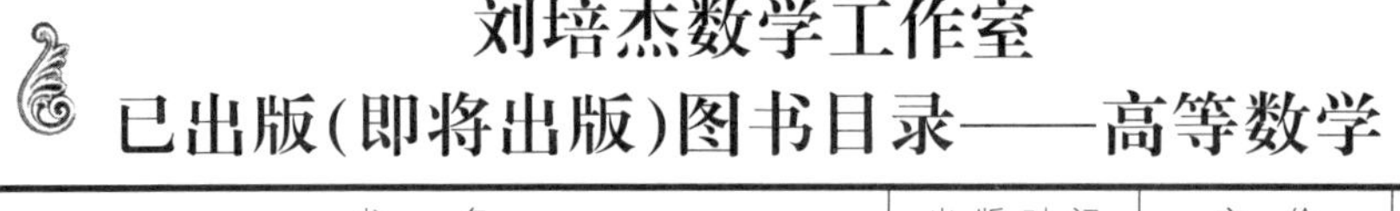

刘培杰数学工作室
已出版(即将出版)图书目录——高等数学

书　　名	出版时间	定　价	编号
历届美国大学生数学竞赛试题集. 第一卷(1938—1949)	2015—01	28.00	397
历届美国大学生数学竞赛试题集. 第二卷(1950—1959)	2015—01	28.00	398
历届美国大学生数学竞赛试题集. 第三卷(1960—1969)	2015—01	28.00	399
历届美国大学生数学竞赛试题集. 第四卷(1970—1979)	2015—01	18.00	400
历届美国大学生数学竞赛试题集. 第五卷(1980—1989)	2015—01	28.00	401
历届美国大学生数学竞赛试题集. 第六卷(1990—1999)	2015—01	28.00	402
历届美国大学生数学竞赛试题集. 第七卷(2000—2009)	2015—08	18.00	403
历届美国大学生数学竞赛试题集. 第八卷(2010—2012)	2015—01	18.00	404
超越普特南试题:大学数学竞赛中的方法与技巧	2017—04	98.00	758
历届国际大学生数学竞赛试题集(1994—2020)	2021—01	58.00	1252
历届美国大学生数学竞赛试题集(全3册)	2023—10	168.00	1693
全国大学生数学夏令营数学竞赛试题及解答	2007—03	28.00	15
全国大学生数学竞赛辅导教程	2012—07	28.00	189
全国大学生数学竞赛复习全书(第2版)	2017—05	58.00	787
历届美国大学生数学竞赛试题集	2009—03	88.00	43
前苏联大学生数学奥林匹克竞赛题解(上编)	2012—04	28.00	169
前苏联大学生数学奥林匹克竞赛题解(下编)	2012—04	38.00	170
大学生数学竞赛讲义	2014—09	28.00	371
大学生数学竞赛教程——高等数学(基础篇、提高篇)	2018—09	128.00	968
普林斯顿大学数学竞赛	2016—06	38.00	669
高等数学竞赛:1962—1991年米克洛什·施外策竞赛	2024—09	128.00	1743
考研高等数学高分之路	2020—10	45.00	1203
考研高等数学基础必刷	2021—01	45.00	1251
考研概率论与数理统计	2022—06	58.00	1522
越过211,刷到985:考研数学二	2019—10	68.00	1115
初等数论难题集(第一卷)	2009—05	68.00	44
初等数论难题集(第二卷)(上、下)	2011—02	128.00	82,83
数论概貌	2011—03	18.00	93
代数数论(第二版)	2013—08	58.00	94
代数多项式	2014—06	38.00	289
初等数论的知识与问题	2011—02	28.00	95
超越数论基础	2011—03	28.00	96
数论初等教程	2011—03	28.00	97
数论基础	2011—03	18.00	98
数论基础与维诺格拉多夫	2014—03	18.00	292
解析数论基础	2012—08	28.00	216
解析数论基础(第二版)	2014—01	48.00	287
解析数论问题集(第二版)(原版引进)	2014—05	88.00	343
解析数论问题集(第二版)(中译本)	2016—04	88.00	607
解析数论基础(潘承洞,潘承彪著)	2016—07	98.00	673
解析数论导引	2016—07	58.00	674
数论入门	2011—03	38.00	99
代数数论入门	2015—03	38.00	448
数论开篇	2012—07	28.00	194
解析数论引论	2011—03	48.00	100
Barban Davenport Halberstam 均值和	2009—01	40.00	33
基础数论	2011—03	28.00	101
初等数论100例	2011—05	18.00	122
初等数论经典例题	2012—07	18.00	204
最新世界各国数学奥林匹克中的初等数论试题(上、下)	2012—01	138.00	144,145
初等数论(Ⅰ)	2012—01	18.00	156
初等数论(Ⅱ)	2012—01	18.00	157
初等数论(Ⅲ)	2012—01	28.00	158

刘培杰数学工作室
已出版(即将出版)图书目录——高等数学

书名	出版时间	定价	编号
Gauss,Euler,Lagrange 和 Legendre 的遗产:把整数表示成平方和	2022-06	78.00	1540
平面几何与数论中未解决的新老问题	2013-01	68.00	229
代数数论简史	2014-11	28.00	408
代数数论	2015-09	88.00	532
代数、数论及分析习题集	2016-11	98.00	695
数论导引提要及习题解答	2016-01	48.00	559
素数定理的初等证明.第2版	2016-09	48.00	686
数论中的模函数与狄利克雷级数(第二版)	2017-11	78.00	837
数论:数学导引	2018-01	68.00	849
域论	2018-04	68.00	884
代数数论(冯克勤 编著)	2018-04	68.00	885
范氏大代数	2019-02	98.00	1016
高等算术:数论导引:第八版	2023-04	78.00	1689
新编640个世界著名数学智力趣题	2014-01	88.00	242
500个最新世界著名数学智力趣题	2008-06	48.00	3
400个最新世界著名数学最值问题	2008-09	48.00	36
500个世界著名数学征解问题	2009-06	48.00	52
400个中国最佳初等数学征解老问题	2010-01	48.00	60
500个俄罗斯数学经典老题	2011-01	28.00	81
1000个国外中学物理好题	2012-04	48.00	174
300个日本高考数学题	2012-05	38.00	142
700个早期日本高考数学试题	2017-02	88.00	752
500个前苏联早期高考数学试题及解答	2012-05	28.00	185
546个早期俄罗斯大学生数学竞赛题	2014-03	38.00	285
548个来自美苏的数学好问题	2014-11	28.00	396
20所苏联著名大学早期入学试题	2015-02	18.00	452
161道德国工科大学生必做的微分方程习题	2015-05	28.00	469
500个德国工科大学生必做的高数习题	2015-06	28.00	478
360个数学竞赛问题	2016-08	58.00	677
德国讲义日本考题.微积分卷	2015-04	48.00	456
德国讲义日本考题.微分方程卷	2015-04	38.00	457
二十世纪中叶中、英、美、日、法、俄高考数学试题精选	2017-06	38.00	783
博弈论精粹	2008-03	58.00	30
博弈论精粹.第二版(精装)	2015-01	88.00	461
数学 我爱你	2008-01	28.00	20
精神的圣徒 别样的人生——60位中国数学家成长的历程	2008-09	48.00	39
数学史概论	2009-06	78.00	50
数学史概论(精装)	2013-03	158.00	272
数学史选讲	2016-01	48.00	544
斐波那契数列	2010-02	28.00	65
数学拼盘和斐波那契魔方	2010-07	38.00	72
斐波那契数列欣赏	2011-01	28.00	160
数学的创造	2011-02	48.00	85
数学美与创造力	2016-01	48.00	595
数海拾贝	2016-01	48.00	590
数学中的美	2011-02	38.00	84
数论中的美学	2014-12	38.00	351
数学王者 科学巨人——高斯	2015-01	28.00	428
振兴祖国数学的圆梦之旅:中国初等数学研究史话	2015-06	98.00	490
二十世纪中国数学史料研究	2015-10	48.00	536
数字谜、数阵图与棋盘覆盖	2016-01	58.00	298
时间的形状	2016-01	38.00	556
数学发现的艺术:数学探索中的合情推理	2016-07	58.00	671
活跃在数学中的参数	2016-07	48.00	675

刘培杰数学工作室
已出版(即将出版)图书目录——高等数学

书　　名	出版时间	定　价	编号
格点和面积	2012－07	18.00	191
射影几何趣谈	2012－04	28.00	175
斯潘纳尔引理——从一道加拿大数学奥林匹克试题谈起	2014－01	28.00	228
李普希兹条件——从几道近年高考数学试题谈起	2012－10	18.00	221
拉格朗日中值定理——从一道北京高考试题的解法谈起	2015－10	18.00	197
闵科夫斯基定理——从一道清华大学自主招生试题谈起	2014－01	28.00	198
哈尔测度——从一道冬令营试题的背景谈起	2012－08	28.00	202
切比雪夫逼近问题——从一道中国台北数学奥林匹克试题谈起	2013－04	38.00	238
伯恩斯坦多项式与贝齐尔曲面——从一道全国高中数学联赛试题谈起	2013－03	38.00	236
卡塔兰猜想——从一道普特南竞赛试题谈起	2013－06	18.00	256
麦卡锡函数和阿克曼函数——从一道前南斯拉夫数学奥林匹克试题谈起	2012－08	18.00	201
贝蒂定理与拉姆贝克莫斯尔定理——从一个拣石子游戏谈起	2012－08	18.00	217
皮亚诺曲线和豪斯道夫分球定理——从无限集谈起	2012－08	18.00	211
平面凸图形与凸多面体	2012－10	28.00	218
斯坦因豪斯问题——从一道二十五省市自治区中学数学竞赛试题谈起	2012－07	18.00	196
纽结理论中的亚历山大多项式与琼斯多项式——从一道北京市高一数学竞赛试题谈起	2012－07	28.00	195
原则与策略——从波利亚“解题表”谈起	2013－04	38.00	244
转化与化归——从三大尺规作图不能问题谈起	2012－08	28.00	214
代数几何中的贝祖定理(第一版)——从一道 IMO 试题的解法谈起	2013－08	18.00	193
成功连贯理论与约当块理论——从一道比利时数学竞赛试题谈起	2012－04	18.00	180
素数判定与大数分解	2014－08	18.00	199
置换多项式及其应用	2012－10	18.00	220
椭圆函数与模函数——从一道美国加州大学洛杉矶分校(UCLA)博士资格考题谈起	2012－10	28.00	219
差分方程的拉格朗日方法——从一道 2011 年全国高考理科试题的解法谈起	2012－08	28.00	200
力学在几何中的一些应用	2013－01	38.00	240
高斯散度定理、斯托克斯定理和平面格林定理——从一道国际大学生数学竞赛试题谈起	即将出版		
康托洛维奇不等式——从一道全国高中联赛试题谈起	2013－03	28.00	337
拉克斯定理和阿廷定理——从一道 IMO 试题的解法谈起	2014－01	58.00	246
毕卡大定理——从一道美国大学数学竞赛试题谈起	2014－07	18.00	350
拉格朗日乘子定理——从一道 2005 年全国高中联赛试题的高等数学解法谈起	2015－05	28.00	480
雅可比定理——从一道日本数学奥林匹克试题谈起	2013－04	48.00	249
李天岩－约克定理——从一道波兰数学竞赛试题谈起	2014－06	28.00	349
受控理论与初等不等式:从一道 IMO 试题的解法谈起	2023－03	48.00	1601
布劳维不动点定理——从一道前苏联数学奥林匹克试题谈起	2014－01	38.00	273
莫德尔－韦伊定理——从一道日本数学奥林匹克试题谈起	2024－10	48.00	1602
斯蒂尔杰斯积分——从一道国际大学生数学竞赛试题的解法谈起	2024－10	68.00	1605

刘培杰数学工作室

已出版(即将出版)图书目录——高等数学

书　　名	出版时间	定　价	编号
切博塔廖夫猜想——从一道 1978 年全国高中数学竞赛试题谈起	2024－10	38.00	1606
卡西尼卵形线——从一道高中数学期中考试试题谈起	2024－10	48.00	1607
格罗斯问题——亚纯函数的唯一性问题	2024－10	48.00	1608
布格尔问题——从一道第 6 届全国中学生物理竞赛预赛试题谈起	2024－09	68.00	1609
多项式逼近问题——从一道美国大学生数学竞赛试题谈起	2024－10	48.00	1748
中国剩余定理——总数法构建中国历史年表	2015－01	28.00	430
贝克码与编码理论——从一道全国高中数学联赛二试试题的解法谈起	2025－03	48.00	1751
沙可夫斯基定理——从一道韩国数学奥林匹克竞赛试题的解法谈起	2025－01	68.00	1753
斯特林公式——从一道 2023 年高考数学(天津卷)试题的背景谈起	2025－01	28.00	1754
外索夫博弈——从一道瑞士国家队选拔考试试题谈起	2025－03	48.00	1755
分圆多项式——从一道美国国家队选拔考试试题的解法谈起	2025－01	48.00	1786
费马数与广义费马数——从一道 USAMO 试题的解法谈起	2025－01	48.00	1794
拉比诺维奇定理	即将出版		
刘维尔定理——从一道《美国数学月刊》征解问题的解法谈起	即将出版		
卡塔兰恒等式与级数求和——从一道 IMO 试题的解法谈起	即将出版		
勒让德猜想与素数分布——从一道爱尔兰竞赛试题谈起	即将出版		
天平称重与信息论——从一道基辅市数学奥林匹克试题谈起	即将出版		
哈密尔顿－凯莱定理:从一道高中数学联赛试题的解法谈起	2014－09	18.00	376
艾思特曼定理——从一道 CMO 试题的解法谈起	即将出版		
一个爱尔特希问题——从一道西德数学奥林匹克试题谈起	即将出版		
有限群中的爱丁格尔问题——从一道北京市初中二年级数学竞赛试题谈起	即将出版		
糖水中的不等式——从初等数学到高等数学	2019－07	48.00	1093
帕斯卡三角形	2014－03	18.00	294
蒲丰投针问题——从 2009 年清华大学的一道自主招生试题谈起	2014－01	38.00	295
斯图姆定理——从一道“华约”自主招生试题的解法谈起	2014－01	18.00	296
许瓦兹引理——从一道加利福尼亚大学伯克利分校数学系博士生试题谈起	2014－08	18.00	297
拉姆塞定理——从王诗宬院士的一个问题谈起	2016－04	48.00	299
坐标法	2013－12	28.00	332
数论三角形	2014－04	38.00	341
毕克定理	2014－07	18.00	352
数林掠影	2014－09	48.00	389
我们周围的概率	2014－10	38.00	390
凸函数最值定理:从一道华约自主招生题的解法谈起	2014－10	28.00	391
易学与数学奥林匹克	2014－10	38.00	392
生物数学趣谈	2015－01	18.00	409
反演	2015－01	28.00	420
因式分解与圆锥曲线	2015－01	18.00	426
轨迹	2015－01	28.00	427
面积原理:从常庚哲命的一道 CMO 试题的积分解法谈起	2015－01	48.00	431
形形色色的不动点定理:从一道 28 届 IMO 试题谈起	2015－01	38.00	439
柯西函数方程:从一道上海交大自主招生的试题谈起	2015－02	28.00	440

刘培杰数学工作室
已出版(即将出版)图书目录——高等数学

书　名	出版时间	定　价	编号
三角恒等式	2015—02	28.00	442
无理性判定:从一道 2014 年"北约"自主招生试题谈起	2015—01	38.00	443
数学归纳法	2015—03	18.00	451
极端原理与解题	2015—04	28.00	464
法雷级数	2014—08	18.00	367
摆线族	2015—01	38.00	438
函数方程及其解法	2015—05	38.00	470
含参数的方程和不等式	2012—09	28.00	213
希尔伯特第十问题	2016—01	38.00	543
无穷小量的求和	2016—01	28.00	545
切比雪夫多项式:从一道清华大学金秋营试题谈起	2016—01	38.00	583
泽肯多夫定理	2016—03	38.00	599
代数等式证题法	2016—01	28.00	600
三角等式证题法	2016—01	28.00	601
吴大任教授藏书中的一个因式分解公式:从一道美国数学邀请赛试题的解法谈起	2016—06	28.00	656
易卦——类万物的数学模型	2017—08	68.00	838
"不可思议"的数与数系可持续发展	2018—01	38.00	878
最短线	2018—01	38.00	879

书　名	出版时间	定　价	编号
从毕达哥拉斯到怀尔斯	2007—10	48.00	9
从迪利克雷到维斯卡尔迪	2008—01	48.00	21
从哥德巴赫到陈景润	2008—05	98.00	35
从庞加莱到佩雷尔曼	2011—08	138.00	136

书　名	出版时间	定　价	编号
从费马到怀尔斯——费马大定理的历史	2013—10	198.00	Ⅰ
从庞加莱到佩雷尔曼——庞加莱猜想的历史	2013—10	298.00	Ⅱ
从切比雪夫到爱尔特希(上)——素数定理的初等证明	2013—07	48.00	Ⅲ
从切比雪夫到爱尔特希(下)——素数定理 100 年	2012—12	98.00	Ⅲ
从高斯到盖尔方特——二次域的高斯猜想	2013—10	198.00	Ⅳ
从库默尔到朗兰兹——朗兰兹猜想的历史	2014—01	98.00	Ⅴ
从比勃巴赫到德布朗斯——比勃巴赫猜想的历史	2014—02	298.00	Ⅵ
从麦比乌斯到陈省身——麦比乌斯变换与麦比乌斯带	2014—02	298.00	Ⅶ
从布尔到豪斯道夫——布尔方程与格论漫谈	2013—10	198.00	Ⅷ
从开普勒到阿诺德——三体问题的历史	2014—05	298.00	Ⅸ
从华林到华罗庚——华林问题的历史	2013—10	298.00	Ⅹ

书　名	出版时间	定　价	编号
数学物理大百科全书. 第 1 卷	2016—01	418.00	508
数学物理大百科全书. 第 2 卷	2016—01	408.00	509
数学物理大百科全书. 第 3 卷	2016—01	396.00	510
数学物理大百科全书. 第 4 卷	2016—01	408.00	511
数学物理大百科全书. 第 5 卷	2016—01	368.00	512

书　名	出版时间	定　价	编号
朱德祥代数与几何讲义. 第 1 卷	2017—01	38.00	697
朱德祥代数与几何讲义. 第 2 卷	2017—01	28.00	698
朱德祥代数与几何讲义. 第 3 卷	2017—01	28.00	699

刘培杰数学工作室
已出版(即将出版)图书目录——高等数学

书　　名	出版时间	定　价	编号
闵嗣鹤文集	2011－03	98.00	102
吴从炘数学活动三十年(1951～1980)	2010－07	99.00	32
吴从炘数学活动又三十年(1981～2010)	2015－07	98.00	491
斯米尔诺夫高等数学.第一卷	2018－03	88.00	770
斯米尔诺夫高等数学.第二卷.第一分册	2018－03	68.00	771
斯米尔诺夫高等数学.第二卷.第二分册	2018－03	68.00	772
斯米尔诺夫高等数学.第二卷.第三分册	2018－03	48.00	773
斯米尔诺夫高等数学.第三卷.第一分册	2018－03	58.00	774
斯米尔诺夫高等数学.第三卷.第二分册	2018－03	58.00	775
斯米尔诺夫高等数学.第三卷.第三分册	2018－03	68.00	776
斯米尔诺夫高等数学.第四卷.第一分册	2018－03	48.00	777
斯米尔诺夫高等数学.第四卷.第二分册	2018－03	88.00	778
斯米尔诺夫高等数学.第五卷.第一分册	2018－03	58.00	779
斯米尔诺夫高等数学.第五卷.第二分册	2018－03	68.00	780
zeta 函数,q-zeta 函数,相伴级数与积分(英文)	2015－08	88.00	513
微分形式:理论与练习(英文)	2015－08	58.00	514
离散与微分包含的逼近和优化(英文)	2015－08	58.00	515
艾伦·图灵:他的工作与影响(英文)	2016－01	98.00	560
测度理论概率导论,第2版(英文)	2016－01	88.00	561
带有潜在故障恢复系统的半马尔柯夫模型控制(英文)	2016－01	98.00	562
数学分析原理(英文)	2016－01	88.00	563
随机偏微分方程的有效动力学(英文)	2016－01	88.00	564
图的谱半径(英文)	2016－01	58.00	565
量子机器学习中数据挖掘的量子计算方法(英文)	2016－01	98.00	566
量子物理的非常规方法(英文)	2016－01	118.00	567
运输过程的统一非局部理论:广义波尔兹曼物理动力学,第2版(英文)	2016－01	198.00	568
量子力学与经典力学之间的联系在原子、分子及电动力学系统建模中的应用(英文)	2016－01	58.00	569
算术域(英文)	2018－01	158.00	821
高等数学竞赛:1962—1991年的米洛克斯·史怀哲竞赛(英文)	2018－01	128.00	822
用数学奥林匹克精神解决数论问题(英文)	2018－01	108.00	823
代数几何(德文)	2018－04	68.00	824
丢番图逼近论(英文)	2018－01	78.00	825
代数几何学基础教程(英文)	2018－01	98.00	826
解析数论入门课程(英文)	2018－01	78.00	827
数论中的丢番图问题(英文)	2018－01	78.00	829
数论(梦幻之旅):第五届中日数论研讨会演讲集(英文)	2018－01	68.00	830
数论新应用(英文)	2018－01	68.00	831
数论(英文)	2018－01	78.00	832
测度与积分(英文)	2019－04	68.00	1059
卡塔兰数入门(英文)	2019－05	68.00	1060
多变量数学入门(英文)	2021－05	68.00	1317
偏微分方程入门(英文)	2021－05	88.00	1318
若尔当典范性:理论与实践(英文)	2021－07	68.00	1366
R统计学概论(英文)	2023－03	88.00	1614
基于不确定静态和动态问题解的仿射算术(英文)	2023－03	38.00	1618

刘培杰数学工作室

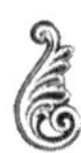

已出版(即将出版)图书目录——高等数学

书　　名	出版时间	定　价	编号
湍流十讲(英文)	2018—04	108.00	886
无穷维李代数:第3版(英文)	2018—04	98.00	887
等值、不变量和对称性(英文)	2018—04	78.00	888
解析数论(英文)	2018—09	78.00	889
《数学原理》的演化:伯特兰・罗素撰写第二版时的手稿与笔记(英文)	2018—04	108.00	890
哈密尔顿数学论文集(第4卷):几何学、分析学、天文学、概率和有限差分等(英文)	2019—05	108.00	891
数学王子——高斯	2018—01	48.00	858
坎坷奇星——阿贝尔	2018—01	48.00	859
闪烁奇星——伽罗瓦	2018—01	58.00	860
无穷统帅——康托尔	2018—01	48.00	861
科学公主——柯瓦列夫斯卡娅	2018—01	48.00	862
抽象代数之母——埃米・诺特	2018—01	48.00	863
电脑先驱——图灵	2018—01	58.00	864
昔日神童——维纳	2018—01	48.00	865
数坛怪侠——爱尔特希	2018—01	68.00	866
当代世界中的数学.数学思想与数学基础	2019—01	38.00	892
当代世界中的数学.数学问题	2019—01	38.00	893
当代世界中的数学.应用数学与数学应用	2019—01	38.00	894
当代世界中的数学.数学王国的新疆域(一)	2019—01	38.00	895
当代世界中的数学.数学王国的新疆域(二)	2019—01	38.00	896
当代世界中的数学.数林撷英(一)	2019—01	38.00	897
当代世界中的数学.数林撷英(二)	2019—01	48.00	898
当代世界中的数学.数学之路	2019—01	38.00	899
偏微分方程全局吸引子的特性(英文)	2018—09	108.00	979
整函数与下调和函数(英文)	2018—09	118.00	980
幂等分析(英文)	2018—09	118.00	981
李群,离散子群与不变量理论(英文)	2018—09	108.00	982
动力系统与统计力学(英文)	2018—09	118.00	983
表示论与动力系统(英文)	2018—09	118.00	984
分析学练习.第1部分(英文)	2021—01	88.00	1247
分析学练习.第2部分.非线性分析(英文)	2021—01	88.00	1248
初级统计学:循序渐进的方法:第10版(英文)	2019—05	68.00	1067
工程师与科学家微分方程用书:第4版(英文)	2019—07	58.00	1068
大学代数与三角学(英文)	2019—06	78.00	1069
培养数学能力的途径(英文)	2019—07	38.00	1070
工程师与科学家统计学:第4版(英文)	2019—06	58.00	1071
贸易与经济中的应用统计学:第6版(英文)	2019—06	58.00	1072
傅立叶级数和边值问题:第8版(英文)	2019—05	48.00	1073
通往天文学的途径:第5版(英文)	2019—05	58.00	1074

刘培杰数学工作室
已出版(即将出版)图书目录——高等数学

书　　名	出版时间	定　价	编号
拉马努金笔记.第1卷(英文)	2019－06	165.00	1078
拉马努金笔记.第2卷(英文)	2019－06	165.00	1079
拉马努金笔记.第3卷(英文)	2019－06	165.00	1080
拉马努金笔记.第4卷(英文)	2019－06	165.00	1081
拉马努金笔记.第5卷(英文)	2019－06	165.00	1082
拉马努金遗失笔记.第1卷(英文)	2019－06	109.00	1083
拉马努金遗失笔记.第2卷(英文)	2019－06	109.00	1084
拉马努金遗失笔记.第3卷(英文)	2019－06	109.00	1085
拉马努金遗失笔记.第4卷(英文)	2019－06	109.00	1086

书　　名	出版时间	定　价	编号
数论:1976年纽约洛克菲勒大学数论会议记录(英文)	2020－06	68.00	1145
数论:卡本代尔1979:1979年在南伊利诺伊卡本代尔大学举行的数论会议记录(英文)	2020－06	78.00	1146
数论:诺德韦克豪特1983:1983年在诺德韦克豪特举行的Journees Arithmetiques数论大会会议记录(英文)	2020－06	68.00	1147
数论:1985－1988年在纽约城市大学研究生院和大学中心举办的研讨会(英文)	2020－06	68.00	1148
数论:1987年在乌尔姆举行的Journees Arithmetiques数论大会会议记录(英文)	2020－06	68.00	1149
数论:马德拉斯1987:1987年在马德拉斯安娜大学举行的国际拉马努金百年纪念大会会议记录(英文)	2020－06	68.00	1150
解析数论:1988年在东京举行的日法研讨会会议记录(英文)	2020－06	68.00	1151
解析数论:2002年在意大利切特拉罗举行的C.I.M.E.暑期班演讲集(英文)	2020－06	68.00	1152

书　　名	出版时间	定　价	编号
量子世界中的蝴蝶:最迷人的量子分形故事(英文)	2020－06	118.00	1157
走进量子力学(英文)	2020－06	118.00	1158
计算物理学概论(英文)	2020－06	48.00	1159
物质,空间和时间的理论:量子理论(英文)	即将出版		1160
物质,空间和时间的理论:经典理论(英文)	即将出版		1161
量子场理论:解释世界的神秘背景(英文)	2020－07	38.00	1162
计算物理学概论(英文)	即将出版		1163
行星状星云(英文)	即将出版		1164
基本宇宙学:从亚里士多德的宇宙到大爆炸(英文)	2020－08	58.00	1165
数学磁流体力学(英文)	2020－07	58.00	1166

书　　名	出版时间	定　价	编号
计算科学:第1卷,计算的科学(日文)	2020－07	88.00	1167
计算科学:第2卷,计算与宇宙(日文)	2020－07	88.00	1168
计算科学:第3卷,计算与物质(日文)	2020－07	88.00	1169
计算科学:第4卷,计算与生命(日文)	2020－07	88.00	1170
计算科学:第5卷,计算与地球环境(日文)	2020－07	88.00	1171
计算科学:第6卷,计算与社会(日文)	2020－07	88.00	1172
计算科学.别卷,超级计算机(日文)	2020－07	88.00	1173
多复变函数论(日文)	2022－06	78.00	1518
复变函数入门(日文)	2022－06	78.00	1523

刘培杰数学工作室

已出版(即将出版)图书目录——高等数学

书　　名	出版时间	定　价	编号
代数与数论:综合方法(英文)	2020—10	78.00	1185
复分析:现代函数理论第一课(英文)	2020—07	58.00	1186
斐波那契数列和卡特兰数:导论(英文)	2020—10	68.00	1187
组合推理:计数艺术介绍(英文)	2020—07	88.00	1188
二次互反律的傅里叶分析证明(英文)	2020—07	48.00	1189
旋瓦兹分布的希尔伯特变换与应用(英文)	2020—07	58.00	1190
泛函分析:巴拿赫空间理论入门(英文)	2020—07	48.00	1191
典型群,错排与素数(英文)	2020—11	58.00	1204
李代数的表示:通过 gln 进行介绍(英文)	2020—10	38.00	1205
实分析演讲集(英文)	2020—10	38.00	1206
现代分析及其应用的课程(英文)	2020—10	58.00	1207
运动中的抛射物数学(英文)	2020—10	38.00	1208
2—扭结与它们的群(英文)	2020—10	38.00	1209
概率,策略和选择:博弈与选举中的数学(英文)	2020—11	58.00	1210
分析学引论(英文)	2020—11	58.00	1211
量子群:通往流代数的路径(英文)	2020—11	38.00	1212
集合论入门(英文)	2020—10	48.00	1213
酉反射群(英文)	2020—11	58.00	1214
探索数学:吸引人的证明方式(英文)	2020—11	58.00	1215
微分拓扑短期课程(英文)	2020—10	48.00	1216
抽象凸分析(英文)	2020—11	68.00	1222
费马大定理笔记(英文)	2021—03	48.00	1223
高斯与雅可比和(英文)	2021—03	78.00	1224
π 与算术几何平均:关于解析数论和计算复杂性的研究(英文)	2021—01	58.00	1225
复分析入门(英文)	2021—03	48.00	1226
爱德华·卢卡斯与素性测定(英文)	2021—03	78.00	1227
通往凸分析及其应用的简单路径(英文)	2021—01	68.00	1229
微分几何的各个方面.第一卷(英文)	2021—01	58.00	1230
微分几何的各个方面.第二卷(英文)	2020—12	58.00	1231
微分几何的各个方面.第三卷(英文)	2020—12	58.00	1232
沃克流形几何学(英文)	2020—11	58.00	1233
彷射和韦尔几何应用(英文)	2020—12	58.00	1234
双曲几何学的旋转向量空间方法(英文)	2021—02	58.00	1235
积分:分析学的关键(英文)	2020—12	48.00	1236
为有天分的新生准备的分析学基础教材(英文)	2020—11	48.00	1237

刘培杰数学工作室
已出版(即将出版)图书目录——高等数学

书　　名	出版时间	定　价	编号
数学不等式.第一卷.对称多项式不等式(英文)	2021—03	108.00	1273
数学不等式.第二卷.对称有理不等式与对称无理不等式(英文)	2021—03	108.00	1274
数学不等式.第三卷.循环不等式与非循环不等式(英文)	2021—03	108.00	1275
数学不等式.第四卷.Jensen 不等式的扩展与加细(英文)	2021—03	108.00	1276
数学不等式.第五卷.创建不等式与解不等式的其他方法(英文)	2021—04	108.00	1277
冯·诺依曼代数中的谱位移函数:半有限冯·诺依曼代数中的谱位移函数与谱流(英文)	2021—06	98.00	1308
链接结构:关于嵌入完全图的直线中链接单形的组合结构(英文)	2021—05	58.00	1309
代数几何方法.第1卷(英文)	2021—06	68.00	1310
代数几何方法.第2卷(英文)	2021—06	68.00	1311
代数几何方法.第3卷(英文)	2021—06	58.00	1312
代数、生物信息和机器人技术的算法问题.第四卷,独立恒等式系统(俄文)	2020—08	118.00	1119
代数、生物信息和机器人技术的算法问题.第五卷,相对覆盖性和独立可拆分恒等式系统(俄文)	2020—08	118.00	1200
代数、生物信息和机器人技术的算法问题.第六卷,恒等式和准恒等式的相等 问题、可推导性和可实现性(俄文)	2020—08	128.00	1201
分数阶微积分的应用:非局部动态过程,分数阶导热系数(俄文)	2021—01	68.00	1241
泛函分析问题与练习:第2版(俄文)	2021—01	98.00	1242
集合论、数学逻辑和算法论问题:第5版(俄文)	2021—01	98.00	1243
微分几何和拓扑短期课程(俄文)	2021—01	98.00	1244
素数规律(俄文)	2021—01	88.00	1245
无穷边值问题解的递减:无界域中的拟线性椭圆和抛物方程(俄文)	2021—01	48.00	1246
微分几何讲义(俄文)	2020—12	98.00	1253
二次型和矩阵(俄文)	2021—01	98.00	1255
积分和级数.第2卷,特殊函数(俄文)	2021—01	168.00	1258
积分和级数.第3卷,特殊函数补充:第2版(俄文)	2021—01	178.00	1264
几何图上的微分方程(俄文)	2021—01	138.00	1259
数论教程:第2版(俄文)	2021—01	98.00	1260
非阿基米德分析及其应用(俄文)	2021—03	98.00	1261

刘培杰数学工作室

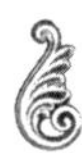

已出版(即将出版)图书目录——高等数学

书　　名	出版时间	定　价	编号
古典群和量子群的压缩(俄文)	2021—03	98.00	1263
数学分析习题集.第3卷,多元函数:第3版(俄文)	2021—03	98.00	1266
数学习题:乌拉尔国立大学数学力学系大学生奥林匹克(俄文)	2021—03	98.00	1267
柯西定理和微分方程的特解(俄文)	2021—03	98.00	1268
组合极值问题及其应用:第3版(俄文)	2021—03	98.00	1269
数学词典(俄文)	2021—01	98.00	1271
确定性混沌分析模型(俄文)	2021—06	168.00	1307
精选初等数学习题和定理.立体几何.第3版(俄文)	2021—03	68.00	1316
微分几何习题:第3版(俄文)	2021—05	98.00	1336
精选初等数学习题和定理.平面几何.第4版(俄文)	2021—05	68.00	1335
曲面理论在欧氏空间 En 中的直接表示	2022—01	68.00	1444
维纳—霍普夫离散算子和托普利兹算子:某些可数赋范空间中的诺特性和可逆性(俄文)	2022—03	108.00	1496
Maple 中的数论:数论中的计算机计算(俄文)	2022—03	88.00	1497
贝尔曼和克努特问题及其概括:加法运算的复杂性(俄文)	2022—03	138.00	1498
复分析:共形映射(俄文)	2022—07	48.00	1542
微积分代数样条和多项式及其在数值方法中的应用(俄文)	2022—08	128.00	1543
蒙特卡罗方法中的随机过程和场模型:算法和应用(俄文)	2022—08	88.00	1544
线性椭圆型方程组:论二阶椭圆型方程的迪利克雷问题(俄文)	2022—08	98.00	1561
动态系统解的增长特性:估值、稳定性、应用(俄文)	2022—08	118.00	1565
群的自由积分解:建立和应用(俄文)	2022—08	78.00	1570
混合方程和偏差自变数方程问题:解的存在和唯一性(俄文)	2023—01	78.00	1582
拟度量空间分析:存在和逼近定理(俄文)	2023—01	108.00	1583
二维和三维流形上函数的拓扑性质:函数的拓扑分类(俄文)	2023—03	68.00	1584
齐次马尔科夫过程建模的矩阵方法:此类方法能够用于不同目的的复杂系统研究、设计和完善(俄文)	2023—03	68.00	1594
周期函数的近似方法和特性:特殊课程(俄文)	2023—04	158.00	1622
扩散方程解的矩函数:变分法(俄文)	2023—03	58.00	1623
多赋范空间和广义函数:理论及应用(俄文)	2023—03	98.00	1632
分析中的多值映射:部分应用(俄文)	2023—06	98.00	1634
数学物理问题(俄文)	2023—03	78.00	1636
函数的幂级数与三角级数分解(俄文)	2024—01	58.00	1695
星体理论的数学基础:原子三元组(俄文)	2024—01	98.00	1696
素数规律:专著(俄文)	2024—01	118.00	1697

书　　名	出版时间	定　价	编号
狭义相对论与广义相对论:时空与引力导论(英文)	2021—07	88.00	1319
束流物理学和粒子加速器的实践介绍:第2版(英文)	2021—07	88.00	1320
凝聚态物理中的拓扑和微分几何简介(英文)	2021—05	88.00	1321
混沌映射:动力学、分形学和快速涨落(英文)	2021—05	128.00	1322
广义相对论:黑洞、引力波和宇宙学介绍(英文)	2021—06	68.00	1323
现代分析电磁均质化(英文)	2021—06	68.00	1324
为科学家提供的基本流体动力学(英文)	2021—06	88.00	1325
视觉天文学:理解夜空的指南(英文)	2021—06	68.00	1326

刘培杰数学工作室

已出版(即将出版)图书目录——高等数学

书　　名	出版时间	定　价	编号
物理学中的计算方法(英文)	2021—06	68.00	1327
单星的结构与演化:导论(英文)	2021—06	108.00	1328
超越居里:1903 年至 1963 年物理界四位女性及其著名发现(英文)	2021—06	68.00	1329
范德瓦尔斯流体热力学的进展(英文)	2021—06	68.00	1330
先进的托卡马克稳定性理论(英文)	2021—06	88.00	1331
经典场论导论:基本相互作用的过程(英文)	2021—07	88.00	1332
光致电离量子动力学方法原理(英文)	2021—07	108.00	1333
经典域论和应力:能量张量(英文)	2021—05	88.00	1334
非线性太赫兹光谱的概念与应用(英文)	2021—06	68.00	1337
电磁学中的无穷空间并矢格林函数(英文)	2021—06	88.00	1338
物理科学基础数学.第 1 卷,齐次边值问题、傅里叶方法和特殊函数(英文)	2021—07	108.00	1339
离散量子力学(英文)	2021—07	68.00	1340
核磁共振的物理学和数学(英文)	2021—07	108.00	1341
分子水平的静电学(英文)	2021—08	68.00	1342
非线性波:理论、计算机模拟、实验(英文)	2021—06	108.00	1343
石墨烯光学:经典问题的电解解决方案(英文)	2021—06	68.00	1344
超材料多元宇宙(英文)	2021—07	68.00	1345
银河系外的天体物理学(英文)	2021—07	68.00	1346
原子物理学(英文)	2021—07	68.00	1347
将光打结:将拓扑学应用于光学(英文)	2021—07	68.00	1348
电磁学:问题与解法(英文)	2021—07	88.00	1364
海浪的原理:介绍量子力学的技巧与应用(英文)	2021—07	108.00	1365
多孔介质中的流体:输运与相变(英文)	2021—07	68.00	1372
洛伦兹群的物理学(英文)	2021—08	68.00	1373
物理导论的数学方法和解决方法手册(英文)	2021—08	68.00	1374
非线性波数学物理学入门(英文)	2021—08	88.00	1376
波:基本原理和动力学(英文)	2021—07	68.00	1377
光电子量子计量学.第 1 卷,基础(英文)	2021—07	88.00	1383
光电子量子计量学.第 2 卷,应用与进展(英文)	2021—07	68.00	1384
复杂流的格子玻尔兹曼建模的工程应用(英文)	2021—08	68.00	1393
电偶极矩挑战(英文)	2021—08	108.00	1394
电动力学:问题与解法(英文)	2021—09	68.00	1395
自由电子激光的经典理论(英文)	2021—08	68.00	1397
曼哈顿计划——核武器物理学简介(英文)	2021—09	68.00	1401

刘培杰数学工作室
已出版(即将出版)图书目录——高等数学

书　名	出版时间	定　价	编号
粒子物理学(英文)	2021－09	68.00	1402
引力场中的量子信息(英文)	2021－09	128.00	1403
器件物理学的基本经典力学(英文)	2021－09	68.00	1404
等离子体物理及其空间应用导论. 第1卷,基本原理和初步过程(英文)	2021－09	68.00	1405
伽利略理论力学:连续力学基础(英文)	2021－10	48.00	1416
磁约束聚变等离子体物理:理想 MHD 理论(英文)	2023－03	68.00	1613
相对论量子场论. 第1卷,典范形式体系(英文)	2023－03	38.00	1615
相对论量子场论. 第2卷,路径积分形式(英文)	2023－06	38.00	1616
相对论量子场论. 第3卷,量子场论的应用(英文)	2023－06	38.00	1617
涌现的物理学(英文)	2023－05	58.00	1619
量子化旋涡:一本拓扑激发手册(英文)	2023－04	68.00	1620
非线性动力学:实践的介绍性调查(英文)	2023－05	68.00	1621
静电加速器:一个多功能工具(英文)	2023－06	58.00	1625
相对论多体理论与统计力学(英文)	2023－06	58.00	1626
经典力学. 第1卷,工具与向量(英文)	2023－04	38.00	1627
经典力学. 第2卷,运动学和匀加速运动(英文)	2023－04	58.00	1628
经典力学. 第3卷,牛顿定律和匀速圆周运动(英文)	2023－04	58.00	1629
经典力学. 第4卷,万有引力定律(英文)	2023－04	38.00	1630
经典力学. 第5卷,守恒定律与旋转运动(英文)	2023－04	38.00	1631
对称问题:纳维尔—斯托克斯问题(英文)	2023－04	38.00	1638
摄影的物理和艺术. 第1卷,几何与光的本质(英文)	2023－04	78.00	1639
摄影的物理和艺术. 第2卷,能量与色彩(英文)	2023－04	78.00	1640
摄影的物理和艺术. 第3卷,探测器与数码的意义(英文)	2023－04	78.00	1641
拓扑与超弦理论焦点问题(英文)	2021－07	58.00	1349
应用数学:理论、方法与实践(英文)	2021－07	78.00	1350
非线性特征值问题:牛顿型方法与非线性瑞利函数(英文)	2021－07	58.00	1351
广义膨胀和齐性:利用齐性构造齐次系统的李雅普诺夫函数和控制律(英文)	2021－06	48.00	1352
解析数论焦点问题(英文)	2021－07	58.00	1353
随机微分方程:动态系统方法(英文)	2021－07	58.00	1354
经典力学与微分几何(英文)	2021－07	58.00	1355
负定相交形式流形上的瞬子模空间几何(英文)	2021－07	68.00	1356
广义卡塔兰轨道分析:广义卡塔兰轨道计算数字的方法(英文)	2021－07	48.00	1367
洛伦兹方法的变分:二维与三维洛伦兹方法(英文)	2021－08	38.00	1378
几何、分析和数论精编(英文)	2021－08	68.00	1380
从一个新角度看数论:通过遗传方法引入现实的概念(英文)	2021－07	58.00	1387
动力系统:短期课程(英文)	2021－08	68.00	1382

刘培杰数学工作室
已出版(即将出版)图书目录——高等数学

书　　名	出版时间	定　价	编号
几何路径:理论与实践(英文)	2021—08	48.00	1385
广义斐波那契数列及其性质(英文)	2021—08	38.00	1386
论天体力学中某些问题的不可积性(英文)	2021—07	88.00	1396
对称函数和麦克唐纳多项式:余代数结构与 Kawanaka 恒等式	2021—09	38.00	1400
杰弗里·英格拉姆·泰勒科学论文集:第 1 卷.固体力学(英文)	2021—05	78.00	1360
杰弗里·英格拉姆·泰勒科学论文集:第 2 卷.气象学、海洋学和湍流(英文)	2021—05	68.00	1361
杰弗里·英格拉姆·泰勒科学论文集:第 3 卷.空气动力学以及落弹数和爆炸的力学(英文)	2021—05	68.00	1362
杰弗里·英格拉姆·泰勒科学论文集:第 4 卷.有关流体力学(英文)	2021—05	58.00	1363
非局域泛函演化方程:积分与分数阶(英文)	2021—08	48.00	1390
理论工作者的高等微分几何:纤维丛、射流流形和拉格朗日理论(英文)	2021—08	68.00	1391
半线性退化椭圆微分方程:局部定理与整体定理(英文)	2021—07	48.00	1392
非交换几何、规范理论和重整化:一般简介与非交换量子场论的重整化(英文)	2021—09	78.00	1406
数论论文集:拉普拉斯变换和带有数论系数的幂级数(俄文)	2021—09	48.00	1407
挠理论专题:相对极大值,单射与扩充模(英文)	2021—09	88.00	1410
强正则图与欧几里得若尔当代数:非通常关系中的启示(英文)	2021—10	48.00	1411
拉格朗日几何和哈密顿几何:力学的应用(英文)	2021—10	48.00	1412
时滞微分方程与差分方程的振动理论:二阶与三阶(英文)	2021—10	98.00	1417
卷积结构与几何函数理论:用以研究特定几何函数理论方向的分数阶微积分算子与卷积结构(英文)	2021—10	48.00	1418
经典数学物理的历史发展(英文)	2021—10	78.00	1419
扩展线性丢番图问题(英文)	2021—10	38.00	1420
一类混沌动力系统的分歧分析与控制:分歧分析与控制(英文)	2021—11	38.00	1421
伽利略空间和伪伽利略空间中一些特殊曲线的几何性质(英文)	2022—01	48.00	1422
一阶偏微分方程:哈密尔顿—雅可比理论(英文)	2021—11	48.00	1424
各向异性黎曼多面体的反问题:分段光滑的各向异性黎曼多面体反边界谱问题:唯一性(英文)	2021—11	38.00	1425

刘培杰数学工作室
已出版(即将出版)图书目录——高等数学

书　　名	出版时间	定　价	编号
项目反应理论手册.第一卷,模型(英文)	2021—11	138.00	1431
项目反应理论手册.第二卷,统计工具(英文)	2021—11	118.00	1432
项目反应理论手册.第三卷,应用(英文)	2021—11	138.00	1433
二次无理数:经典数论入门(英文)	2022—05	138.00	1434
数,形与对称性:数论,几何和群论导论(英文)	2022—05	128.00	1435
有限域手册(英文)	2021—11	178.00	1436
计算数论(英文)	2021—11	148.00	1437
拟群与其表示简介(英文)	2021—11	88.00	1438
数论与密码学导论:第二版(英文)	2022—01	148.00	1423
几何分析中的柯西变换与黎兹变换:解析调和容量和李普希兹调和容量、变化和振荡以及一致可求长性(英文)	2021—12	38.00	1465
近似不动点定理及其应用(英文)	2022—05	28.00	1466
局部域的相关内容解析:对局部域的扩展及其伽罗瓦群的研究(英文)	2022—01	38.00	1467
反问题的二进制恢复方法(英文)	2022—03	28.00	1468
对几何函数中某些类的各个方面的研究:复变量理论(英文)	2022—01	38.00	1469
覆盖、对应和非交换几何(英文)	2022—01	28.00	1470
最优控制理论中的随机线性调节器问题:随机最优线性调节器问题(英文)	2022—01	38.00	1473
正交分解法:涡流流体动力学应用的正交分解法(英文)	2022—01	38.00	1475
芬斯勒几何的某些问题(英文)	2022—03	38.00	1476
受限三体问题(英文)	2022—05	38.00	1477
利用马利亚万微积分进行 Greeks 的计算:连续过程、跳跃过程中的马利亚万微积分和金融领域中的 Greeks(英文)	2022—05	48.00	1478
经典分析和泛函分析的应用:分析学的应用(英文)	2022—05	38.00	1479
特殊芬斯勒空间的探究(英文)	2022—03	48.00	1480
某些图形的施泰纳距离的细谷多项式:细谷多项式与图的维纳指数(英文)	2022—05	38.00	1481
图论问题的遗传算法:在新鲜与模糊的环境中(英文)	2022—05	48.00	1482
多项式映射的渐近簇(英文)	2022—05	38.00	1483
一维系统中的混沌:符号动力学,映射序列,一致收敛和沙可夫斯基定理(英文)	2022—05	38.00	1509
多维边界层流动与传热分析:粘性流体流动的数学建模与分析(英文)	2022—05	38.00	1510

刘培杰数学工作室
已出版(即将出版)图书目录——高等数学

书　　名	出版时间	定　价	编号
演绎理论物理学的原理:一种基于量子力学波函数的逐次置信估计的一般理论的提议(英文)	2022—05	38.00	1511
R^2 和 R^3 中的仿射弹性曲线:概念和方法(英文)	2022—08	38.00	1512
算术数列中除数函数的分布:基本内容、调查、方法、第二矩、新结果(英文)	2022—05	28.00	1513
抛物型狄拉克算子和薛定谔方程:不定常薛定谔方程的抛物型狄拉克算子及其应用(英文)	2022—07	28.00	1514
黎曼-希尔伯特问题与量子场论:可积重正化、戴森-施温格方程(英文)	2022—08	38.00	1515
代数结构和几何结构的形变理论(英文)	2022—08	48.00	1516
概率结构和模糊结构上的不动点:概率结构和直觉模糊度量空间的不动点定理(英文)	2022—08	38.00	1517
反若尔当对:简单反若尔当对的自同构(英文)	2022—07	28.00	1533
对某些黎曼一芬斯勒空间变换的研究:芬斯勒几何中的某些变换(英文)	2022—07	38.00	1534
内诣零流形映射的尼尔森数的阿诺索夫关系(英文)	2023—01	38.00	1535
与广义积分变换有关的分数次演算:对分数次演算的研究(英文)	2023—01	48.00	1536
强子的芬斯勒几何和吕拉几何(宇宙学方面):强子结构的芬斯勒几何和吕拉几何(拓扑缺陷)(英文)	2022—08	38.00	1537
一种基于混沌的非线性最优化问题:作业调度问题(英文)	即将出版		1538
广义概率论发展前景:关于趣味数学与置信函数实际应用的一些原创观点(英文)	即将出版		1539
纽结与物理学:第二版(英文)	2022—09	118.00	1547
正交多项式和q一级数的前沿(英文)	2022—09	98.00	1548
算子理论问题集(英文)	2022—03	108.00	1549
抽象代数:群、环与域的应用导论:第二版(英文)	2023—01	98.00	1550
菲尔兹奖得主演讲集:第三版(英文)	2023—01	138.00	1551
多元实函数教程(英文)	2022—09	118.00	1552
球面空间形式群的几何学:第二版(英文)	2022—09	98.00	1566
对称群的表示论(英文)	2023—01	98.00	1585
纽结理论:第二版(英文)	2023—01	88.00	1586
拟群理论的基础与应用(英文)	2023—01	88.00	1587
组合学:第二版(英文)	2023—01	98.00	1588
加性组合学:研究问题手册(英文)	2023—01	68.00	1589
扭曲、平铺与镶嵌:几何折纸中的数学方法(英文)	2023—01	98.00	1590
离散与计算几何手册:第三版(英文)	2023—01	248.00	1591
离散与组合数学手册:第二版(英文)	2023—01	248.00	1592

刘培杰数学工作室
已出版(即将出版)图书目录——高等数学

书　　名	出版时间	定　价	编号
分析学教程.第1卷,一元实变量函数的微积分分析学介绍(英文)	2023－01	118.00	1595
分析学教程.第2卷,多元函数的微分和积分,向量微积分(英文)	2023－01	118.00	1596
分析学教程.第3卷,测度与积分理论,复变量的复值函数(英文)	2023－01	118.00	1597
分析学教程.第4卷,傅里叶分析,常微分方程,变分法(英文)	2023－01	118.00	1598
共形映射及其应用手册(英文)	2024－01	158.00	1674
广义三角函数与双曲函数(英文)	2024－01	78.00	1675
振动与波:概论:第二版(英文)	2024－01	88.00	1676
几何约束系统原理手册(英文)	2024－01	120.00	1677
微分方程与包含的拓扑方法(英文)	2024－01	98.00	1678
数学分析中的前沿话题(英文)	2024－01	198.00	1679
流体力学建模:不稳定性与湍流(英文)	2024－03	88.00	1680
动力系统:理论与应用(英文)	2024－03	108.00	1711
空间统计学理论:概述(英文)	2024－03	68.00	1712
梅林变换手册(英文)	2024－03	128.00	1713
非线性系统及其绝妙的数学结构.第1卷(英文)	2024－03	88.00	1714
非线性系统及其绝妙的数学结构.第2卷(英文)	2024－03	108.00	1715
Chip-firing中的数学(英文)	2024－04	88.00	1716
阿贝尔群的可确定性:问题、研究、概述(俄文)	2024－05	716.00(全7册)	1727
素数规律:专著(俄文)	2024－05	716.00(全7册)	1728
函数的幂级数与三角级数分解(俄文)	2024－05	716.00(全7册)	1729
星体理论的数学基础:原子三元组(俄文)	2024－05	716.00(全7册)	1730
技术问题中的数学物理微分方程(俄文)	2024－05	716.00(全7册)	1731
概率论边界问题:随机过程边界穿越问题(俄文)	2024－05	716.00(全7册)	1732
代数和幂等配置的正交分解:不可交换组合(俄文)	2024－05	716.00(全7册)	1733
数学物理精选专题讲座:李理论的进一步应用(英文)	2024－10	252.00(全4册)	1775
工程师和科学家应用数学概论:第二版(英文)	2024－10	252.00(全4册)	1775
高等微积分快速入门(英文)	2024－10	252.00(全4册)	1775
微分几何的各个方面.第四卷(英文)	2024－10	252.00(全4册)	1775
具有连续变量的量子信息形式主义概论(英文)	2024－10	378.00(全6册)	1776
拓扑绝缘体(英文)	2024－10	378.00(全6册)	1776
论全息度量原则:从大学物理到黑洞热力学(英文)	2024－10	378.00(全6册)	1776
量化测量:无所不在的数字(英文)	2024－10	378.00(全6册)	1776
21世纪的彗星:体验下一颗伟大彗星的个人指南(英文)	2024－10	378.00(全6册)	1776
激光及其在玻色－爱因斯坦凝聚态观测中的应用(英文)	2024－10	378.00(全6册)	1776

刘培杰数学工作室
已出版(即将出版)图书目录——高等数学

书　　名	出版时间	定　价	编号
随机矩阵理论的最新进展(英文)	2025—02	78.00	1797
计算代数几何的应用(英文)	2025—02	78.00	1798
纽结与物理学的交界(英文)	即将出版		1799
公钥密码学(英文)	即将出版		1800
量子计算:一个对21世纪和千禧年的宏大的数学挑战(英文)	即将出版		1801
信息流的数学基础(英文)	即将出版		1802
偏微分方程的最新研究进展:威尼斯1996(英文)	即将出版		1803
拉东变换、反问题及断层成像(英文)	即将出版		1804
应用与计算拓扑学进展(英文)	2025—02	98.00	1805
复动力系统:芒德布罗集与朱利亚集背后的数学(英文)	2025—02	98.00	1806
双曲问题:理论、数值数据及应用(全2册)(英文)	即将出版		1807

联系地址:哈尔滨市南岗区复华四道街10号　哈尔滨工业大学出版社刘培杰数学工作室
邮　　编:150006
联系电话:0451—86281378　　13904613167
E-mail:lpj1378@163.com